普通高等教育“十一五”国家级规划教材

北京市高等教育教学成果奖教材

北京高等教育精品教材

BEIJING GAODENG JIAOYU JINGPIN JIAOCAI

高等学校计算机基础教育教材精选

大学计算机实验教程

（第7版）

张　莉　主编

清华大学出版社

北　京

内容简介

本书是《大学计算机教程(第7版)》的配套实验教材，也可单独使用。本书分为技术应用篇和上机实验篇两部分。

第一部分主要包括 Windows 操作系统应用、Word 文字处理程序、Excel 数据表处理程序、PowerPoint 演示文稿制作程序、Access 数据库管理系统、网页制作基础。

第二部分主要包括计算思维编程方法与算法实现等8个实验单元，各单元包括实验目的、实验内容和实验步骤，可强化学习者对基本理论的理解与掌握，激发学习兴趣，提升分析问题和解决问题的综合能力。

本课程已在“学堂在线”(http://www.xuetangx.com/)和“文泉课堂”上线，学习者可随时按知识点自主学习，完成各种自测练习。

图书在版编目(CIP)数据

大学计算机实验教程/张莉主编. —7版. —北京：清华大学出版社，2019
(高等学校计算机基础教育教材精选)
ISBN 978-7-302-52973-6

Ⅰ. ①大…　Ⅱ. ①张…　Ⅲ. ①电子计算机－高等学校－教材　Ⅳ. ①TP3

中国版本图书馆 CIP 数据核字(2019)第 085499 号

责任编辑：郭　赛　焦　红
封面设计：何凤霞
责任校对：白　蕾
责任印制：宋　林

出版发行：清华大学出版社
　网　　址：http://www.tup.com.cn，http://www.wqbook.com
　地　　址：北京清华大学学研大厦A座　　**邮　　编**：100084
　社 总 机：010-62770175　　**邮　　购**：010-62786544
　投稿与读者服务：010-62776969，c-service@tup.tsinghua.edu.cn
　质量反馈：010-62772015，zhiliang@tup.tsinghua.edu.cn
　课件下载：http://www.tup.com.cn，010-62795954
印 装 者：清华大学印刷厂
经　　销：全国新华书店
开　　本：185mm×260mm　　**印　　张**：25　　**字　　数**：571千字
版　　次：2005年9月第1版　2019年9月第7版　　**印　　次**：2019年9月第1次印刷
定　　价：54.50元

产品编号：084042-01

出版说明

高等学校计算机基础教育教材精选

在教育部关于高等学校计算机基础教育三层次方案的指导下，我国高等学校的计算机基础教育事业蓬勃发展。经过多年的教学改革与实践，全国很多学校在计算机基础教育这一领域中积累了大量宝贵的经验，取得了许多可喜的成果。

随着科教兴国战略的实施及社会信息化进程的加快，目前我国的高等教育事业正面临着新的发展机遇，同时也必须面对新的挑战。这些都对高等学校的计算机基础教育提出了更高的要求。为了适应教学改革的需要，进一步推动我国高等学校计算机基础教育事业的发展，我们在全国各高等学校精心挖掘和遴选了一批经过教学实践检验的优秀的教学成果，编辑出版了这套教材。教材的选题范围涵盖了计算机基础教育的三个层次，包括面向各高校开设的计算机必修课、选修课，以及与各类专业相结合的计算机课程。

为了保证出版质量，同时更好地适应教学需求，本套教材将采取开放的体系和滚动出版的方式（即成熟一本、出版一本，并保持不断更新），坚持宁缺毋滥的原则，力求反映我国高等学校计算机基础教育的最新成果，使本套丛书无论在技术质量上还是出版质量上均成为真正的“精选”。

清华大学出版社一直致力于计算机教育用书的出版工作，在计算机基础教育领域出版了许多优秀的教材。本套教材的出版将进一步丰富和扩大我社在这一领域的选题范围、层次和深度，以适应高校计算机基础教育课程层次化、多样化的趋势，从而更好地满足各学校由于条件、师资和生源水平、专业领域等差异而产生的不同需求。我们热切期望全国广大教师能够积极参与到本套丛书的编写工作中来，把自己的教学成果与全国的同行们分享；同时也欢迎广大读者对本套教材提出宝贵意见，以便我们改进工作，为读者提供更好的服务。

我们的电子邮件地址是 guos@tup.tsinghua.edu.cn。联系人：郭赛。

清华大学出版社

前言

在计算机信息技术引领新技术快速发展的今天，大学计算机教育必须要满足新时代国家新技术发展战略对创新人才培养的迫切需求，培养既能掌握计算机基本理论，又具备计算机系统实践应用与创新能力的综合型人才，以适应计算机信息技术在各行各业及各学科专业领域日益广泛的应用。新时代对现代信息技术人才的需求是多样化的，无论是计算机系统操作应用，还是软硬件系统研发，都对系统掌握计算机基本理论及应用、具有自主创新意识的人才要求越来越高。加强本科生教育，打造"金课"已成为高校和社会的热点和共识，也是本科课程教学改革建设和教材建设的目标。

系统学习计算机信息技术，熟练掌握计算思维创新实践，必须在掌握基本理论的同时加强系统性实验、实训，因此，提高实验教学质量是关键。

本书是《大学计算机教程(第7版)》的配套实验教材，也可单独使用。本次修订是在校级重点实验(实训)教材立项建设的基础上，结合我校"双一流"教改建设，在提高新时代本科教育教学质量，打造"金课"的形势下完成的，是对"大学计算机基础"课程体系建设的又一次全面提升。我们在普通高等教育"十一五"国家级规划教材、北京市高等教育教学成果奖教材、北京高等教育精品教材建设的基础上，完成了MOOC/SPOC在线开放课程，实现了多样化混合式教学研究与实践，将计算思维系统地融入实验教学，强化学生的自主创新实践，增强运用计算思维方法认识问题、分析问题和求解问题的综合能力，力求使他们系统掌握计算机科学技术理论和方法，更有效地解决实际问题。

本教材通过在线开放课程资源共享建设，经过几轮线上、线下高效互动等多样化混合式教学实践，改进了以往计算机基础课程比较侧重学习操作练习的狭义工具教学模式，通过线上、线下实验结合，为深入系统学习和拓展计算机系统应用奠定了基础，也为计算机技术跨学科深度融合创新应用开启了智慧学习的大门。

本书以计算思维为核心，增强基础理论与实际应用相结合的综合实践能力。全书分为技术应用篇和上机实验篇两部分，通过综合实验训练，从强化基础理论认知、综合技能掌握，到实践应用创新，提升学生自主学习、自我发掘的综合实践能力。参加本教材课程建设的教师主要有马钦副教授、阚道宏副教授、田立军副教授、姜虹副教授、方雄武副教授等。大家以科研带动教学，以教学促进科研，共同打造"金课"精品教材，在教学一线进行了大量的探索与实践。

本书符合现代信息技术教育理念，注重新技术综合应用能力的培养，引导学生系统掌握现代计算机技术的基本理论及应用，提高综合实践应用技能。本次修订更加注重其内容的实用性、启发性和引导性。在此，恳请广大读者在使用过程中及时提出宝贵的意见与建议，让我们在大学计算机教育的发展过程中，共同探索、改进与完善。

本课程已在“学堂在线”(http://www.xuetangx.com/)和“文泉课堂”上线。学习者可随时按知识点自主学习，完成各种自测练习。

为了配合本书教学，清华大学出版社为读者免费提供电子教案，可在清华大学出版社网站(http://www.tup.com.cn)下载。

编者

2019年6月

目录

第一部分 技术应用篇

第一部分
技术应用篇

第1章 Windows操作系统应用

计算机操作系统是用户和计算机之间沟通的桥梁，其功能种类繁多，PC使用较多的或常见的操作系统有苹果公司的Macintosh OS到Mac OS X、IBM公司的OS/2系列和微软公司的Windows系列等产品，网络环境下常用的UNIX操作系统和Linux操作系统等。任何产品版本均有兴衰起落，创新发展，都有自己的市场和用户群体，其中UNIX被公认为操作系统结构标准的经典代表；Linux是开放源代码的操作系统，是可自由传播并免费使用的类UNIX操作系统。Windows操作系统具有稳定性、兼容性和价格便宜等特点，使用广泛，具有代表性。本章以Microsoft Windows 10为例，介绍Windows操作系统的功能与应用，主要内容有：

- Windows操作系统技术特性；
- Windows操作系统应用程序；
- Windows系统还原功能及应用；
- Windows磁盘文件管理及应用；
- Windows信息库管理及应用；
- Windows附件应用程序组件；
- Windows系统工具应用程序；
- Windows操作系统输入技术与应用。

1.1 Windows操作系统基础

Windows操作系统是微软(Microsoft)公司的一个基于图形化用户界面的操作系统，形象美观、操作便捷，具有较好的安全性、稳定性和可靠性。通常Windows包含简易版、家庭普通版、家庭高级版、企业版、专业版和旗舰版等版本。

1.1.1 Windows操作系统技术特性

本章以Windows 10操作系统专业版为例(简称Windows)，主要介绍该系统的功能和使用。

1. 方便的多用户管理

使用Windows在多个用户间共享一台计算机非常容易，多个用户可以在不同账户之间切换，而不必重新启动计算机。

当一台计算机先后由不同的用户使用时，每个合法使用该计算机的人都可以拥有一个个人账户。每个人可以根据自己的喜好和习惯设置自己的密码、桌面风格、私人文件以及应用程序等。

在用户完成任务离开机器，将自己的账户注销时，他人可以通过账户切换继续使用同一台机器，各自独立地开展工作，互不干扰，从而使自己的工作情况和隐私得到保护。

Windows 还允许在不关闭各自运行程序的情况下，在不同的用户之间进行切换，使用多个用户的账户在计算机上同时都处于活动状态。当前一个用户切换到后一个用户时，前一个用户的程序不需关闭，待后一个用户完成工作后再切换回前一个用户时可继续运行前一个用户的程序。

例如，在你工作时有人要临时使用机器查看一下电子邮件，则只需简便地切换到他的账户，没有必要关闭正在运行的程序。别的用户在工作时看不到你的文件，当切换回来时你也看不到他人的文件，你会感觉屏幕和你离开时完全一样。

2. 方便的多任务管理

用户可以同时打开多个程序，并可以很方便地在多个打开的应用程序之间进行切换。无论用户的操作经验如何，都可以充分利用自己的个人计算机，同时运行多个应用程序，如图 1.1 所示。

图 1.1　同时运行多个应用程序

图 1.1 同时打开了 4 个图像文件和 1 个网页，处于最前面的是当前活动窗口，在此图中是一个图像文件。

3. 丰富的桌面背景和屏幕保护

Windows 内置了多种不同类型的背景图案，用户可以根据自己的喜好选择桌面背景。此外，用户也可以通过联机下载兼具壁纸、声音和主题色的免费主题，制成个性化桌面背景，如图 1.2 所示。

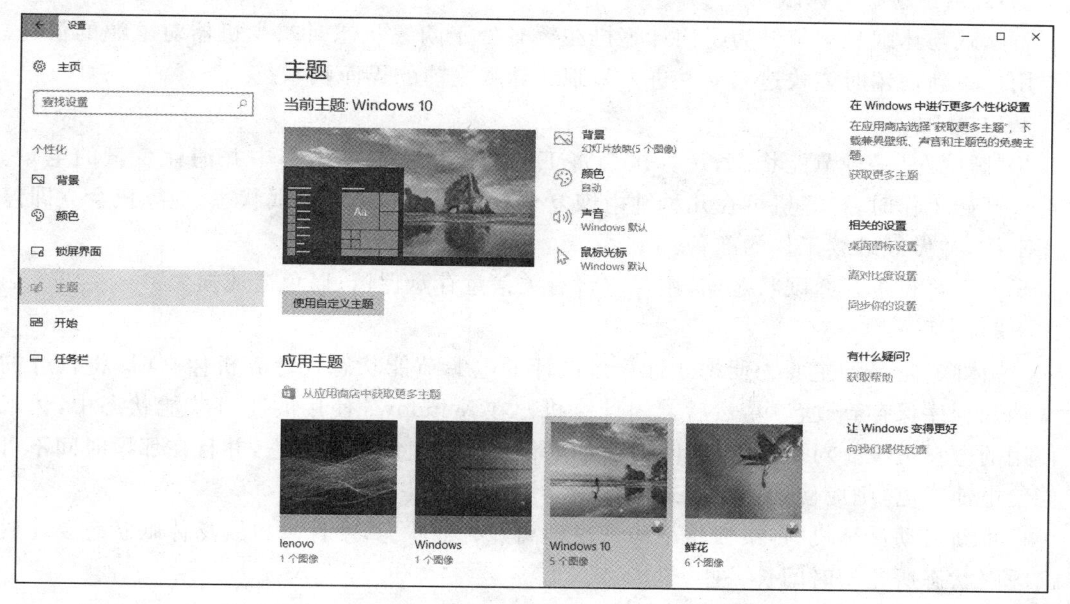

图 1.2　Windows 桌面主题

屏幕保护程序也可以选择一些喜欢的照片进行个性化设计，可循环播放。

4. 文件和文件夹的管理更为合理

系统按照库、家庭组、此电脑、网络等将文件和设备分成几大类进行组织管理，查找便捷。

5. 系统还原功能

系统还原可以在计算机发生故障时恢复到以前的状态，而不会丢失个人数据文件（例如 Microsoft Word 文档、浏览器历史记录、绘图、收藏夹或者电子邮件等）。系统还原还可以监视系统以及某些应用程序文件的改变，并自动创建易于识别的还原点。这些还原点允许将系统恢复到以前的状态。在发生重大系统事件（如安装应用程序或者驱动程序）时都会创建还原点，用户也可以在任何时候创建并命名自己的还原点。此外，存储在硬盘上的系统映像备份也可以用于系统还原，就像系统保护创建的还原点一样。即使系统映像备份包含系统文件和个人文件，还原时数据文件也不会受到系统还原的影响。

系统还原不备份个人文件，因此它无法恢复已删除或损坏的个人文件。

1.1.2　Windows 操作系统登录与退出

Windows 操作系统属图形界面视窗型多任务，是多线程操作系统，启动时需要初始化运行环境，调入许多外存系统资源，同时还要占用许多磁盘空间建立许多临时文件，在正常关闭计算机系统时会把这些临时文件自动删除。因此，要保证每次使用 Windows 操作系统时都很流畅，就应按步骤正常登录和退出 Windows 操作系统。

1. 系统睡眠与休眠

睡眠与休眠状态都是为了使计算机在暂时处于闲置状态时减少机器对电源的消耗。当用户重新使用时能快速启动并进入睡眠或休眠之前的界面状态。

1）睡眠

“睡眠”是一种节能状态，计算机会将工作和设置保存在内存中并消耗少量的电量。再次开始工作时，计算机可在几秒钟内恢复全功率工作。进入睡眠状态，计算机会立即停止工作，并做好继续工作的准备。

使计算机进入睡眠状态前，用户应将有关信息存盘保留，以免造成损失。

2）休眠

“休眠”是一种主要为便携式计算机设计的电源节能状态。计算机休眠时，将打开的文档和程序保存到硬盘中，然后关闭计算机。在 Windows 使用的所有节能状态中，休眠使用的电量最少。对于便携式计算机，如果很长一段时间不使用它，并且在那段时间不可能给电池充电，则应使用休眠模式。

重新启动计算机时，桌面将精确恢复到离开时的状态，使计算机脱离休眠状态要比脱离睡眠状态所花的时间长一些。

3）混合睡眠

“混合睡眠”主要是为台式计算机设计的。混合睡眠是睡眠和休眠的组合。它将所有打开的文档和程序保存到内存和硬盘上，然后让计算机进入低耗能状态，以便可以快速恢复工作。这样，如果发生电源故障，Windows 可从硬盘中恢复工作。如果打开了混合睡眠模式，让计算机进入睡眠状态的同时，计算机也自动进入了混合睡眠状态。在台式计算机上，混合睡眠通常默认为打开状态。

4）睡眠与休眠的手动与自动设置

单击“开始”按钮，在弹出的扩展框中单击电源按钮，弹出选择窗口，单击“睡眠”按钮进入睡眠状态。

用户也可以利用 Windows 的电源计划使计算机在空闲（未进行任何工作）一段时间后自动进入睡眠或休眠状态。

通过选择“控制面板”→“硬件和声音”→“电源选项”命令进入设置选项卡，保持选中已有电源计划单选按钮即可，如图 1.3 所示。

电源计划是控制便携式计算机如何管理电源的硬件和系统设置的集合，Windows 有“平衡”和“节能”两个默认设置。“平衡”设置可在需要时提供完全性能和显示器亮度，在计算机闲置时会节省电能；“节能”设置是延长电池寿命的最佳选择，性能和显示器亮度降低。

用户也可以通过“创建电源计划”或“更改计划设置”以及“更改高级电源设置”选项来创建新电源计划或更改已有的计划，如图 1.4 所示。

5）睡眠与休眠的唤醒

在大多数计算机上，可以通过按计算机电源按钮恢复工作状态，有时也可通过按键盘上的任意键、单击鼠标按键或打开便携式计算机的盖子来唤醒计算机。

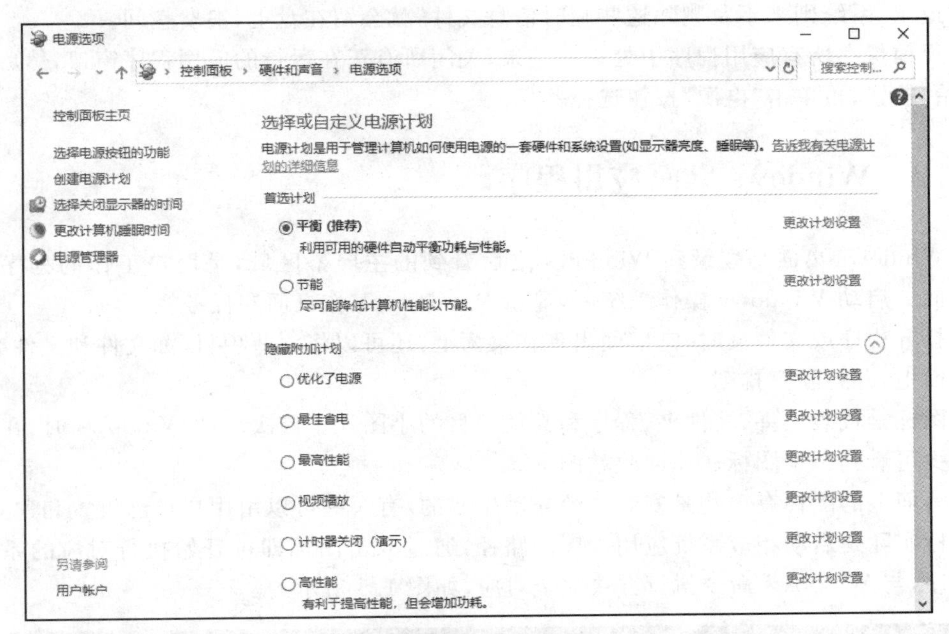

图 1.3　用户自定义电源使用方案

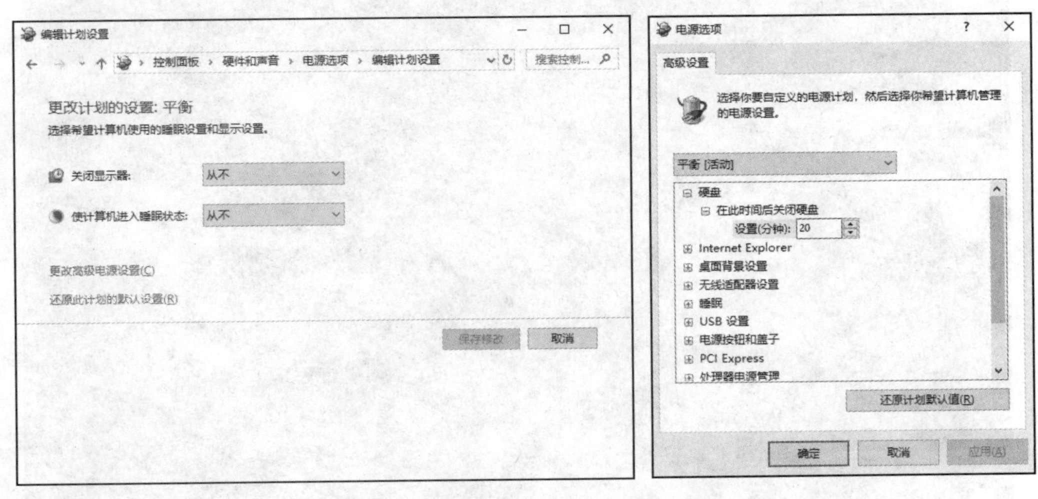

图 1.4　创建一个自定义的电源计划

2. 退出 Windows 操作系统

退出 Windows 并关闭计算机，需要按照正确的步骤进行操作，不能在 Windows 仍在运行时直接关闭计算机的电源。因为 Windows 是一个多任务、多线程的操作系统，有时前台运行一个程序，后台还可能运行着多个程序，如果突然关机会破坏系统的正常进程，可能造成程序数据和处理信息的丢失，严重时还可能造成系统的损坏，影响正常运行。此外，由于 Windows 的多任务特性，运行时需要占用大量的磁盘空间以保存临时信息，这些保存在特定文件夹中的临时文件会在 Windows 操作系统正常退出时被自动清除。若非正常退出，系统则来不及删除这些临时信息文件，就会留在盘上，浪费空间。

提前保存所有应用程序中处理的结果，关闭所有正在运行的应用程序窗口，然后单击“开始”按钮，再单击“电源”按钮选择关机。

1.1.3 Windows 桌面应用程序

Windows 桌面是登录到 Windows 之后看到的主屏幕区域，是用户工作的程序操作主界面。启动 Windows 操作系统后，显示 Windows 工作桌面和任务栏。

打开程序或文件夹时，它们便出现在桌面上，还可以将一些项目（如文件和文件夹）放在桌面上，并且随意排列。

图标是代表文件、文件夹、程序和其他项目的小图片。首次启动 Windows 时，在桌面上至少可看到一个图标——回收站图标。

桌面上的图标有一些是安装系统自动生成的，有一些可以由用户自己设置和建立，这些图标实际是启动相应系统应用程序的路径，通过双击图标即可开始执行对应的系统应用程序，与 Windows 命令执行方式完全对应，如图 1.5 所示。

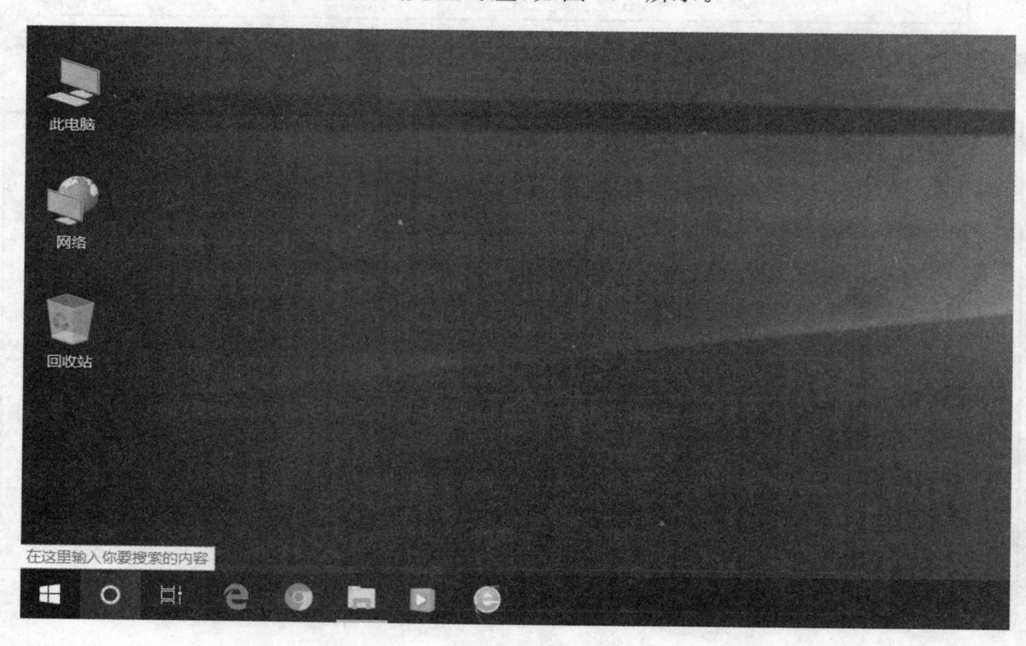

图 1.5 Windows 操作系统桌面

1.1.4 Windows 操作系统任务栏

任务栏是位于屏幕桌面底部的水平长条。与桌面不同的是，桌面可以被打开的窗口覆盖，而任务栏几乎始终可见。通过任务栏可以轻松地管理和访问最重要的文件和程序。它主要分为开始按钮、固定项目、跟踪窗口和通知区域等。

1. “开始”按钮

“开始”按钮位于屏幕的左下角，可以访问程序、文件夹和计算机设置，完成 Windows 操作系统的所有操作。

2. 搜索框——内置 Cortana(微软小娜)

在“开始”按钮之后，是搜索框，即系统内置的 Cortana(微软小娜)。这是一个带有智能的辅助工具。

3. 任务栏固定项目与跳转列表

在搜索框后是任务栏，可将喜欢的程序固定到任务栏，从而始终在任务栏中看到这些程序并通过单击方便地对其进行操作。有时也将排列固定项目的区域称为快捷启动区，如图 1.6 所示。

图 1.6　固定项目图标

4. 跟踪窗口

跟踪窗口显示已打开的程序和文件，并可以在它们之间进行快速切换。无论何时打开程序、文件夹或文件，Windows 都会在任务栏上实时跟踪创建对应的按钮。按钮会显示为该程序的图标。当同一个程序打开多个文件时，则在该按钮下跟踪多个窗口。将鼠标指针移向任务栏按钮时会出现一个小图片，上面显示缩小版的相应窗口。如果其中一个窗口正在播放视频或动画，则会在预览中看到它正在播放。单击任务栏中的画图程序图标，弹出跟踪窗口，如图 1.7 所示。

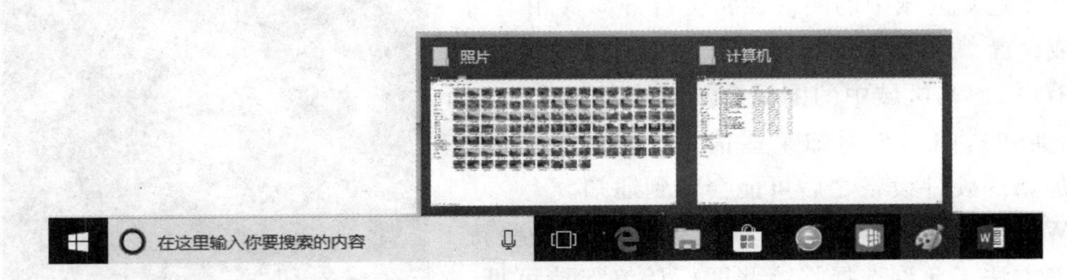

图 1.7　弹出的跟踪窗口

在 Windows 中打开多个程序或文件时，这些窗口将堆叠在桌面上。为了方便快速地调用需要的窗口，可以使用屏幕底部的任务栏在打开的程序之间切换。在切换之前，可以先进行预览。在跟踪窗口状态下，可看到该页面或程序的一个小预览版本；如果用光标指向某个窗口，将看到该窗口在桌面上的放大预览，如图 1.8 所示。

5. 通知区域

通知区域位于任务栏的右侧，包括时钟以及一些告知特定程序和计算机设置状态的图标。这些图标表示计算机上某程序的状态，或提供访问特定设置的途径。例如，网络联

图 1.8 在大、小窗口状态下预览

接状态、杀毒软件的监控状态、音效控制状态、当前时间以及一些软件的即时升级信息等。实际上，通知区的内容是计算机主动向用户报告和对用户进行提醒的相关状态信息。

将指针移向特定图标时，会看到该图标的名称或某个设置的状态。例如，指向音量图标将显示计算机的当前音量级别，指向网络图标将显示是否连接到网络以及连接速度、信号强度等信息。

单击通知区域中的图标通常会打开与其相关的程序或设置。例如，单击音量图标会打开音量控件。

有时，通知区域中的图标会显示小的弹出窗口（称为通知），向用户通知某些信息。例如，向计算机添加新的硬件设备之后可能会看到通知。

Windows 为避免通知区域杂乱，采取了一些新的管理方法。允许选择将哪些图标始终保持可见，而使通知区域的其他图标保留在溢出区，需要时单击就能够访问这些隐藏的图标。

6. 语言栏应用程序

中英文切换：汉字输入方法的选择都在这里完成。

7. 时钟程序

显示当前时间，将光标放在上面则显示日期，单击则会显示月历，如图 1.9 所示。

图 1.9 Windows 的时间显示

8. 显示桌面

在任务栏的最右端，即时钟右侧是“显示桌面”按钮。单击“显示桌面”按钮，可使所打开的窗口最小化，直接显示桌面。

1.1.5 Windows 应用程序窗口

当前执行的程序以一个打开的窗口显示在桌面上。不同的应用程序，在窗口形式上可能有所不同，但结构与操作是类似的。“资源管理器”应用程序窗口如图 1.10 所示。

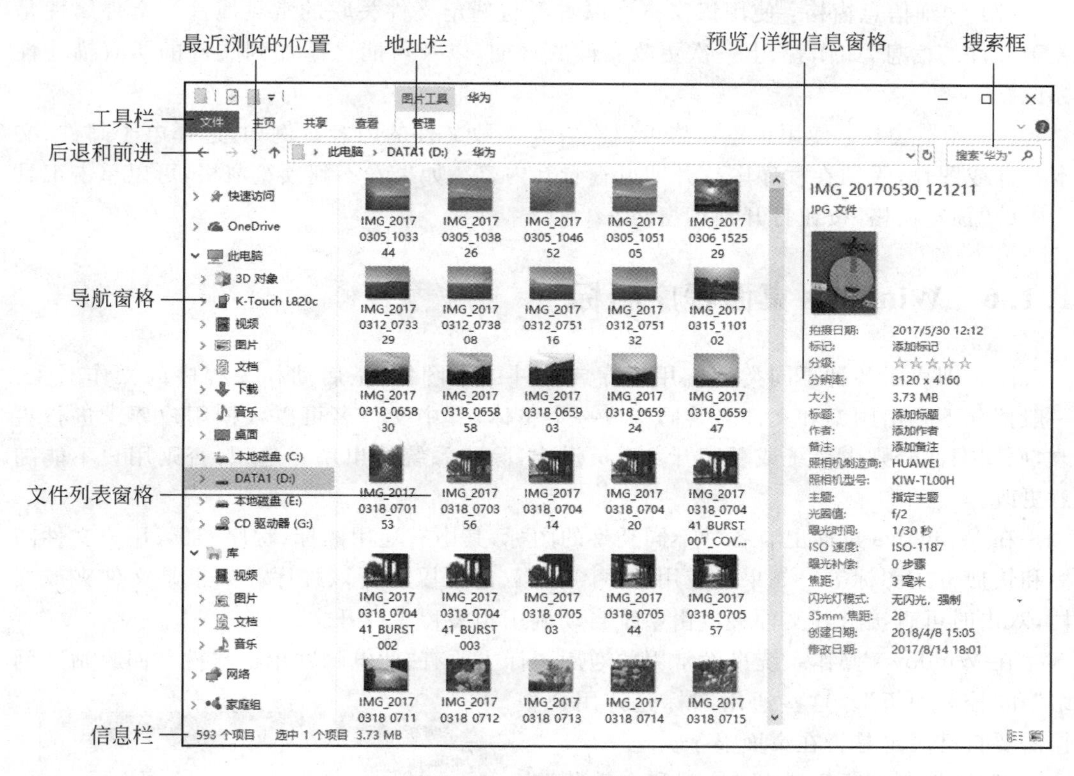

图 1.10 应用程序窗口

(1) 导航窗格：使用导航窗格可以访问库、文件夹及保存的搜索结果，甚至可以访问整个硬盘。使用“收藏夹”选项可以打开最常用的文件夹和搜索，使用“库”选项可以访问库，还可以使用“计算机”文件夹浏览文件夹和子文件夹的内容。

(2) “后退”和“前进”按钮：使用“后退”按钮和“前进”按钮，可以导航至已打开的其他文件夹或库，而无须关闭当前窗口。这些按钮可与地址栏一起使用，例如使用地址栏更改文件夹后，可以使用“后退”按钮返回到上一文件夹。

(3) 工具栏：使用工具栏可以执行一些常见任务，如更改文件和文件夹的外观及窗口显示内容，将文件刻录到 CD 或启动数字图片的幻灯片放映。工具栏的按钮可更改为仅显示相关的任务。例如，单击图片文件，工具栏显示的按钮与单击音乐文件时不同。

(4) 地址栏：使用地址栏可以导航至不同的文件夹或库，或返回上一文件夹或信息库的有关详细信息。

(5) 文件列表窗格：显示当前文件夹或信息库的位置。如果通过在搜索框中输入内容来查找文件，则仅显示与当前视图相匹配的文件，包括子文件夹中的文件。

(6) 搜索框：在搜索框中输入词或短语可查找当前文件夹或库中的项。输入内容后，搜索就开始了。例如输入 B 时，所有文件名以字母 B 开头的文件都将显示在文件列表中。

(7) 详细信息窗格：使用该窗格可以查看与选定文件关联的常见属性。文件属性是关于文件的信息，如作者、上一次更改文件的日期，以及可能已添加到文件的所有描述性标记。

(8) 预览窗格：使用预览窗格可以查看大多数文件的内容。例如，选择电子邮件、文本文件或图片，无须在程序中打开即可查看其内容。如果看不到预览窗格，可以单击工具栏中的“预览窗格”按钮打开预览窗格。

1.1.6 Windows 桌面程序图标

图标即表示各种不同类型应用程序或文件的小图像，是启动相关程序的操作对象。一般情况下它由图案和文件名共同构成一个整体，其中文件名可以根据用户要求进行更改，而图案部分则由系统或程序开发人员设定，除非系统给出用户选项，否则用户不能随意更改。

在 Windows 桌面上有各种不同类型的图标，其中有通用图标、程序图标、用户文件图标和快捷方式图标等。如果是应用程序图标，双击可以运行该程序。如果是文件夹或文档，双击时可直接打开文件夹或由系统自动调用相关程序打开文档。

在 Windows 操作系统桌面常用的通用图标主要有“此电脑”“用户文件”“回收站”“网络”和“控制面板”。这些通用图标允许用户根据需要自己决定是否在桌面显示。

打开“控制面板”，选择“外观和个性化”中的“任务栏和导航”选项，在左窗格中单击“主题”。在“桌面图标设置”对话框中选中要在桌面上显示的每个图标对应的复选框，清除不想显示的图标对应的复选框，然后单击“确定”按钮，如图 1.11 所示。

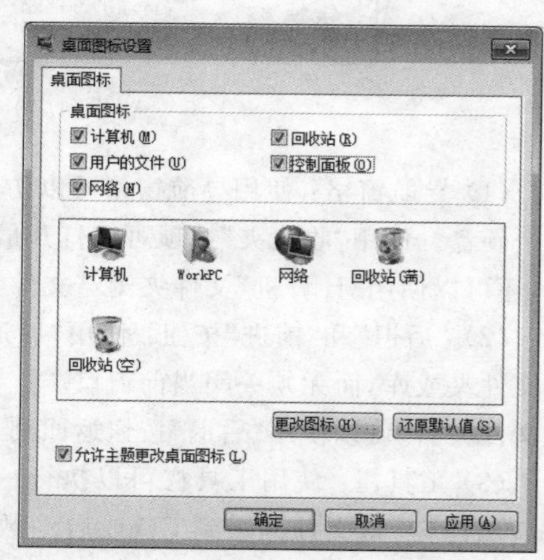

图 1.11 “桌面图标设置”对话框

1. 计算机系统图标

双击“此电脑”图标，系统即打开一个浏览窗口，可查阅本计算机的系统属性等所有资源信息，包括硬件信息、软件信息、系统配置信息以及外部设备信息等，这是一个集系统资源、文件管理和浏览功能于一身的应用程序。

在“此电脑”窗口中，用户可以方便地浏览和调用计算机中的所有资源。要对窗口中的文件进行操作，可以先单击一个操作对象的图标，然后可以从预览窗口预览文件内容，在工具栏选择相关命令，执行相应的操作，如图 1.12 所示。

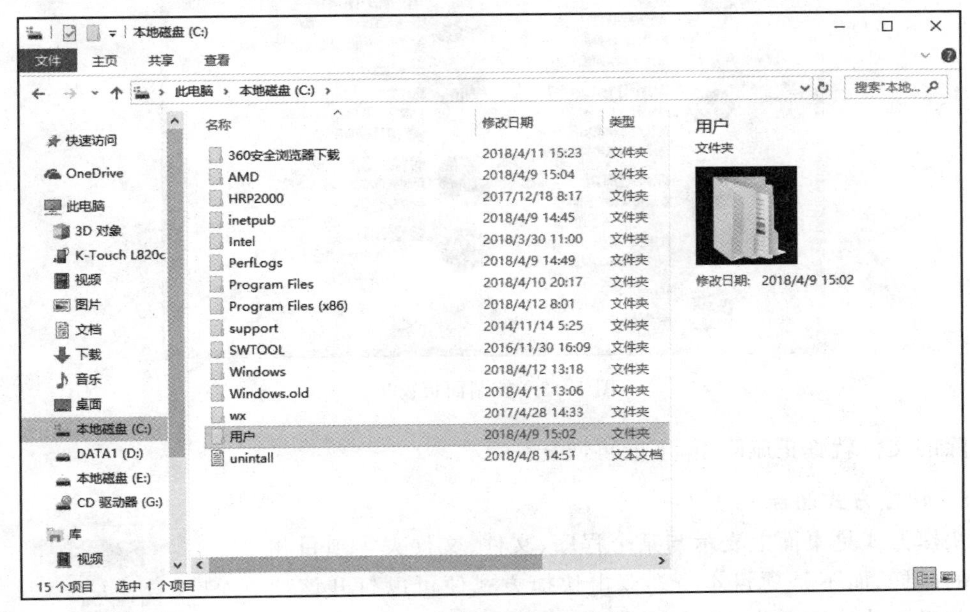

图 1.12　资源管理器预览窗口

2. 网络图标

单击 Windows 桌面上的“网络”图标可以查看基本网络信息并设置连接，实现对无线网络的管理以及对适配器的设置更改，并可以在此添加打印机和无线设备。

3. 控制面板图标

使用“控制面板”可以更改 Windows 的设置。这些设置几乎控制了有关 Windows 外观和工作方式的所有硬件与软件，并允许用户根据需要对 Windows 进行设置，如图 1.13 所示。

4. 回收站图标

“回收站”是 Windows 操作系统专门用于回收被删除的文件或文件夹的应用程序。当用户删除文件时，计算机实际上是暂时把文件移到了“回收站”。在清空回收站之前，如果用户又想恢复其中的文件，还可以方便地从“回收站”中“捡回来”。当然，文件放在回收站里同样也是要占用空间的，如果用户决定永久删除回收站中的文件，也可以清空回收站，把文件彻底删除，以腾出硬盘空间存放新文件。

在桌面打开回收站应用程序图标，以窗口方式显示其中的文件。需要“捡回”已扔掉的文件时，可先选中相应文件，再单击“还原此项目”按钮，实现文件恢复。

要将“回收站”窗口中被列出的文件全部删掉，单击“清空回收站”按钮即可，这样所有

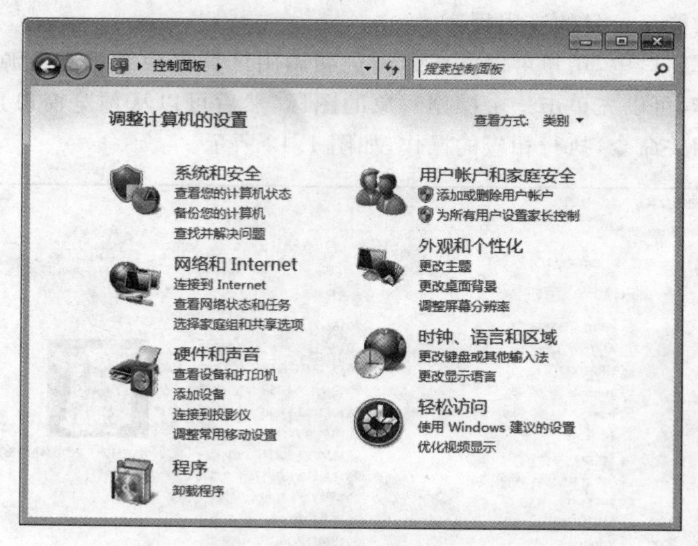

图 1.13 控制面板窗口

被删除的文件就真正删除了,不能再恢复。

5. 快捷方式图标

快捷方式是桌面上表示与某个程序、文件、文件夹等项目相链接的图标,而不是项目本身。双击快捷方式便可以打开该项目。如果删除快捷方式,则只会删除这个快捷方式,而不会删除原始项目。可以通过图标左下角的箭头来识别快捷方式图标,如图 1.14 所示。

图 1.14 快捷方式图标

1.2 Windows 系统程序应用

Windows 操作系统启动进入正常工作后,屏幕显示的就是 Windows 操作系统的工作桌面,像我们日常工作中使用的办公桌,每个形象化的图标都可以启动一个或一组应用程序。用户可随时单击桌面上的应用程序图标进入工作。Windows 操作系统可以同时运行多个应用程序。每当运行或打开一个应用程序时,在任务栏中就显示对应的图标,用户可随时单击这些图标,切换到任何一个相应的应用程序中。

1.2.1 “开始”菜单程序选项

利用“开始”菜单选项可以使用 Windows 操作系统提供的所有工具与资源,一切操作都可以始于“开始”菜单。“开始”菜单是计算机程序、文件夹和设置的主门户。它提供一个选项列表,通常是要启动或打开某项内容的入口。“开始”按钮在屏幕左下角。

使用“开始”菜单可完成常用的程序执行操作,如启动程序,打开常用的文件夹,搜索文件、文件夹和程序，调整计算机设置，获取有关 Windows 操作系统的帮助信息，关闭计算机或注销 Windows、切换到其他用户账户等。

用户使用计算机进行工作时，可以通过“开始”菜单中的选项来调用程序。在 Windows 操作系统桌面单击“开始”按钮后，弹出“开始”菜单，其中包含了所有的 Windows 操作系统功能操作命令及安装应用程序。

“开始”菜单分为两个基本部分，左边的窗格显示计算机程序的一个短列表，默认情况下，“开始”菜单不会预先锁定任何便于启动的程序或文件。当用户第一次打开某个程序或项目之后，该程序或项目将会出现在“开始”菜单的“最近添加”中。使光标指向某个菜单选项，单击，该项程序则启动运行。单击“所有程序”可显示程序的完整列表。右边窗格是按不同功能分类的图标磁贴，可直接引导用户进入相关应用，简化操作。

1. 所有程序列表

“开始”菜单最常见的一个用途是打开计算机上安装的程序。单击“开始”菜单左边窗格中显示的程序，该程序就打开了，同时自动关闭“开始”菜单。

在“所有程序”菜单列表中包括两大类程序：一类是 Windows 操作系统自带程序，在安装 Windows 操作系统时选择指定，如“附件”“安全中心”“管理工具”等；另一类是用户自行选择安装的应用程序，如微软公司的办公套装软件 Office 组件中的文字处理软件 Microsoft Word、数据表处理软件 Microsoft Excel、演示文稿制作软件 Microsoft PowerPoint、数据库管理软件 Microsoft Access 和网页制作工具 Microsoft FrontPage 等，以及许多用户自己购买安装的其他公司开发的可支持 Windows 操作系统的软件，如查杀计算机病毒软件、图像编辑处理软件和视频编辑处理软件。当然，用户也可添加自己制作的应用程序。

用户移动鼠标，使鼠标指示箭头指向某个菜单选项，则背景变蓝，同时在光标处会自动出现关于该选项所具备的功能或显示该程序在磁盘上的存储路径。单击菜单选项中的某个程序或子菜单中的某个应用程序名，Windows 操作系统就会启动运行该程序。

2. 跳转列表

Windows 还为“开始”菜单引入了“跳转列表”。“跳转列表”是最近使用的项目列表，如文件、文件夹或网站，这些项目按照打开它们的程序进行组织。右击程序可以打开跳转列表。除了使用“跳转列表”打开最近使用的项目之外，用户还可以用收藏夹项目锁定“跳转列表”，便于经常访问使用的程序和文件，如图 1.15 所示。

3. 搜索框

使用搜索框查找文档是在计算机上查找项目的最便捷方法之一。用户是否提供项目的确切位置并不重要，搜索框将搜索各个程序以及个人文件夹（包括“文档”“图片”“音乐”“桌面”等）中的所有文件夹，以及电子邮件、即时消息、约会和联系人等。

在开始按钮之后，是搜索框，即系统内置的 Cortana（微软小娜）。这是一个带有智能的辅助工具。利用 Cortana 可以直接执行一些应用、搜索等任务，简化用户的许多操作。用户既可以通过鼠标向 Cortana 发出指令，也可以利用麦克发出语音指令对 Cortana 进行操作。

单击窗口左下角的“在这里输入你要搜索的内容”，即可启动 Cortana。再选择“应用”“文档”或“网页”，或打开“筛选器”指定搜索的范围，输入搜索内容即可开始搜索，如图 1.16 所示。

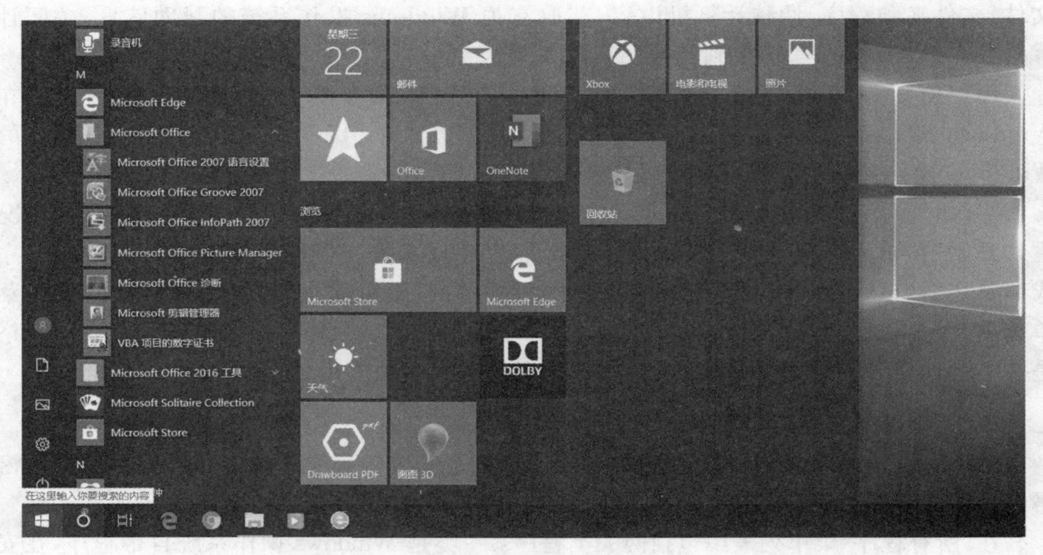

图 1.15 “开始”菜单中的“跳转列表”

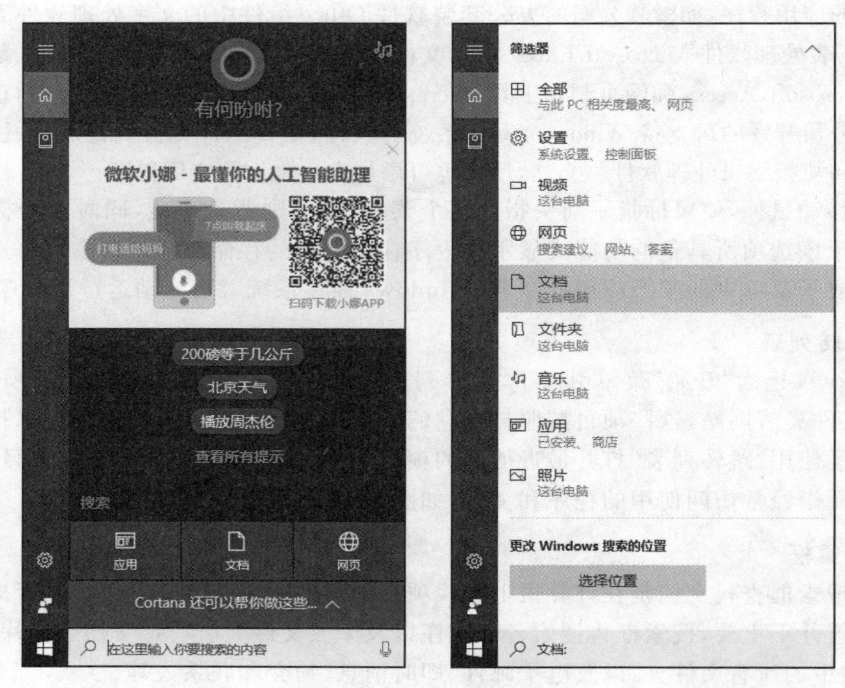

图 1.16 Cortana 搜索窗口

对于以下情况,程序、文件和文件夹将作为搜索结果显示:

(1) 标题中的任何文字与搜索项匹配或以搜索项开头。

(2) 该文件实际内容中的任何文本内容与搜索项匹配或以搜索项开头。

(3) 文件属性中的任何文字,如作者与搜索项匹配或以搜索项开头。

4. “控制面板”选项

“控制面板”是用户使用计算机系统的核心管理软件，提供用户可以使用的所有的系统配置、修改和查看操作，这些设置几乎控制了 Windows 外观和工作方式的所有设置。单击“控制面板”选项，系统弹出一个新窗口，其中集成了软件系统和硬件设备的设置。

利用“控制面板”窗口，可以通过单击不同的类别来查看每个类别下列出的常用任务，包括系统和安全，网络和 Internet，硬件和声音，程序，用户账户和家庭安全，外观和个性化，时钟、语言和区域，轻松访问 8 类设置；还可在“查看方式”下，以图标的形式逐项列出，如图 1.17 所示，其中图 1.17(a)为按类别查看方式，图 1.17(b)为按图标查看方式。

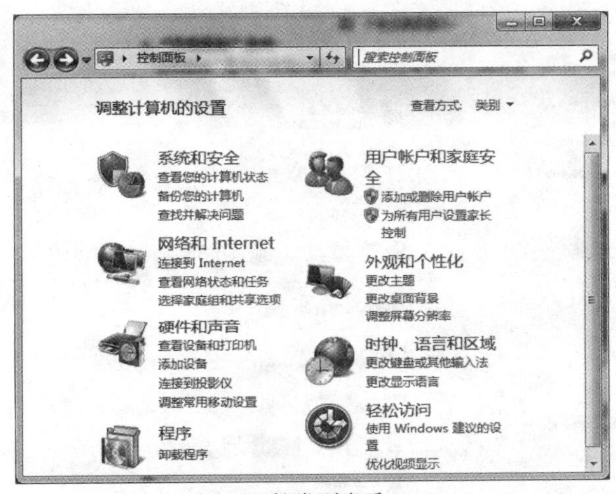

(a) 按类别查看

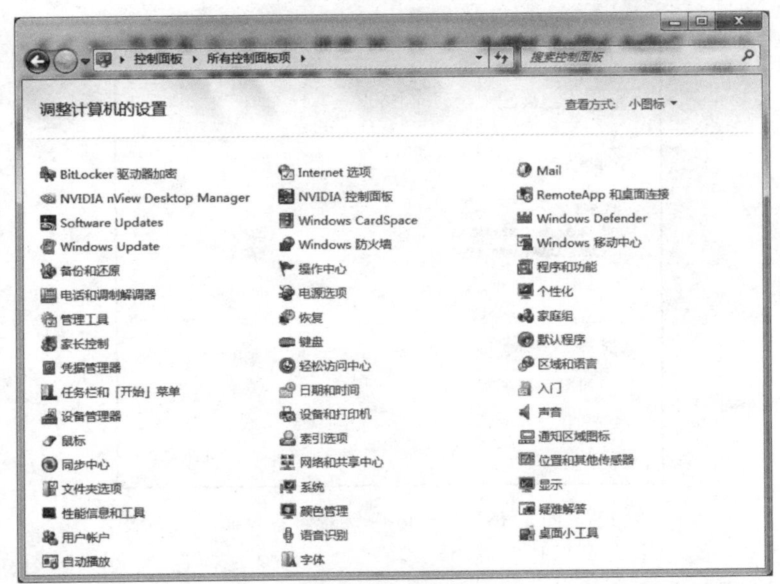

(b) 按图标查看

图 1.17 控制面板

5. 疑难解答

Windows 内置的“疑难解答”可以为用户找出并解决许多常见的问题。例如，Internet 连接、打印机、硬件和设备、电源、共享文件夹等。当用户遇到问题时，可选择相应的选项，系统通过运行疑难解答，自动查找并解决问题。更多问题则可以通过连接 Microsoft 网站获得 Windows 支持。

用户可以在“控制面板”→“系统和安全”→“安全和维护”中选择“疑难解答”选项，进入界面操作，如图 1.18 所示。

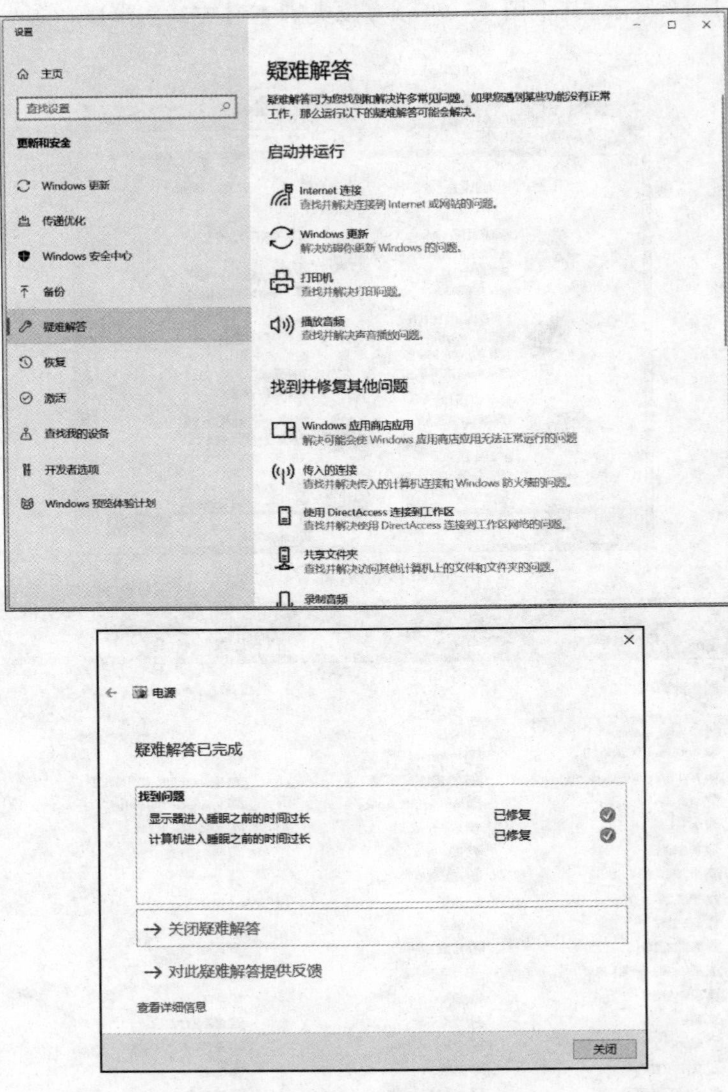

图 1.18　Windows 疑难解答界面

6. “运行”菜单选项

“运行”菜单选项用来运行各种可以运行的应用程序。尽管 Windows 操作系统把许多DOS操作系统命令都图形化了，单击就能操作，但是带有参数的可执行命令则要在此运行。例如Internet远程登录服务(telnet)命令，测试网卡、网络是否连通等，都要通过单命令操作来运行。

在搜索框中输入“运行”，然后在结果列表中单击“运行”按钮，弹出“运行”对话框，用户可直接输入外部运行程序的路径与文件名。

带有参数的应用程序必须按格式要求输入参数才能运行。

7. 切换与注销选项

该选项用于注销正在使用的账户或切换为其他用户。

单击“开始”按钮，选择“用户”图标，系统弹出子菜单，其中有“用户列表”和“注销”等选项。单击即可执行，如图1.19所示。

图1.19　切换用户或注销登录

“注销”选项主要用于一个以上的用户共同使用一台计算机时，不同的人可以设置不同的操作环境配置，使用时以自己的用户名登录；当不再使用这台计算机时，可以把个人信息从当前操作环境中注销。从计算机注销时，将关闭你的程序和用户账户，下次登录还可以访问。“切换用户”是指在当前用户程序和文件仍然保持打开状态时，允许其他用户登录使用计算机，前一用户的程序则在后台继续运行。

8. 其他选项

个人文件夹是根据当前登录到Windows的用户命名的文件夹。例如，当前用户是mary，则该文件夹的名称为mary。此文件夹依次包含用户的文件，其中有“文档”“音乐”“图片”“游戏”和“视频”等文件夹。

单击“关机”按钮旁边的箭头可显示一个带有其他选项的菜单，可用来切换用户，注销、重新启动或关闭计算机。

1.2.2　快捷方式与快捷菜单

虽然Windows操作系统在“开始”菜单里用“跳转列表”等方式列出了最近调用或

打开过的程序和文件，但数量是有限制的，不能根据自己的要求对文件进行个性化设定。

对于用户认为常用或重要的程序和文件，如果每次调用都按照存储路径一步步寻找，就显得太烦琐了，这时用户可以对需要的程序或文件建立一个“快捷方式”图标，并将其放到桌面上，调用时直接在桌面上双击快捷方式图标即可启动或打开程序和文件。

1. 快捷方式

在“快捷方式”图标的图案部分左下角有一个指向右上方的箭头，而原文件图标则没有，以示区别，如图 1.20 所示。

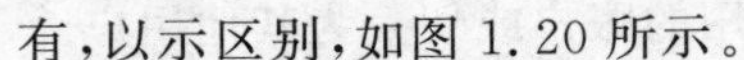

图 1.20　快捷方式图标

“快捷方式”图标只记录了文件路径，并不是文件实际存储的位置，所以当删除快捷方式图标时，对原文件没有任何影响。

在桌面上放置快捷方式的步骤如下：

(1) 右击所需的项目，如文件、程序、文件夹、打印机或计算机，弹出快捷菜单。

(2) 在弹出的快捷菜单中单击“创建快捷方式”命令，在同目录下生成快捷方式图标。

(3) 调整窗口大小，以便可以看到桌面。

(4) 将新的快捷方式图标拖动到桌面。

2. 快捷菜单

所有的操作命令用户都可以在相关窗口的功能区里找到。为了提高工作效率，对于常用的命令，Windows 给出了另外一个便捷的途径，就是快捷菜单。

使用快捷菜单时，将鼠标指针置于图标或屏幕的有效区域上，选取要操作的对象右击，随即弹出一个与图标或所在区域相关的常用操作命令菜单，如图 1.21 所示。

选择快捷菜单中的命令即可执行相关操作。

1.2.3　设置屏幕显示属性

用户可以根据自己的喜好对计算机的显示风格进行富有个性化的设计。可以更改桌面的外观，包括背景、屏幕保护程序、颜色、字体大小以及屏幕分辨率等。

1. 桌面主题

桌面主题是图标、字体、颜色、背景、屏幕保护程序、声音、窗口、鼠标指针和其他窗口元素的预定义的集合，它能使用户的桌面具有与众不同的外观。如果多人使用同一台计算机，每个人都有自己的用户账户，则可以分别选择自己的主题，既彰显个性，又互不干扰。

2. 创建桌面风格

在“控制面板”中单击“外观和个性化”→“个性化”选项，打开个性化窗口，选中要修改的主题成为当前主题，此处以 test2 为例，如图 1.22 所示。

还可分别对桌面背景、窗口颜色、锁屏界面和屏幕保护程序等进行修改。若要更改背

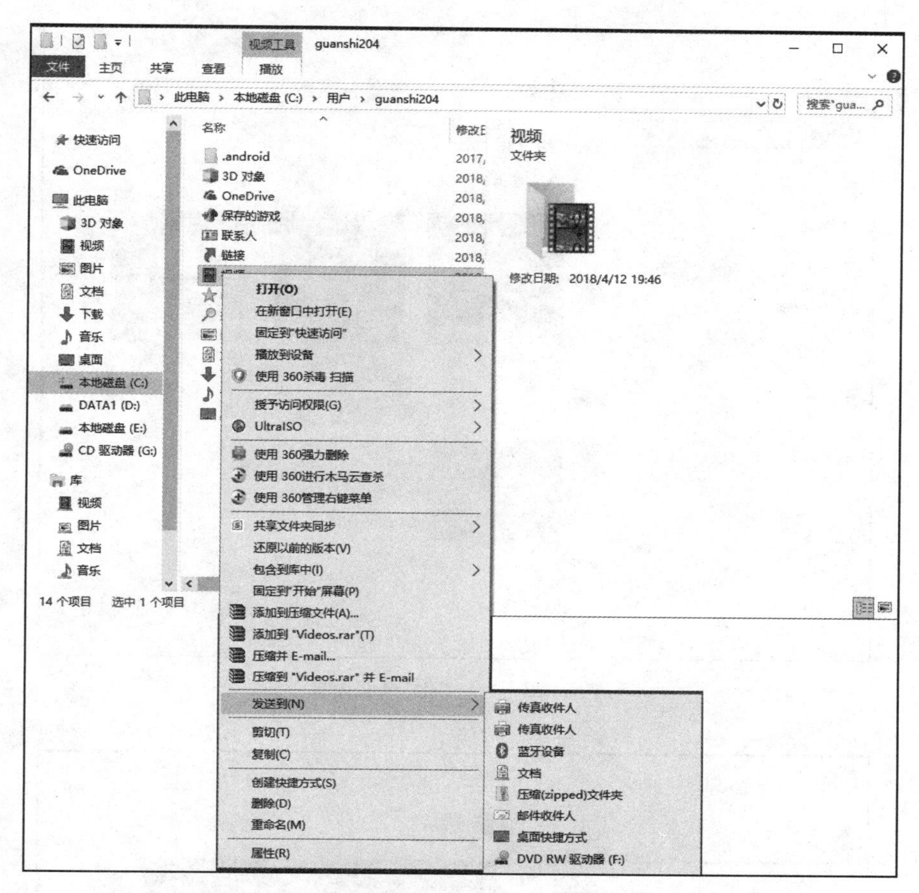

图 1.21　右击选取对象打开快捷命令菜单

景，则单击“背景”，再选中要使用的图像对应的复选框，如图 1.23 所示。

Windows 具有丰富的背景图像，按照建筑、人物、风景和自然等分类组织，用户可以根据自己的喜好选择。另外，用户还可以自己拍摄、下载图像、图片来组织个性化图片库。

若要更改窗口边框的颜色，则依次单击“颜色”和要使用的颜色，再调整亮度。

若要更改主题的声音，则在控制面板中单击“声音”，在“程序事件”列表中更改声音，对“声音方案”和“程序事件”进行设定。当某个“程序”发生打开、关闭、退出、运行出错、中断，甚至电池不足等“事件”时，计算机会自动发出某种声音信息提醒用户。用户可以自己选择定义提示项目和提示音。最后单击“确定”按钮。

若要添加或更改屏幕保护程序，则单击“屏幕保护程序”下拉列表中喜欢的项目，也可同时更改其他设置，然后单击“确定”按钮。

单击“保存主题”按钮，给新主题命名，主题被保存，并自动成为当前主题，如图 1.24 所示。

用户如果不启用个性化的“我的主题”，可直接选中背景库中某类图像，系统会自动将该类图像依次循环显示，用户将不断看到定时更新的背景，也不失为一种特色风格。

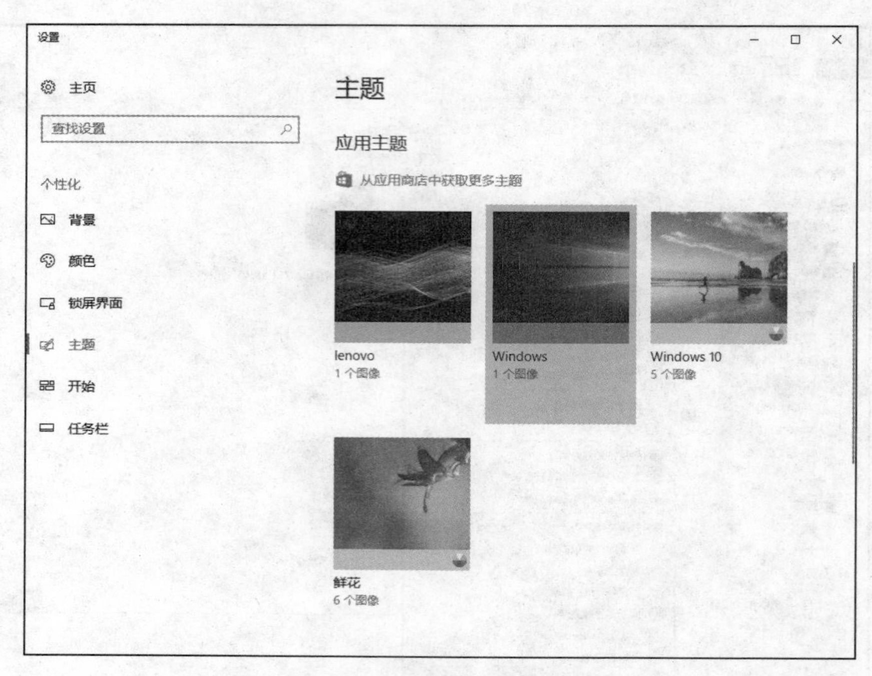

图 1.22 “个性化”桌面设置

图 1.23 选择“桌面背景”

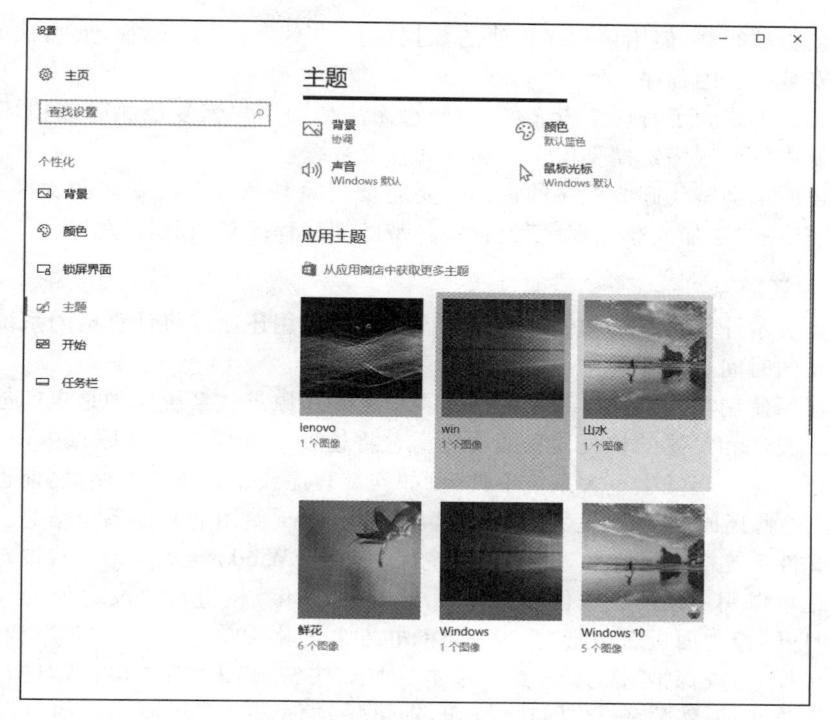

图 1.24　新建成的“应用主题”

1.2.4　系统还原功能

系统还原是 Windows 操作系统中的一个程序组件，它可将计算机的系统文件及时还原到早期的还原点，在计算机发生故障时恢复到以前的状态，而不会丢失用户的 Word 文档、浏览器历史记录、绘图、收藏夹或者电子邮件等个人数据文件。

1. 系统还原可以执行的任务

(1) 将计算机还原到以前的某个状态。

默认情况下，系统还原可以监视以及恢复计算机的所有分区及驱动器。它还监视用户通过传递机制(如 CD-ROM、软盘、Systems Management Server(SMS)或 IntelliMirror)而执行的所有应用程序或驱动程序的安装。

如果用户意外地删除了受监视的程序文件(如带有 exe 或 dll 扩展名的文件)，或者受监视的程序文件被破坏，那么可以将计算机还原到那些更改发生之前的某个状态。

为了避免还原过程中系统还原对与现有文件夹同名的文件夹进行还原而覆盖现有的文件，系统还原可以通过向文件夹名称添加数字后缀而对其重命名。

(2) 还原计算机而不丢失个人文件。

系统还原不会使用户丢失个人文件或密码。当使用系统还原将计算机恢复到早期的状态时，像文档、电子邮件、浏览历史和最后一次指定的密码之类的项目将会保存起来。

如果某一程序是在正要还原到的还原点被创建之后安装的，作为还原过程的一部分，该程序可能会被卸载，但用该程序创建的数据文件并不会丢失。然而，要再次打开文件，必须重新安装相关的程序。

系统还原不是为了备份个人文件，因此它无法帮助用户恢复已删除或损坏的个人文件。应该使用备份程序定期备份个人文件和重要数据。

系统还原不会替代卸载程序的过程。要完全删除某一程序所安装的文件，必须使用“控制面板”中的“添加或删除程序”或程序自带的卸载程序来删除程序。

2. 创建还原点

还原点表示计算机系统文件的存储状态。可以使用还原点将计算机的系统文件及时还原到较早的时间点。

系统还原使用名为“系统保护”的功能自动创建还原点。系统保护是定期创建和保存计算机系统文件和设置的相关信息的功能。它将这些文件保存在还原点中，每 7 天自动创建一个还原点。当发生重大系统事件(例如安装程序或设备驱动程序)之前也会自动创建还原点。这些还原点包含有关注册表设置和 Windows 使用的其他系统信息。只能对使用 NTFS 文件系统格式化的驱动器打开系统保护，安装 Windows 的驱动器将被自动打开。

用户也可以用手动的方法创建还原点，以记录对计算机进行更改之前的计算机状态和设置。打开“控制面板”，运行“系统”程序，在左侧窗格中单击“系统保护”，弹出“系统属性”窗口；选择“系统保护”选项卡，然后单击“创建”按钮，弹出“系统保护”对话框；在对话框中输入描述文字，然后单击“创建”按钮，即可手动创建一个还原点。创建设置过程如图 1.25 所示。

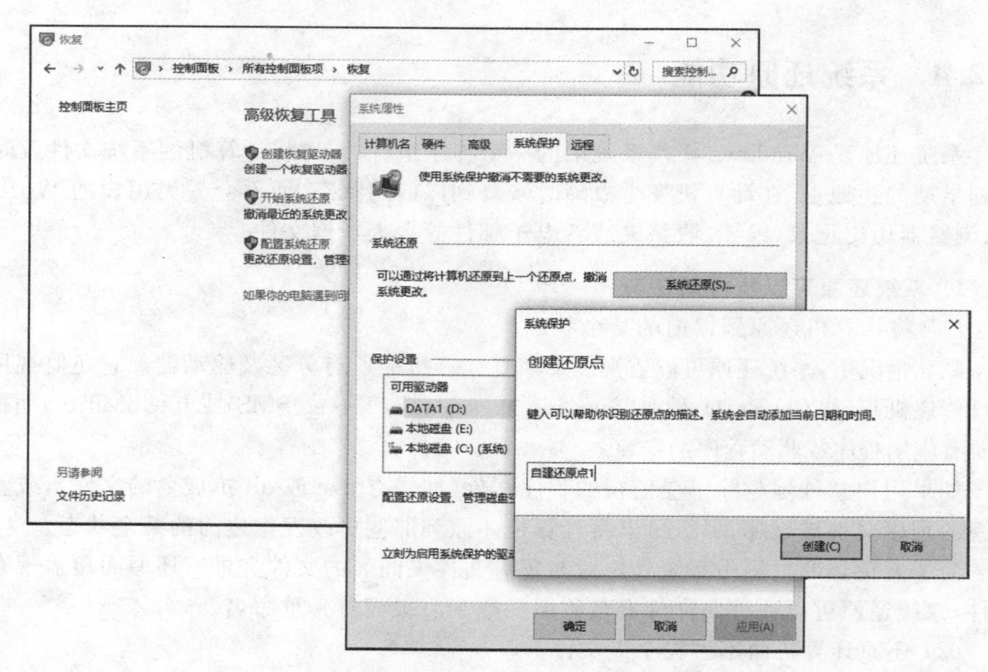

图 1.25　创建“还原点”

3. 使用系统还原向导

在启动系统还原之前，请保存任何打开的文件并关闭所有程序。一旦确定还原点，系统还原就将重新启动计算机。用户可以通过选择“控制面板”→“恢复”，执行“开始系统还原”程序，系统会弹出 “系统还原”对话框，按系统向导执行操作即可。

系统还原自动推荐在安装一个程序等显著操作点之前创建最新的还原点。自动创建的还原点的描述与事件名称对应，例如 Windows Update 安装更新，系统还原将计算机恢复到所选还原点之前所处的状态。用户还可以从还原点列表中选择发生问题的日期之前创建的还原点，如图 1.26 所示。

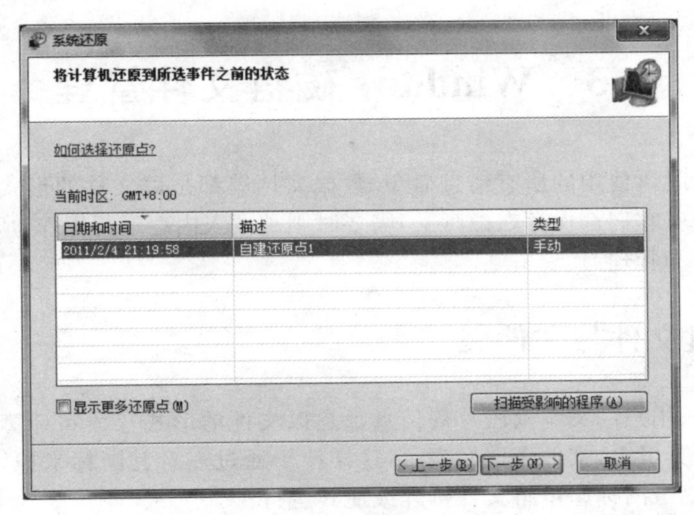

图 1.26 “系统还原”对话框

在“将计算机还原到所选事件之前的状态”窗口，单击“下一步”按钮，如图 1.27 所示。

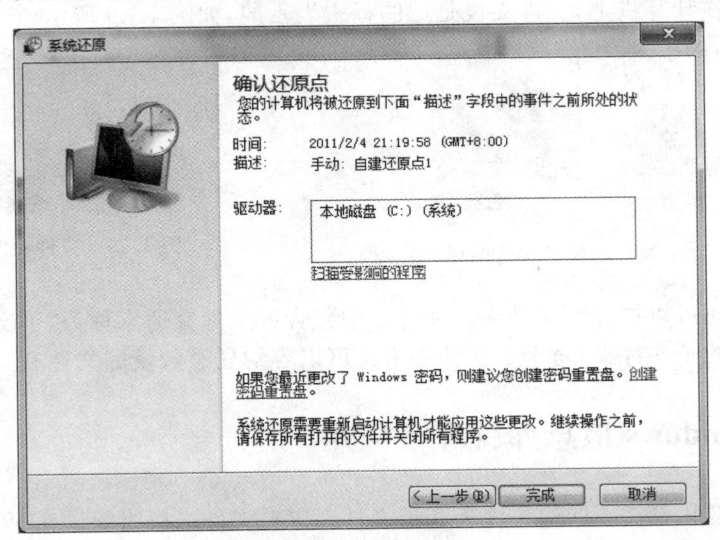

图 1.27 选择某日期作为还原点

用户选定还原点，单击“完成”按钮后，还原过程开始执行，系统重新启动，并且显示用户登录屏幕。

4. 撤销系统还原结果

如果用户不满意计算机还原后的状态，可以撤销该还原或选择另一个还原点。所有成功的还原操作均为可逆的，所有失败的还原将由“系统还原”自动撤销。

每次使用系统还原时，都会在继续之前创建还原点，因此如果问题没有修复，则可以撤销更改。如果在计算机处于安全模式时使用“系统还原”选项，或使用“系统恢复”选项，则无法撤销还原操作。这时可以重新运行系统还原，选择其他存在的还原点。

1.3 Windows 磁盘文件管理

计算机运行时所使用的所有信息命令、数据文档等都是以文件的形式进行组织管理和调用的。不用时它们都保存在磁盘上，需要时则被调入内存运行操作，所以磁盘文件需要用户时常维护和管理。

1.3.1 磁盘文件与文件夹

计算机程序、用户的文本及图片等信息都是以文件的形式存放在计算机磁盘等存储设备上的。在计算机上，文件用图标表示，这样便于通过查看其图标来识别文件类型，如图 1.28 所示。双击图标即可将文件打开或使其运行。

文件夹可看成是存储文件的容器，在计算机的存储设备上可能会存放数以千计的各类文件，用户可以在存储设备上建立一些文件夹，把文件按照不同的属性分类存放，便于管理和查找。在计算机上，文件夹也是用图标来表示的，如图 1.29 所示。

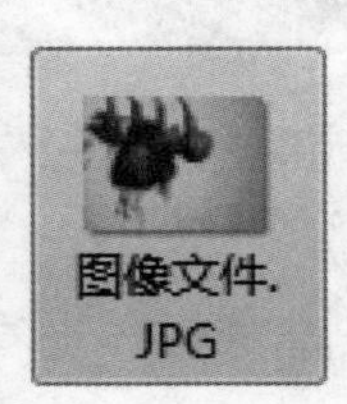

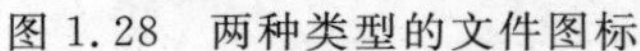
图 1.28 两种类型的文件图标

图 1.29 文件夹图标

文件夹内还可以再存储文件夹。文件夹中包含的文件夹通常称为“子文件夹”。可以创建任意数量的子文件夹，每个子文件夹中又可以容纳任意数量的文件和其他子文件夹。

1.3.2 Windows 信息库管理及应用

管理文件意味着在不同的文件夹和子文件夹中对文件进行组织。在 Windows 中，还可以使用库按类型组织和访问文件，而不管其存储位置如何。

1. 什么是信息库

信息库简称库，是从各个位置汇编的项目集合。在某些方面，库类似于文件夹。例如，打开库时将看到一个或多个文件夹。与文件夹不同的是，库可以收集存储在多个不同位置中的文件夹，可以是本地计算机、外部驱动器或他人计算机，然后以一个集合的形式查看和排列这些文件夹中的文件。一个库可包含 50 个文件夹，将其显示为一个集合，而无需从其存储位置移动这些文件夹。

这是一个重要的区别。库实际上不存储项目，它监视包含项目的文件夹，并允许用户以不同的方式访问和排列这些项目。Windows 系统有 4 个默认库（文档、音乐、图片和视频），用户还可以新建库用于其他集合。

例如，如果在硬盘和外部驱动器上的文件夹中有音乐文件，则可以使用音乐库同时访问所有音乐文件。如果在外部硬盘驱动器上保存了一些图片，则可以在图片库中包含该硬盘驱动器中的文件夹，然后在该硬盘驱动器连接到计算机时，可随时在图片库中访问该文件夹中的文件。导航窗格是访问信息库最容易的地方，单击“库”将其打开，包含在库中的所有文件夹中的内容都将显示在右侧的文件列表中。

2. 新建信息库

若要创建新库，可在导航窗格中右击“库”选项，从弹出的快捷菜单中选择“新建”→“库”命令，可给库命名，如图 1.30 所示。

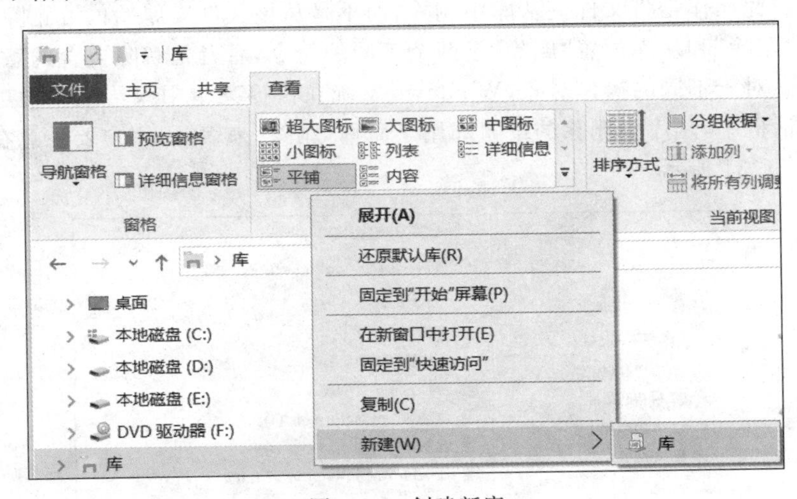

图 1.30　创建新库

3. 包含文件夹到信息库中

右击要包含的文件夹，在弹出的快捷菜单中指向“包含到库中”选项，然后在扩展菜单中单击相应的库即可。

4. 信息库与文件夹、子文件夹和文件的关系

库不能直接存储文件项目，它是通过对文件夹的组织来实现对文件的管理的。也就是说，要将文件复制、移动或保存到库，必须首先在库中包含一个文件夹，文件只能存储在库中所包含的某一个文件夹下。

在每个库中都有一个默认保存位置，这个位置就是库所包含的某个文件夹。例如，在文档库中默认保存位置是“我的文档”文件夹；在图片库中，默认保存位置是“我的图片”文件夹。当然，库中的“默认保存位置”也可以根据用户的需要重新指定其他文件夹。

若要将文件从文件列表移动或复制到库的默认保存位置，可将这些文件拖动到导航窗格中的库。如果文件与库的默认保存位置位于同一硬盘上，则移动这些文件。如果它们位于不同的硬盘上，则复制这些文件。

5. 信息库及其内容的删除

如果删除库，会将库自身移动到“回收站”。在该库中访问的文件和文件夹存储在其他位置，因此不会被删除。

库可以对存储设备上任何一级文件夹进行包含，解除包含关系时执行“从库中删除位置”命令，不会对原位置的文件夹进行删除。这种包含关系仅限于库直接包含那一级文件夹。

库对于直接包含的文件夹下的子文件夹或文件来说都不是直接的包含关系。因此，库不能单独对某个子文件夹或文件解除包含。如果在库中一定要对子文件夹或文件执行“删除”命令，将会同时从原始位置将其真正删除到回收站。

若要对库中的文件夹解除包含，可右击要解除的文件夹，在弹出的快捷菜单中选择“删除”命令。此操作是将文件夹从库中删除，而不是从该文件夹原始位置删除该文件夹。

从库中“删除”和从库位置“删除”是两个不同的命令，后者是解除包含的意思，前者是删除的意思。对于不同的操作对象，Windows 系统在快捷菜单中只给出一种选项。但在“库位置”对话框中，从库中删除的按钮却用了简称“删除”来表示，用户要注意在概念上不要混淆，如图 1.31 所示。

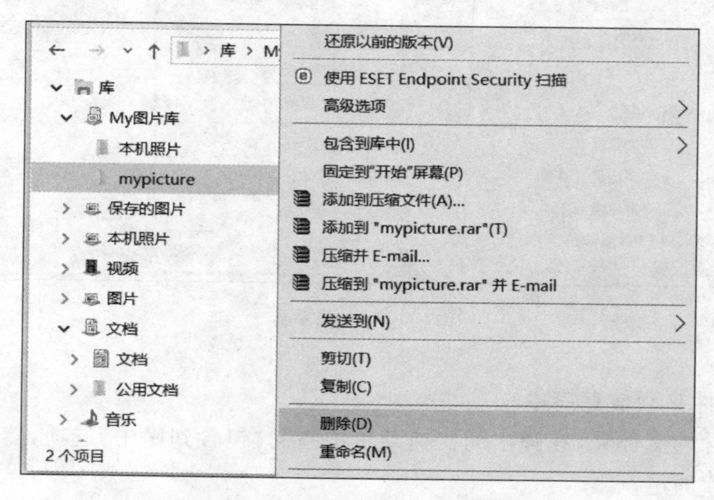

(a) 从快捷菜单中“删除”

图 1.31　将文件夹从库中删除的两种命令

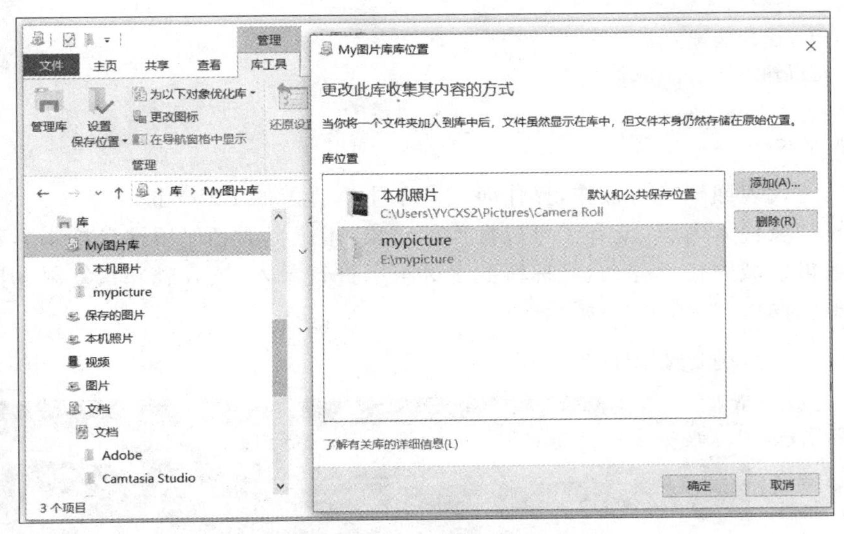

(b) 从“库位置”对话框中“删除”

图 1.31 （续）

1.3.3 创建用户文档文件

文档是用户通过计算机软件工具制作的一个计算机文件，用计算机处理的所有用户信息都是以文件的形式建立和存放的。Windows操作系统下的用户文档制作工具软件种类很多，常用的有文字编辑处理软件、制表软件、图片编辑处理软件、视频图像编辑软件、三维制作软件和网页制作软件等。这些制作工具随着计算机技术的发展，功能越来越多，性能也越来越强。但是作为工具的性质都是类似的，即创建一个新文件、全屏幕编辑、以某种格式类型的文件存盘等。

在 Windows 操作系统中内置了几种简单的编辑工具，如“写字板”“画图”等。下面以“写字板”应用程序为例介绍一个文字文档的创建过程。“写字板”是 Windows 操作系统内置自带的全屏幕文字处理程序，用它创建生成的文档文件类型是一个带有格式编排的文档文件，默认的扩展名为 rtf。

选择“开始”→“Windows 附件”→“写字板”命令，即可打开“写字板”程序窗口，如图 1.32 所示。

图 1.32 启动“写字板”应用程序

打开写字板应用程序窗口，现在先输入一些有效的文字，再进行相关的操作。例如，按以下格式先输入一段文字：

写字板程序测试。↙
写字板程序编辑区域。↙
在此处可以输入文字、插入图片等。↙
Today is Sunday.↙
I am a student.↙

其中符号"↙"代表回车换行操作，操作时按一下主键盘上的 Enter 键。

在编辑区域输入内容，就有了可以操作的对象，用鼠标或者使用键盘控制屏幕指示光标在整个编辑区域内任意移动，光标所到之处可以进行录入、插入、删除、复制、剪切、粘贴和查找等编辑操作，如图 1.33 所示。

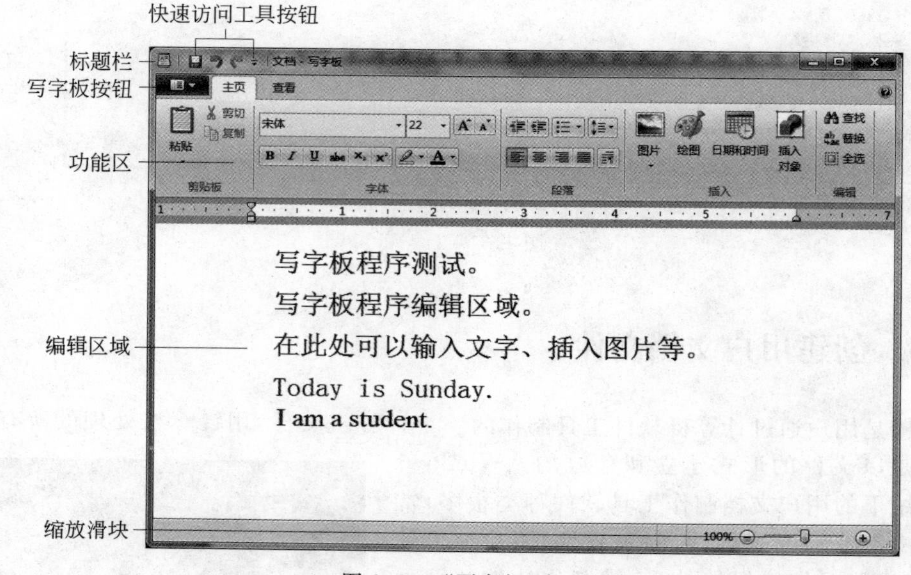

图 1.33 "写字板"窗口

文字输入完成后，需要以文件的形式存放在指定磁盘的指定位置，同时取一个文件名。这时单击快速访问工具中"存盘"按钮或单击"写字板"按钮激活下拉菜单，选择"保存"或"另存为"选项，可弹出对话框，指定位置将文件保存起来。

用户可以对该文件命名、取系统默认的扩展名，并选择一个指定的磁盘，然后选择一个已有的文件夹，或建立一个新的文件夹，单击"保存"按钮存放这个新文件。

1.3.4 打开或运行已有的文件

在 Windows 操作系统中打开或运行文件的操作方式不是唯一的。可以先打开相关应用程序，再用"打开"命令打开文档；也可以直接单击代表文档的图标，系统会自动调用相关程序打开文档。

1. 在启动的应用程序中打开文档

各种文档文件都是在相应的编辑软件或集成编辑系统软件中建立生成的，用户经常需要在相应的程序环境中打开并进行编辑。例如在写字板程序中打开前节存于盘上的文档“实验文档”，可在已启动的“写字板”程序中单击“写字板”按钮激活下拉菜单，选择“打开”选项，可弹出对话框。根据文件存放路径找到“实验文档”文件，再单击“打开”按钮，如图 1.34 所示。

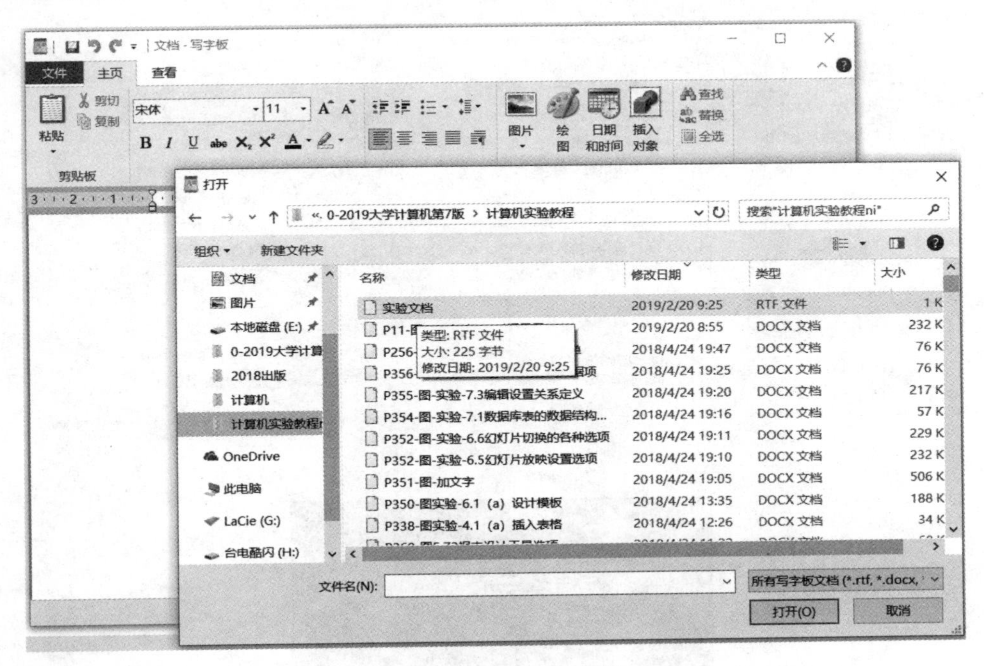

图 1.34　打开已有文档

2. 在浏览器窗口中打开文档

如果程序没有被事先打开，可以直接在浏览窗口单击文档图标，计算机会自动调用相应的程序，同时将文档打开。这对用户来讲，操作起来更加快捷、方便。打开浏览器窗口，可直接查找文档图标，如图 1.35 所示。

3. 从“跳转列表”中打开文档

对于 Windows 用户来说，打开最近编辑过的文件，还有一个更加快捷的方法。先在“开始”菜单中找到相应的程序图标，如“写字板”图标，右击，打开“跳转列表”，再在“跳转列表”中单击对应的文档名即可，如图 1.36 所示。

1.3.5　复制与移动文件或文件夹

复制是指在原来位置保留源文件，在新位置再复制一个内容相同的副本文件。移动是指把一个文件从一个位置移动到新的位置，在原来位置不保留源文件。

复制或移动文件夹是指把某文件夹连同其中的所有文件全部复制或移动到新位置。

在 Windows 操作系统中，同一项工作往往可以通过不同的途径来完成，复制和移动文件或文件夹也是一样。用户可以通过浏览窗口中的任务栏或菜单栏的选项来完成，还可以通过快捷菜单中的选项来完成，效果是一样的。

图 1.35 “文件夹”选项

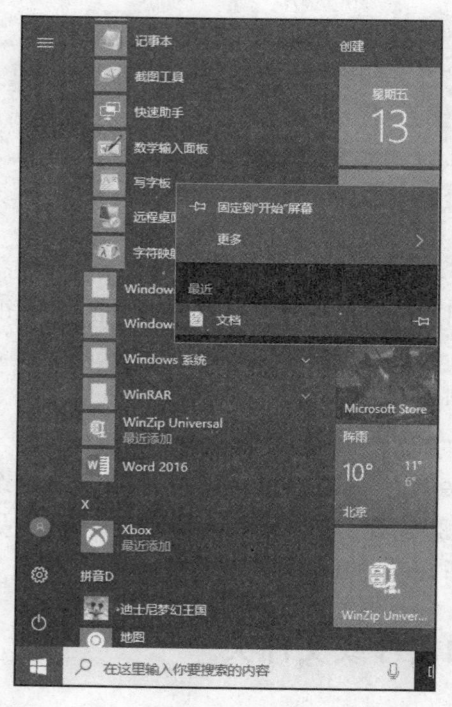

图 1.36 在“跳转列表”中打开文档文件

1. 使用“资源管理器”窗口操作

单击任务栏资源管理器选项按钮，打开“资源管理器”窗口，通过左侧导航栏的计算机路径导航打开文件夹，在右侧的文件列表窗口选中要复制或移动的文件；然后单击窗口工具栏“主页”中的“复制到”选项，再选择“复制路径”的“剪切”选项，存入剪贴板程序。复制操作如图 1.37 所示。

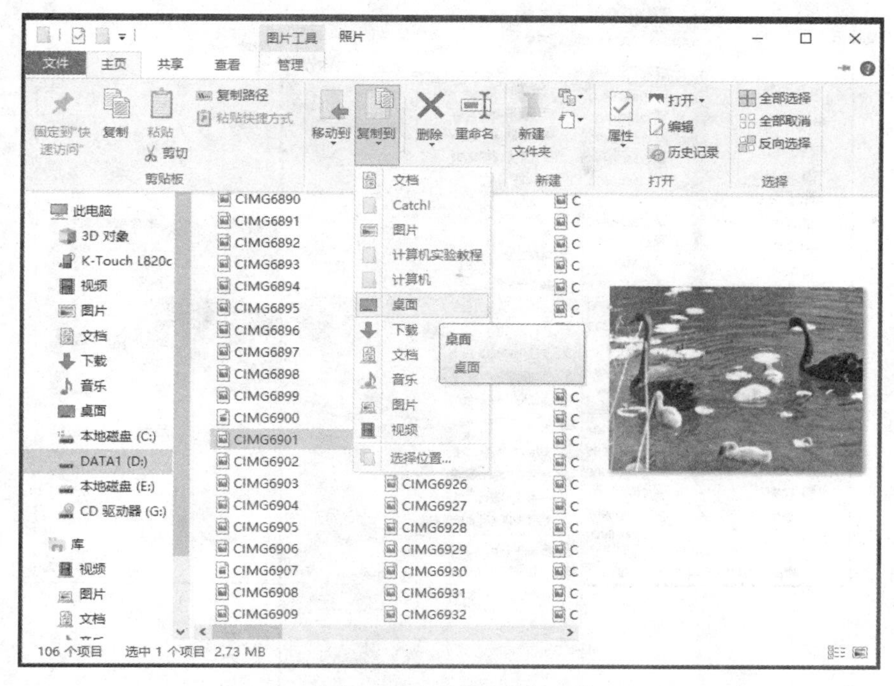

图 1.37　通过命令复制文件

2. 利用快捷菜单操作

在 Windows 操作系统中，快捷菜单无处不在。移动鼠标指针指向某个区域，右击即弹出快捷菜单，可从中选择各种与之相应的操作。或者说，只要用户选择了操作对象，右击就可以弹出快捷菜单。

用快捷菜单方式同样也可以完成文件或文件夹的复制或移动，其操作过程是：

右击源文件或源文件夹，系统在选中文件的同时弹出一个快捷菜单。选择其中的“复制”或“剪切”命令，然后打开目标窗口，在窗口桌面任意位置右击，在弹出的快捷菜单中选择“粘贴”命令即可，如图 1.38 所示。

3. 用鼠标拖动文件或文件夹进行操作

在 Windows 操作系统中，拖动鼠标同样可以完成文件或文件夹的复制或移动，只要操作对象是可视的，就可以拖动到任何可以拖到的地方。其操作过程是：

(1) 先在文件列表窗格打开包含源文件或源文件夹的窗口，再在导航窗格调出要把文件或文件夹复制或移动到的目标盘或目标文件夹浏览窗口。

(2) 在源文件列表窗格单击，选定要复制的源文件或源文件夹，此时按住鼠标左键不要释放。

(3) 同时按住 Ctrl 键，拖动选定的源文件或源文件夹，直接拖到指定的目标盘或目标文件夹中，释放鼠标左键，即完成了复制任务，如图 1.39 所示。

如果是移动源文件或源文件夹，则按住鼠标左键拖动时不需同时按 Ctrl 键。

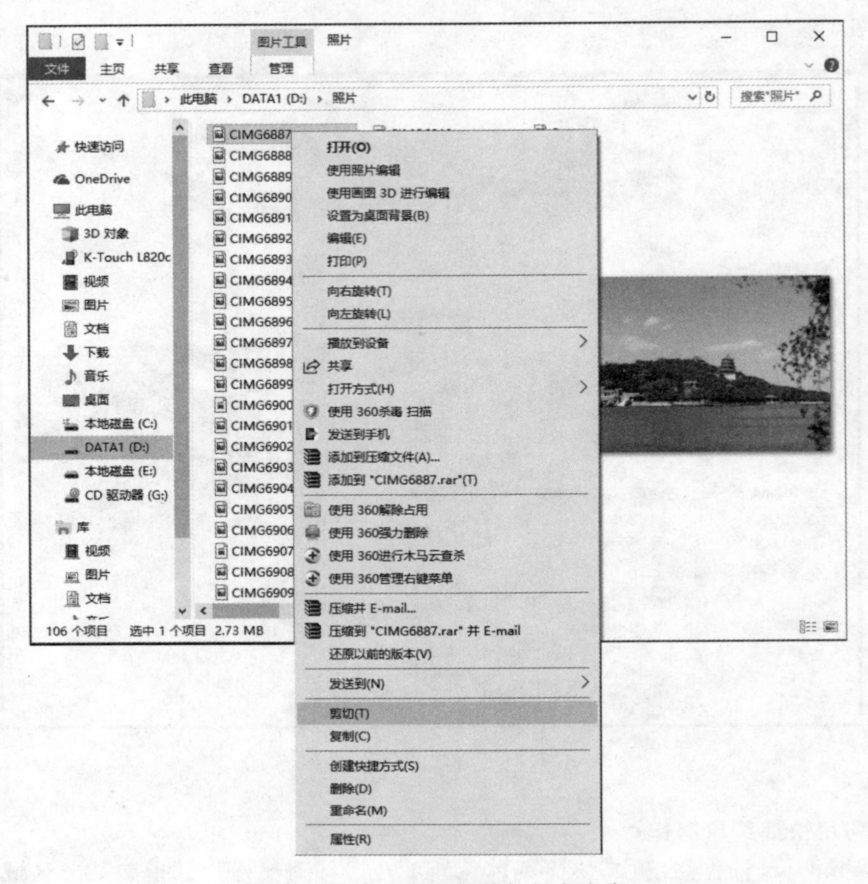

图 1.38　使用快捷菜单复制或移动

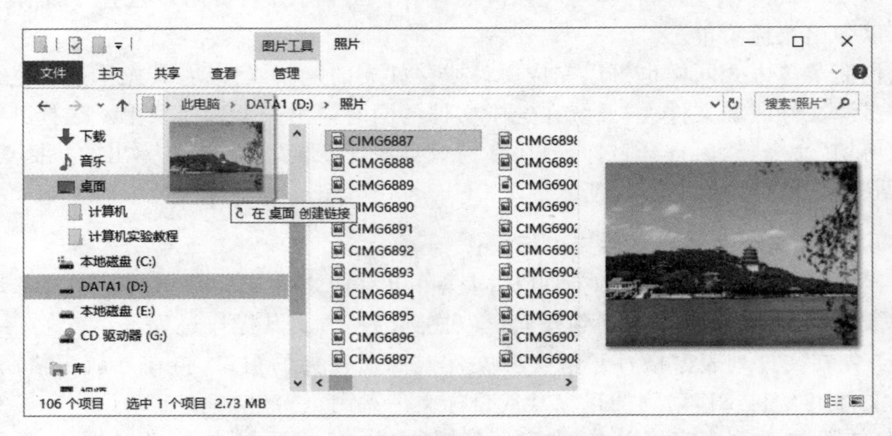

图 1.39　拖动复制或移动对象

4. 一次复制或移动多个文件或文件夹

如果需要一次复制或移动多个文件或文件夹，只需在选中源文件时选择多个文件或文件夹图标，重复“复制”或“移动”步骤即可。

选择多个文件的方法有三种：

(1) Ctrl 键辅助操作选取。按住 Ctrl 键，用鼠标逐一单击文件或文件夹。

(2) Shift 键辅助操作选取。先在浏览窗口中单击要复制的第一个文件或文件夹，再按住 Shift 键，单击最后一个文件或文件夹，则窗口中两个文件之间的所有文件及文件夹都被选中，然后重复“复制”或“移动”步骤即可。

(3) 拖动选取矩形区域。把鼠标指向包含一组文件或文件夹的矩形范围外缘的左上角，按住鼠标左键，拖动鼠标至包含这组文件或文件夹矩形范围的右下角，然后释放鼠标左键，可选中矩形区域内所有文件或文件夹，完成“复制”或“移动”操作，如图 1.40 所示。

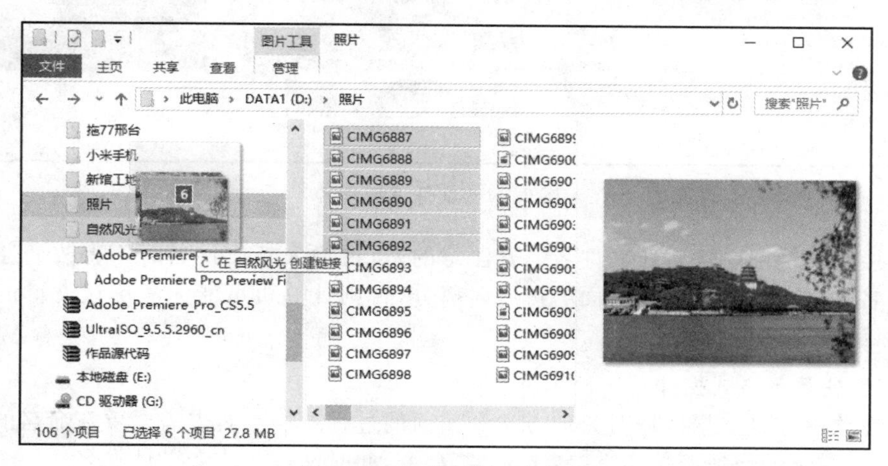

图 1.40 拖动复制一组图标

1.3.6 撤销操作与恢复操作

复制、移动等操作过程中有时会发生误操作，例如放错了文件夹，删掉了不该删除的文件或有用的文件夹等。这时用户一般希望立即恢复到此次误操作之前的情况，即撤销本次操作。Windows 操作系统为用户提供了这样的恢复机会，操作方便。当用户在资源管理器窗口中进行了某种误操作，需要恢复本次操作之前状态时，只要在工具栏中的“组织”下拉菜单中选择“撤销”命令就可以撤回本次误操作。

1.3.7 重新命名文件或文件夹

用户在使用 Windows 操作系统时，在磁盘上有各种类型的文件和文件夹，有时需要对文件、文件夹进行分类，或对个别文件名或文件夹名进行重新命名，以便能方便地检索和查找。其操作方法主要有以下几种。

1. 单击图标操作

在文件浏览窗口中找到需要重新命名的文件或者文件夹图标单击，使其加亮，呈选中状态。然后再在原文件名处单击，此时原文件名或者文件夹名在一个黑线框中加亮，表示被选中，如图 1.41 所示。

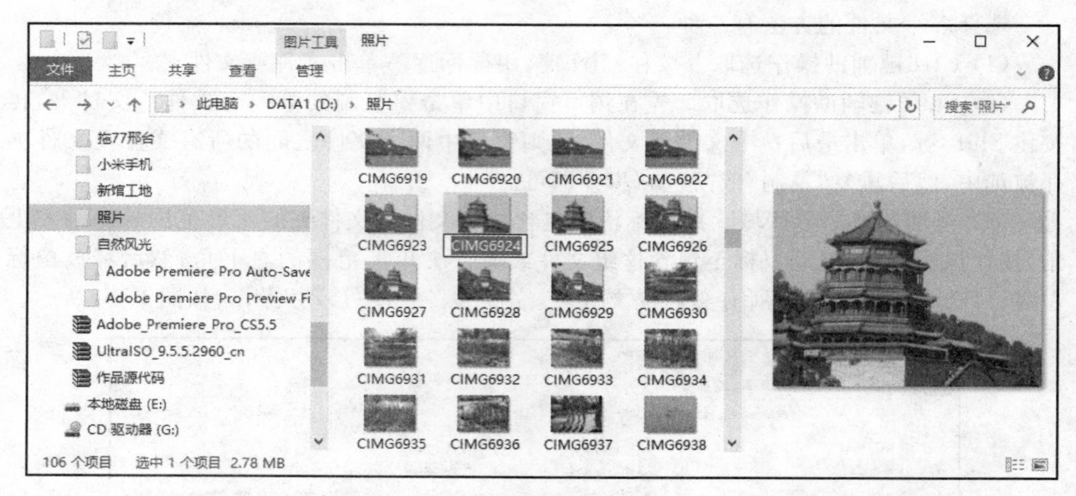

图 1.41 文件重新命名

直接在黑线框中输入新文件名。要注意的是，再输入新文件名时不得改变原文件名的后缀名，即原文件名中“.”后面的扩展名部分，否则计算机可能无法确认文件的属性或类型，以致不能再打开该文件。

2. 快捷菜单方式操作

快捷菜单方式选择操作对象的方法和前面的过程一样。右击需要重新命名的文件或文件夹，在弹出的快捷菜单中选择“重命名”命令，此时文件名或者文件夹名在一个黑线框中加亮，直接在黑线框中输入新名。

3. 程序窗口菜单命令操作

选中操作对象，然后在工具栏中的“组织”下拉菜单中选择“重命名”选项，此时文件名或者文件夹名在一个黑线框中加亮，直接在黑线框中输入新名。

1.3.8 删除与恢复文件或文件夹

在 Windows 操作系统中删除的文件、文件夹或程序的快捷方式一般都被扔到“回收站”中，用户可以通过“回收站”来恢复误删除的文件或文件夹，需要时也可以彻底删除文件或文件夹。其中，对于文件夹，在删除文件夹时也把文件夹中所有的文件及下属文件夹全部删除。

在文件列表窗格中，选择需要删除的文件或者文件夹，可以是一个，也可以是一组。删除方法有以下几种：

(1) 右击要删除的文件或者文件夹，在弹出的快捷菜单中选择“删除”命令。

(2) 在工具栏中的“组织”下拉菜单中选择“删除”命令。

(3) 选中文件或文件夹后，直接按 Delete 键。

(4) 直接把要删除的文件或文件夹图标拖到桌面的“回收站”图标上。

如果想把被删除的文件或文件夹从“回收站”捡回来，可以在桌面上双击“回收站”图标，打开“回收站”窗口。选取要恢复的文件或文件夹，单击工具栏中的“还原选定的项目”

按钮,如图 1.42 所示。

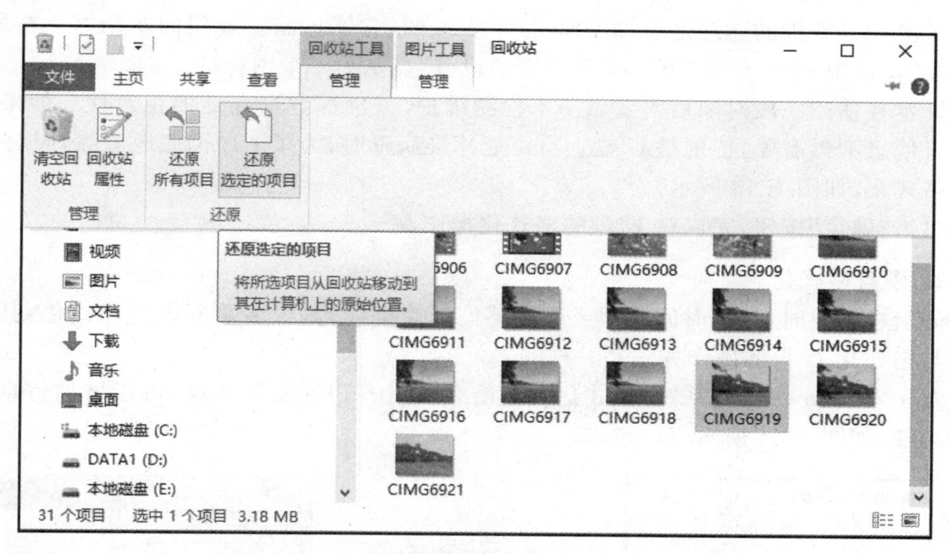

图 1.42　从回收站恢复被删除的文件或文件夹

回收站中的文件也可以很方便地全部被恢复。在打开的回收站窗口中不用选取任何项目,直接单击工具栏中的“还原所有项目”按钮即可。

如果要将窗口中列出的文件全部扔掉,可单击“回收站”窗口中工具栏上的“清空回收站”按钮,这时才真正把被删除的文件或文件夹从盘上抹掉,不能恢复。

如果只想扔掉“回收站”窗口中的某个文件,则可以单击此文件,然后选择“组织”下拉菜单中的“删除”命令。

也可以右击,在弹出的快捷菜单中进行操作和管理。

1.3.9　磁盘格式化应用程序

Windows 操作系统的磁盘格式化操作是清除磁盘上所有的信息,在磁盘上重新创建一个根目录和文件分配表。所有的新磁盘在首次使用之前都必须进行格式化,但目前市面上的磁盘在购买前大多已被厂家做好格式化了,拿来就可以用。

用户在一般情况下不需要对磁盘格式化,但在下列情况下就需要用到格式化命令。一是当某个磁盘上的所有文件不需要再保留时,要清空磁盘,释放空间;二是磁盘感染计算机病毒,无法清除,对磁盘进行格式化可以彻底清除病毒,但同时盘上的文件也都被清除了;三是磁盘出现少量坏磁道,造成文件损坏,不能正常使用,重新格式化磁盘可以避开少量坏磁道,恢复正常使用。

特别需要注意的是,关于硬盘的格式化操作,使用时一定要慎重,格式化操作会使磁盘上的信息彻底清除,不能恢复。

1. U 盘格式化

U 盘也称为闪盘,体积小,容量大,携带方便,不易损坏,已成为计算机的标准配置,被广泛应用于计算机的移动存储中。在用户新购置的计算机上甚至可能不再配置软盘驱动器，完全用 U 盘取而代之。

U 盘与计算机的连接是通过 USB 接口实现的，它不再需要专门的驱动器。在“资源管理器”窗口中，它是作为“有可移动存储的设备”显示为一个图标的。

U 盘在使用一段时间后需要做一下检测维护，以确保数据存储的稳定性。如果盘上的所有信息不再需要，特别是 U 盘上有可能感染病毒时，为了干净彻底地清除，应对 U 盘进行格式化，如图 1.43 所示。

单击“确定”按钮，完成对 U 盘的格式化操作。

2. 硬盘格式化

硬盘在需要时，如长时间使用或严重感染计算机病毒，也要重新进行格式化，其操作方法与格式化 U 盘的操作方法是一样的。

对于 Windows 操作系统，格式化硬盘最好使用 NTFS 文件系统，可以增加信息存储的安全性，如图 1.44 所示。

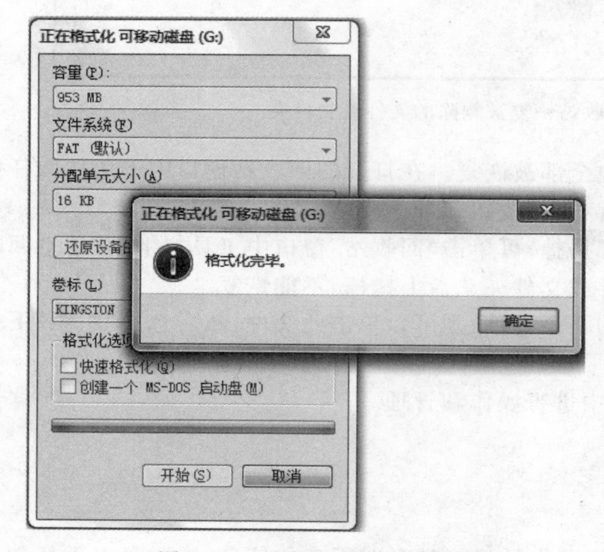

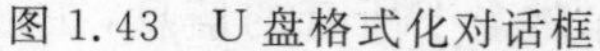
图 1.43　U 盘格式化对话框

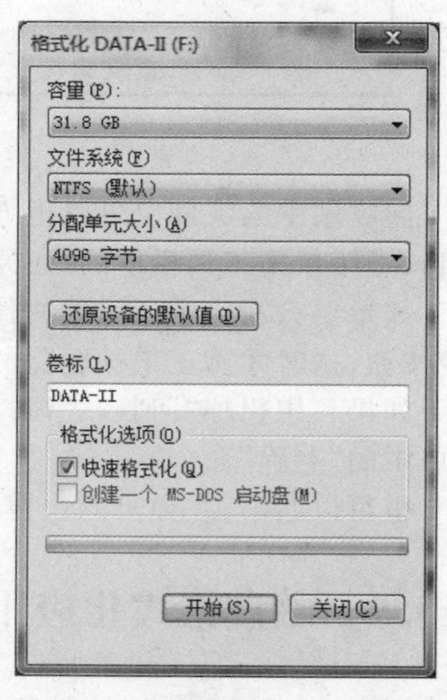

图 1.44　选择硬盘格式化模式

需要注意的是，在使用多种或多个外存储磁盘进行格式化操作时，务必要注意被操作的目标盘一定要确认其上不再存在需要保留的文件，否则一旦磁盘被格式化，盘上的数据信息将被彻底清除，不能恢复。

尽管作为一种解决计算机严重问题的方法，有时会重新格式化硬盘，但却以删除计算机上的所有内容为代价。在重新格式化之后，用户必须使用原始安装文件或光盘重新安装系统程序，然后从事先创建的备份中还原所有个人文件，如文档、音乐和图片等。

对硬盘格式化不是常规操作项目，尤其是作为普通用户，不要轻易使用硬盘格式化命令。对安装 Windows 操作系统的硬盘（一般是 C 盘），更不能轻易执行磁盘格式化命令。

1.4 Windows“附件”及管理工具

Windows 操作系统为用户提供了方便完整的内置功能应用程序，这些应用程序是一些软件工具，可以帮助用户完成许多管理和应用操作，这些常规应用程序在 Windows 操作系统的“Windows 附件”和 Windows 管理工具中。用户可以通过“开始”选择相应的应用程序，完成管理操作。

这些应用程序虽然没有专门应用程序功能强，但内置在操作系统中，占内存和磁盘空间不大，方便实用。下面介绍常用的应用程序。

1.4.1 “Windows 管理工具”应用程序

在“开始”菜单的“Windows 管理工具”分组中，可以选择相应的工具进行操作，如磁盘清理、磁盘碎片整理程序、任务计划、内存诊断、系统信息和系统配置等。比较常用的操作有“磁盘清理”和“磁盘整理和优化驱动器”，如图 1.45 所示。

图 1.45　Windows 操作系统中的系统管理工具

1. 磁盘清理

磁盘清理程序可以帮助用户释放硬盘驱动器空间，安全地删除所有下载的程序文件、Windows 临时文件、不再使用的 Windows 组件、临时 Internet 文件、Internet 缓存文件及清空回收站，释放占用的系统资源。执行磁盘清理程序的具体步骤如下：

选择“开始”→“Windows 管理工具”→“磁盘清理”命令，打开“磁盘清理：驱动器选择”对话框，如图 1.46 所示。

在该对话框中选择要进行清理的驱动器，然后单击“确定”按钮，可弹出该驱动器的“磁盘清理”对话框，选择“磁盘清理”选项卡，如图 1.47 所示。

在该选项卡中的“要删除的文件”列表框中列出了可删除的文件类型及其所占用的磁盘空间大小，选中某文件类型前的复选框，即列入清理时可将其删除的对象。在“占用磁盘空间总数”中显示了删除所有选中复选框的文件类型后，可得到的磁盘空间总数。在“描述”框中显示了当前选择的文件类型的描述信息，单击“查看文件”按钮可查看该文件类型中包含文件的具体信息。

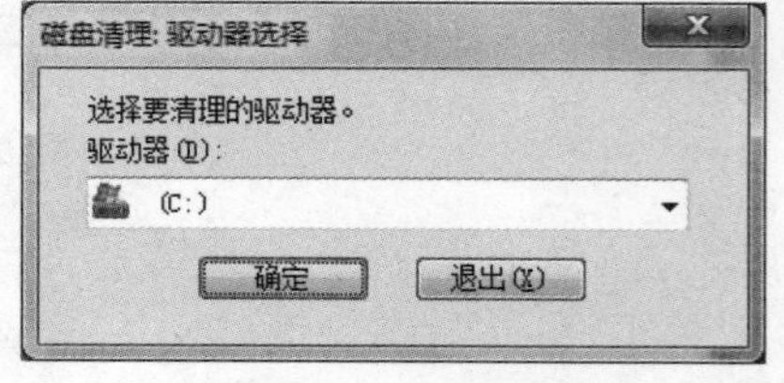

图 1.46 "磁盘清理：驱动器选择"对话框

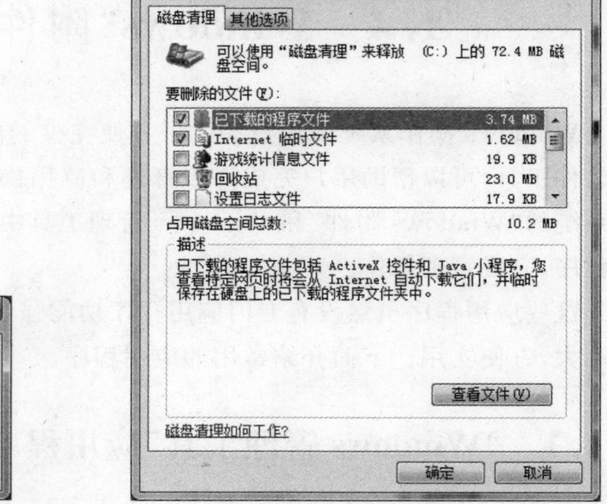

图 1.47 "磁盘清理"选项卡

单击"确定"按钮，弹出"磁盘清理"对话框，单击"是"按钮，清理完毕后，该对话框将自动消失。

若要删除不用的程序，可选择"其他选项"选项卡，如图 1.48 所示。

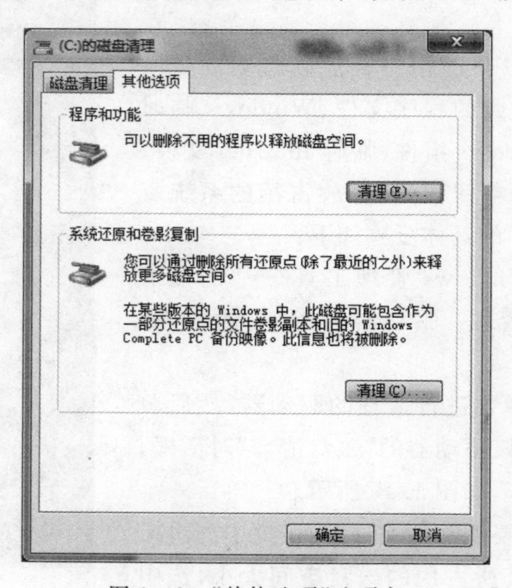

图 1.48 "其他选项"选项卡

在该选项卡中单击"程序和功能"选项区域中的"清理"按钮，可删除不用的程序。单击"系统还原和卷影复制"选项区域中的"清理"按钮，可删除所有还原点来释放空间。

2. 磁盘碎片整理程序

磁盘长时间使用后，会出现很多零碎磁盘空间和磁盘文件碎片，使一个文件的存放可能分别位于不同磁盘分配单元中，这样访问该文件时系统就需要到不同的磁盘分配单元中去寻找该文件的不同部分以形成完整的文件，访问速度降低了，创建新文件或文件夹的速度也会降低。使用磁盘碎片整理程序可以重新安排文件在磁盘中的存储位置，将文件的存储位置相对集中，以提高磁盘访问效率和系统运行速度。

选择"开始"→"Windows 管理工具"→"碎片整理和优化驱动器"命令，打开"优化驱动器"对话框。在该对话框中显示了当前系统使用磁盘的一些状态信息。在"状态"选项区域中选择要进行碎片整理的磁盘，单击"分析"按钮，系统就可以分析该磁盘是否需要进行磁盘整理。在 Windows 完成分析磁盘后，可以在"上一次运行时间"列中检查磁盘上碎片的百分比。如果数字高于 10%，则应该对磁盘进行碎片整理，单击"优化"按钮，如图 1.49 所示。

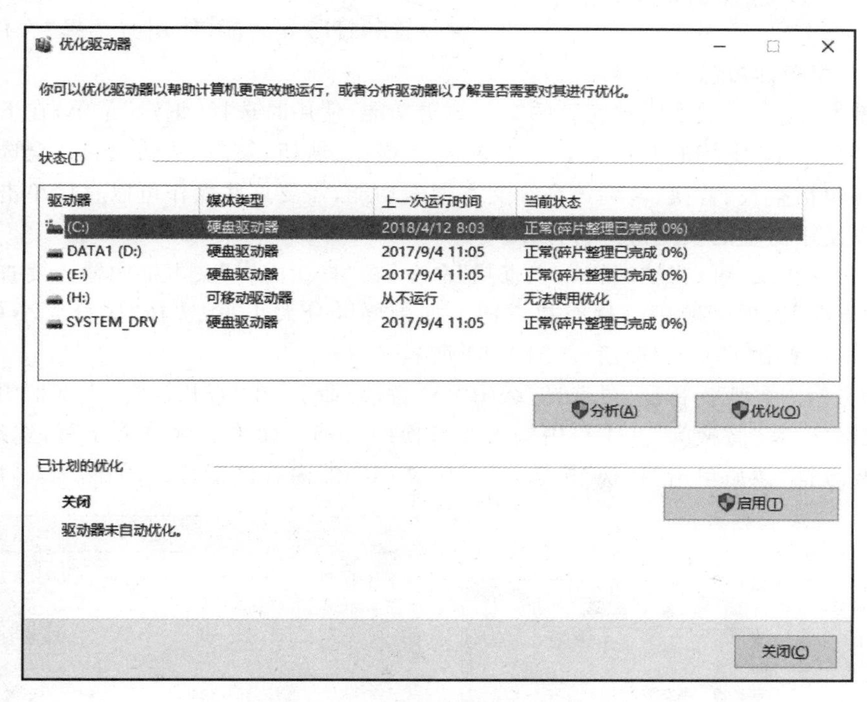

图 1.49 "优化驱动器"对话框

磁盘碎片整理程序可能需要几分钟到几小时才能完成，具体取决于硬盘碎片的大小和程度。在碎片整理过程中仍然可以使用计算机。

1.4.2 "记事本"应用程序

"记事本"是 Windows 在附件中提供的用来创建和编辑小型文本文件的程序，可生成以 txt 为扩展名的文件。它是一个用来创建纯文本文档的文本编辑器，适于编写源程序、纯数据文件等纯文本文档，默认扩展名为 txt。扩展名为 dat 的纯数据文件可以作为程序间的接口文件。由于"记事本"程序短小精悍，使用方便，因此应用比较广泛。

记事本文件可以保存为 Unicode、ANSI、UTF-8 或高位在前的 Unicode 这 4 种编码格式的文件。当使用不同字符集的文档时，这些格式可以向用户提供更大的灵活性。

因为“记事本”程序只支持不带任何隐含控制命令的纯文本格式文档，所以“记事本”程序不支持软键盘以外的特殊字符、音频、视频和图片等格式文档。

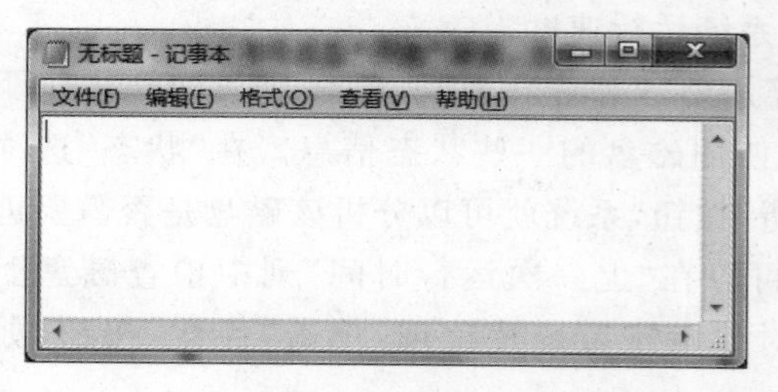

图 1.50　记事本应用程序窗口

选择“开始”→“Windows 附件”→“记事本”命令，即可打开“记事本”应用程序窗口，如图 1.50 所示。

“记事本”程序提供的有关文件操作包括新建文件、打开文件、保存文件、另存为、页面设置和打印等功能，使用时选择“文件”菜单中相应的子菜单即可。

“记事本”程序提供了比较完整的文件编辑功能，使用时选择“编辑”菜单，在下拉菜单中列出了“记事本”支持的编辑文本子菜单，除了撤销、剪切、复制、粘贴、删除、全选等基本操作外，还包括查找、替换、转到等高级文本搜索功能，需要这些操作可以直接单击下拉选项，也可以使用对应的快捷键进行操作。

有关文档查找，可选择“编辑”→“查找”命令，在“查找内容”文本框中输入要查找的关键字，在“方向”选项区域中选择查找方向。如果要区分大小写，选择“区分大小写”复选框，然后单击“查找下一个”按钮，如图 1.51 所示。

有关文档内容统一替换，可选择“编辑”→“替换”命令，在“查找内容”文本框中输入要查找的关键字，在“替换为”文本框中输入要替换的文档。如果要区分大小写，选择“区分大小写”复选框，然后单击“替换”按钮，即可将文档中的内容进行替换，如图 1.52 所示。

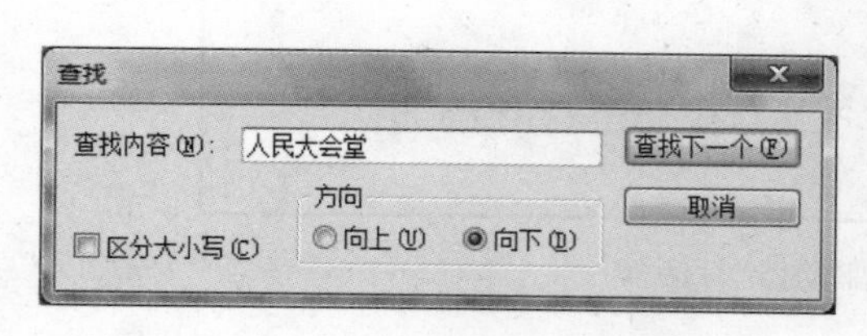

图 1.51　记事本的“查找”对话框

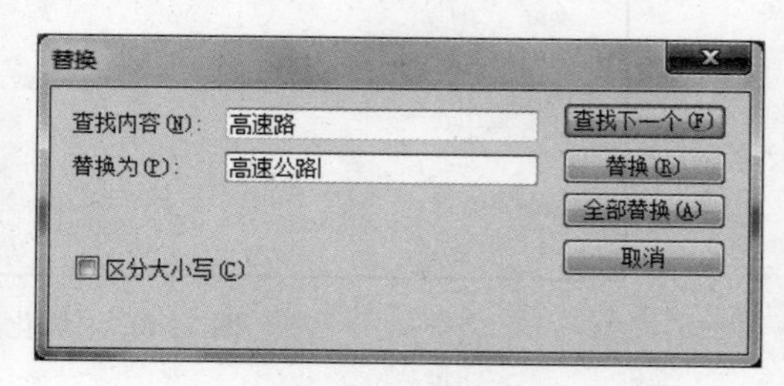

图 1.52　记事本的“替换”对话框

“格式”菜单中包括两项功能：自动换行和字体设置。自动换行功能提供了简单的文字排版功能，设置了该选项后，“记事本”将根据编辑窗口宽度的改变自动换行。

要设置字体可选择对话框，对所编辑文本的字体、字形、大小和字符集进行设置，应注意字体属性的改变将作用到所有的编辑文本。

在“记事本”文档中可插入日期和时间，需要时可自动更新用文档中插入的时间和日期。

操作方法是将光标移动到要添加时间和日期的位置，选择“编辑”→“时间/日期”命令，记事本在文档的当前位置插入系统日期和时间。在文档开始位置输入“.LOG”，按

Enter 键换行。保存后每次打开文档，记事本都将自动更新当前日期和时间，如图 1.53 所示。

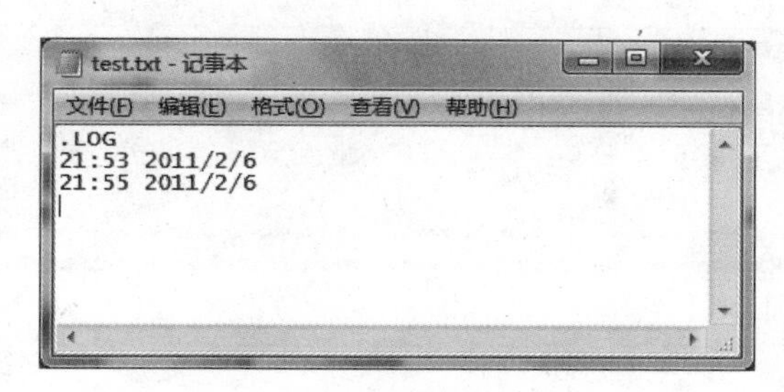

图 1.53　插入系统日期和时间

要打印“记事本”文档，可选择“文件”→“打印”命令，在“常规”选项卡上单击所需的打印机和选项，然后单击“打印”按钮。如果要更改打印文档的外观，选择“文件”→“页面设置”命令，弹出“页面设置”对话框，如图 1.54 所示，进行页面的设置。

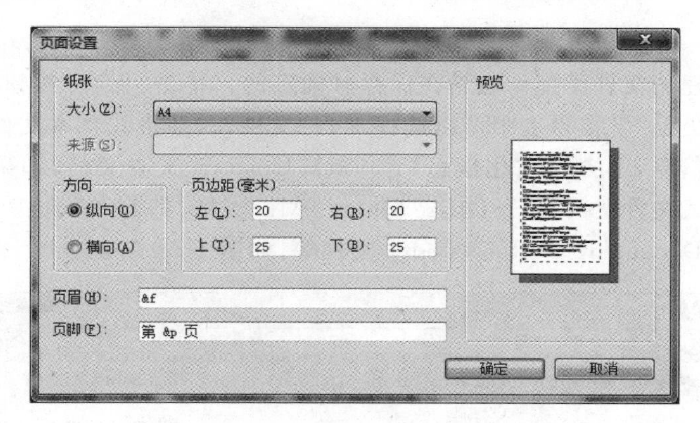

图 1.54　“记事本”程序中的“页面设置”对话框

1.4.3　“写字板”应用程序

“写字板”应用程序是 Windows 在附件中提供的另一个文本编辑器，适于编辑具有特定编排格式的短小文档。“写字板”应用程序是一个用法简便的文字处理程序，可对文档设置不同的字体和段落格式，可以进行编辑排版，可以图文混排，插入图片、声音、视频剪辑等多媒体信息，具备了 Word 编辑较复杂文档的基本功能。

“写字板”能创建的文档格式有 Word 文档文件、RTF 文档文件、文本文件等，能打开编辑的文档格式有 Word 文档文件、RTF 文档文件、文本文件等，如图 1.55 所示。

快速访问工具栏中是使用频率较高的一些按钮，如存盘、撤销和重做等按钮。用户也可以根据需要再增加新建、打开、快速打印等按钮。

单击写字板按钮可以打开下拉菜单，左侧是一些命令选项，如新建、打开、保存、另存为打印、页面设置、在电子邮件中发送等；右侧是最近打开编辑过的文档列表，便于继续进

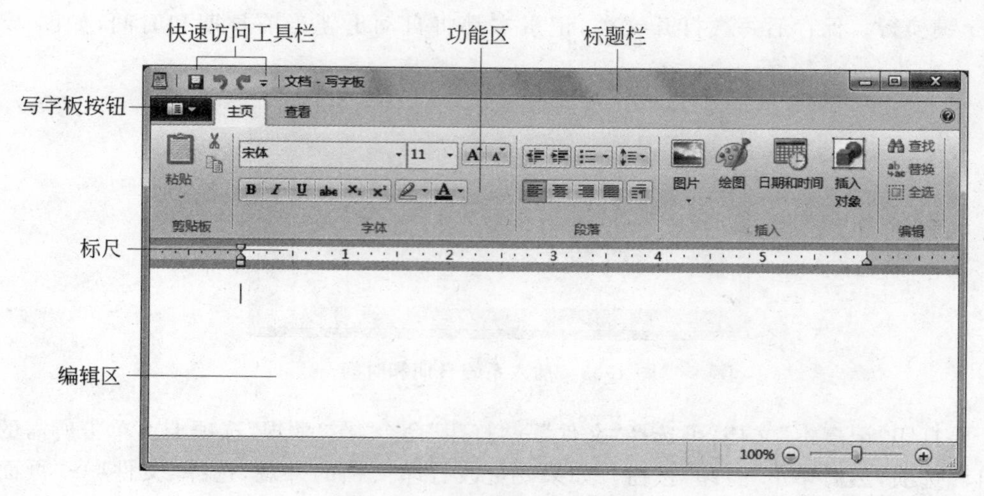

图 1.55　写字板应用程序窗口

行最近的工作。

用写字板创建的文件类型列表是在保存时确定的。单击“保存”按钮，弹出“保存为”对话框，在“保存类型”下拉列表中可以选择 RTF 文档，即多格式文本文件（＊. rtf)；文本文档即单纯文本信息，不含格式化信息（＊. txt)；Unicode 文本文档，即采用世界统一编码的 Unicode 格式文件（＊. txt)；Office Open XML 文档，即与 Word 2016 兼容的格式（＊.docx)；OpenDocument Text（＊. odt）文档等，如图 1.56 所示。

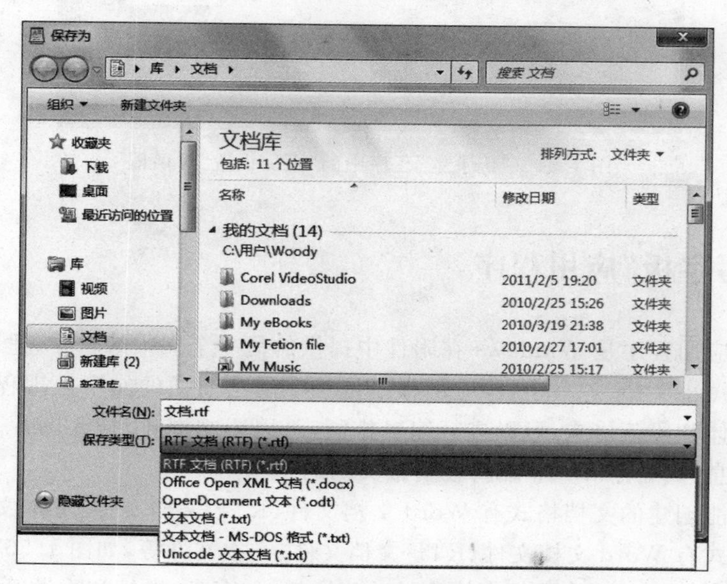

图 1.56　写字板新建文档类型选项

“写字板”应用程序支持 OLE(Object Linking and Embedding，对象连接与嵌入）技术，可在多个应用程序间相互操作可复用的即插即用指定对象。操作时使用“编辑”菜单中的“剪切”或“复制”命令可以将写字板创建的信息传送到剪贴板，可被其他 OLE 应用程序所共享复用。

使用“粘贴”命令可将剪贴板中的内容嵌入复制或静态复制到写字板文档插入点位置。“嵌入”复制与“静态”复制表面上相同，实质却不同。如果创建剪贴板内容的应用程序也是支持 OLE 的，则执行“粘贴”命令可将剪贴板内容嵌入复制到当前的写字板文档中。直接双击“写字板”中该图形对象，即可启动创建这个嵌入对象所对应的应用程序，对嵌入对象进行修改或编辑，否则只是静态复制。直接双击“写字板”中的“粘贴”对象，不能启动创建它的应用程序。

1. 写字板的功能区

用“写字板”程序进行文本信息的录入和编辑，与“记事本”相比提供了更多的图文混排以及文本编辑功能。使用位于“标题栏”下方的图标化功能区可轻松设定文档格式。功能区分为剪贴板、字体、段落、插入、编辑，以及缩放、显示或隐藏、设置等分区。

图标化功能区是 Windows 系列程序高版本的突出特点，改变了传统的下拉菜单式命令，将各种文档编辑功能都用图标按钮的方式分类显示在功能区，如图 1.57 所示。

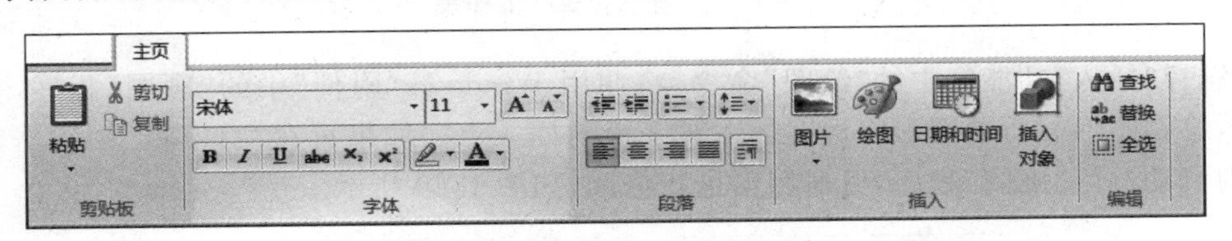

图 1.57　图标化功能选项

1）插入功能

写字板文档也可以与其他 OLE 程序创建的文档产生链接。可以从写字板的“插入”功能区中选中“插入对象”命令，弹出如图 1.58 所示的对话框。选中“由文件创建”单选按钮，再选中“链接”复选框，单击“浏览”按钮，选择准备与当前的“写字板”文档建立链接的源文件，最后单击“确定”按钮，这个源文件将以对象的形式插入写字板文档中。源文件被修改后，这个写字板文档也立即反映出源文件的改动。

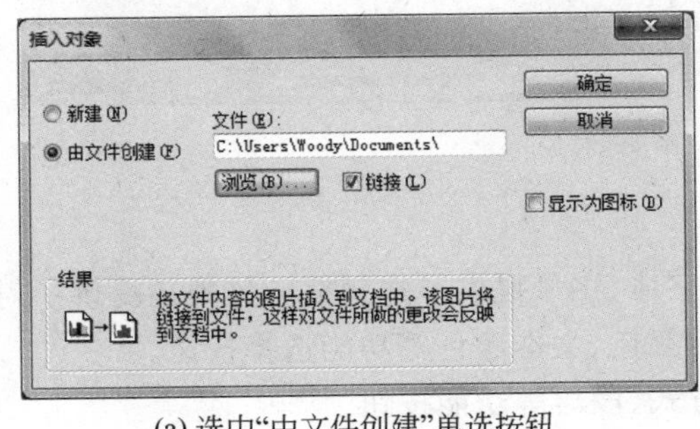

(a) 选中“由文件创建”单选按钮　　(b) 选择源文件

图 1.58　插入 OLE 对象链接

“写字板”支持将 Excel 工作表、Word 文档、画笔图片等以对象的形式嵌入“写字板”

文档中。例如在文档中插入一个 Excel 工作表，在对象类型框里选中 Excel 工作表，单击“确定”，系统将自动启动 Excel 程序，同时在“写字板”中同步产生一个对应表，如图 1.59 所示。

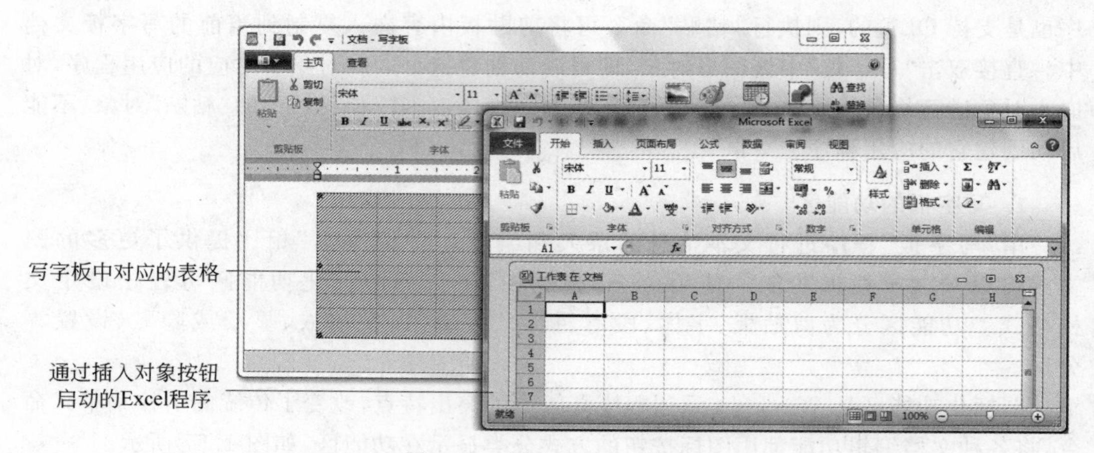

图 1.59　插入 Excel 工作表

选择“插入”功能区中的“绘图”命令，将调用 Windows“附件”中的“画图”程序，打开画板，绘制图形。所绘图形将即时插入写字板的插入点。如果再在“写字板”中双击该图形，则自动调用“画图”程序，可对图形进行修改，如图 1.60 所示。

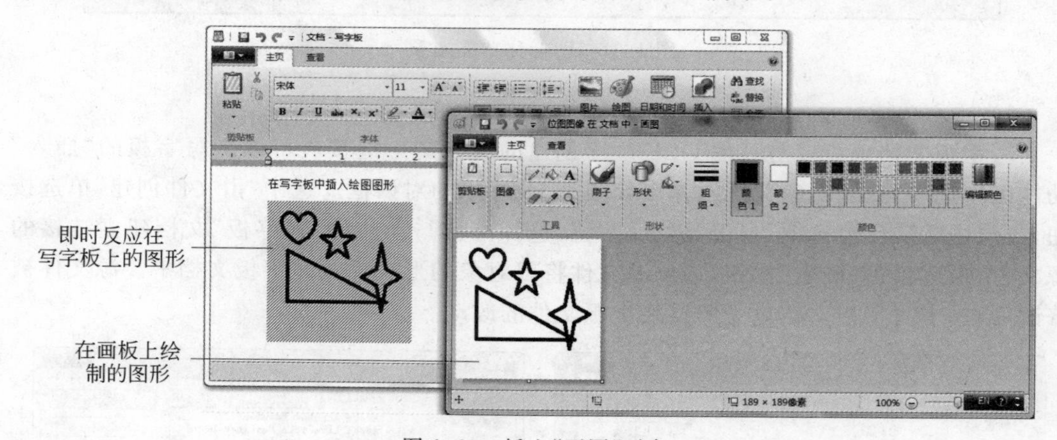

图 1.60　插入“画图”对象

2）“字体”和“段落”功能

在“字体”功能区，“写字板”为编辑内容的字体、字号提供了选择框。另外还提供了对文字加粗、倾斜、下画线、删除线、文本突出显示颜色、文本颜色等功能选择按钮。

在“段落”功能区提供了缩进、行距、对齐方式、段落等功能按钮。

2. “写字板”按钮下的功能

在“写字板”扩展选项按钮下，提供了“打印”“快速打印”“打印预览”“页面设置”几项文档输出打印的相关设置。单击“写字板”扩展选项按钮可启动“打印”对话框，选择所需的打印设置选项，如图 1.61 所示。

此外，“写字板”还有“快速打印”选项，可将文档直接发送到默认打印机。

要对“写字板”文档的页面进行相关设置，可单击“写字板”按钮，选择“页面设置”选项，然后进行相关设置。例如，要设置文档输出使用的纸张大小，可在“纸张”选项区域中的“大小”下拉列表中选择 A4、B5 等纸型。要按纸张的纵向打印文档，则选择“纵向”单选按钮；要按纸张的横向打印文档，则选择“横向”单选按钮。需要更改页边距，则在“页边距”选项区域中的“左”“右”“顶部”“底部”文本框中输入设定值。完成后单击“确定”按钮，如图 1.62 所示。

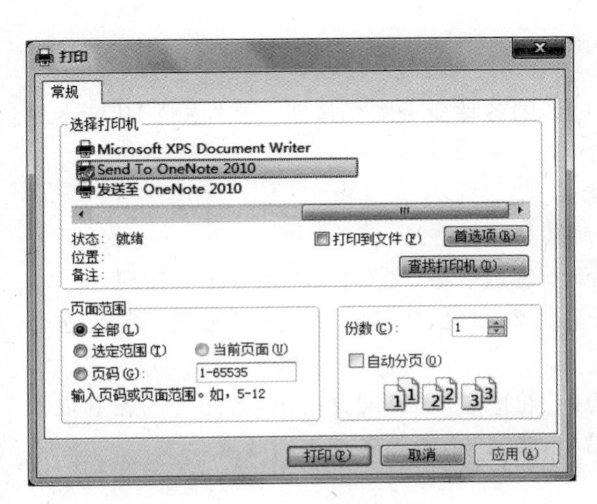

图 1.61 “打印”对话框

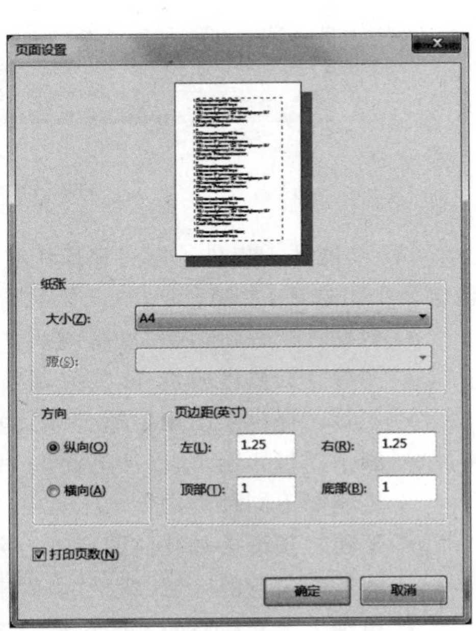

图 1.62 “页面设置”对话框

1.4.4 “画图”应用程序

“画图”应用程序是 Windows 自带的实用绘图工具，可以用于创建或修改图片文档。“画图”应用程序中的图片可以是黑白或彩色的，默认以位图文件存盘。“画图”文档可以打印，也可以作为一个图片对象或图片文件插入或粘贴到另一个文档中，甚至还可以查看和编辑实物照片。“画图”程序可以用来处理存放多种格式的图片，例如 bmp 格式、gif 格式或 jpg 格式等。

1. “画图”应用程序窗口

选择“开始”→“Windows 附件”→“画图”命令，就进入了“画图”应用程序窗口，如图 1.63 所示。

“画图”应用程序窗口由以下几部分组成：

(1) 标题栏。这里标明了用户正在使用的应用程序名称和正在编辑的图形文件。

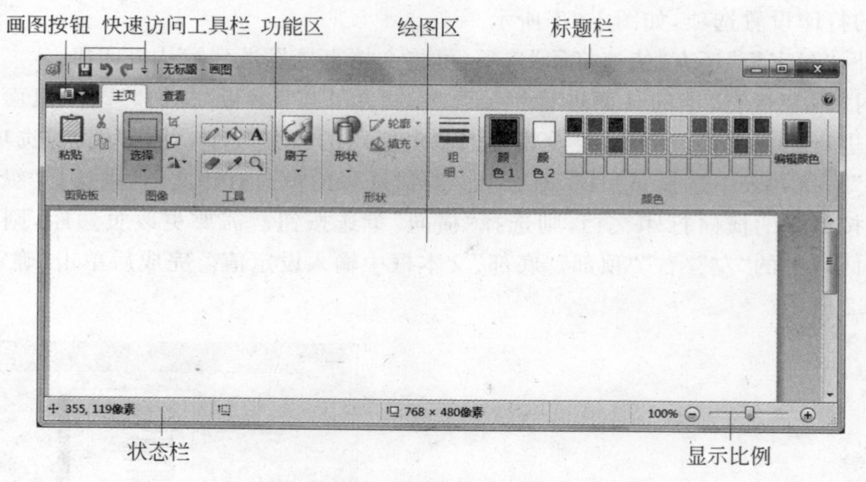

图 1.63 “画图”应用程序窗口

(2) 功能区。提供了用户在操作时要用到的各种命令图标按钮。在“主页”功能卡中包含7个组选项，主要有：

- 剪贴板。提供剪切、复制、粘贴功能。
- 图像。提供区域选择、裁剪、缩放、旋转等功能。
- 工具。提供绘图用铅笔、橡皮、填充、颜色选取器、文本、放大镜等工具按钮。
- 刷子。包含刷子、书法笔刷1、书法笔刷2、喷枪、颜料刷、蜡笔、记号笔、铅笔、水彩笔刷等不同种类的绘画工具。
- 形状。预设多种几何图形。与旁边的“轮廓”“填充”配合使用，对图形的轮廓以及图形所包含的区域(背景色)做出铅笔、蜡笔、水彩等多种不同效果。
- 粗细。定义线条的不同粗细。
- 颜色。颜色1是前景色，可定义颜色，或与铅笔和刷子一起使用，用于形状轮廓。颜色2是背景色，可定义颜色，或与橡皮一起使用，并可用于形状填充。调色板用于颜色的定义和选取，它由显示多种颜色的小色块组成，用户可以随意改变绘图颜色，也可以自定义新的颜色。

(3) 绘图区。处于整个界面的中间，为用户提供画布，用户只能在画布范围内进行图像处理。

(4) 状态栏。显示各种状态或提示，并且它的内容可以随光标的移动而改变，标明了当前鼠标所处位置的坐标。

(5) 显示比例。控制调整程序窗口在屏幕上显示的比例，便于整体浏览和局部放大。

2. 常用工具与操作

1) 铅笔

使用“铅笔”工具可绘制细的、任意形状的直线或曲线。与“刷子”组中的“普通铅笔”不同的是，这里的“铅笔”工具不具备自动模拟铅笔笔迹的灰度效果的功能。

单击“铅笔”按钮，用鼠标左键可画出前景色线，用右键可画出背景色线。且在同时按住 Shift 键的情况下能准确画出与水平线成 45°角的整数倍的角度的直线。它与“直线”按钮的主要不同是，铅笔在画任意线时是“笔尖”所经过的轨迹，有很大的灵活性，甚至可以写出手写体的文字来，如图 1.64 所示。

图 1.64 “铅笔”写字

2）刷子

使用“刷子”工具可绘制具有不同外观和纹理的线条，就像使用不同的艺术刷一样。使用不同的刷子，可以绘制具有不同效果的任意形状的线条和曲线。

系统有 9 种刷子：刷子、书法笔刷 1、书法笔刷 2、喷枪、颜料刷、蜡笔、记号笔、普通铅笔和水彩笔刷。

用鼠标左键可画出前景色线，用右键可画出背景色线，如图 1.65 所示。

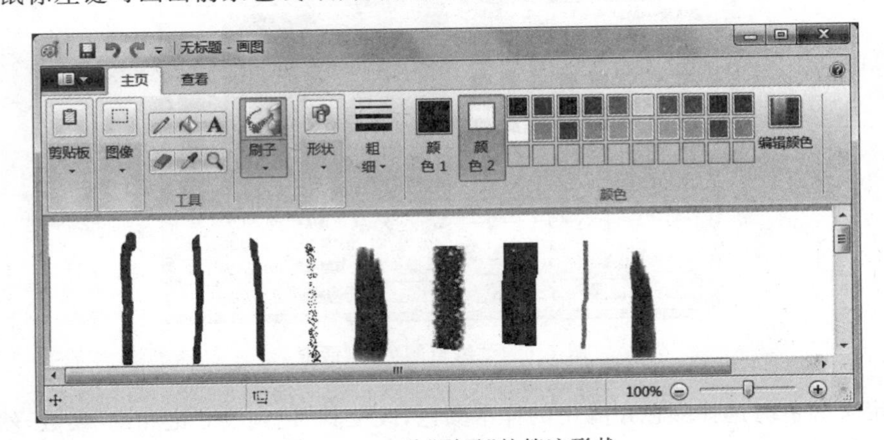

图 1.65 9 种“刷子”的笔迹形状

3）用颜色填充

在工具组中单击“用颜色填充”按钮，俗称“颜料桶”，可用当前设定的颜色对封闭区域或对象填充颜色。如果需要改变颜色，则在颜色框中单击，或通过右键快捷菜单选中一种颜色，然后在要填充的区域或对象上单击或右击，即可对该封闭区域或对象填充该颜色。要更改当前线条颜色，可在工具组中单击“用颜色填充”按钮后，再选择颜料盒中的指定颜色，单击要更改的线条，即获得相应效果。

4）橡皮擦

在图片上按住鼠标左键拖动可擦去图片上的内容，露出背景色。

橡皮擦与刷子除了头部形状不完全相同之外，它们最大的不同在于橡皮擦“擦出”来的是背景色，而刷子拖过的地方与按下鼠标的左、右键的不同可能是前景色或背景色。

5）颜色选取器

使用“颜色选取器”工具可以设置当前前景色或背景色。通过从图片中选取某种颜色，可以确保在“画图”中绘图时使用所需的颜色，以使颜色匹配。

自定义颜色不能准确反映实际编辑需求时，可以在编辑对象中取色。在工具组中单击“颜色选取器”按钮，单击颜色区域取色点即取到该点颜色，需要时可以复制到需要的颜色区域。例如取色后，再单击工具组中的“用颜色填充”按钮，单击要换为新颜色的对象或区域，即把选取的颜色复制到该区域。这种定义方法在进行图片修补时，处理过渡区域十分有用。

6）“编辑颜色”

使用“编辑颜色”功能可以选取新颜色。在“画图”窗口中混合颜色以便选择要使用的精确颜色。

用户可以在“画图”窗口下部的染料盒中选取各种颜色。如果染料盒中的颜色不能满足需求，用户也可以自定义颜色。

在“颜色”组单击“编辑颜色”按钮，进入“编辑颜色”对话框，如图 1.66 所示。

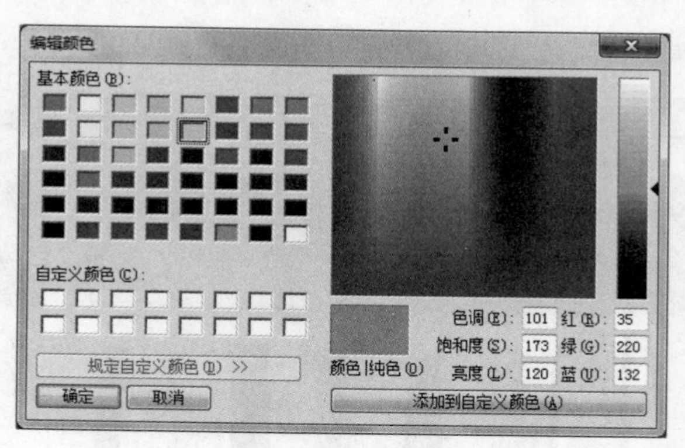

图 1.66 “编辑颜色”对话框

自定义颜色时选择颜色矩阵中的样本颜色，改变其“色调”和“饱和度”参数，然后移动颜色梯度中的滑块改变其“亮度”，再单击“添加到自定义颜色”按钮，即调好自定义颜色。

7）选择

使用“选择”工具可以选择图片中需要更改的部分。

在“画图”中，可能希望对图片或对象的某一部分进行更改。为此，需要选择图片中要更改的部分，然后进行编辑。可以进行的更改包括调整对象大小、移动或复制对象、旋转对象或裁剪图片使之只显示选定的项。

（1）若要选择图片中除当前选定区域之外的所有内容，应单击“反向选择”按钮。

(2) 若要删除选定的对象,可单击“删除”按钮。

(3) 若要在选择中包含背景色,应取消选中“透明选择”复选框。粘贴所选内容时,会同时粘贴背景色,并且填充颜色将显示在粘贴的项目中。

(4) 若要使选择内容变为透明,以便在选择中不包含背景色,应选中“透明选择”复选框。粘贴所选内容时,任何使用当前背景色的区域都将变成透明色,从而允许图片中的其余部分正常显示。

8) 裁剪

使用“剪切”工具可剪切图片,使图片中只显示所选择的部分。“剪切”功能可用于更改图片,以便只有选定的对象可见。

拖动指针选择图片中要显示的部分,在“图像”组中单击“剪切”按钮。

3. 预置几何图形的绘制

绘制预置的几何图形需要功能区的形状、粗细和颜色三个组的功能相互配合。首先从图形库中选中图形;然后在画板上按住左键拖动鼠标,初步画出一个带调整手柄的图形;第三步再调整其位置、大小、轮廓线条的粗细、线条画笔效果、图形背景的填充效果等,满意后再释放把柄。释放把柄后将不能再对其进行调整。

选用预置几何图形拖动鼠标进行绘制时,如果同时按住 Shift 键,则绘出的是一个正圆或等边图形或高宽比固定的图形;如果不按 Shift 键,则高宽比随意掌握。

对于曲线的绘制:单击“曲线”图形,拖动鼠标,先绘制成直线,即弧线的两端点,然后单击曲线的一个弧拖动指针调整位置和曲线形状。系统预置的几何图形如图 1.67 所示。

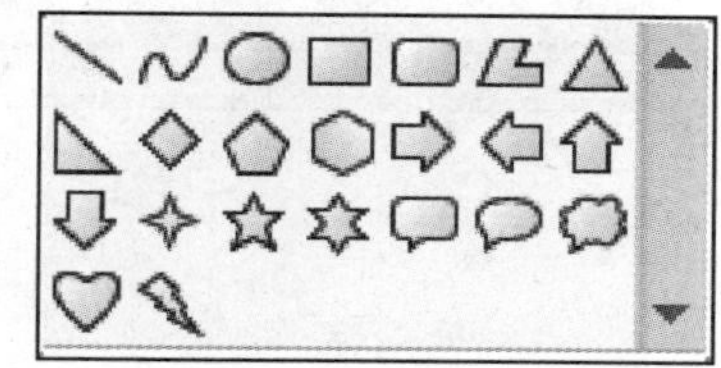

图 1.67 系统预置的几何图形

图中的五星轮廓选油画颜料,填充选蜡笔;矩形轮廓和填充均为纯色;箭头轮廓为普通铅笔,填充为水彩。注意观察箭头与矩形的交叉效果,如图 1.68 所示。

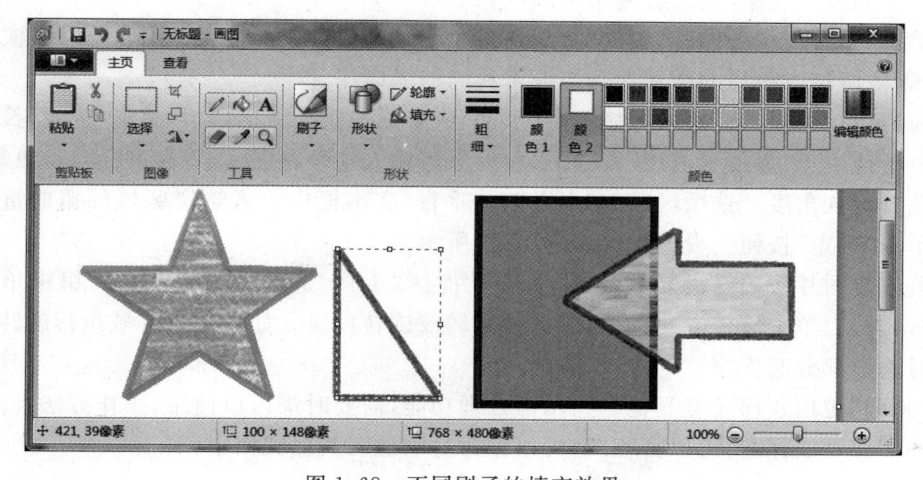

图 1.68 不同刷子的填充效果

图中三角形是可对其进行调整的图形定义区域。

4. “文字”按钮的使用

如果需要在图片上添加文字,使用方法是单击“工具”组中的“文字”按钮**A**,在添加文字的位置单击鼠标时会自动弹出一个“字体”和“背景”功能组,选择适当的字体、字号,以及文字背景透明或不透明效果,在图片的相应位置添加所需文字,以及文字的字体和字号及其格式定义,如图 1.69 所示。

(a) 填加文字

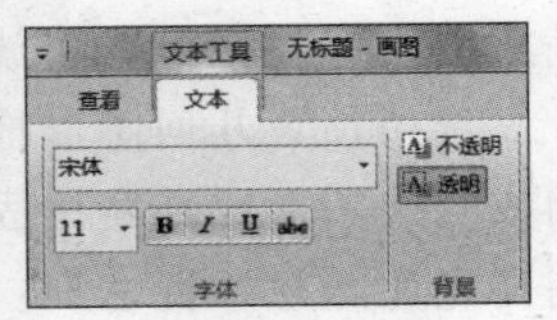

(b) 设置文本格式

图 1.69　自绘图形与添加文字格式定义

5. 图像的其他编辑处理

“画图”应用程序可以对各种格式的图片进行编辑修改,例如使图片按角度旋转、倾斜,按比例缩放等。

若需要重新调整大小与倾斜,可调整整个图片中某个对象或某部分的大小,还可以扭曲图片中的某个对象,使之看起来呈倾斜状态。

单击功能区中“图像”组中的“重新调整大小”图标,在对话框中选中“保持纵横比”复选框,以便调整大小后的图片保持与原来相同的纵横比。

在“重新调整大小”选项区域中的“水平”文本框中输入新比例值,单击“确定”按钮。

由于选中了“保持纵横比”复选框,所以只需输入水平宽度,垂直高度会自动更新。

在“倾斜(角度)”选项区域的“水平”和“垂直”文本框中输入选定区域的扭曲量(度),然后单击“确定”按钮。设置操作如图 1.70 所示。

若需要图片按角度翻转或旋转,可在功能区“主页”选项卡上的“图像”组中单击“旋转”按钮,然后单击旋转方向选项,可进行翻转或旋转设置。如对选中区域执行旋转命令,则只对选中部分起作用。

“画图”应用程序还有其他一些图像处理功能,需要时都可以使用,操作方法类似。处理好的图像可以保存,可以打印,也可以作为对象插入其他文档中。

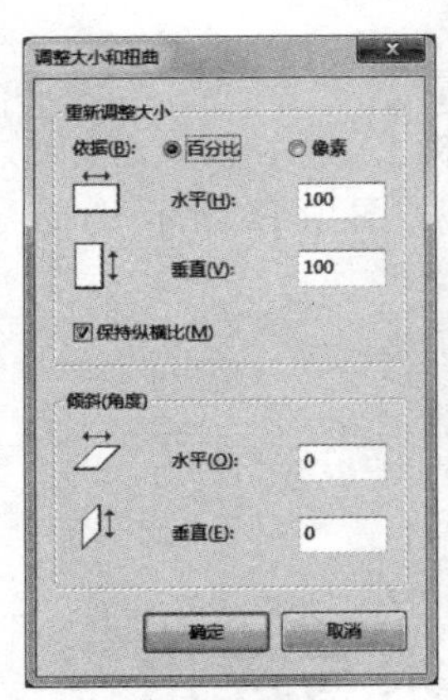

(a) 调整图形对象大小　　(b) 调整图形对象倾斜角度

图 1.70　调整对象的大小和扭曲水平倾斜度

1.4.5 “计算器”应用程序

计算器是 Windows 的提供的一个办公用计算器小程序。在“计算器”窗口中可以从标准型计算器切换到科学型计算器窗口。科学型计算器可解决较为复杂的数学问题以及进行不同记制数的转换。用户在运行其他 Windows 应用程序过程中，如果需要进行有关的计算，可以随时调用 Windows 计算器程序。计算器程序如图 1.71 所示。

(a) 标准型计算器　　(b) 科学型计算器

图 1.71　计算器程序

Windows 中的计算器与一般计算器的格式和使用方法基本相同。例如在标准型计算器中，单击计算器的各个数字键就和日常生活中用手指在计算器上按键操作一样。

在计算器程序中，附带转换器，可进行不同货币、容量、长度、重量、温度、能量、面积、速度、时间、功率、压力、角度等单位之间的换算。

1.4.6 “录音机”应用程序

可使用录音机来录制声音并将其作为音频文件保存在计算机上。

在 Windows 的附件中单击“录音机”按钮，启动录音机程序，如图 1.72 所示。

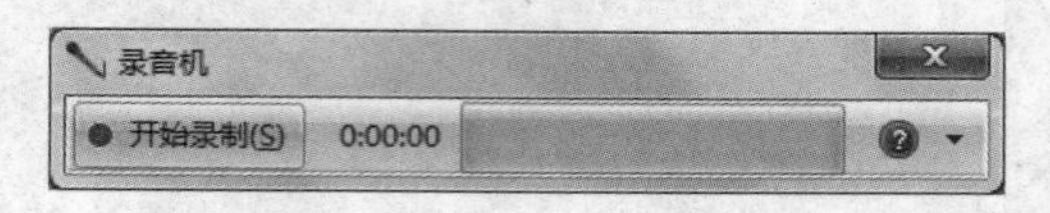

图 1.72 录音机操作界面

1.5 Windows 操作系统输入技术与应用

汉字输入是中文处理最基本的信息录入方式。Windows 操作系统提供了完整的汉字录入方法的支持，如拼音输入法、智能 ABC 输入法、五笔字型输入法等，可以在 Windows 操作系统的支持下进行汉字输入。Windows 操作系统预装的汉字输入法是微软拼音输入法。

1.5.1 微软拼音输入技术与方法

微软拼音输入法是 Windows 操作系统预装的汉字输入法，是一种智能型的拼音输入法。

微软拼音输入法采用拼音作为汉字的录入方式，用户可以采用全拼的方式输入汉字，也可以采用双拼的方式，还可以采用不完整拼音以及模糊拼音的方式输入汉字。对于说话带口音的用户，微软模糊拼音输入方式可以让计算机理解自己的非标准普通话。

微软拼音输入法还为用户提供了许多特性，例如自学习和自造词功能。使用这两种功能，经过用户短时间的汉字输入实践，微软拼音输入法能够自动学会用户专业术语和用词习惯，使微软拼音输入法的转换准确率更高，用户使用更加得心应手。

1.5.2 微软拼音输入法选择

微软拼音输入法可以分别用鼠标或键盘调用。在屏幕右下角有语言栏，单击语言栏上的 En 按钮，选中“CH 中文(简体，中国)”选项，即可调出微软拼音输入法。右击微软拼音图标，即可选择设置微软拼音输入方法，如图 1.73 所示。

键盘操作是先按 Ctrl+“空格”键进行英文和中文输入状态之间的切换，再按 Ctrl+Shift 组合键循环调用预装的汉字输入法，直到出现选择输入法为止。

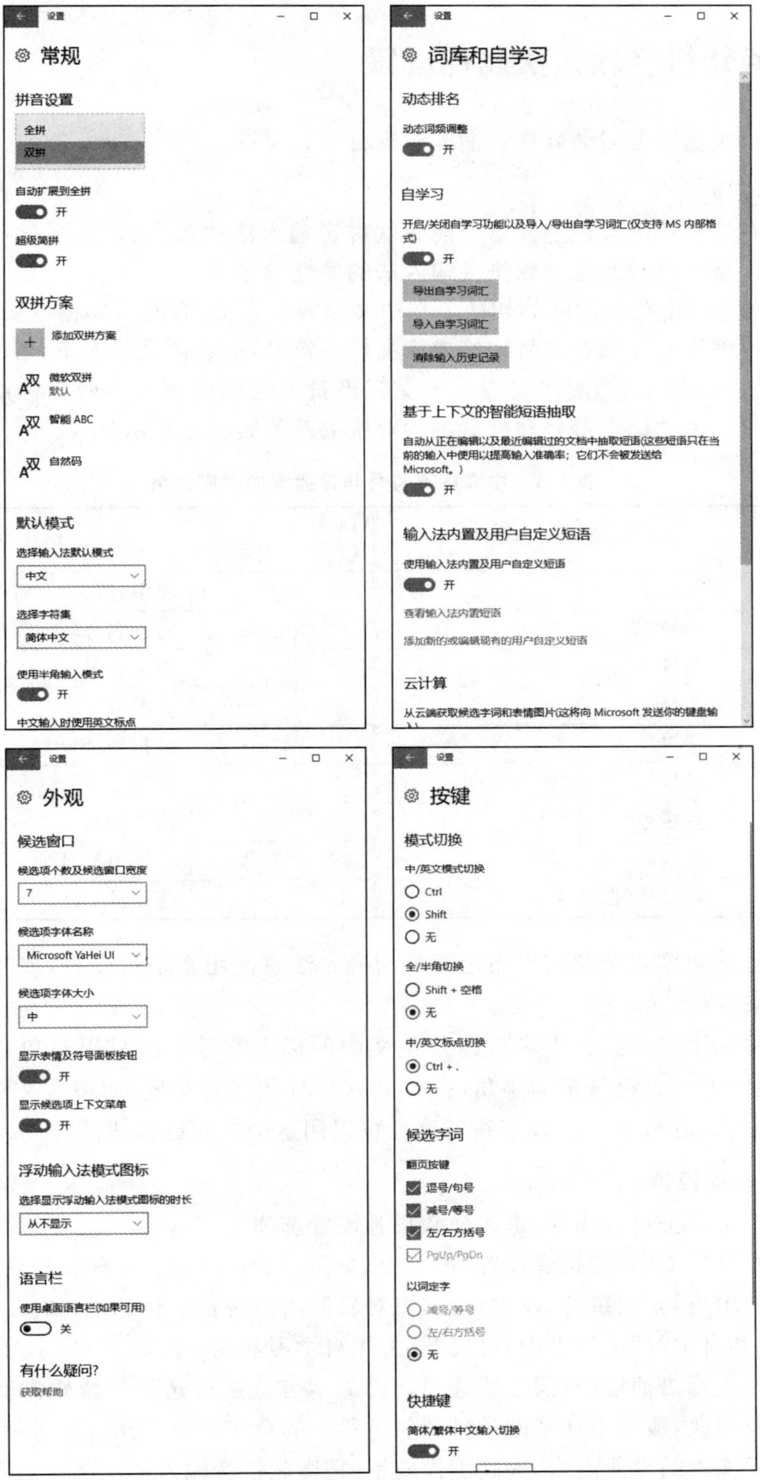

设置

常规

拼音设置

全拼

双拼

自动扩展到全拼

开

超级简拼

开

双拼方案

添加双拼方案

微软双拼
默认

智能 ABC

自然码

默认模式

选择输入法默认模式

中文

选择字符集

简体中文

使用半角输入模式

开

中文输入时使用英文标点

设置

词库和自学习

动态排名

动态词频调整

开

自学习

开启/关闭自学习功能以及导入/导出自学习词汇(仅支持 MS 内部格式)

开

导出自学习词汇

导入自学习词汇

清除输入历史记录

基于上下文的智能短语抽取

自动从正在编辑以及最近编辑过的文档中抽取短语(这些短语只在当前的输入中使用以提高输入准确率；它们不会被发送给 Microsoft。)

开

输入法内置及用户自定义短语

使用输入法内置及用户自定义短语

开

查看输入法内置短语

添加新的或编辑现有的用户自定义短语

云计算

从云端获取候选字词和表情图片(这将向 Microsoft 发送你的键盘输

设置

外观

候选窗口

候选项个数及候选窗口宽度

7

候选项字体名称

Microsoft YaHei UI

候选项字体大小

中

显示表情及符号面板按钮

开

显示候选项上下文菜单

开

浮动输入法模式图标

选择显示浮动输入法模式图标的时长

从不显示

语言栏

使用桌面语言栏(如果可用)

关

有什么疑问?

获取帮助

设置

按键

模式切换

中/英文模式切换

Ctrl

Shift

无

全/半角切换

Shift + 空格

无

中/英文标点切换

Ctrl + .

无

候选字词

翻页按键

逗号/句号

减号/等号

左/右方括号

PgUp/PgDn

以词定字

减号/等号

左/右方括号

无

快捷键

简体/繁体中文输入切换

开

图 1.73　微软拼音输入设置

1.5.3 微软拼音输入法属性设置

用户可以根据需要对微软拼音输入法进行预先设置。

1. 常用设置

在屏幕右下角的语言栏上显示当前微软拼音输入法的输入状态，通过单击上面的按钮可切换输入状态以及改变微软拼音输入法的属性设置。

用按钮进行中英文之间的切换。在中文输入状态下，有时需要输入一些英文字符，用这个按钮可以把中文标点符号切换成西文标点符号，而在西文状态下，可以切换到中文标点符号输入方式。用按钮实现中英文标点符号之间的切换。西文标点符号与键盘符号基本对应。中文标点符号和键盘键的对应关系如表 1.1 所示。

表 1.1 中文标点符号和键盘键的对应关系

西文键位	中文标点符号	解释	西文键位	中文标点符号	解释
,	，	逗号	'	‘’	单引号(自动匹配)
.	。	句号	＜	《	左书名号
;	；	分号	＞	》	右书名号
:	：	冒号	^	……	省略号
!	！	感叹号	_	——	破折号(Shift+-键)
?	？	问号	\	、	顿号
(	（	左括号	@	·	间隔号
)	）	右括号	$	￥	人民币符号
"	“”	双引号(自动匹配)	&	—	连接号

单击按钮可实现全角与半角之间的切换。注意使用系统行命令，或使用程序设计命令时，务必选择半角状态。

在中文输入中输入的英文字母以及英文中的标点符号一般采用半角。纯英文输入时，英文文档中的标点符号多为半角，占一个 ASCII 码字符宽度；而中文文档中的标点符号一般使用全角，占两个 ASCII 字符宽度。可以用这个按钮进行切换。

2. 输入选项设置

在语言栏上单击设置图标，进入微软拼音设置选项卡。

在“常规”选项卡中的“拼音设置”选项中，全拼、双拼二选其一，模糊拼音可与全拼、双拼配合选择。单击“模糊拼音”设置按钮，可对易混淆的拼音进行选择，如图 1.74 所示。

在“词库和自学习”选项卡中，可展开、关闭自学习功能，导入(出)自学习词汇，开始基于上下文的智能短语抽取，对同音候选字词的显示方式进行选择。微软拼音输入法收集了几十套专业词典，覆盖了从基础学科到前沿科学的众多领域。在这里可做适当的选择，使之适应输入文本的专业内容，提高工作效率，把微软拼音输入法定制成录入专业文献的工具，如图 1.75 所示。

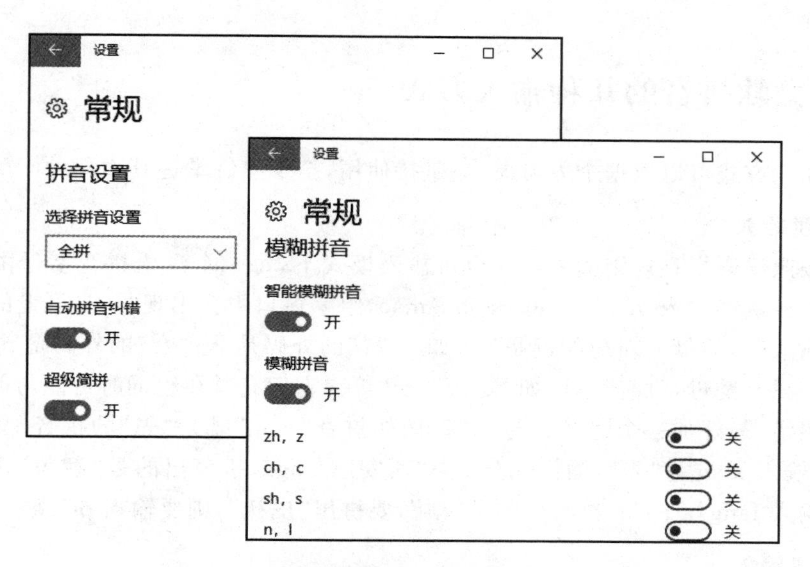

图 1.74 微软拼音输入常规设置

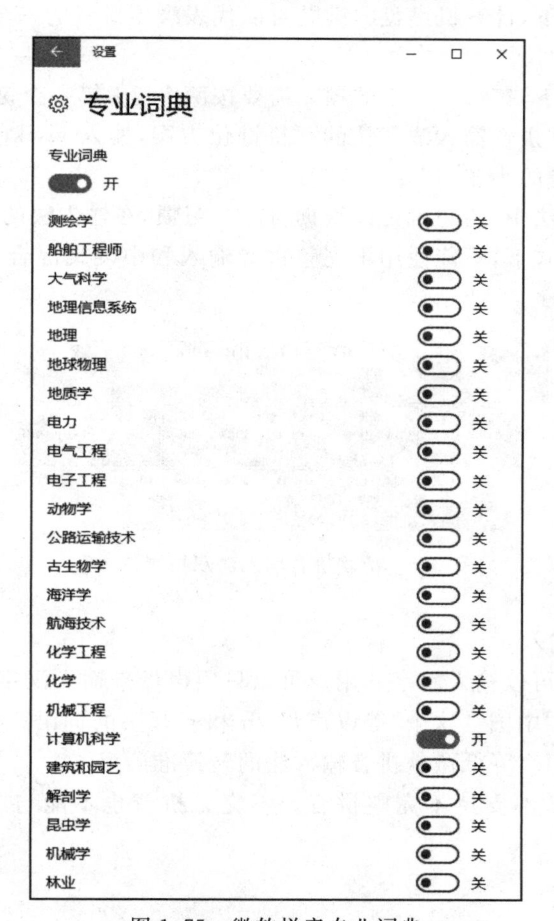

图 1.75 微软拼音专业词典

1.5.4 微软拼音的几种输入方式

选择输入方式可以根据个人习惯，应坚持使用，至少熟练掌握其中一种。

1. 全拼输入

完全按照汉语拼音规则输入。在全拼输入模式下，每一个汉语拼音字母由键盘的一个键来输入。例如输入 yizhikeaidexiaohuamao，组字窗口中会出现“一只可爱的小花猫”。

全拼输入时，韵母 ü 对应的键是 v。如：“吕”的外码是 lv；“女”的外码是 nv。

有些字只有韵母，没有声母，如“爱、安、袄”等。它们有时在组词时可能与前一个字的拼音发生混淆，最好加一个隔音符号“'”。例如拼音“xian”既是“先”的拼音，又是“西安”的拼音，则输入 xian 为“先”，输入 xi'an 为“西安”；fangai 拼写出的是“翻盖”，要拼写“妨碍”，则需输入 fang'ai；piao 拼写出的是“票”，要拼出“皮袄”，则要输入 pi'ao。

2. 双拼输入

在双拼输入模式下，计算机键盘的键既可以代表汉语拼音的一个完整声母，同时也可以代表一个完整的韵母。

在双拼输入模式下，每一个汉字的输入需要按两个键：第一个键为声母，第二个键为韵母。例如，使用微软拼音输入法默认的双拼键位方案，输入 yivikeoldexchwmk，组字窗口中会出现“一只可爱的小花猫”。

在微软双拼输入法中，用户也可以根据自己的习惯，在输入法的属性中自己定义双拼键位。在双拼输入模式下，不能使用不完整拼音输入和中英文混合输入。微软拼音输入法双拼键位方案如图 1.76 所示。

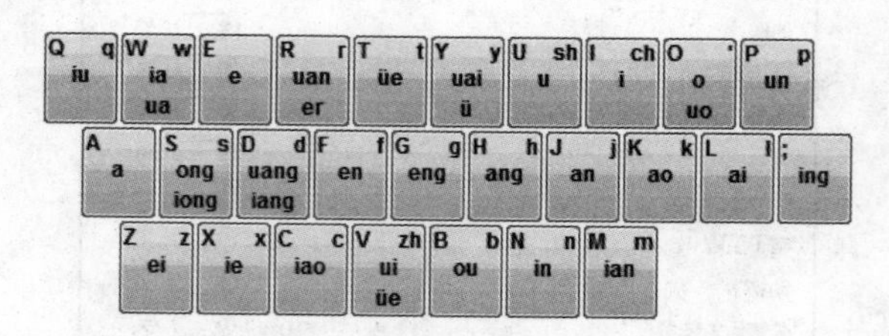

图 1.76 微软拼音输入法双拼键位方案

3. 不完整拼音输入

用不完整拼音也可以输入汉字。用户可以只用声母来输入汉字中国，如输入 zhg，候选窗口会出现“整个”“中国”“这个”等以声母 zh 和 g 开头的词语。使用不完整拼音输入可以减少按键次数，但会降低微软拼音输入法的转换准确率。

双拼输入模式下，不支持不完整拼音。不完整拼音也不能与中英文混合输入同时使用。

4. 模糊拼音输入

对某些地区的用户来讲，汉语中有些读音的差别很难区分，比如平舌音和翘舌音、前后鼻韵的前鼻音和后鼻音。在使用微软拼音输入法时，如果用户对自己的普通话发音不是很有把握，则可以使用模糊拼音输入模式。

在模糊拼音输入模式下，微软拼音输入法把容易混淆的拼音组成模糊音对，当用户输入模糊音对中的一个拼音时，另一个也会出现在候选窗口中。例如采用默认的“微软拼音输入法”模糊音方案，输入 si 时，读音为 si 和 shi 的汉字都会出现在候选窗口中。微软拼音输入法支持 11 个模糊音对，如表 1.2 所示。

表 1.2　模糊音对

模糊音对	选择情况	模糊音对	选择情况
zh，z	默认	f，hu	备选
ch，c	默认	wang，huang	默认
sh，s	默认	an，ang	默认
n，l	备选	en，eng	默认
l，r	备选	in，ing	默认
f，h	备选		

在设置使用模糊拼音输入模式后，用户可以使用微软拼音输入法默认的模糊音方案，也可以根据自己的情况选择模糊音对。选择步骤：在“微软拼音输入法”对话框中单击“模糊拼音设置”按钮，从“模糊音对列表”中选择模糊音对。

1.5.5　微软拼音输入法智能化设计

1. 自学习功能

Windows 微软拼音输入法中，微软拼音输入法会记住用户在组字窗口中所做的修改，并根据字词的使用频率自动调整候选优先次序，候选窗口中列出的同音字词的顺序始终处于动态调整之中。经过两三次适应，系统会自动把用户使用频率最高的字词放在第一候选项，作为默认。使用户在下一次输入同样的词语时，微软拼音输入法转换错误的可能性降低，提高输入效率，减少错误。

自学习文件的删除：自学习的内容都记录在一个自学习文件中。当用户不再需要该文件时，可将其删除。在语言栏“设置”对话框中的“词库和自学习”选项卡中单击“清除输入历史记录”按钮，在确认删除的对话框中单击“清除”按钮。

2. 智能短语抽取

在 Windows 的微软拼音 2010 输入法中，用户可以连续输入拼音串而不必关心音节的切分，微软拼音输入法会自动完成切分工作。

在有些情况下，输入的拼音会由于音节切分的不同产生两种不同的结果，例如 fangan 既可以拼成“方案”，也可以拼为“反感”。Windows 的微软拼音 2010 输入法的智能化设计可根据句子的上下文关系做出正确的选择,使用户不必人为加以区分。

例如,在“我对虚伪很反感”和“我很赞成这个方案”这两句话中,系统会根据句子的语义智能地判断应该用“反感”还是“方案”,如图 1.77 所示。

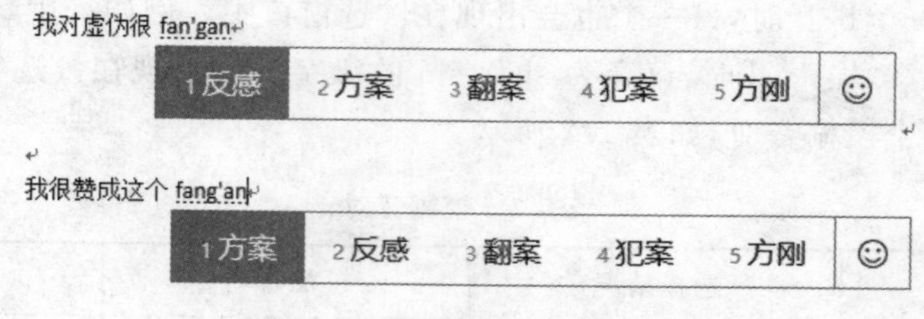

图 1.77　智能音节切分实例

通常候选窗口中的第一个词都是正确候选项,按空格键即可直接正确地输入。

1.5.6　微软拼音的特殊输入

1. 特殊符号的输入

Windows 汉字输入法,提供了一些特殊符号的输入。例如单位、序号、特殊、标点、数学、几何、字母等各种不同类型的符号。这些符号都分门别类地编制在符号扩展面板中。当用户进行汉字输入时,在系统提示的字词候选栏的最右端有一个笑脸图标,单击笑脸图标,即可打开特殊符号扩展面板。用户可以在不同类型的选项卡中选取需要的符号,如图 1.78 所示。

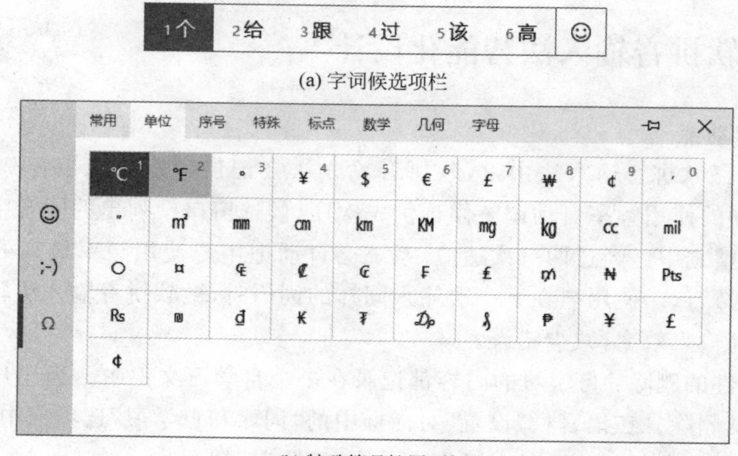

(a) 字词候选项栏

(b) 特殊符号扩展面板

图 1.78　特殊符号的输入方法

2. 标点的输入

常用中文标点符号与键位对照如表 1.3 所示,这些中文标点与状态条上的全半角设置无关,总显示为全角。

表 1.3　中文标点符号与键位对照

中文标点	符　号	键　位	说　明
句号	。	.	
逗号	，	,	
分号	；	;	
顿号	、	\	
冒号	：	:	
问号	？	?	
感叹号	！	!	
双引号	“”	"	自动配对
单引号	‘’	'	自动配对
左书名号	《〈	<	自动嵌套
右书名号	》〉	>	自动嵌套
省略号	……	^	双符处理
破折号	——	_	双符处理
间隔号	·	@	
连接号	—	&	
人民币符号	￥	$	

3. 偏旁的输入

偏旁是汉字的基本组成单位，有些偏旁本身也是独立的汉字，如山、马、日、月等。这些偏旁的输入，按其字面汉字的读音输入即可。

但是，大多偏旁现在不能单独成字、不易称呼或者称呼很不一致。为方便用户输入这些偏旁，微软拼音输入法采用它们通常称谓的第一个音来输入，例如“冫”（两点水）用 liang 输入，“纟”（绞丝旁）用 jiao 输入。

偏旁与名称对照如表 1.4 所示。

表 1.4　偏旁与名称对照

偏　旁	名　称	偏　旁	名　称
丶	点	艹	草字头儿
丨	竖	扌	提手旁儿
亠	文字头儿	彡	三撇儿
冫	两点水	夂	折文儿
（丷）	八字头儿	犭	反犬旁儿
（丆）	石字头儿	饣（飠）	食字旁儿
（乛）	折	纟（糸）	绞丝旁儿

续表

偏 旁	名 称	偏 旁	名 称
冖	秃宝盖儿	礻	示字旁儿
讠(言)	言字旁	(牜)	牛字旁儿
刂	立刀儿	攵	反文旁儿
冂	同字框	疒	病字旁儿
亻	单人旁儿	衤	衣字旁儿
卩	单耳刀	(罒)	四字头儿
阝	左耳刀	(覀)	西字头儿
氵	三点水儿	(罓)	冈字头儿
丬	将字旁儿	(爫)	爪字头儿
忄	竖心旁	钅(釒)	金字旁儿
宀	宝盖儿	虍	虎字头儿
(⺤)	乎字头儿	糸	绞丝旁儿
辶	走之儿		

括号里的偏旁只能在繁体模式下输入。

思考练习题

1. 通过文献检索列举计算机操作系统主要有哪几类,各有何应用特点。
2. 列举 Windows 操作系统应用技术性能和使用功能。
3. 简述 Windows 登录与退出方式及作用。
4. 简述 Windows 桌面应用程序的主要组成与应用。
5. 简述 Windows 桌面图标中哪些属于系统程序。
6. 练习跳转列表的使用。
7. 练习跟踪窗口的使用。
8. 简单叙述“开始”菜单中应用程序的分类与管理特点。
9. 简述 Windows 联机帮助的特点及应用。
10. 试述如何利用快捷方式与快捷菜单提高操作效率。
11. 练习设置个性化的桌面风格,改变背景图案。
12. 简述系统还原功能的使用方式。
13. 列举 Windows 操作系统磁盘文件管理的内容。
14. 简述 Windows 操作系统中,什么是库及库的作用是什么。
15. 简述练习库的创建方式,及库内容的添加与删除操作。

16. 列举打开或运行已有文件的几类操作方式。
17. 简述复制与移动文件或文件夹的操作过程。
18. 简述磁盘格式化的作用。
19. 试述系统工具应用程序的功能与作用。
20. 简述如何使用磁盘清理程序。
21. 简述如何使用磁盘碎片整理程序。
22. 简述“记事本”文件程序的主要应用特点。
23. 简述“写字板”应用程序编排功能的优点与局限。
24. 列举“画图”应用程序的主要功能与限制。
25. 列举常见汉字输入技术的应用方式与技巧。

第 2 章 Word 文字处理程序

Microsoft Office Word 是美国微软(Microsoft)公司推出的集成办公软件 Office 组件的应用程序之一,具有 Windows 操作系统类似的使用操作功能,文档编辑功能全面,可用于各行各业日常文字文档处理工作,如编写公文、信函、商业合同,编写个人简历、学术论文、数据分析报告、带有图片的产品说明书等,还可结合使用联机帮助和各种实用模板等扩展应用,创建设计与制作各类专业级文档。

本章以 Microsoft Office Word 2016 中文版为例,介绍它的各种技术实现与应用功能,主要内容有:

- Word 应用程序的功能及特点;
- Word 文档自动图文集应用;
- Word 文档段落格式设置;
- Word 文档页眉与页脚设置;
- Word 表格对象设计与制作;
- Word 各种数据对象的创建应用;
- Word 公式对象的插入与编辑;
- Word OLE 对象的插入与编辑;
- Word 文档图文混排应用;
- Word 文档封面与水印效果;
- Word 文档编辑的批注与修订。

2.1 Word 应用程序特点

Word 2016 中文版是在 Microsoft Windows 10 操作系统环境下使用的文字处理软件,是 Microsoft Office 2016 组件中应用频率最多的软件。它采用"所见即所得"的设计及图形接口操作界面,用户可以全屏幕操作方式在屏幕上进行文档录入与编排,并可及时看到排版效果,例如,查看文本段字体变化或表格图形编排效果等。

Word 有桌面排版系统的一系列基本功能,如查找替换、版面控制、图片与文字结合编排、表格处理、公式编辑等,并能读取 ACSII 标准文档文件等。

Word 提供了处理各种复杂文件的功能,包括输入各种文字符号、文字艺术效果处理、多栏彩色图文混排等排版效果、数理化公式的编辑,并有表格的制作和处理、简单的表格数据计算、自动套用各种表格格式和快速生成表格数据图表等功能,还可另存为标准的

Web 页及直接编辑发送电子邮件等。

Word 能从 Windows 操作系统下的其他应用程序软件，如 Excel、PowerPoint 等复制或转换获取图表或数据到 Word 文档中；另外还具备 Windows 操作系统支持的动态数据交换(DDE)及对象连接与嵌入(OLE)功能等，可以插入、创建和编辑链接对象，扩展了文字、图表和图形图像编辑功能。

Word 具有十分方便的预览即时显示功能和命令提示功能。在用户选择程序预装模板时，随着鼠标指针的指向，系统会即时在文档中显示模板效果。几乎所有功能区的命令按钮，只要把鼠标指针放在上面，都会出现对应按钮的功能提示框。

2.2 Word 应用程序工作方式

Word 应用操作时应正常启动与退出，以免丢失或损坏正在编辑的文档信息。

2.2.1 Word 启动方式

Word 的启动操作视具体需要，可以有多种不同方式。

1. 直接调用程序

选择“开始”菜单直接调用 Word 命令，就可以打开 Office 组件中的 Word 程序，如图 2.1 所示。

2. 双击已有文档的图标

如果想打开一个已经存在的 Word 文档，双击文档图标，系统会自动调用 Word 程序将其打开。

2.2.2 Word 系统退出

Word 文稿编辑完成后，需要正确退出 Word。在退出 Word 之前，应先将编辑或修改过的文档存盘保存。

如果对当前文档做过改动，未执行保存这些改动的操作而执行退出命令，Word 为避免误操作而丢失信息，将询问是否要保存该文档所做的修改，以决定是否保存该文档的修改结果。单击“保存”按钮，表示保存所做的修改。若用户对已做的修改不满意，想回到修改前的状态，可单击“不保存”按钮，表示放弃所做的修改。单击“取消”按钮将不做任何操

图 2.1　从开始菜单启动 Word

作，退回 Word 编辑状态，如图 2.2 所示。

退出 Word 的方法有：

(1) 单击窗口右上角的关闭按钮 ✕ 。

在屏幕右上角有一个关闭按钮，单击后系统将关闭文档，并退出 Word 程序。

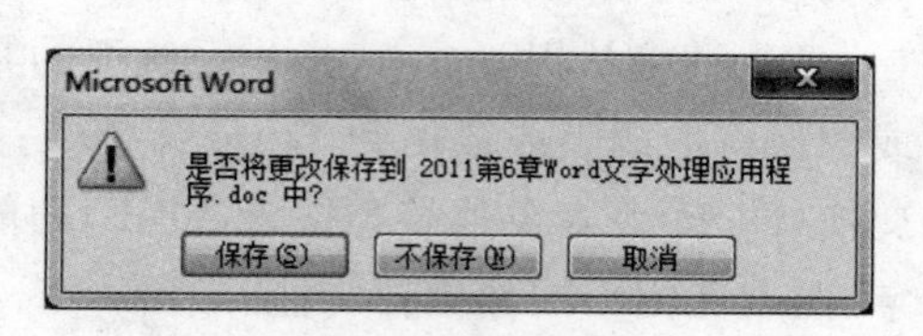

图 2.2 存盘提示对话框

如果关闭前未将文档保存，Word 将询问是否要保存该文档所做的修改，提示选择。单击"保存"按钮表示保存所做的修改结果，单击"不保存"按钮表示放弃所做的修改。无论单击"保存"还是"不保存"按钮都可退出 Word。

在"文件"下拉菜单中还有"关闭"选项，作用是只关闭当前文档，并不退出 Word。

(2)按 Alt+F4 组合键。

如果未将文档保存，Word 将提示是否保存该文档，然后退出 Word。

2.2.3 Word 的工作界面

Word 启动打开应用程序窗口的同时，会全自动打开一个完全空白的新文档，名为"文档 1"。这时 Word 应用程序窗口与打开的文档窗口都是最大化显示，且两个窗口的标题栏合二为一，其标题为"文档 1-Microsoft Word"。

Word 应用程序窗口结构是 Microsoft Office 组件中具有代表性的应用程序窗口。

1. Word 启动界面

Word 启动界面由"最近打开的文档"列表和 Word 预置模板两大块组成。

列表中的文档是最近使用过的，方便用户直接单击打开。

预置模板是系统按照不同用途预先编制的风格各异的格式模板，例如报告、贺卡、信函、简历、新闻稿等，供用户直接选用，如图 2.3 所示。

2. 工作窗口简介

Word 应用程序窗口从上到下大致可分为快速访问工具栏、标题栏、功能区选项卡、功能搜索与帮助栏、登录与共享、标尺、编辑区、状态栏等，如图 2.4 所示。

1）快速访问工具栏

快速访问工具栏的默认位置是窗口第一行左侧。快速访问工具栏是一个可自定义的工具栏，它包含一组独立于当前显示的功能区上选项卡的命令，如撤销、重复、存盘按钮。用户也可以向快速访问工具栏中添加代表命令的按钮。

2）标题栏

标题栏位于窗口第一行，显示正在编辑的文档名称和使用的程序名。

3）"文件"选项卡

Microsoft Office 中的一项新设计是"文件"选项卡取代了"Office 按钮"以及早期版本的 Microsoft Office 中使用的"文件"菜单。

"文件"选项卡位于标题栏下最左端，与其他 7 个功能选项卡不同，它所包含的命令不

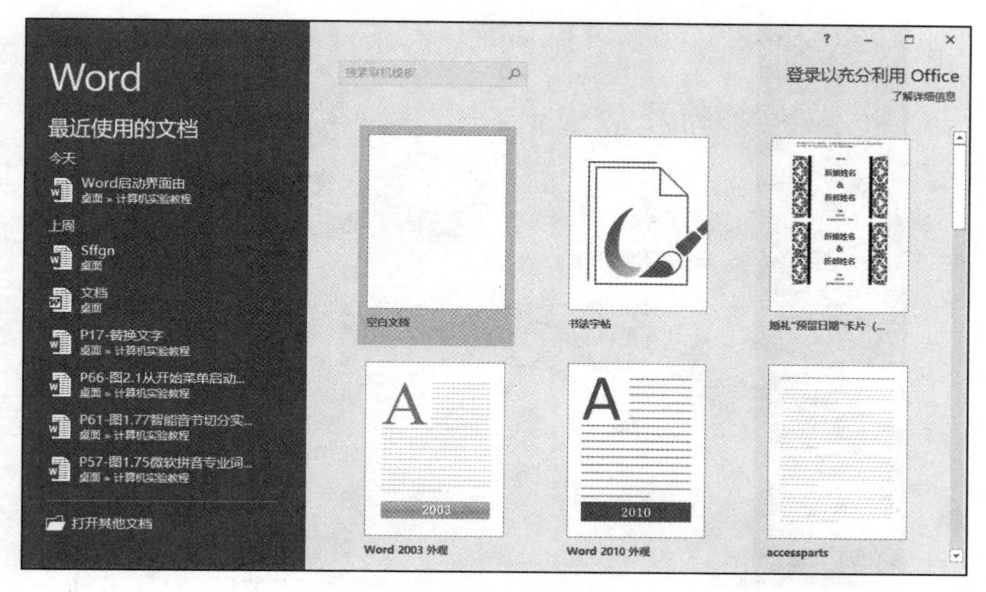

图 2.3　Word 启动界面

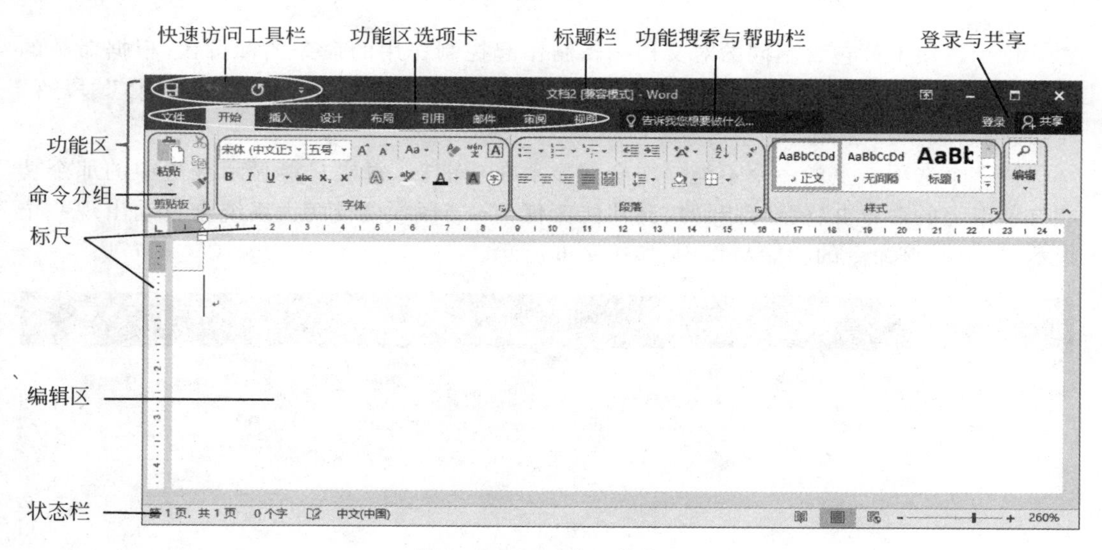

图 2.4　Word 的工作窗口

出现在功能区，而是打开一个新窗口，称为 Backstage 视图。

选择"文件"选项卡后，显示一些基本命令，与以往单击"Office 按钮"和 Microsoft Word 早期版本中的"文件"菜单后显示的命令相近。这些基本命令包括"打开""保存""新建"和"打印"，以及其他一些对整个文件进行操作的工具，如图 2.5 所示。

4）基本功能选项卡

基本功能选项卡位于"文件"选项卡之后，有"开始""插入""设计""布局""引用""邮件""审阅"和"视图"。

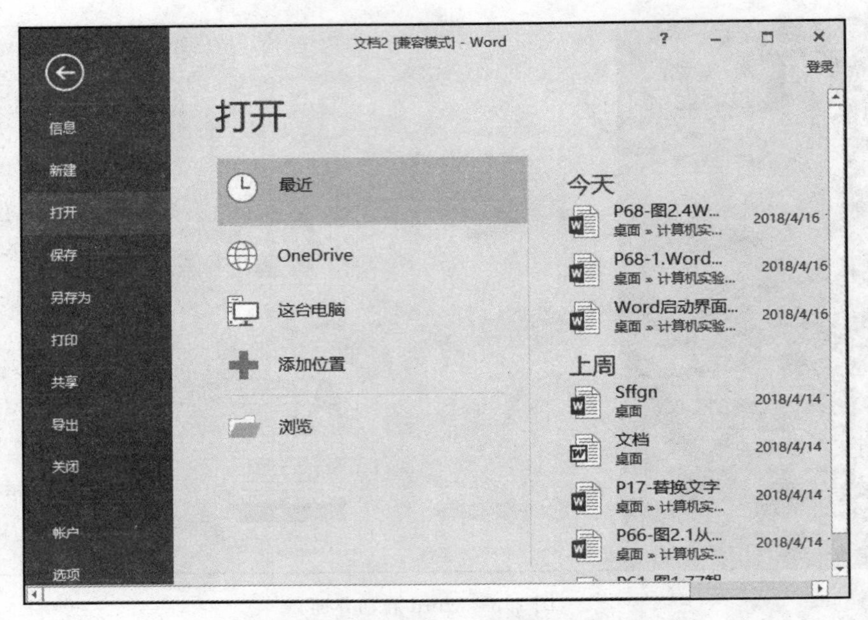

图 2.5 “文件”选项卡所包含的命令

每个选项卡都包含不同的对文档编辑制作起控制作用的命令图标按钮，根据命令的不同功能又被分为若干“组”。如“开始”功能选项卡将命令分为“剪贴板”“字体”“段落”“样式”和“编辑”5 个组。

这 7 个选项卡上的命令不能一次全部显示在功能区，每次只能显示被选中的那个功能选项卡上的命令。将鼠标指针放到功能区任何一个命令按钮上，系统会自动出现一个提示框，显示该命令的功能与作用，如图 2.6 所示。

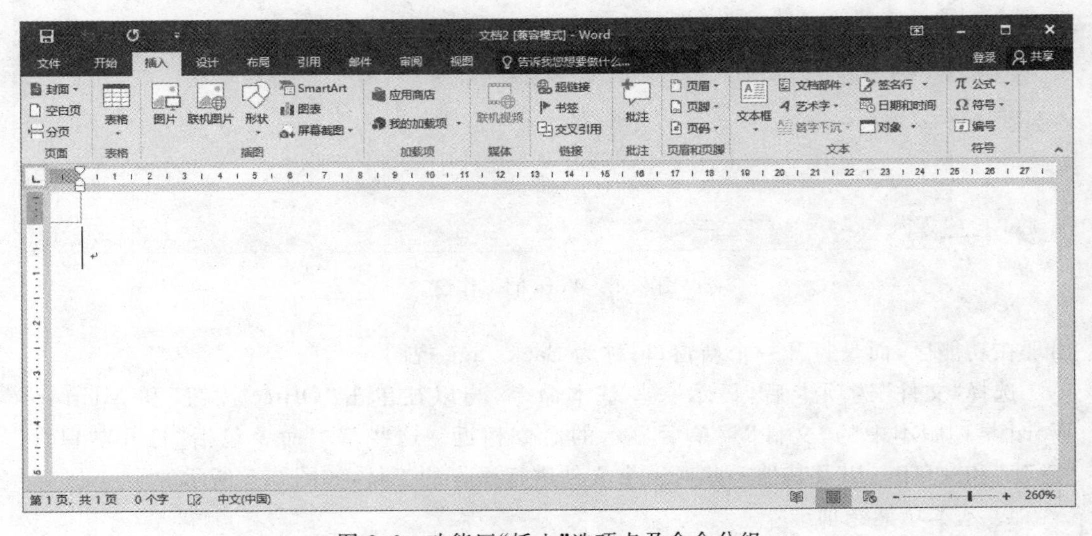

图 2.6 功能区“插入”选项卡及命令分组

5）扩展功能选项卡

系统会根据用户所选文档对象随时自动增加选项卡。如用户选中文档中的一幅图片，则自动增加一个“图片工具-格式”选项卡；若用户正在操作表格，系统会自动增加“表格工具-设计”和“表格工具-布局”两个选项卡，如图 2.7 所示。

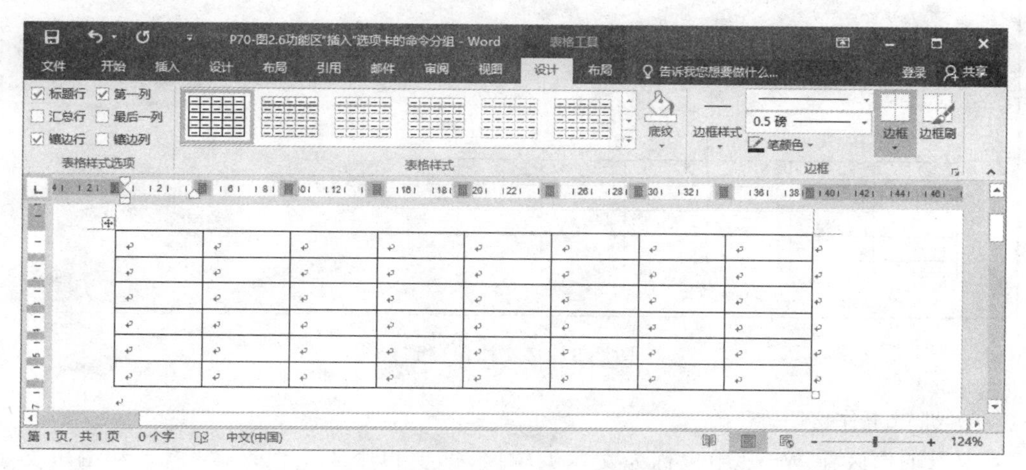

图 2.7　功能区新增“表格工具”选项卡及命令分组

6）功能搜索及帮助

用户在“告诉我您想要什么…?”栏中输入想要做的事情，系统会自动搜索相应命令，提供给用户选择执行，以方便用户快速得到需要的命令，而不必再到功能命令区去寻找，如图 2.8 所示。

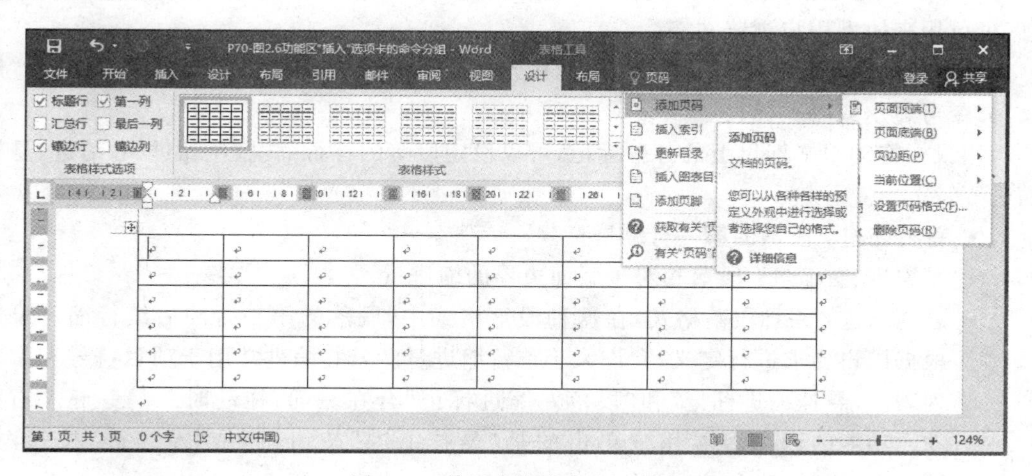

图 2.8　利用功能搜索选择命令

7）登录与共享

用户可建立自己的 Office 账号，在此登录到 Office，通过任意位置的电脑访问自己的文档。

当用户需要与同事协作处理文档时，可将文档保存到云，邀请其他人对其进行编辑，可与他人协作，彼此看到做出的更改，共同编辑修改同一个文档，如图 2.8 所示。

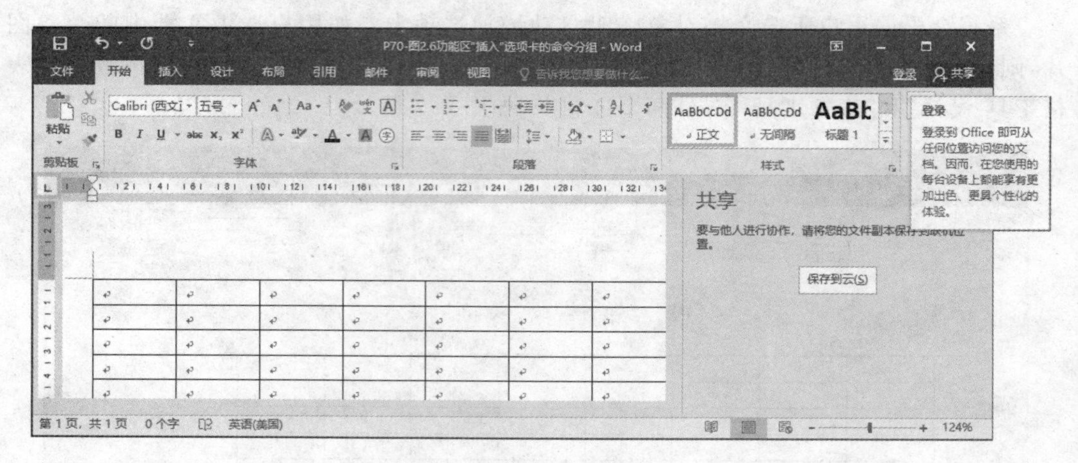

图 2.9　将文档保存到云

8）编辑工作区

编辑工作区在 Word 中也称为文本编辑区，即窗口中央空白区，是输入和编辑文字、图形的区域。区域中有一闪烁的垂直线符号，称为插入点，指示将输入或插入文字或各种对象的位置，是编辑修改命令起作用的位置，也是拼写、语法检查、查找等操作的起始位置。

9）版面标尺与段落缩进

水平标尺位于格式工具栏下面。它可用来设置制表位、页边距、段落缩进等格式化信息，也可用来协助用户浏览文档。

垂直标尺在"页面视图"状态下，出现在光标所在页的文本区左边。利用"视图"→"标尺"命令可显示或隐藏标尺。

用鼠标拖动水平标尺上的各种标记，可以设定段落的首行缩进、左缩进、右缩进、悬挂缩进等。

- 首行缩进：段落的第一行缩进量。
- 左缩进、右缩进：段落相对于版面边界的缩进量。
- 悬挂缩进：一种段落格式，在这种段落格式中，段落的第二行和后续行缩进量可根据用户要求进行定义，允许大于首行缩进量。悬挂缩进常用于项目符号和编号列表。"悬挂缩进标记"和"段落左缩进标记"合在一起，拖动时总是一起左右移动。功能的区分要看用户单击的是"悬挂缩进"按钮，还是"左缩进"按钮，如图 2.10 所示。

10）滚动条

滚动条分为水平滚动条和垂直滚动条。在文件内容超出窗口时自动显示出来。拖动垂直滚动块，显示内容会上下翻动。单击垂直滚动条上下的小箭头，显示内容会上下滚动一行。单击滚动条中滚动块上（下）的空白处，显示内容会向上（下）翻动一屏的内容。

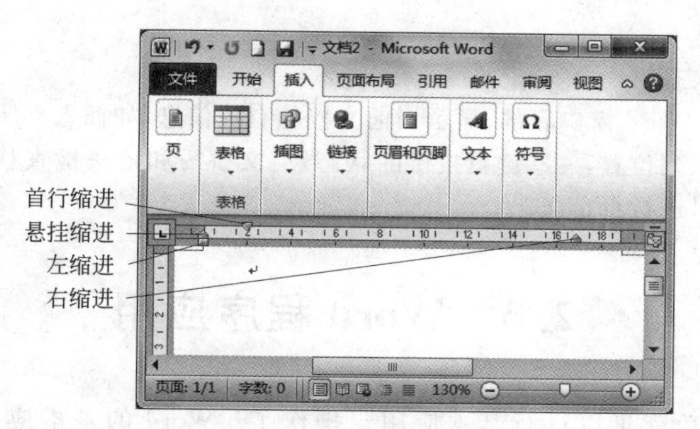

图 2.10 横向标尺与段落缩进标记

单击滚动块，会出现当前页码提示，随着滚动位置的变化及时刷新。

11）视图选择与显示比例

窗口右下角有 5 个功能切换或调用开关按钮，可选择显示视图模式；右端是窗口显示比例滑动调节轨。

视图方式按钮从左至右有“页面视图”“阅读版式视图”“Web 版式视图”“大纲视图”和“草稿”按钮，如图 2.11 所示。

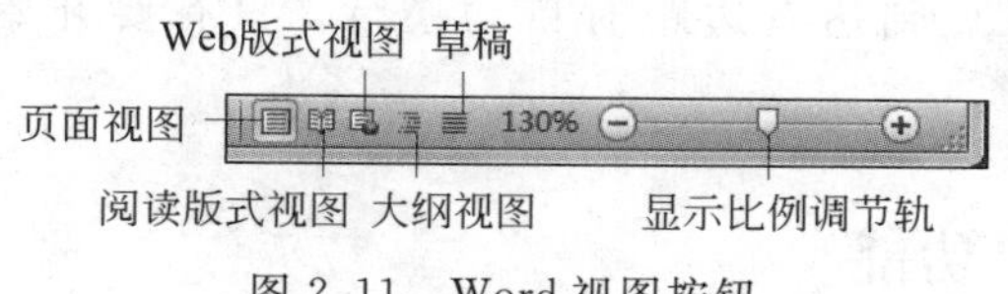

图 2.11 Word 视图按钮

“页面视图”的显示效果与打印效果相同，常用于格式及版面编辑修改，特别是图文表格混排的文档多采用这种视图进行编辑。

“Web 版式视图”以网页格式效果显示编辑内容。

“阅读版式视图”特为阅读而设计。如果打开文档是为了阅读，阅读版式视图将优化阅读体验。阅读版式视图是一种全屏式显示，会隐藏除“阅读版式”和“审阅”工具栏以外的所有工具项目。

阅读版式视图的目的是增加可读性，文本是采用 Microsoft ClearType 技术自动显示的，可以方便地增大或减小文本显示区域的尺寸，而不会影响文档中的字体大小。

阅读版式视图中显示的页面设计为适合用户的屏幕，这些页面不代表用户在打印文档时所看到的页面。如果要查看文档在打印页面上的显示，而不切换到页面视图，则单击“阅读版式”工具栏上的“实际页数”图标。

想要停止阅读文档时，则单击“阅读版式”工具栏上的“关闭”按钮或按 Esc 键或 Alt+C 组合键，可以从阅读版式视图切换回来。

如果要修改文档，只需在阅读时简单地编辑文本，而不必从阅读版式视图切换出来。“审阅”工具栏自动显示在阅读版式视图中，这样就可以方便地使用修订记录和注释来标记文档。

12）Word 状态栏

状态栏位于 Word 窗口底部，显示当前文档的有关信息，如插入点所在页的页码、节，插入点所在的行、列位置，一些键盘按键的状态，英文拼写和语法检查状态等。右击状态栏，可对其中项目进行自定义。

2.3 Word 程序应用

启动 Word 后就可以进行基本应用与操作了。Word 的基本应用操作除了创建 Word 文档、打开 Word 文档、保存 Word 文档、Word 多文档切换、关闭 Word 文档以及退出 Word 等基本操作外，主要的工作是文档内容的录入与编辑、查找与替换，插入表格、图形对象等操作。

2.3.1 文档录入方式

选择了适当的输入法之后，在 Word 工作区便可进行文本文字的输入。Word 具有自动换行功能，每当插入点到达右边距时自动换行。只有要开始新的段落时才需要按 Enter 键换行。

2.3.2 即点即输功能

使用即点即输可以在空白区域快速插入文字、图形、表格或其他项目。只需在空白区域双击，“即点即输”会自动将内容放置在双击处所需的段落格式。即点即输功能对于要在一行居中位置输入或一页中空几行输入非常有用。用户不必再使用居中按钮去对内容进行定义，也不必人为插入许多空行将光标移到页面中间，只需在要输入的位置双击，Word 便会理解用户的要求，自动对输入内容的位置进行定义。

例如创建标题页，可双击空白页面的中央并输入居中的标题，然后双击页面右下角的空白处并输入右对齐的作者姓名。

若要确定双击时“即点即输”当前应用的格式，则观察“即点即输”指针。指针形状随着位置的不同随时在发生变化。

在页面视图或 Web 版式视图中，可使用“即点即输”在文档的大部分空白区域插入内容。例如，可以在文档末尾下面插入图形，而不必按 Enter 键添加空行。也可在现有段落右侧输入文字，而不必手动添加制表位。

“即点即输”在下列区域中不可用：多栏、项目符号和编号列表、浮动对象附近，具有上下型文字环绕效果的图片的左侧或右侧，或者缩进的左侧或右侧。

2.3.3 文档浏览方法

若文档太长，最简单的方法是使用滚动条浏览，还可按 Ctrl＋Home 组合键移至文档开头，按 Ctrl＋End 组合键移到文档结尾。键盘上的↑、↓、←、→、PageUp、PageDown、Home 和 End 键都可协助进行文本浏览，还可以使用带有滚动轮的鼠标快速浏览。

2.3.4 Word 帮助功能

通过在功能区“告诉我您想要做什么…”对话框中输入问题关键词，选择扩展菜单的帮助按钮?，可以获得联机检索帮助。

2.4 Word 文档的编辑功能

对一个文档或一段文字进行编辑，一般包括插入、改写、删除、移动、复制和替换等对文本的各种修改操作。

在对某一段文字或图像等对象进行移动、编排和删除等操作之前，必须首先定义选取要操作的对象。对象可以是一段文字，也可以是一幅图片。如果是一段文字，选取的文字块定义可以小到一个字，大到一个自然段或整篇文章。

2.4.1 定义选取文档操作对象

在 Microsoft Word 文档中选取操作对象时，首先要对将要操作的文档内容进行标记选取操作。标记对象可以是一段文字，也可以是一幅图片，使之成为当前可以操作的目标对象，表明以下的操作只对选中的对象发生作用。

1. 鼠标拖动

利用鼠标将光标“I”指向文本块的开始处，按住左键，拖动鼠标扫过要选定的文本，在文本块结尾处松开鼠标，被选定的内容将突出显示或称为反显。

2. 操作技巧

例如，要选定一个英文单词，可双击该单词；要选定一个段落，可在该段落中的任一位置三击；要选定一个句子，可按 Ctrl 键并单击此句中的任一字符；要选定一行，可以将鼠标放到该行的左侧区域，使之呈箭头显示，然后单击即可。要选定矩形文本块，需先按住 Alt 键，从矩形文本块的左上角向右下角拖动鼠标；要选定若干行，可单击选定首行，再使指针指向末行，按住 Shift 键再单击。大范围的选择可以按住 Shift 键，配合←、↑、→和↓箭头键选定文本。要选定全部文档，可以按 Ctrl＋A 组合键，即选定整个文档。

要取消文本块的选定，在块内或块外单击即可。

2.4.2 插入、删除和修改

1. 插入

插入操作首先要将插入点定位在插入位置，然后在系统默认的“插入”状态下，即屏幕底部状态行中显示为“插入”，这时输入新的内容，Word 将自动进行段落重组。单击“插入”显示为“改写”状态，输入的内容将代替插入点后面的内容。

2. 改写

在改写状态下，新输入的内容将直接逐字取代原来的内容，且不会调整段落的其余部分，所以改写时，改写前后内容的长度通常要相同。

3. 删除

删除指定位置左边的字符可按 Backspace 键，删除指定位置右边的字符则按 Delete 键。

用鼠标拖动经过要删除的文本块使之反白高亮显示，定义要删除的文本内容；再按一下 Delete 键或 Backspace 键，或单击剪切按钮，都可删除相应的文本内容。删除完成后 Word 会自动调整对齐。

4. 修改

修改字符的方法有两种：

(1) 先删除错误字符，再插入正确的字符。

(2) 选定待修改内容为文字块，输入正确内容，正确内容就会替换所选定的字块。

5. 移动操作

先用鼠标拖动选取要移动的文本使之反白高亮显示，然后将鼠标移到文本块中的任意位置，鼠标变成一个箭头，这时按住鼠标左键并拖动到达新位置后再放开鼠标便可实现该块文本的移动。

6. 复制操作

将某段文本在文档中的其他部分再现，其方法与移动基本相同。

先用鼠标拖动选取该文本，然后将鼠标移动到该文本的任何一个位置使之变成一个箭头，再按住 Ctrl 键不放，按住鼠标左键，并将它拖到新位置后再松开即可实现复制功能。

2.4.3 剪贴板应用程序

1. 剪贴板的原理

剪贴板实际上是系统临时开辟的一个存放中间内容的后台空间。计算机将用户要复制或移动的内容先复制到剪贴板上，再根据用户需要从剪贴板上复制到新的位置。它一般在后台默默地工作，不必展示给用户。当剪贴板上存有多条内容时，要对内容进行选择，可以单击功能区“剪贴板”组右下角的扩展箭头，打开“剪贴板”供用户选择。“剪贴板”

应用如图 2.12 所示。

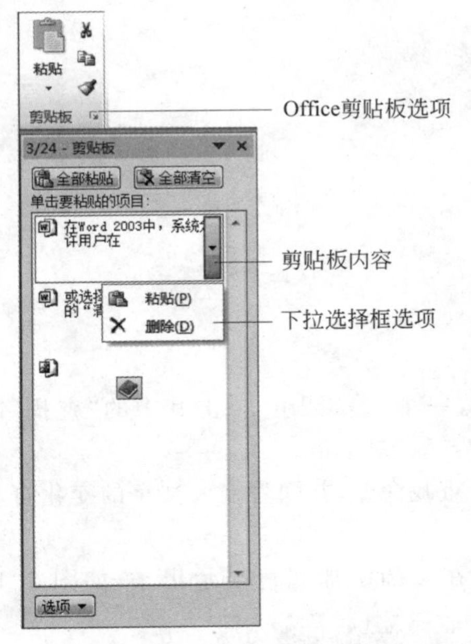

图 2.12　多项剪贴内容显示在剪贴板窗格中

剪贴板是非常重要的工具之一。剪贴板的内容可以多次使用，它不仅可以用来在同一个文档中传递一段需要移动或复制的文字，还可以用来在多个文档以及 Office 组件的不同应用程序之间传递要复制或移动的文章段和图片等。

关闭程序时，剪贴板上的内容会自动被清除，释放出空间。如果有大量的内容放在剪贴板上，用户关闭程序时，系统会自动询问用户放在剪贴板上的内容是否还会用到，以免误清除，造成损失。

2. 剪贴板的应用举例

在进行文档编辑时，常常需要将一些内容从一处移动到另一处，或复制到其他位置。如果移动、复制的文字较多或移动、复制的位置较远，需借助剪贴板通过两步操作来实现。剪切、复制、粘贴是常用的编辑命令，是通过剪贴程序来实现的。

(1) 剪切＋粘贴＝移动。第一步执行“剪切”操作，将选定的内容临时删除并自动存放在剪贴板上；第二步将光标放在新位置，执行“粘贴”操作，即可将原内容移动到新位置。

(2) 复制＋粘贴＝复制到新位置。第一步执行“复制”操作，选定的内容仍保留，同时另外复制一份到剪贴板上；第二步将光标放在新位置，执行“粘贴”操作，即可将原内容复制到新位置。

第二步的“粘贴”操作不一定要求紧接在第一步后面完成，在整个编辑过程中，用户随时可以执行“粘贴”操作，将剪贴板上的内容放在指定的位置。

例如，把位于文档中的一段文字搬到文章的最前面，操作过程是：

(1) 先按住鼠标左键拖动，定义好要移动的文本块。

(2) 选择“剪切”命令，把该段文字剪贴到系统提供的剪贴板中。这个操作也可以在块定义后，直接按 Ctrl＋X 组合键把该段文字剪贴到系统的剪贴板中。

(3) 把光标移到文章的最前面，选择“粘贴”命令，即可把该段文字从剪贴板中复制到光标所在之处；也可以直接按 Ctrl＋V 组合键，把该段文字复制到光标所在之处。

2.4.4　撤销与恢复功能

Word 可进行撤销操作，也能通过恢复命令使之恢复。

如果在 Word 文档编辑过程中发生误操作，可撤销该操作。常用的方法有：

(1) 在快速访问工具栏中单击撤销按钮。

(2) 按 Ctrl+Z 组合键。

要恢复 Word 中已撤销的操作,方法是:

(1) 在快速访问工具栏中单击恢复按钮。

(2) 按 Ctrl+Y 组合键。

2.4.5 查找与替换功能

Word 可以查找或替换文本文字内容。

1. 查找

(1) 选择"开始"功能选项卡,在功能区右端有一个"编辑"组,单击其中的"查找"箭头,选择"查找"(或按 Ctrl+F 组合键)选项,调出"导航"对话框。

(2) 在"搜索"框中输入内容,系统即开始执行查找命令,并随着输入文字的变化自动调整搜索结果。

(3) 搜索结果在导航对话框下部显示,同时在文档中加底色显示出来,如图 2.13 所示。

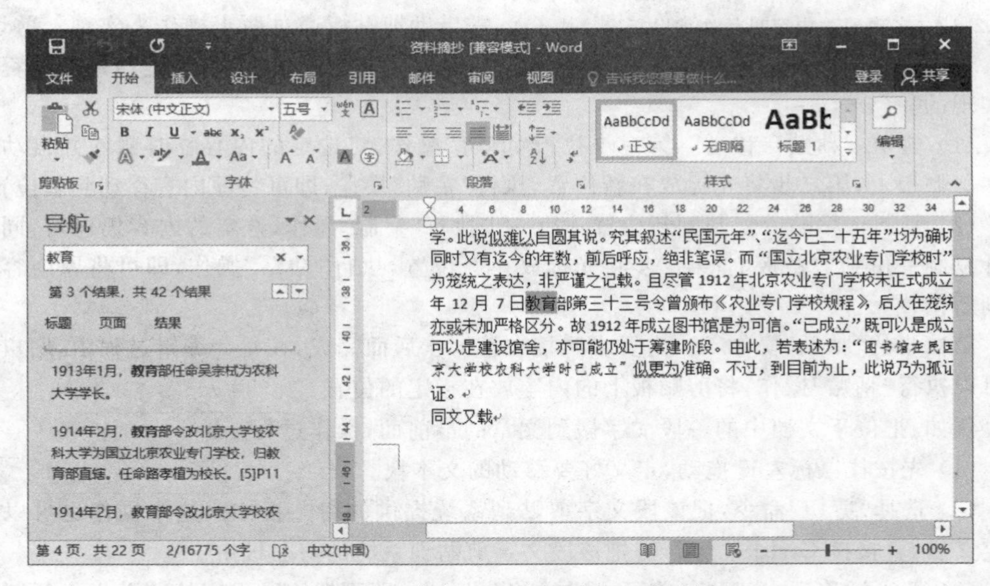

图 2.13 "搜索"到的内容突出显示出来

如果在"查找"下拉菜单中选择"高级查找"选项,则打开"查找和替换"对话框,单击"更多"按钮,可有多种查找选项的设定供用户选择,如图 2.14 所示。

2. 替换

替换是指将所查找到的内容替换成新内容,实现对查找结果进行替换的操作。

(1) 选择"开始"功能选项卡,在功能区右端有一个"编辑"组,单击其中的"替换"按

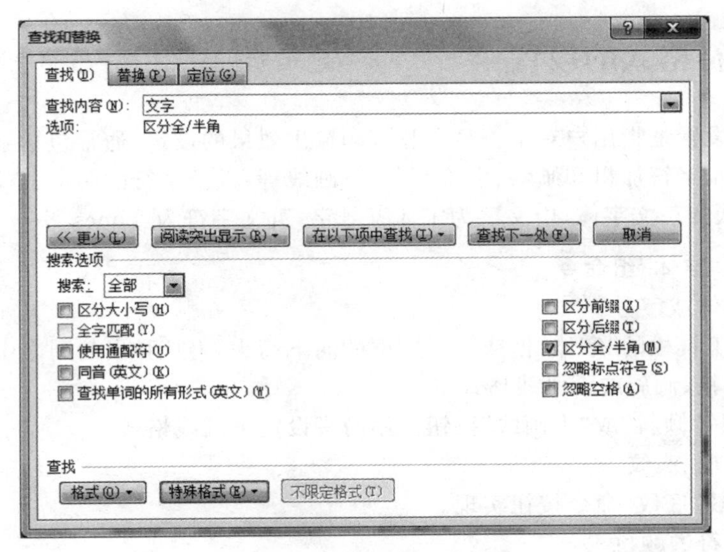

图 2.14 “查找和替换”对话框

钮,则打开“查找和替换”对话框,单击“更多”按钮,可有多种替换选项的设定供用户选择。

(2) 在“查找内容”和“替换为”下拉列表框中分别输入内容,单击“查找下一处”按钮,开始在文档中查找要替换的内容。

(3) 将“替换”和“查找下一处”按钮配合使用,可实现逐项选择替换。如果直接单击“全部替换”按钮,可一次将文档中所有符合条件的内容替换完毕。

2.4.6 自动图文集的使用

自动图文集是可存储和反复访问的可重复使用的内容。自动图文集可包括文本、图形、公式,或是它们的结合。在文档的编辑过程中,利用“自动图文集”的功能来提高编辑文档速度。实际上,Word 程序中的许多预制表格、公式、封面、水印、页码、页眉、页脚等格式都属于“自动图文集”的性质,由“构建基块管理器”统一管理,只是调用时通过专门设计的图标直接调用而已。

1. 创建自动图文集

用户可随时将文本中的内容添加到自动图文集,其“构建基块”属于“常规”类别,需要时通过“自动图文集”途径提取。选择要重复使用的文本,单击“自动图文集”,然后单击“将所选内容保存到自动图文集库”,再填写“新建构建基块”信息,即可将所选内容保存到自动图文集库。

2. 插入自动图文集

选择“插入”功能选项卡,在功能区的“文本”组单击“文档部件”,在下拉菜单中选择“自动图文集”选项可访问自动图文集库。选择相应内容即可将其插入文档中的光标处,以提高录入编辑速度。

2.4.7 字符格式的设置

字符格式设置是指用户对字符显示和打印输出效果的设定，通常包括字符字体、字号大小、字符间距、字符加粗和倾斜、字符颜色、下画线等，以及字符的阴影、空心及动态效果等。Word 默认的正文字体，中文字为宋体五号字，英文字符为 Times New Roman 字体。

1. 功能区“字体”组命令

1）改变字体或字号

单击格式工具栏的“字体”框或“字号”框的向下箭头，再从弹出的列表中进行选择。

2）设定加粗、倾斜或下画线格式

单击“加粗”“倾斜”或“下画线”按钮。用箭头设定下画线格式。

3）设定边框、底纹

单击“边框”“底纹”命令按钮实现。

4）设定字符的颜色

利用“字体颜色”按钮定义当前颜色。改变颜色时，按字体颜色按钮旁边的箭头进行颜色设定。

5）带圈字符

单击“带圈字符”按钮，打开“带圈字符”对话框，可对圈的样式、形状进行选择，如图 2.15 所示。

2. “字体”对话框

单击“字体”组右下角的斜箭头，可打开“字体”对话框，有“字体”和“高级”两个选项卡。可对字符格式进行设置，并在“预览”窗口中显示效果，如图 2.16 所示。

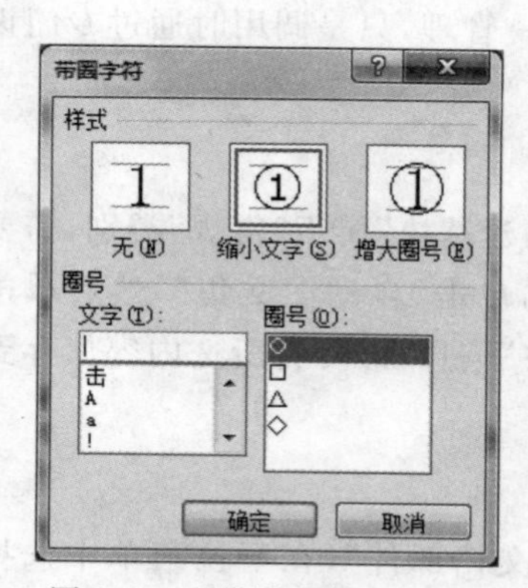

图 2.15 “带圈字符”对话框

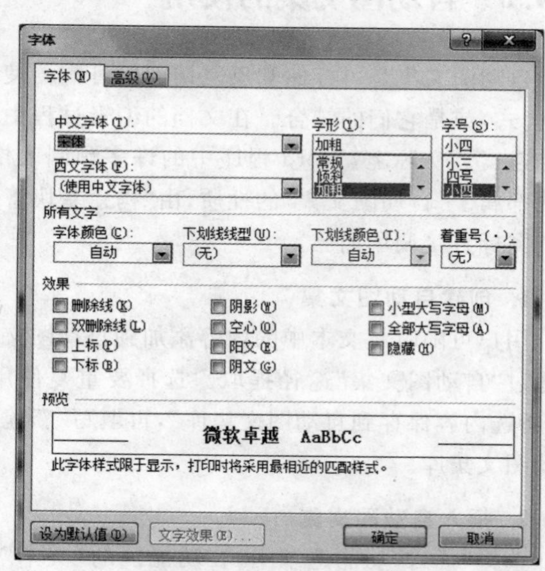

图 2.16 “字体”对话框

2.4.8 段落格式的设置

段落格式设置通常包括对齐方式、行间距和段落之间的间距，以及缩进方式、制表位的设置等。

1. 对齐方式

在功能区“段落”组，从左至右的 4 个对齐方式按钮可以方便地设置特定段落的左对齐、居中、右对齐、两端对齐和分散对齐几种方式。

2. 行和段落间距

对选定的文本指定行的间距量。单击“开始”功能选项卡上“段落”组中的按钮，在下拉菜单中可对行间距进行选定，并可对“段前”“段后”要空出的距离进行单独设定。选择“行距选项”选项，则弹出“段落”对话框，可在其中进行高级设定，如图 2.17 所示。

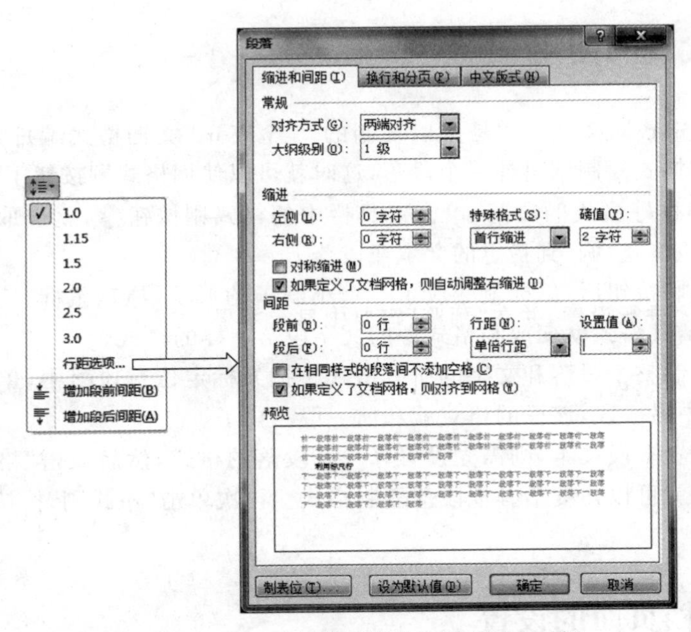

图 2.17 行距选择扩展菜单及“段落”对话框

3. 段落排序

对选定的内容以段落为单位排列顺序。单击“开始”功能选项卡上“段落”组中的按钮，弹出扩展对话框。排序既可以按照文字拼音排序，也可以按照文字笔画排序；既可以升序排列，也可以降序排列，如图 2.18 所示。

4. “段落”对话框

单击“段落”组右下角的斜箭头，可打开“段落”对话框，有“缩进和间距”“换行和分页”以及“中文版式”三个选项卡。

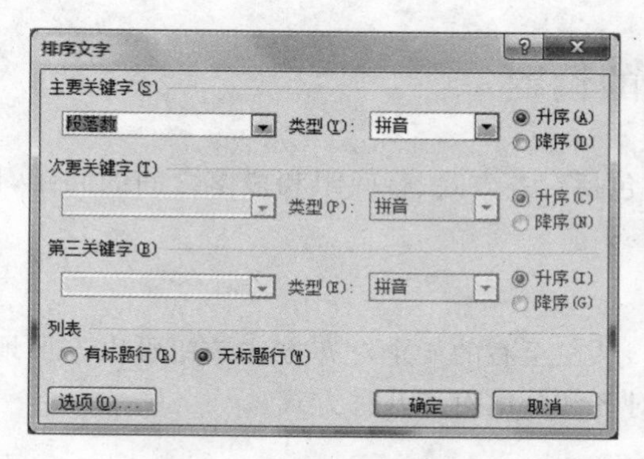

图 2.18 “排序文字”对话框

利用这些选项卡，可以选择对段落格式设置功能更强、描述更详细的命令。如“缩进和间距”选项卡，“缩进”栏中的“左”“右”用于设置段落的左缩进、右缩进；“特殊格式”栏用于设置段落的首行缩进或悬挂缩进。

2.4.9 格式刷的使用

在 Word 中格式同文字一样是可以复制的。当 Word 文档格式编排好以后，用户希望将某一段编排格式复制到另外一个段落，这时就可以使用格式刷按钮了。

选中已经编排好格式的段落，单击工具栏中的格式刷按钮，就选取了相应的复制格式，并可以将该格式“刷”到指定的文本或段落上。

单击“格式刷”按钮后，鼠标就变成了一个小刷子的形状，拖动鼠标，用这把刷子“刷”过指定文字段落，其格式就变成和格式源的文字段落一样的格式。

可以直接复制整个段落和文字的所有格式。把光标定位在段落中，单击“格式刷”按钮，用小刷子选中另一段，该段的格式就和前一段一样了。

如果需要设置多段文本，则需先设置好一个段落的格式，然后双击“格式刷”按钮，这样在复制格式时就可以连续给其他段落复制格式。再次单击“格式刷”按钮即可恢复正常的编辑状态。

2.4.10 文档页面的设置

页面设置的内容主要用于排版格式效果的设置，包括打印输出纸张的大小，页边距的位置等。页面设置的命令按钮集中在“页面布局”功能选项卡中。

1. “页边距”按钮

该按钮用于设置上、下、左、右的页边距。系统预设了普通、窄、适中、宽、镜像共 5 种页边距，另外用户还可以自定义边距。

2. “纸张方向”和“纸张大小”按钮

该按钮用于设置纵向或横向使用纸张、打印所使用的纸张大小，预设了多种不同尺寸。

3. “分栏”按钮

该按钮用于将文字拆分成两栏或更多栏排列，根据下拉菜单或扩展窗口选择。

4. “页面设置”对话框

单击“页面设置”组右下角的斜箭头，打开“页面设置”对话框。其中有4个选项卡，如图2.19所示。

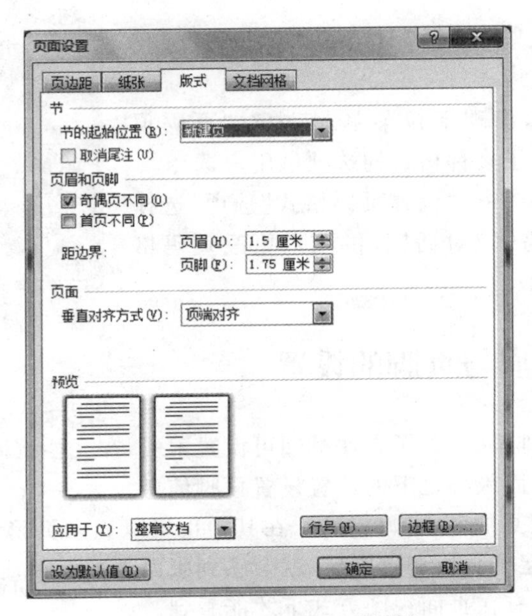

图2.19 “页面设置”对话框

在“版式”选项卡中有以下设置选项。

(1) 节的起始位置：用于定义当前文档的起始页码性质。

(2) 页眉和页脚：若选择“奇偶页不同”复选框，则在奇数页与偶数页上设置不同的页眉或页脚，这一选项对整个文档起作用。

(3) 垂直对齐方式：可以设定内容在页面垂直方向上的对齐方式。

(4) 行号：可为文档的部分内容或全部内容添加行号，还可以设定每隔多少行加一个行号等。此选项也可以用于取消行号的设置。

(5) 边框：可为选定的文字或段落加边框或底纹，还可为页面加边框。

“文档网格”选项卡可用于改变系统对每行的字符数和每页的行数的默认值。

设置完毕，需要在“应用于”下拉列表框中选择应用范围。若选择“整篇文档”，则此设置将应用于整篇文档；若选择“插入点之后”，则此设置将应用于插入点后面的所有文档，并在当前光标处自动插入一个分节符。

在4个选项卡中，都可利用“应用于”指定所做的设置应用于文档的哪个部分，可选项通常有“整篇文档”“插入点之后”等。

另外，在“页面设置”对话框中有一个“设为默认值”按钮，单击该按钮，系统会将当前设置作为默认的页面设置。因此,单击此按钮将改变 Normal 模板,并影响基于该模板创建的所有文档。

2.4.11 文档页码的设置

为便于阅读和查找文档信息,在 Word 文档中可以插入页码。

页码设置在"插入"功能选项卡中的"页眉和页脚"组完成。

单击"页码"按钮,出现下拉菜单,其中对"页码顶端""页码底端"都预设了多种格式的选项供用户选择。

在下拉菜单中还有一个"设置页码格式"选项,选择该选项可打开"页码格式"对话框,供用户更改页码格式,如图 2.20 所示。

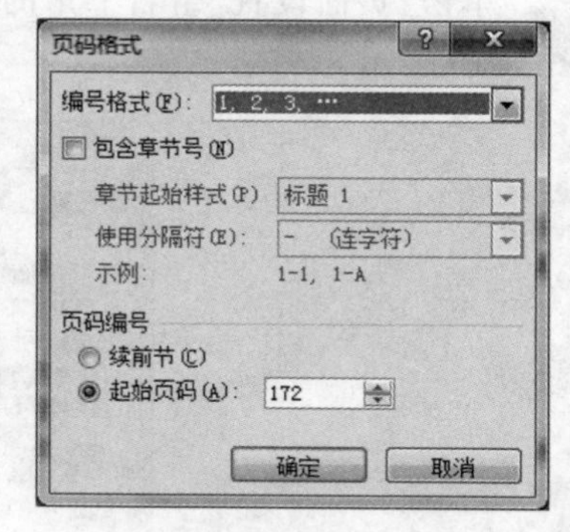

图 2.20 "页码格式"对话框

2.4.12 文档页眉与页脚的设置

对长篇文章编辑排版时,为了方便翻阅可设置索引,在文档页面版心之上的位置设置页眉信息,而在文档页面版心之下的位置设置页脚信息。

Word 提供了创建页眉和页脚的功能,在其中也可以插入页码、文件名或章节名称等内容。当一篇文档创建了页眉和页脚后,就会感到版面更加新颖,版式更具风格。需要注意的是,页眉和页脚只有在页面视图方式下才能看到。

页眉和页脚的设置在"插入"功能选项卡中的"页眉和页脚"组完成。

单击"页眉"按钮,出现下拉菜单,系统预设了多种格式的页眉选项供用户选择。

选定一种格式后,光标会自动出现在版面的页眉位置,同时系统自动增加并打开一个新功能选项卡"页眉和页脚工具-设计"。用户可输入页眉内容,并利用新功能选项卡对页眉做进一步设计,如图 2.21 所示。

利用"页码""日期和时间"按钮可以为页眉或页脚添加页码、时间与日期;也可以单击"文档部件"按钮,插入自动图文集。单击"转至页眉"或"转至页脚"按钮,可以在页眉和页脚的编辑状态之间进行切换。

选中"奇偶页不同"复选框,可建立奇偶页不同的页眉和页脚。这样建立的页眉,在奇数页和偶数页可以有不同的内容;但所有奇数页的内容是相同的,所有偶数页的内容也是相同的。

在同一个文档中要想在某一页后改变页眉的内容,需要先在要设置不同的页眉或页脚的两部分之间插入分节符,然后再重复页眉设置的操作,定义新的页眉。

分节符设置需要用到"页面布局"功能选项卡下的"页面设置"组中"分隔符"选项。

输入完后,单击功能区右端的"关闭页眉和页脚"按钮,重新回到文档编辑状态。

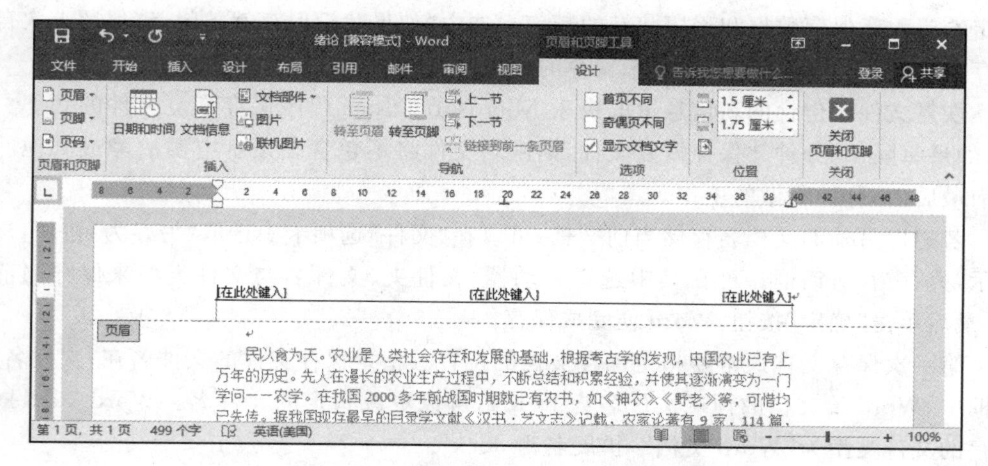

图 2.21 “页眉和页脚工具”功能选项卡

2.5 Word 文档文件管理

使用 Word 建立用户自己的文档，要正确保存，需要时可打开进行编辑等。

2.5.1 创建新文档文件

创建新文档有以下几种方式：

(1) 启动 Word 后，即开始创建一个新的 Word 空白文档。标题栏的默认文件名为“文档 1”。

(2) 单击快速访问工具栏的“新建”按钮。

(3) 选择“文件”选项卡中的“新建”选项，打开预设模板选择需要的文件类型。

2.5.2 保存当前文档文件

用户在输入文档时，一定要及时保存，否则停电或关机后，未保存的文档便会丢失。保存的方法有：

(1) 从“文件”选项卡中选择“保存”命令。

(2) 按 Ctrl+S 组合键。

(3) 单击位于快速访问工具栏中的“保存”按钮。

(4) 设置使用自动存档功能，让 Word 每隔一定时间自动完成文本的存储，默认为 10 分钟，用户可以自己设置。方法是，选择“文件”→“选项”命令，弹出“Word 选项”选项卡，单击“保存”选项，然后选中“保存自动恢复信息时间间隔(A)”复选框。在“分钟”字段中指定希望程序保存数据和程序状态的频率。选中“如果我没保存就关闭,请保留上次自动保存的版本”复选框,启用“恢复未保存的版本”功能。

恢复文件所包含的新信息量取决于 Microsoft Office 程序保存恢复文件的频率。例如,如果每隔 15 分钟才保存恢复文件,则恢复文件将不包含在发生电源故障或其他问题之前最后 14 分钟所做的工作。

若想以另外的文档名存储当前文档,可以在“文件”选项卡中选取“另存为”按钮,屏幕显示“另存为”对话框。可在其中选择驱动器、文件夹、文件名与文件类型来保存当前文档,最后单击“确定”按钮,Word 便完成保存。

第一次保存文档通常要指定保存文档的位置。指定保存文件的文件名在“文件名”文本框中,Word 给文档的预赋文件名为 DOC1,可以更改指定的文件名。Word 2016 默认保存的文件类型为“Word 文档”,扩展名为 docx。

如果要保存成其他文件类型,可以在“保存类型”下拉列表框中选择保存的类型。

2.5.3 打开已有文档文件

可以用以下方式打开存入外存的文档文件。

(1) 按 Ctrl+O 组合键打开。

(2) 在“文件”选项卡中选取“打开”命令。

若打开的不是 Word 格式,可单击“文件类型[I]”列表框选取相应的文件格式,或选取“所有文件”类型,再选取文档的目录,最后选取文档打开形式。

当用户打开用其他应用程序创建的文档时,Word 将其转换为 Word 格式并尽可能地保存原来的内容和格式,最后以 Word 格式或原来的格式保存文档(由扩展名加以区分)。

2.6 Word 表格的设计与制作

表格制作是 Word 文档编辑中非常重要的应用功能。

单击“插入”功能选项卡上“表格”组中的“表格”按钮,可以轻松地创建规则二维表格并输入数据。表格的制表线是自动封闭的,可以修改和编辑操作,还可以对表格中的数据进行简单计算和应用处理等。

2.6.1 表格创建方式

Word 表格创建方法不是唯一的,但都要通过单击“插入”功能选项卡中的“表格”按钮操作。先将光标移到要插入表格的位置,选择“插入”功能选项卡,单击“表格”按钮,从打开的下拉菜单中选取命令。

1. 直观定义表格——使用表格菜单

用鼠标可以直观地创建一个表格。单击“表格”按钮，在下拉菜单中用鼠标指针在预选表格上掠过一个 6×3 的方格区域，同时在正文插入位置生成一个 6 列 3 行的表格，单击选择，如图 2.22 所示。

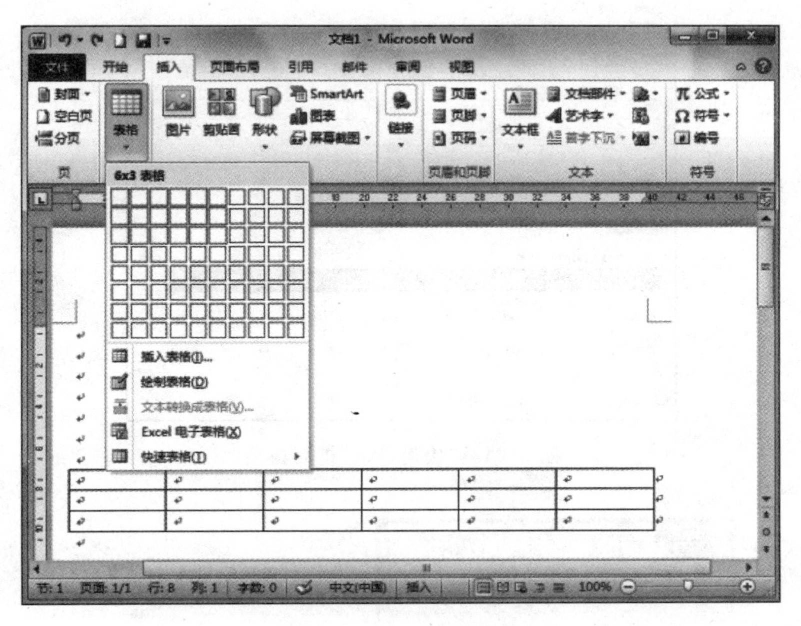

图 2.22　直观定义表格

2. 参数定义表格——使用“插入表格”命令

单击“表格”按钮，在下拉菜单中选择“插入表格”选项，弹出“插入表格”对话框，根据需要在“行数”“列数”和“固定列宽”微调框中选择适当的参数值，就可以创建一张空白表，如图 2.23 所示。

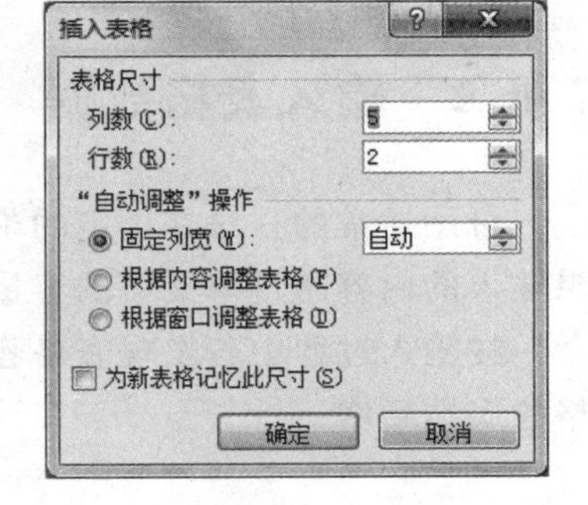

图 2.23　“插入表格”对话框

3. 快速生成表格——使用模板

单击“表格”按钮，在下拉菜单中选择“快速表格”选项，系统出现一个带有预设表格格式的备选窗口，供用户根据需要选取，如图 2.24 所示。

4. 创建 OLE 功能表格——调用 Excel 程序

单击“表格”按钮，在下拉菜单中选择“Excel 电子表格”选项，系统自动启动 Excel 程序，生成 OLE 嵌入表格。用户可在其中输入内容，相当于在 Word 程序中建立了一个 Excel 表。建立完后，自动退出 Excel 程序，而将表格留在 Word 文档中。如果需要对表中数据进行修改，需双击表格，系统将再次启动 Excel 程序，在 Excel 中更改，如图 2.25 所示。

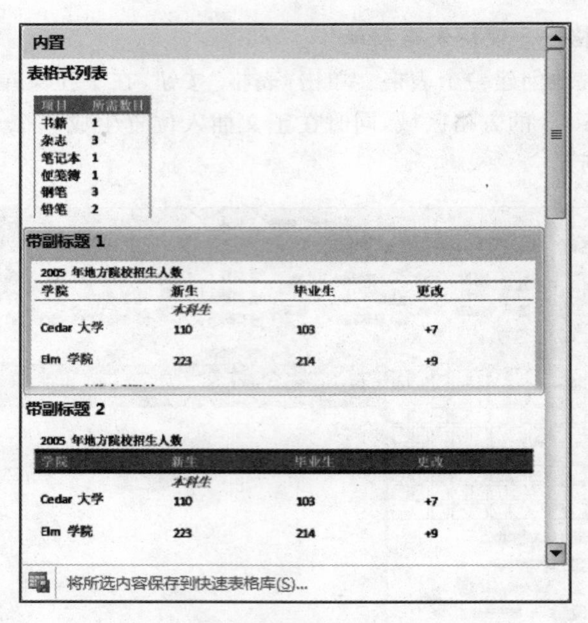

图 2.24 “快速表格”扩展窗格

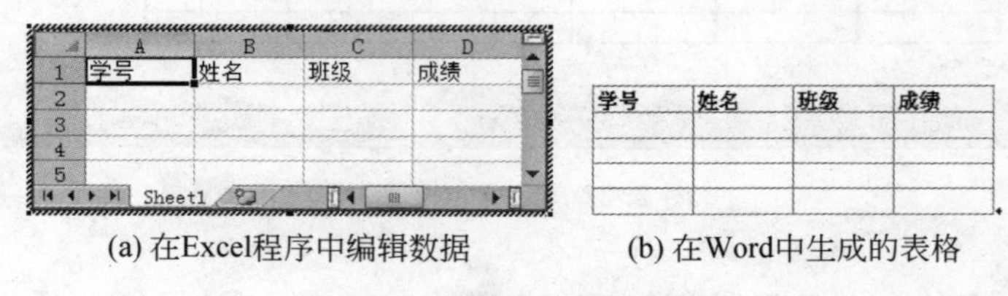

(a) 在Excel程序中编辑数据　　(b) 在Word中生成的表格

图 2.25 创建一个 OLE 表格

2.6.2 输入表格数据

可用通常的办法在选定的单元格中输入文字，并利用各种功能键进行光标移动。如果输入的内容超过单元格的容量，它会自动增加一行的高度，供用户输入数据。

在输入过程中若发现表格容量不够，可在原表格的最后一行末按 Tab 键，便可在表格的底端新增一行。

2.6.3 表格对象的编辑

在 Word 中，对表格对象的编辑是在两个表格工具选项卡中完成的。当用户将光标置于某个表格中时，系统即时新增两个选项卡“表格工具-设计”和“表格工具-布局”。例如，在“表格工具-布局”功能选项卡中有“表”“行和列”“合并”“单元格大小”“对齐方式”和“数据”6 个组。

1. 行高与列宽的调整

当一个表格生成后，如果单元格的大小需要编辑调整，可以用鼠标直接拖动表格的纵线或横线调整表格的栏宽或栏高；也可将光标置于单元格中，选择“表格工具-布局”功能选项卡，通过“单元格大小”命令组中的选项进行调整，如图 2.26 所示。

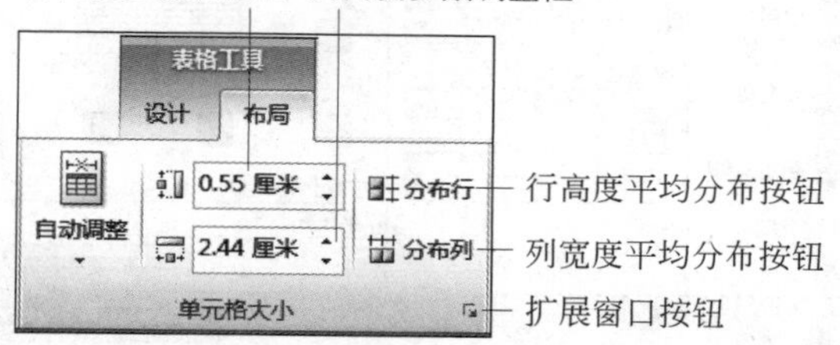

图 2.26 调整“行高”和“列宽”参数

单击扩展窗口按钮可调出“表格属性”对话框，利用其中的各选项卡可更改高级表格属性，如缩进、文字环绕方式以及对已有表格的线型、线宽、边框、底纹和文字在单元格中的排列方式等进行修饰和设置。

在“行”选项卡中选中“在各页顶端以标题行形式重复出现”复选框，可对跨越若干页的表格在每页上自动重复表格标题，如图 2.27 所示。

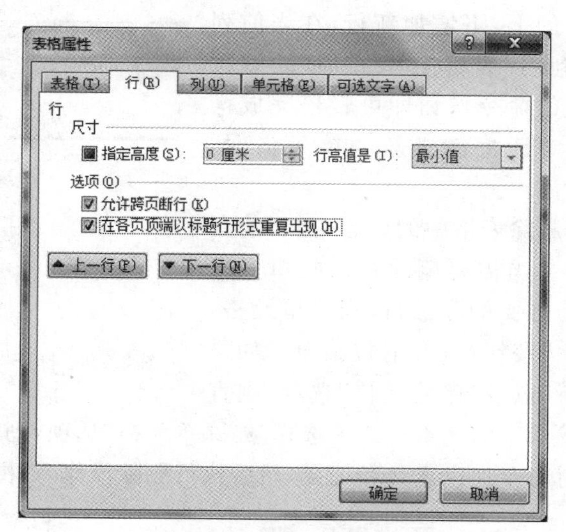

图 2.27 “表格属性”对话框

2. 单元格线型及背景的调整

用“表格工具-设计”功能选项卡的“边框”命令组右下角的按钮可打开“边框和底纹”对话框，其中有“边框”“页面边框”和“底纹”三个选项卡，如图 2.28 所示。

“边框”是指表格单元格的边框。可以对单元格上、下、左、右及其内部的框线，甚至对角线进行定义。每条框线都有实线、虚线、点画线、双线、文武线、波浪线等多种线型可选，并可对其粗细加以指定。

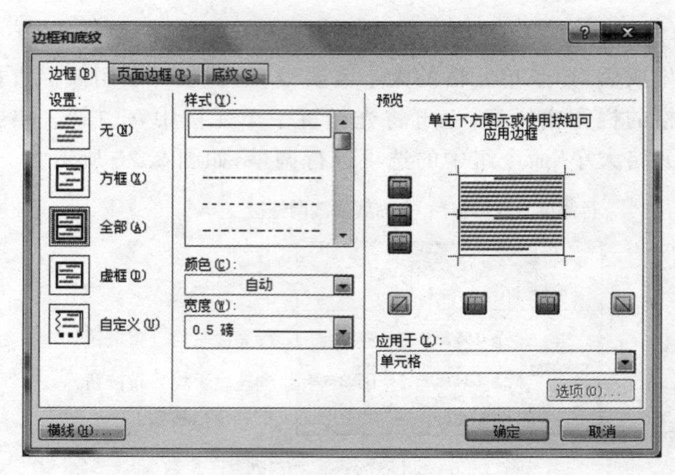

图 2.28 “边框和底纹”对话框

“页面边框”是指对文档页面所加的边框,并可由用户指定适用范围。

“底纹”可对单元格的底纹样式及其颜色进行设定。

3. 行、列、单元格的增加与删除

表格制作时,表格中整行与整列的增加与删除也可用专门的命令来完成。

用户可在当前行的上、下增加新行,在当前列的上、下增加新列。利用“表格工具-布局”功能选项卡的“行和列”组中的命令按钮即可轻松完成操作;也可以打开扩展对话框插入新的单元格,如图 2.29 所示。

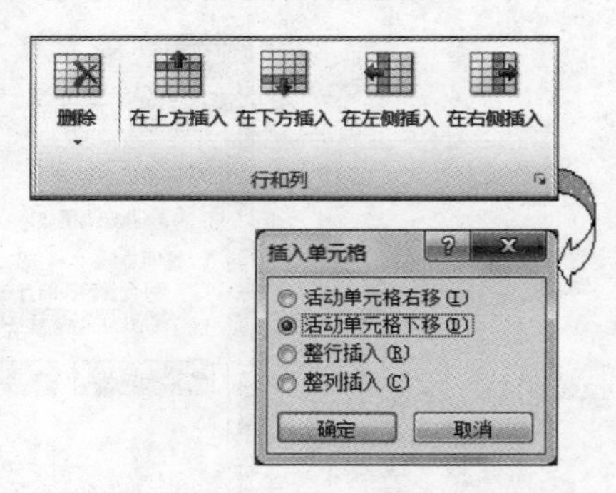

图 2.29 打开“插入单元格”对话框

按 Delete 键可以删除表格中的内容,但不能删除单元格或行列本身。当需要删除行、列、单元格这些表格元素时,先选定要删除的行、列或单元格,单击功能区上的“删除”按钮,打开下拉菜单。如果选择“删除列”“删除行”以及“删除表格”选项,则直接执行删除命令,删除选中的元素。如果选择“删除单元格”选项,则弹出“删除单元格”对话框,用户可进一步对命令加以定义和选择,然后执行删除操作,如图 2.30 所示。

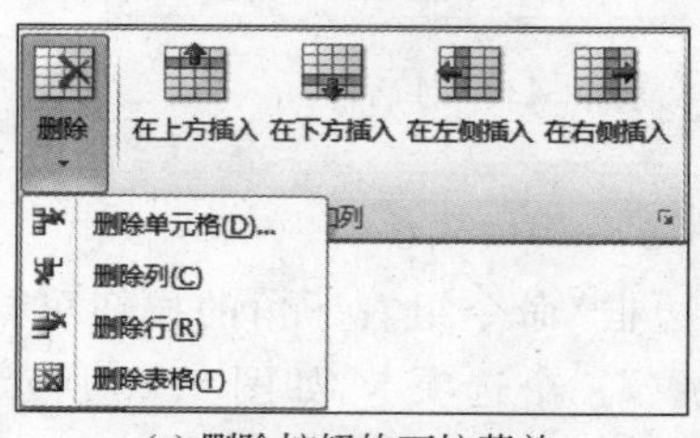

(a) 删除按钮的下拉菜单

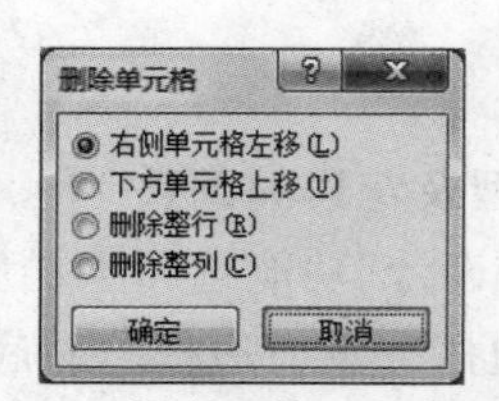

(b) “删除单元格”对话框

图 2.30 删除命令下拉菜单及对话框

4. 合并单元格

先选定两个或多个要合并的单元格，再单击“表格工具-布局”功能选项卡中“合并”命令组中的“合并单元格”按钮，则选定的单元格将合并为一个大的单元格。在合并后的单元格中，原来各单元格的内容自成一个段落。需要注意的是，用户只能在一个矩形区域内合并单元格，不规则的单元格，如刀把型单元格不能进行合并，如图 2.31 所示。

5. 拆分单元格

先选定要拆分的单元格，再单击“表格工具-布局”功能选项卡中“合并”命令组中的“拆分单元格”按钮，系统弹出“拆分单元格”对话框。设定拆分参数后，单击“确定”按钮，则可将选定的单元格拆分为几个单元格，如图 2.32 所示。

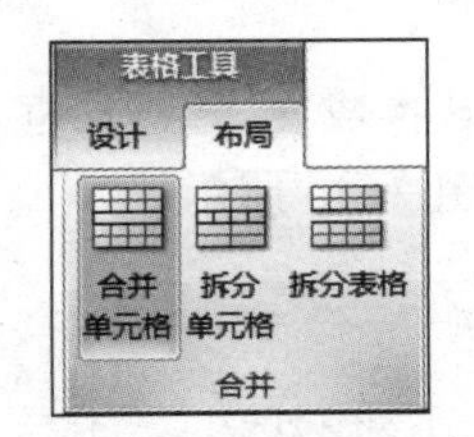

图 2.31 “合并单元格”按钮

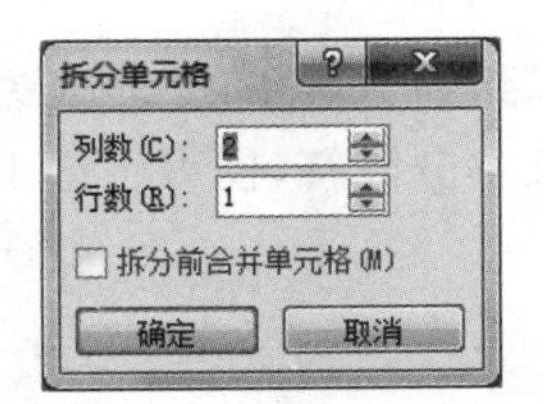

图 2.32 “拆分单元格”对话框

单元格对列的拆分是根据它包含的段落标记进行拆分的，如果只有一个段落标记，则文字保留在左边的单元格中，而在右边插入单元格。如果有一个以上的段落标记，则在各单元格中平分这些段落，如图 2.33 所示。

表格操作命令操作说明

按钮	拆分单元格
功能	将一个单元格拆分成两个或多个单元格
操作步骤	选中需要拆分的单元格； 点击功能区中“拆分单元格”按钮； 弹出扩展对话框 选定参数，点击确定。

(a) 拆分前

表格操作命令操作说明

按钮	拆分单元格			
功能	将一个单元格拆分成两个或多个单元格			
操作步骤	选中需要拆分的单元格；	点击功能区中“拆分单元格”按钮；	弹出扩展对话框	选定参数，点击确定。

(b) 拆分后

图 2.33 单元格拆分时的内容分配

2.6.4 表格格式的编排

表格制作过程中，除了常规的表格编辑外，还可以进行整体效果的编排，以便输出更好的效果。

1. 表格与文本的相互转换

将文本转换成表格时，在输入文本内容的各数据项之间用空格键或其他记号分隔，且行末使用 Enter 键，就可在选定该段文本后，单击“插入”功能选项卡上的“表格”按钮，在下拉菜单中选择“文本转换为表格”选项，打开“将文字转换成表格”对话框。选定相关参数后单击“确定”按钮，便可使该段文字转换为表格，如图 2.34 所示。

将表格转换成文字时，首先选定进行转换的表格，再选择“表格工具-布局”功能选项

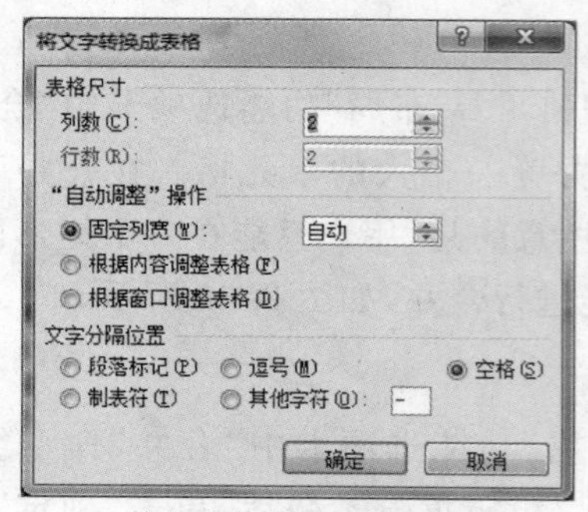

(a) “将文字转换成表格”对话框

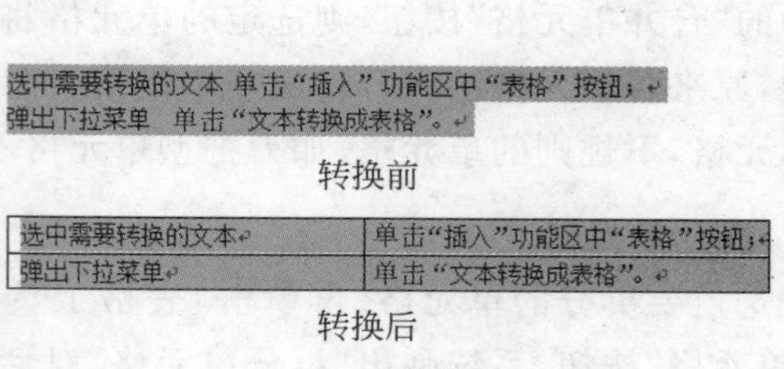

选中需要转换的文本 单击“插入”功能区中“表格”按钮；
弹出下拉菜单 单击“文本转换成表格”。

转换前

选中需要转换的文本	单击“插入”功能区中“表格”按钮；
弹出下拉菜单	单击“文本转换成表格”。

转换后

(b) 转换前后

图 2.34　文本转换成表格的过程

卡上“数据”组命令区中的“转换为文本”按钮，弹出“表格转换成文本”对话框，根据实际情况选择好文本分隔符，便可将选定的表格转换成文字，如图 2.35 所示。

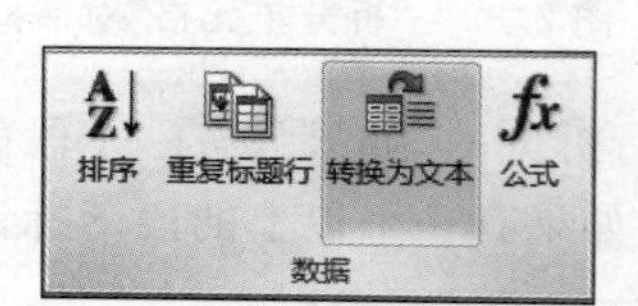

(a) 功能区中“转换为文本”按钮

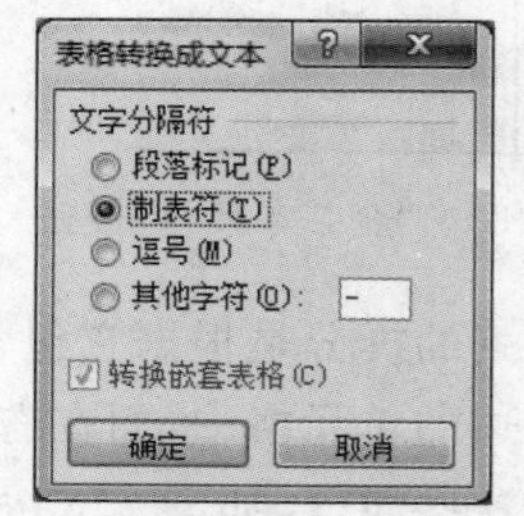

(b) “表格转换成文本”对话框

选中需要转换的文本	单击“插入”功能区中“表格”按钮；
弹出下拉菜单	单击“文本转换成表格”。

(c) 转换前

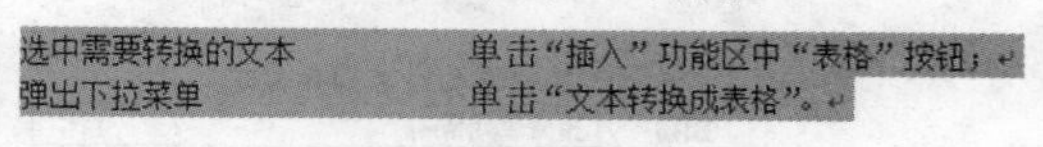

选中需要转换的文本 单击“插入”功能区中“表格”按钮；
弹出下拉菜单 单击“文本转换成表格”。

(d) 转换后

图 2.35　表格转换成文本的过程

2. 表格格式化

Word 提供了多种预制格式和风格的表格外观样式，用户可单击“表格工具-设计”功能选项卡中“表格样式”组中的下拉箭头打开扩展样式窗格，可以从各种表格样式中选择需要的样式模板。

结合“表格样式”等表格工具制作一个简单的表例，如图 2.36 所示。

3. 表格对象图文混排

Word 文档编排过程中有时需要将文字环绕在表格的周围。操作时单击“表格工具-布局”功能选项卡中“表”组中的“属性”按钮，弹出“表格属性”对话框。在“表格”选项卡中选择“环绕”选项，再单击“定位”按钮，确定环绕方式。单击“确定”按钮，文字就在表格的周围形成了环绕效果。此时表格可以在文字中间随意拖动，改变位置。

也可以在表格单元格中右击，在弹出的快捷菜单中选择“表格属性”命令，打开“表格属性”对话框，设置各种属性，如图 2.37 所示。

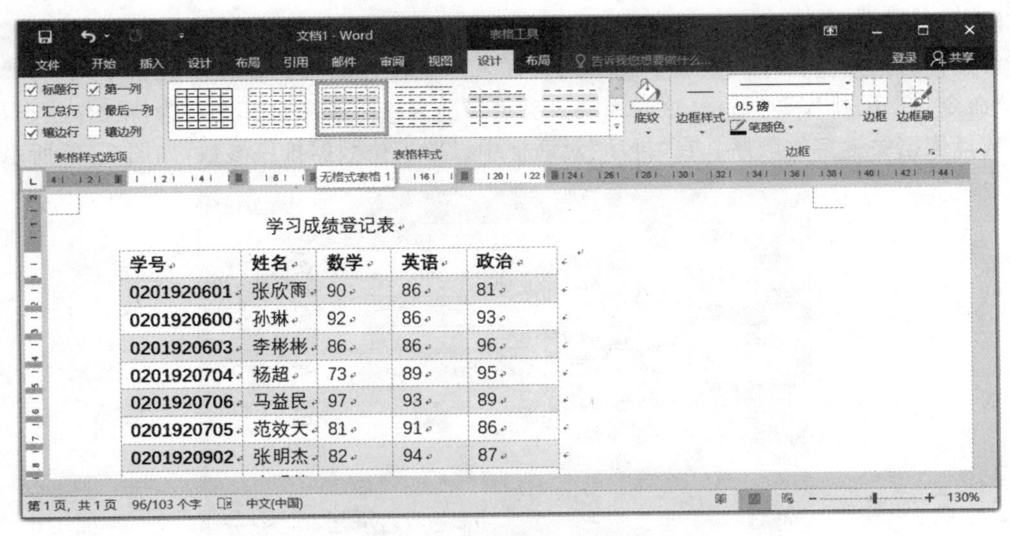

图 2.36　一个简单的 Word 数据表例

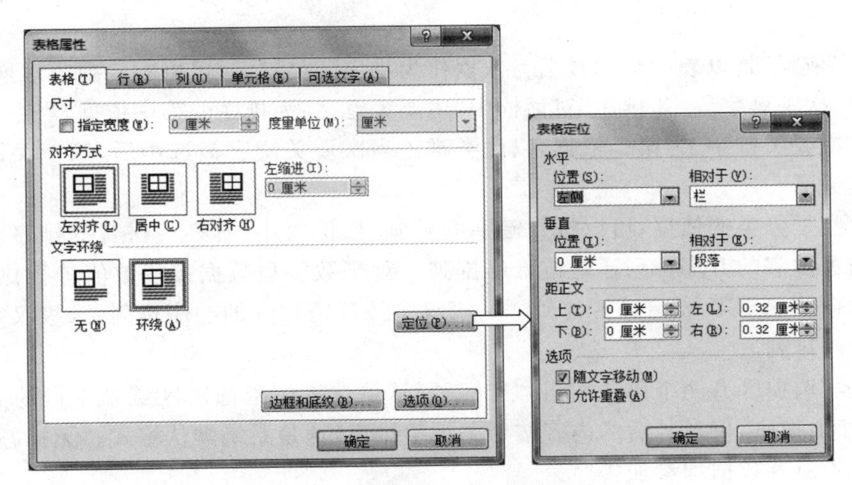

图 2.37　设置选择文字环绕表格

2.6.5　表内数据的计算

Word 可以对表格中的数据进行排序、求和、求平均值等，还可以进行加、减、乘、除数学运算。这些操作需要通过“表格工具-布局”功能选项卡上“数据”命令组中的“排序”与“公式”按钮实现，如图 2.38 所示。

排序　重复标题行　转换为文本　公式　数据

图 2.38　“数据”命令组中的“排序”与“公式”按钮

1. 数据排序

数据排序是对表格中的数据按某个数据关键字为依据重新排列记录的顺序，该数据关键字称为排序关键字，是通过“表格工具-布局”功能选项卡上“数据”命令组中的“排序”按钮实现的。

操作时选定要排序的数据单元格或将插入点定位在表格的任意单元格中，选择“排序”命令，打开“排序”对话框，这时系统自动将当前表格数据项全部选定为待操作状态，以便选择依据关键字的顺序。在“排序”对话框中设置表格数据排序参数，如图 2.39 所示。

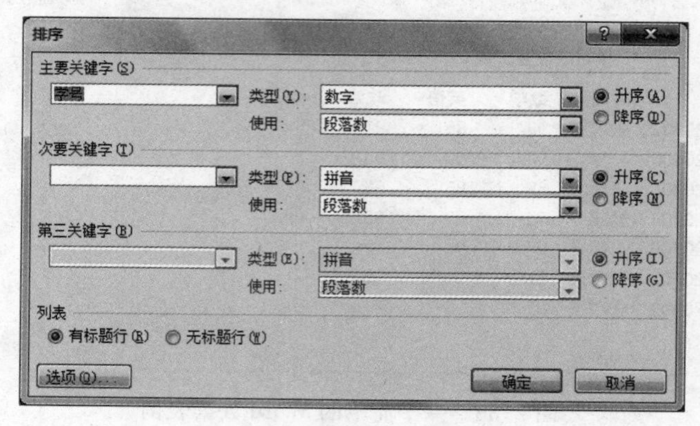

图 2.39　表格数据排序

“排序依据”是以表中某列数据为依据作为排序的关键字，可以有一列或多列，分别为主关键字、次关键字等。“排序”对话框中“主要关键字”为排序的第一依据，当主要关键字相同时，“次要关键字”为第二依据，以此类推。当次要关键字被选中后，第三关键字选项框随即被激活。

“类型”是分类的依据，可以按关键字的笔画、数值大小、日期或拼音等排序。排序方式是指按关键字的升序排列还是按降序排列。对于数字型数据按代数值进行比较，对于字符型数据按 ASCII 码值进行比较。一级汉字按汉语拼音的顺序排列，二级汉字按偏旁部首的顺序排列。

“列表”选项区有两个单选按钮，“有标题行”单选按钮指选定区域第一行的数据作为标题，不参加排序，仅对其后的内容按照关键字排序，这是系统默认格式；“无标题行”单选按钮指表中所有数据均参加排序。

2. 表格公式

利用“公式”命令按钮在单元格中添加一个公式，用来对表中的数据进行运算处理，包括求和、求平均值、求 n 个数中的最大值或最小值等。

操作时先选定存放计算结果的单元格，单击“表格工具-布局”功能选项卡中“数据”命令组中的“公式”按钮，打开“公式”对话框，如图 2.40 所示。

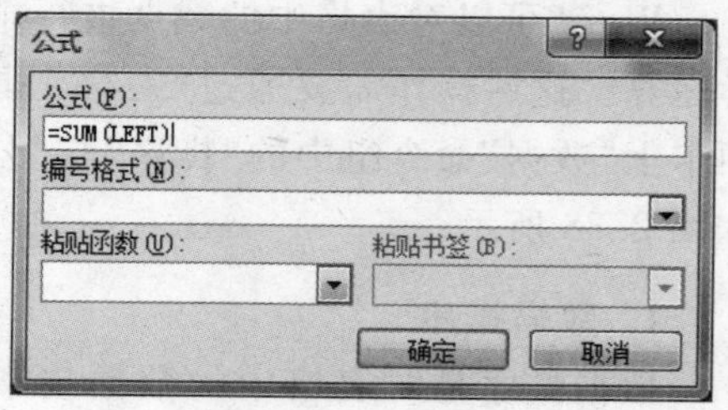

图 2.40　“公式”对话框

在“公式”对话框中：

“公式”文本框是数字计算的公式区，由用户输入，也可以来自“粘贴函数”栏。

“编号格式”下拉列表用于确定计算结果的数字表示方式，如数字是否带有小数点、小数点后有几位数字、是否带有钱币符号等。

“粘贴函数”下拉列表提供计算函数，根据需要从中选择相应的计算函数，随着函数的选择其内容会自动填到“公式”栏中。

Word中函数的格式可以表示为ABC(N1:N2)，其中ABC为函数名；N1为数据单元格起始位置，由列坐标和行坐标构成；N2为数据单元格终止位置，也由列坐标和行坐标构成。

Word规定用英文字母A～Z表示列坐标，用数字表示行坐标，如函数“=SUM(B3:D5)”表示对从第2列第3行单元格到第4列第5行之内的所有单元格数据进行求和计算。

当进入“公式”对话框时，Word将根据当前单元格的位置自动在“公式”文本框中添入“=SUM(ABOVE)”或“=SUM(LEFT)”。前者是指对当前列单元格上面的有效数据求和，是Word的默认值；后者是指对当前行单元格左边的有效数据求和。如果该函数不满足当前计算的要求，则需要将原有的函数删除掉，输入实际函数命令或从“粘贴函数”下拉列表中选择。

2.7 Word 各类对象的应用

Word具备图片插入处理功能，以满足各种文档编辑的需要。有效使用这些软件工具，可以丰富Word文档内容，增强Word文档的编排效果。

Word各类插入对象包括剪贴画、形状图形、SmartArt(智能艺术化结构图)、艺术字、图表、屏幕截图以及利用其他图形图像处理软件生成的图片文件等。这些图片对象都可以一个相对独立的整体插入Word文档，作为Word文档内容的一部分。

用户可以利用Word中的图片处理功能，将各种图形图像对象插入当前文档进行编辑。在功能区选择“插入”选项卡，在“插图”组中包含图片、联机图片、形状、SmartArt、图表以及屏幕截图6种类型的插图，如图2.41所示。

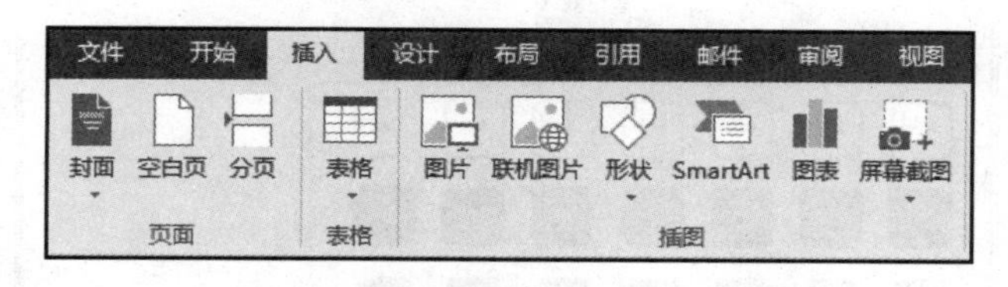

图2.41 “插图”组中的命令按钮

可将图片等各种对象插入当前文件的文本框，也可插到表格中或文档的其他位置。需要时，图形、图片对象还可以组合几个独立的图片组成一个完整的图形对象。当图形、图片对象插入Word文档后，系统根据其类型，在功能区自动显示添加新功能选项卡，用于对插入的对象的加工处理，增强这些对象的颜色、图案、边框或其他效果。

2.7.1 Word图片

在Word文档中可插入bmp、gif、jpg和tif等多种格式的图片文件。插入图片对象时先将光标放到插入点位置，再在功能区选择“插入”选项卡，在“插图”组中单击“图片”按钮，打开“插入图片”对话框。按路径选中图片后，单击“插入”按钮，图片按原大小直接插入。如果使用文本框，则该图片自动按比例缩放插入指定位置。

选中插入文档中的图片，在功能区随即弹出“图片工具-格式”快捷菜单选项卡，其中包括“调整”“排列”和“大小”等功能选项按钮。

在“调整”组，可以对图片进行编辑操作，相当于一个小型图像处理软件的功能。如“删除背景”命令可以保留图片主体，删除不需要的背景部分；“更正”命令组则用来调整图片的锐化和柔化、亮度和对比度；“颜色”组可对图片色彩的饱和度、色调进行调整或重新着色。

2.7.2 Word预置图形形状

选择“插入”功能选项卡中“插图”组中的“形状”命令可打开现成的形状库，如矩形、圆、线条、箭头、星与旗帜、标注等图形。单击选定图形按钮，选择图形，然后移动鼠标到文档的某一位置，便可以绘制相应的图形。

在文中插入某个形状后，功能区随即出现一个“绘图工具-格式”选项卡，其中包括“插入形状”“形状样式”等几个命令组。

应用“插入形状”组中的形状库模板，可插入其他形状。使用“编辑形状”按钮，可以对插入形状的顶点进行编辑调整。

应用“形状样式”组里各种形状外观样式，可选择设置图形外观，例如选择“浅色”轮廓的“笑脸”形状，如图2.42所示。

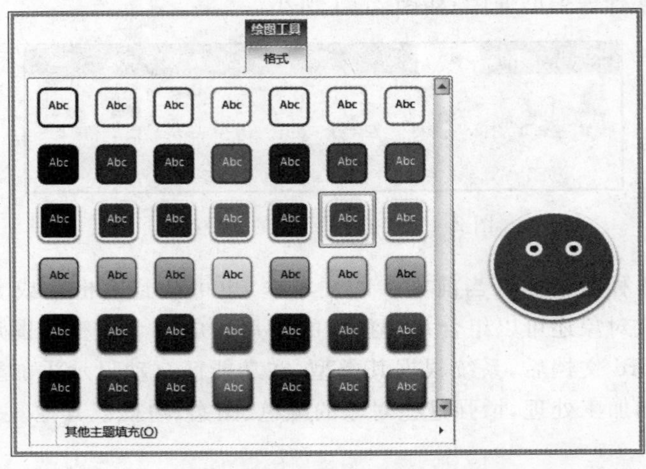

图2.42 选择设置各种外观样式

应用“形状填充”的各种选项，可在形状内填充不同底色和效果，如渐变色或各种纹理的底纹等。例如，渐变填充已选图形，如图 2.43 所示。

应用“形状效果”按钮，可以对选定形状进行外观效果的设定，如阴影、发光、映像、柔化边缘、棱台和三维旋转等。例如设置为发光效果，如图 2.44 所示。

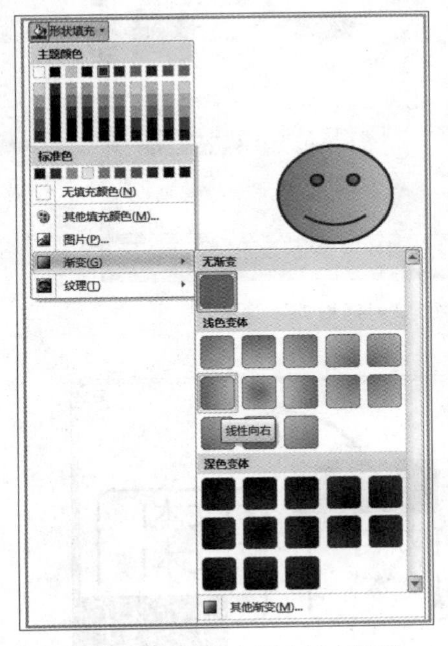

图 2.43　线性向右渐变填充图形

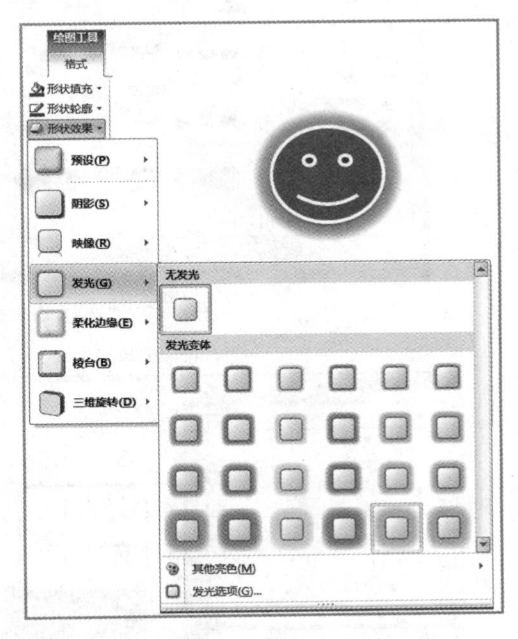

图 2.44　设置发光效果

2.7.3　SmartArt 智能结构图形

SmartArt 图形可理解为智能艺术结构图。它可用直观的方式交流传递信息，很方便地表达一组成员或一类元素之间的相互关系。SmartArt 图形包括图形列表、流程图、层次结构图、组织结构图以及更为复杂的图形等。

单击“插入”功能选项卡中“插图”组的 SmartArt 按钮，可打开“选择 SmartArt 图形”对话框，其中预置了大量 SmartArt 图形模板，如图 2.45 所示。

单击某个 SmartArt 图形，即可将其插入文档光标指针处。图形左侧的窗口是供用户向图中输入文字的工具窗口，称为“文本窗格”，并非图形本身。其中光标与右侧图形中带把柄的文本框相对应，如图 2.46 所示。

选中 SmartArt 图形，功能区新增“SmartArt 工具-设计”和“SmartArt 工具-格式”两个功能选项卡。在“设计”功能选项卡的“创建图形”组中，按钮“添加形状”的作用是在所选图形的基础上再新增一组相同的基本形状，实现图形的延伸和扩展，如图 2.47 所示。

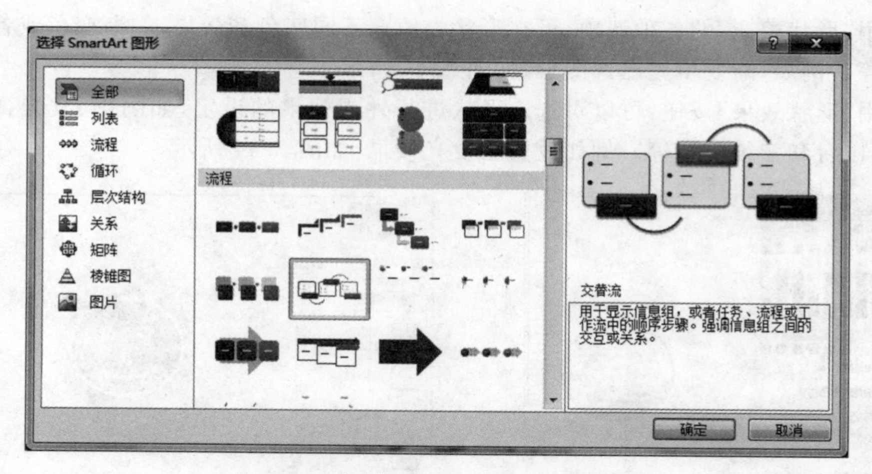

图 2.45 “选择 SmartArt 图形”对话框

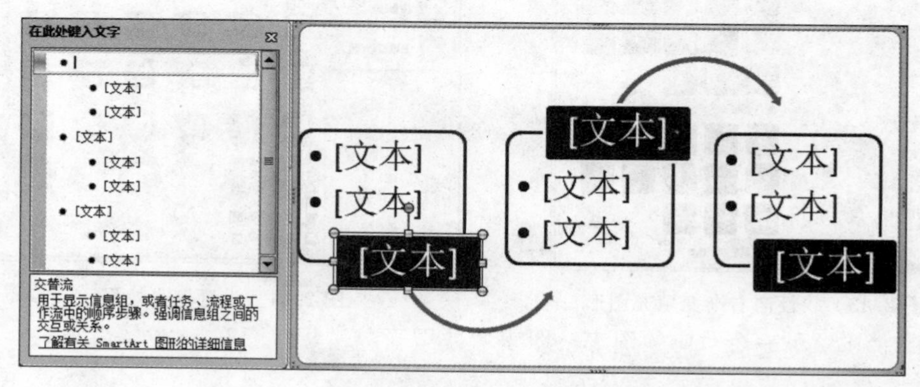

图 2.46 SmartArt 流程图

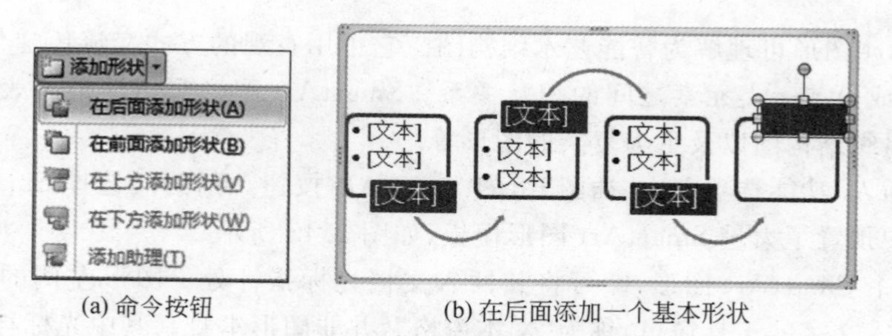

(a) 命令按钮 (b) 在后面添加一个基本形状

图 2.47 在原图上增加一个基本形状

2.7.4 数据图表对象

这里图表是指用 Microsoft Graph-图表工具或 Excel 制表程序生成的图形对象。图表是表格数据关系以图示形式所表达的对象，可以插入 Word 文档，用于演示和比较数据。

Word 中的图表包括柱形图、折线图、饼图、条形图、面积图、散点图、股价图、曲面图、圆环图、气泡图和雷达图等类型。

单击“插入”功能选项卡上“插图”命令组中的“图表”按钮，系统自动弹出“插入图表”对话框，如图 2.48 所示。

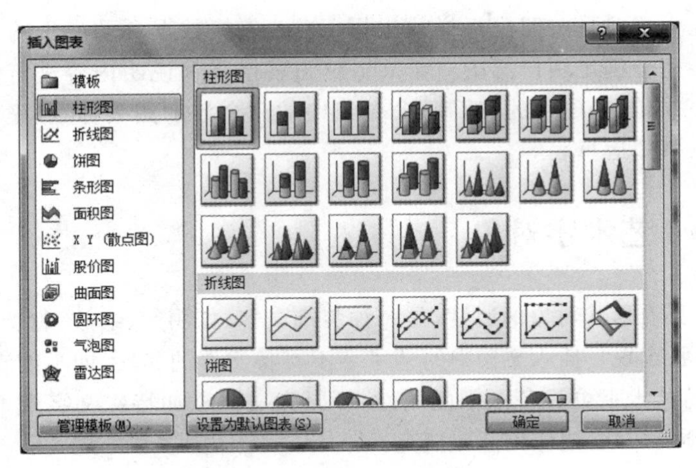

图 2.48 “插入图表”对话框

选择一种图表，单击“确定”按钮，在将图表插入文档的同时，系统自动启动 Excel 程序，生成一个与图表对应的数据表格。用户可重新设计 Excel 表，并在其中输入自己的个人数据，文档中的图表将会随之改变。数据输入完成后存盘并关闭 Excel 程序，只在 Word 文档中留下一个对应的图表。图表中的图形与数据表中的数据紧密相关，当改变数据表中的数据时，图表中的图形就会即时发生相应改变。数据确定后，数据表随即可关闭“隐藏”。

这种图表可与 Excel 程序嵌套，也称为 OLE 图表。OLE 图表案例如图 2.49 所示。

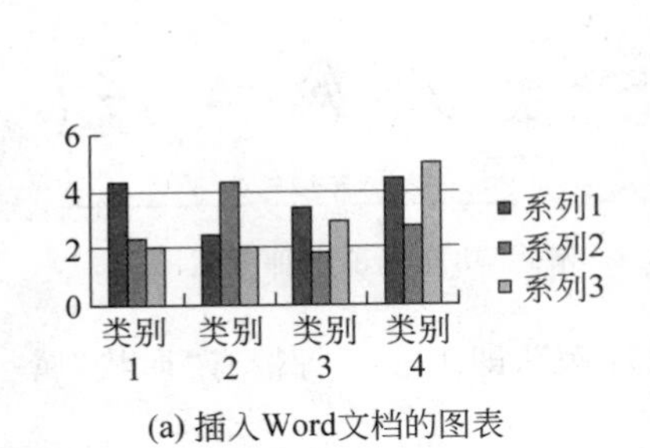

(a) 插入Word文档的图表

Microsoft Word 中的图表 - Microsoft Excel

	A	B	C	D
1		系列 1	系列 2	系列 3
2	类别 1	4.3	2.4	2
3	类别 2	2.5	4.4	2
4	类别 3	3.5	1.8	3
5	类别 4	4.5	2.8	5

(b) 图表对应的Excel数据表

图 2.49 插入 Word 文档的图表及数据编辑表

选中文档中的图表对象，则在功能区生成“图标工具-设计”“图标工具-布局”和“图标工具-格式”三个功能选项卡。

在“设计”选项卡的“数据”命令组中有“选择数据”和“编辑数据”两个按钮，其作用分别是更改图表中包含的数据区域和修改图表所依据的数据。它们都需要启动 Excel 程序才能完成。

由于图表在生成时是按照模板样式根据 Excel 表格数据自动产生的，难免在显示格式和风格上不能完全满足用户愿望。如果想对图表格式和说明内容进行修改和补充，可通过“图标工具-布局”选项卡的“标签”命令组中的命令添加图表标题、坐标轴文本、图标图例、数据标签、模拟运算表等。

2.7.5 Word 艺术字对象

艺术字对象具有形状对象的属性，是一种装饰文字，如阴影、缩放、旋转和扭曲等效果，并以某种几何形状出现。插入文档中的艺术字不具备文本的属性，即不能直接设置其字符格式。相对而言，艺术字更具备图像的属性，可以为文档添加特殊文字效果，可以拉伸、变形，使文本适应预设形状，或应用渐变填充。

插入艺术字的方法：选择“插入”功能选项卡中“文本”命令组中的“艺术字”命令，弹出“艺术字库”选择框，如图 2.50 所示。

在选择框中选择一种艺术字的式样，系统弹出编辑“艺术字”文字窗口，显示“请在此放置您的文字”，同时在功能区自动弹出“绘图工具-格式”功能选项卡，如图 2.51 所示。

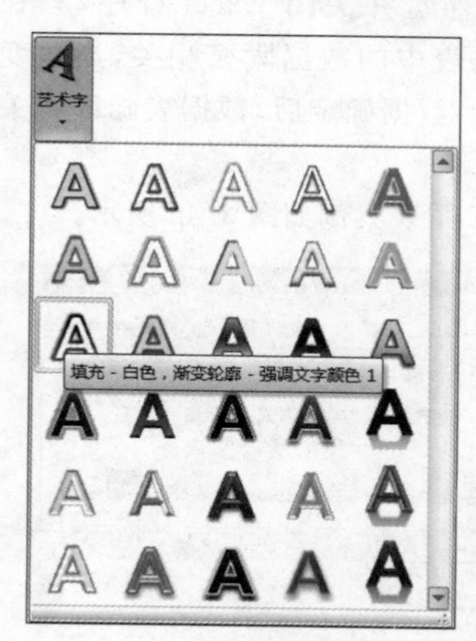

图 2.50　艺术字库中的字体形状选择

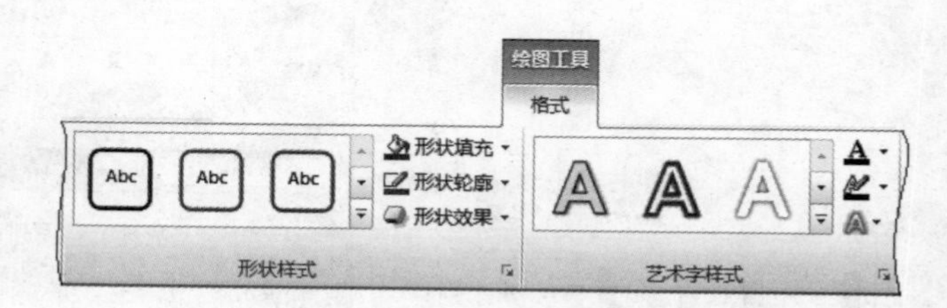

图 2.51　“绘图工具-格式”功能选项卡部分截图

用户在“艺术字”文字窗口输入内容，如“艺术字效果示例”，即生成一行带有“形状”属性的艺术文字，如图 2.52 所示。

用户可以在“开始”功能选项卡的“字体”选择框改变艺术字的字体。

在“绘图工具-格式”选项卡的“形状样式”组中，可对艺术字外围轮廓及背景进行设

艺术字效果示例

图 2.52　用户输入的文字

置，例如选择一个“细微效果”的形状样式，并通过“形状轮廓”按钮指定轮廓的颜色、宽度和线型，通过“形状效果”按钮设定一个“三位旋转-透视”效果。

用“艺术字样式”组中的“文字效果”按钮可对文字本身的外观效果进行设定，如阴影、映像、三位旋转和转换等。如图 2.53 所示为选择“转换-弯曲-左近右远”的效果。

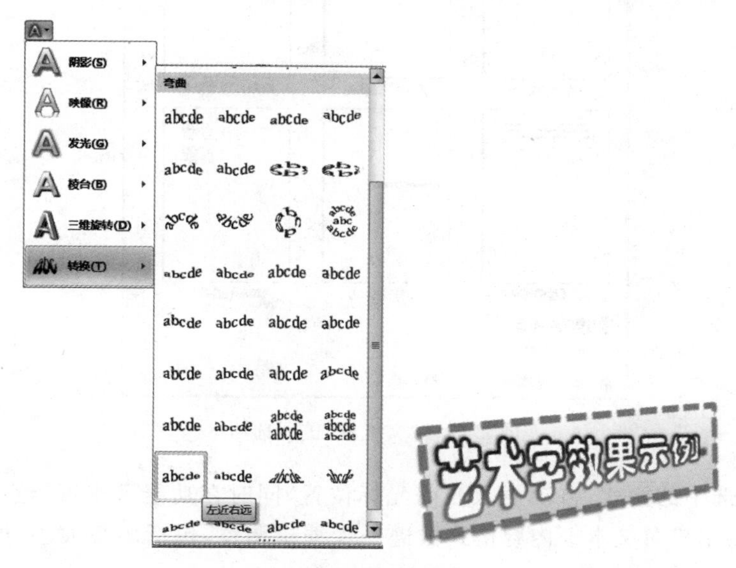

图 2.53　设置艺术字对象的效果

需要重新编辑时，可单击艺术字对象，Word 自动启动“绘图工具-格式”选项卡，可以对选定的艺术字进行修改。

2.7.6　Word 文本框对象

文本框作为一个可以编辑存放文本内容的对象，在 Word 文档中使用得非常普遍。文本框中的文档内容编辑方法与 Word 中其他文档一样，可以设置字体、字号、加粗、倾斜、下画线、改变颜色等效果。

文本框的一个重要用途是可以作为一个相对独立的对象放在 Word 文档中需要的地方，在编制插图文字说明、编排报纸杂志类型的版面时十分有用。

实际上，文本框对象具有与艺术字对象相同的属性，且使用的功能选项卡也是相同的，即“绘图工具-格式”功能选项卡。由于两者在使用上各有侧重，艺术字强调美化效果，文本框则注重文本格式和移动位置方便，故而将它们分为两种对象单独进行处理。

插入文本框时可以单击“插入”功能选项卡的“文本”组中的“文本框”按钮，弹出内置文本框格式选择窗口，其中预置了大量的文本框格式供用户选择，如图 2.54 所示。

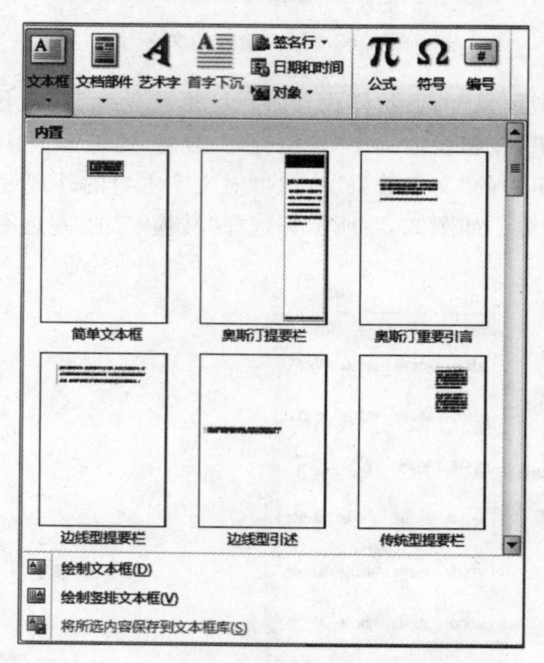

图 2.54 “文本框”扩展选项

用户单击选中的格式，自动插入当前光标位置，同时在功能区出现“绘图工具-格式”功能选项卡，供用户对文本框内容格式做进一步编排调整，包括调整大小、填充颜色以及边框的设置、文字颜色、阴影效果、三维效果等内容。

在文本框中可以插入文字，也可以插入图形。文本框也可以选择竖排形式，可以插入竖排文本。

2.7.7 Word 数学公式对象

用户在进行文档编辑时可能会遇到一些数学公式的输入，有些数学公式格式比较复杂，又时常出现，如果用户每次都自己排列公式格式，会十分烦琐和不便。Word 在程序内部预设了一些常见数学公式的格式供用户选用，使得公式的输入变得十分容易。

单击“插入”功能选项卡中“符号”命令组中的“公式”按钮，可打开系统预装的数学公式格式模板，包括二次公式、二项式定理、傅里叶级数、勾股定理、和的展开式、三角恒等式、泰勒展开式、圆的面积等，如图 2.55 所示。

单击需要的公式格式，将其插入文档中的当前指针处。此时光标在公式内闪烁，用键盘上的方向箭头键移动光标，可使其在公式中逐一移动位置，用户可随时修改公式中的内容，如图 2.56 所示。

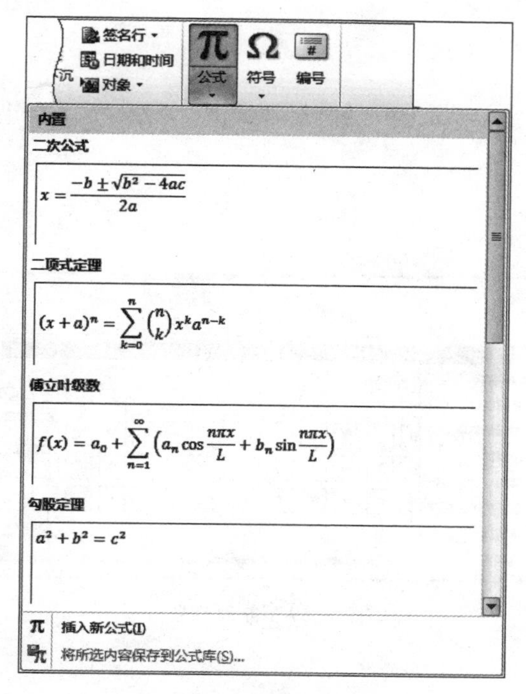

图 2.55　数学公式模板

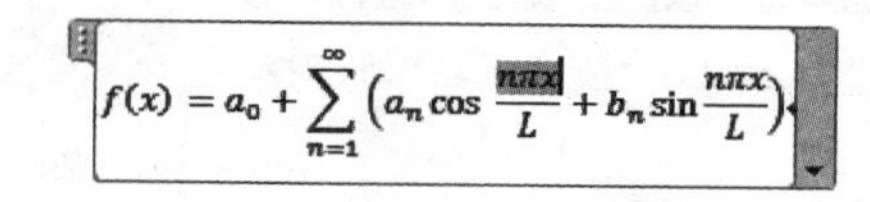

图 2.56　Word 文档中公式编辑状态

在公式插入文档的同时，功能区随即增加一个新的功能选项卡“公式工具-设计”。其中包含“工具”“符号”和“结构”三个功能组，如图 2.57 所示。

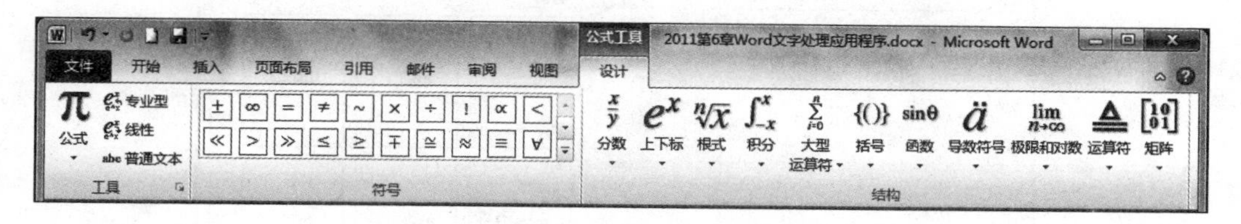

图 2.57　“公式工具-设计”功能选项卡

单击“工具”组右下角的扩展箭头，可显示“公式选项”对话框，用于配置高级选项，如图 2.58 所示。

在“符号”命令组预存着多种可添加到公式中的符号。单击扩展箭头可打开下拉符号菜单，包括基础数学、希腊字母、字母类符号、运算符、箭头、求反关系运算符、手写体、几何学等种类，如图 2.59 所示。

在“结构”命令组中包括多种可插入到公式中的数学结构，如分数、上下标、根式、积分、大型运算符、括号、函数、导数符号、极限和对数、运算符和矩阵等类型。每个类型都可以打开下拉扩展菜单，其中显示了多种格式供选择，如图 2.60 所示。

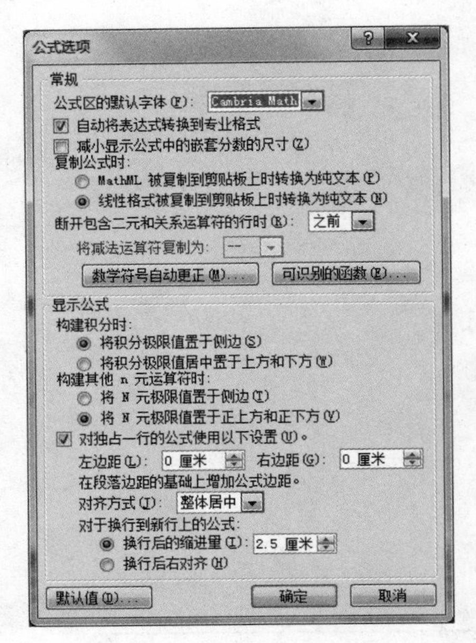

图 2.58 “公式选项”对话框

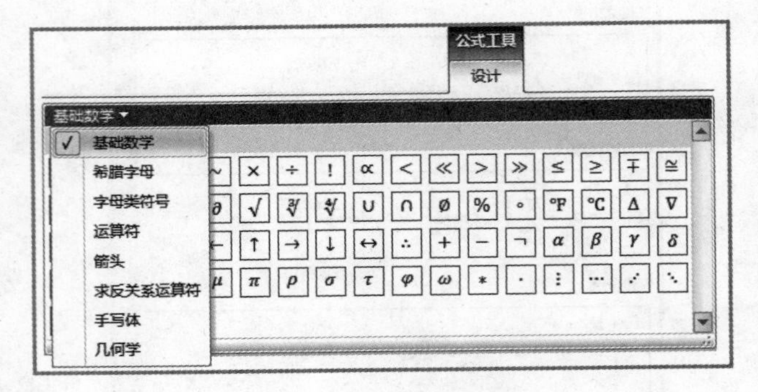

图 2.59 各种符号

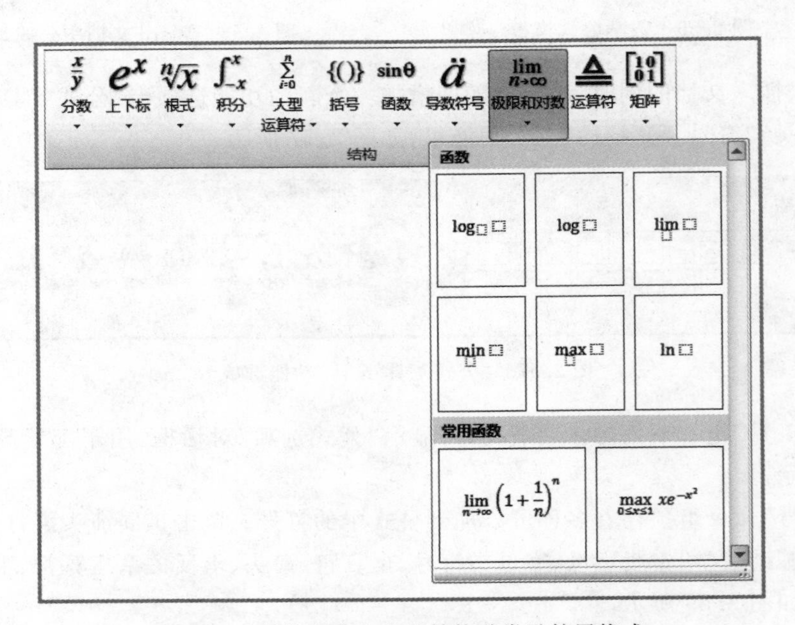

图 2.60 结构组中包含的结构种类及扩展格式

2.8 Word 文档设计制作扩展应用

2.8.1 屏幕截图功能

用 Word 中的“屏幕截图”功能，可以十分轻松地把屏幕上任何未最小化到任务栏的程序的图片插入文档中。用户可以使用此功能捕获在计算机上打开的全部或部分窗口的图片。

屏幕截图适用于捕获可能更改或过期的信息的快照，例如重大新闻报道或旅行网站提供的可用航班和费率的列表等。从网页和其他来源复制内容时，如果通过其他方法都无法将其格式传输到文件中时，“屏幕截图”则可以直接将其作为一幅图片复制下来。

用户既可以截取整个程序窗口，也可以使用“屏幕剪辑”工具选择窗口的某一部分。

单击“插入”功能选项卡上“插图”组中的“屏幕截图”按钮，打开的程序窗口即以缩略图的形式显示在“可用视窗”中。将指针悬停在缩略图上时，将弹出提示，显示程序名称和文档标题。例如“计算器”“画图”和“库”三个程序的缩略窗口，如图 2.61 所示。

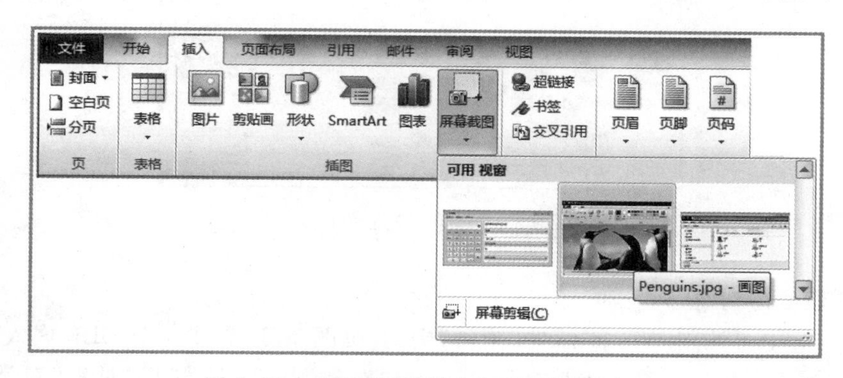

图 2.61　在“屏幕截图”中打开“可用视窗”

若要添加整个窗口，可单击“可用视窗”中的缩略图。

若要添加窗口的一部分，可单击“屏幕剪辑”选项，当指针变成十字时，按住鼠标左键选择要捕获的屏幕区域。此时如果有多个窗口打开，应先单击要剪辑的窗口，使其处于显示窗口的最前面，然后再单击“屏幕剪辑”。

当单击“屏幕剪辑”时，正在使用的 Word 程序将最小化，只显示它后面的可剪辑的窗口。剪辑效果与实际截图如图 2.62 所示。

添加到文档中的屏幕截图实际上就是一幅图片，所以可以使用“图片工具”选项卡上的工具来编辑和修改。

2.8.2 插入 OLE 对象

Word 提供了向文档中插入各类对象的功能。使用其他应用程序制作的对象，以嵌

(a) 用“屏幕剪辑”功能选定截图区域

(b) 插入文档中的实际“截图”

图 2.62　用“屏幕剪辑”截取部分图像

入形式插入 Word 文档中，成为 OLE 对象，可在 Word 中启动相应程序对其进行创建、修改和编辑。前面讲到的图表对象就是 OLE 对象，除此之外，还可以插入 Excel 表格、画图板位图，甚至幻灯片等。

在“插入”功能选项卡的“文本”组中单击“对象”按钮，选择“对象”选项，可打开“对象”下拉菜单，如图 2.63 所示。

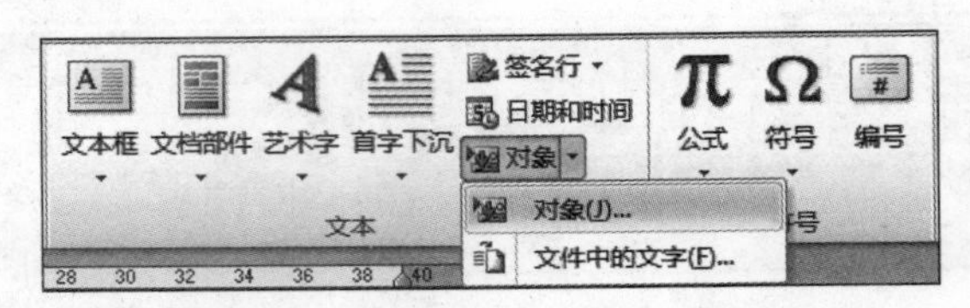

图 2.63　“对象”按钮及下拉菜单

1. 创建位图对象

在 Word 中可调用 Windows 的“附件”中的“画图”程序创建一个 OLE 嵌入型位图。

单击“插入”功能选项卡上“文本”组中的“对象”按钮，即打开“对象”对话框，选择 Bitmap Image 位图选项，如图 2.64 所示。

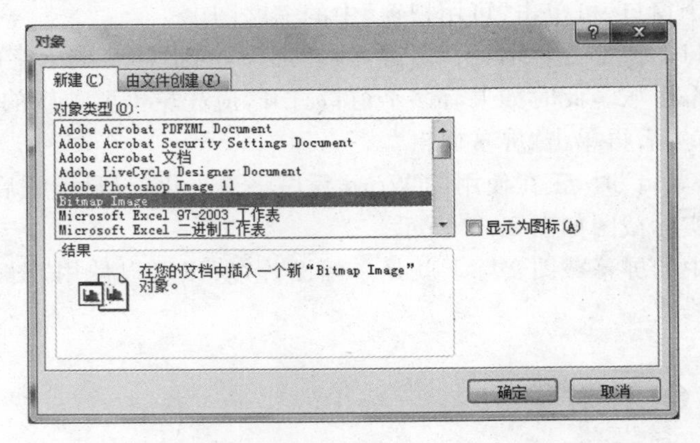

图 2.64　在“对象”对话框中选中 Bitmap Image 位图选项

单击“确定”按钮，系统自动启动 Windows 的“画图”程序，同时在文档中生成一个与“画图”程序画板相对应的画图区。用户在画板上所绘图形均可即时反映到 Word 文档的画图区中，如图 2.65 所示。

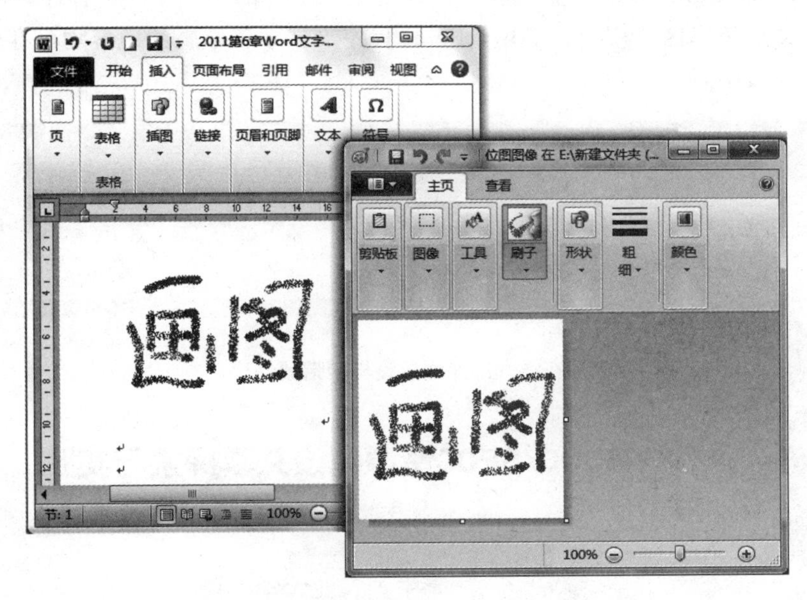

图 2.65　打开的“画图”程序与插入的位图对象

图形绘制完毕，退出“画图”程序，返回当前文档，所绘图形留在 Word 文档中。需要对图形修改时，可双击图形对象，系统会自动启动“画图”程序，在“画图”程序中修改。

2. 创建 Excel 工作表

选择“对象”对话框中的“Microsoft Excel 工作表”选项，单击“确定”按钮，系统自动启动 Office Excel 程序，并同时在文档光标处生成一个与之对应的映像表。用户在 Excel 工作表中所输入的内容均可即时反映到 Word 文档的映像表中。输入完毕关闭 Excel 程序，映像表则保留在 Word 文档中，如图 2.66 所示。

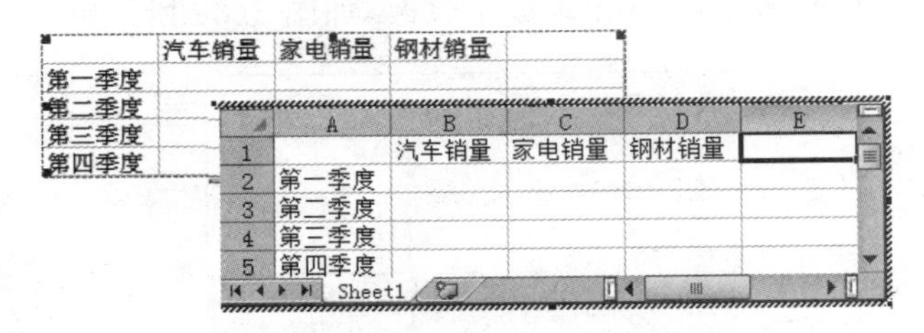

图 2.66　打开的 Excel 程序与插入 Word 文档的映像表

当需要对表格进行修改时，双击表格对象，系统自动启动 Excel 程序，用户可在 Excel 程序工作表中进行修改。

3. 插入演示文稿

单击"插入"功能选项卡上文本组中的"对象"按钮，即可打开"对象"对话框，选择"Microsoft PowerPoint 演示文稿"选项，系统会自动启动 PowerPoint 程序，同时插入一个嵌入演示文稿编辑区。用户在 PowerPoint 程序支持下所编辑的内容均可存储在 Word 文档的相应区域中，如图 2.67 所示。

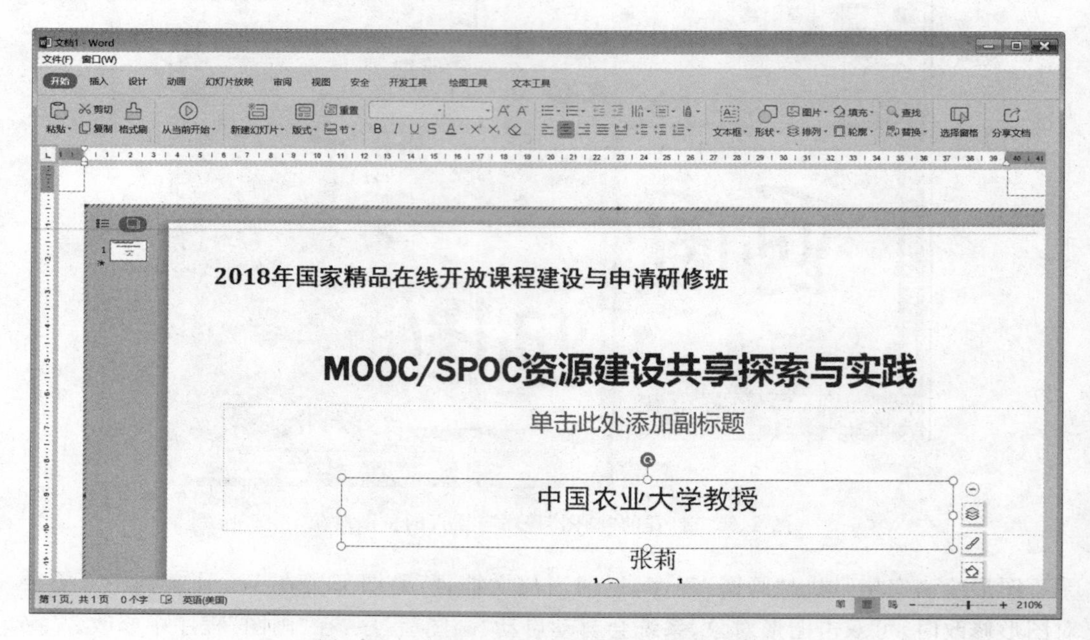

图 2.67　在 Word 文档中插入演示文稿编辑

用户在 Word 环境下双击"演示文稿"图标，系统可自动启动 PowerPoint 程序，播放演示文稿。播放完毕回到 Word 文档环境。

如果需要对演示文稿对象进行编辑修改，可右击"演示文稿"图标，在弹出的快捷菜单中选择"演示文稿对象"→"编辑"命令可直接修改。若选择"打开"命令则启动一个 PowerPoint 新窗口，可在 PowerPoint 环境下修改，如图 2.68 所示。

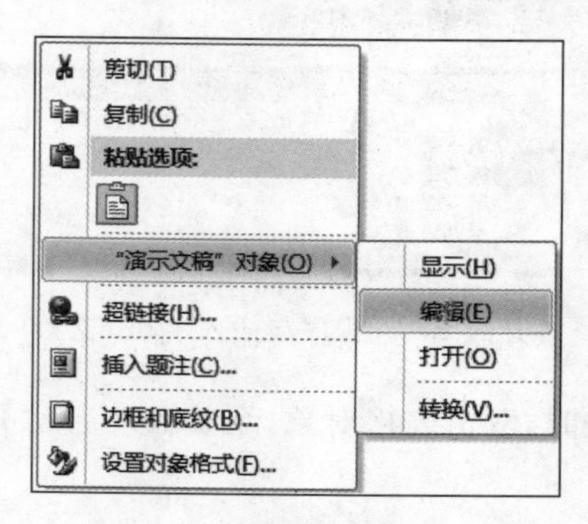

图 2.68　在 Word 中编辑修改 PowerPoint 对象

2.8.3 Word 文档图文混排

Word 中的图片或图形可以嵌于文字层，也可以浮于文字层之上或衬于文字层之下。插入的图片默认为“嵌入型”，即嵌于文字所在的同一层。

可以单击所选图像，再单击功能区中的“图片工具-格式”功能选项卡，在“排列”组中“自动换行”按钮下拉菜单提供了图片与文字关系的各种选项，如图 2.69 所示。

浮于文字之上或衬于文字之下的图片图像如果是多个，图像之间还可以分不同的层。在“图片工具-格式”功能选项卡中“排列”组的“上移一层”“下移一层”按钮的下拉菜单中，提供了所选中图片与其他元素之间层次关系的调整命令，如图 2.70 所示。

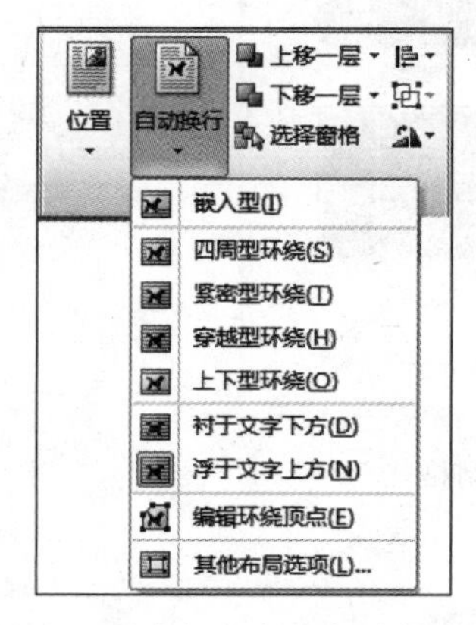

图 2.69 图片与文字的各种排列关系

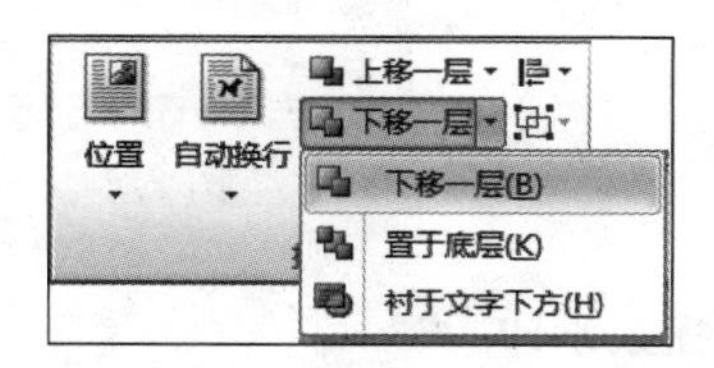

图 2.70 “图片工具-格式”功能选项卡的使用

2.8.4 文档封面与水印设置

文档往往需要有封面才显得规范、完整，有时还要求加入一些强调或提示的文字作为背景。Microsoft Word 提供了封面和水印的插入功能。

1. 插入封面

Word 提供了一个封面库，其中包含预先设计的各种封面，使用起来很方便。先选择一种风格的封面，然后用自己的文本替换示例文本，即可生成自己文档的封面。

无论光标显示在文档中的什么位置，封面总是插入在文档的开始处。

在“插入”选项卡上的“页”组中单击“封面”选项，弹出“封面”库预制的各种风格的封面格式，单击其中的封面选项，如图 2.71 所示。

插入封面后，通过选择封面区域（如标题和输入的文本）可以使用自己的文本替换示例文本。

如果在文档中插入了另一个封面，则新的封面将替换插入的第一个封面。

若要删除使用 Word 插入的封面，则选择“插入”选项卡，单击“页”组中的“封面”选项，然后单击“删除当前封面”选项。

图 2.71　在“封面”选项库中预制格式

2. 插入水印

水印是在文档文字内容的下面显示的虚影背景文字或图片。通常用于将文档特殊对待，如“机密”“紧急”“样本”“禁止复印”等文字或企业公司标志图案等图形。

在“设计”选项卡中的“页面背景”组中单击“水印”按钮，弹出备选水印格式，用户可以直接选取，也可以选择“自定义水印”选项，打开“水印”对话框，由用户定义水印文字、字体、字号以及颜色等。定义“水印”文字格式及效果如图 2.72 所示。

2.8.5　Word 文档脚注设置

脚注一般位于当前页的底端或文字下方。脚注不是正文内容，而是对正文中的某个词或某项叙述做出说明和注解。

Word 文档中插入脚注十分方便。在“引用”功能选项卡中的“脚注”组中单击“插入脚注”按钮，则可在当前光标处插入一个编号，同时在当前页的底端生成同样的编号，并等待用户输入注解文字。如果在同一页中有多个脚注，系统会自动编号给出顺序。

与脚注相类似，Word 还允许用户插入“尾注”。所谓尾注，即是说明文字不放在当前页，而是将所有注解集中放到文档末尾处。

单击“脚注”组右下角的扩展箭头，可以打开“脚注和尾注”对话框。在该对话框中可以根据需要对相关选项进行设置，如图 2.73 所示。

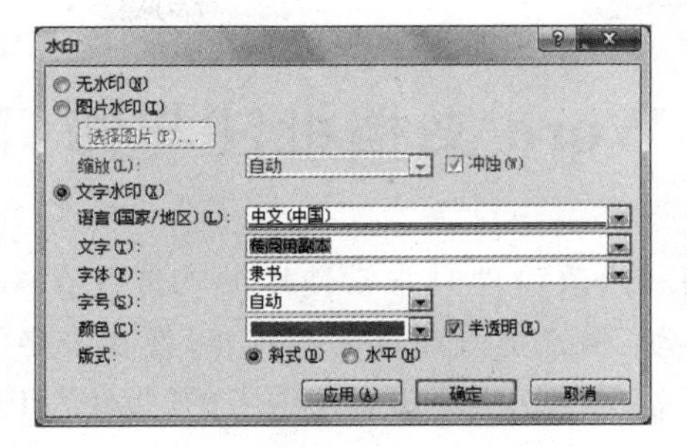

(a) “水印”对话框

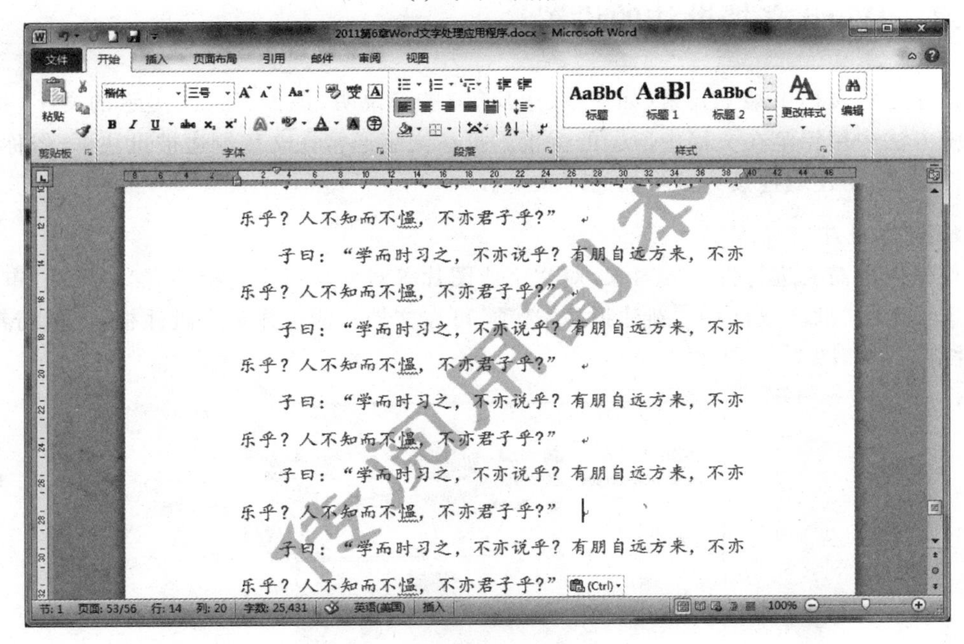

(b) “水印”效果

图 2.72　定义“水印”文字格式及水印效果

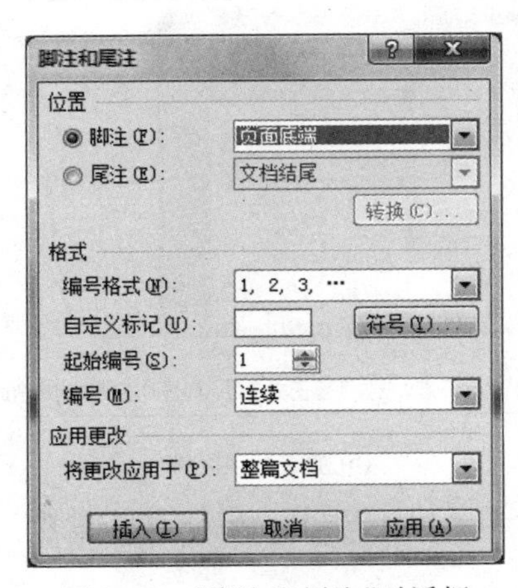

图 2.73　“脚注和尾注”对话框

2.9 Word 文档批注与修订设置

批注与修订是在审阅和修改稿件时常常使用的功能。在 Word 中，可以显示每个审阅者所做的插入、删除、移动、格式更改或批注操作，以便在最终的审阅中确定是否接受所有这些更改。批注与修订命令在“审阅”功能选项卡的“批注”组和“修订”组中。

2.9.1 Word 文档批注的设置

批注是对文档中某个元素（如文字、图片等）进行说明、评价、质疑、提示的文字，相当于传统方法中用铅笔在文稿中所做的旁批。批注文字通常在文稿侧边被批注框（俗称“气泡”）框起来，用连线连接到被批注的对象上。

1. 建立批注

首先选中需要进行批注的对象，对文字或图片等对象均可进行批注，然后单击“审阅”功能选项卡上“批注”组中的“新建批注”选项，可在文档一侧生成一个批注框，供审阅者添加批注内容，如图 2.74 所示。

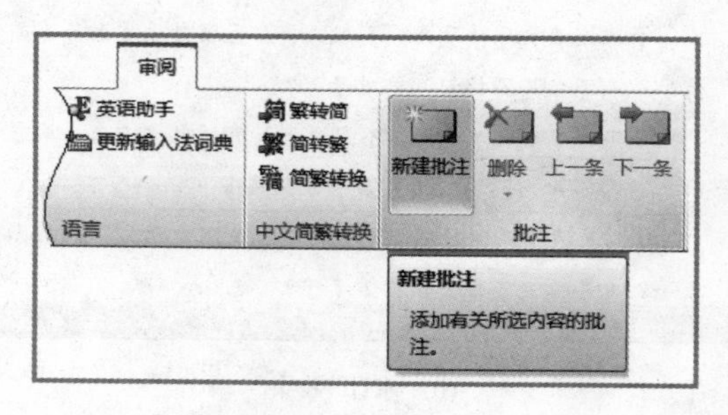

(a) “批注” 命令选项设置

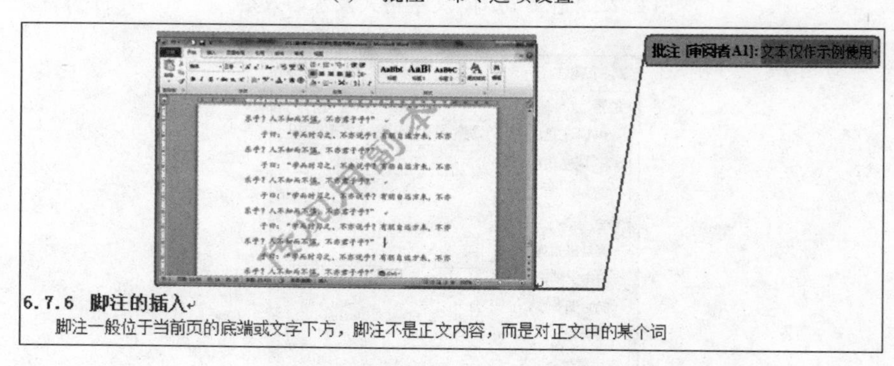

(b) 加入批注区域

图 2.74 在文档中加入“批注”设置

2. 删除批注

当不再需要批注时，可以将其删除。用鼠标选中批注框，单击功能选项卡上“批注”组中的“删除”按钮即可将所选批注删除。

2.9.2 Word 文档修订的设置

修订是对文档中某个元素(如文字、图片等)进行改写、删除、移动、添加以及对格式等进行改动的操作。如果不启动“修订”功能，则以上所有修订将直接对原文进行改动，不留下改动痕迹。但有时用户需要对改动的新旧内容暂时保留一下，以便做进一步对比和斟酌，最终再对接受或不接受修订做出选择，这时就需要用到“修订”功能。

1. 启动文档修订功能

单击“审阅”功能选项卡上“修订”组中的“修订”按钮，使之颜色变深，系统即处于“修订”状态。这时对文档所做的任何改动都会显示为修订待确认状态。

修订内容通常被修订框框起来，用连线连接到被修订的对象上放在文稿的右侧。有时也可以在文中直接改变颜色或加上删除线以示区别。同时，在发生修订的行的左侧或右侧会出现短竖线，表示“本行有修订”以提示用户，如图 2.75 所示。

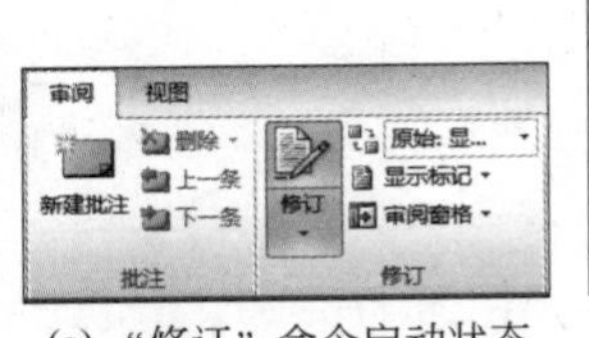

(a) “修订”命令启动状态

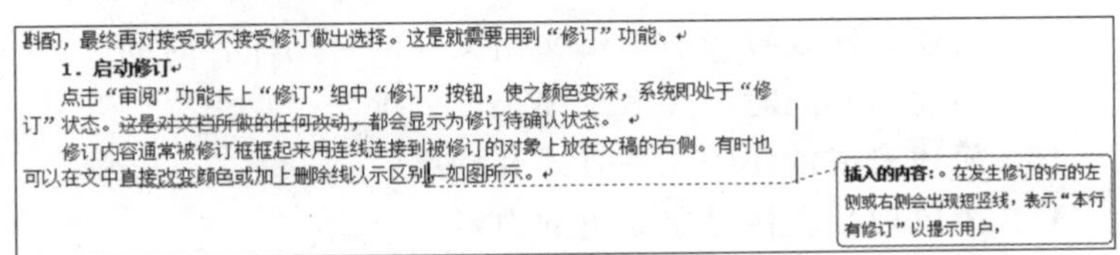
斟酌，最终再对接受或不接受修订做出选择。这是就需要用到“修订”功能。

1. 启动修订

点击“审阅”功能卡上“修订”组中“修订”按钮，使之颜色变深，系统即处于“修订”状态。这是对文档所做的任何改动，都会显示为修订待确认状态。

修订内容通常被修订框框起来用连线连接到被修订的对象上放在文稿的右侧。有时也可以在文中直接改变颜色或加上删除线以示区别。如图所示。

插入的内容：。在发生修订的行的左侧或右侧会出现短竖线，表示“本行有修订”以提示用户，

(b) 修订状态下的文档

图 2.75 在 Word 文档中启用“修订”功能

2. 文档修订的接受或拒绝

对于“修订”有接受和拒绝两种选择。命令选项在“审阅”功能选项卡上的“更改”组中。接受修订时，单击“更改”组中的“接受”按钮；不同意修订时，单击“拒绝”按钮。

在“接受”和“拒绝”按钮上都有一个下拉箭头，单击箭头可打开下拉菜单，其中有“接受对文档的所有修订”和“拒绝对文档的所有修订”选项，可单击一次全部接受或拒绝所有修订，如图 2.76 所示。

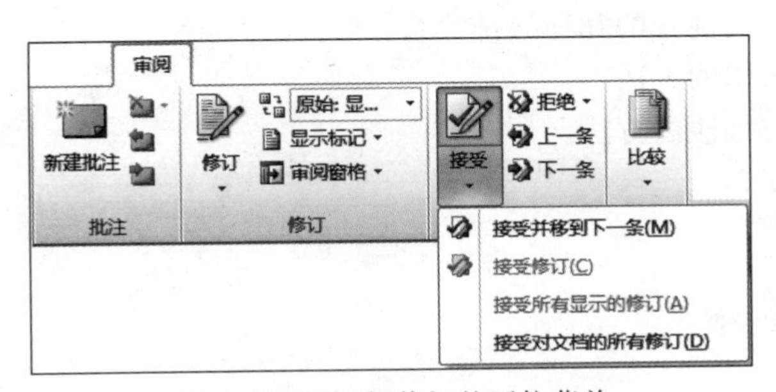

图 2.76 “接受”修订的下拉菜单

思考练习题

1. 列举 Microsoft Word 文字处理软件的技术特点与用途。
2. 熟悉 Word 应用程序窗口功能区各功能选项卡的内容。
3. 如何利用 Word 的联机帮助？
4. 掌握剪贴板的使用方法。
5. 掌握撤销与重复操作对应的快捷键及作用。
6. 掌握查找与替换操作的快捷键及使用。
7. 简述自动图文集的使用方式及特点。
8. 列举字符格式设置常用的几类命令。
9. 简述完成段落格式设置的方法。
10. 简述使用格式刷可以复制哪些格式。
11. 掌握页边距的设置方法。
12. 掌握页码的设置方法。
13. 掌握页眉和页脚的设置方法。
14. 简述如何设置当前编辑文档文件的自动保存时间。
15. 简述如何同时打开多个 Word 文档。
16. 简述表格创建的几种方式及特点。
17. 简单列举表格对象编辑的内容。
18. 列举表格格式编排的内容。
19. 如何进行表格数据的求和或求平均值计算？
20. 简述排序主次关键字的关系。
21. 简单列举图片插入方式，如何插入来自数码相机的照片？
22. 如何设计一组艺术字？
23. 掌握插入文本框的方法。
24. 分析如何使用 SmartArt 图。
25. 简述图表对象创建生成的方法。
26. 简述创建生成数学公式对象的方法。
27. 简单列举图文混排的几种编排关系。
28. 掌握插入水印的方法。
29. 掌握修订与批注的方法。

第3章 Excel数据表处理程序

Excel电子表格处理应用程序是在Windows操作系统环境下运行的Office办公自动化组件之一。Excel可运行于Windows操作系统和Macintosh操作系统。Excel数据表处理程序集工作表格处理、数据分析与计算、图表分析和数据管理等于一体，已在办公自动化领域广泛应用。本章以Excel 2016为例，主要内容有：

- Excel字表处理程序功能与特点；
- Excel表格数据操作；
- Excel表格格式编排；
- Excel图表创建与编辑；
- Excel数据管理；
- Excel数据透视表；
- Excel切片器程序；
- Excel合并计算；
- Excel功能函数；
- Excel变量求解运算；
- Excel模拟运算表。

3.1 Excel程序功能与特点

Excel是微软公司办公集成软件Office的组成部分，继承了Word文字处理软件、Lotus制表软件、XBase数据库管理软件等优秀软件的主要功能，形成了功能完整的办公软件。

可以使用Excel创建工作簿电子表格集合，并使用Excel跟踪数据，生成数据分析模型，编写公式以对数据进行计算，以多种方式透视数据，并以各种具有专业外观的图表来显示数据。

3.1.1 Excel程序功能

Excel以电子表格数据处理为主要功能，包括数据类型定义、数据关系运算、数据处理函数应用、各类对象插入编辑、数据分析计算等功能。它的主要功能如下。

1. 表格编辑功能

Excel的主要功能是编辑电子表格文档。它可以以表格形式处理数据，将原始数据输入表格中，然后对表中的数据按有关公式进行相应的计算，以及对表中的数据进行排序、查找和替换。

一个Excel文档由若干个表组成，表也称为页(Sheet)，而每一张表是由若干个单元格组成。单元格是Excel中数据处理的基本组成单位。用户可以方便地在单元格中进行各种类型的数据(如字符型、数值型、日期型等)的输入和修改，可以对数据进行四则、函数等运算，还可以方便地对单元格的格式，如字符的字体、字型、字号和颜色，以及数值的格式、边框和背景等进行设置与编排。

2. 表格管理功能

数据管理可将一个数据表视作一个数据库，以数据库方式管理表格数据，支持这些数据进行类似于关系数据库的数据操作。不用编程或输入命令，通过工具按钮或菜单选项就能方便地实现数据的排序、筛选和分类汇总等操作。

3. 将数据转换为图

Excel可以依据表中的数据生成各种类型的图形，这些图形包括条形图、折线图、饼图等二维图以及柱形图、曲面图等三维图；也可利用图表向导功能，方便地由数据表生成各种类型的分析统计图，并可进一步修改图的格式，图形关系会随着表中数据的变化而变化。

4. 数据计算与分析

Excel利用其提供的函数和宏，可进行从简单到复杂的数据分析，如财务函数、统计函数、单变量求解、模拟运算、规划求解、数据透视、方差分析、回归和统计学各种检验等。

5. 图形对象插入与编辑

Excel数据处理不仅可以对数据本身进行计算、分析、排序、分类统计等各类处理，还可插入编排以数据为基础的各种图形对象，丰富了数据关系的表示方法，更加适合于数据计算、统计分析、分类汇总等专业表达、论文引证、报告演示等实际应用。

6. 外部数据交换

Excel生成的电子表格数据可以与其他程序进行数据交换。目前主流的数据库系统产生的数据都能导入Excel应用中。

7. 支持图文混排

在数据表中，可插入各种对象，如图片、剪贴画、艺术字和声音等对象，使得电子表格制作的内容更加丰富多彩。

3.1.2 Excel程序特点

Excel的版本与大多数应用软件一样，向下兼容。Excel作为电子表格制作与管理工具软件，主要应用特点有：

1. 工作簿

Excel将工作表组织为工作簿形式，使表格数据处理从二维空间扩充为三维空间。例如，一个月的生产销售表是一张二维表，而全年12个月的生产销售表组成一个12页的工作簿，这样就构成了三维表空间结构。

2. 统计图表

Excel提供了上百种统计图表模板，使表格数据的表示更加直观和丰富多彩。Excel不仅具有数据列表功能，还有表与图的混排功能，使Excel成为应用广泛的表格处理软件。

3. 公式与函数

Excel允许在工作中使用公式与函数，简化了Excel的数据计算与统计工作。Excel提供的函数多达几百种，其数据分析功能方便易用。

4. 共享数据

Excel作为Microsoft Office办公自动化组件的一部分，可以和Microsoft Office中的其他应用程序共享信息，还可以与外部数据管理系统进行数据交换。

3.1.3 Excel程序应用

在Windows操作系统中按照默认或最小方式安装Microsoft Office就安装了Excel。也可以根据需要，在安装Microsoft Office以后选择单独安装Excel应用程序。

1. Excel启动

Excel的启动有不同的方式，均能正常进入Excel工作环境。

(1) 选择Windows任务栏的“开始”→“所有程序”→Excel命令即进入Excel窗口，并同时打开一个电子表格空文档，如图3.1所示。

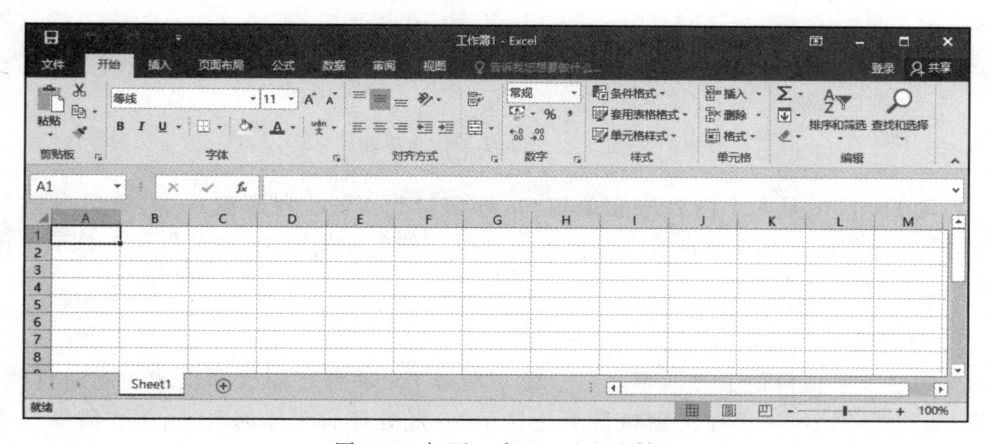

图3.1 打开一个Excel空文档

(2) 选择Windows操作系统下已经存在的Excel文档，双击即进入Excel窗口，同时打开该电子表格文档。

2. Excel 退出

要退出 Excel 可以单击“文件”选项卡中的“关闭”按钮，关闭当前编辑的 Excel 工作簿；单击“退出”按钮，或单击右上角的 ✕ 按钮，也可关闭工作簿并退出 Excel 程序。

如果退出 Excel 时编辑的文档没有保存，系统会询问用户是否保存，此时根据情况单击“保存”或“不保存”按钮才能退出。

3.1.4 Excel 工作界面

Excel 与其他 Office 应用程序的操作界面相似，其工作窗口采用了图标式功能区设计。利用功能区可以轻松地查找以前隐藏在复杂菜单和工具栏中的命令和功能，并且在功能区可以创建自己的选项卡或组，如图 3.2 所示。

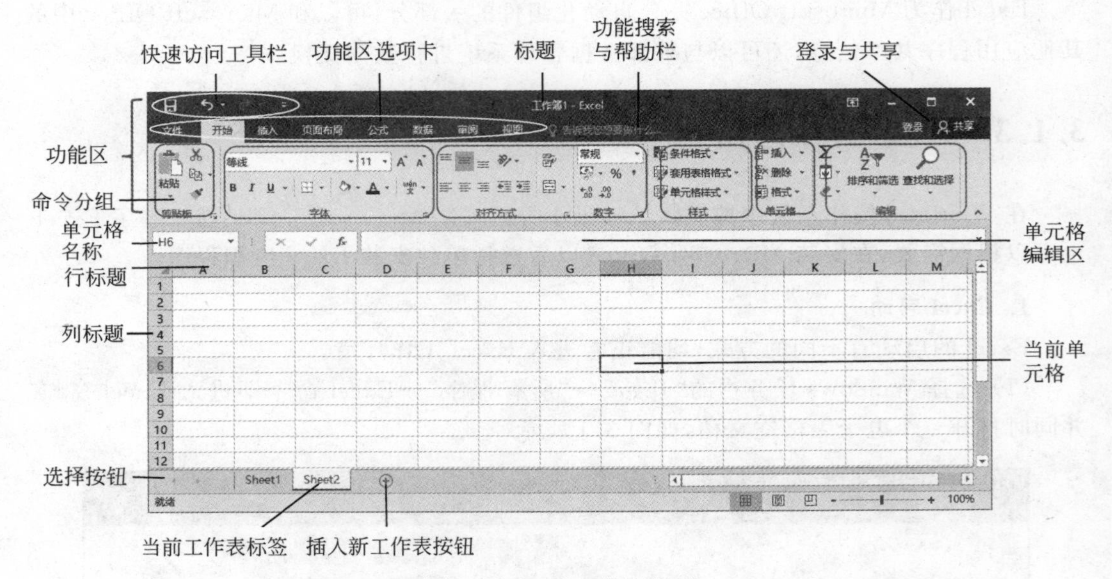

图 3.2 Excel 工作表界面

启动 Excel 后是两个内外嵌套的窗口，外窗口为 Excel 程序窗口，内窗口是标题为“工作簿 1”的 Excel 工作簿窗口。外窗口主要是功能区和编辑栏，内窗口用于显示工作簿数据。

1. 标题栏

标题栏位于窗口最上方的第一行。最左端是 Excel 程序图标和快速访问工具栏，中间是 Excel 程序名，当工作簿窗口最大化显示时，此处还有工作簿名；当工作簿窗口不是最大化时，标题栏就分为两部分：外窗口上方标题栏显示 Excel，内窗口工作簿窗口上方标题栏则显示工作簿名，例如“工作簿 1”。在第一行最右端则是“最小化”“最大化”和“关闭”按钮。

2. 功能选项卡和功能区

在标题栏下是8个功能选项卡，即“文件”“开始”“插入”“页面布局”“公式”“数据”“审阅”和“视图”。每个功能选项卡下都对应着几组命令按钮，几乎包含了在Excel中工作所需的所有命令。处于最前面的功能区选项卡上的命令显示在功能区。用户可随时单击任意选项卡，使其处于最前面，在功能区显示按钮。

在功能区中按照命令类型将命令分成了若干个组，每个组中都有一些命令图标。在有些组的右下角有一个扩展箭头，单击箭头就会打开扩展命令对话框，以便用户选择或输入执行命令所需要的其他参数。

3. 工作簿窗口

工作簿窗口就是Excel启动后的内窗口，是Excel的主要工作区，在性质上属于文档编辑窗口。在Excel窗口中可以只打开一个工作簿窗口，也可以同时打开多个工作簿，每个工作簿各占用一个窗口。

工作簿窗口主要有标题栏、全选按钮、列标题、行标题、工作表工作区、活动单元格，最小化、最大化或还原按钮，以及垂直滚动条、水平滚动条、滚动箭头、工作表标签、标签滚动按钮等。

工作簿标题栏位于工作簿窗口顶行，用于显示工作簿的名称，新建时为“工作簿1”。单击标题栏右方的可使工作簿窗口“最大化”，但此时标题栏将自动并入Excel的标题栏，不再单独存在。

工作表标签位于工作簿窗口底行左侧。新建时显示出三张工作表的标签，依次为Sheet1、Sheet2和Sheet3。白色标签指出了当前的工作表。

用户可单击增建新工作表。按标签滚动按钮，可使工作表标签左右滚动显示。

工作表工作区指位于标题栏与标签栏之间的区域，表格的编辑主要在这一区域内完成。区内又包括行头、列头和单元格。

加粗的单元格表示当前的活动单元格，即活动单元格，如A1为活动单元格时，处于A列与1行的交叉点上。对于较大的工作表，可利用工作区右下方的两个滚动条显示被遮盖的单元格内容。

在行标题和列标题的交叉点是“全选”按钮，单击“全选”按钮表示当前工作表的所有单元格全被选取。

4. 编辑栏

编辑栏是用来显示活动单元格内容的一个窗口。对于一般数据，用户改动单元格内容时，编辑栏的内容即时发生改变；反之，如果在编辑栏中改变内容，则对应的活动单元格内容随之改变。当编辑栏按公式输入时，在编辑栏的输入区域看到的是公式，在单元格中显示的是与公式有关的单元格的数值被代入公式后的计算结果数据。

编辑栏位于工作簿窗口的上方，自左至右依次由名称框、工具按钮和编辑框三部分组成，如图3.3所示。

当某个单元格被激活时，如A1单元格被激活，随即在名字框出现。此后用户输入的

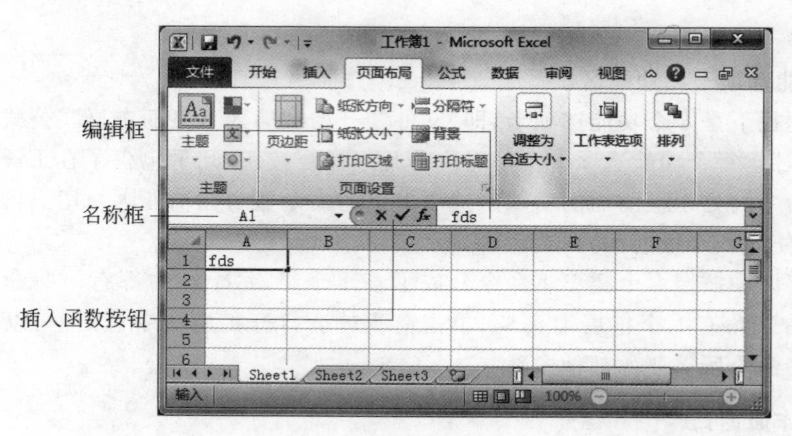

图 3.3 工作表编辑栏

数据将在该单元格与编辑框中同时显示。✔为确认按钮,用于确认输入单元格的内容;✖为取消按钮,用于取消本次输入的内容。

编辑栏特别适合在以下情况下使用:

(1) 要输入数据的单元格不在屏幕显示的范围内。

此时只需在名字框输入单元格编号(例如 A212),即可将该单元格调整到屏幕范围之内。

(2) 查看已在单元格中经过格式变换的数据。

例如原输入为 3.14159,保留三位小数后变换为 3.142,如果需要可在编辑栏中查看原始数据。

(3) 查看计算值公式。

若单元格中的数据是由公式算出的值,可在编辑栏中查看它对应的公式。

3.1.5 Excel 应用方式

Excel 使用功能区的命令按钮,简化了基本操作,熟练掌握可以提高工作效率。

1. 功能按钮方式

Excel 功能区提供的各种功能按钮均可以直接调用操作命令。操作时用户可以通过单击按钮执行命令。

若用户对命令按钮的功能不是很清楚,可以把鼠标指针置于按钮之上,系统会自动出现一个下拉解释框,提示该按钮的功能。

2. 快捷菜单方式

Excel 与 Windows 操作系统及 Word 应用程序一样,提供快捷菜单方式,便于用户快速选取某些操作命令。只要在操作位置右击,就可以弹出快捷菜单。

快捷菜单一般包含用户当前最需要或最常用的命令,菜单命令随当前位置操作的不同而不同。使用时将鼠标指针移到需要使用快捷菜单的区域,例如单元格、工具栏等,然后右击显示快捷菜单，再移动鼠标选择所需的命令，或按下鼠标右键并移动鼠标选择命令。

3.2 Excel 程序系统应用

Excel 工作簿是由工作表组成的，工作表是 Excel 进行表格处理的基础，是由单元格组成的，单元格是工作表的基本组成元素。对工作表的编辑就是单元格中数据的输入和修改，以及对单元格格式的设置等，有了数据就可以对表格数据方便地进行编辑、修改、排序、计算、查找、转换和统计等。

3.2.1 Excel 数据表结构

Excel 创建的电子表格是以文件形式存放和使用的，表格本身由行和列组成，而表中的数据是由 Excel 特有的组织结构建立的。

一个工作簿由多个工作表组成。当第一次启动 Excel 时，Excel 将自动进入名为"工作簿 1. xlsx"的工作簿文件窗口，并在当前窗口显示名为 Sheet1 的工作表。

Excel 可以编辑数据的单位由小到大是单元格、工作表和工作簿。

1. 单元格

单元格是工作表的基本组成元素，每个单元格在表中有固定位置，使用列号和行号坐标定位。单元格定位用字母与数字组合的方法表示，字母表示列号放在前，行号数字表示行号放在后。例如单元格 D6 表示第 4 列第 6 行的工作单元。

每一张工作表都由 256(列)×65 536(行)个单元格构成，数据都输入在"单元格"中，可以是字符、数字、字符串、图形、声音及公式等。活动单元格是指当前正在编辑使用的单元格，由黑色粗方框围住表示激活状态。Excel 工作表的编辑就是在单元格中输入和修改数据，以及对单元格格式进行设置等。

单元格内容长度可以为 32 767 个字符，在单元格中只能显示 1024 个字符，而编辑栏中可以显示全部 32 767 个字符。

2. 工作表

一个工作表是由一张由行和列组成的二维表格组成的。工作簿中的工作表个数默认为三个，用户可以增加新工作表。

工作表可以有 256 列，从左至右采用字母编号，标号为 A，B，C，…，AA，BA，…，IV。行号从上到下排列，最多可以有 65 536 行，标号为 1～65 536。

3. 工作簿

若干张工作表组成一个工作簿，所以 Excel 是一种三维表格制作管理工具。工作簿文件以 xlsx 为默认的扩展名。新建的工作簿一般包含三张工作表，名为 Sheet1、Sheet2 和 Sheet3，用户可按需要增加或减少工作表或对工作表改名。工作簿最多可有 255 张工作表。工作表可以是记录数据的工作表，也可以是独立的图表。

一个工作簿里各张工作表之间的数据可以没有任何联系，但需要时可以通过数据建立起数据之间相互的联系。例如某班同学每一学期的成绩单是一张工作表，而若干学期的成绩单就构成了工作簿，形成了学生、成绩、学期三维数据空间，各维之间的数据是有一定联系的，甚至有的数据是由其他若干工作表统计或计算得到的，用 Excel 实现管理就很实用。

用户建立的 Excel 表是以工作簿为单位作为文件存放在磁盘上的，而单元格和工作表则不能作为文件存盘。

3.2.2 Excel 工作簿应用

使用 Excel 制作电子表格的过程中，需要对工作簿文件进行各种管理、维护与操作。通常在工作簿中输入的内容只保存在计算机的内存中，如果这时没有保存并退出 Excel，或者出现异常并死机，数据将全部丢失，所以工作簿文件的操作维护很重要。

1. 创建新工作簿

打开 Excel 程序的同时，系统将自动建立一个新工作簿，默认文件名为"工作簿 1. xlsx"。如果在已经打开的程序里再创建新工作簿，可选择"文件"选项卡中的"新建"选项，再选择"空白工作簿"选项，然后单击右侧窗格中的"创建"按钮即可完成创建，如图 3.4 所示。

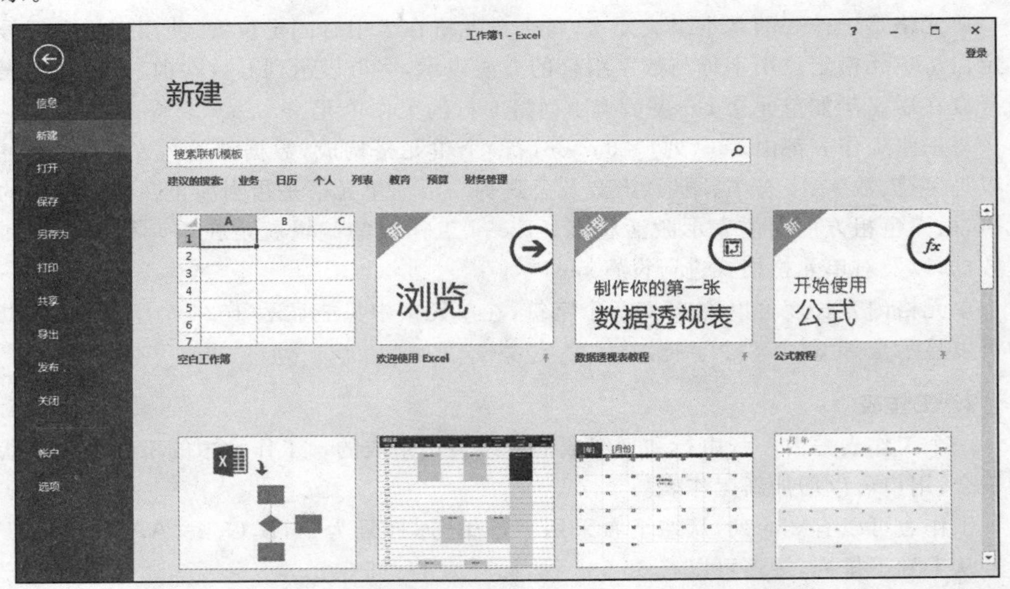

图 3.4 在已打开的 Excel 程序里新建工作簿

2. 打开已有工作簿

已经编辑存盘的工作簿，需要使用时必须打开调入内存，操作步骤如下：

选择“文件”选项卡上的“打开”选项，系统启动“资源管理器”，按照正确的路径选定要打开的文件，单击“打开”按钮，或按 Enter 键即可。

3. 工作簿之间的切换

Excel 允许同时打开多个工作簿，工作时需要在多个工作簿之间切换。在打开的多个工作簿之间切换有不同的方式：

(1) 如果工作簿窗口可见，单击可见部分即可激活为当前工作簿。

(2) 利用“视图”功能选项卡“窗口”组中的“切换窗口”按钮，选择需要的工作簿名称，如图 3.5 所示。

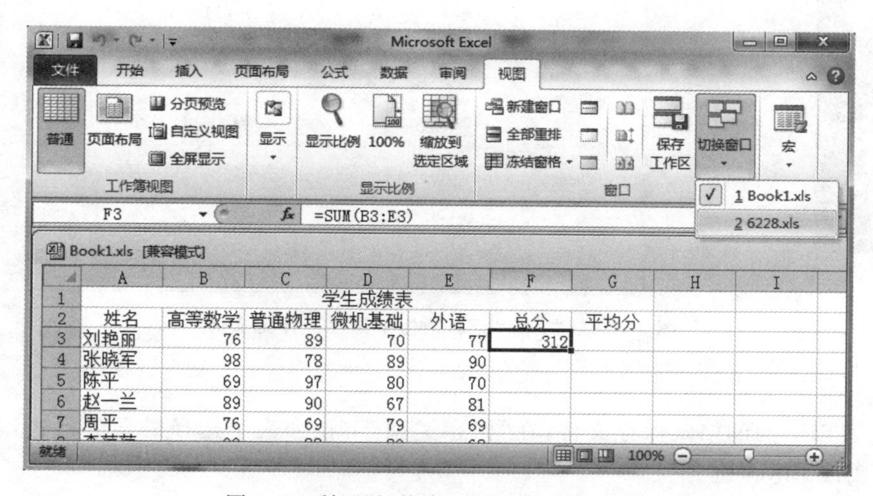

图 3.5 利用“切换窗口”按钮切换工作簿

(3) 按 Alt＋Tab 组合键可以从一个程序窗口切换到另一个窗口。

4. 保存工作簿

第一次保存工作簿时，可以为它取一个自己命名的文件名，步骤如下：

(1) 在“文件”选项卡中选择“保存”或“另存为”选项，出现“另存为”对话框。

(2) 在“文件名”下拉列表框中输入工作簿名。若在不同的位置保存文件，需要修改对话框中的“保存设置”或在文件名前直接加上路径。

(3) 单击“保存”按钮或按 Enter 键，如图 3.6 所示。

对于已命名保存过的工作簿文件，只需单击“保存”按钮，或者按 Ctrl＋S 组合键。Excel 会自动存储有任何输入改变的工作簿，而不显示“另存为”对话框。

有时需要改变一个文件名，但同时还要保持原工作簿的一个副本，或者要在已有的工作簿的基础上，通过修改来创建新的工作簿。此时可以用另一个名称或在另一个文件夹内保存工作簿。步骤如下：

(1) 选择“文件”选项卡中的“另存为”选项，系统会出现如同第一次保存工作簿时出现的“另存为”对话框。

(2) 要在新名下保存工作簿，在“文件名”下列列表框中输入新名。

(3) 要在不同的驱动器或不同的文件夹中保存文件，需要改变当前驱动器，选择文

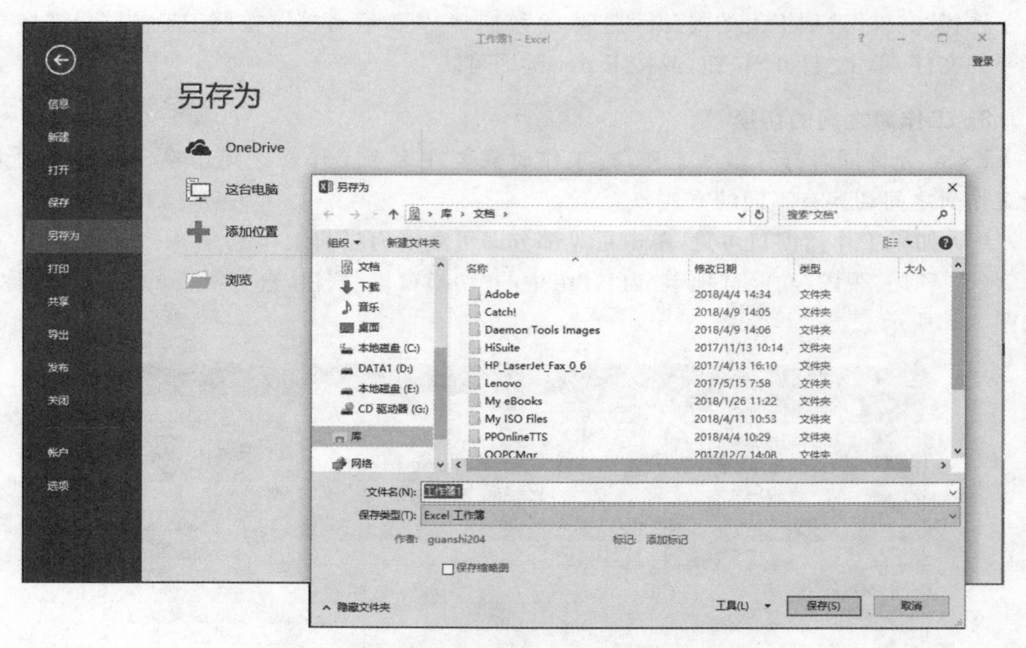

图 3.6　在“另存为”对话框中保存工作簿文件

件夹。

(4) 要以不同的格式保存文件，在“保存类型”下拉列表中选择需要的格式，单击“保存”按钮或按 Enter 键。

5. 关闭工作簿

关闭工作簿会从屏幕上关闭工作簿窗口，并从内存中清除所有该工作簿的信息。关闭工作簿的步骤如下：

如果要关闭的工作簿不在当前活动的窗口，应通过单击“视图”选项卡“窗口”组中的“切换窗口”按钮选择相应工作簿，使它成为活动窗口，然后选择“文件”选项卡中的“关闭”选项。如果还没有保存工作簿，Excel 将提示保存。

3.2.3　Excel 工作表应用

工作表由垂直和水平方向交叉形成的单元格组成，垂直方向最多可以有 256 列，分别称作 A 列、B 列……AA 列、AB 列……IA 列、IB 列……IV 列；水平方向最多可以有 65 536 行，分别称作 1 行、2 行、3 行等。

每个工作簿都是由多个工作表组成的，用户可以将不同的表格或图表放在不同的工作表上，工作表的名称出现在屏幕底部的标签上。

1. 工作表选取

要选择单个工作表，可直接单击工作表标签；要选择一组几个邻近的工作表，可单击组中第一个工作表的标签，然后按住 Shift 键，再单击组中最后一个工作表的标签；要选择几个不相邻的工作表,可在单击每个工作表标签的同时按住 Ctrl 键;要选定全部工作表,还可以先选定工作簿中一个工作表,再在其标签名上右击,从弹出的快捷菜单中选择"选定全部工作表"命令即可完成。

单击工作表标签可使该工作表变为当前工作表,按 Ctrl+PgUp 组合键可切换到上一个工作表,按 Ctrl+PgDn 组合键可切换到下一个工作表。单击工作表标签左侧箭头标识的 4 个标签滚动按钮可显示被遮挡标签的工作表。

2. 插入工作表

要在工作簿中插入一张新工作表,先选中要插入其前位置的工作表,单击"开始"功能选项卡上"单元格"组中"插入"按钮的下拉箭头,选择"插入工作表"选项,即可插入一个新工作表,如图 3.7 所示。

3. 删除工作表

删除工作表操作时,首先选择要删除的工作表,再选择"开始"功能选项卡上"单元格"组中"删除"按钮的下拉箭头,选择"删除工作表"选项,系统将出现一个确认对话框,单击"确定"按钮,完成删除工作表的操作,如图 3.8 所示。

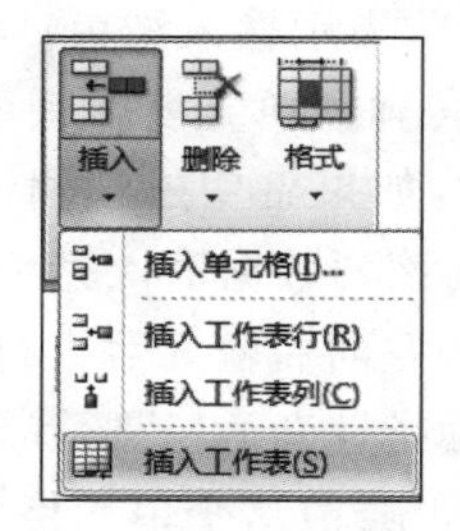

图 3.7 "插入工作表"选项

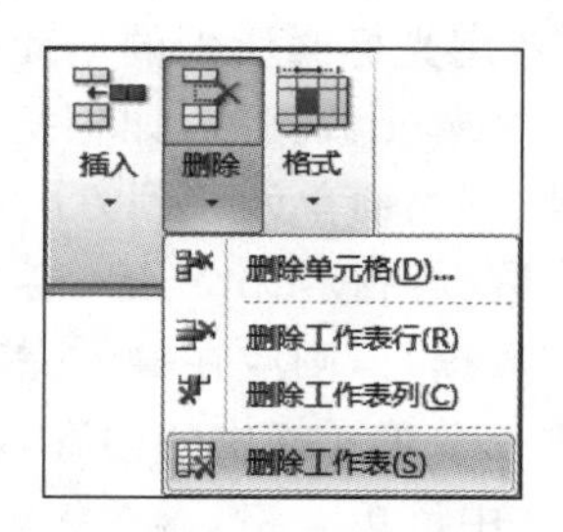

图 3.8 "删除工作表"选项

4. 移动或复制工作表

Excel 允许在一个工作簿中移动或复制工作表,或将一个工作簿中的工作表移动或复制到另一个工作簿中,步骤如下:

(1) 右击要移动或复制的工作表,在弹出的快捷菜单中选择"移动或复制"命令,弹出"移动或复制工作表"对话框,如图 3.9 所示。

(2) 要移动工作表到不同的工作簿,需要从"工作簿"下拉列表中选择工作簿名称。

(3) 在"下列选定工作表之前"列表框中选择移动的工作表要插入其前面的那个工作表。

(4) 要复制选择的工作表,需要选中"建立副本"复选框。

图 3.9 "移动或复制工作表"对话框

(5) 单击"确定"按钮,即可完成工作表的移动或复制。

5. 改变工作表标签名

默认情况下，工作表的标签为 Sheet1、Sheet2 等，改变工作表标签名的方法如下：

(1) 选择要改名的工作表。

(2) 双击工作表标签，或者右击标签，从弹出的快捷菜单中选择"重命名"命令。

(3) 输入新的工作表标签名。

3.2.4 Excel 表格数据操作

对 Excel 工作表输入与修改数据就是对单元格输入和修改数据。要在某个单元格输入内容，首先单击该单元格，该单元格被激活，此时四周被黑色边框包围，同时编辑栏左边出现该单元格名称。

1. 数据的输入

Excel 电子表格数据可以在选中某个单元格后，单击编辑栏的输入区域，输入内容后按 Enter 键表示输入结束。可输入英文或汉字，输入过程中状态栏显示为"输入"。按 Enter 键或者用光标激活别的单元格，状态栏显示为"就绪"，表示输入结束。

输入一个单元数据后，如果按 Enter 键，当前单元则转到该单元所在列的下一行；如果按方向键，则当前单元移到方向键所指的单元格。因此，如果希望连续输入数据列，可在输入一个数据后按 Enter 键，接着输入另一个数据，直到该列数据输入完为止。如果连续输入一个数据行，则应在输入完一个数据后按"→"键，从左向右输入数据行。

要修改一个单元格中的内容，可双击该单元格，使鼠标指针变为"I"形状，可修改原有内容，也可选中该单元格，再在编辑栏修改其中的内容，即可修改这个单元格中的内容。

激活单元格输入数据也可以不用鼠标操作，而由键盘操作激活单元格进行输入。表 3.1 列出了操作按键及其作用。

表 3.1 由键盘选择单元格输入数据

按 键	功 能	按 键	功 能
←或 Shift+Tab	左移一个单元格	PaDn	向下翻页至同一单元格位置
→或 Tab	右移一个单元格	Ctrl+←	移至本行第一个单元格
↑或 Shift+Enter	上移一个单元格	Ctrl+→	移至本行最后一个单元格
↓或 Enter	下移一个单元格	Ctrl+Home	移至工作表第一个单元格
PaUp	向上翻页至同一单元格位置	Ctrl+End	移至数据块最后一个单元格

2. 数字的显示格式

Excel 单元格中的数字可以根据需要显示不同格式，显示格式之间也可以相互转换。

通过应用不同的数字格式，可以更改数字的外观而不会更改数字本身。数字格式并不影响 Excel 执行计算的实际单元格值，实际值显示在编辑栏中。

数字格式的设置可在"开始"功能选项卡上的"数字"组中直接在格式栏下拉菜单中选择。也可以单击"数字"组右下角的扩展箭头，打开"设置单元格格式"对话框，在其中的

"数字"选项卡中指定数字格式,如图 3.10 所示。

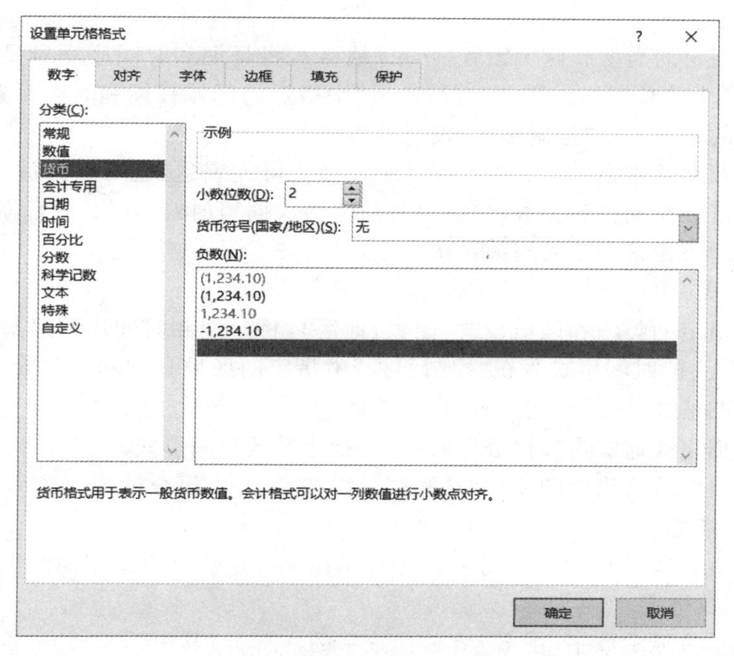

图 3.10　在"设置单元格格式"对话框中设置数字格式

1) 常规格式

输入数字时 Excel 所应用的默认数字格式是常规格式。多数情况下,"常规"格式的数字以输入的方式显示。然而,如果单元格的宽度不够显示整个数字,或对较大的数字(12 位或更多位)自动转换为科学记数(指数)表示法显示。

在常规格式下,如果单元格中输入的是纯数字,且数字最前端为 0,则系统会认定 0 无意义,自动将 0 删除。

2) 数值格式

数值格式用于数字的一般表示。可以指定要使用的小数位数、是否使用千位分隔符以及如何显示负数。在单元格中数值一般靠右对齐。

数值型数据可直接输入,可以输入任意的正数、负数、小数,例如 6、3.141 59、-3.141 59 等。如果以百分数(如 40%)或分数(如 2/3)形式输入,则系统自动将其转换为小数。

如果预先设置的数字格式为带 3 位小数,则当输入数为 3.141 59 时,显示数据将变为 3.142,表示四舍五入。但 Excel 计算时是以输入数计算,而非以显示数计算。

将数字格式应用于单元格之后,如果 Excel 在单元格中显示"#####",则是因为单元格宽度不够,无法正确显示该数据。若要扩展列宽,单击包含出现"#####"错误的单元格的列标题的右边界。这样可以自动调整列的大小,使其适应数字。也可以拖动右边界,直至列宽达到所需的大小。

3) 货币格式与会计专用格式

货币格式用于一般货币值的显示。可以指定要使用的小数位数、货币符号以及如何显示负数。

在会计专用格式中会在一列中对齐货币符号和数字的小数点。

4）日期格式

根据用户指定的类型和区域设置(国家/地区)，将日期和时间序列号显示为日期值。以星号(*)开头的日期格式受在“控制面板”中指定的区域日期和时间设置的更改的影响。不带星号的格式不受“控制面板”设置的影响。

日期格式数据通常以“日/月/年”或“月-日-年”格式表达，也可修改成其他格式。日期型数据之间可以相减得到天数，也可以与数值型数据相加减得到另一日期型数据。

若在当前的单元格中输入当前系统日期，可以按 Ctrl+;组合键。

5）时间格式

根据用户指定的类型和区域设置(国家/地区)，将日期和时间序列号显示为时间值。以星号(*)开头的时间格式受在“控制面板”中指定的区域日期和时间设置的更改的影响。不带星号的格式不受“控制面板”设置的影响。

时间型数据格式通常为“时:分:秒”，也可指定其他时间形式。

要在单元格中输入当前的系统时间，则可以按 Ctrl+:组合键。

6）百分比格式

将单元格值乘以 100，并用百分号(%)显示结果。用户可以指定要使用的小数位数。

7）科学记数格式

以指数表示法显示数字，用 E+n 替代数字的一部分，其中用 10 的 n 次幂乘以 E(代表指数)前面的数字。例如，2 位小数的“科学记数”格式将 12345678901 显示为 1.23E+10，即用 1.23 乘以 10 的 10 次幂。用户可以指定要使用的小数位数。

8）文本格式

文本格式数据是指文字、字符、字母或其他符号构成的数据，没有数值含义的数据是不可以参加数值计算的。

在文本格式的单元格中，数字作为文本处理，单元格显示的内容与输入的内容完全一致。

文本类型数据若字符串不全是由数字组成，也不是科学计数法表示的数字，则可以直接输入，如“张三”、“文学系”、Smith 等。如果该字符串全部由数字组成，如学号、电话号码，输入之前需先输入英文单引号“'”，再输入数字，即“'13901234567”表示这是一个字符串，是文本类型数据，而非数值类型数据，数字作为文本处理，如图 3.11 所示。

一般情况下，Excel 默认数据为常规格式，同时还能判断数据类型。但有时也会错误地判断数字的格式，因此需要人为地对数据格式进行一些调整。例如，如果输入一个包含斜杠标记(/)或连字符(-)的数字，Excel 可能将其解释为日期，并将其转换为日期格式。如果希望输入非计算值(例如 10e5、1p 或 1-2)，但不希望 Excel 将该值转换为内置的数字格式，则可先在单元格中应用“文本”格式，然后再输入数字。

例如输入一个成绩单工作表，有文本、数字、日期等类型的数据。表中“学号”栏为文本数据，而“登分时间”栏为日期类型数据，如图 3.11 所示。

3. 数据有效性

数据有效性是一种 Excel 功能，用于定义可以或应该在单元格中输入哪些数据。用户可以配置数据有效性以避免输入无效数据。当试图在单元格中输入无效数据时会发出警告。系统可以发出一些提示信息，定义应在单元格中输入的内容，以及帮助用户更正

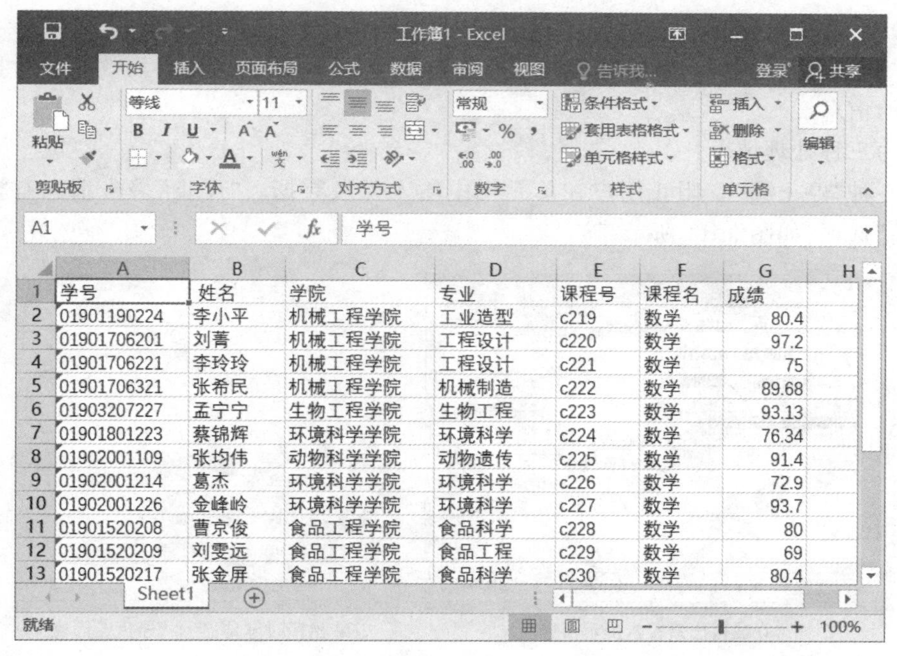

学号	姓名	学院	专业	课程号	课程名	成绩
01901190224	李小平	机械工程学院	工业造型	c219	数学	80.4
01901706201	刘菁	机械工程学院	工程设计	c220	数学	97.2
01901706221	李玲玲	机械工程学院	工程设计	c221	数学	75
01901706321	张希民	机械工程学院	机械制造	c222	数学	89.68
01903207227	孟宁宁	生物工程学院	生物工程	c223	数学	93.13
01901801223	蔡锦辉	环境科学学院	环境科学	c224	数学	76.34
01902001109	张均伟	动物科学学院	动物遗传	c225	数学	91.4
01902001214	葛杰	环境科学学院	环境科学	c226	数学	72.9
01902001226	金峰岭	环境科学学院	环境科学	c227	数学	93.7
01901520208	曹京俊	食品工程学院	食品科学	c228	数学	80
01901520209	刘雯远	食品工程学院	食品工程	c229	数学	69
01901520217	张金屏	食品工程学院	食品科学	c230	数学	80.4

图 3.11 成绩单工作表

错误。

（1）主动提示数据有效性。

在工作簿中将某一单元格设置为某种有效性条件，当用户选择该单元格时自动显示出提示信息，以避免输入无效数据。

在“数据”功能选项卡上的“数据工具”组中单击“数据有效性”按钮，如图 3.12 所示。

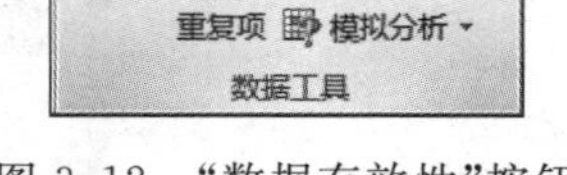

图 3.12 “数据有效性”按钮

系统弹出“数据有效性”对话框，其中有“设置”选项卡，用来设置有效性条件，如对允许输入的数值进行限定的条件。

在“输入信息”选项卡中，可以对用户选定单元格时自动显示的提示信息进行设定，如提示“请在此处输入学生的统一编号”，如图 3.13 所示。

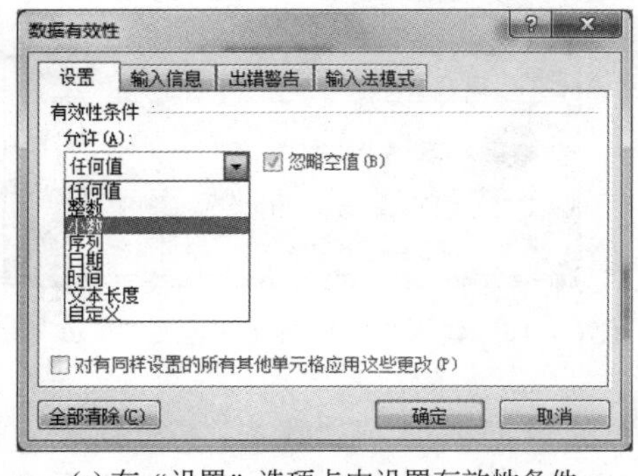

(a) 在“设置”选项卡中设置有效性条件

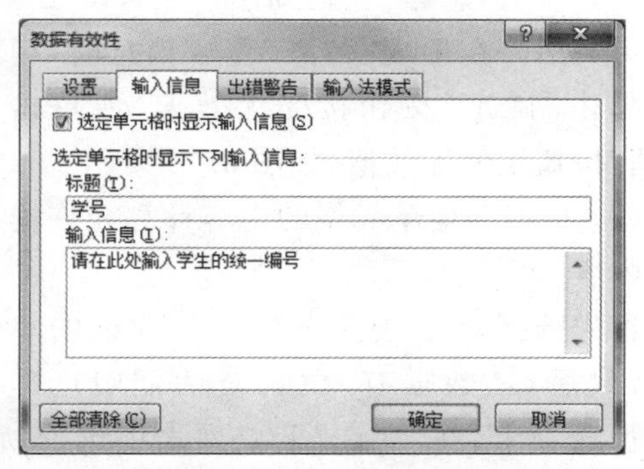

(b) 在“输入信息”选项卡中输入提示信息

图 3.13 “数据有效性”对话框

(2) 无效数据警告。

在“数据有效性”对话框的“出错警告”选项卡中,可以设置在输入无效数据时显示出错警告的信息。

分为三种处理情况:

第一种“停止”。阻止用户在单元格中输入无效数据。“停止”警告消息有“重试”或“取消”选项,如图 3.14 所示。

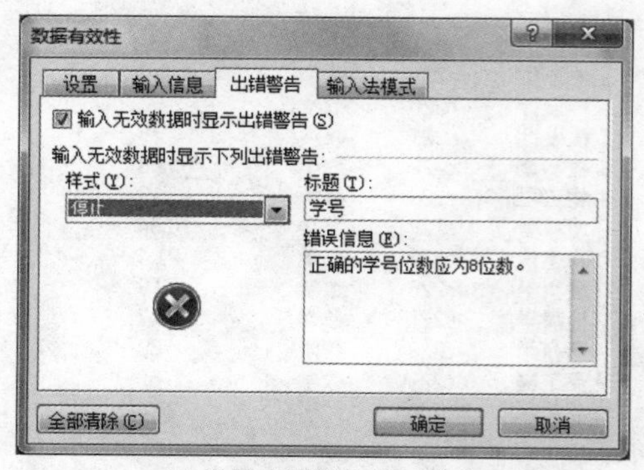

(a) 设置出错警告提示信息

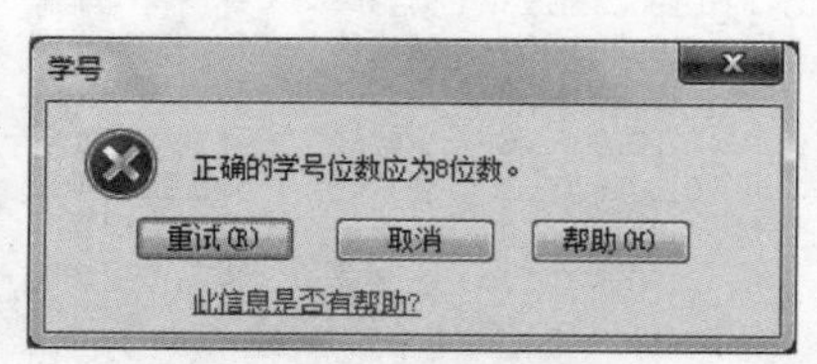

(b) 出错时屏幕显示“停止”信息

图 3.14 数据有效性出错警告

第二种“警告”。在输入无效数据时向其发出警告,但不会禁止输入无效数据。在出现“警告”消息时,用户可以单击“是”按钮接受无效输入,单击“否”按钮编辑无效输入,或单击“取消”按钮删除无效输入,如图 3.15 所示。

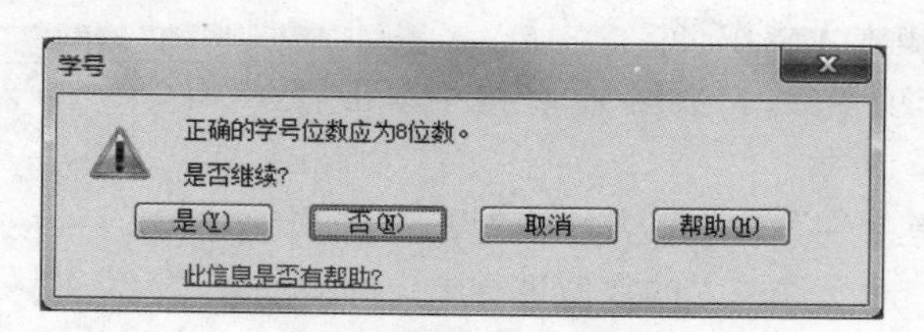

图 3.15 输入出错时屏幕显示“警告”信息

第三种“信息”。通知用户输入了无效数据,但不会阻止输入。这种类型的出错警告最为灵活。在出现“信息”警告消息时,用户可单击“确定”按钮接受无效值,或单击“取消”按钮拒绝无效值,如图 3.16 所示。

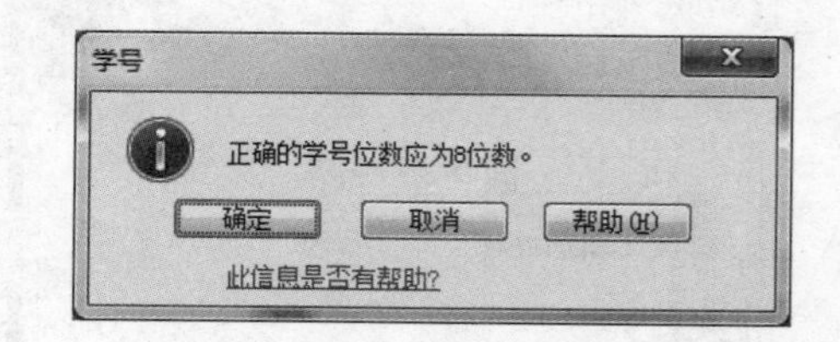

图 3.16 输入出错时屏幕显示的“提示”信息

(3) 根据其他单元格的内容计算允许输入的内容。

首先选择一个或多个要进行验证的单元格,然后在“数据有效性”对话框中选择“设置”选项卡,在“允许”下拉列表中选择所需的数据类型,在“数据”下拉列表中选择所需的限制类型,在“数据”下拉列表或其下面的框中单击指定允许的输入内容的单元格。

例如，如果只有在结果不超出单元格 E4 中的预算时才允许输入账户，则在“允许”下拉列表中选择“小数”，在“数据”下拉列表中选择“小于或等于”，然后在“最大值”文本框中输入“=E4”，如图 3.17 所示。

(4) 使用下拉列表值输入。

使用下拉列表选择输入数值，限定单元格数值在有限的几个选项之内，使单元格数值更为明确，选择也更为有限。

首先选择一个或多个要进行验证的单元格。

在“数据”选项卡的“数据工具”组中单击“数据有效性”，在“数据有效性”对话框中选择“设置”选项卡，在“允许”下拉列表中选择“序列”选项。

在“来源”文本框输入用 Microsoft Windows 列表分隔符(默认情况下使用英文逗号)分隔的列表值。例如将学习成绩用优、良、及格、不及格表示，可输入“优，良，及格，不及格”。

选中“提供下拉箭头”复选框；否则，将无法看到单元格旁边的下拉箭头，如图 3.18 和图 3.19 所示。

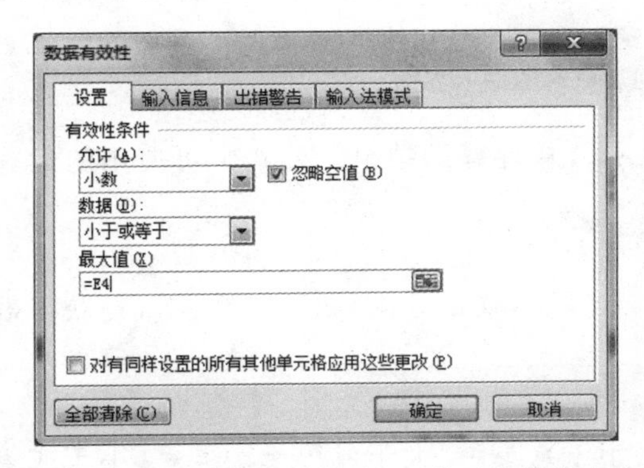

图 3.17　有效数据最大值由 E4 单元格数值决定

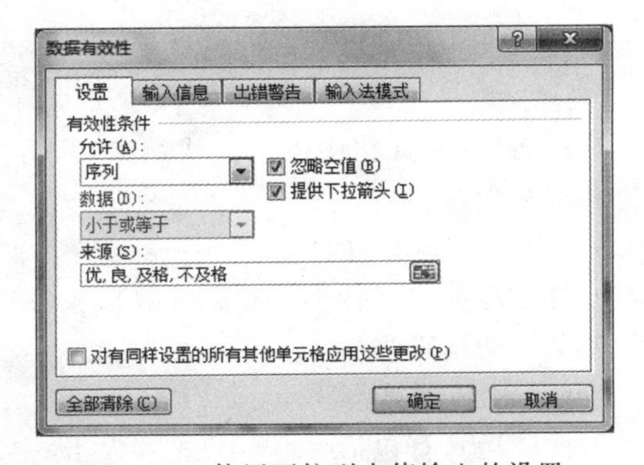

图 3.18　使用下拉列表值输入的设置

4. 公式编辑输入

在单元格中不仅可以输入数据常量，还可输入类似于编程语言中的变量，即公式输入，操作时在单元格中看到的是数字，但在编辑栏的输入区域看到的是公式。操作后与公式有关的单元格的数值被代入公式，计算结果显示在公式单元格中。

利用公式可以进行以下操作：执行计算，返回信息，操作其他单元格的内容，测试条件等。

公式始终以等号(=)开头。例如：

=5+2*3，将 5 加到 2 与 3 的乘积中。

=A1+A2+A3，将单元格 A1、A2 和 A3 中的值相加。

=SQRT(A1)，使用 SQRT 函数返回 A1 中值的平方根。

=TODAY()，返回当前日期。

=UPPER("hello")，使用 UPPER 工作表函数将文本 hello 转换为 HELLO。

=IF(A1>0)，测试单元格 A1，确定它是否包含大于 0 的值。

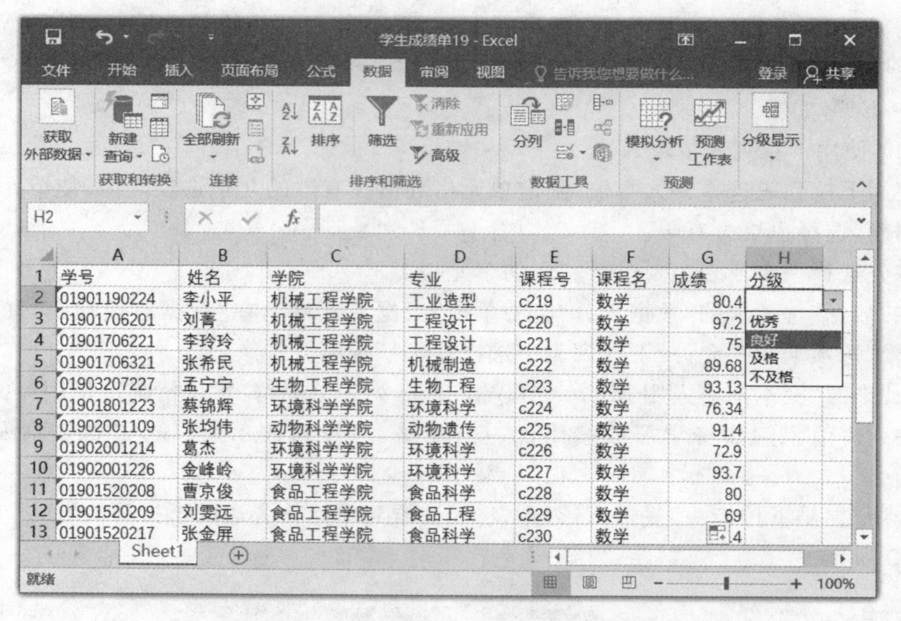

图 3.19 使用下拉列表值时的输入界面

Excel 在单元格中输入公式结束后，将显示公式计算的结果。公式中可使用的运算符和成分包括：

(1) 算术运算符。

算术运算符包括＋(加)、－(减)、×(乘)、/(除)、%(百分比)和^(指数)等，是获得数值型结果的运算符。

(2) 比较运算符。

比较运算符包括＝(等于)、＞(大于)、＜(小于)、＞＝(大于或等于)、＜＝(小于或等于)和＜＞(不等于)等，都是获得逻辑值结果的运算符，即 TRUE(真)或 FALSE(假)逻辑值。

(3) 字符运算符。

字符运算符包括 &(连接)，用于两个字符值的拼接。数值型数据如果被用于该运算符，则将按字符型数据对待。

(4) 括号运算符。

Excel 允许使用嵌套括号，顺序是先内层后外层。

(5) 函数。

Excel 提供了许多函数，通过单击“公式”功能选项卡“函数库”组中的“插入函数”按钮，或编辑栏左侧的“函数”按钮 × ✓ fx，可调出函数向导，选择函数并加以编辑，如图 3.20 和图 3.21 所示。

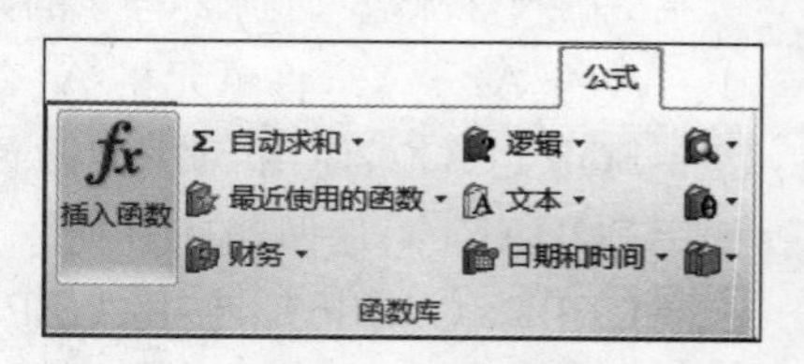

图 3.20 功能区中的“插入函数”按钮

Excel 提供的函数，如求和函数 SUM()、绝对值函数 ABS()等，其输入过程是：

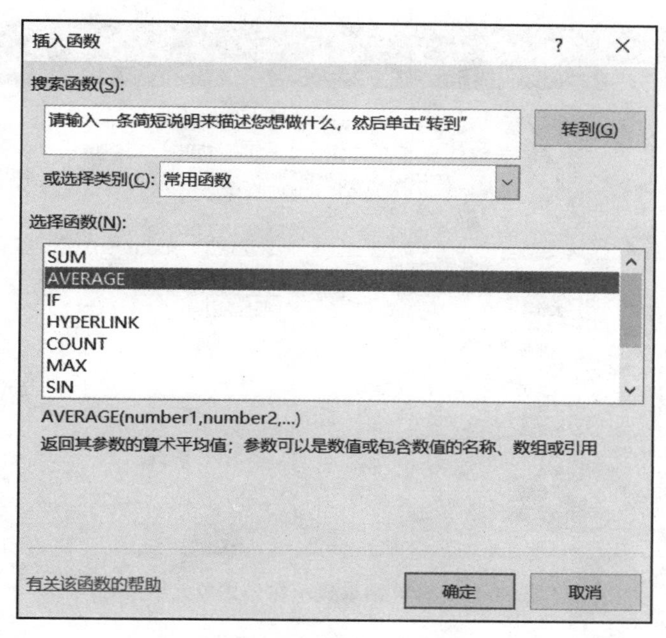

图 3.21 "插入函数"对话框

首先选中要输入公式的单元格，单击"公式"功能选项卡上的"插入函数"按钮，在常用函数中选择 AVERAGE 函数，弹出"函数参数"对话框，输入相应参数，在单元格和编辑栏中同步显现，如图 3.22 所示。

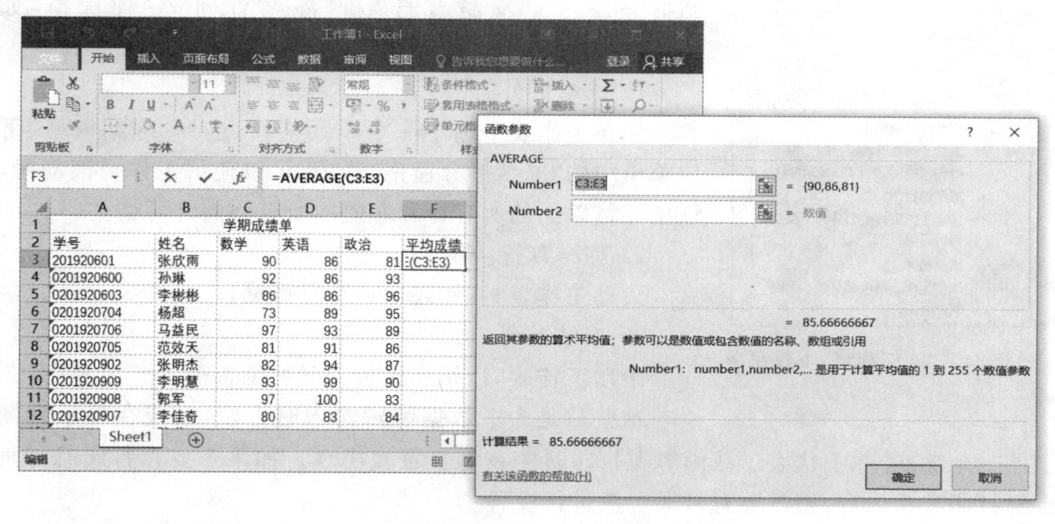

图 3.22 输入函数参数

选定参数后，单击"确定"按钮，这时与函数有关的单元格的数值被代入公式，计算结果显示在公式单元格中，如图 3.23 所示。

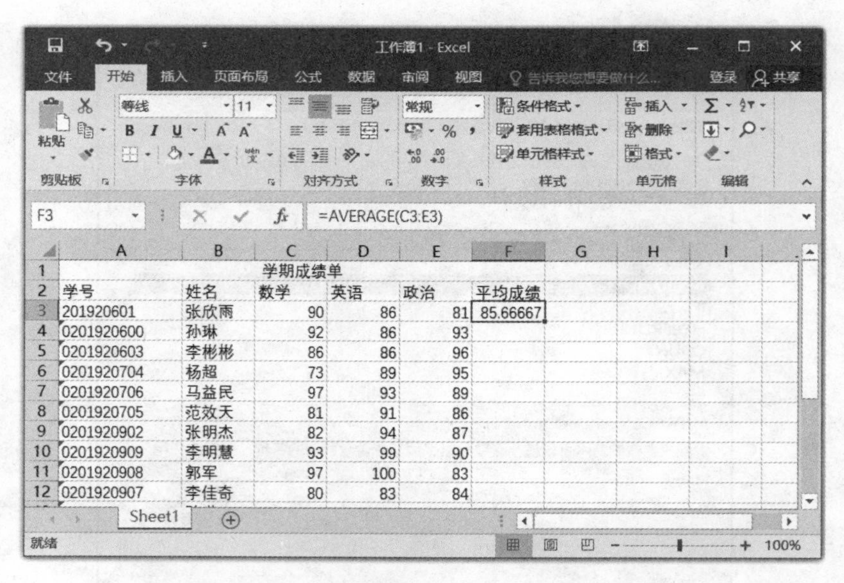

图 3.23　计算结果显示在公式单元格中

5. 冻结窗格

为了编辑过程的方便，可以使用 Excel 的冻结窗格功能，保持工作表中的部分内容在其他内容滚动时始终可见。

在“视图”功能选项卡的“窗口”组中单击“冻结窗格”按钮，在打开的下拉菜单中有“冻结拆分窗格”“冻结首行”和“冻结首列”三种选择，如图 3.24 所示。

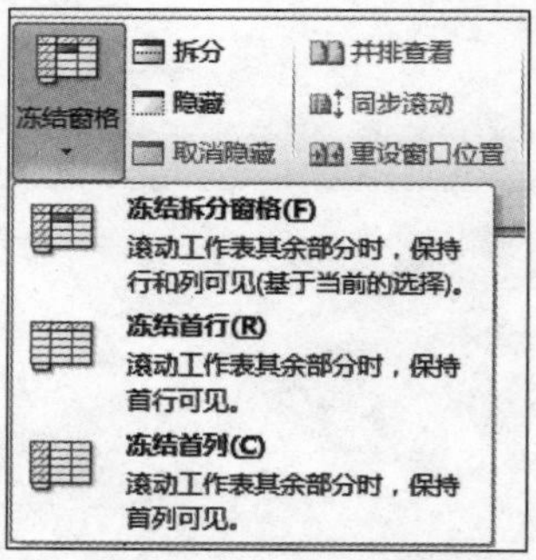

图 3.24　“冻结窗格”下拉菜单

1）冻结拆分窗格

先在工作表中选中一个单元格，再选择“冻结窗格”下拉菜单中的“冻结拆分窗格”选项，可以使得工作表滚动时，该单元格以上的所有行和左侧的所有列始终可见。

2）冻结首行

滚动工作表时，始终保持首行可见。

3）冻结首列

滚动工作表时，始终保持首列可见。

这些只是为了数据编辑输入时方便，系统在显示视图上的一个功能，并不代表这些内容在打印时能在每页重复出现。如果需要在打印时每页重复打印某些内容，则需要对打印参数进行设置。

3.2.5　Excel 表格数据引用与编辑

工作表由单元格组成，对表格数据的编辑实际上就是对单元格数据进行编辑。每个单元格都有名称，当需要编辑操作窗口之外的单元格时，可以使用滚动条，拖动右边的垂直滚动条可以改变窗口中内容的上下位置，拖动下边的水平滚动条可改变窗口中内容的左右位置。

1. 单元格引用

单元格引用是指对工作表中的单元格或单元格区域的引用，它多在公式中使用，以便Excel可以找到需要公式计算的值或数据。

默认情况下，Excel使用A1引用样式，此样式引用字母标识列（从A到XFD，共16 384列）、数字标识行（从1～1 048 576）。这些字母和数字被称为行号和列标。若要引用某个单元格，可输入列表和行号。例如，B2引用列B和行2交叉处的单元格。其他引用范围与表达样式的对照如表3.2所示。

表3.2　引用范围与表达样式对照表

引用范围	表达样式
列A和行10交叉处的单元格	A10
列A和行10～20的单元格	A10:A20
行15和列B～E的单元格	B15:E15
行5中的全部单元格	5:5
行5～10的全部单元格	5:10
列H中的全部单元格	H:H
列H～J的全部单元格	H:J
列A～E和行10～20的单元格	A10:E20

在公式中，可以引用工作表中单个单元格的数据，如"＝C2"；也可以引用包含在工作表中不同区域的数据；还可以引用同一工作簿的其他工作表中单元格的数据，如"＝Sheet2!B2"，即Sheet2上单元格B2中的值，注意在表名Sheet2和单元格B2之间要加"!"隔开。例如，"工作簿1.xlsx"文件里已有一个Sheet1"学生成绩登记表"，现在需要在Sheet2制作一个"学生平均成绩统计表"。Sheet2中的数据要用Sheet1表的数据计算后得到，也就是要在同一个工作簿中的两个Sheet表中利用单元格引用来生成数据。

在Sheet2中，人文学院的数学平均成绩是Sheet1中E3～E8的单元格数据的平均值。引用操作过程为：首先在Sheet2中选中存放人文学院学生数学平均成绩的单元格，此处为B3；然后在其中输入函数公式AVERAGE；在"函数参数"对话框中输入"Sheet1!E3:E8"，意为"引用Sheet1表的第E列第3行到第E列第8行之间单元格的所有数据的平均值"。单击"确定"按钮可以看到Sheet2中B3单元格的数据为86，其编辑栏则显示函数AVERAGE(Sheet1!E3:E8)，如图3.25所示。

对于多个工作表文件的数据引用，首先要使这些文件处于打开状态，引用时，工作表文件名使用一对方括号括起来，如"[生物1班.xlsx]"表示需要引用生物1班表文件的数据。多个单元格的引用使用逗号","或冒号"："分隔，逗号表示单个选择引用多个单元格，例如A5,B12,H18表示单独选择多个单元格。冒号表示连续区域选择引用多个单元格，例如

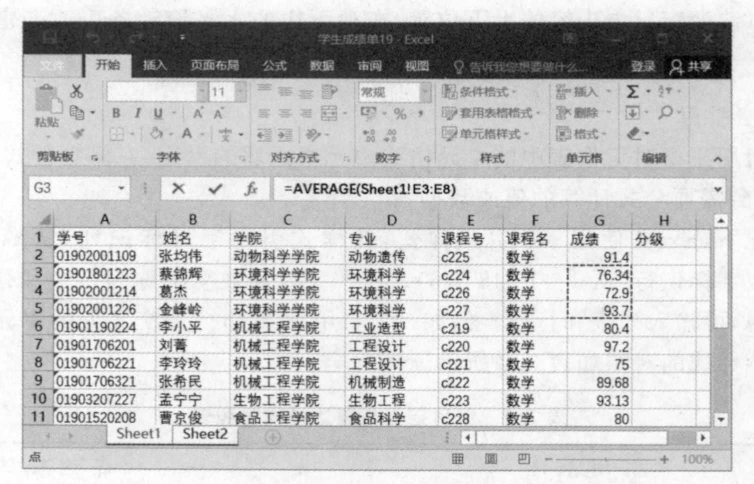

(a) Sheet1 表（被引用数据表）

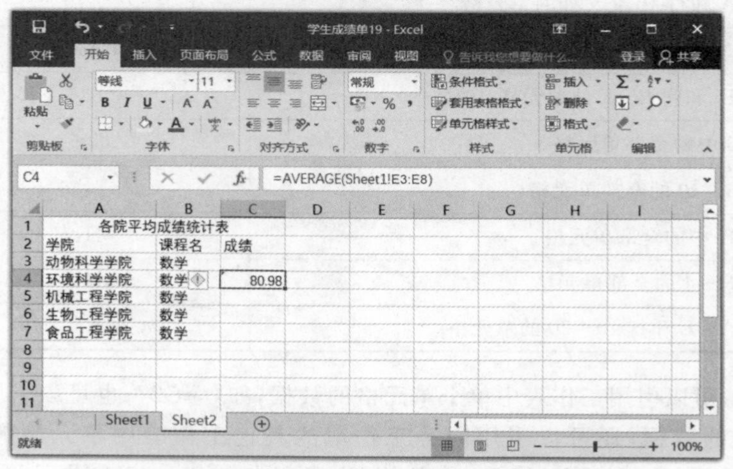

(b) Sheet2 表（取 Sheet1 表引用数据的平均值）

图 3.25　引用数据的选取应用

A3:E15 表示从单元格 A3 始，到单元格 E15 止的矩形连续区域单元格数据的引用等。

直接用字母和数字分别表示表的列号和行号的单元格引用，称为相对引用。在一个工作簿中引用不同工作表中的单元格，称为三维引用。

1）相对引用

相对引用是一种在单元格中引用一个或多个处于相对位置关系的单元格的表示方法，着重强调操作单元格和引用单元格的相对位置关系。主要在复制引用公式时体现“相对”的含义。

若相对引用的单元格地址作为公式参数，则当公式复制到一个新的位置区域时，公式中的引用单元格地址参数会随位置的变化而作相应改变，以使新操作单元格和新引用单元格的相对位置与原操作单元格与原引用单元格的相对位置相同。

例如，设定单元格 B2 中的相对引用单元格为＝A1，如果将 B2 的相对引用公式关系复制到单元格 B3，则系统自动将引用从＝A1 调整到＝A2。换句话说，无论 B2 与 A1 是怎样的相对位置关系(此处为 B2 的向左一列、向上一行)，复制到 B3 的相对引用关系都要保持“向左一列、向上一行”，这样才能使复制到 B3 的相对引用关系与 B2 相同。

相对引用的引用样式就是直接用字母表示表列，用数字表示表行。例如 D9 表示 D 列和 9 行交叉处的单元格，Sheet2!F3 表示工作簿文件中 Sheet2 工作表中的 F3 单元格。

在公式计算中需要引用单元格中的数据时，先选取存放计算结果的单元格，在单元格或当前编辑栏的输入编辑框中输入等于号“＝”，再直接输入表达式，结果会存放在当前单元格内。如选取 H5 单元格作为当前工作单元，输入“＝A1＋2”则表示把单元格 A1 中的数值加 2，结果经过计算后存入当前工作单元 H5 单元格。

例如，在单元格 I4 中使用相对引用，引用公式为：

＝E4＋F4＋G4

结果为在 I4 单元格显示第 4 行刘双的 E 列数学、F 列英语和 G 列法律三科成绩总分 258，在其编辑栏显示的是计算公式“＝E4＋F4＋G4”，如图 3.26 所示。

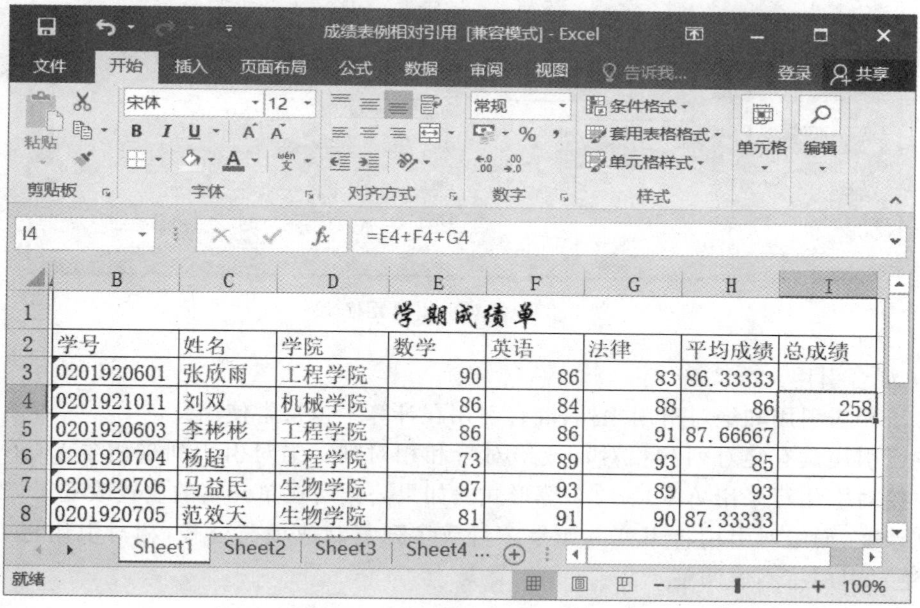

成绩表例相对引用 [兼容模式] - Excel

I4 =E4+F4+G4

	B	C	D	E	F	G	H	I
1	学期成绩单							
2	学号	姓名	学院	数学	英语	法律	平均成绩	总成绩
3	0201920601	张欣雨	工程学院	90	86	83	86.33333	
4	0201921011	刘双	机械学院	86	84	88	86	258
5	0201920603	李彬彬	工程学院	86	86	91	87.66667	
6	0201920704	杨超	工程学院	73	89	93	85	
7	0201920706	马益民	生物学院	97	93	89	93	
8	0201920705	范效天	生物学院	81	91	90	87.33333	

图 3.26 相对引用单元格 E4、F4 和 G4 的数据

2) 绝对引用

绝对引用是单元格引用方式中的一种类型，在单元格引用操作过程中表示一个或多个特定的位置。如果在其他单元格复制时引用公式，引用参数也不做调整。

绝对引用的引用方式是在列字母和行数字前加一个美元符号“$”。例如单元格 $B$3 引用，表示 B3 单元格的绝对引用。

绝对引用与相对引用的区别主要是在新单元格复制引用公式时对参数的处理不同。采用绝对引用，引用单元格的地址参数不会改变；而采用相对引用，引用单元格时地址则会随新操作单元格位置的变化而自动地相应改变。

例如，设定单元格 B2 中的相对引用单元格为“＝A1”，如果将 B2 的相对引用公式关系复制到单元格 B3，引用参数仍然是“＝A1”。换句话说，在 B2 中引用 A1 单元格的值，将此引用关系复制到 B3 后，依然是引用 A1 单元格的值。

无论是相对引用还是绝对引用，引用关系确定后，当表格结构发生变化时，如操作单元格的行、列发生了变化，行标与列标引用参数也会跟随操作位置而自动调整。

例如，在已定义好相对引用关系后，如果在操作单元格与引用单元格之间又插入或删除了行或者列，则系统会自动调整引用参数，确保原先建立的实际引用单元格关联不因表格结构的改变而发生变化。绝对引用单元格 J2 如图 3.27 所示。

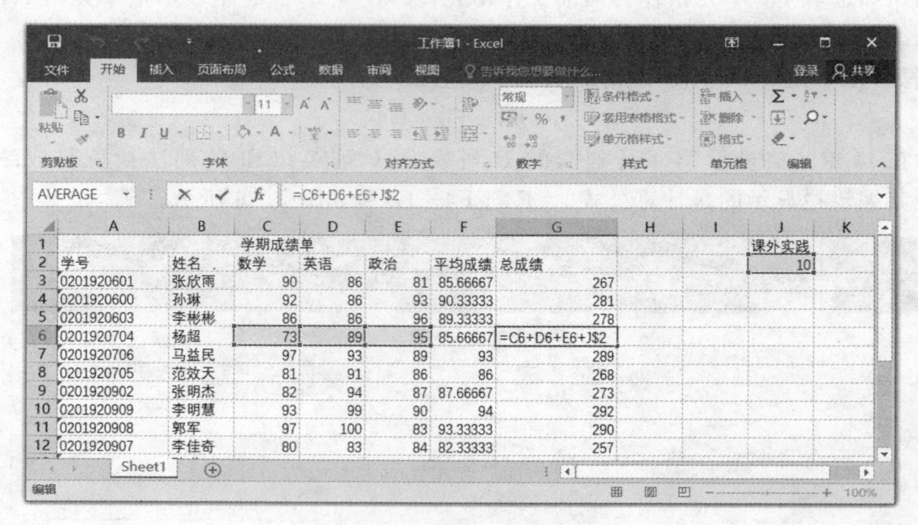

图 3.27　绝对引用单元格 J2

3）混合引用

除了相对引用和绝对引用之外，混合引用在计算中也常常使用。

混合引用具有绝对列和相对行或绝对行和相对列。绝对引用列采用＄A1、＄B1 等形式。绝对引用行采用 A＄1、B＄1 等形式。如果公式所在单元格的位置改变了，则相对引用将改变，而绝对引用将不变。如果多行或多列复制或填充公式，相对引用将自动调整，而绝对引用将不做调整。

2. 单元格编辑

对单元格最简单的编辑方法是单击需编辑的单元格，使其成为当前单元格。如果在当前单元格中输入新的内容，则原有的内容将被覆盖。这种操作虽然简便，但它是对整个单元格的编辑。然而，很多时候我们需要编辑修改的只是单元格中的某一部分内容。要实现该要求，必须先进入编辑状态，然后采用适当的修改方法。

进入单元格编辑状态的方法有三种：

(1) 双击某单元格。此时编辑在单元格内进行，插入点在双击时鼠标指针所在的位置。当修改文字或数字时，这种方法比较方便。

(2) 利用编辑栏。选中单元格后，在编辑栏中编辑操作。这种方法修改公式时比较方便。

(3) 按 F2 键。单击单元格，再按 F2 键，此时编辑在单元格内，插入点位于单元格内容的尾部。

3. 工作表区域选择

选择区域是对工作表进行编辑的常用操作，很多操作不是对一个单元，而是对一个区域进行，如删除、复制或格式化等。

工作表区域的选择有以下多种方法：

(1) 单击选择区域左上角单元格，拖动鼠标至右下角单元格后松开，使该区域变为选中显示区域。

(2) 单击选择区域左上角单元格，然后按 Shift 键，再单击区域右下角单元格，使该区域变为选中显示区域。该方法对于选择较大区域更为方便。

(3) 单击选择区域左上角单元格，然后按 F8 键，状态栏出现 EXT 提示，再单击选择区域右下角单元格，选定区域。操作完毕再按一次 F8 键，取消 EXT 提示。该方法常用于选定大于窗口的区域。

(4) 单击行标或列标，可选定一行或一列为选择区域。

(5) 在行标或列标上用鼠标拖动，可以选定若干行或列区域。

(6) 在表的左上角(行标与列标的交叉点处)单击，可以选定整个工作表。

(7) 选定一个区域后，按 Ctrl 键可进行第二个区域的选定。

单击选定区域外任何空白处，可取消区域选定。

4. 移动、复制和填充

移动和复制等操作是文档编辑中常规的操作，Excel 应用程序的操作与 Word 文字处理应用程序的操作类似。

1) 移动

使用“剪切”工具能方便地将一个单元或区域的内容移动到新位置，方法如下：

(1) 选定需移动的单元格或区域；

(2) 单击“开始”功能选项卡上“剪贴板”组中的“剪切”工具按钮；

(3) 单击目的单元格或目的区域的左上角单元；

(4) 单击“开始”功能选项卡上“剪贴板”组中的“粘贴”按钮完成移动。

2) 复制

使用“复制”工具按钮能实现将选定单元格或区域的内容复制到新位置，方法与移动基本相同，只需用“复制”按钮代替“剪切”按钮。

3) 填充

填充是 Excel 独有的功能之一，对于按规律变化的数字，文字，年、月、日或公式等单元格都可以使用填充。填充可将模式扩展到一个或多个相邻单元格，提高工作效率。

比如要在工作表的第一列依次输入“一月”到“十二月”，可以使用填充功能简化操作。先在 A2 单元格输入“一月”，然后连续向下选中 12 个单元格，再在“开始”功能选项卡的“编辑”组中单击“填充”按钮，在下拉菜单中选择“系列”选项，打开“序列”对话框。在“类型”选项区域中选中“自动填充”复选框，单击“确定”按钮，系统自动将 12 个月依次填满，如图 3.28 所示。

填充也可以沿行进行，例如用同样的办法在图 3.28 的基础上沿行自动添加年份，制成一个二维表格，如图 3.29 所示。

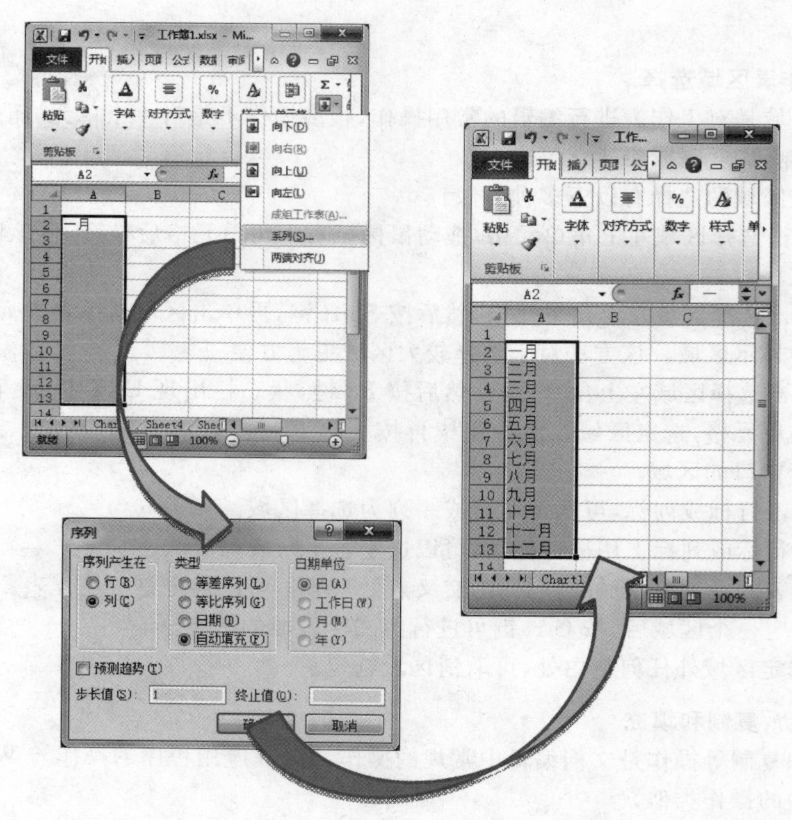

图 3.28　自动填充过程

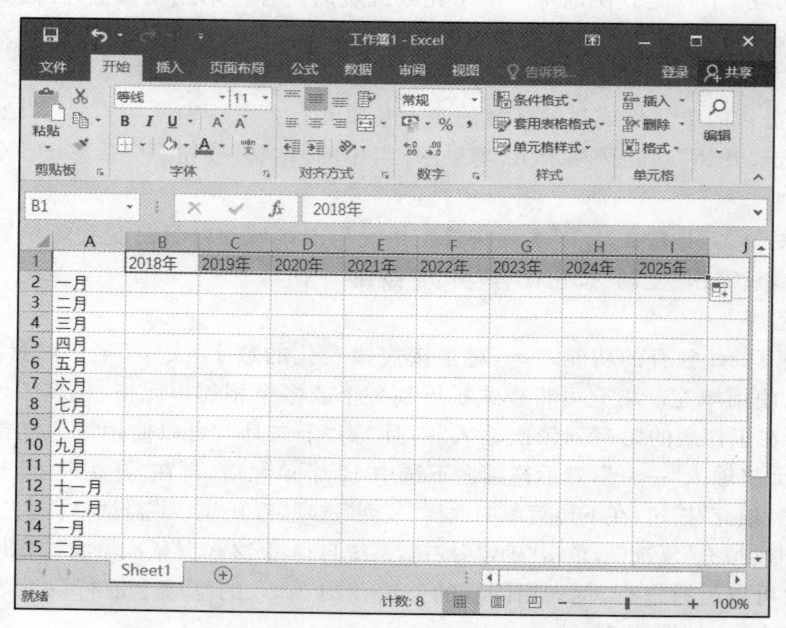

图 3.29　沿行的自动填充

5. 插入和删除

(1) 插入行。插入行时，在该行的原内容顺序下移，新插入行占用原来的行号。其操作方法是：单击插入行的行标，选定该行；在“开始”功能选项卡的“单元格”组中单击“插入”按钮，在下拉菜单中选择“插入工作表行”选项，完成行的插入，如图3.30所示。

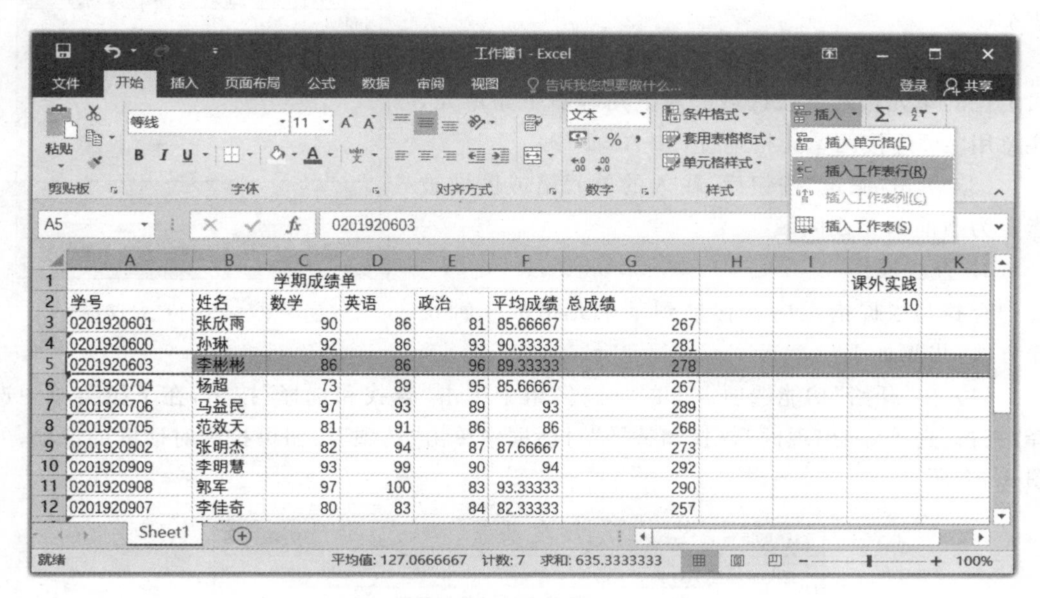

图3.30 插入行操作

(2) 插入列。插入列时，新插入列占用插入处的列号，原来的列顺序后移，插入方法与插入行操作类似。

(3) 插入单元格。先选定插入单元格，然后执行“插入单元格”命令，系统将弹出“插入”对话框，要求用户确定现有单元是右移还是下移。按要求选择后单击“确定”按钮，即可完成单元格插入，如图3.31所示。

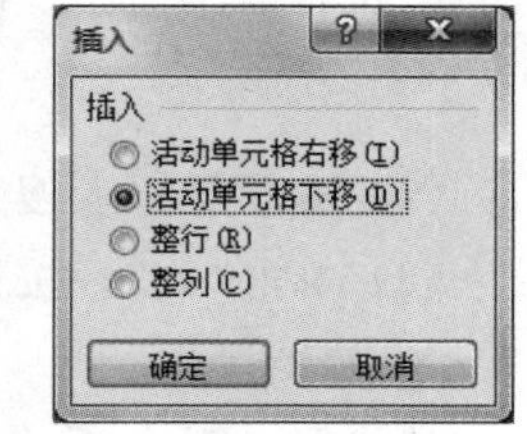

图3.31 “插入”对话框

(4) 删除行或列。先选定要删除的行和列，然后在“开始”功能选项卡的“单元格”组中单击“删除”按钮，在下拉菜单中选择“删除工作表行”选项，完成行的删除。

(5) 删除单元格或区域。先选定要删除的单元或区域，然后单击“单元格”组中的“删除”按钮，并按提示进行操作，即可完成删除单元格或区域的操作。

(6) 清除。清除不同于删除，删除是取消指定区域，而清除只取消指定区域的内容。操作方法是先选定要清除的单元格或区域，然后按Delete键。

6. 查找和替换

查找和替换时文档编辑中经常使用的操作有如下几个方面。

1）定位操作

定位操作是一种直接根据单元格的地址或名称指定当前活动单元或区域的快速方法，操作步骤如下：

(1) 在“开始”功能选项卡的“编辑”组中单击“查找和选择”按钮，在下拉菜单中选择“转到”选项，此时出现“定位”对话框，如图 3.32 所示。

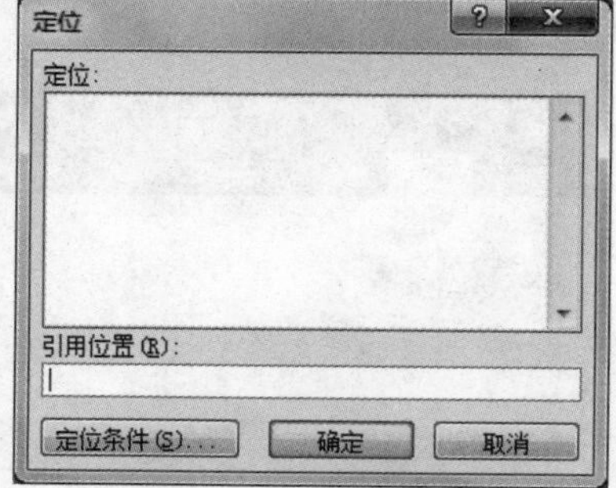

图 3.32 “定位”对话框

(2) 在“定位”对话框的“引用位置”文本框中输入定位的单元格地址或区域的左上角与右下角单元，注意用“:”连接两单元格地址(如 A3:F12)。

(3) 单击“确定”按钮后，输入的单元格或区域被指定为当前单元或区域。

2）查找操作

查找是根据指定内容移动到某单元格的一种快捷方法，步骤如下：

(1) 在“开始”功能选项卡上的“编辑”组中单击“查找和选择”按钮，在下拉菜单中选择“查找”选项，在出现的“查找和替换”对话框中单击“选项”按钮可扩展对话框的选项，如图 3.33 所示。

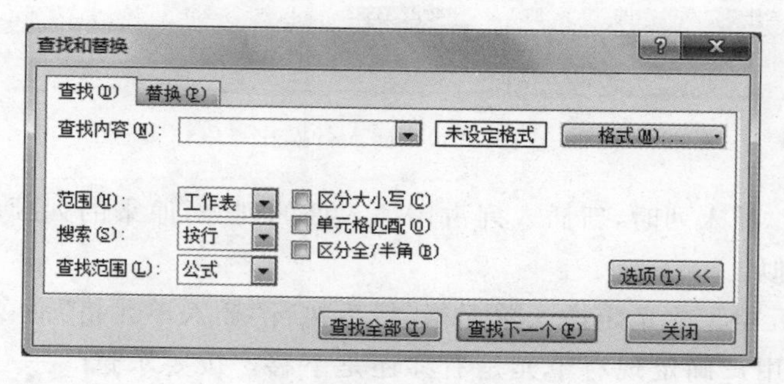

图 3.33 “查找和替换”对话框

(2) 按需要输入搜索内容，选择搜索方式等。

(3) 单击“关闭”按钮，完成查找操作。

3）替换操作

替换是一种自动修改的编辑方法，操作步骤如下：

(1) 在“开始”功能选项卡上单击“编辑”组中的“查找和选择”按钮，在下拉菜单中选择“替换”命令，在打开的对话框中单击“选项”按钮可扩展对话框的选项。

(2) 按提示分别输入查找内容和替换成的内容，并选择替换方式等。

(3) 单击“关闭”按钮，完成替换操作。

在“查找和替换”对话框中，两个选项卡“查找”和“替换”可以直接切换。

3.2.6 Excel 数据表格式编排

Excel 工作表的数据编辑完成后，就会根据需要对工作表的格式等进行编排，可以分为两个方面。

1. 单元数据格式

1）使用工具栏

使用功能区按钮对单元数据进行格式化，为单元数据格式化提供了字体、字号、对齐方式和颜色等多种工具，操作非常方便，其步骤如下：

(1) 先选定需要格式化的单元或区域。

(2) 单击需要的某一格式化工具按钮，即可完成格式化操作。

2）使用扩展对话框

使用扩展对话框对单元格数据进行格式化编排。单击功能区分组右下角的扩展箭头，弹出“设置单元格格式”对话框，如图 3.34 所示。

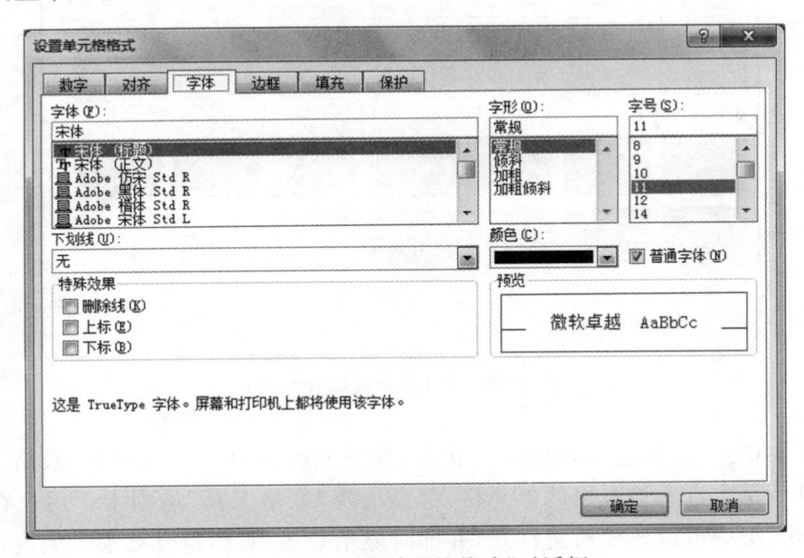

图 3.34 “设置单元格格式”对话框

选定各种所需格式选项，然后单击“确定”按钮，即可完成格式设置。

在“设置单元格格式”对话框中包括“数字”“对齐”和“字体”等选项卡，分别对应功能区的“数字”“对齐方式”和“字体”等组的扩展箭头。在对话框中，它们之间可以直接切换。

2. 自动套用格式

Excel 提供了多种形式的现成表格格式，自动格式化的操作也十分简单。操作时先选定需要格式化的单元或区域，然后单击“开始”功能选项卡上“样式”组中“套用表格格式”按钮，此时将出现“套用表格格式”窗口，如图 3.35 所示。

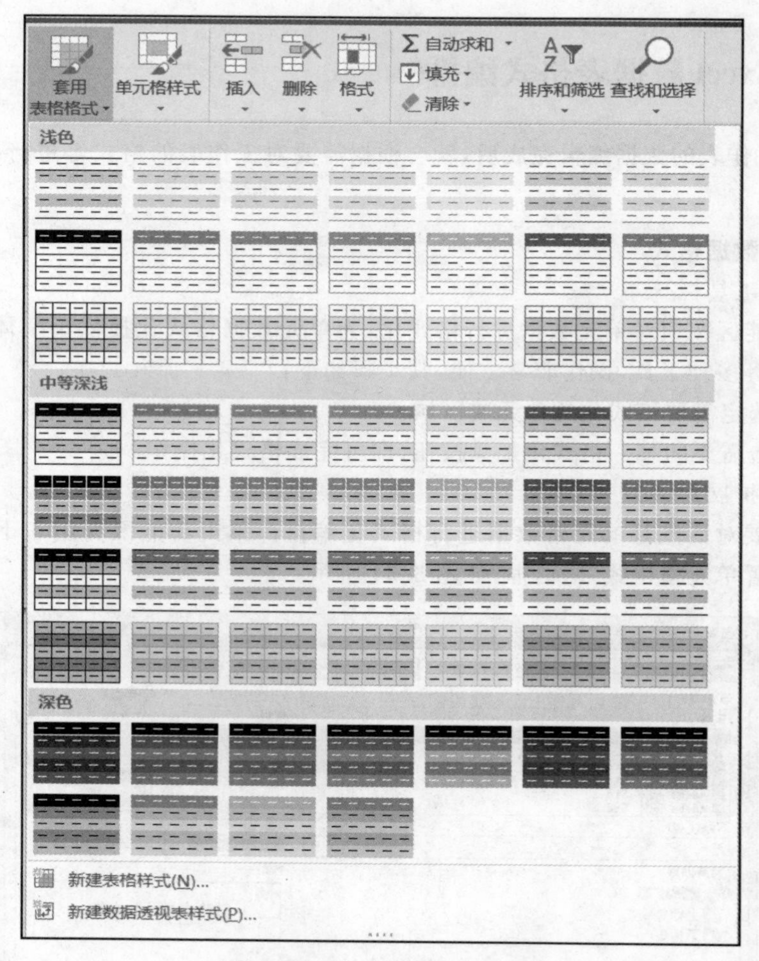

图 3.35 “套用表格格式”窗口

选择某种格式后，即进入表格设计状态，在功能区会自动生成一个“表格工具-设计”选项卡。以后每次进入该表格的单元格，都会出现“表格工具”选项卡。用户在该选项卡的“表格样式”组中可以改变所选样式，并即时显示效果，直到符合要求。完成自动套用格式操作后，表格效果如图 3.36 所示。

3.2.7 Excel 数据图表创建与编辑

将选定的工作表数据制成图表是 Excel 的特性之一。用户可以利用选定的工作表数据制成面积图、条形图和折线图等形象直观的图表，还可以在图表上增加图表标题、坐标轴和网格线等。

常用图表有：

- 柱形图，用于比较相交与类别轴上的数值大小。
- 折线图，用于显示随时间变化的趋势。

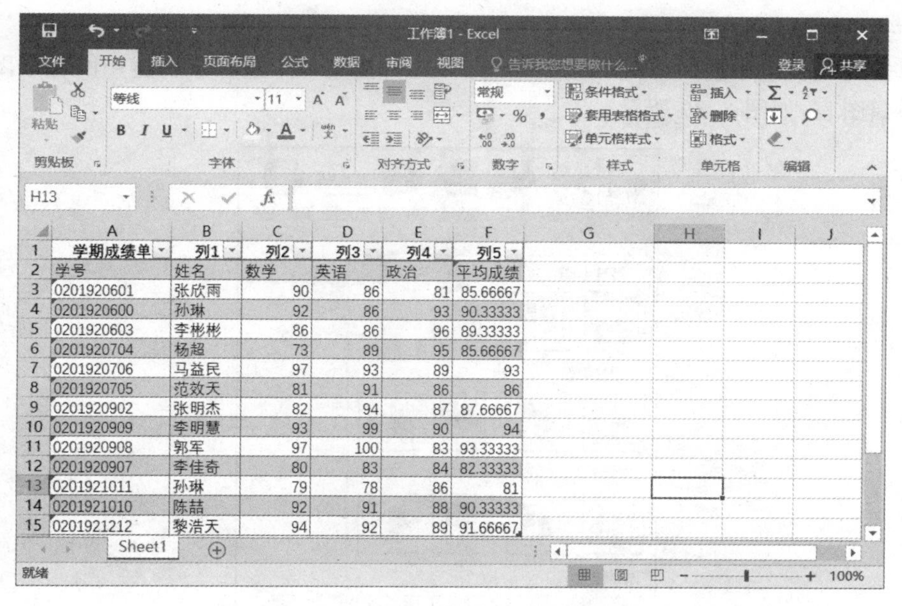

	A	B	C	D	E	F
1	学期成绩单	列1	列2	列3	列4	列5
2	学号	姓名	数学	英语	政治	平均成绩
3	0201920601	张欣雨	90	86	81	85.66667
4	0201920600	孙琳	92	86	93	90.33333
5	0201920603	李彬彬	86	86	96	89.33333
6	0201920704	杨超	73	89	95	85.66667
7	0201920706	马益民	97	93	89	93
8	0201920705	范效天	81	91	86	86
9	0201920902	张明杰	82	94	87	87.66667
10	0201920909	李明慧	93	99	90	94
11	0201920908	郭军	97	100	83	93.33333
12	0201920907	李佳奇	80	83	84	82.33333
13	0201921011	孙琳	79	78	86	81
14	0201921010	陈喆	92	91	88	90.33333
15	0201921212	黎浩天	94	92	89	91.66667

图 3.36　套用了格式的表格效果

- 饼图,用于显示每个值占总值的比例。
- 条形图,用于多个值的比较。
- 面积图,突出一段时间内几组数据的差异。
- 散点图,常用于比较成堆的数值。

“图表”组中常用图表按钮如图 3.37 所示。

每种图表又有多种不同的类型,单击按钮可打开下拉菜单。单击该组右下角的扩展箭头,则可以打开“插入图表”对话框,其中列出了所有类型的图表,如图 3.38 所示。

柱形图 折线图 饼图 条形图 面积图 散点图 其他图表

图表

图 3.37　“图表”组中常用图表按钮

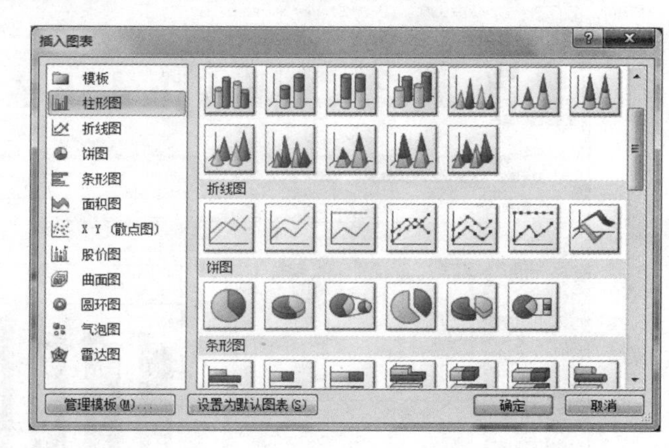

图 3.38　“插入图表”对话框

1. 创建图表

单击“插入”功能选项卡上“图标”组中的按钮可以直接生成图表。

具体操作步骤如下:

打开工作簿，选择工作表，并选定要绘制图表的数据区域。

单击“图表”组中的“柱形图”按钮，在打开的下拉菜单中选择一种适用的柱形图，即可插入一幅图表，如图 3.39 所示。

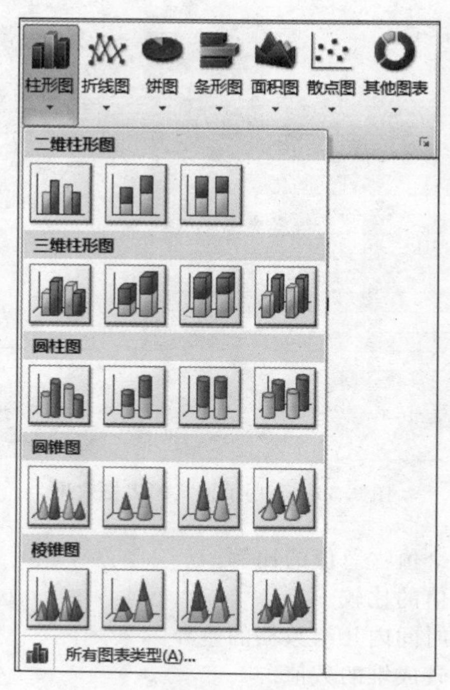

图 3.39　“图表”组

默认情况下，图表作为嵌入图表放在工作表上，如图 3.40 所示。

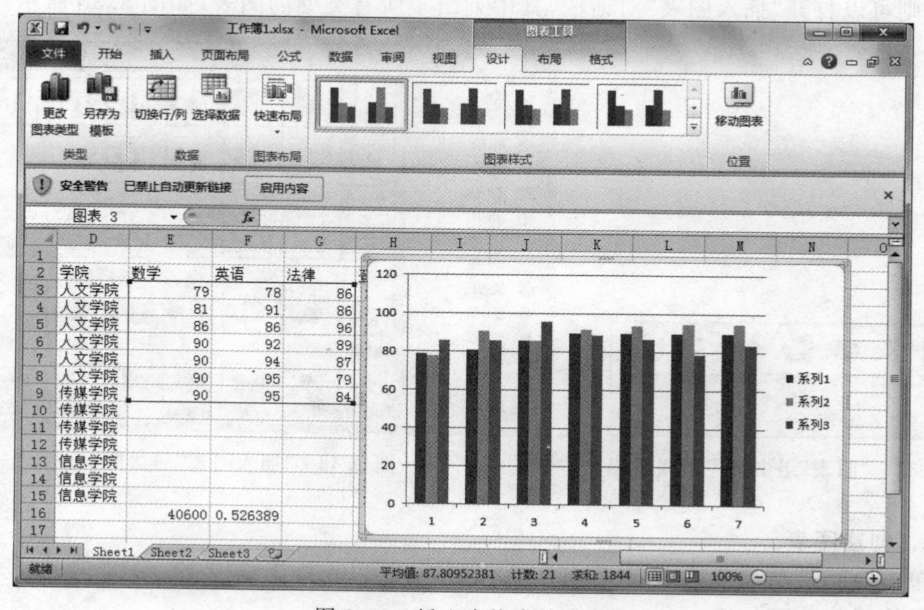

图 3.40　插入表格中的图表

2. 修改已创建的图表

图表插入后，在功能区会自动出现一个“图表工具”功能选项卡，其中有“设计”“布局”和“格式”三个功能选项卡。

在“设计”功能选项卡的“图表布局”命令组中预置了不同图表的显示格式供用户选用。其中有不同的图表标题、坐标轴标识、图例、数据标签、模拟运算表等元素的定义。

在“布局”选项卡上有“数据标签”和“坐标轴”等命令组。用户可以在此对图表中显示的各种元素重新进行个性化设计。例如选择“数据表”中“其他模拟运算表”选项，如图 3.41 所示。

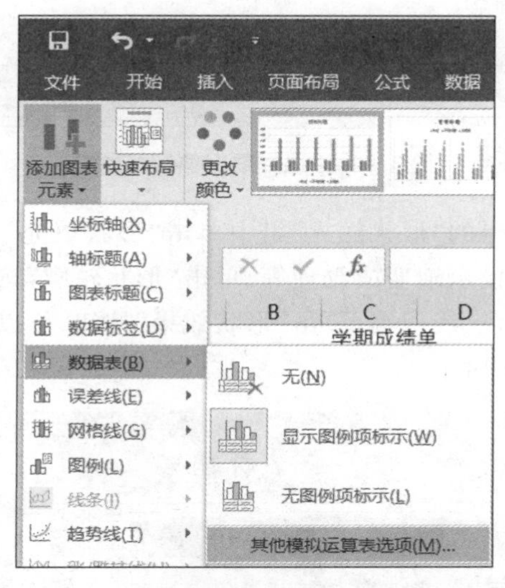

图 3.41 “模拟运算表”下拉菜单

选择“其他模拟运算表选项”选项，可打开“设置模拟运算表格式”对话框，根据自己的需要设置格式，如图 3.42 所示。其他相似按钮的使用操作方法与此相同。

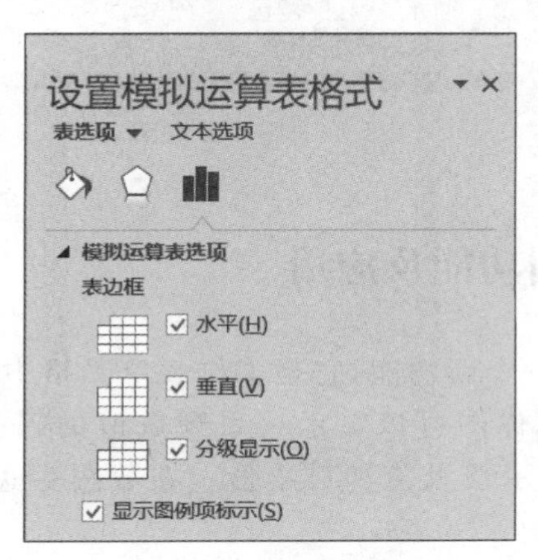

图 3.42 “设置模拟运算表格式”对话框

图表插入后还可以改变图表中所包含工作表的数据区域。在“设计”选项卡的“数据”

组中单击“选择数据”按钮，弹出“选择数据源”对话框，改变“图表数据区域”文本框中的参数可重新定义数据区域，如图 3.43 所示。

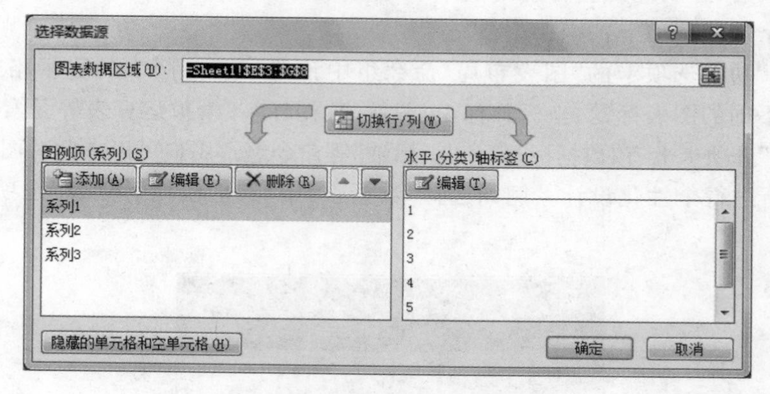

图 3.43 “选择数据源”对话框

在“格式”功能选项卡上的“形状样式”组中单击“形状填充”按钮，对图表背景风格进行定义，如改变背景颜色、设定渐变或纹理等；单击“形状轮廓”按钮，对图表的边框样式加以定义，如线条的粗细、颜色、线型等；单击“形状效果”按钮，可以对图表整体设定阴影、发光、棱台等效果，如图 3.44 所示。

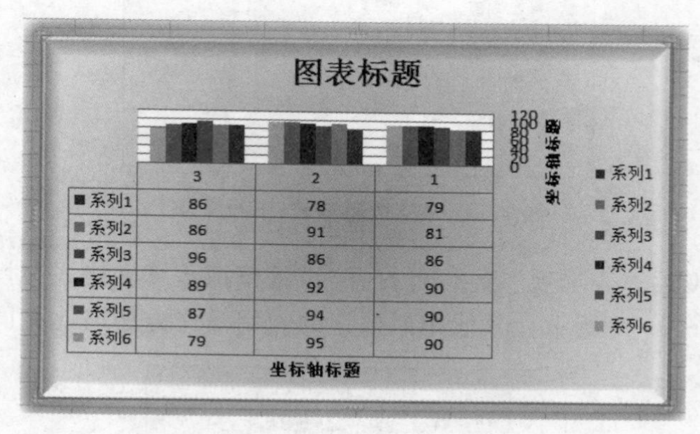

	3	2	1
系列1	86	78	79
系列2	86	91	81
系列3	96	86	86
系列4	89	92	90
系列5	87	94	90
系列6	79	95	90

图 3.44 图表数据区

3.2.8 Excel 迷你图功能及应用

迷你图是 Excel 中的一个新功能，它是工作表单元格中的一个微型图表，可提供数据的直观表示。使用迷你图可以显示一系列数值的趋势，例如季节性增加或减少、经济周期，或者突出显示最大值和最小值。在数据旁边放置迷你图可达到最佳效果。

1. 什么是迷你图

迷你图与 Excel 工作表上的图表不同，不是对象，它实际上是单元格背景中的一个微型图表，在一个单元格中以图形的形式显示一组数据的变化情况，如图 3.45 所示。

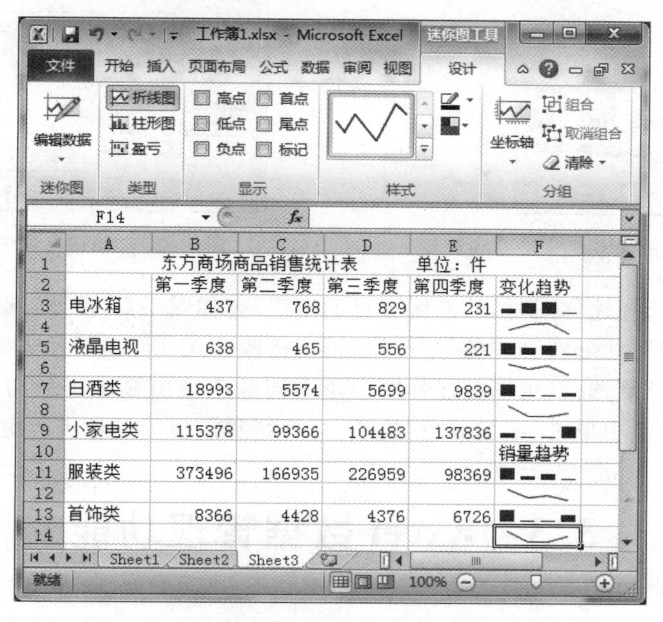

	A	B	C	D	E	F
1		东方商场商品销售统计表			单位：件	
2		第一季度	第二季度	第三季度	第四季度	变化趋势
3	电冰箱	437	768	829	231	
4						
5	液晶电视	638	465	556	221	
6						
7	白酒类	18993	5574	5699	9839	
8						
9	小家电类	115378	99366	104483	137836	
10						销量趋势
11	服装类	373496	166935	226959	98369	
12						
13	首饰类	8366	4428	4376	6726	
14						

图 3.45　Excel 表中的迷你图

图中 F 列的单元格中显示的就是几个迷你图。在单元格 F3 和单元格 F4 中分别显示了一个柱形迷你图和一个折线迷你图。这两个迷你图均从单元格 B3 到 E3 中获取其数据，并在一个单元格内以图形的形式显示出一年四季电冰箱的销量变化。单元格 F5 到 F14 中的迷你图与之类似，分别显示其他各类商品的销量变化情况。

迷你图在单元格中实际上是一种背景。在单元格中还可以输入文字加以说明压在迷你图上。例如在 F9 单元格中，在折线形迷你图上输入了“销量趋势”，如图 3.46 所示。

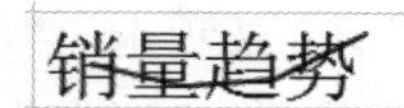

图 3.46　迷你图上的文字

2. 迷你图的用途

在 Excel 表中的行或列中可以用数字呈现数据，但很难一眼看出数据的分布形态和变化过程。通过在数据旁边的单元格中插入迷你图，可以清晰简明地显示相邻数据的变化趋势，而且迷你图只需占用少量空间。

用户可以快速查看迷你图与其基本数据之间的关系，而且当数据发生更改时，可以立即在迷你图中看到相应的变化。

3. 创建迷你图

选择要在其中插入一个或多个迷你图的 Excel 表的一个空白单元格或一组空白单元格。

在“插入”选项卡上的“迷你图”组中单击要创建的迷你图的类型：“折线图”“柱形图”或“盈亏”。“迷你图”组中的选项按钮如图 3.47 所示。

在“数据范围”文本框中输入包含迷你图所基于的数据的单元格区域，或用鼠标划过单元格区域，然后单击“确定”按钮，如图 3.48 所示。

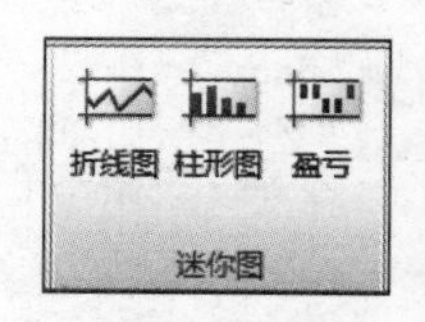

图 3.47 “迷你图”组中的选项按钮

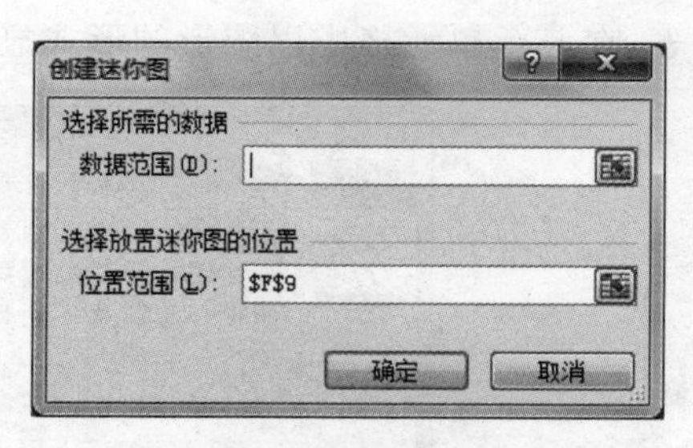

图 3.48 “创建迷你图”对话框

在工作表中选择迷你图时，功能区会自动出现“迷你图工具-设计”选项卡。在“类型”组中单击“折线图”“柱形图”或“盈亏”按钮，可直接改变迷你图的显示形状；在“显示”组中选择“高点”“低点”复选框，可以在迷你图中用不同颜色突出显示出最高点和最低点等特殊点位；在“样式”组中单击“标记颜色”按钮，可对特殊点位的颜色进行更改。

3.3 Excel 数据管理功能

Excel 不仅具有表格制作功能，还有数据管理功能，使用相应的管理工具可以方便地进行数据管理。

3.3.1 数据排序功能

Excel 表格中的数据经常会根据需要进行重新排序。排序操作可以直接使用功能区“开始”功能选项卡上“编辑”组中的“排序和筛选”命令，可以实现简单升序或降序排序，也可选择“自定义排序”选项，实现多个关键字的组合排序。

1. 简单排序

选中数据区某列的标题或该列任一个单元格，单击“排序和筛选”按钮，在弹出的下拉菜单中选择“升序”选项，则数据区按照该列的数据升序重新排序。如果该列为数值，Excel 会按数值从小到大的顺序排序；如果该列为日期或时间，就按照由远到近的顺序排序；如果该列为字符串，就按照字符的 ASCII 码的顺序由小到大排序。

例如，用鼠标选中“英语”成绩一列，在下拉菜单中单击升序按钮，则按“英语”成绩升序排列。排序结果如图 3.49 所示。

如果需要按“学院”关键字排序，可以用鼠标选中“学院”一列，单击升序按钮，结果则是按“学院”一列的学院名称汉字拼音顺序升序排序。如果单击“降序”按钮，排序结果则正好和升序相反，是按降序排序。

2. 自定义排序

将光标放在数据区的任意单元格上，单击“排序和筛选”按钮，在弹出的下拉菜单中选择“自定义排序”选项，则出现“排序”对话框，可设置“主要关键字”参数，如图 3.50 所示。

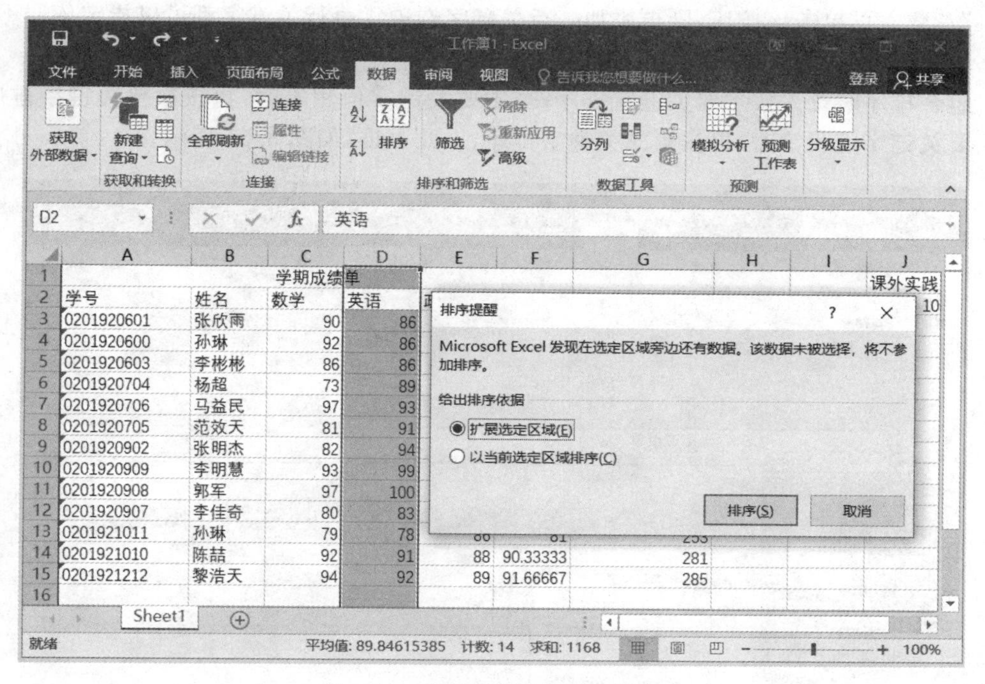

图 3.49　按“英语”成绩升序排序

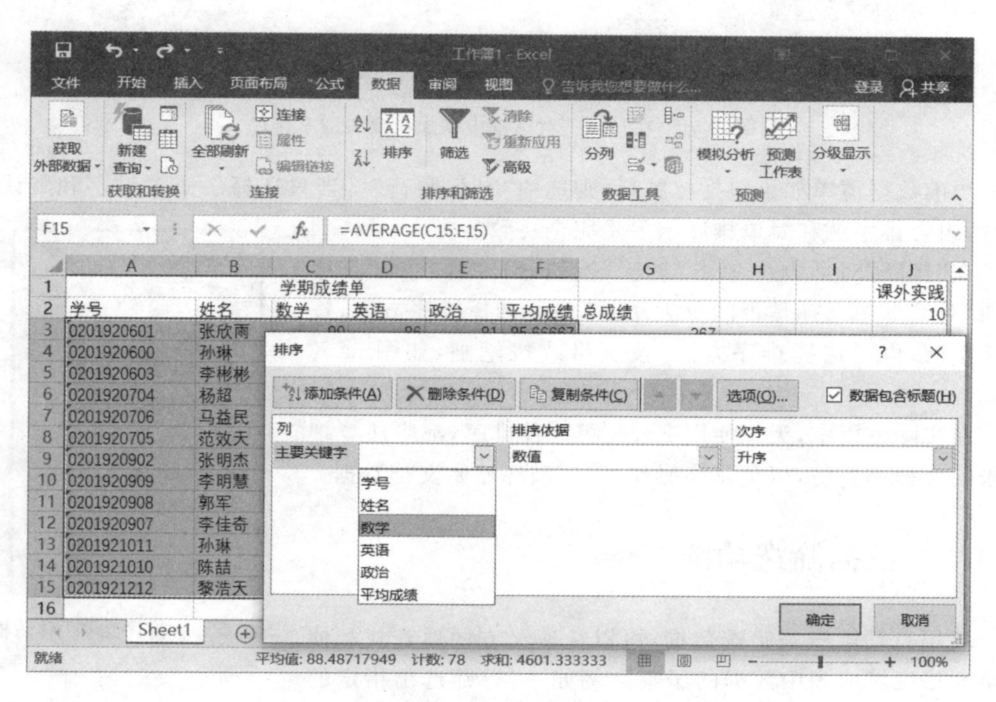

图 3.50　在“排序”对话框中选定主要关键字参数

如果需要增加参加排序的次要关键字，单击“添加条件”按钮，即可增加一行“次要关键字”参数。再单击该按钮，则再添加一行关键字选项。每行关键字都可以指定依照不同的字段按 ASCII 编码选择递增或递减排序。

组合排序时首先按主要关键字排序；当主要关键字值相等时，再按次要关键字排序；当次要关键字值相等时，再按第三关键字排序，以此类推，如图 3.51 所示。

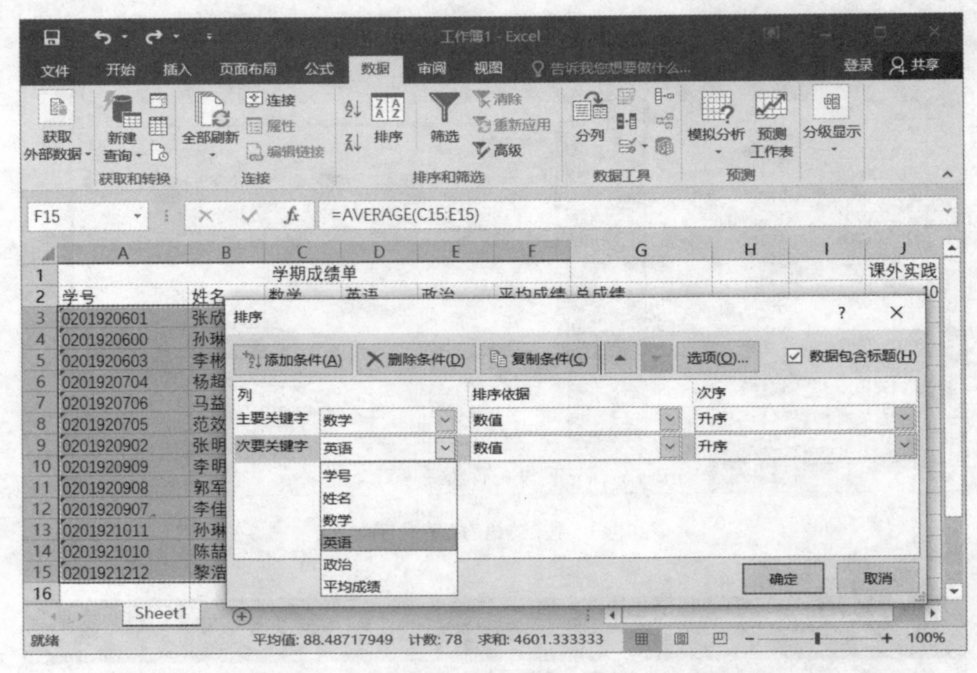

图 3.51　在“排序”对话框中增加次要关键字排序

当前数据清单如果包括标题行，则选中“有标题行”。当只选择一个关键字和默认选项时，组合排序就和简单排序结果是完全一致的。

在“排序”对话框中单击“选项”按钮，可在弹出的“排序选项”对话框中选择是否区分大小写，并可选择排序方向，按行或按列；也可选择排序方法，按字母或按笔画，如图 3.52 所示。

在实际使用中，无论使用 Excel 哪一种排序，都应注意把原来的文档作备份，以免排序操作不当，破坏原始文档数据。

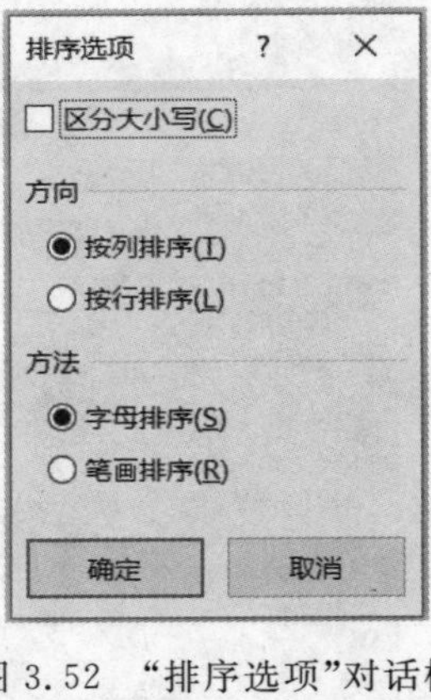

图 3.52　“排序选项”对话框

3.3.2　数据筛选功能

使用自动筛选来筛选数据，可以快速又方便地查找和使用单元格区域或表中数据的子集。例如，可以筛选出指定的值，筛选以查看顶部或底部的值，或者筛选以快速查看重复值。

筛选过的数据仅显示满足指定条件的行，隐藏不希望显示的行。筛选掉的数据只是被隐藏了起来，并没有被删除。

筛选数据之后，对于筛选过的数据的子集，不需要重新排列或移动就可以复制、查找、编辑、设置格式、制作图表和打印。

使用自动筛选功能可以创建三种筛选类型：按值列表、按格式或按条件。

对于每个单元格区域或列表来说，这三种筛选类型是互斥的。例如，不能既按单元格颜色又按数字列表进行筛选，只能在两者中任选其一；不能既按图标又按自定义筛选进行筛选，只能在两者中任选其一。

1. 自动筛选

选中待筛选数据区的任意单元格，单击功能区"数据"功能选项卡上"排序和筛选"组中的"筛选"命令，每个标题单元格的右边出现向下三角按钮▼，如图 3.53 所示。

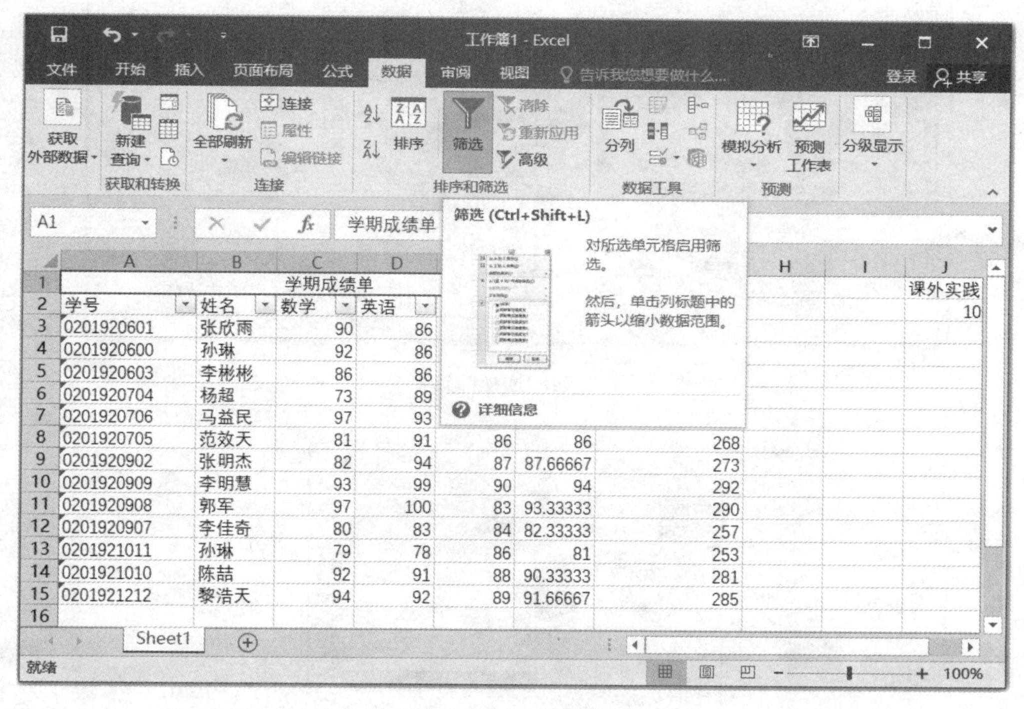

图 3.53　自动筛选

以单击"政治"列下三角按钮▼为例，在出现的下拉列表中，前面三个选项为排序功能。接下来是筛选功能，列表中列出了该列所有数据的值，用户可以选中其前的复选框，单击"确定"按钮，则可以筛选所有符合选定值的行，选"数字筛选"，如图 3.54 所示。

打开"数字筛选"选项的扩展列表，出现一系列逻辑选择项，选择其中一种逻辑关系，如"大于或等于"选项，弹出"自定义自动筛选方式"对话框，选定数值 92，则可从英语成绩中筛选出满足"大于或等于 92"条件的所有行，如图 3.55 所示。

筛选后，数据区中看到的只有符合这个条件的数据。此时其他不符合该条件的数据被暂时隐藏，并不是被清除。若要再次看到所有数据，单击"英语"列标题旁的下三角按钮，从列表中选择"全部"命令，即可看到全部数据。

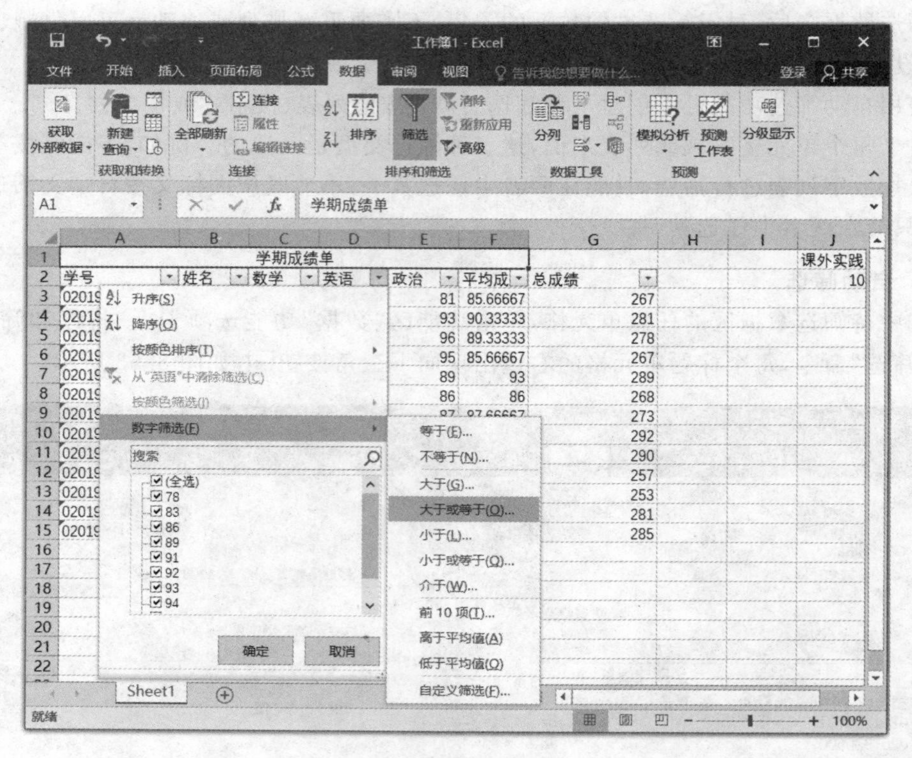

图 3.54 选择筛选值

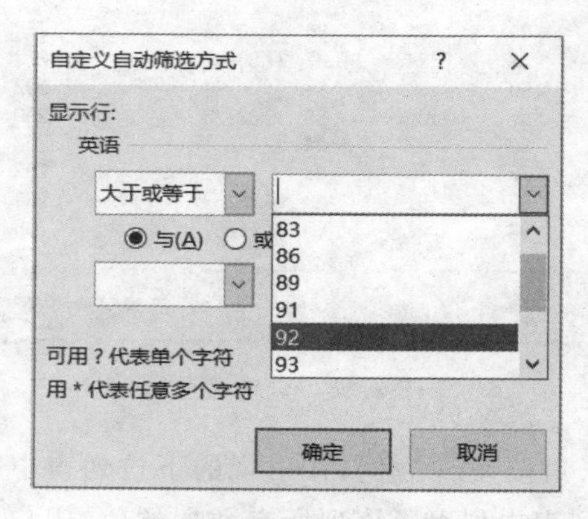

图 3.55 定义筛选范围

2. 高级筛选

如果要筛选的数据需要复杂条件,例如在不同的列中分别设定筛选条件,则可以使用“高级筛选”选项。

在高级筛选中,可以指定一个空白区域将筛选出来的数据和原来的数据区分开,此时可以使用“将筛选结果复制到其他位置”选项。

在使用高级筛选前,需先在一个工作表的任意空白区域写出条件表达式,条件表达式可包括一列的多个条件或多列中的多个条件。

例如，想把环境科学学院或机械工程学院学生的英语成绩在90分及以上的名单筛选出来，则可用到高级筛选。

单击数据功能选项卡“排序和筛选”组中的“高级”按钮，弹出“高级筛选”对话框。在“方式”选项区域选中“将筛选结果复制到其他位置”单选按钮，可以保持原数据不被筛选数据覆盖。

在“列表区域”文本框中，系统一般会自动选定表格中的所有数据区域。

在“条件区域”文本框中输入＄D＄17：＄E＄19，同时事先在该区域输入条件表达式。

在“复制到”文本框中输入放置筛选结果区域，本例为＄B＄20：＄I＄26，如图3.56所示。

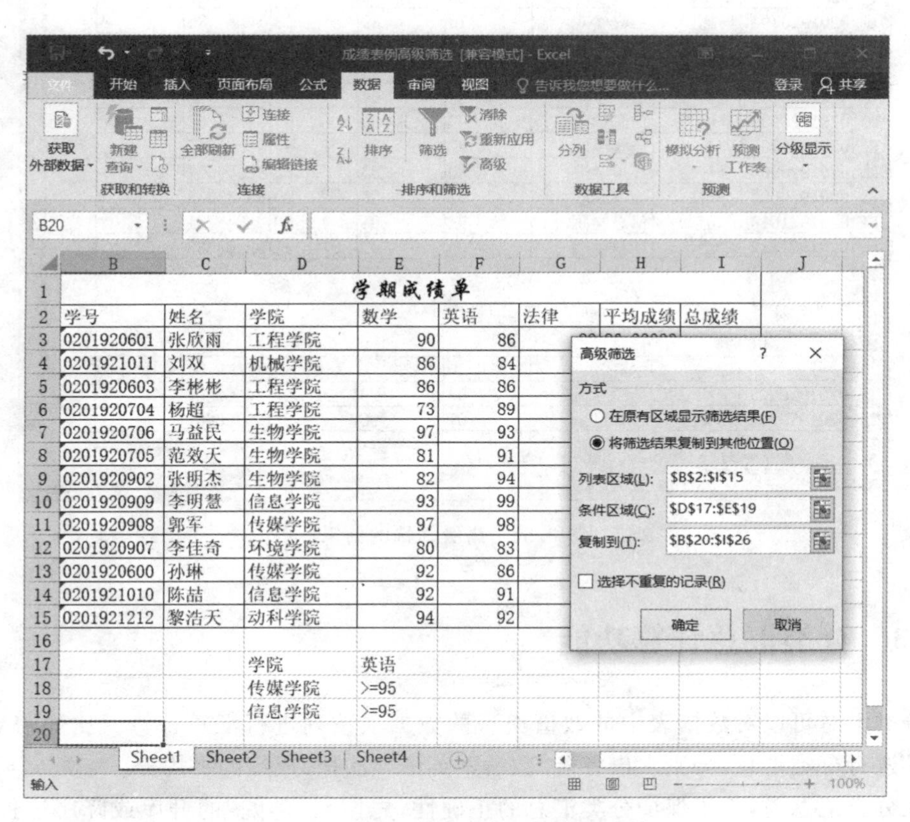

图3.56　条件区域和“高级筛选”对话框

单击“确定”按钮，系统即按照用户自定的筛选条件把符合条件的数据筛选出来，复制到指定的区域内(B20:I22)，如图3.57所示。

可以看到“高级筛选”的结果是筛选条件和筛选结果均在工作表中表示或显示出来。

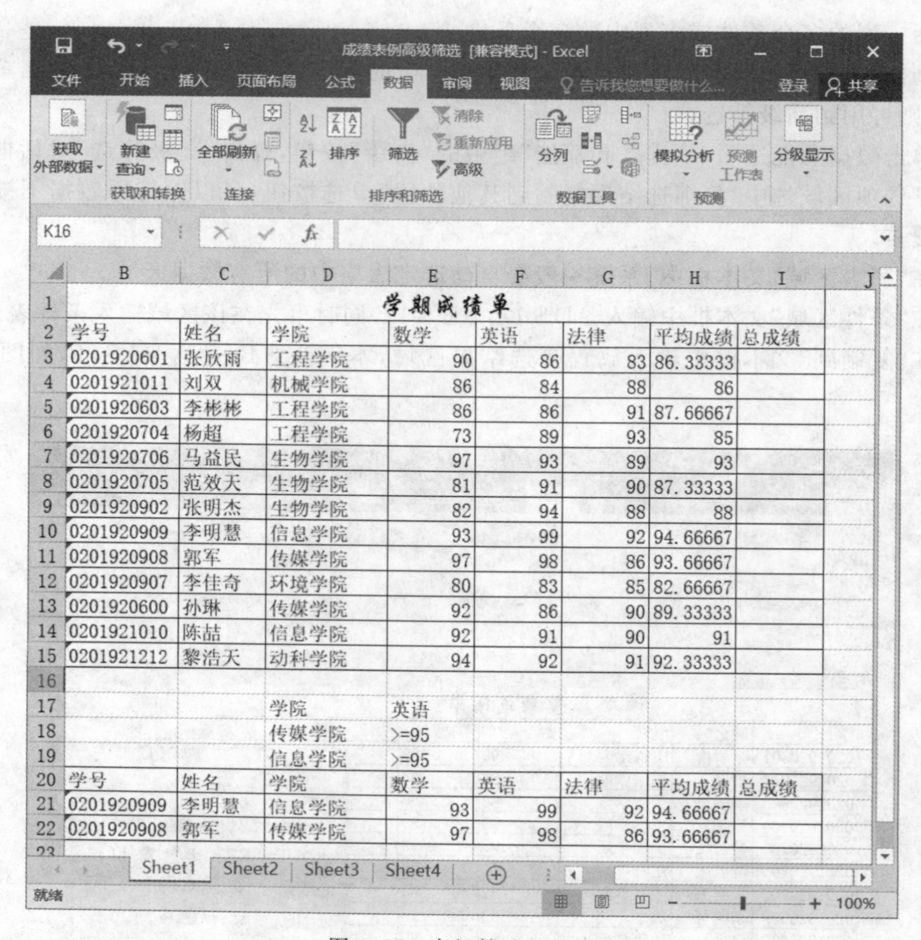

	B	C	D	E	F	G	H	I
1			学期成绩单					
2	学号	姓名	学院	数学	英语	法律	平均成绩	总成绩
3	0201920601	张欣雨	工程学院	90	86	83	86.33333	
4	0201921011	刘双	机械学院	86	84	88	86	
5	0201920603	李彬彬	工程学院	86	86	91	87.66667	
6	0201920704	杨超	工程学院	73	89	93	85	
7	0201920706	马益民	生物学院	97	93	89	93	
8	0201920705	范效天	生物学院	81	91	90	87.33333	
9	0201920902	张明杰	生物学院	82	94	88	88	
10	0201920909	李明慧	信息学院	93	99	92	94.66667	
11	0201920908	郭军	传媒学院	97	98	86	93.66667	
12	0201920907	李佳奇	环境学院	80	83	85	82.66667	
13	0201920600	孙琳	传媒学院	92	86	90	89.33333	
14	0201921010	陈喆	信息学院	92	91	90	91	
15	0201921212	黎浩天	动科学院	94	92	91	92.33333	
16								
17			学院	英语				
18			传媒学院	>=95				
19			信息学院	>=95				
20	学号	姓名	学院	数学	英语	法律	平均成绩	总成绩
21	0201920909	李明慧	信息学院	93	99	92	94.66667	
22	0201920908	郭军	传媒学院	97	98	86	93.66667	

图 3.57 高级筛选的结果

3.3.3 分类汇总计算功能

分类汇总可以对数据表中的数值类型的数据项按列进行汇总计算。比如需要按照“学院”进行分类汇总，分别求出各院“数学”“英语”“法律”成绩的平均分。

在分类汇总前，为了保证分类汇总的正确性，先按照“学院”的升序或降序进行排列。然后单击“数据”功能选项卡上“分级显示”组中的“分类汇总”按钮，弹出“分类汇总”对话框，如图 3.58 所示。

在“分类字段”下拉列表中选择“学院”，在“汇总方式”下拉列表中选择“平均值”(此外还可选择“计数”“求和”“最大值”“最小值”“乘积”等)，在“选定汇总项”列表框中选中要汇总数据的列，这里选择“数学”“英语”和“法律”。单击“确定”按钮，出现如图 3.59 所示的“分类汇总”结果。

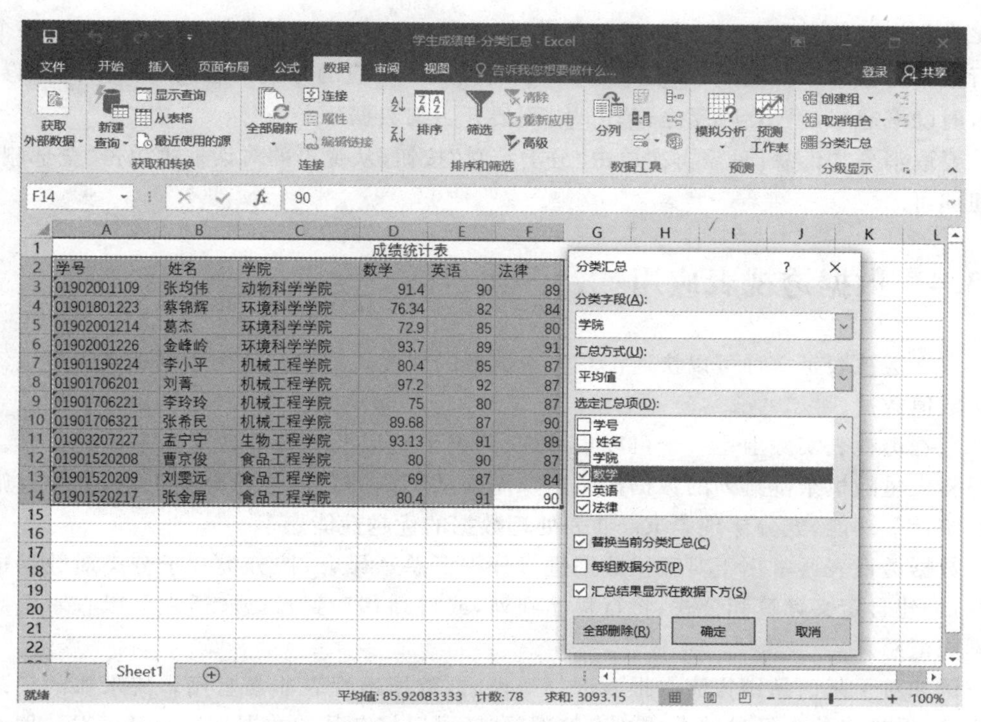

图 3.58 “分类汇总”对话框

图 3.59 “分类汇总”结果

在分类汇总表中，可看到各学院的数学、英语和法律成绩的平均值结果，以及每个原始行数据的值。单击左侧的[-]，[-]变为[+]，则仅显示对应的分类汇总结果，各行明细数据仅暂时隐藏起来，看不到；反之，单击[+]，则展开明细数据。

要取消分类汇总，只需再次单击“分类汇总”按钮，从弹出的对话框中单击“全部删除”按钮即可。

3.3.4 数据透视表应用

数据透视表是一种可以快速汇总大量数据的交互式方法。使用数据透视表可以深入分析数值数据。

数据透视表实际上是一个可以集筛选、分类汇总以及统计等功能于一体的工具。它可以将大量随机杂乱排列的数据按照用户需要从不同的角度进行分类汇总，并兼有筛选以及统计等功能，充分体现了 Excel 表处理数据的优越性能。

数据透视表通常用于对数值数据进行分类汇总和聚合，按分类和子分类对数据进行汇总，创建自定义计算和公式；将行移动到列，或将列移动到行，或“透视”，以查看源数据的不同汇总。

例如对于某商品销售流水报表进行整理时，数据透视表非常有用。流水账的记录是随机的、无规律的。经过数据透视表整理后，就可以将杂乱的数据加以分类汇总。原始流水报表包括了每个收银台的每一笔记录，排列无任何规律，如图 3.60 所示。

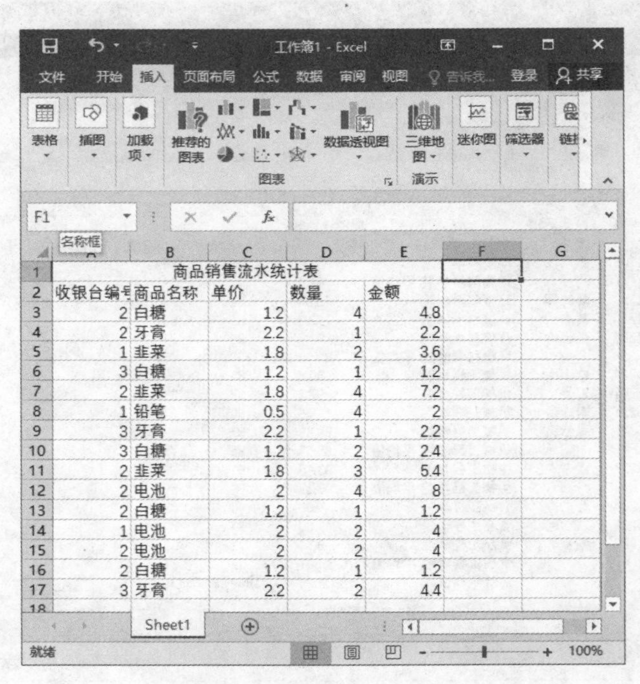

	A	B	C	D	E
1	商品销售流水统计表				
2	收银台编号	商品名称	单价	数量	金额
3	2	白糖	1.2	4	4.8
4	2	牙膏	2.2	1	2.2
5	1	韭菜	1.8	2	3.6
6	3	白糖	1.2	1	1.2
7	2	韭菜	1.8	4	7.2
8	1	铅笔	0.5	4	2
9	3	牙膏	2.2	1	2.2
10	3	白糖	1.2	2	2.4
11	2	韭菜	1.8	3	5.4
12	2	电池	2	4	8
13	2	白糖	1.2	1	1.2
14	1	电池	2	2	4
15	2	电池	2	2	4
16	2	白糖	1.2	1	1.2
17	3	牙膏	2.2	2	4.4

图 3.60 原始销售流水报表

如想将原始报表数据按商品名称和收银台编号进行汇总，可使用数据透视表完成。

在“插入”功能选项卡上的“表格”组中单击“数据透视表”按钮，弹出“创建数据透视表”对话框。默认情况下，系统会在“选择一个表或区域”下面的“表/区域”文本框中自动选中表中数据区，在“选择放置数据透视表的位置”选项区域中选择“现有工作表”单选按钮，然后在表内空白处选中一个单元格，用来存放数据透视表，如图 3.61 所示。

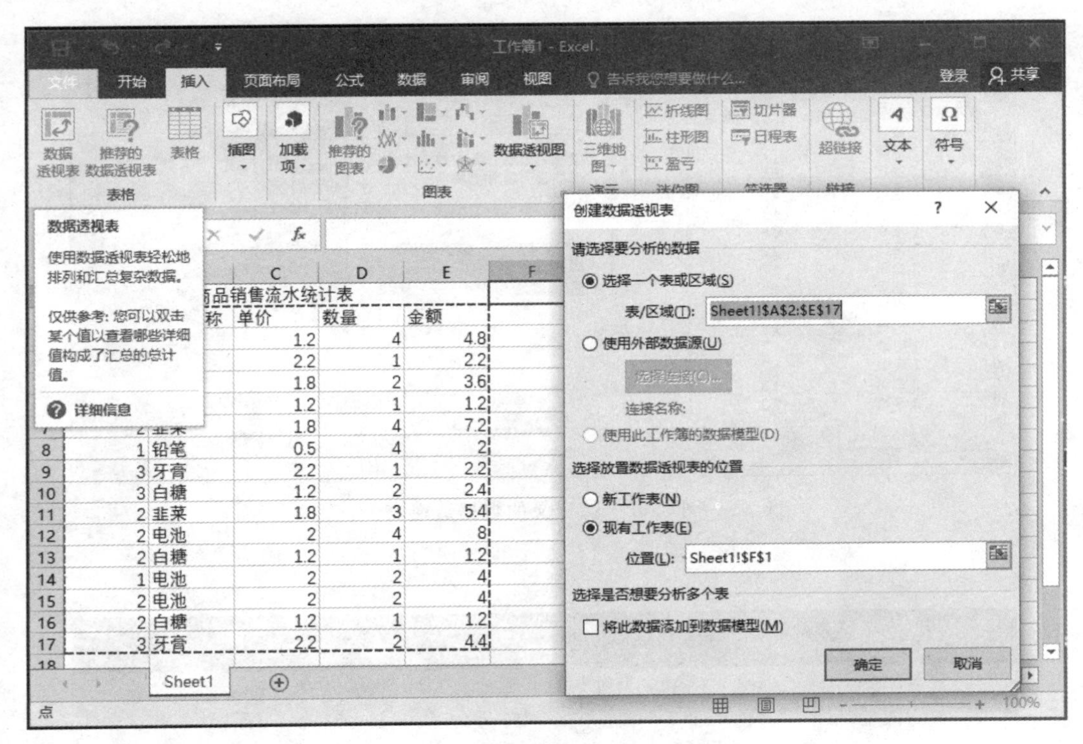

图 3.61 “创建数据透视表”对话框

单击“确定”按钮，如图 3.62 所示。

透视表的结构是在“数据透视表字段”窗格中定义的。从“选择要添加到报表的字段”列表框中分别拖动“收银台编号”“商品名称”“单价”“数量”“金额”到“列标签”“行标签”“报表筛选”和“数值”4 个区，系统即时生成“数据透视表”。表中每一行对全部商品按白糖、电池等不同名称，每一列则按照收银台编号将金额数据进行汇总，如图 3.63 所示。

如果只需要对部分数据进行汇总，可以单击透视表上方“单价”右侧的下三角按钮，在打开的下拉列表中选中“选择多项”复选框，再选择单价值，只筛选部分数据。例如只对低于 2 元的商品进行汇总，单击“确定”按钮，如图 3.64 和图 3.65 所示。

与之相似，在“行标签”和“列标签”右侧都有下三角按钮，可以实现对行或列数据的筛选。此外，对其他字段的筛选，可以使用切片器。切片器可以方便实现对所有字段的筛选。

如果在“数据透视表字段”列表中改变拖动字段到达的区域，则可以改变数据透视表的结构，实现数据重组。

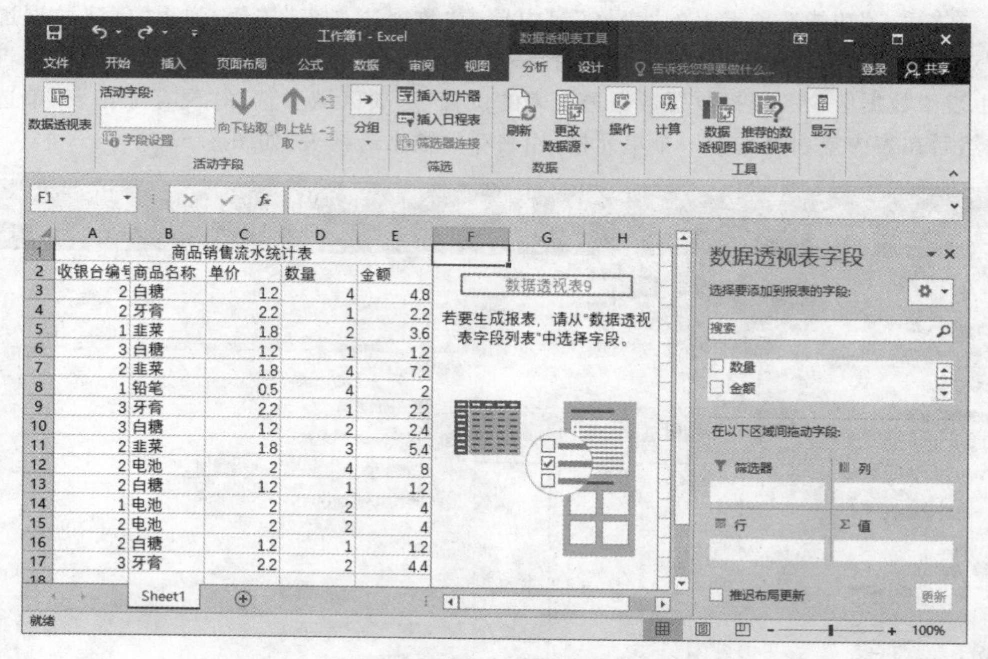

图 3.62　待定义的数据透视表

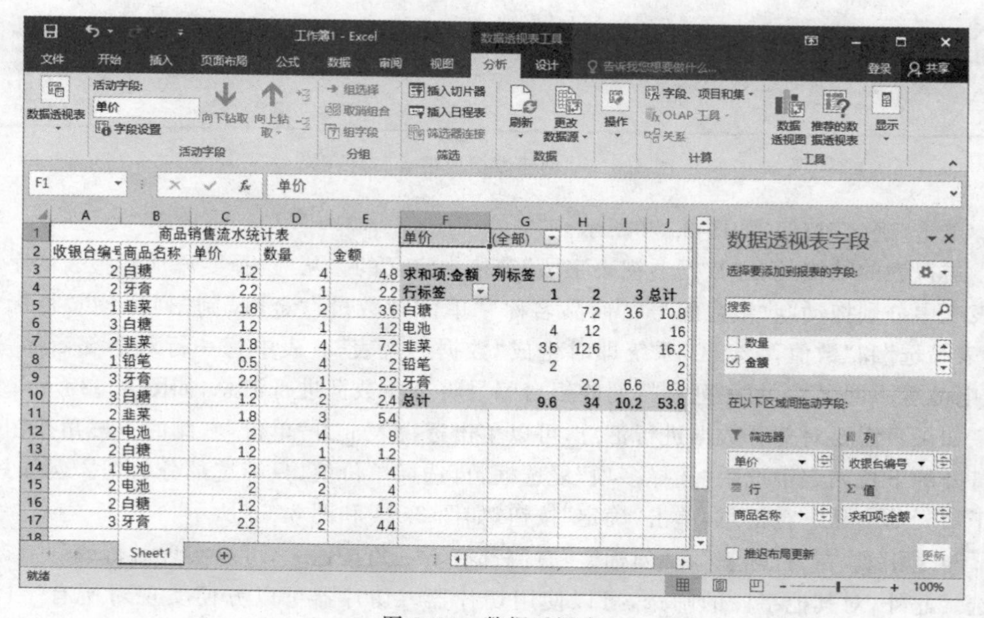

图 3.63　数据透视表

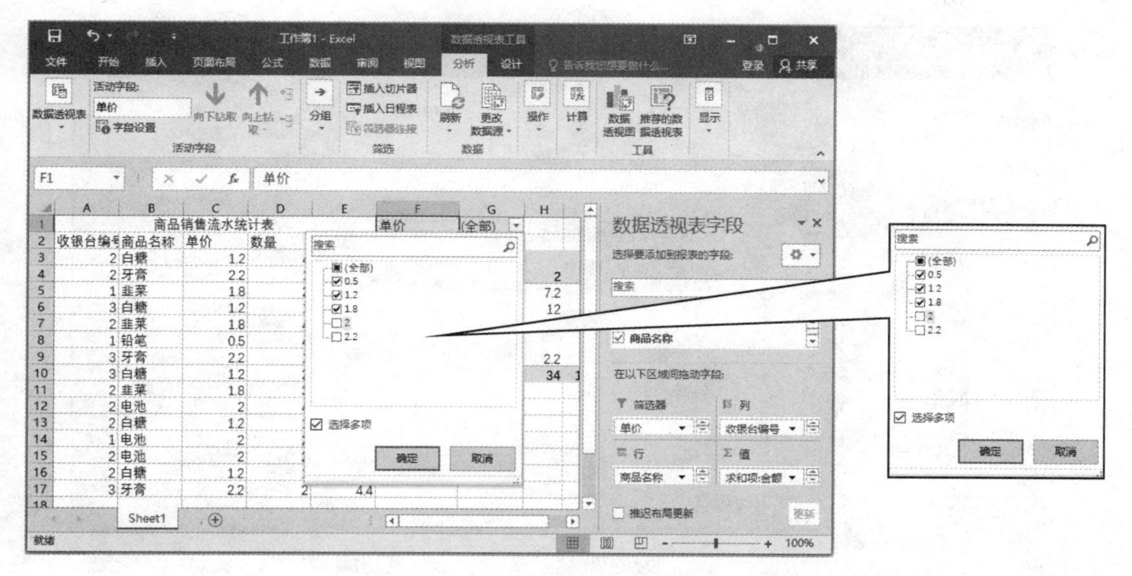

图 3.64　在下拉列表中设定筛选范围

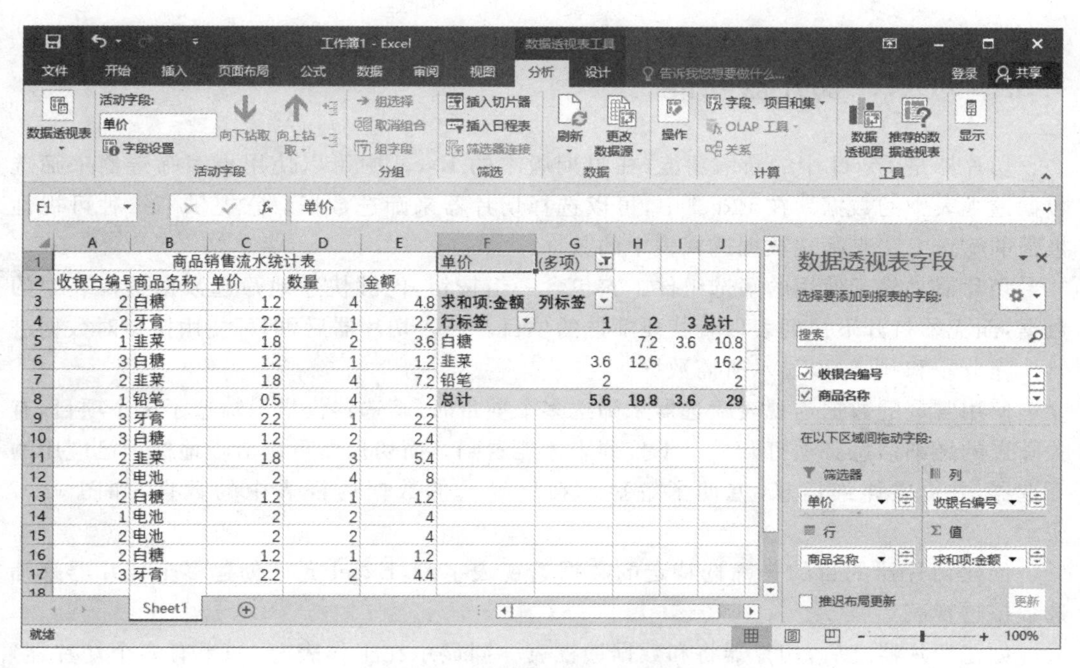

图 3.65　筛选后的数据透视表

例如,把“列标签”和“行标签”区域中的字段对调,同时把“数值”区域中的“金额”字段改为“数量”,则重新生成数据透视表,在数值区显示数量,而不是金额,如图 3.66 所示。

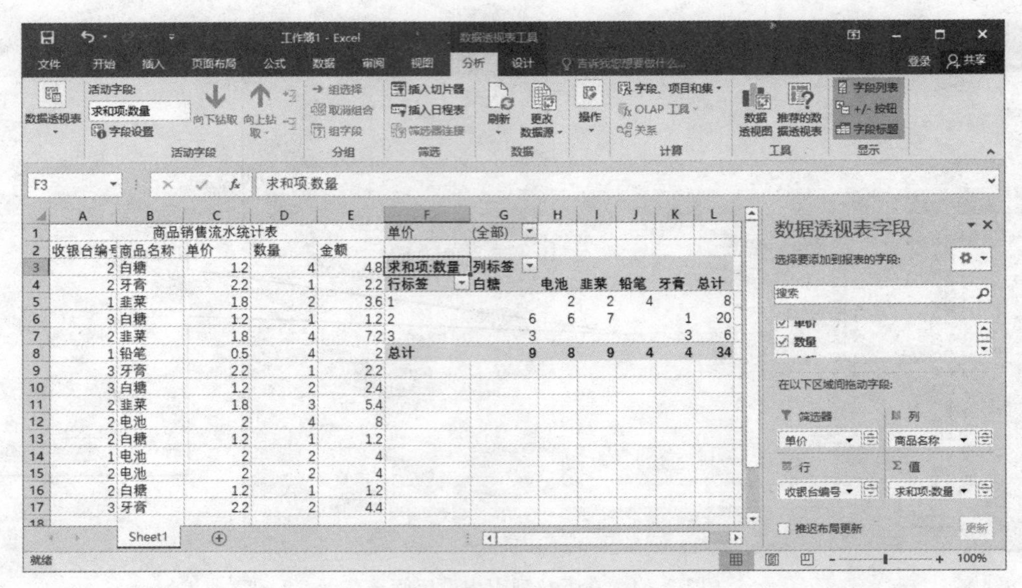

图 3.66　重组后的数据透视表

3.3.5　Excel 切片器功能

切片器是 Excel 中的新增功能，在早期版本的 Excel 中可以使用报表筛选器来筛选数据透视表中的数据。在 Excel 中，可以选择切片器来筛选数据。它提供了一种可视性极强的筛选方法来筛选数据透视表中的数据。

切片器是易于使用的筛选组件。它包含一组按钮，能够快速地筛选数据透视表中的数据，而无须打开下拉列表以查找要筛选的项目。插入切片器后，即可使用按钮对数据进行快速分段和筛选，以显示所需数据。

使用常规的数据透视表筛选器来筛选多个项目时，筛选器仅指示筛选了多个项目，有关筛选的详细信息必须打开一个下拉列表才能看到。而切片器可以清晰地标记已应用的筛选器，并提供详细信息，方便了解显示在已筛选的数据透视表中的数据，如图 3.67 所示。

创建切片器的目的是筛选特定的数据透视表字段，Excel 允许创建多个切片器来筛选数据透视表。

创建切片器之后，切片器将和数据透视表一同显示在工作表上，如果有多个切片器，则会分层显示。

单击要为其创建切片器的数据透视表中的任意位置，会在功能区显示“数据透视表工具”，同时添加“分析”和“设计”选项卡。在“分析”选项卡上的“筛选”组中单击“插入切片器”按钮，如图 3.68 所示。

在弹出的“插入切片器”对话框中选中要为其创建切片器的数据透视表字段的复选框，然后单击“确定”按钮，如图 3.69 所示。

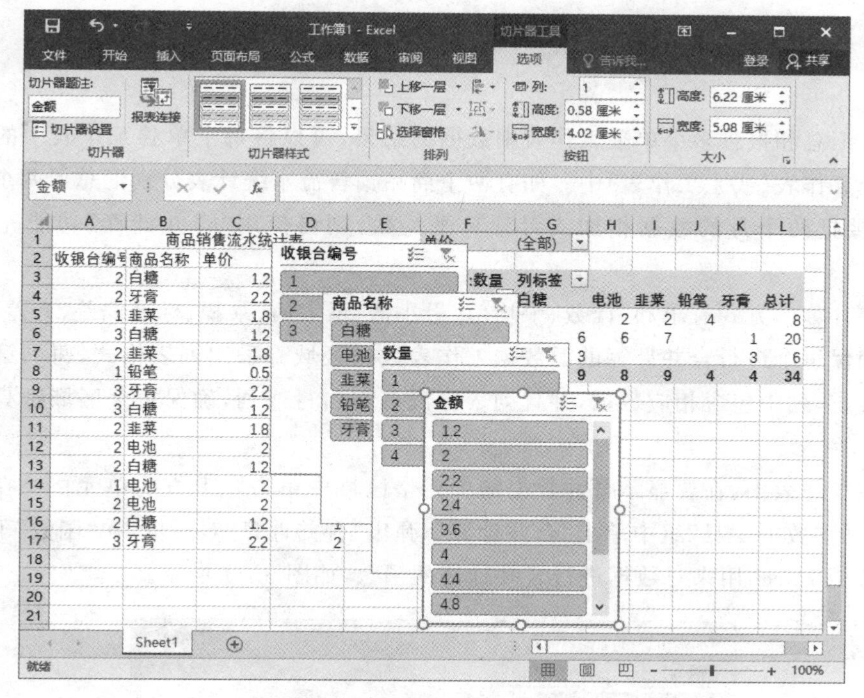

图 3.67 数据透视表中的切片器

系统将为选中的每一个字段显示一个切片器。

在每个切片器中包含不同的筛选条件或项目。若要筛选数据透视表数据，只需单击切片器中的一个或多个按钮。若要选择多个项目，可按住 Ctrl 键，然后单击要筛选的项目。

选中的筛选项目以带有底色的方式显示，表示该项目包括在筛选器中，如图 3.70 所示。

图 3.68 “数据透视表工具”功能选项卡

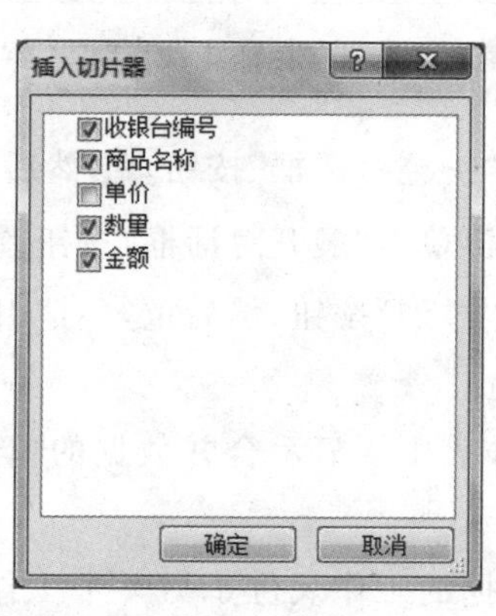

图 3.69 “插入切片器”对话框

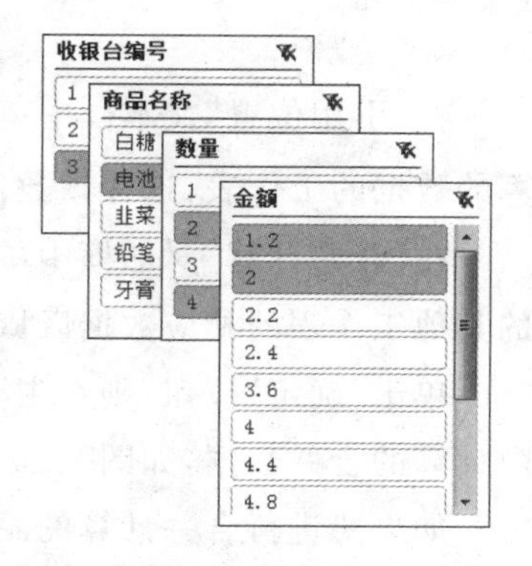

图 3.70 4 个切片器及选中的筛选项目

3.3.6 合并计算功能

若要汇总和报告多个单独工作表中数据的结果，可以将每个单独工作表中的数据合并到一个工作表(或主工作表)中。如有两个商品销售流水统计表分别汇总了两个月的销售数据，要把两个月的数据相加或者计算平均数，则可使用“合并计算”功能完成这类操作。

合并计算的方式有求和、计数、平均值、最小值、最大值、乘积、标准偏差、方差等。

要确保每个进行合并计算的源数据工作表数据区域都采用列表格式，每列第一行都有一个标签，列中包含相应数据，并且列表中没有空白行或列，确保每个区域都具有相同的布局。

在主工作表中，在要显示合并数据的单元格区域中单击左上方的单元格。在“数据”选项卡上的“数据工具”组中单击“合并计算”，弹出“合并计算”对话框，在“函数”下拉列表中选择希望 Excel 用来对数据进行合并计算的函数，如图 3.71 所示。

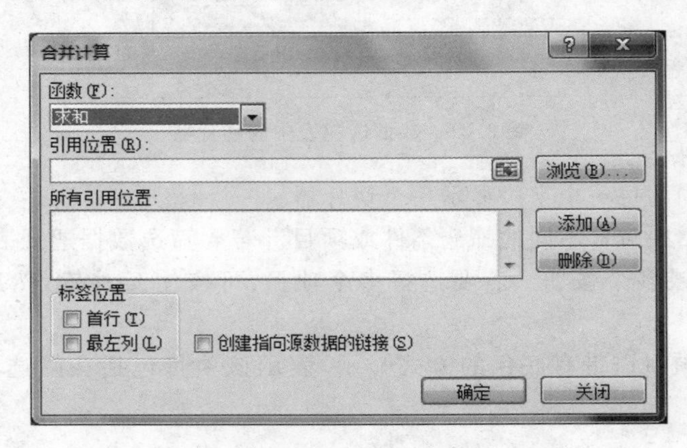

图 3.71 “合并计算”对话框

在“引用位置”文本框中单击“折叠对话框”按钮，然后单击包含要对其进行合并计算的数据的工作表，选择该数据，再单击“展开对话框”按钮。

在“合并计算”对话框中单击“添加”按钮，然后重复对“引用位置”的操作，以添加所需的其他工作表的相应数据区域。

单击“确定”按钮，则在主工作表中要显示合并数据的单元格区域中出现按照指定函数计算的合并数据，如图 3.72 所示。

如果要进行合并计算的源数据的工作表位于另一个工作簿中，则需在“合并计算”对话框中先单击“浏览”按钮，找到该工作簿，然后单击“确定”按钮关闭“浏览”对话框。在“引用位置”文本框中显示文件路径和文件名，如图 3.73 所示。

接下来可以打开该工作簿，单击“折叠对话框”按钮，然后单击包含要对其进行合

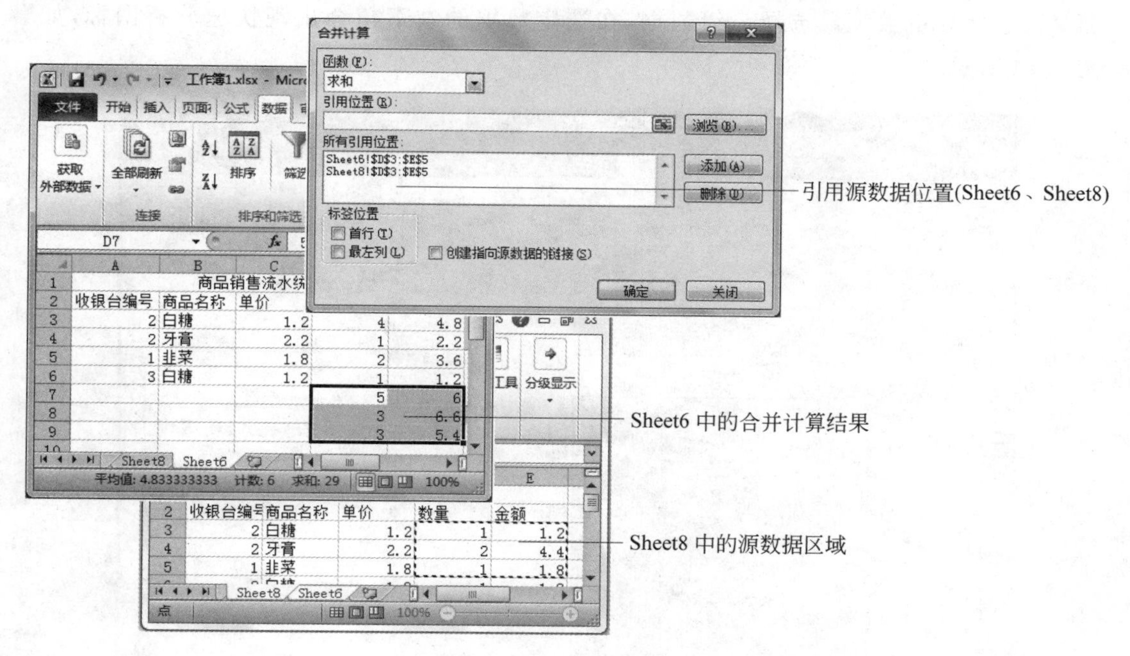

图 3.72　合并计算过程图

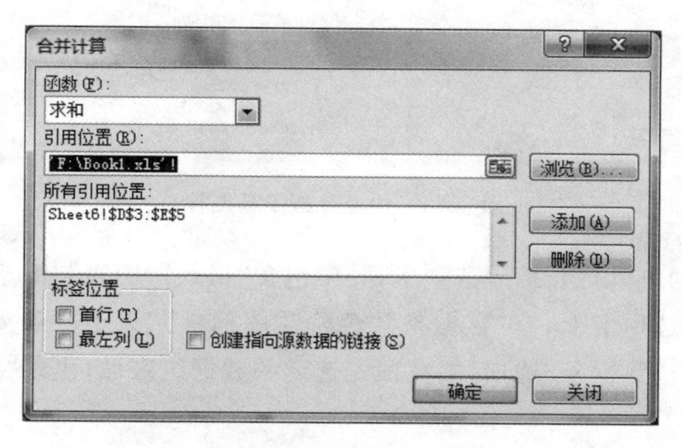

图 3.73　单击"浏览"按钮在引用位置添加不同工作簿

并计算的数据的工作表，选择该数据，再单击"展开对话框"按钮。在"合并计算"对话框中单击"添加"按钮。重复操作可添加所需的其他相应数据区域。

当合并计算的数据取自于不同的工作簿时，可选中"创建指向源数据的链接"复选框，以便在各工作簿中的源数据发生变化时自动进行更新。

3.3.7　数据快速分析功能

快速分析(Ctrl+Q)功能是 Excel 2016 的新应用。使用快速分析工具可既快速、方便又形象地分析数据。选择一组数据，在选定数据的右下角会出现快速分析图标，如图 3.74 所示。

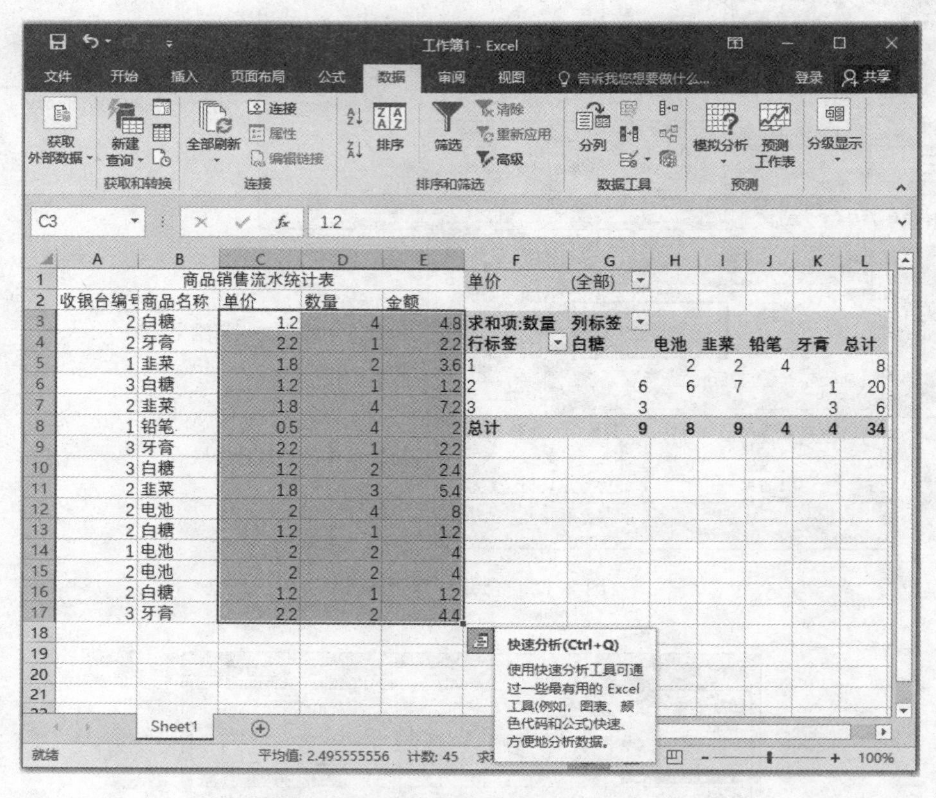

	A	B	C	D	E	F	G	H	I	J	K	L
1	商品销售流水统计表					单价	(全部)					
2	收银台编号	商品名称	单价	数量	金额							
3	2	白糖	1.2	4	4.8	求和项:数量	列标签					
4	2	牙膏	2.2	1	2.2	行标签	白糖	电池	韭菜	铅笔	牙膏	总计
5	1	韭菜	1.8	2	3.6	1		2	2	4		8
6	3	白糖	1.2	1	1.2	2	6	6	7		1	20
7	2	韭菜	1.8	4	7.2	3	3				3	6
8	1	铅笔	0.5	4	2	总计	9	8	9	4	4	34
9	3	牙膏	2.2	1	2.2							
10	3	白糖	1.2	2	2.4							
11	2	韭菜	1.8	3	5.4							
12	2	电池	2	4	8							
13	2	白糖	1.2	1	1.2							
14	1	电池	2	2	4							
15	2	电池	2	2	4							
16	2	白糖	1.2	1	1.2							
17	3	牙膏	2.2	2	4.4							

图 3.74 快速分析工具图标

单击该图标，则可以打开扩展选项卡，其中包含“格式”“图表”“汇总”“表”“迷你图”等选项卡。在“格式”选项卡上，有“数据条”“色阶”“图标集”“大于”“前 10%”以及“清除格式”等选项。若单击“数据条”选项，则在预先选定的数据组区域，出现“数据条”显示标识，如图 3.75 所示。

若选择“前 10%”选项，则系统自动筛选出数值最大的前 10%的单元格，并变色显示，如图 3.76 所示。

利用不同选项卡的选项，可直接将数据生成图表，求平均值和汇总数据等。对于单元格中的文字，利用快速分析功能，可显示“文本包含”“重复的值”“唯一值”“等于”等选项，如图 3.77 所示。

当选定一组单元格数据时，系统会自动在 Excel 程序窗口右下角位置，显示出这些数字的平均值、单元格计数、数值总和等信息，如图 3.78 所示。

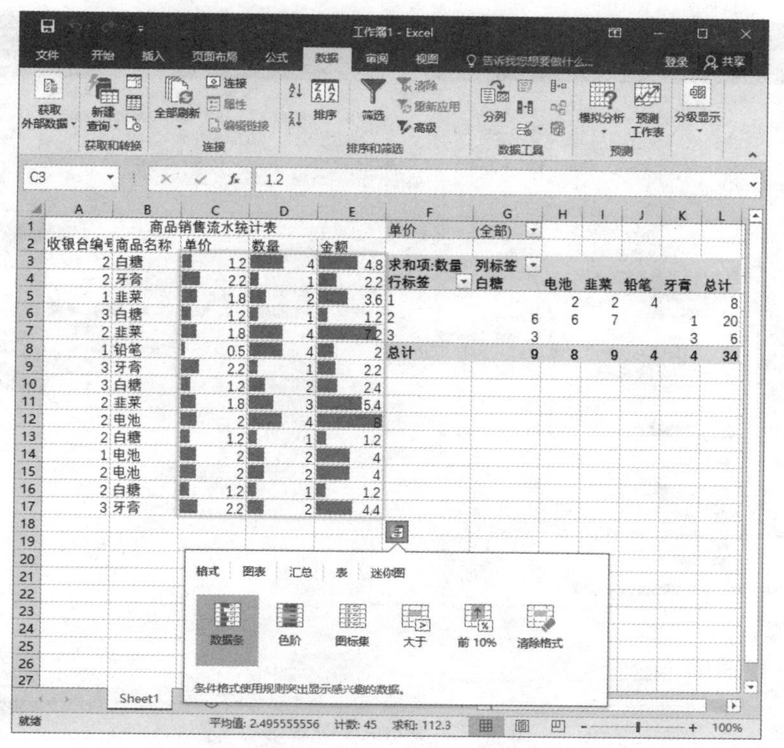

图 3.75　扩展快速分析工具选项

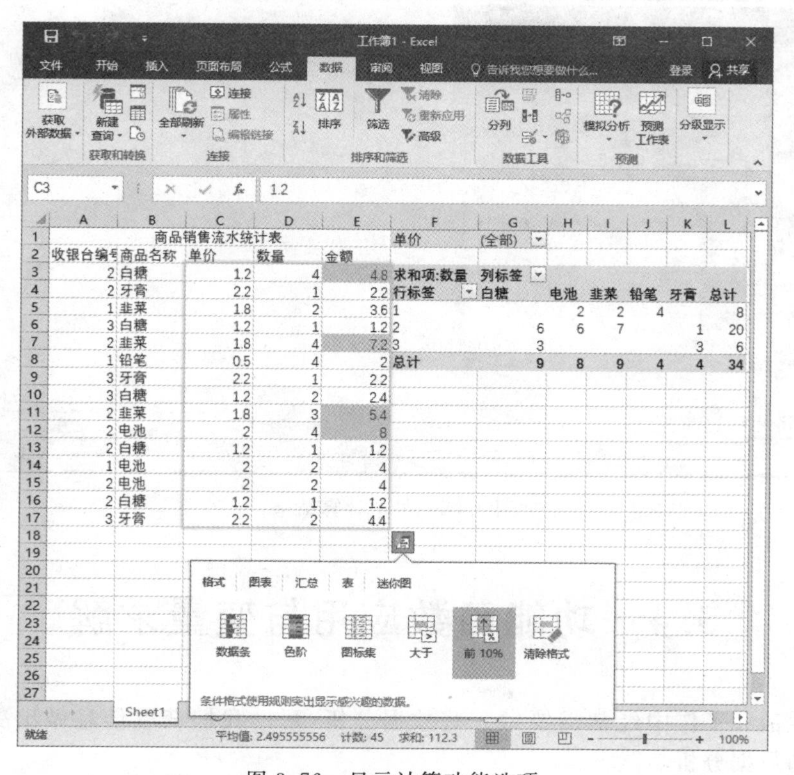

图 3.76　显示计算功能选项

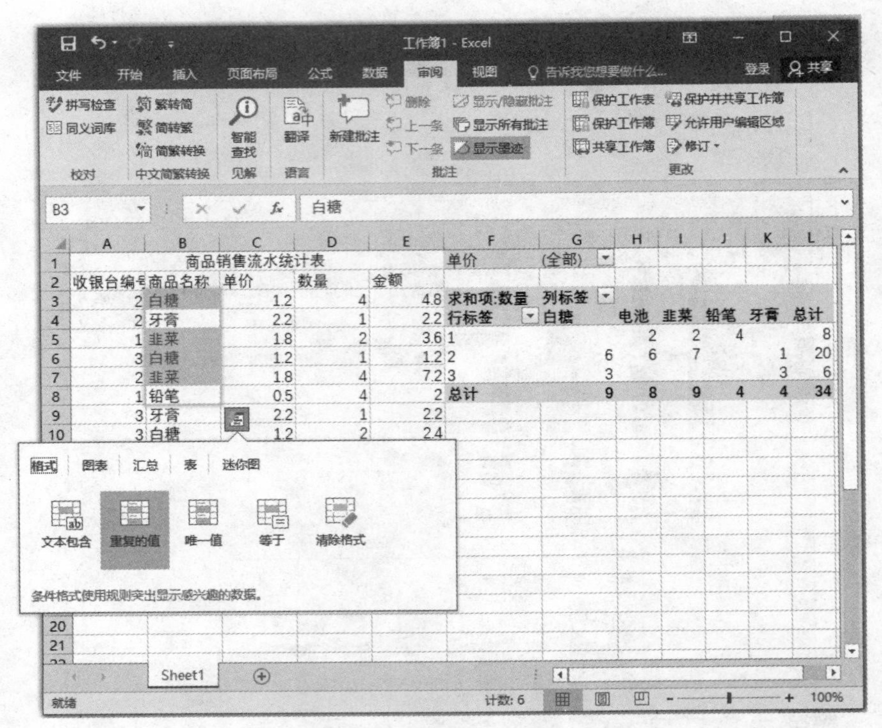
图 3.77　显示文字处理选项

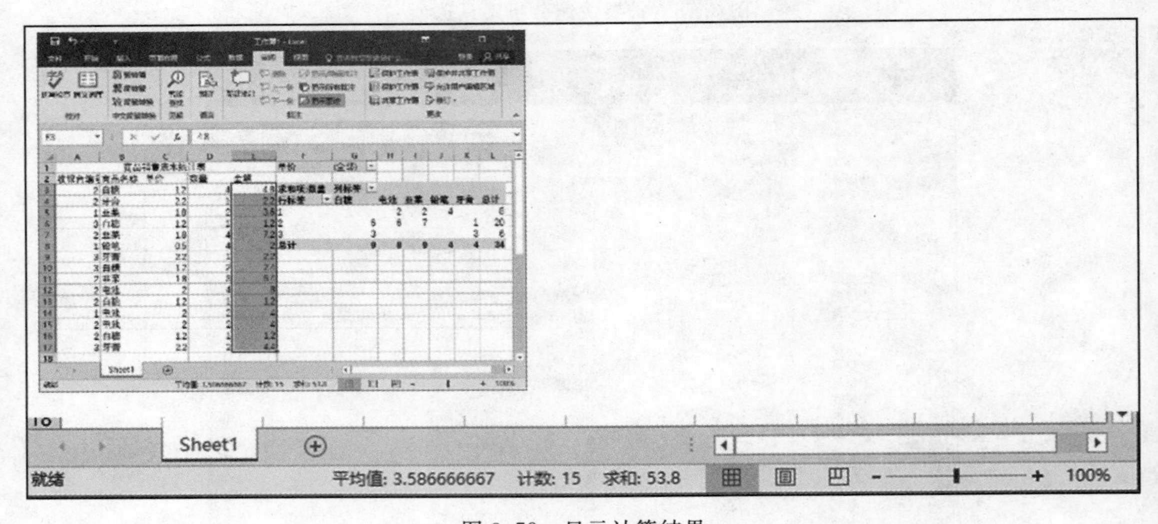
图 3.78　显示计算结果

3.4　功能函数应用与变量求解

日常生活和工作中经常需要做一些数据分析，帮助我们获取信息做出决策。Excel具有很强的数据分析功能。

3.4.1 功能函数应用

除了前面讲到的公式编辑输入以及合并计算等简单的函数输入，用来求和、求平均值等运算之外，还可以利用 Excel 中功能广泛的内置工作表函数库来执行大量操作。

函数是预定义的公式，可以对一个或多个值执行运算，并返回一个或多个值。函数可以简化和缩短工作表中的公式，尤其在用公式执行很长或复杂的计算时十分有用。函数通过使用一些称为参数的特定数值以特定的顺序或结构执行计算。

Excel 提供了多种类型的函数，根据不同的应用将函数分为财务、日期与时间、数学与三角函数、统计、查找与引用、数据库、文本、逻辑、信息、工程、多维数据集、兼容性等类别。

函数以等号(=)开头。对于许多函数(如 SUM())，可以在其括号内输入参数。每个函数都有特定的参数语法。有些函数仅需要一个参数，有些函数需要或允许有多个参数(即有些参数可能是可选参数)，还有一些函数(如 PI())根本就不允许有参数。

所谓参数，就是函数中用来执行操作或计算的值。参数的类型与函数有关。函数中常用的参数类型包括数字、文本、单元格引用和名称。

Excel 函数与数学中的函数一样，调用也需要给出自变量值。在此以购房还贷为例，说明函数的参数设置和使用方法。

使用函数时，先选定要输入函数表达式的单元格，单击编辑栏上的“插入函数”按钮  fx，Excel 在该单元格中插入“=”，同时打开“插入函数”对话框。在“或选择类别”下拉列表中选择类别，在“选择函数”列表框中选中函数，如选择 PMT 财务函数，如图 3.79 所示。

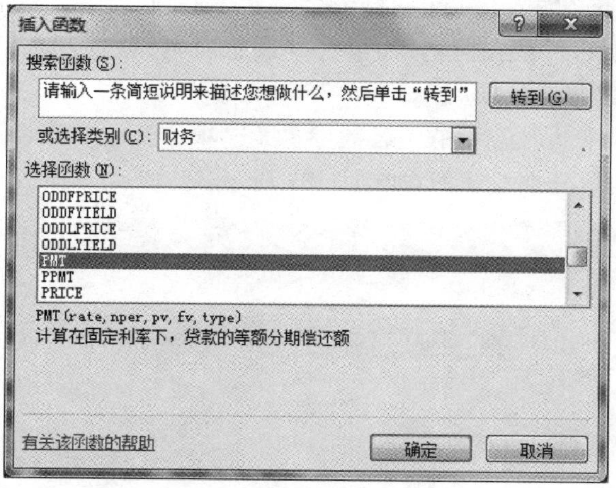

图 3.79 “插入函数”对话框

单击“确定”按钮，弹出“函数参数”对话框，提示用户输入什么自变量及各个自变量的含义等，如图 3.80 所示。

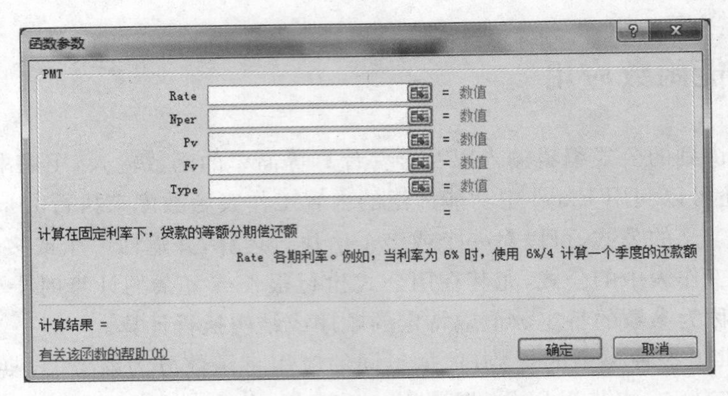

图 3.80 “函数参数”对话框

假设买房需要到银行贷款，贷款总额为 39 万元，计划分 23 年偿还，年利率为 5%，那么每年连本带息要还多少钱？解决这个问题需要使用 PMT 函数。

PMT 函数需要在 Rate、Nper、Pv、Fv 和 Type 文本框中输入 5 个自变量值。提示区显示该函数功能注释为“计算在固定利率下，贷款的等额分期偿还额”。接着显示的是输入栏的动态提示。例如将光标放在 Rate 文本框中时，下面对该自变量的注释是“Rate 各期利率。……”，类似操作可以看到其他自变量的相应注释。

此处在 Rate 文本框中输入贷款年利率 5%；Nper 的注释是“总投资期或贷款期，即该项投资或贷款的付款期总数”，输入 23，表示总贷款期为 23 年。Pv 的注释是“从该项投资（或贷款）开始计算时已经入账的款项，或一系列未来付款当前值的累计和”，输入 390000，表示获得银行贷款有 39 万款项入账；Fv 注释是“未来值，或在最后一次付款后可以获得的现金余额。如果忽略输入，则认为此值为 0”，表示未来值为 0，23 年后银行要求必须偿清贷款，所以不必输入。Type 注释是“逻辑值 0 或 1，用以指定付款时间是在期初还是在期末。如果为 1，付款在期初；如果为 0 或忽略，付款在期末。”一般偿还贷款是在每年的年末，所以可以忽略该项。

将这几项自变量值填好后，在“函数参数”选项卡下方，已经显示出计算结果为“−28913.36055”，表示分期偿还额，如图 3.81 所示。

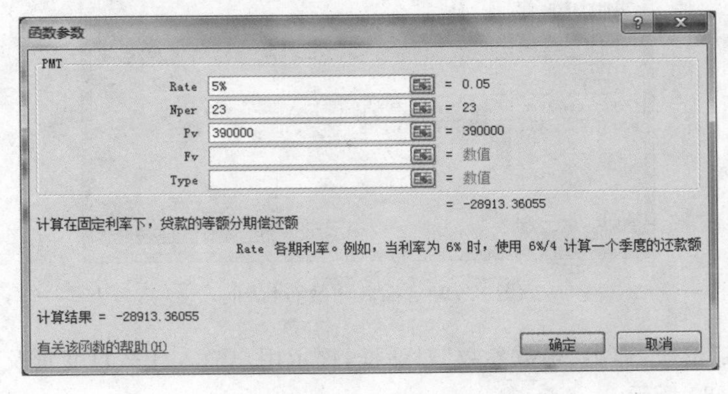

图 3.81 分期偿还额

因为要向银行付出款项，所以为负值。如果贷款总额以负值输入，则每期付款为正值。单击“确定”按钮后，该函数填入单元格。单元格中看到的是计算数值，编辑栏中看到的是公式“=PMT(5%，23,390000)”。如需修改自变量的值，可在编辑栏中直接输入修改的新值。例如，若贷款利率为0，则计算结果=PMT(0，23，390000)=-16956.52。对于这种特殊情况，值可用于验证这个函数的正确性。

上述Rate、Nper、Pv、Fv和Type文本框中的数值可以分别选自工作表的某个指定单元格，并根据指定单元格数值的变化而改变。

3.4.2 单变量求解问题

在Excel公式输入方式下，公式表达与计算值是与单元格数据相关联的。例如当与公式有关的单元格数值发生变化时，公式的值也会改变。现在反过来思考，当公式的值发生变化时，与之相关的某个单元格会发生什么变化呢？这就是变量求解。

“单变量求解”可以解决公式值发生变化，其组成变量值变化的问题。例如方程 $y=3x^2$，若 y 为24，x 等于几？这实际上是求解一元方程。数学上求解方程需要严格推导，但Excel的“单变量求解”则是通过一定的操作方法算出自变量的值，而以该值代入公式时，公式相应值和给定值的误差应在某个范围内。

先选择两个相邻的单元格，如C3和D3，在编辑栏左边的单元格名字中直接输入分别命名为x和y的字母，按Enter键确认。在名为y的单元格中输入公式“=3 * x * x”，如图3.82所示。

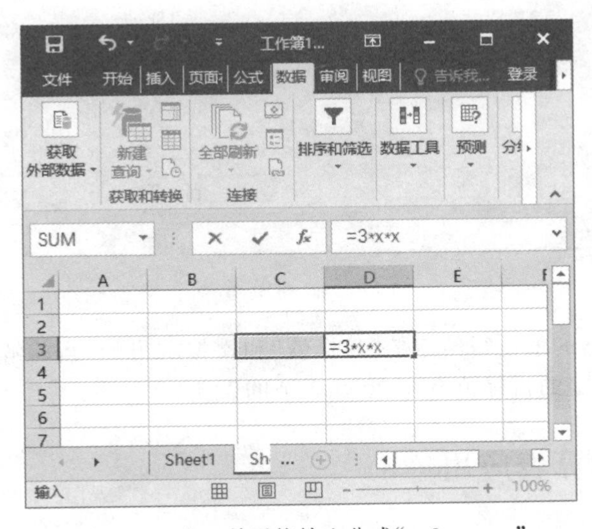

图3.82　在y单元格输入公式“=3 * x * x”

选中单元格D2，单击“数据”工具卡“预测”组中“模拟分析”下边的扩展箭头，选中“单变量求解”选项，出现如图3.83所示的“单变量求解”对话框。

在“目标单元格”文本框中输入公式所在单元格，选中D3。在“目标值”文本框中输入目标数值24。“可变单元格”即所求的自变量所在的单元格，选中C3。单击“确定”按钮，

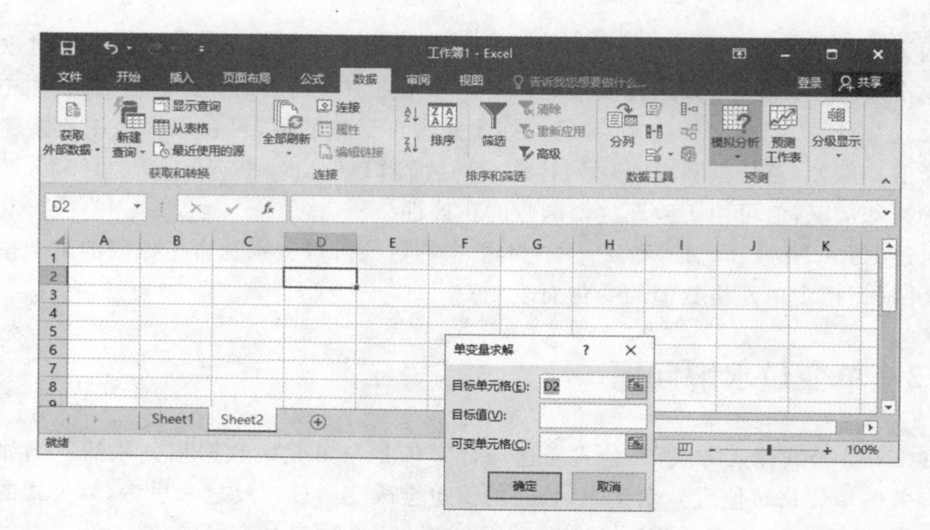

图 3.83 “单变量求解”对话框

显示求解结果，如图 3.84 所示。

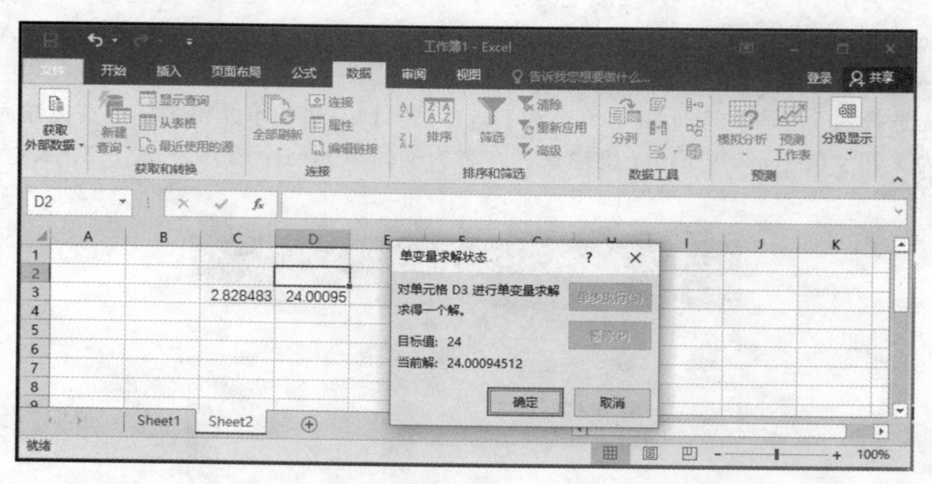

图 3.84 求解结果

所得可变单元格的值使得给定的“目标值”和模拟求出的“当前解”是一致的，但是可以看出，当前解与给定的目标值有 0.00094512 的误差。

3.4.3 模拟运算表应用

模拟运算表是在给定公式的基础上，使公式中一个或两个自变量发生变化，观察对公式结果的影响。现以买房贷款计算使用的 PMT 函数为例，介绍模拟运算表的使用方法。

1. 单变量模拟运算表

首先输入数据创建一个单变量模拟运算函数关系表，如图 3.85 所示。

其中单元格 D5＝PMT(D2,D3,D4)，如果希望得到年利率 D2 变化所导致的年度偿

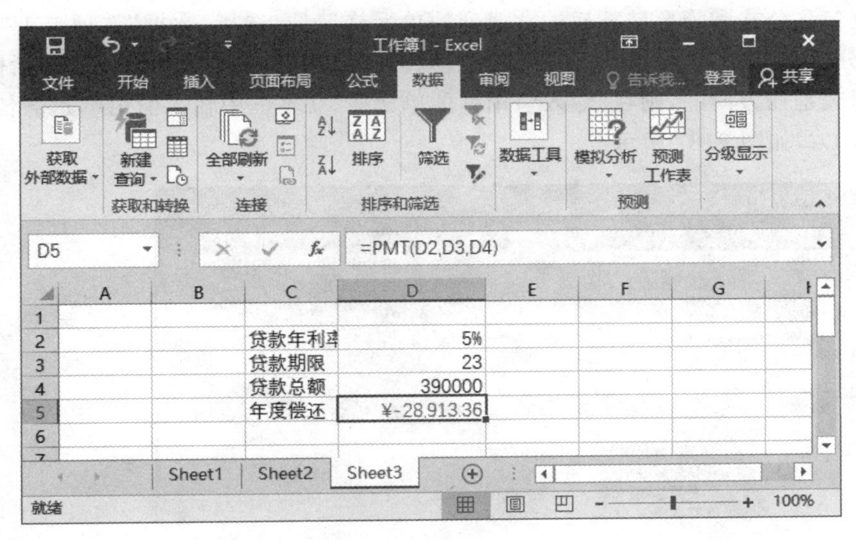

图 3.85 函数关系表

还数额 D5 的变化，就要用到单变量模拟运算表。

单变量模拟运算表需要输入一列自变量单元格数值，称为列引用；或输入一行自变量单元格数值，称为行引用。单变量模拟运算表中使用的公式必须引用这些自变量单元格输入的数据。此例是在一列中输入要输入单元格的数值序列。

输入的年利率数值被排成一列，再在数值列第一个数值的上一行右侧单元格 F7 中输入所需的公式。此处输入“＝D5”，如图 3.86 所示。

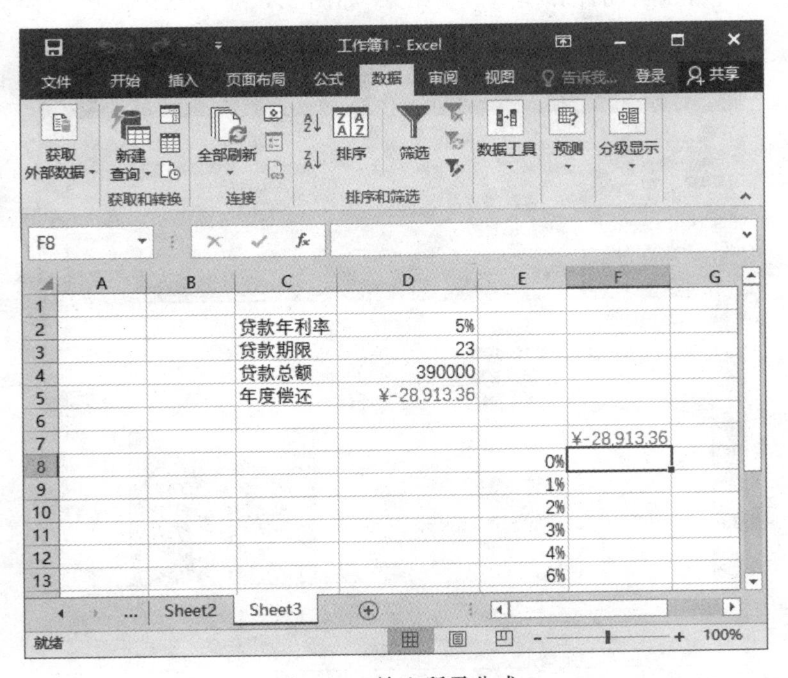

图 3.86 输入所需公式

选定包含公式和需要被替换的数值列的单元格区域，选择“数据”选项卡上“预测”组中“模拟分析”下侧的扩展箭头，选择“模拟运算表”选项，弹出“模拟运算表”对话框。如果模拟运算表是列方向的，则在“输入引用列的单元格”文本框中输入引用单元格名称，此处输入的是 D2，如图 3.87 所示。

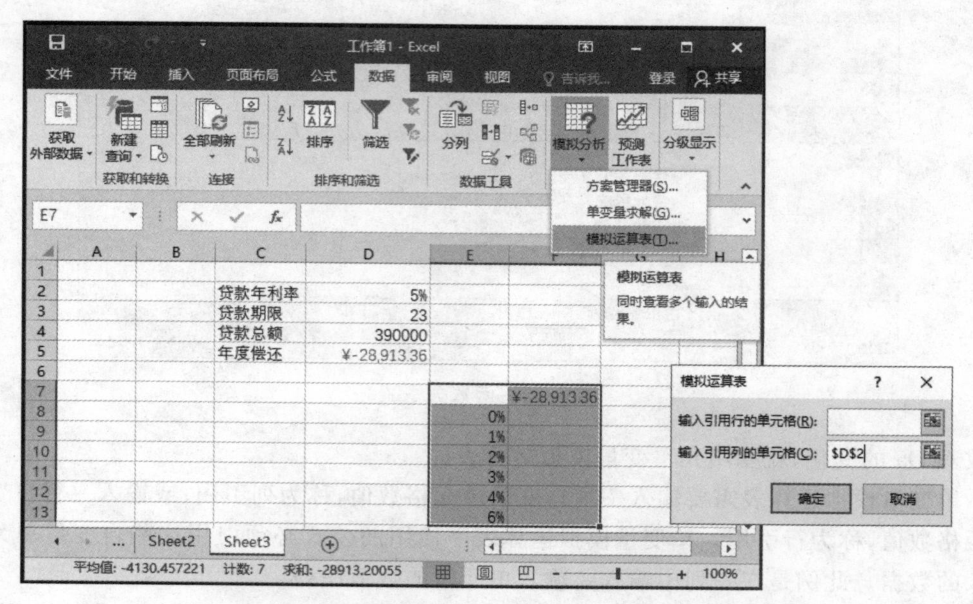

图 3.87　选择“模拟运算表”选项并输入引用单元格名称

单击“确定”按钮，自动计算模拟运算结果，如图 3.88 所示。

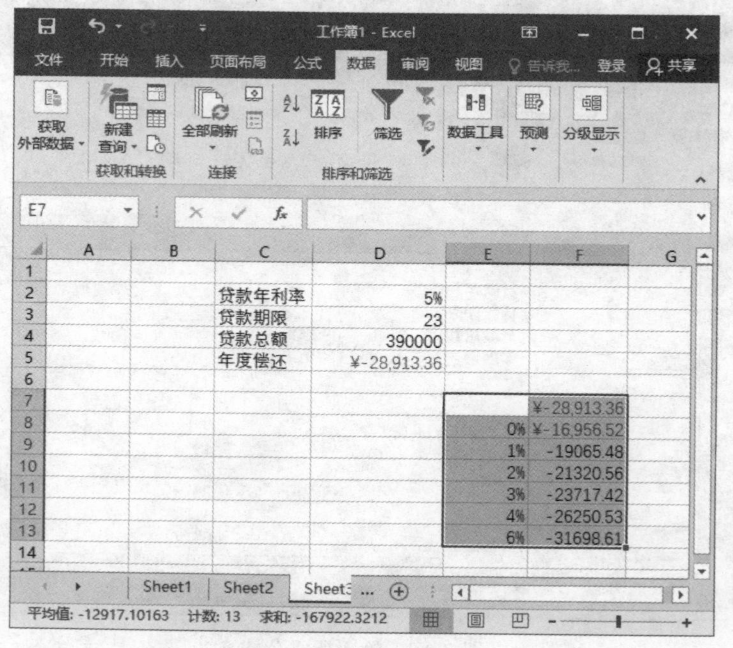

图 3.88　模拟运算结果

如果模拟运算表是行方向设置，则在“输入引用行的单元格”文本框中输入单元格引用。

2. 双变量的模拟运算表

公式中两个变量发生变化所引起的结果变化，如年利率和贷款期限的双重变化时，希望得到所导致的年度偿还额的变化情况，就要使用双变量模拟运算表。

在双变量模拟运算表中的两组输入数值使用的是同一个公式，且必须引用两个不同的输入单元格。

在工作表的某个单元格内输入所需的引用两个输入单元格的公式，此处为 B7＝D5。在公式下同一列中输入一组列引用数值，此处输入年利率的变化，在公式右边同一行中输入行引用数值，此处行中为贷款期限的变化。然后选定包含公式以及数值行和列的单元格区域，此处为 B7 到 F13 单元格区域。

选择“数据”功能选项卡上“预测”组中“模拟分析”扩展选项中的“模拟运算表”命令，弹出“模拟运算表”对话框。在“输入引用行的单元格”文本框中输入行数值引用单元格，这里为 D3。在“输入引用列的单元格”文本框中输入要由列数值替换的输入引用单元格，这里为 D2，如图 3.89 所示。

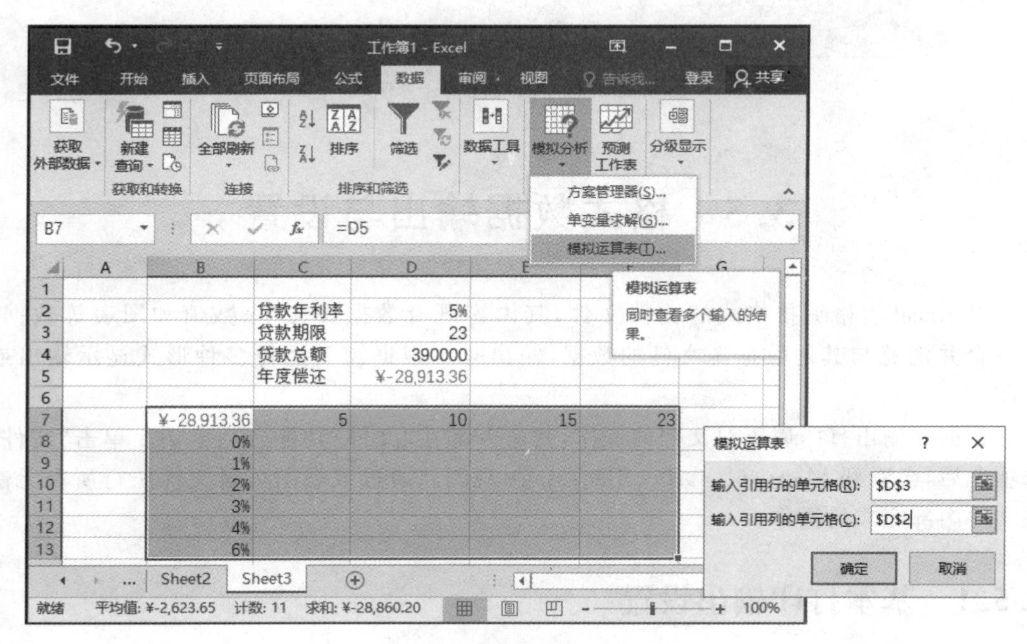

图 3.89　输入引用单元格

单击“确定”按钮，Excel 会自动运算，将结果填入所选单元格区域中，如图 3.90 所示。

无论是单变量的模拟运算表还是双变量的模拟运算表，当公式改变或与公式有关的其他单元格的数值改变时，模拟运算表的结果都会有相应的变化。

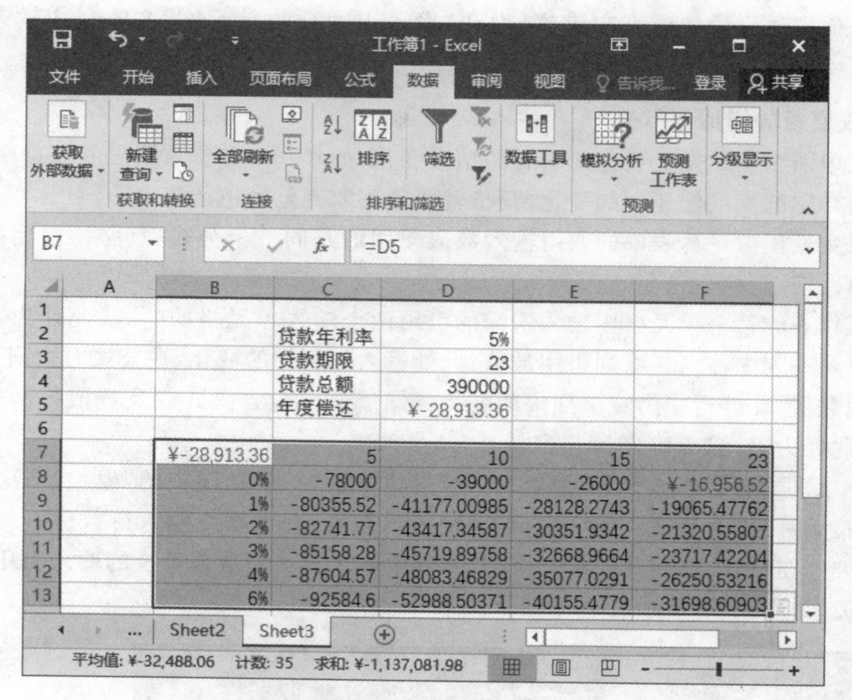

图 3.90 结果填入数据计算区域

3.5 格式数据输出与设置

以 Excel 表格编排格式的文档文件，其内容既有数据源文字、数值和图表等数据，也有合并汇总与其他数据源文件的数据，输出时可根据需要选择多种形式显示输出或打印。

数据的输出打印属于对文档的操作，其命令都在“文件”功能选项卡中。单击“文件”选项卡后，会看到 Microsoft Office Backstage 视图。通过该视图可对文件执行所有无法在文件内部完成的操作。

3.5.1 基本打印输出设置

在打印输出前需要先对打印的内容区域、打印布局等进行设置。在“打印”选项下的“设置”主题下可对一些常用项目进行快速设置。

1. 打印区域设置

对输出打印的内容范围进行设置。可以打印整个工作簿，也可以打印当前活动的工作表，或者打印表内选定的数据等，如图 3.91 所示。

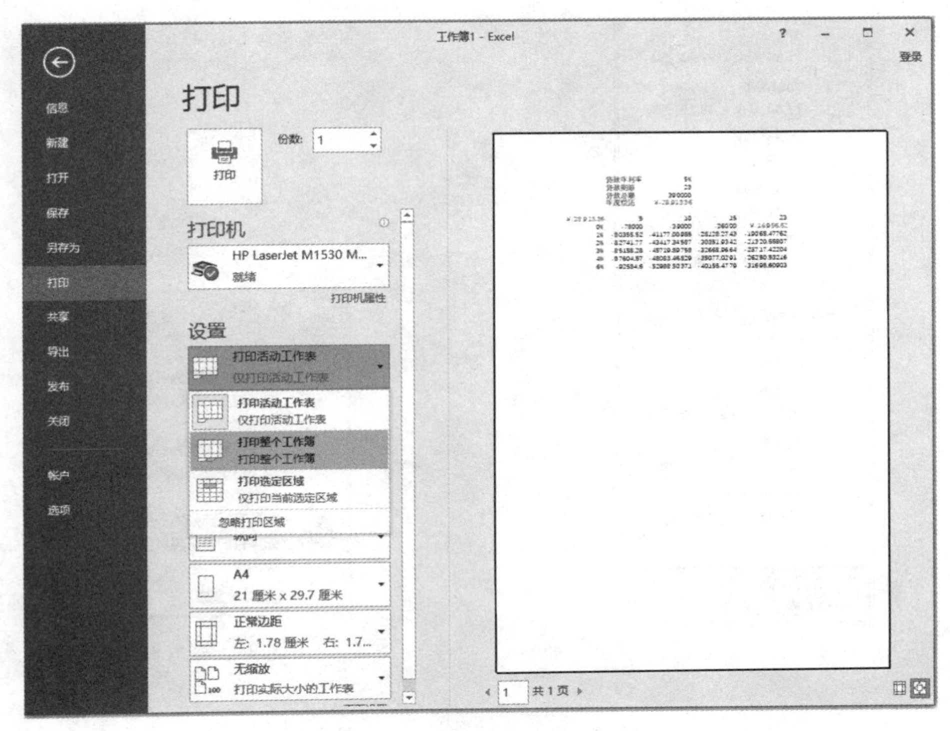

图 3.91　对打印内容区域进行设置

2. 打印页码设置

如果只需要打印工作表中的某几页，可以对打印页码进行设置，如图 3.92 所示。

图 3.92　打印页码设置

3. 纸张方向的设置

打印时根据数据内容的布局，可对纸张选择横向或纵向，使纸张适应表格数据。

4. 纸张规格的设置

对打印纸张的大小规格进行设置，常用的有 A4、B5、信纸等多种规格，如图 3.93 所示。

5. 页边距设置

页边距是工作表数据与打印页面边缘之间的空白区域。顶部和底部页边距可用于放置某些项目，如页眉、页脚及页码。

6. 缩放设置

通过缩放设置，可以将打印的内容调整到一页中，也可以只将页宽或页高单独调整到一页的宽度或高度，如图 3.94 所示。

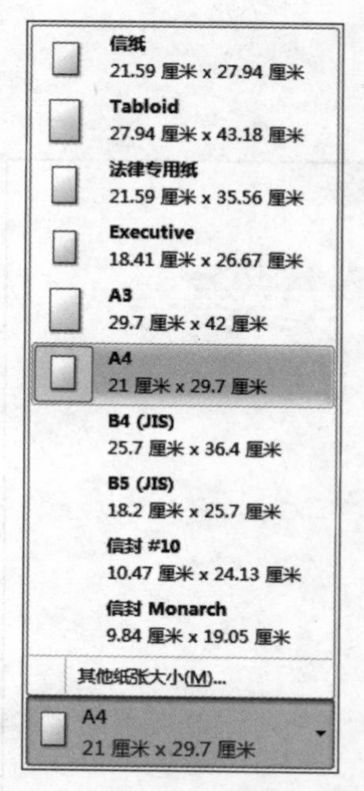

图 3.93　打印纸张规格设置

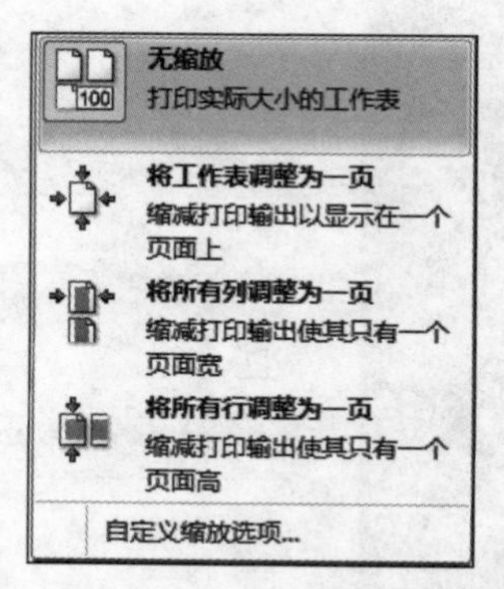

图 3.94　缩放设置

3.5.2　自定义设置打印输出

若需详细设置，可选择下边的"页面设置"选项，打开"页面设置"对话框，对页面、页边距、页眉/页脚以及工作表等项目参数进行自定义设置，如图 3.95 所示。

如果工作表较大，打印时需跨越多页，可以在每页打印行和列标题或标签（也称为打印标题），以确保正确地标记数据。

打印标题实际上就是在每个打印页重复特定的行或列。

在选择"打印活动工作表"的情况下，可以对工作表进行自定义打印设置。选中"页面设置"对话框中的"工作表"选项卡，在"顶端标题行"文本框中输入对包含列标签的行的引用；在"左端标题列"文本框中输入对包含行标签的列的引用。例如在每个打印页的顶部打印列标签，可在"顶端标题行"文本框中输入"＄3：＄3"，如图 3.96 所示。

3.5.3　打印预览功能

在确定页面设置和打印区域后，在正式打印之前可预览打印页，检查打印效果。

预览图像显示在"打印"Backstage 视图的右侧区域，可以在屏幕上预览打印效果。拖动视图右侧的滚动条，可以预览不同的页码，如图 3.97 所示。

图 3.95 “页面设置”对话框

图 3.96 在打印页上重复特定行或列的设置

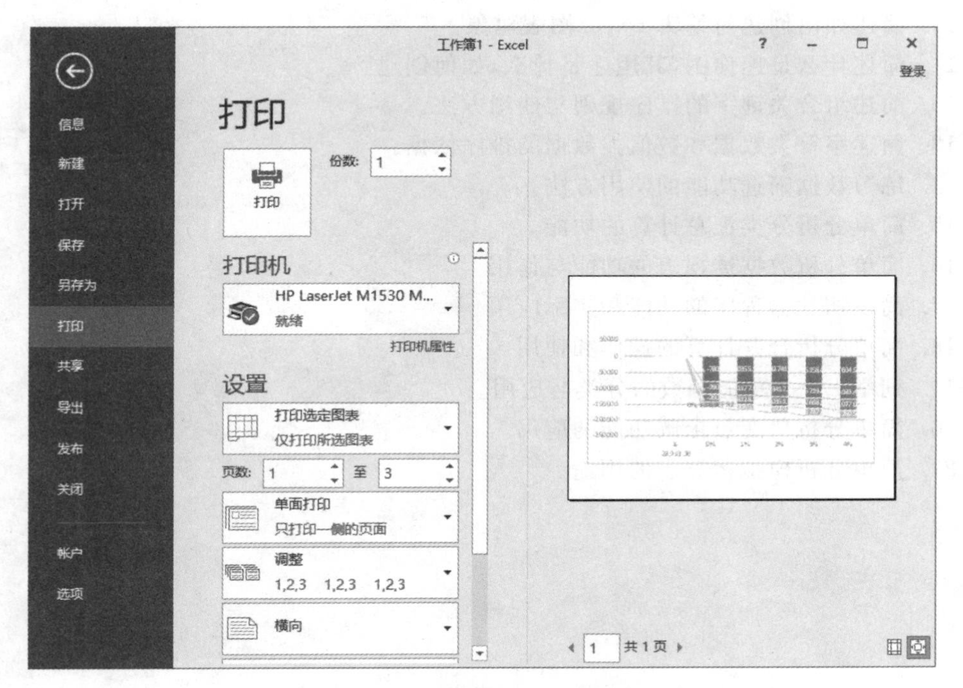

图 3.97 Backstage 视图的打印预览界面

打印一张超出一页的大表时，Excel 会根据设置的纸张大小、边框等对表自动分页。如果对自动分页的结果不满意，可以尝试手动分页，以取得满意的打印效果。

添加或删除水平分页线的方法是：

(1) 选定分页处下面的一个单元格。

(2) 选择“页面布局”功能选项卡“页面设置”组中“分隔符”扩展选项下的“插入分页符”命令，即可在单元格的上方和左侧各添加一条分页线。

(3) 若想删除分页线,可在“分隔符”扩展选项下,选择“删除分页符”即可。

思考练习题

1. 简述 Excel 工作表和工作簿的关系。
2. 简述 Excel 工作表中编辑栏和单元格的操作关系。
3. 设计案例练习设置单元格格式。
4. 列举 Excel 图形对象的实际应用。
5. 简单列举自定义工具栏主要的功能选项,并说明其作用。
6. 列举 Excel 的数据类型。
7. 列举在公式编辑输入过程中,可以使用的运算符分为几类。
8. 简述单元格的相对引用、绝对引用,各有何特点。
9. 简单列举 Excel 各类格式编排方法与应用。
10. 简述如何创建与编辑 Excel 图表对象。
11. 简述什么是迷你图,其用途是什么,如何创建。
12. 简述组合关键字的排序规则与使用方法。
13. 简述字符类数据和数值类数据的排序依据。
14. 练习数据筛选功能的使用方法。
15. 简单分析分类汇总计算的功能。
16. 简单分析数据透视表的功能与作用。
17. 简述切片器程序的功能和实际应用。
18. 简单分析合并计算的操作和使用。
19. 列举 Excel 功能函数的分类与应用。
20. 简单分析单变量求解功能的应用。
21. 简单分析模拟运算表的用途。

第4章 PowerPoint 演示文稿制作程序

PowerPoint 演示文稿制作程序是专门制作和放映电子幻灯片的办公自动化软件，是一种多媒体演示文稿制作工具。利用 PowerPoint 程序功能，可使用文本、图形、照片、视频和动画等各种对象表现方法，设计制作各类演示文稿。本章以 PowerPoint 2016 为例，主要内容有：

- PowerPoint 幻灯片版式设计；
- PowerPoint 窗格编辑方式；
- 插入数据图表对象；
- 插入 SmartArt 结构图；
- 插入其他多媒体对象；
- 插入设置超链接对象；
- 幻灯片应用主题定义；
- 幻灯片母版创意与设计；
- 幻灯片放映时屏幕标记设计。

4.1 PowerPoint 程序应用

使用 PowerPoint 演示文稿应用程序可以制作丰富多彩的电子幻灯片文档。在 PowerPoint 环境中，可创建 pptx 或 ppt 格式的文件，设计与编辑由计算机系统演示其内容与效果的电子幻灯片演示文稿。像使用投影机播放幻灯片一样，PowerPoint 每一张幻灯片的素材可以是文字、表格、图表、图形、声音和影像等，利用 PowerPoint 可制出不同的效果。

4.1.1 PowerPoint 文档创建方式

用户可以根据内容需要和设计风格创建自己的演示文稿。可以完全新建一个演示文稿，也可以根据现有大纲创建演示文稿。在设计风格上可以根据设计模板创建演示文稿，也可以设计母版，创建富有个性化的演示文稿。

1. 创建空白演示文稿

PowerPoint 与 Microsoft Office 的其他应用程序相同，从“开始”菜单中选择 PowerPoint 启动应用程序，如图 4.1 所示。

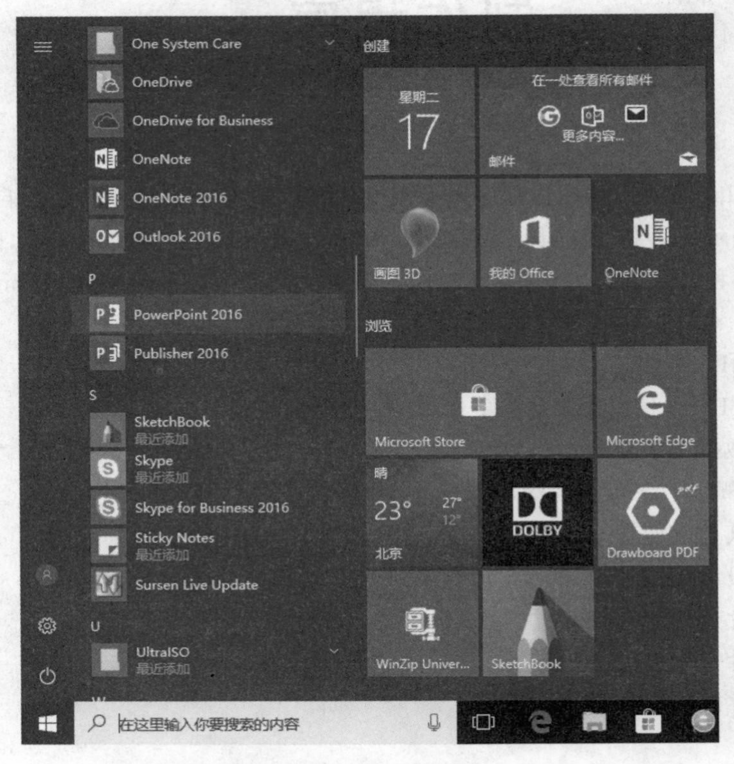

图 4.1　在“开始”菜单中启动 PowerPoint

启动 PowerPoint 后，系统会自动创建一个空白文档。从最少选项设计版面开始，设计未应用颜色以及格式的空白幻灯片，即以最基本的格式创建演示文稿，如图 4.2 所示。

也可以在功能区选择“文件”功能选项卡，从中选择“新建”选项，联机模板和主题窗格中有“空白演示文稿”“样本模板”和“主题”等选项供选择，如图 4.3 所示。

2. 利用样本模板创建演示文稿

模板是一种预先定义的带有某种固定版式、颜色、字体、背景或文字的演示文稿样式。

在样本模板中有解释说明性文字、标识内容大纲、提示用户应该输入的内容主题、解释预置图形的含义，也有占位符供用户输入新内容。例如，常用的样本模板有宣传手册、培训方案、项目状态报告等类型。

样本模板可以引导用户按步骤制作出某种固定模式的演示文稿，甚至已经预先定义好了内容大纲和结构，用户只需按照提示添加或更新内容即可，如图 4.4 所示。

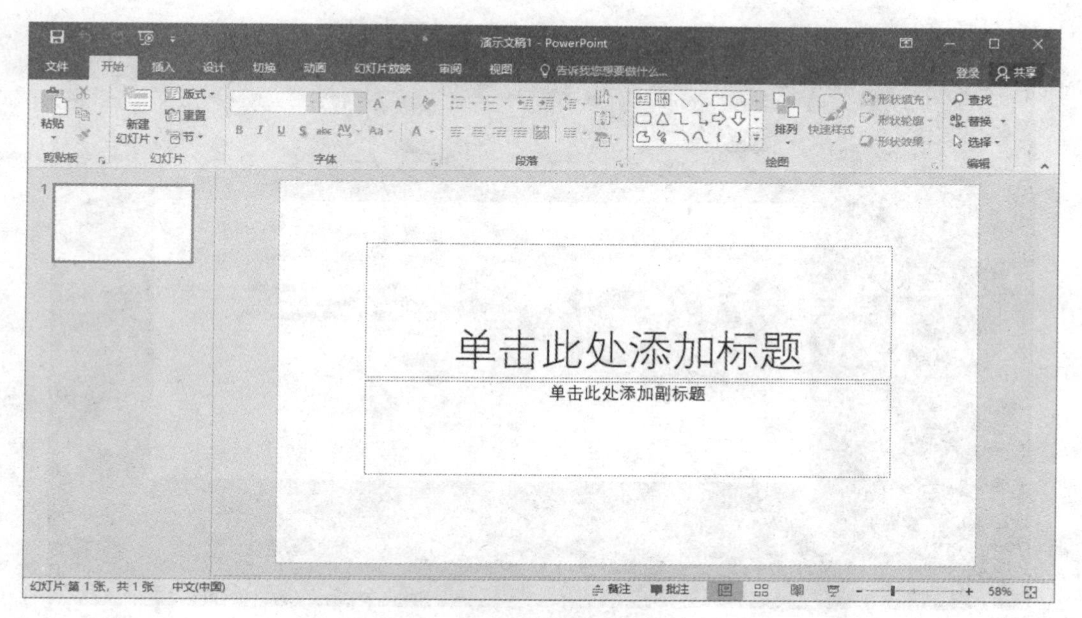

图 4.2　空白演示文稿

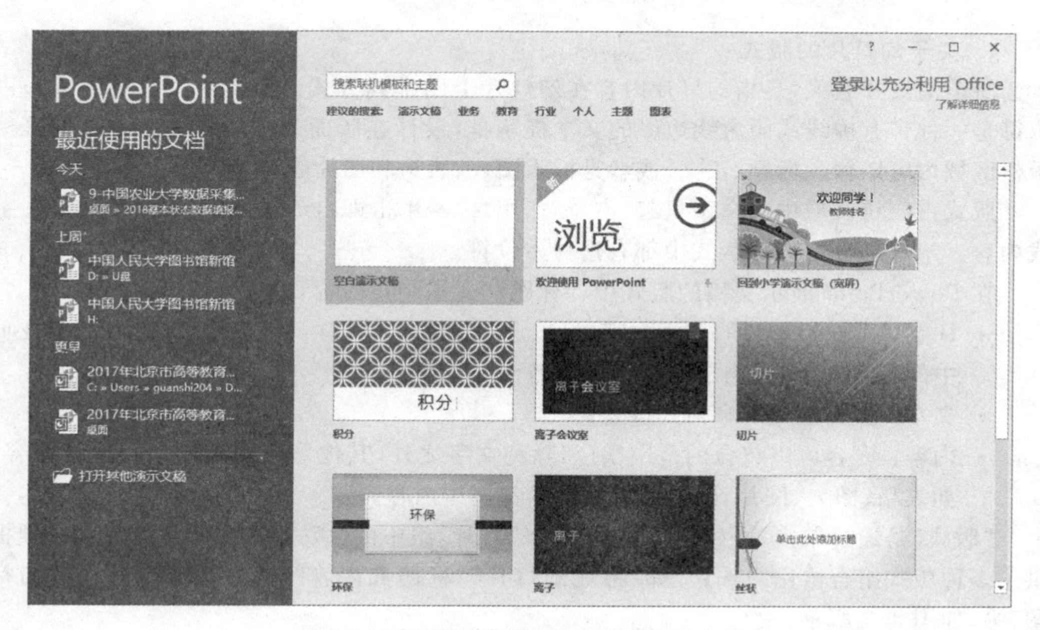

图 4.3　利用联机模板和主题创建演示文稿

4.1.2　PowerPoint 幻灯片版式

建立演示文档后，多数情况下还需要进一步对幻灯片的版式进行选择。

图 4.4　选用主题模板

1. 关于幻灯片的版式

所谓幻灯片版式，是指幻灯片内容在幻灯片上的排列方式。版式由占位符组成。占位符是一种带有虚线或阴影线边缘的文本提示框，设计在版面的不同位置。在占位符提示框区域内可以输入标题、正文，或者是插入图表、表格和图片等对象。

版式占位符区域中的文字只起"占位"作用，一经单击即自动消失，由用户添加新文字或内容。绝大部分幻灯片版式中都有这种占位符。

在 PowerPoint 演示文稿的版式中，"标题""文本"与"内容"也有其特指的对象。

- 标题：可指幻灯片的首页文字，只包含题目文字，相当于图书封面；也可指正文页中的题目文字，相当于图书的章节名称。
- 文本：指文本文字和格式设置。
- 内容：内容可以包含的范围很广，除纯文字之外，其他形式的对象都可称为内容。如表格、图表、图片、图形和剪贴画等都属于内容。

"版式"是通过单击"开始"功能选项卡"幻灯片"组中的"版式"按钮选定的。系统预提供了多种版式组合给用户选用，如"标题幻灯片""标题和内容""两栏内容"和"图片与标题"等，如图 4.5 所示。

2. "标题幻灯片"版式

该版式适用于编排演示文稿的开头页或其中某一章节的开头。整张幻灯片上只有标题或副标题占位符区域，没有正文文本和其他内容占位符区域，如图 4.6 所示。

标题幻灯片具有专用的"标题母版"控制其格式，除此之外，其他版式的幻灯片都统一用"幻灯片母版"来定义格式。

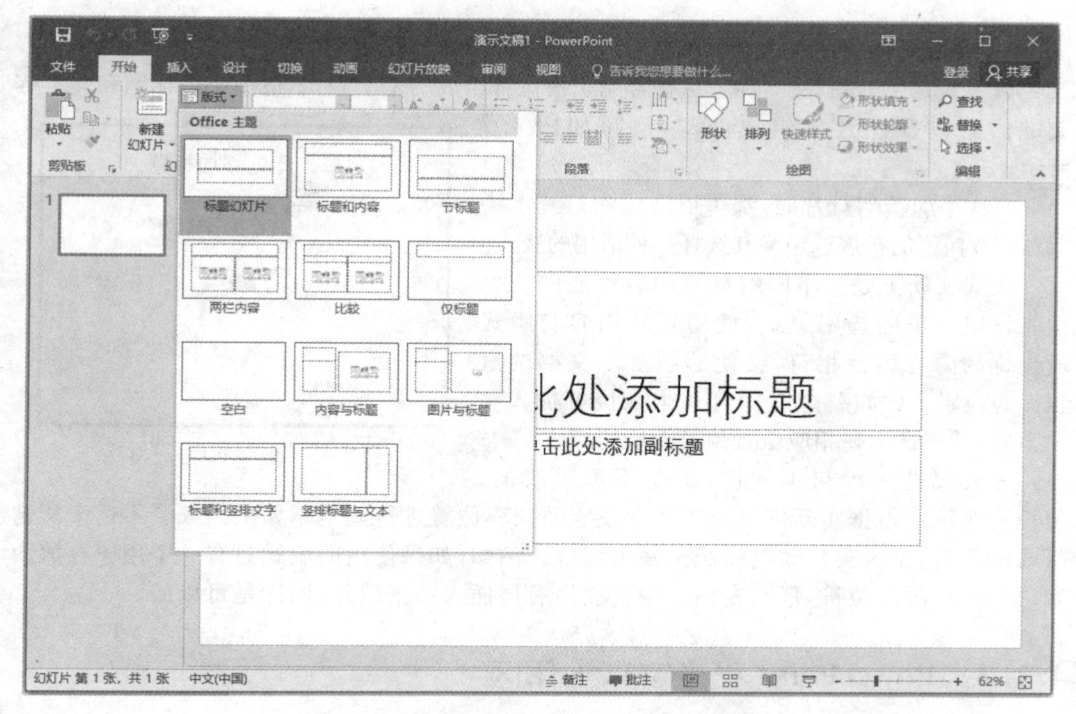

图 4.5 “开始”功能选项卡上的“版式”扩展选项表

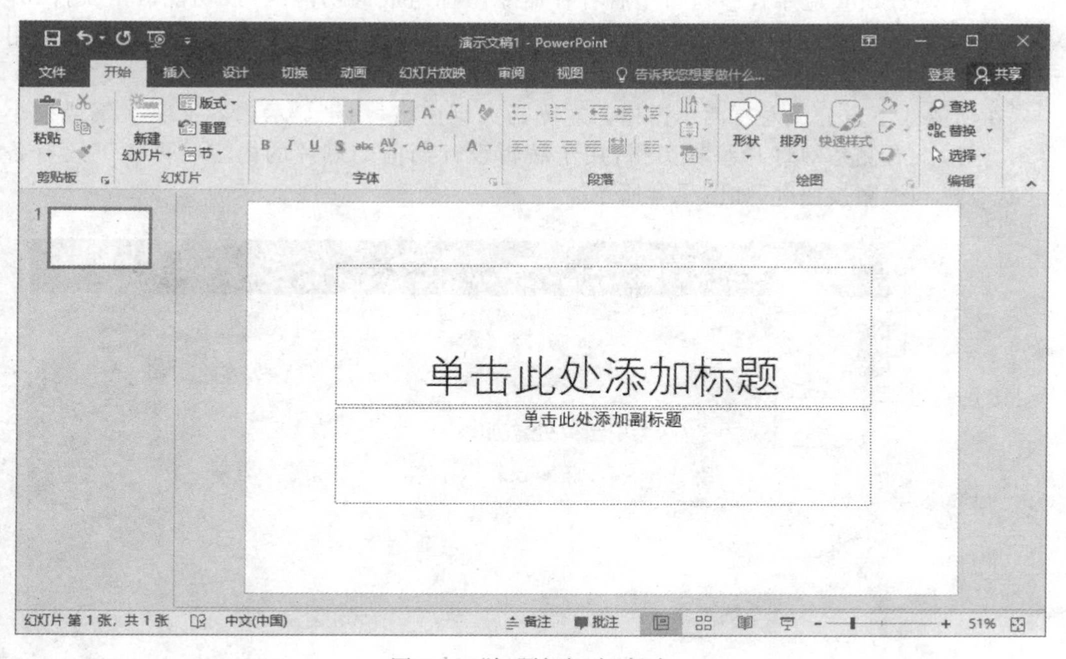

图 4.6 “标题幻灯片”版式

3. “标题和内容”版式

该版式是由标题、文本和项目符号列表占位符组成的基本版式，适用于由标题和文本等文字信息以及图片等组成的幻灯片，如图 4.7 所示。

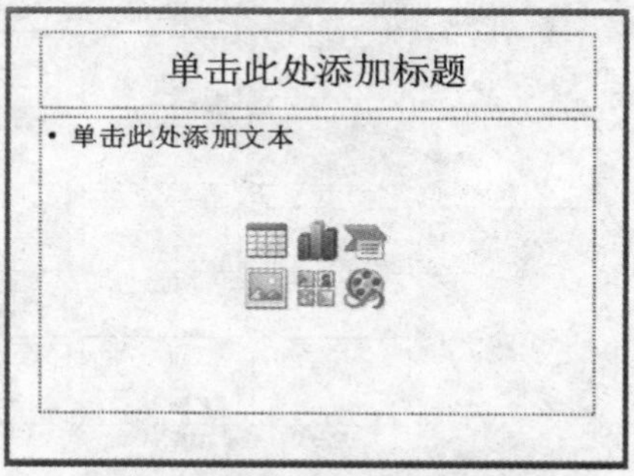

每次添加新幻灯片时，都可以通过幻灯片组中“版式”按钮下的扩展选项为其选择一种适用的版式。

版式实质上是对不同幻灯片内容性质的一种预先设定。正确选用版式，使幻灯片内容与版式所设定的内容属性相符，会使编制演示文档的过程得心应手。比如要想在幻灯片中某位置加入一个图表，最好选用在相应位置预设图表的版式。

单击此处添加标题

• 单击此处添加文本

图 4.7 “标题和内容”版式

版式仅是一种初步预设，不是不可更改的。用户完全可以根据实际需要对版式中设定的内容位置进行调整。如果插入了不适于所选版式的项目，系统会自动对该版式做出调整。例如，如果使用的版式只有一个用于存放内容(如表格)的占位符，那么在插入一个表格后再插入一张图片，同样是可以的。

4.1.3 PowerPoint 程序窗口工作区

在 PowerPoint 应用程序窗口中有各种命令图标组成的功能区，该功能区由文件、开始、插入、设计、切换、动画和幻灯片放映等功能选项卡构成。每个功能选项卡上都有适用于演示文稿编辑设计的命令图标。

在功能区下方分成左右两个窗格。左侧是大纲窗格，用于显示内容文字大纲或缩小显示幻灯片；右侧是幻灯片编辑窗格，用于编辑设计当前幻灯片的内容。再往下还有备注、状态栏和视图按钮等，如图 4.8 所示。

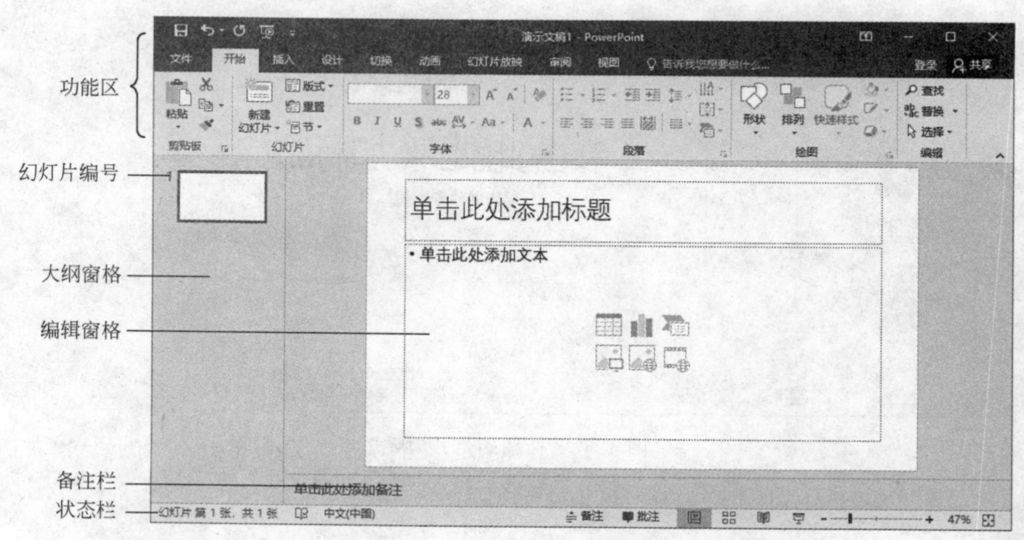

图 4.8 PowerPoint 程序窗口的构成

大纲窗格是为方便组织演示文稿的内容而设立的，能比较直观地显示演示文稿内容的上下层次关系，有助于编辑演示文稿的内容，如图 4.9 所示。

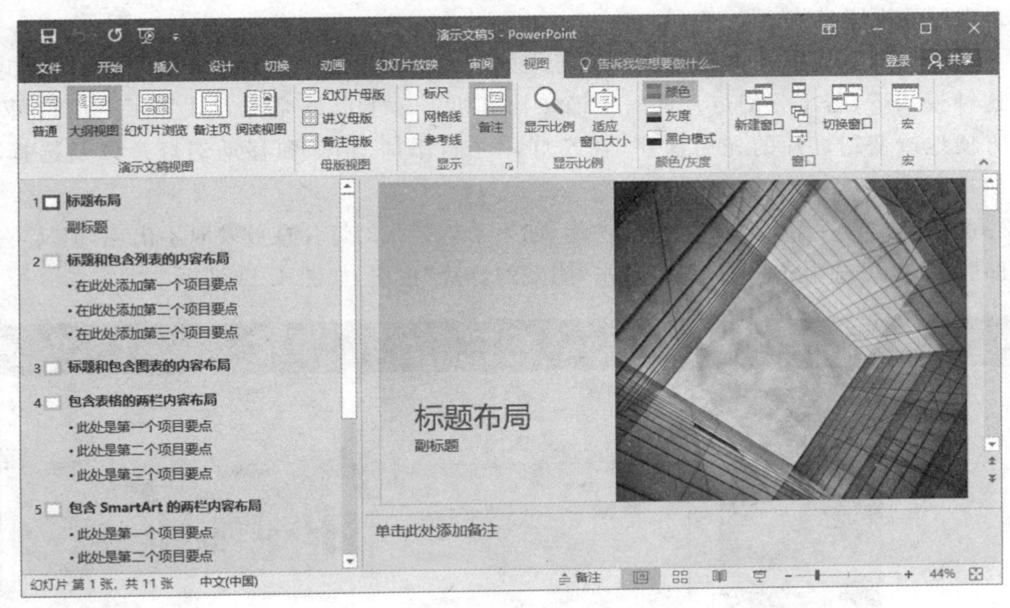

图 4.9　大纲窗格

在幻灯片窗格中，可以显示和编辑每一单张幻灯片中的内容、格式、外观效果等。可以在单张幻灯片中添加图形图像、影片和声音等，还可以向其中添加动画，创建超级链接和预览动画等，如图 4.10 所示。

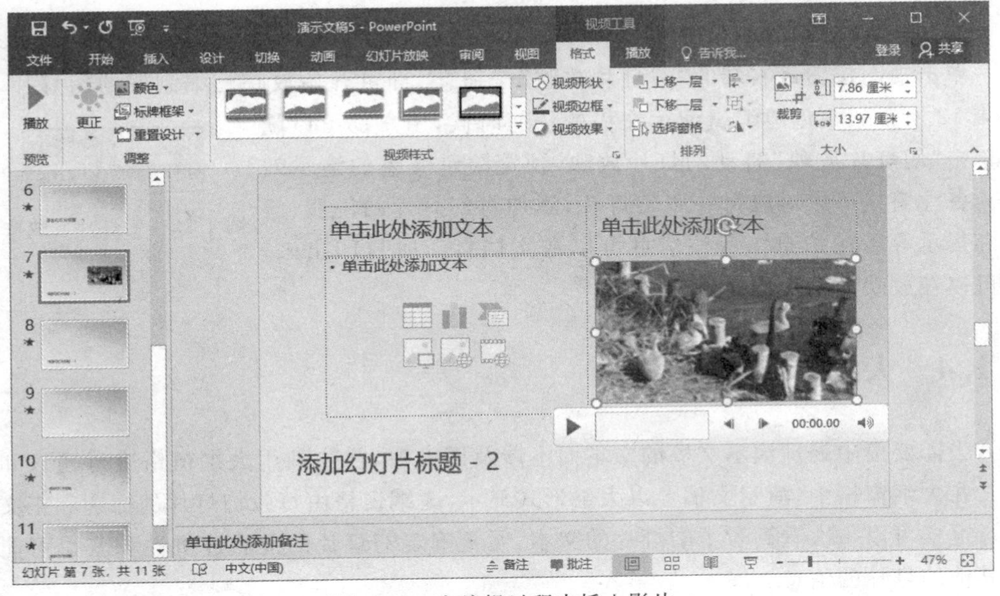

图 4.10　在编辑过程中插入影片

通过视图按钮可以选择不同的视图方式,即普通视图、幻灯片浏览视图和幻灯片放映方式。普通视图包含大纲窗格、幻灯片编辑窗格和备注窗格三个窗格区,是编制演示文稿时最常用的视图模式。

幻灯片浏览视图是将已编制好的若干张幻灯片以矩阵方式显示的一种视图模式。在这种模式下,若干张幻灯片同时平铺在计算机屏幕上以缩略图方式显示。用户可以很方便地改变幻灯片的先后次序,在幻灯片之间添加、删除和移动幻灯片以及选择动画切换。

这种模式有一个"隐藏幻灯片"功能,如果希望某张幻灯片在放映时不出现,但又不想立即删除它,可选中该张幻灯片,单击"隐藏幻灯片"按钮,如图 4.11 所示。

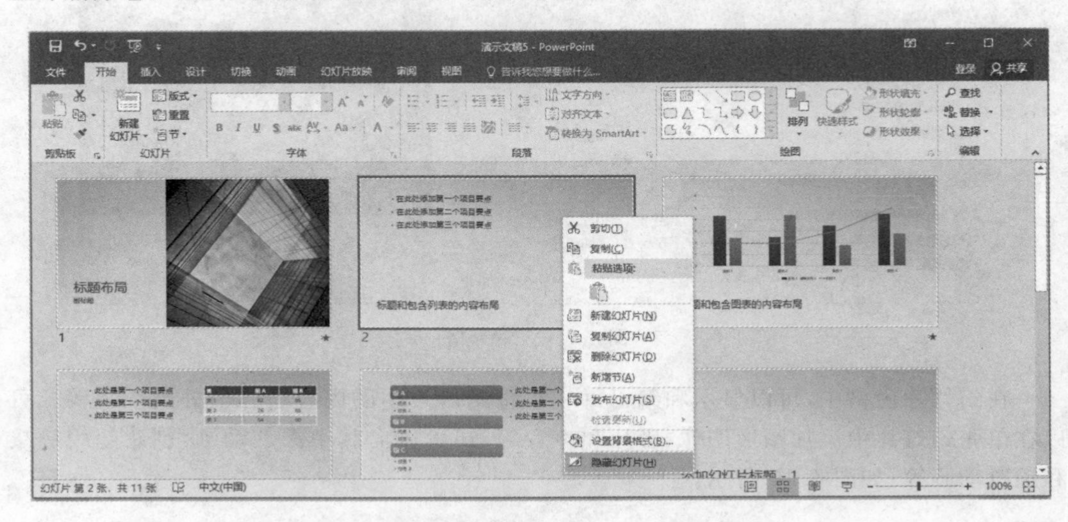

图 4.11　幻灯片浏览视图的"隐藏幻灯片"功能

单击视图按钮最右端的"幻灯片放映"按钮,即可开始放映已编制好的幻灯片,如图 4.12 所示。在创建编辑演示文稿的任何时候,用户都可以随时单击"幻灯片放映"启动幻灯片放映,预览演示文稿的演示效果。备注窗格可以对应每一张幻灯片,添加对幻灯片的说明、解释和提示等备注信息。备注信息可以在文档打印时打印出来,也可以在放映演示文档时调出参考。

图 4.12　幻灯片放映按钮

4.1.4　大纲窗格编辑方式

当需要集中处理演示文稿的文本而不涉及图案时,往往利用大纲窗格进行输入和编辑。在大纲窗格中,演示文稿会以大纲形式显示,大纲窗格由每张幻灯片的标题和正文组成。这样可以一次看到若干幻灯片的文本,便于确定幻灯片的前后连贯性和获得可能来自其他幻灯片的信息。

大纲中的内容可以有很多来源:可以是键盘直接输入的、使用系统"样本模板"所提供的准备好的格式文本、插入有标题或子标题样式的文本和其他格式文件中的文本，如Word中的txt或doc文件等。所以，大纲视图是组织和创建演示文稿内容的理想方式。

在编辑过程中，大纲窗格中的文字内容与编辑窗格中的文字内容是同步改变的，并可以相互双向响应。用户可通过在大纲中输入演示文稿的所有内容，然后进行段落和项目符号的组织编排，形成一张张幻灯片。

在大纲选项卡中，每张幻灯片的标题都会出现在编号和图标的旁边，正文在每个标题的下面。正文的缩进可多达5层。在大纲视图中，可以重新编排幻灯片中的内容，移动整张幻灯片，以及编辑标题和正文。

在大纲窗格中组织内容非常容易，因为工作时可以看见屏幕上所有的标题和正文。例如要重排幻灯片或项目符号，只要选定要移动的内容，再拖动到新位置即可。

在大纲窗格中还可以方便地插入、删除和复制幻灯片。插入、删除和复制的方法同编辑Word大纲视图文本的方法一样。

如果要在已有的幻灯片之间插入一张新幻灯片，可以将光标放到插入的位置，然后单击"新建幻灯片"按钮。在一个空白的幻灯片图标后面直接按Enter键，也能插入新幻灯片。

要移动幻灯片，可以在幻灯片浏览视图和大纲窗格下幻灯片之间进行添加、删除和移动以及选择动画切换等。

4.1.5 幻灯片窗格编辑方式

虽然通过大纲窗格进行幻灯片的文字编辑是比较理想的方式，但它毕竟有应用的局限性。大纲窗格只能处理纯文字信息，对于非文字内容，如图片、表格和影音等信息无法显示和编辑，只有在幻灯片编辑窗格中才能处理这些类型的信息。

在幻灯片编辑窗格中可以直接显示出内容的字体、颜色和版式等格式信息，对图形、图片、表格和公式等内容进行形象、直观的表现。除了其中包含的动态变化信息(动画效果、切换效果等)外，基本上接近将来的演示放映效果。

根据创建文档时选用模板的不同，在幻灯片窗格显示的文字版式有两种情况：一种是模板已给出实际大纲文字内容的模式，用户可在此基础上修改补充内容，做进一步完善。如通过"样本模板"建立的文档，系统已给出大纲文字，如图4.13所示。

另一种是只给出内容字体、字号、版式格式，没有实际文字，只用占位符示意的模式。用户需要单击占位符，重新输入具体内容。所谓占位符就是"单击此处添加标题""单击此处添加文本""单击此处添加备注"等文字。用户单击时，它会自动消失，让位于用户输入的文字和内容。通过"空演示文稿""主题"建立的演示文档均属这种情况，如图4.14所示。

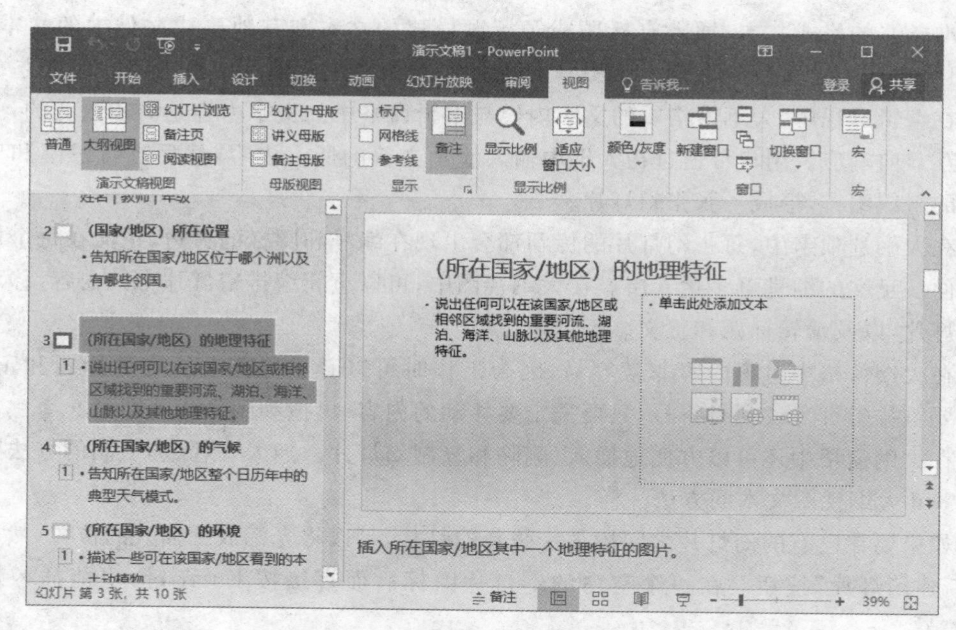

图 4.13 使用“样本模板”创建新文档

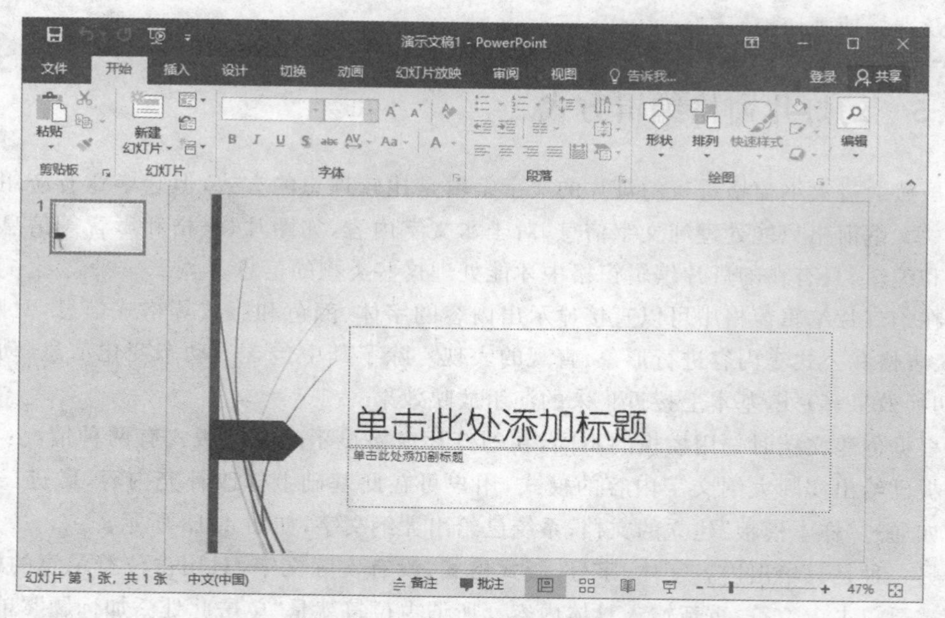

图 4.14 通过“主题”新建的文档

4.1.6 演示文稿保存格式

单击“保存”按钮可保存编辑好的演示文稿。如果是第一次保存演示文稿，系统会提示命名演示文稿文件名和存放路径位置。

通过“文件”选项卡上的“另存为”命令，可以改变文件名称或文件类型。

如果要保存为可以编辑、修改的类型，应存为扩展名为 pptx 的文件，称为“PowerPoint 演示文稿”类型。该类型文件再次被打开时，用户既可对其内容进行修改、编辑，也可以放映。放映完毕，文件返回打开的状态，可以编辑、修改。

如果“另存为”扩展名为 ppsx 的文件，称为“PowerPoint 放映”类型，则可以将演示文稿文件存为以放映方式打开的类型。当单击打开这类文件时会自动放映，放映完毕则退出 PowerPoint 程序。

PowerPoint 可以直接将文档保存为 PDF 格式的文件，其扩展名为 pdf。PDF 可以保留文档格式并允许文件共享。要查看 PDF 文件，必须在计算机上安装 PDF 读取软件，比如 Acrobat Reader。

4.2 PowerPoint 对象的插入与应用

在幻灯片演示文稿中，除了纯文字内容外，还可以插入和编辑各种图表及多媒体对象，如图片、表格、图表、SmartArt 图、公式、艺术字、视频和音频以及嵌入对象等内容，使得幻灯片的内容更加直观、形象和生动，变得丰富多彩，增强视觉效果。

对非文字内容的输入和编辑，需要在幻灯片窗格中进行。

4.2.1 插入公式对象

在插入公式之前，为了更容易地使公式在幻灯片中定位，最好将该张幻灯片版式定义为“标题和内容”。可执行“开始”功能选项卡“幻灯片”组中的“新建幻灯片”命令，选择“标题和内容”版式。

使用公式编辑器的工具创建公式，首先选择要添加公式的幻灯片为当前的幻灯片，并选定占位符位置；选择“插入”功能选项卡上“符号”组中的“公式”命令扩展箭头，在打开的下拉菜单中选择预置的公式类型。常用公式有圆的面积、二项式定理、和的展开式、傅里叶级数、勾股定理、二次公式、泰勒展开式以及三角恒等式等，如图 4.15 所示。

4.2.2 插入表格对象

用表格表示数据关系，简单明了，方便阅读。在 PowerPoint 中加入表格是非常方便的。

先将要加入表格的幻灯片定义为“标题和内容”版式，在占位符区域有“插入表格”“插入图表”“插入 SmartArt 图形”“图片”“联机图片”和“插入视频文件”等选项，如图 4.16 所示。

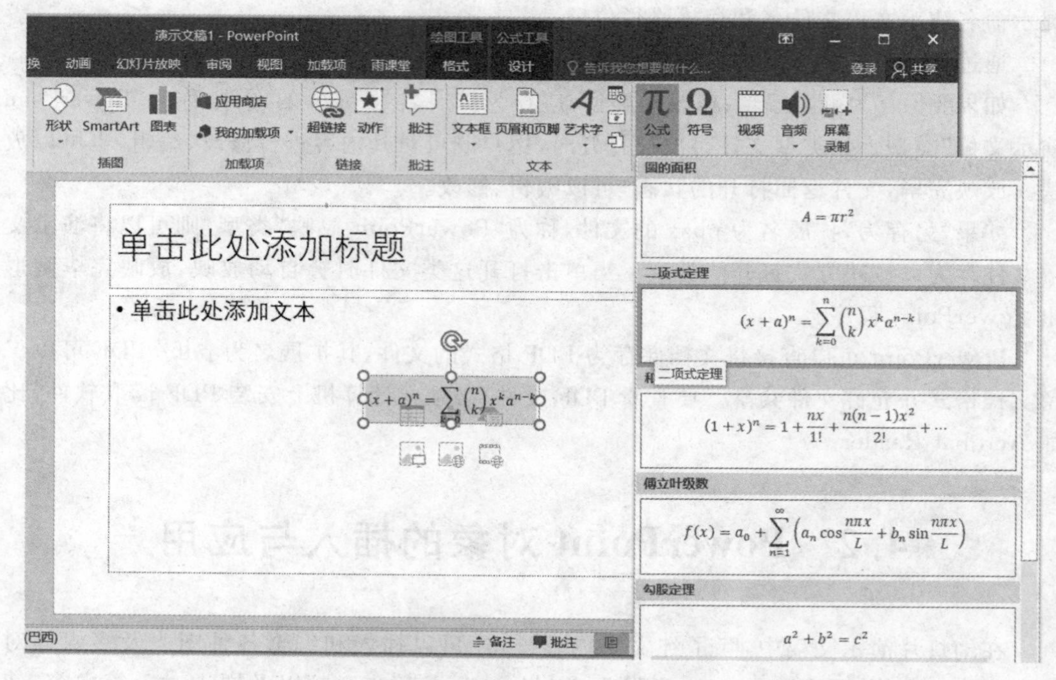

图 4.15 插入“二项式定理”公式

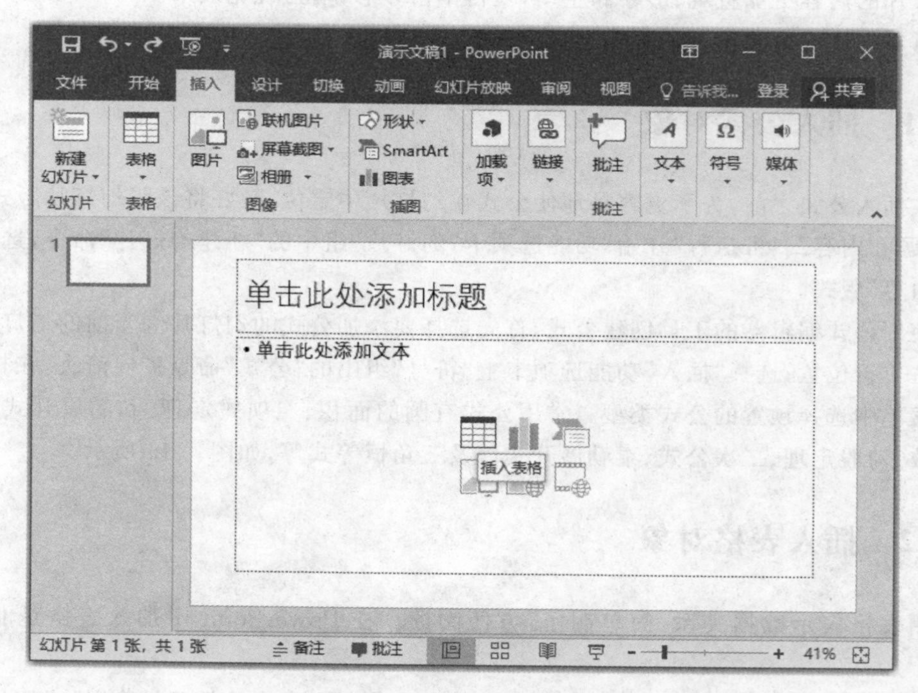

图 4.16 “标题和内容”版式

1. 新建表格

按照提示，单击占位符上的“插入表格”按钮，弹出“插入表格”对话框，填入相关参数，定义为 5×10 格局，单击“确定”按钮，如图 4.17 所示。

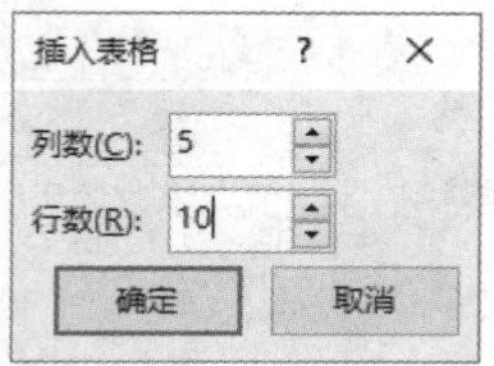

图 4.17 “插入表格”对话框

系统在幻灯片上生成一个 5×10 的表格，同时在功能区自动增加“表格工具-设计”和“表格工具-布局”两个功能选项卡，可对表格样式及表格参数进行设定。在单元格内可输入字母、文字和数字等内容，如图 4.18 所示。

利用“表格工具-设计”和“表格工具-布局”两个功能选项卡可以对表格进行行列的插入、删除以及单元格的合并与拆分等操作。操作过程与 Word 文档中相似，只是在 PowerPoint 中的表格不能进行计算或排序。

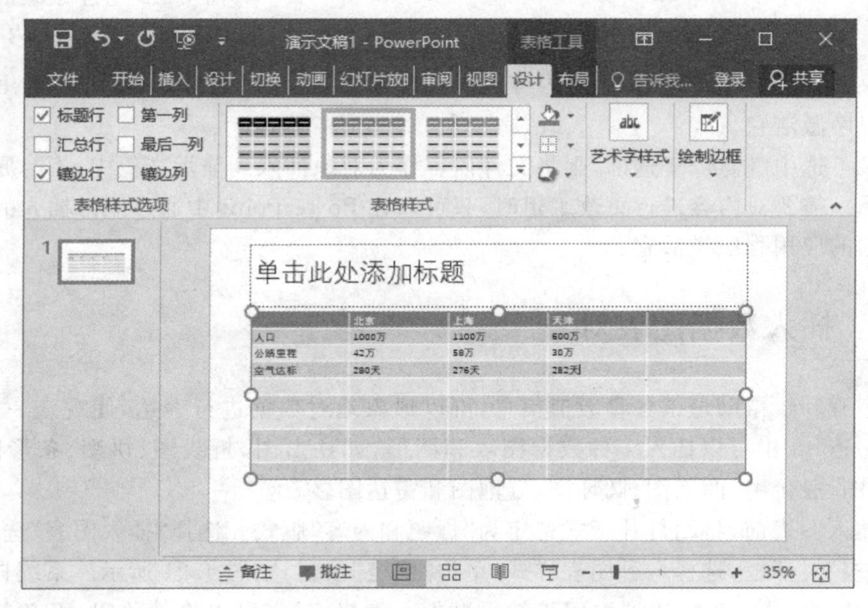

图 4.18 按 5×10 格局定义的表格

用鼠标对表格的 4 个边或 4 个角拖动，可对表格整体进行拉伸与压缩。

2. 由已有文件导入表格

如果已经建立了 Excel 图表数据或 Word 格式的表格，可以将其直接加入 PowerPoint 演示文稿中。

选定一张幻灯片，执行“插入”功能选项卡上“文本”组中的“对象”命令，打开“插入对象”对话框，选择“由文件创建”单选按钮，通过“浏览”按钮选定要插入的 Excel 或 Word 文件，单击“确定”按钮后即可将选中表格插入演示文档中，如图 4.19 所示。

如果选择“链接”复选框，则将图形文件插入演示文稿中。该图片是一个指向文件的快捷方式，因此原文件内容如有更改将通过快捷菜单中的“更新链接”操作随时反映在演示文稿中，如图 4.20 所示。

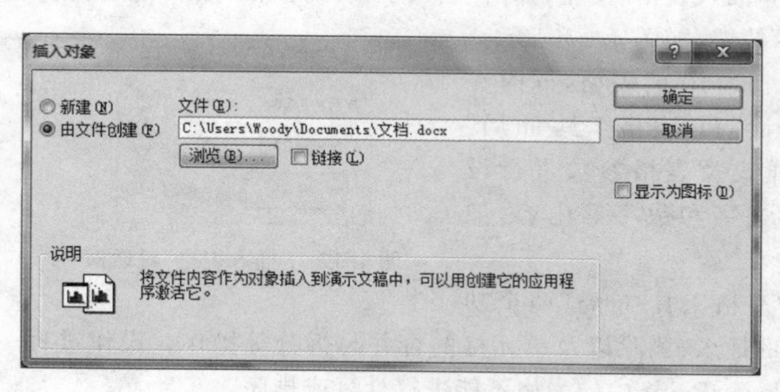

图 4.19　在“插入对象”对话框中指定文件路径

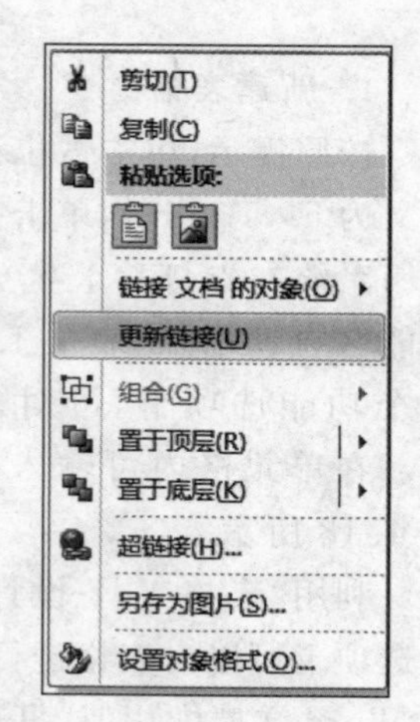

图 4.20　通过“更新链接”操作更新表格内容

如果需要在 PowerPoint 中对内容进行更改编辑，也可以通过双击，自动调用创建它的应用程序激活它。

如果不选中“链接”复选框，则将文件内容作为对象插入到演示文稿中，不与原文件再发生联系。需要对内容进行更改编辑时，只可以在 PowerPoint 中通过双击插入的对象调用创建它的应用程序激活它。

4.2.3　插入数据图表对象

图表有利于帮助理解各种数值信息，可以形象地对数据进行表达，使观众一目了然。在 PowerPoint 中可以插入多种数据图表和图形，如柱形图、折线图、饼图、条形图、面积图、散点图、股价图、曲面图、圆环图、气泡图和雷达图。

在插入图表前，将幻灯片版式选定为“标题和内容”版式。选择“插入图表”选项，弹出“插入图表”对话框，选择一种图表样式，单击“确定”按钮，如图 4.21 所示。系统自动调用 Excel 程序，生成一个默认表格用于编辑数据。编辑完毕，可以将其关闭，不必单独对其执行保存命令，如图 4.22 所示。

此时，在幻灯片中生成一个与 Excel 表对应的图表。同时系统自动增加“图表工具-设计”和“图表工具-格式”两个选项卡，用来对图表的外观、布局等进行设定。具体操作与在 Excel 程序中的操作相同，如图 4.23 所示。

如需对数据进行修改，可以通过“图表工具-设计”功能选项卡上“数据”组中的“编辑数据”命令将数据表格调出来。

4.2.4　插入 SmartArt 结构图

SmartArt 图形是一种具有智能性质的图形，预置了多种基本图形结构，可以根据实际需要很容易地增加图形的基本结构。SmartArt 图形包括流程图、循环图、层次结构、关

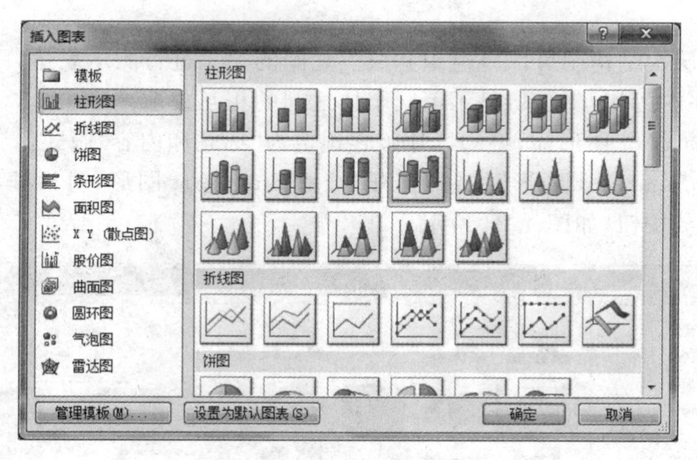

图 4.21 “插入图表”对话框

Microsoft PowerPoint 中的图表

	A	B	C	D	E
1		系列 1	系列 2	系列 3	
2	类别 1	4.3	2.4	2	
3	类别 2	2.5	4.4	2	
4	类别 3	3.5	1.8	3	
5	类别 4	4.5	2.8	5	
6					
7					
8					

图 4.22 自动调用 Excel 程序

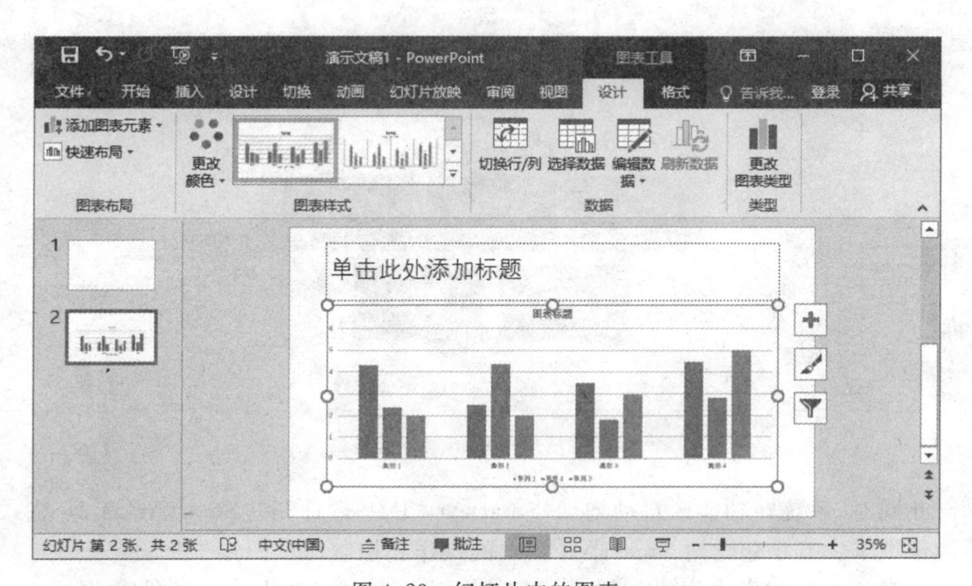

图 4.23 幻灯片中的图表

系图以及矩阵等。

例如，利用层次结构图可以将组织和成员之间的关系进行图示表达，可以直观地表达组织内部上下左右的相互关系，显示不同个体之间的相互关系。

在插入 SmartArt 图形前，将幻灯片版式选定为“标题和内容”版式。

单击“插入 SmartArt 图形”按钮，打开“选择 SmartArt 图形”对话框，从中选定一种图形，单击“确定”按钮，如图 4.24 所示。

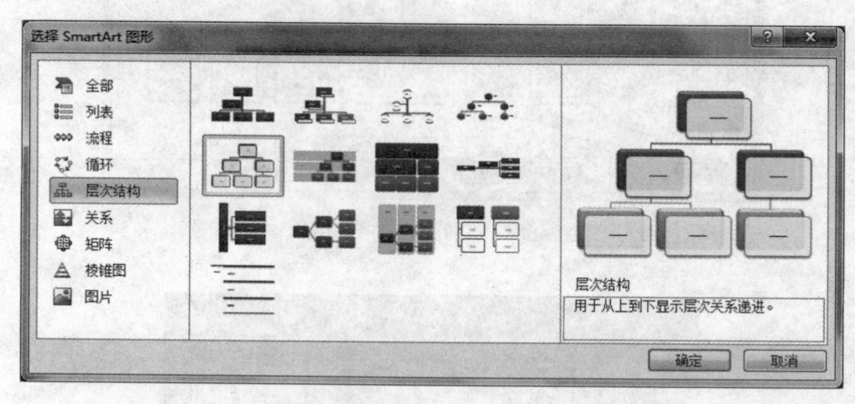

图 4.24 “选择 SmartArt 图形”对话框

系统进入文字编辑状态，在幻灯片上生成一个 SmartArt 图形，同时附带打开一个“在此处键入文字”编辑框，可在其中录入文字，如图 4.25 所示。

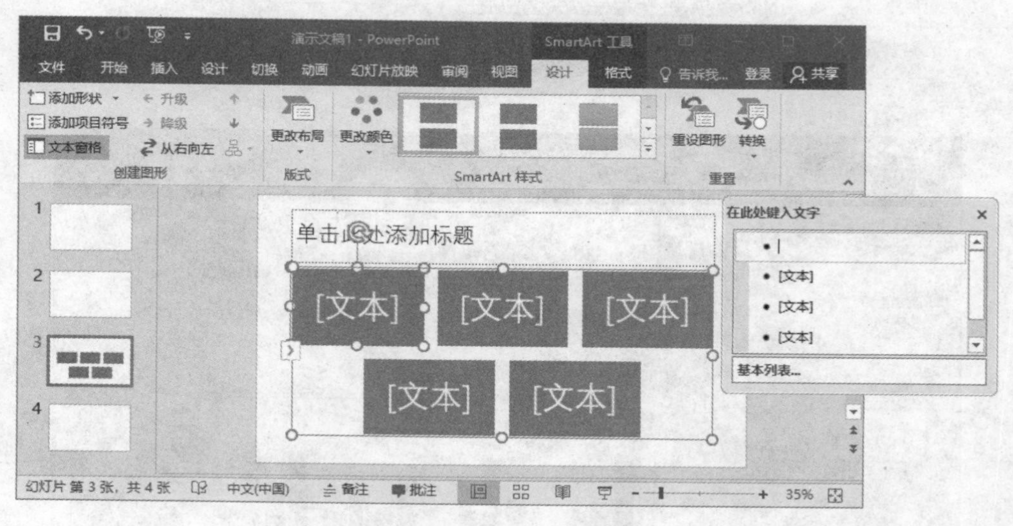

图 4.25 层次结构图及编辑框

与此同时，系统在功能区自动增加“SmartArt 工具-设计”和“SmartArt 工具-格式”两个功能选项卡。其中包含对 SmartArt 图形的操作和控制命令。

系统默认的结构形式往往不能满足用户的实际需求，这时就需要利用 SmartArt 工具选项卡上的命令在原结构上编辑、修改。

单击“SmartArt 工具-设计”功能选项卡上“创建图形”组中的“添加形状”按钮，可以在图中选中元素的前、后、上、下添加一个基本形状，如图 4.26 所示。

SmartArt 图形还包括流程图、循环图、关系图、棱锥图以及矩阵等。实际上，它们在本质上是相同的，只是采用的图示表达形式有所不同。它们都是描述不同个体之间相互关系的图示表达，不同的表达方式适用于不同的表达对象。在编辑操作步骤和图形扩展方法上是相似的。

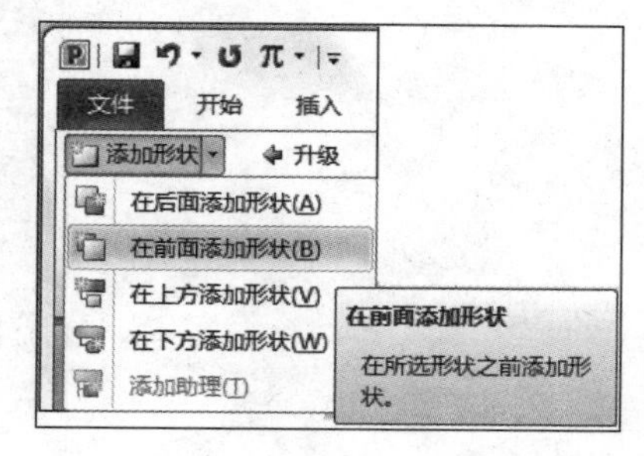

图 4.26　添加形状命令

4.2.5　插入其他多媒体对象

在 PowerPoint 中，还可以把剪贴画、图片和视频等多媒体文件插入幻灯片中。

它们的插入过程、目标文件来源和对应的文件格式略有不同。

1. 插入图片

在这里，可以插入用户自备图形、图像和照片等文件，按照存储位置的路径调用的文件。

在“标题和内容”版式的幻灯片上单击占位符中的“图片”按钮，打开“插入图片”对话框，选定路径和图片文件后单击“确定”按钮即可，如图 4.27 所示。

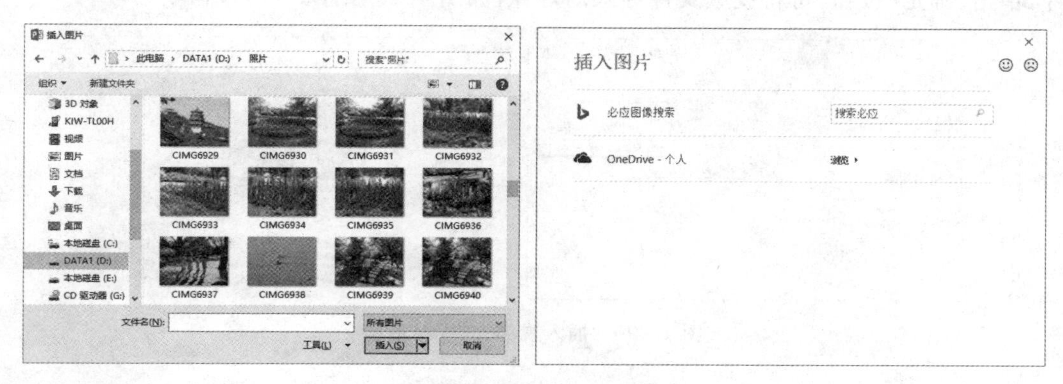

图 4.27　“插入图片”对话框

若单击占位符中“联机图片”按钮，打开的“插入图片”对话框则是从互相网上搜索的图片或用户存储在云上的图片。

2. 剪贴画

剪贴画常以位图的形式出现，可以是一张照片、一幅图画。常见的文件扩展名如 pcx、gif、bmp、jpg 和 tif 等。单击“剪贴画”按钮，在窗口右侧弹出“剪贴画”窗格，单击“搜索”按钮，可出现预置剪贴画供选择，如图 4.28 所示。

单击选中的图片，即可插入幻灯片中。

图 4.28 “剪贴画”对话框

Office 2013 和 Office 2016 中不再提供剪贴画库，用户可以从其他渠道获取剪贴画，借助 Office 插入文档。

3. 插入媒体剪辑

单击幻灯片占位符中的“插入视频文件”按钮，打开“插入视频”对话框，选择路径与文件，单击“确定”按钮，可将视频文件导入幻灯片，如图 4.29 所示。

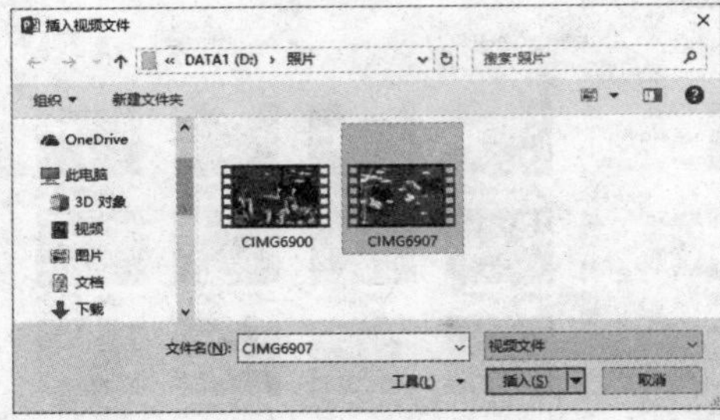

图 4.29 “插入视频文件”对话框

视频文件插入幻灯片后，在其下部自动生成一个播放控制条，单击播放按钮▶，可在幻灯片编辑状态下直接预览播放视频内容，如图 4.30 所示。

4.2.6 插入图形及艺术字对象

在幻灯片上可以插入图形和艺术字，并可以对图形和艺术字对象进行内部色彩填充、改变轮廓形状、增加立体效果等。

1. 插入图形

单击“插入”功能选项卡上“插图”组中的“形状”按钮可以插入各种预置图形，如线条、

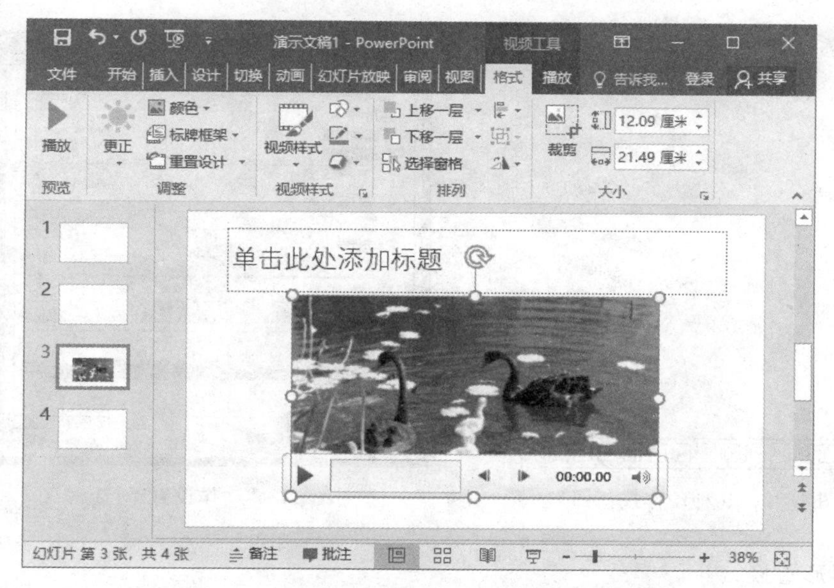

图 4.30　在幻灯片编辑状态下预览视频内容

矩形、基本形状、箭头、公式形状、流程图、星与旗帜、标注、动作按钮等。

例如，选中“笑脸”图形，用鼠标在幻灯片上拖动，可绘出任意大小的笑脸图形。与此同时，自动增加“绘图工具-格式”功能选项卡。利用“形状样式”组中的“形状填充”命令，可改变图形的颜色以及渐变方式；利用“形状轮廓”命令，可改变形状轮廓的线形及粗细；利用“形状效果”命令，可增加“发光”“映像”等多种效果，如图 4.31 所示。

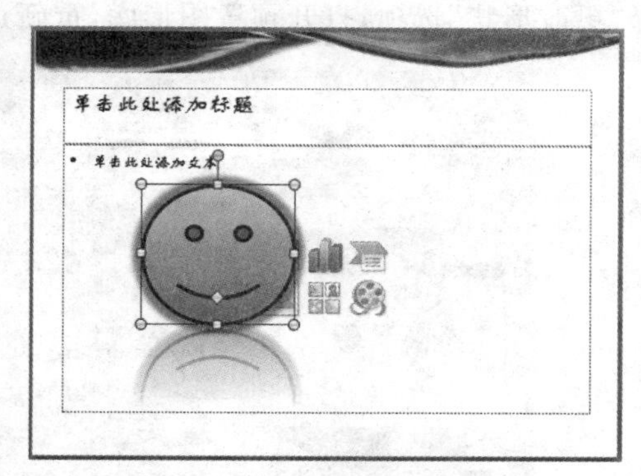

图 4.31　“笑脸”的发光和映像效果

用户随时可以在自选图形中添加文本。添加时，先选中图形，然后直接输入文本内容。文本在图形中自动处于居中位置，成为该图形的一部分，可随图形一起移动。但改变图形大小时，文本不随之改变。通过“开始”功能选项卡“字体”组中的命令，可改变文本字体、字号。在 9 类自选图形中，除了线条和连接符两类外，其他 7 类自选图形都可以添加文本。

2. 添加动作按钮

在 9 类自选图形中，动作按钮类图形都设计为“按钮”的样子，它们最适用于执行超链接的场合。当用户希望在播放幻灯片的过程中，将转到“下一张”“上一张”“第一张”和“最后一张”等各种操作动作用简明易懂、直观形象的符号来表示时，可使用动作按钮。在幻灯片的适当位置插入“动作按钮”，并定义其属性，赋予超链接的对象。播放时用鼠标直接在屏幕上单击，即可实现超链接动作，如图 4.32 所示。

由于动作按钮不仅是一种图形，还具有超链接功能，因此在幻灯片上插入动作按钮图形时，系统会自动弹出“动作设置”对话框，定义其超链接属性，如图 4.33 所示

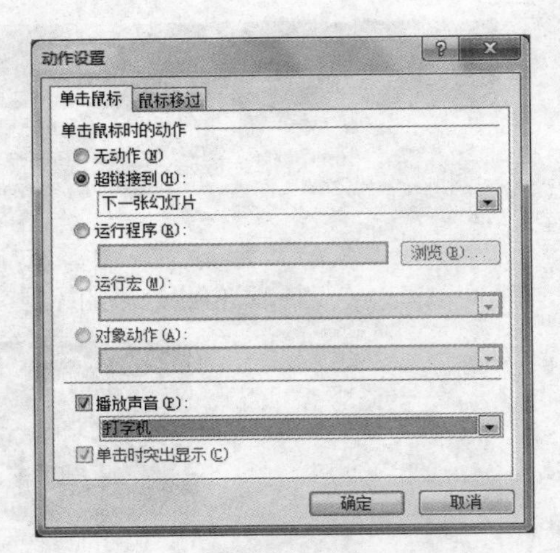

图 4.32　几种动作按钮图形　　　　图 4.33　“动作设置”对话框

3. 图形置换

已经插入幻灯片的图形，可以轻松地置换为其他形状。置换所得的新图形能保持原图形的大小和属性，且能保留原图形中的文本。置换方法是先选中被置换的图形，再单击“绘图工具-格式”功能选项卡“插入形状”组中的“编辑形状”按钮，在弹出的下拉菜单中选择“更改形状”选项，打开预置图形库，重新选定图形，如图 4.34 所示。

图 4.34　图形置换

4. 插入艺术字

除了图形之外，PowerPoint 还允许在幻灯片中插入艺术字。操作方法与在 Word 中的操作类似。

在“插入”功能选项卡上的“文本”组中单击“艺术字”按钮，打开“艺术字库”选择框，选择其中一种，在幻灯片上生成一个艺术字输入区，可在其中输入文字。同时系统自动增加一个功能选项卡“绘图工具-格式”，如图 4.35 所示。

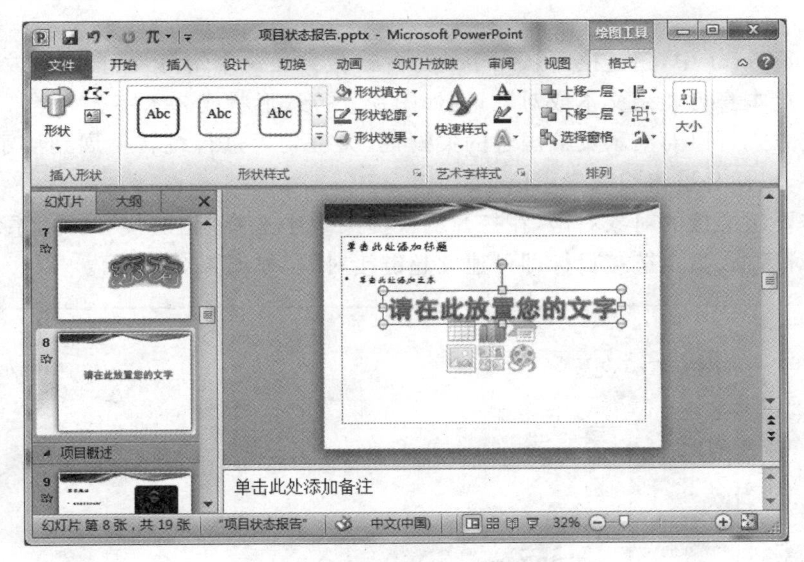

图 4.35 输入艺术字

例如，用户可输入“计算机”三个字，然后单击“绘图工具-格式”功能选项卡中“艺术字样式”组中的“文本效果”按钮，对艺术字进一步加工。可选择“转换”中的“下弯弧”效果，如图 4.36 所示。

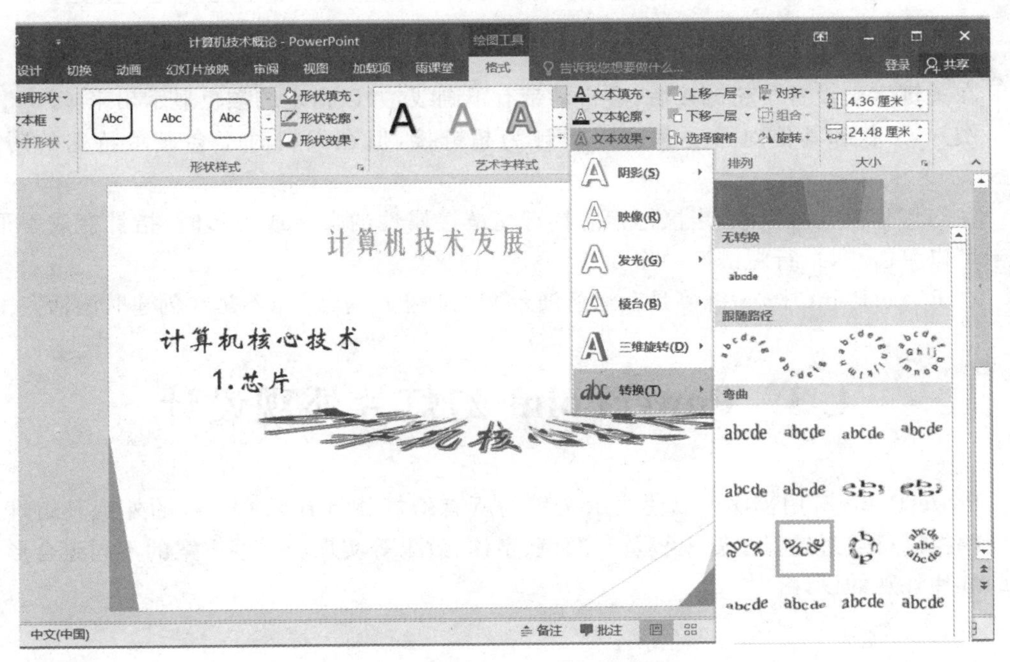

图 4.36 定义艺术字效果

4.2.7 插入设置超链接对象

在 PowerPoint 中，超链接可从一个幻灯片链接到另一个幻灯片、自定义放映、网页或文件。超链接本身可能是文本或对象，例如图片、图形、形状或艺术字。

超链接方式可以对演示文稿内容的关键词、关键句等进行跳转扩展到演示文稿内或演示文稿外，以便分层组织和索引信息。

选中需要超链接的对象右击，在打开的快捷菜单中选择“超链接”命令，系统弹出“插入超链接”对话框，指定链接目标即可建立超链接对象，如图 4.37 所示。

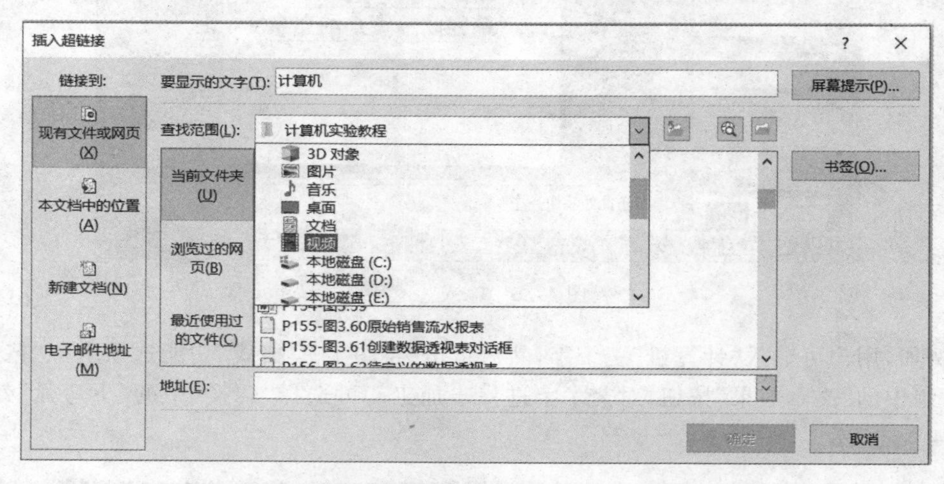

图 4.37 “插入超链接”对话框

在关键字被设置了超链接后，会自动带有下画线，并以指定的颜色显示出来。

图片、形状和其他对象也都可以设计为超链接，但在编辑时不会显示特殊的附加格式。

在幻灯片播放过程中，当鼠标指向具有超链接属性的文字或图形时，指针变成手形，表示可以单击它，执行超链接动作。

在 PowerPoint 中，超链接是在运行演示文稿时激活有效，而不是在创建时激活。

4.3 PowerPoint 幻灯片外观设计

PowerPoint 应用程序可以使演示文稿的所有幻灯片具有风格一致的外观。幻灯片外观的控制可通过选择主题模板及其颜色、字体、效果等实现。这些方案的不同组合形成了幻灯片外观的设计。

4.3.1 应用主题定义

主题一般由主题颜色、主题字体和主题效果构成。主题颜色指文件中使用的颜色的集合，主题字体是指应用于文件中的主要字体和次要字体的集合，主题效果是应用于文件中元素的视觉属性的集合。

在“设计”功能选项卡上的“主题”组中有多种预设主题方案供选择。单击不同的图案，即刻改变当前幻灯片的外观。每一种主题方案又可以对其颜色、字体、效果和背景样式等进行定义，从而进一步丰富了预设主题的外观选择。例如，“设置主题”设为“波形”，“颜色”设为“活力”，“字体”设为“跋涉”，“效果”设为“纸张”，“背景样式”设为“样式 5”，如图 4.38 所示。

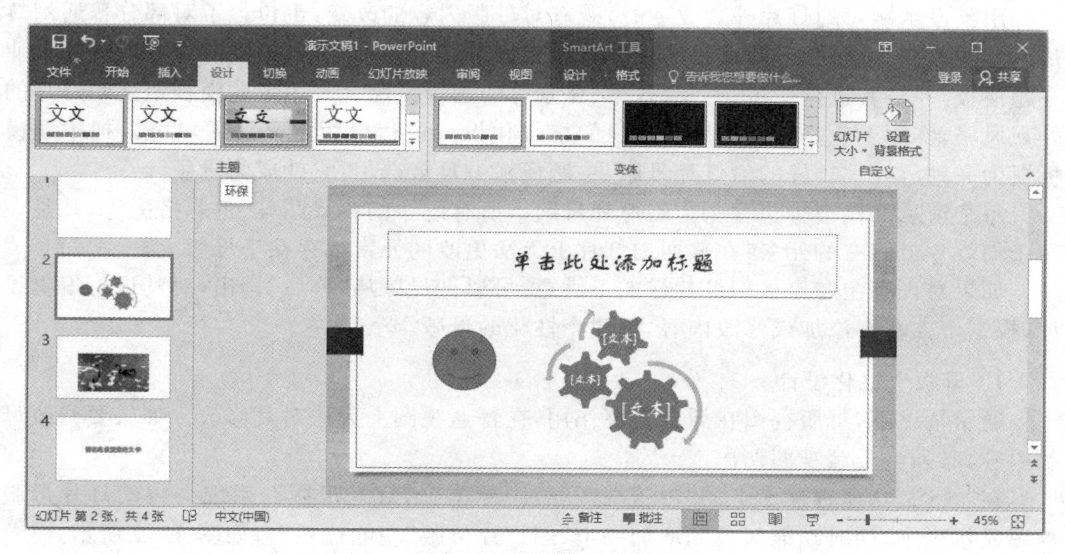

图 4.38 主题设置效果

这里主题方案是经过选择搭配的效果，其中，主题：波形，颜色：活力，字体：跋涉，效果：纸张，背景样式：样式 5。

其中每项名称都是指一组元素集合方案的名称，并非单一的元素名称。例如“跋涉”字体，其含义为：标题用“隶书体”、正文用“楷体”这样一组集合，并不是又新出了一个“跋涉”字体。同样，其中的颜色为“活力”是由品红和灰色构成的画面搭配效果。

作为对比，更换一种主题方案，比较一下效果。主题：暗香扑面，颜色：行云流水，字体：质朴，效果：平衡，背景样式：样式 10，如图 4.39 所示。

可见，在两种方案中，文字内容相同，但背景图案、背景渲染和字体等都发生了变化。

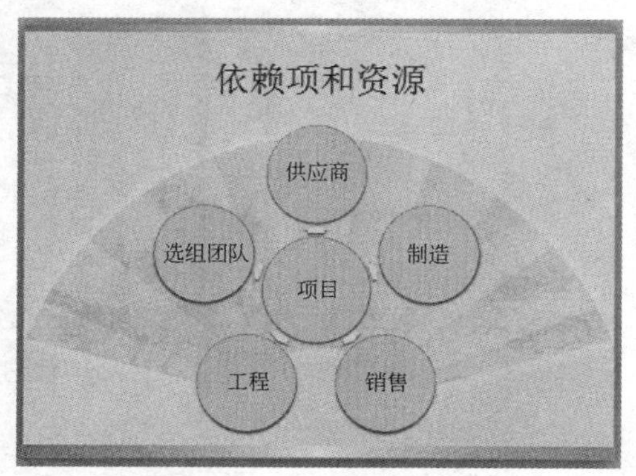

图 4.39 更换主题方案

4.3.2 幻灯片母版设计

在 PowerPoint 中，幻灯片母版是幻灯片层次结构中的顶层幻灯片，用于存储有关演示文稿的主题和幻灯片版式的信息，控制整个演示文稿的外观，包括背景、颜色、字体、效果、占位符大小和位置等。

每张幻灯片的外观风格都将受到幻灯片母版的影响。如果将某一种图形或文字置于幻灯片母版的某一位置，它就会出现在每张幻灯片的相同位置上。所以，在幻灯片母版上进行的每一项修改都可对所有幻灯片生效。可以通过母版对演示文稿中的每张幻灯片(包括以后添加到演示文稿中的幻灯片)进行统一的样式更改。

用预设主题对幻灯片外观改变时，既有对母版内容的改变，也包含了对部分普通幻灯片内容的改变。这样，母版风格的设计可以直接选用 PowerPoint 提供的许多现成的专业主题模板，并对其进行颜色、字体、效果、背景等的选择搭配。应用主题模板定义幻灯片的外观风格，实际上就是在利用系统预设的格式化设计进行母版定义。用户可以把主题模板视为一种已经编排好的幻灯片母版，主题模板一旦被选用，它就成为母版。

每个演示文稿至少包含一个幻灯片母版。所有统一的背景图案、色彩搭配等，凡是在每张幻灯片上固有的元素、在普通幻灯片上无法更改的元素都存在于母版上。

如果对现有主题模板幻灯片样式不满意，可以把母版从“幕后”调出，对其进行编辑设计，根据个人喜好添加或修改内容，创建个性化的母版。

1. 母版个性化设计

通常情况下，母版视图在后台发挥作用，在普通视图上无法对其修改。如果要修改母版内容，必须将母版视图调出。

在“视图”功能选项卡上的“母版视图”组中单击“幻灯片母版”，系统会将幻灯片母版视图显示出来，同时功能区自动增加一个“幻灯片母版”功能选项卡，如图 4.40 所示。

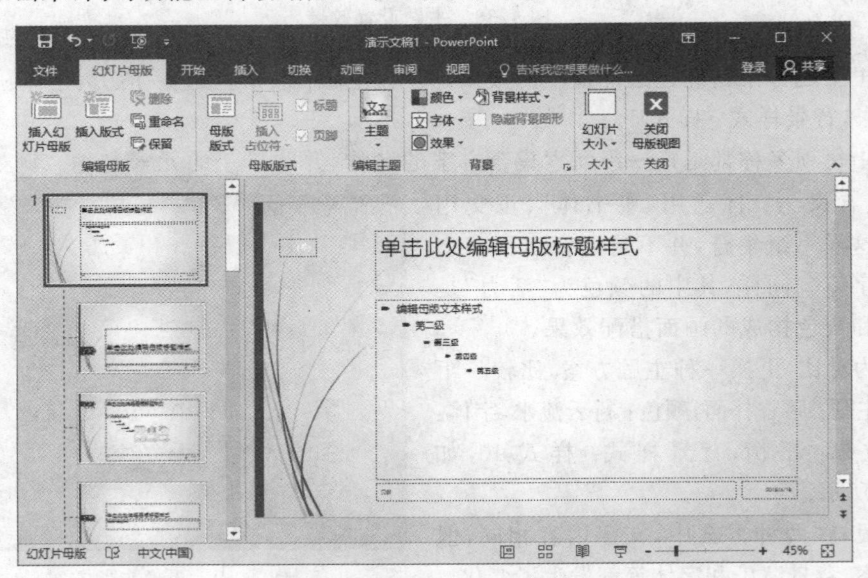

图 4.40 调出幻灯片母版视图

单击“幻灯片母版”功能选项卡上的“编辑主题”组中的“主题”按钮，在打开的下拉菜单中选择合适风格的主题作为母版基础，如图 4.41 所示。

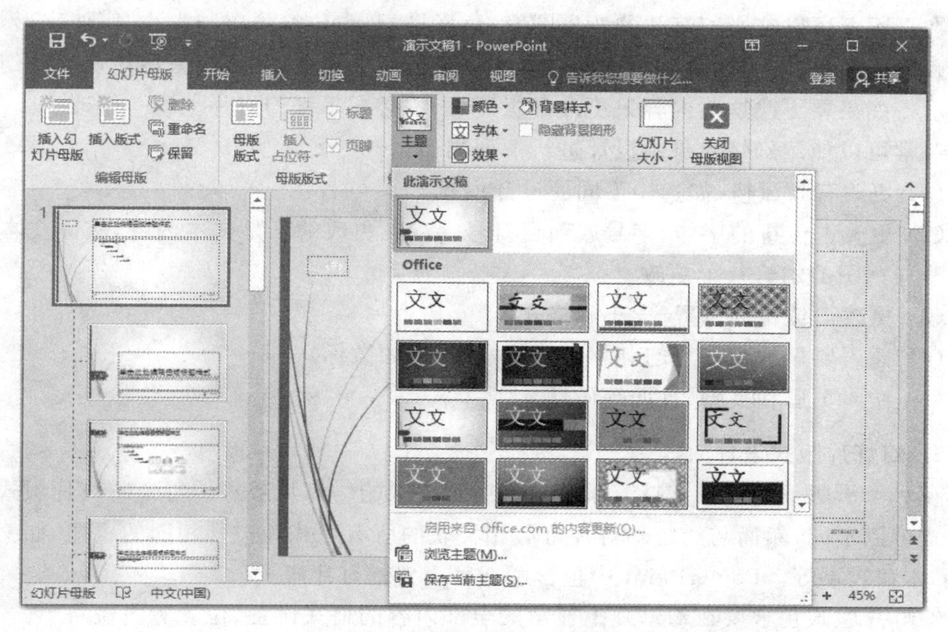

图 4.41　选择母版主题

对其颜色、字体、效果以及背景样式进行定义再通过“插入”功能选项卡插入一个心形形状图案，放在左下角。这样一个由主题模板和心形图案组成的体现用户意愿的个性化外观设计就形成了，如图 4.42 所示。

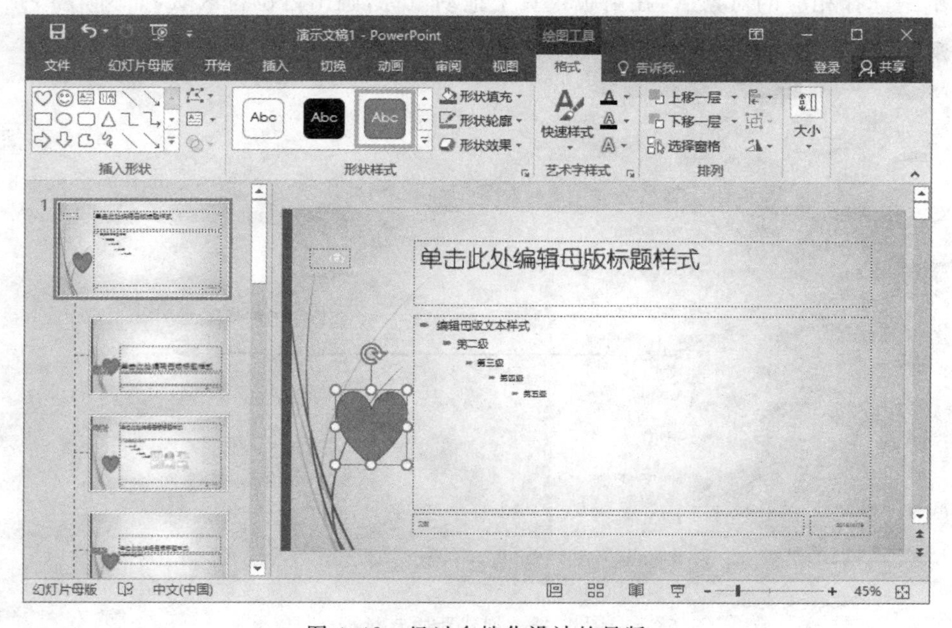

图 4.42　经过个性化设计的母版

单击幻灯片母版视图工具栏上的“关闭母版视图”，并切换回幻灯片普通视图。在以后新添加的幻灯片上都会出现这种母版的外观。

在母版上可以定义幻灯片的背景图案、色彩搭配、占位符位置与大小、字体字形，还可以插入徽标图案、各种图片等。这些内容在一个母版上定义，在所有采用该母版的幻灯片中显示。如果要更改这些内容只更改母版即可，不必在每张幻灯片上逐一修改。

通常可以使用幻灯片母版设计进行下列操作：

(1) 更改背景风格，如选用不同的设计模板。

(2) 更改占位符的字体、字号或项目符号。注意更改的不是文本内容，实际文本内容要在普通视图的幻灯片上更改。

(3) 更改占位符的位置、大小和格式。

(4) 插入要显示在多个幻灯片上的艺术图片(如徽标)。

(5) 插入页眉和页脚、日期等信息。

2. 幻灯片版式设计

在每个母版下面可以支持若干个与母版相关联的幻灯片版式。每个幻灯片版式的设置方式可以不同，然而与给定幻灯片母版相关联的所有版式均包含相同的主题，如配色方案、字体和效果等。PowerPoint 中包含了 9 种内置幻灯片版式。

幻灯片版式包含要在幻灯片上显示的全部内容的格式设置、位置和占位符。

占位符是版式中的容器，可容纳如文本(包括正文文本、项目符号列表和标题)、表格、图表、SmartArt 图形、影片、声音、图片及剪贴画等内容。

创建个性化版式，首先要单击“幻灯片母板”功能选项卡上“编辑母版”组中的“插入版式”按钮，建立一个新版式页；然后在“母版版式”组中单击“插入占位符”按钮，在打开的下拉菜单中选择相应的对象后，在新版式页上拖动鼠标，画出占位符区域，如图 4.43 所示。

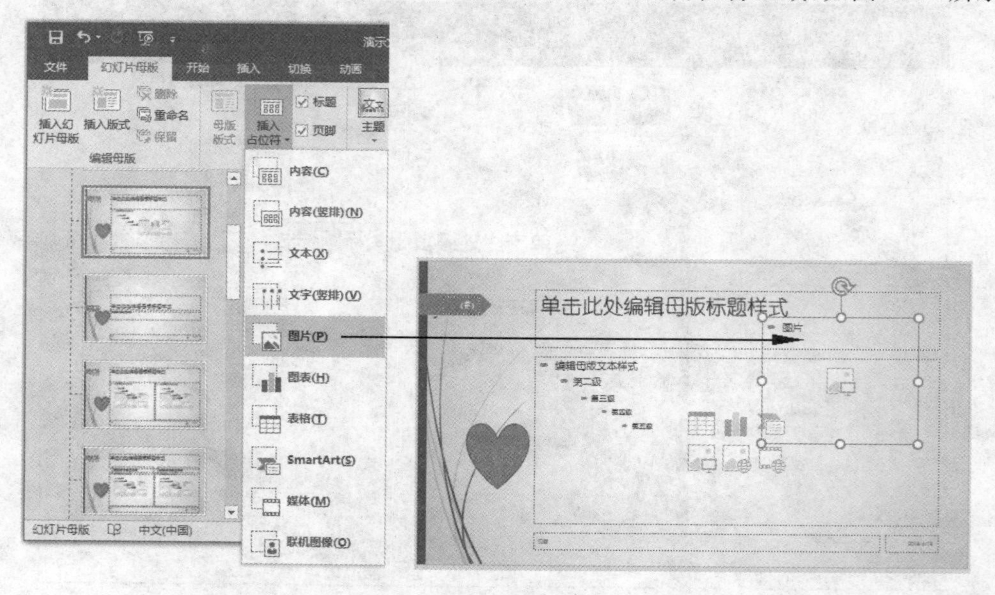

图 4.43　创建新版式过程

3. 多母版设计

在一个演示文稿中，如果从头到尾只有一种外观设计风格，就只有一种主题母版；如果一个演示文稿按主题需要分成几部分母版风格，各自体现不同的外观设计，则每种外观需要对应选择一种主题母版，这样在一个演示文稿中就可以存在多种主题母版，以体现用户按文档内容分段选用不同主题模板的设计风格。操作过程如下：

首先在演示文稿中增加新的主题母版。单击“视图”功能选项卡上“母版视图”组中的“幻灯片母版”按钮，打开幻灯片母版视图。单击“编辑母版”组中的“插入幻灯片母版”按钮，新建一个空白母版，然后再自定义母版主题风格。

接着关闭母版视图，回到幻灯片视图中。选中一个或多个需要更换母版的幻灯片，既可以连续选择，也可以不连续，例如选择第2、4张幻灯片。打开“设计”功能选项卡上“主题”组中的下拉主题扩展选项框，其中有两类主题：一是“此演示文稿”的母版主题；二是备选的“内置”主题。右击“此演示文稿”下的自定义主题，选择“应用于选定幻灯片”，即可将该主题应用于已选中的幻灯片。以同样的方法直接右击“内置”主题，可直接将其选定为母版，如图4.44所示。

图4.44　给选定的幻灯片更换主题母版

4.4　PowerPoint幻灯片播放设计

编制演示文稿——幻灯片的目的是进行“演示播放”。对于幻灯片中加入的所有对象，如背景、图片、图表、表格和文本等，都可以赋予某种属性，使其在播放过程中根据演讲需要依次显示，或产生各种动画效果。例如，向幻灯片标题添加动画效果，使其在显示时以回旋的方式出现;向图表的各部分分别添加动画,便于其显示时随演讲进度逐次出现。此外,还可以在两张幻灯片之间设定不同的切换方式,使整个演示过程更加生动、形象。

4.4.1 片内动画设计

要向幻灯片中的对象添加动画效果,可以直接使用系统编制的动画方案,对标题和文本对象按预设方案进行统一设定;另外还可对每种方案的效果做进一步设定和更改,体现个性化设计。

1. 采用预设动画方案

动画方案分为进入、退出、强调和动作路径 4 种类型,每种类型又有多种方案供选用。

- 进入:可以使对象逐渐淡入焦点、从边缘飞入幻灯片或者跳入视图中。
- 退出:可使对象飞出幻灯片、从视图中消失或者从幻灯片旋出。
- 强调:包括使对象缩小或放大、更改颜色或沿着其中心旋转。
- 动作路径:对象或文本沿行的路径,它是幻灯片动画序列的一部分。

使用这些效果可以使对象上下移动、左右移动或者沿着星形或圆形图案移动。既可以单独使用任何一种动画,也可以将多种效果组合在一起。

使用动画方案时,首先选中要定义的幻灯片内容,然后打开“动画”功能选项卡上“动画”组中的动画扩展框,选择某种预设方案,如选择“旋转”,应用到所选幻灯片中即可,如图 4.45 所示。

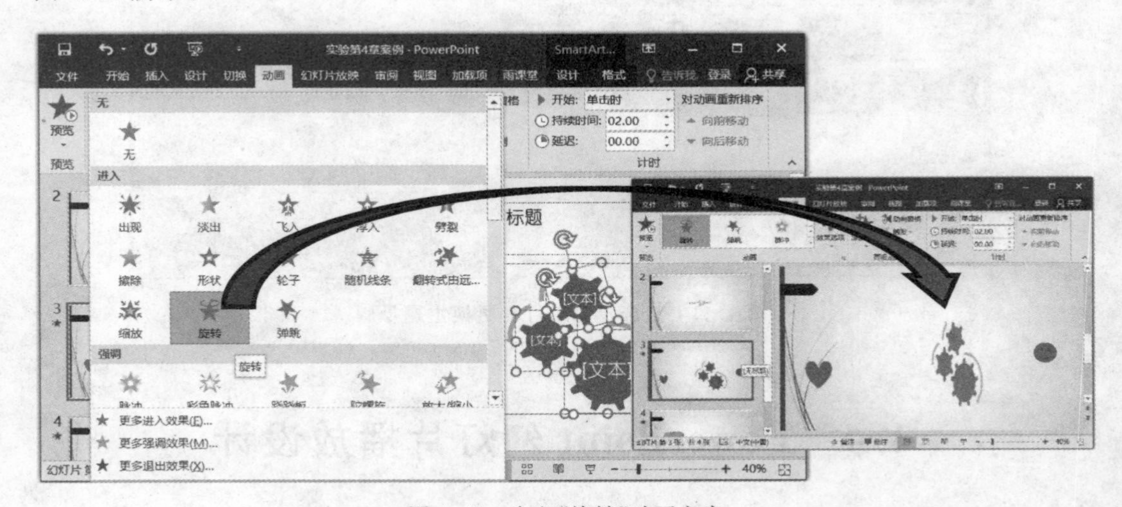

图 4.45 定义“旋转”动画方案

动画效果可以应用于个别幻灯片上的文本或对象、幻灯片母版上的文本或对象,或者自定义幻灯片版式上的占位符。

应用于母版时，基于该母版的幻灯片都会具有所选动画效果。应用于版式占位符的动画，将在每个应用该版式的幻灯片产生动画效果。

2. 个性化动画设计

利用 PowerPoint 提供的动画功能可控制对象进入幻灯片播放方式，控制多个对象动画的放映顺序。

幻灯片上文字和图片等对象的出现和退出都是可以带有动画的，如百叶窗、飞入、弹跳、旋转和缩放等。操作方法是先选择设置动画的操作对象，如文字、图片等，在“动画”功能选项卡上“动画”组中打开下拉动画扩展框，从“进入”“强调”“退出”和“动作路径”4 类动画方式中选择一种动画效果。如显示效果不满足要求，可继续打开“更改进入效果”对话框选择。在“更改进入效果”对话框中又分为“基本型”“细微型”“温和型”和“华丽型”4 种，如图 4.46 所示。

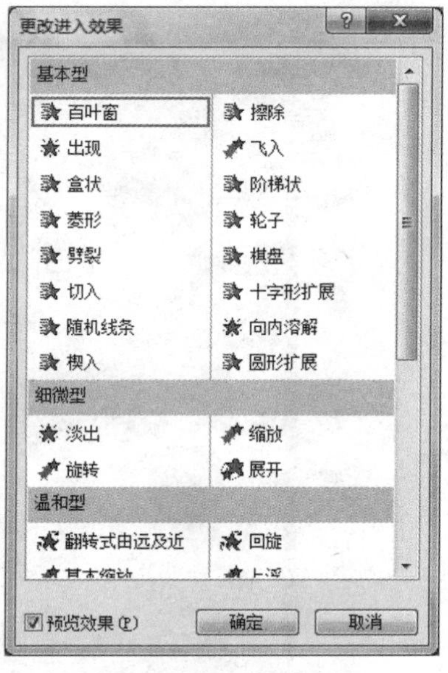

图 4.46 “更改进入效果”对话框

其中有些动画可以结合“效果选项”按钮进一步选择效果。例如，选定“飞入”效果后，单击“动画”组中的“效果选项”按钮，可定义飞入方向，如图 4.47 所示。

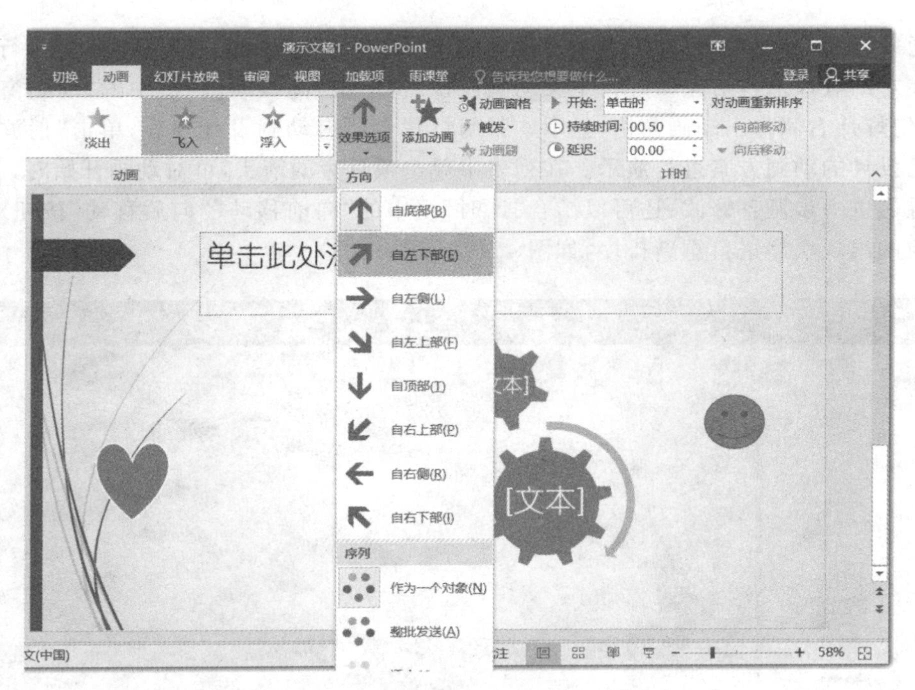

图 4.47 在“效果选项”中定义“飞入”方向

再如，对于“动作路径”，用户选定基本路径后，可以对其顶点进行编辑修改。先在给出的备选路径中选择一个曲线，再选择“效果选项”→“编辑顶点”选项，用户即可对其顶点进行修改，直到画出满意的轨迹。图 4.48 定义了一个彩云飘移的轨迹。

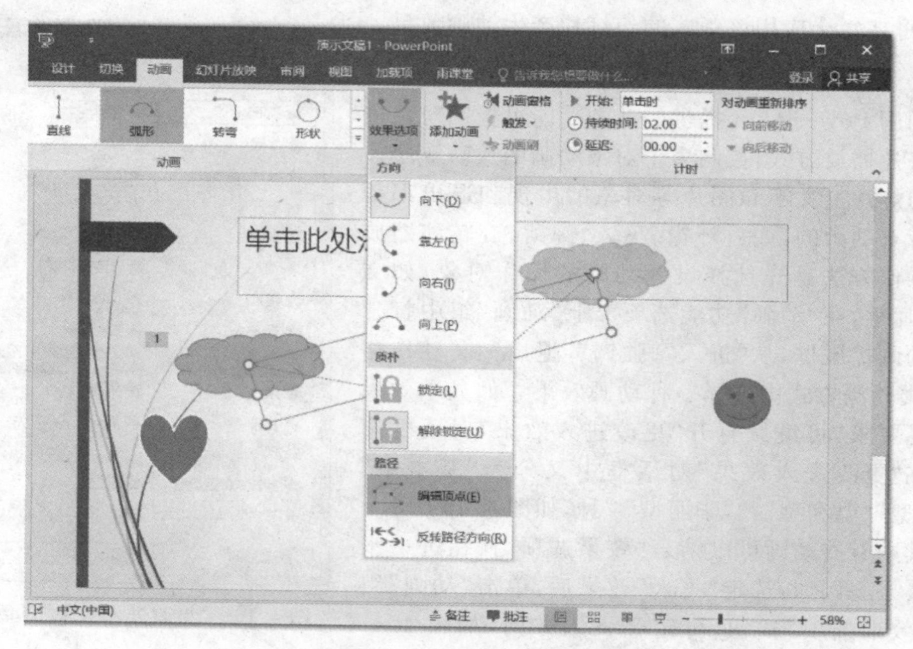

图 4.48　设置动画路径

通过“计时”组中的命令可以对每个动画的开始时刻、持续时间以及延迟时长等进行设定。

在对幻灯片上各对象做好自定义动画设计后，单击“高级动画”组中的“动画窗格”按钮，在幻灯片右侧弹出动画窗格，显示本张幻灯片上所有动画设计列表，单击“播放”按钮会对已设计的动画方案进行演示。在列表中单击项目旁的箭头，可对动画开始时刻、演示速度等做进一步调整修改；还可以结合“计时”组中的“向前移动”“向后移动”按钮对各动画对象的出现次序进行重新排序，如图 4.49 所示。

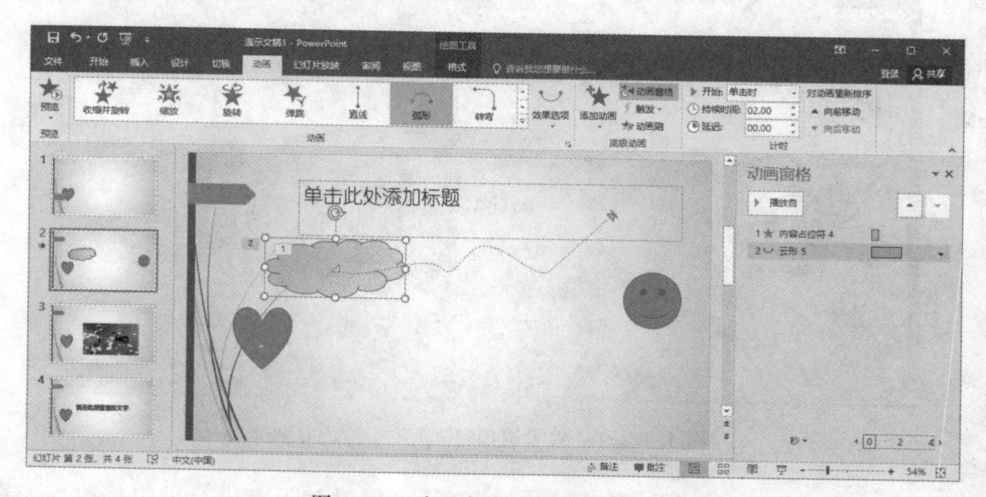

图 4.49　动画窗格显示的动画列表

双击列表中的选项，系统会弹出设置窗口，如添加声音效果，见图 4.50 所示。

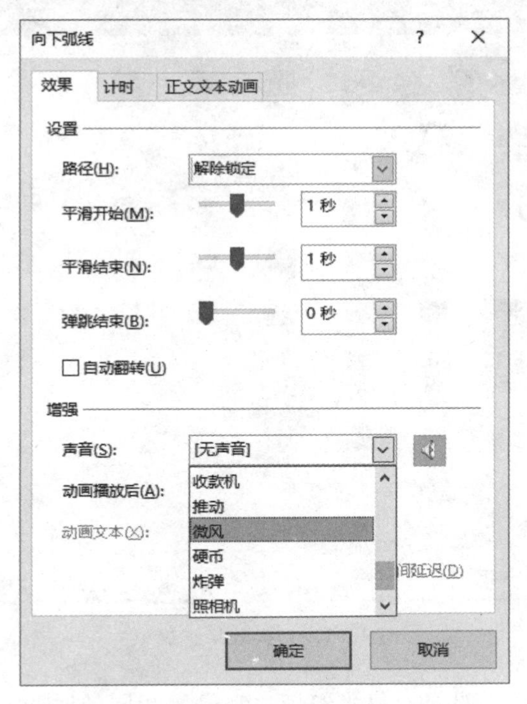

图 4.50　对“云形”增设“微风”声音效果

4.4.2　幻灯片播放切换设计

在放映过程中，一张幻灯片取代另一张幻灯片在屏幕上显示的过程就是幻灯片的切换。切换过程可以经过艺术处理，渲染出多种不同的效果。

设置切换的过程非常简单。在“切换”功能选项卡上单击“切换到此幻灯片”组中的扩展箭头打开切换效果扩展框，从中选择一种即可，如图 4.51 所示。

利用“计时”组中的选项，还可以添加声音效果，对切换速度进行设定。

切换方式可以对所选幻灯片生效。单击“计时”组中的“全部应用”按钮，可将所选切换方式设定为对演示文稿中所有幻灯片生效。

幻灯片放映时将优先执行幻灯片切换，然后再执行动画方案。

4.4.3　幻灯片播放计时设计

放映时，每张幻灯片在屏幕上的停留时间有两种控制方法：一种是将切换设置为手动切换，可随时单击实现切换；另一种方法是设定自动切换，即每隔一段指定的时间间隔自动切换。

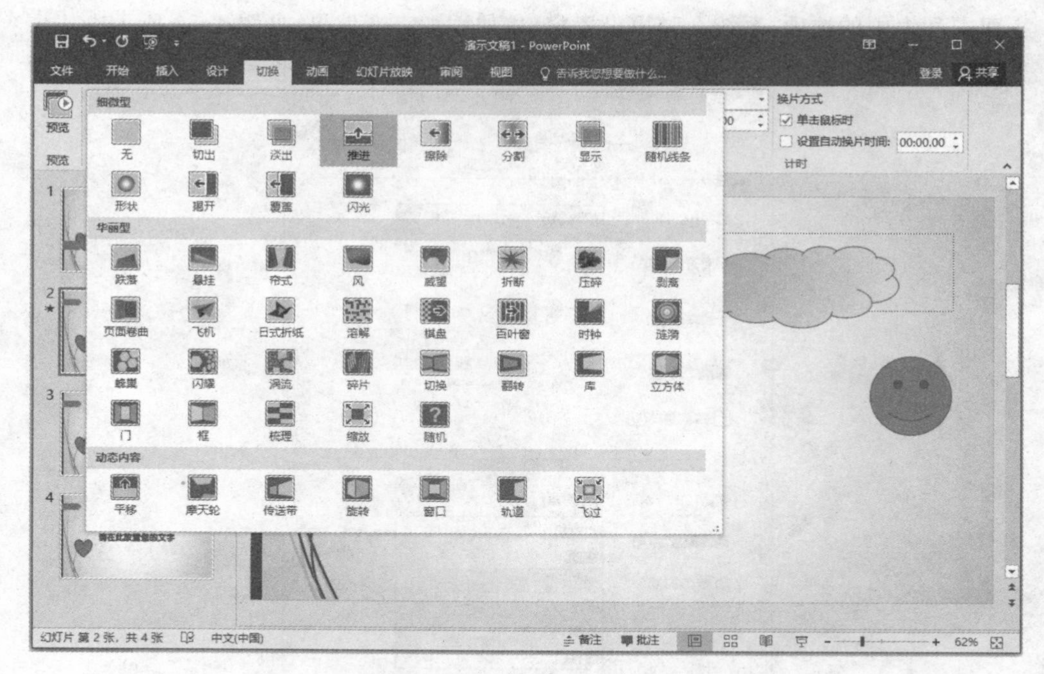

图 4.51　切换效果扩展框

在自动切换的方式下，没必要每张幻灯片都停留相同的时间。可以根据幻灯片内容的多少或演讲者演讲的需要进行人为设定。

排练计时就是在正式演讲前，先用手动切换进行排练演讲，由系统自动把整个排练演讲过程的每一步所用时间记录下来，作为自动切换的时间方案。在正式演讲放映时，执行这个切换方案，就能在时间节奏上与演示同步。

在“幻灯片放映”功能选项卡上的“设置”组中，单击“排练计时”按钮，开始排练计时。放映时，屏幕左上角出现“录制”对话框，右箭头➡是“下一项”按钮，如图 4.52 所示。

认为时间间隔已足够保证看清片中内容或满足演讲需要时，单击➡按钮，进入下一项，本次时间间隔便被系统记录下来。反复这一步骤，直到演示结束，所有排练时间都被记录下来。系统出现如图 4.53 所示的对话框，单击“是”按钮，排练时间即可用于自动放映。

图 4.52　“录制”对话框

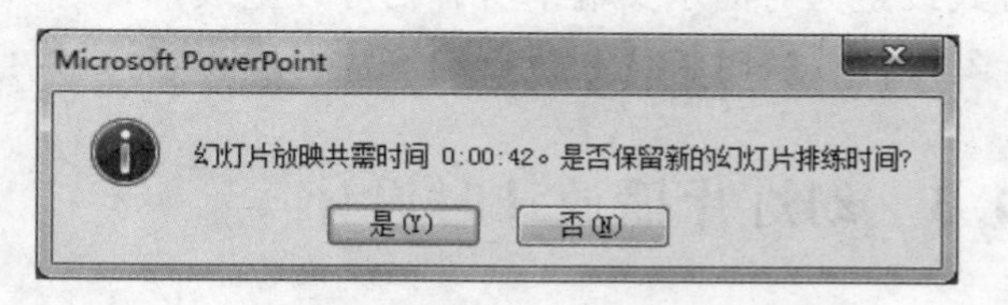

图 4.53　排练计时结束对话框

这个时间方案不仅记录了幻灯片切换的时间，而且每一步动画演示过程也同样被记录下来。放映时如果选择了自动放映方式，系统则按照这个计时方案放映。

4.4.4 幻灯片放映方式设计

幻灯片可按照需要设定三种不同的播放方式。单击“幻灯片放映”功能选项卡上“设置”组中的“设置幻灯片放映”按钮，打开“设置放映方式”对话框，可以看到“演讲者放映(全屏幕)”“观众自行浏览(窗口)”和“在展台浏览(全屏幕)”三种放映类型，如图4.54所示。

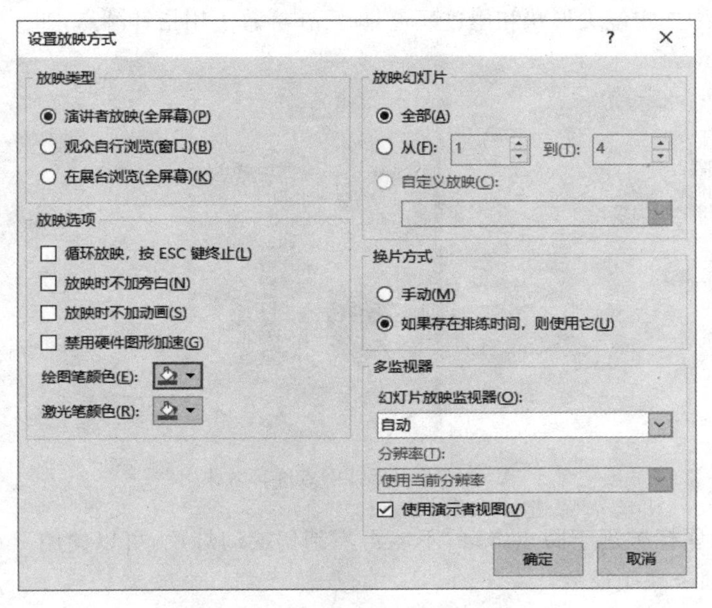

图4.54 “设置放映方式”对话框

- 演讲者放映(全屏幕)：可运行全屏显示的演示文稿，是最常用的方式，用于广播演示文稿或主持联机会议。演讲者对放映可完全控制，可用自动或人工方式运行幻灯片放映，可以暂停幻灯片放映，还可以在放映过程中录下旁白。
- 观众自行浏览(窗口)：可运行小屏幕的演示文稿。演示文稿会出现在小型窗口内，在放映时可移动、编辑、复制和打印幻灯片，可以使用滚动条或PgUp和PgDn键从一张幻灯片移到另一张幻灯片。
- 在展台浏览(全屏幕)：可自动运行演示文稿。可以将幻灯片放映设置为：运行时大多数菜单和命令都不可用，每次放映完毕自动重新开始。观众可以浏览演示文稿内容，但不能更改演示文稿。
- 循环放映，按Esc键终止：如果选中“在展台浏览(全屏幕)”单选按钮，则此复选框自动选中。
- 绘图笔颜色：选择放映幻灯片时绘图笔的颜色，便于用户在幻灯片上书写。

在“换片方式”选项区域中选中“如果存在排练时间，则使用它”单选按钮，则按照排练计时的时间进行切换。

4.4.5 放映时屏幕标记设计

在演讲者放映方式下，演讲者有时需要结合演讲内容，在屏幕上即兴作出一些标记，以示强调或说明。为此，系统提供了演讲指针功能满足这一需求，就像教师在黑板上圈划重点一样方便。

在幻灯片放映过程中，可随时在屏幕上右击，在弹出的快捷菜单中选择“指针选项”选项，在级联菜单中选定笔尖形状和墨迹颜色，即可在屏幕上用指针圈点，如图 4.55 所示。

图 4.55 用指针圈点屏幕效果

此时，由于鼠标被用于圈点屏幕，不能再控制切换幻灯片，可以使用 PgUp 键上翻，使用 PgDn 键下翻来控制播放。

思考练习题

1. 简述应用“主题”选项创建演示文档的特点。
2. 简述应用“样本模板”选项创建演示文档的特点。
3. 简述 PowerPoint 程序窗口区域如何划分，各有何作用。
4. 简述大纲窗格适合哪些内容编辑。
5. 简述幻灯片窗格适合哪些内容编辑。
6. 简述如何将演示文稿保存为 PDF 格式。
7. 列举 PowerPoint 文档中可以插入的图表对象和多媒体文件。
8. 设计案例练习在 SmartArt 图形中添加基本元素。
9. 设计案例练习在幻灯片中插入音频或视频等多媒体文件。
10. 设计案例练习在 PowerPoint 文档中进行超链接设置。
11. 设计案例练习在同一文档内选用多种主题外观。
12. 设计案例练习在母版上添加图标。

13. 设计案例练习建立一个新版式，并设计三个类型以上的占位符。
14. 设计案例练习给幻灯片内各内容元素分别设置不同的动画。
15. 设计案例练习幻灯片切换方式的设计。
16. 设计案例练习使用幻灯片播放计时设置。
17. 设计案例练习在幻灯片的放映过程中，在幻灯片上画标记。

第5章 Access数据库管理系统

数据库技术主要应用于数据量大、数据关系复杂的信息资源数据的有效存储、检索和管理。数据库管理系统(Database Management System,DBMS)可以把大量数据按照一定的数据结构存储起来,通过数据库管理系统提供的功能,以最小的数据冗余,最大的数据共享实现数据库数据处理。本章以 Access 2016 关系数据库管理系统为例,介绍数据库技术原理实践及应用,主要内容有:

- Access 关系数据库管理系统的特点及应用;
- 关系数据库系统设计过程与实现;
- 创建数据库及数据库对象;
- 实现数据库数据管理;
- 设计数据库表间关联;
- 构建数据库数据查询;
- 构建窗体对象及窗体控件设计;
- 创建数据库报表输出。

5.1 Access 系统程序特点及应用

Access 是关系型数据关联的数据库管理系统,是 Microsoft Office 的系统程序组件之一。

5.1.1 Access 系统程序特点

Access 使用方便,对于实现网络网页数据管理、协同研发系统数据设计等,方便易用。它的主要特点有:

(1) 为数据库系统数据建立集中存取共享平台,可以使用多种数据联机共享,整合数据库数据,建立各种数据链接关系,获得更加完整的信息数据。

(2) 用视窗编程拖放方式为数据库增加导航功能,不用编写程序代码,不用进行程序逻辑设计,就能构建外观规范的网页式导航浏览功能窗体,使常用窗体或报表的使用更为方便。

(3) 用户可脱机处理自己的网络数据库,进行数据库数据更新与修改。重新联机时,可将数据变更同步更新到 Microsoft SharePoint Server 2016 上。通过 Microsoft SharePoint Server 2016,Access 2016 数据可获得集中保护。

(4) 所建应用程序、数据库数据或窗体应用程序可通过网络以多种方式存取和共享，即使没有安装 Access 客户端的用户，也能通过浏览器打开网络窗体应用程序与数据库报表程序。如果数据库数据有变化，Access 系统将会自动同步处理。

(5) 在 Access 版本中，既可共享采用已有数据库模板，致力于自己独创设计，也可把个性化创意供他人分享。

(6) 快速的宏设计工具，方便创建、编辑及自动执行数据库逻辑等，减少程序代码编写错误，便于整合复杂程序逻辑，创建更合理的应用程序。例如，以数据宏结合程序逻辑与数据库数据，将程序逻辑集中在源数据表上，以增强程序代码的可维护性；或通过宏设计工具与数据宏，把 Access 客户端自动化功能扩展到网络数据库及数据库表的应用程序上。

(7) 将常用的 Access 对象、字段等储存为模板，加入现有的数据库中；或把数据库部分转化成可复用模板，使数据库组件得到复用，可节省时间和人力资源，提高工作效率。

(8) 具有网页发布功能，可将 Access 数据库数据发布到 Internet 或 Intranet。

(9) 可将 Access 作为前台客户端开发工具来访问和管理后端的数据库（如 SQL Server 等），从而实现 C/S 模式的数据库应用系统。

(10) 可以把熟悉或需要的 Office 主题原样套用到自己 Access 客户端和网络数据库上，增加个性化设计等。

(11) 使用 IntelliSense 快速提示与自动完成建立表达式，用户不必背记运算表达式的名称和语义语法，只需专心于数据库应用程序逻辑设计方面。

5.1.2 Access 系统程序应用

Access 通过其内部的各种数据库对象来组织和管理数据。Access 数据库由数据库对象和组组成。数据库中的对象主要包括数据库表、查询、窗体、报表、页面、宏和模块等，各对象应用程序在数据库中各自具有功能，相辅相成，完成数据库系统数据管理功能。

在 Access 数据库系统中，数据库“表”对象程序用以存储数据，“查询”对象程序用来查找数据库数据，用户通过“窗体”“查询”“报表”“页面”等对象程序获取数据库表数据，“宏”和“模块”对象程序用来对数据库数据实现自动化等操作。

对于 Access 数据库来说，数据库中对象间的作用和联系中，最重要的基本功能就是存取数据库中的数据。任何一个数据库首先要有数据库数据“表”，并在相互关联的数据库数据表结构下存储数据。有了数据才可以将数据库数据显示在“窗体”上，才可以提供数据库“查询”功能，才能输出数据库“报表”。显示在“窗体”上，也就是对数据表中的数据和窗体对象的控件程序建立连接，然后通过屏幕各类窗体界面获得物理上存储在数据库表中的数据。合理设计窗体上控件图案所代表的含义，更有助于用户理解操作数据库中数据，这样就完成了数据从数据库表到窗体的流动。Access 数据库管理系统中主要数据库对象与数据库数据间管理的流动关系如图 5.1 所示。

Access 的这些对象都起着各自不同的作用，其中数据库中数据表的集合用于存放数据库的全部数据，是物理存储的实表；查询用于从一个表、一组相关表或其他查询中返回二维表格式数据，实际上以 SQL 命令形式存储，返回的是虚表；操作类查询可用于对表对象的记录数据进行追加、修改和删除三类操作；窗体用于界面设计，可以实现记录数据的

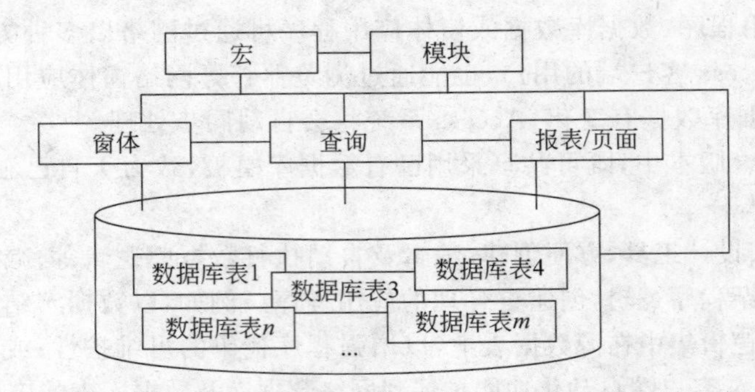

图 5.1　数据库各对象与数据库数据间管理的流动关系

输入和输出；报表用于设计记录数据的格式输出，按照需要进行屏幕显示或打印机输出；数据访问页面对象，用于完成记录数据在 Web 页中的输出，实现网络上的记录数据发布；宏是一系列操作的集合，用于帮助程序实现一些重复性的、自动完成的工作；模块是 Access 系统程序提供的一个开发应用程序，通过编写 Access 内嵌的 VBA 代码可以建立完整的数据库应用。

5.1.3　关系数据库设计

使用 Access 创建数据库应用，首先要有效组织信息资源数据，需要遵循软件工程系统设计思想，有计划地完成设计过程的各个阶段。

首先要对用户需求进行分析和研究，然后根据数据库系统的设计规范来规划和创建数据库的表、查询、窗体及报表等对象，从而创建一个完整的数据库应用。当然，实际中还要进行必要的系统运行和系统维护工作。关系数据库设计流程如图 5.2 所示。

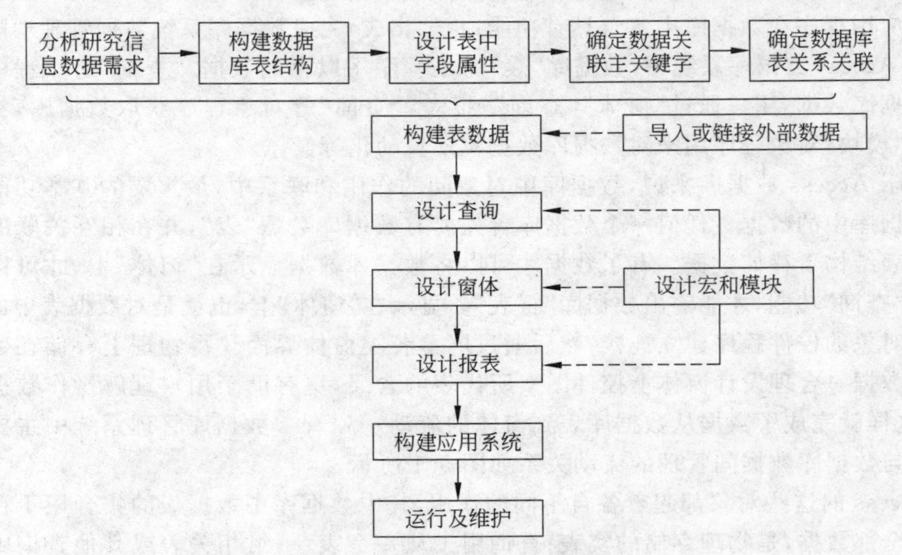

图 5.2　关系数据库设计流程

数据库由相互关联的数据表组成，表和选择类查询用于提供数据库数据的应用请求，是数据库的核心基础；操作类查询用于关联物理数据库实表中有关记录数据；窗体、报表及数据访问页面通常需要以表或查询数据作为数据来源，用来实现数据库记录数据的格式输入和输出；宏与模块则一般直接或间接地被查询、窗体、报表及数据访问页调用，实现一些应用需求的特殊功能。

5.2 创建 Access 数据库

数据库系统设计完成后，就可以利用 Access 数据库管理系统的各种功能创建用户数据库，只有合理设计和创建数据库，建立了相互关联的数据库数据的物理存储，才能有效地维护完善系统和共享数据库数据。

创建 Access 数据库文件首先是创建数据库表的数据结构，建立数据库表等对象的相互关联，然后录入数据库数据。创建一个 Access 数据库文件及其应用，包含了该数据库的全部数据表、查询、窗体和报表等 Access 程序对象和内容。即实际应用时，先设计并创建一个用户数据库，然后设计该数据库相关的表、查询等其他程序应用对象，这些对象和数据存储在同一个数据库文件中。进入 Access 系统中，既可直接创建空数据库作为新数据库，也可根据数据库系统模板来创建一个新的数据库。

启动 Access 系统创建新数据库，随即打开 Access 系统应用程序，如图 5.3 所示。

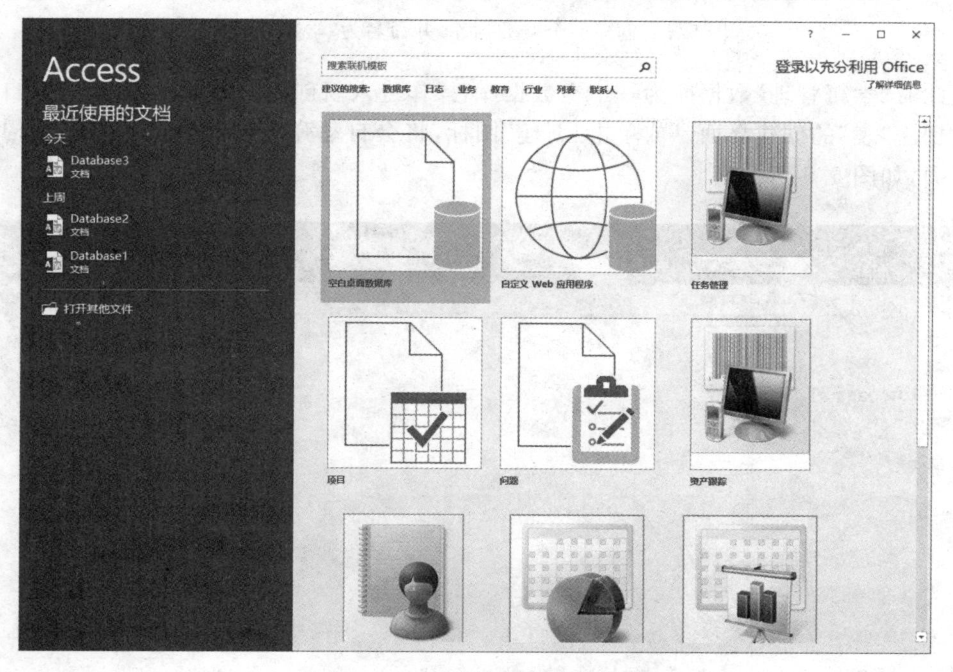

图 5.3　Access 系统应用程序窗口

单击窗口界面中的“新建”命令，选择创建“空数据库”图标，可创建一个新的空数据库。通过“文件”操作可以对该数据库重新命名，并指定其磁盘存放位置。例如，将当前默认的数据库名重命名为“学籍管理”，并指定存放于 D 盘 MY_Student 文件夹目录下，如图 5.4 所示。

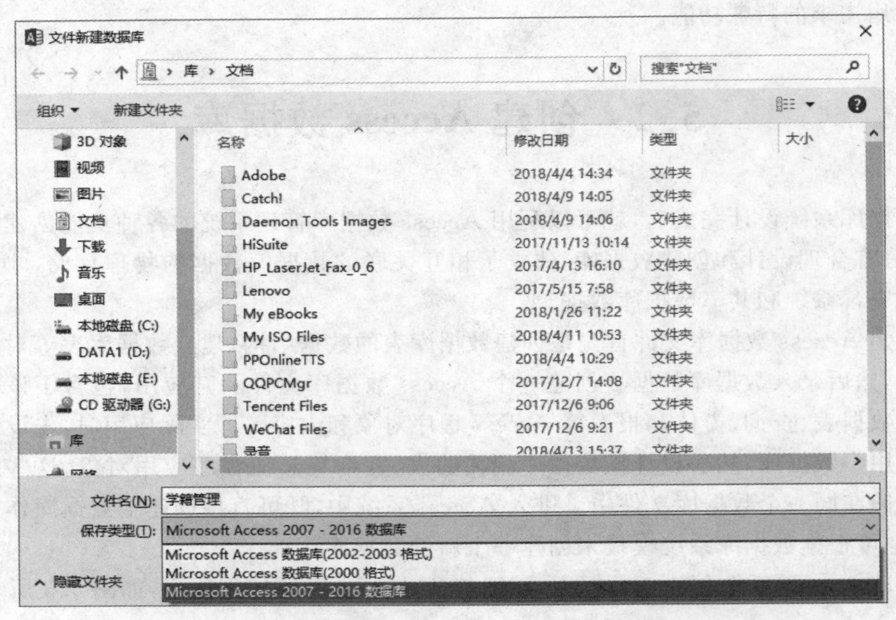

图 5.4　创建一个空数据库，并命名为“学籍管理”

此时“学籍管理”数据库为一个空数据库，操作进入新创建的数据库中，系统会自动进入数据库“表”的创建界面。或单击“新建”图标，将会自动弹出创建数据库“表”结构的窗口界面，如图 5.5 所示。

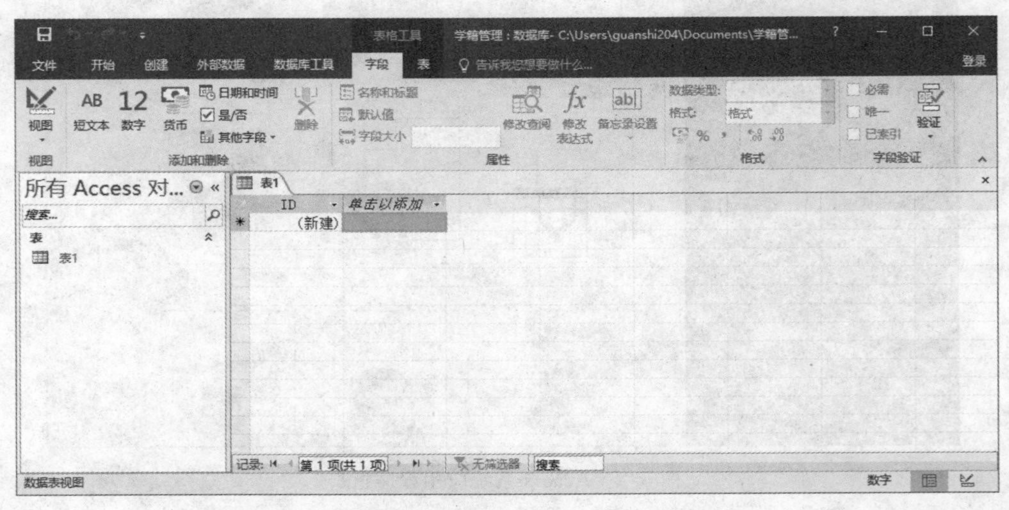

图 5.5　创建数据库“表”结构

在新建空数据库界面窗口中，默认对应新数据库第一个表“表 1”的创建，这时就可以定义该数据库表对象的表名，以及该表对象中各字段的字段名、字段长度、字段取值数据类型等属性。

在数据库构建中，单击展开“所有 Access 对象”，可以看到 Access 数据库管理系统中所有可以构建和使用的对象，如图 5.6 所示。

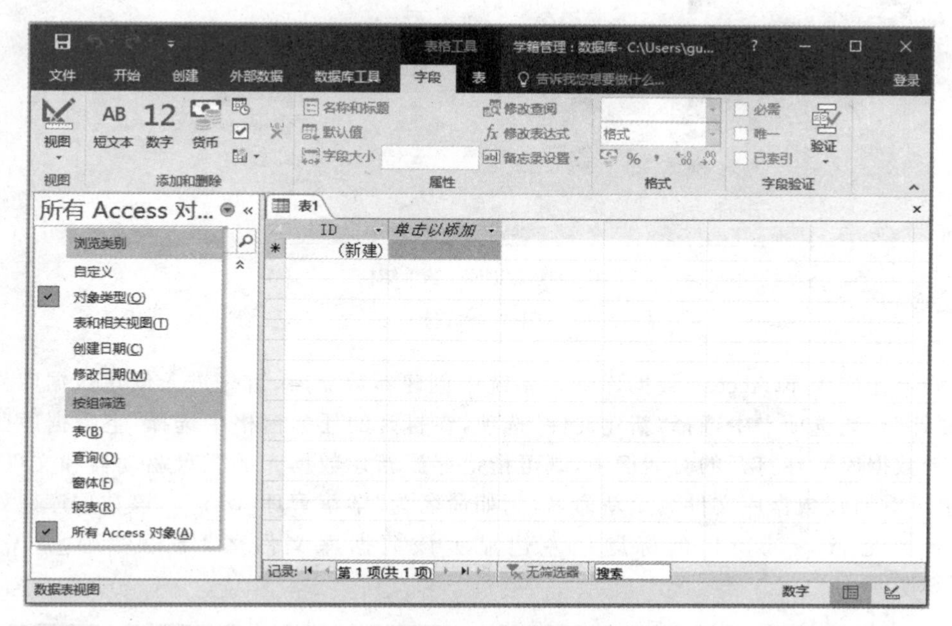

图 5.6　所有 Access 系统程序对象

在 Access 对象列表中选择某个对象，可进入该对象程序应用设计界面。例如，选择其中“表”对象，再单击右下角的“设计视图”图标，可以直接进入该数据库“表”结构字段属性的设计与定义，如图 5.7 所示。

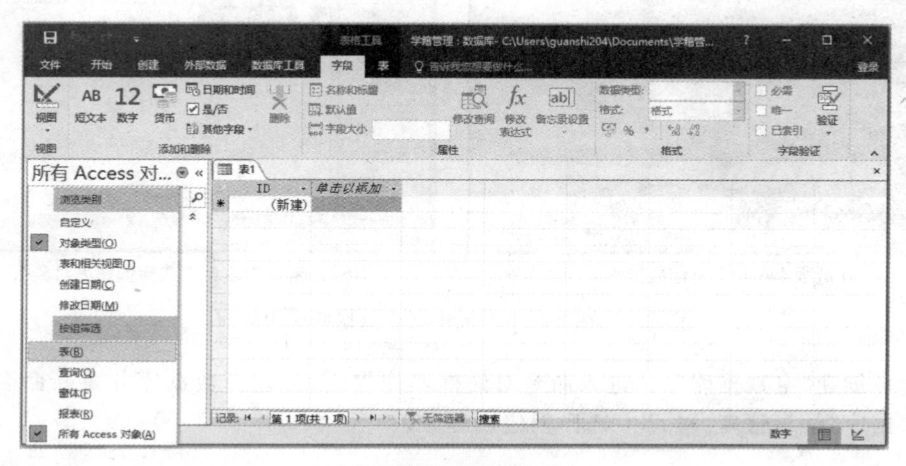

(a) 选择数据库“表”对象命令

图 5.7　创建数据库“表”结构

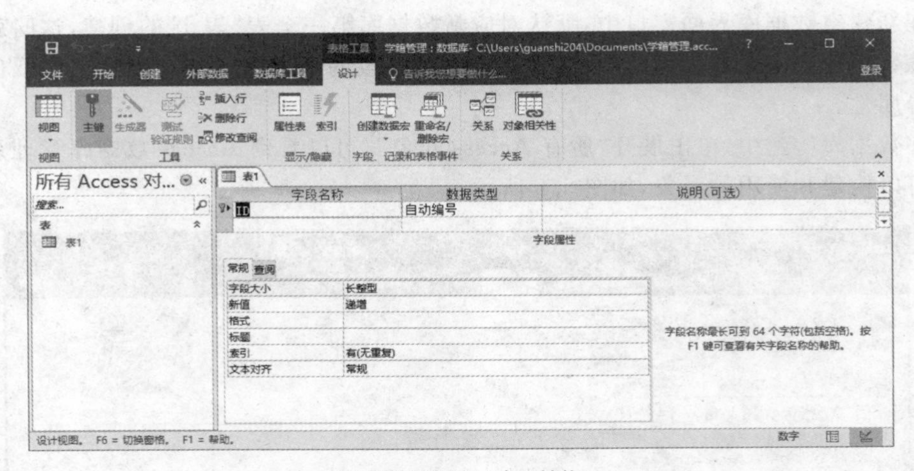

(b) 创建数据库“表”结构

图 5.7 （续）

如果在低版本 Access 数据库管理系统中创建新数据库，首先进入创建数据库界面。在“文件”功能选项卡中选择“新建文件”选项，在打开的任务窗格中选择“空数据库”链接创建新数据库。在打开的对话框中，既可指定存放新建数据库的磁盘驱动器和文件夹目录，也可对新建数据库文件名重新命名，例如命名为“学籍管理_MY”。该数据库建好后，可以看到在 Access 窗口的标题栏左边显示该数据库文件名“学籍管理_MY”，如图 5.8 所示。

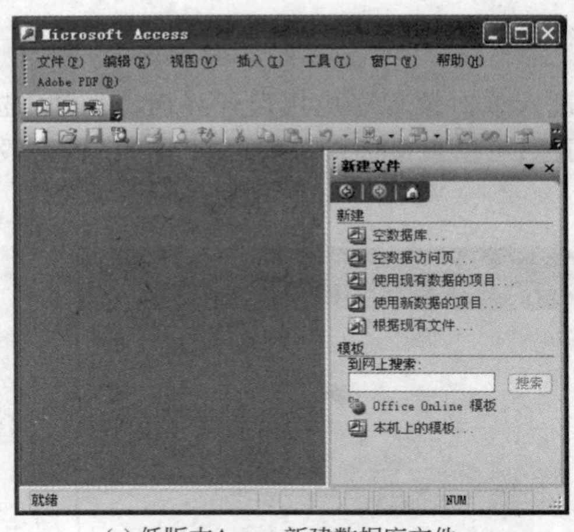

(a) 低版本Access新建数据库文件

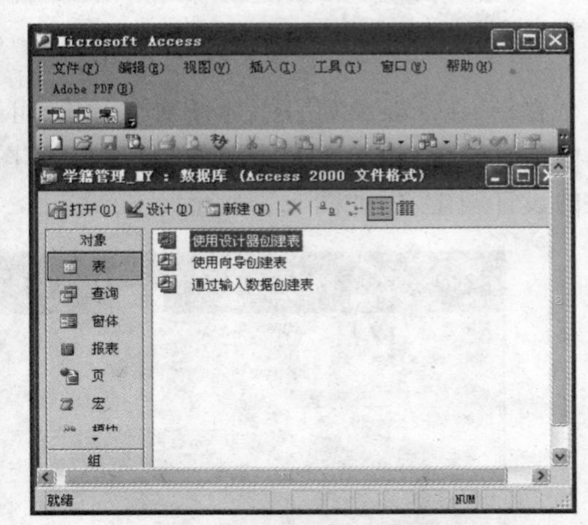

(b) 在新建数据库中选择创建表对象

图 5.8　在低版本系统中创建数据库应用程序

选择创建“空数据库”后，进入命令对话框操作界面，创建新数据库并重新命名，在新建的数据库“学籍管理_MY”中选择创建表对象。

5.3 创建数据库表对象

数据库表是数据库数据物理存储关系集合的基本实体，是数据库数据关联、检索和共享的基础。任何一个新创建的空数据库都需要设计、创建和设置数据库中的每一个数据库表对象。数据库表对象，简称表或表对象，构建了数据库数据的实体对象，是数据库中存储数据和数据关系的基本集合，要为其他对象提供数据操作的来源。因此，创建数据库以后的重要任务就是建立数据库表，并建立数据本身和数据库表对象数据之间的关联。

表的创建分为两大步骤，首先要设计表的数据结构，对表对象的数据结构定义完成后，才可有效正确地输入该表对象中相关的数据记录。

在已创建的数据库中，需要构建该数据库每个“表”对象的数据结构，设置定义每个表的每个字段的名称、字段的数据类型、字段的大小及是否设为关键字等字段属性。Access常用的数据类型主要有9种，如表5.1所示。

表5.1　Access系统数据类型

数据类型	含　义	用　途
文本型	包含长度在255个字符内的文本字符串	文本或数字文本
数字型	数字值，有字节、整、长整、单精度和双精度之分	数学计算的数值数据
货币型	小数点左达到15位，小数点右达到4位	货币计算
日期时间型	表示100—9999年之间的任意日期和时间	日期和时间数据
是/否型	取“是”或“否”之一的逻辑值	只含两值之一的数据
备注型	包含长度在64 000个字符内的文本字符串	长文本
OLE对象	链接或嵌入的外部对象数据	图片等数据
自动编号型	追加记录时能自动填充的一系列数字	一般用于主关键字
超链接型	链接到其他文档、URL或文档内某个位置	索引链接

例如，在“学籍管理”数据库中设计学生表对象的数据结构，该表对象命名为xs，设置表中各个字段属性，如表5.2所示。

表5.2　xs学生表数据结构

字段名称	字段类型	字段大小	主　键
考生学号	文本	10	是
考生姓名	文本	16	
性别	文本	1	
年龄	数字	整型	
入校时间	日期/时间		
是否党员	是/否		

续表

字段名称	字段类型	字段大小	主键
简历	备注		
近照	OLE 对象		

设计定义了表对象的数据结构，就可以利用 Access 系统提供的表对象创建程序构建数据库中的表对象了。Access 提供创建表对象的方法不是唯一的，可以使用设计器、数据表视图或使用程序“向导”功能，在实际应用中视应用习惯和方便自行选择。

每个表在创建时，数据结构设置定义要结合数据库实际应用设计，分别对每个表及表中的每个字段进行设置定义。例如在“学籍管理”数据库中，要根据学生信息数据存储检索类型和特点，分别对学生表 xs 对象中各字段命名及关键字等字段属性定义示例，数据结构设计实例如图 5.9 所示。

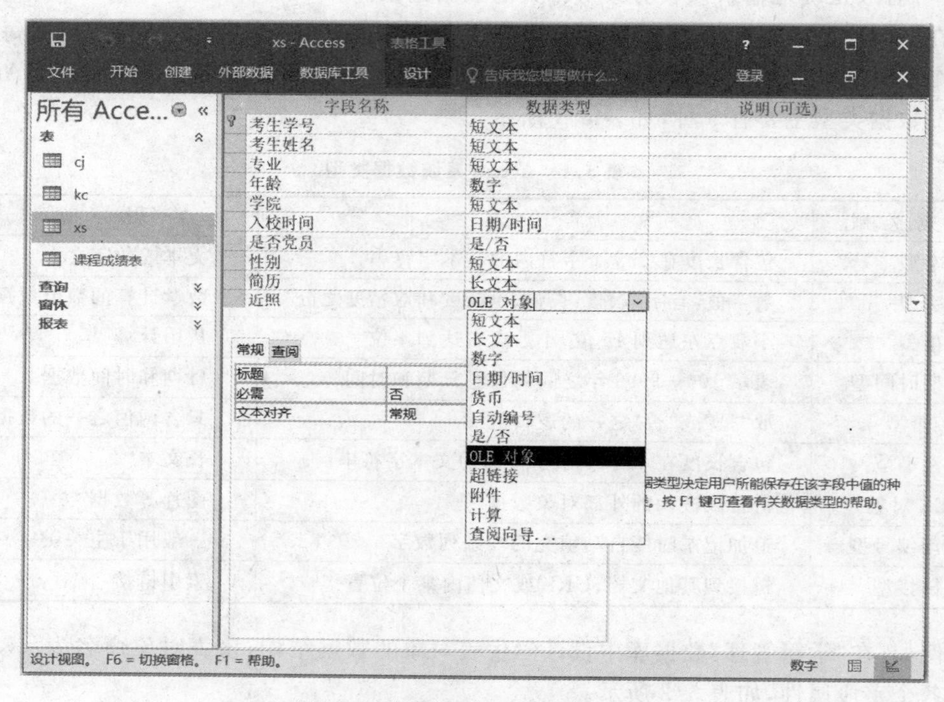

图 5.9　表的字段命名及属性定义

在已创建的数据库中，需要对该数据库中每一个表的每一个属性字段命名，并对字段大小、数据类型及是否设为关键字等进行定义，其中“字段大小”是指该字段存放数据值的大小，“数据类型”是指该字段存放数据值的类型。

Access 表对象设计程序界面的设计窗主要分为上下两个部分，上面是字段设置定义区域，分三列，其中“字段名称”列可按行顺次输入表对象字段名称；“数据类型”列可在下拉列表选择定义字段数据存储的数据类型；“说明”列是可选输入项，用于对各字段作一些附加说明。设计窗下面部分是可随各字段设置定义的“字段属性”设置区域，其属性项目内容会随上面各字段设置的当前字段数据类型操作而改变，便于随字段设置和定义操作。表对象字段属性主要有：

(1) 字段大小。规定文本字符数或数字的类型和大小。

(2) 小数位数。规定数字或货币数据的小数位数。

(3) 格式。指定数据的显示格式。

(4) 输入法模式。指定文本输入时的输入法状态。

(5) 输入掩码。指定数据的输入格式。设置为 password 可以获得密码输入效果。

(6) 标题。规定数据表视图或窗体中的字段标题显示。

(7) 默认值。添加新记录时自动输入的值。

(8) 有效性规则。用于设计输入的条件表达式。

(9) 有效性文本。指定输入数据违反上述有效性规则时的提示信息文本。

(10) 必填字段。指定该字段是否必须输入。

(11) 允许空字符串。规定文本数据是否可以输入空字符串。

(12) 索引。指定字段是否索引及索引方式。字段索引有利于加快数据检索。

每个数据库表都要有关键字(key)，这样才能唯一检索该表对象中的每一条数据记录，建立起数据库表和表之间的关联。

关键字也称为主键，主键有单字段主键和多字段主键，又称为单属性键和多属性键。表对象必须定义主键，才能定义该表对象与数据库中其他表对象之间的关系，即有关键字才能建立起数据库表和表之间的数据关联。

设置某个字段为关键字，选取该字段后，单击表对象设计程序工具栏中的“主键”按钮，或在选定作为主键的字段后右击，在弹出的快捷菜单中选择“主键”命令，即可定义该字段为关键字。

如果是两个字段以上的组合关键字，选取字段时，可结合使用 Shift 键选取多个字段后右击，从弹出的快捷菜单中选择“主键”命令即定义为组合主关键字。例如在案例“学籍管理”数据库中，在名为 xs 表对象的学生表中设置“考生学号”单个字段为主关键字，在名为 cj 表对象的成绩表中设置“考生学号”和“课程号”两个字段为主关键字，两种情况的设置如图 5.10 所示。

表对象各字段属性分别定义完成后存盘保存，这样一个表的数据结构就创建完成了，接着就可以在这个已定义的表结构框架下输入该表的数据。输入数据时双击表对象，进入该表的数据输入状态，此时按表的数据结构字段提示即可逐行输入数据记录。例如对成绩表 cj 对象的数据录入如图 5.11 所示。

要构建实际应用完整的数据库，需要以同样的方法和过程创建该数据库的所有表对象，例如在案例“学籍管理”数据库中分别创建了成绩表 cj、学生表 xs 和课程表 kc 三个实例表对象，分别对各表对象定义了数据结构字段属性并输入了数据。在实例“学籍管理”数据库中创建的三个表对象的字段项及数据记录如图 5.12 所示。

如果需要对数据库中任何一个表结构修改，只需右击这个表对象，在打开的快捷菜单中选择“设计视图”命令即可，如图 5.13 所示。

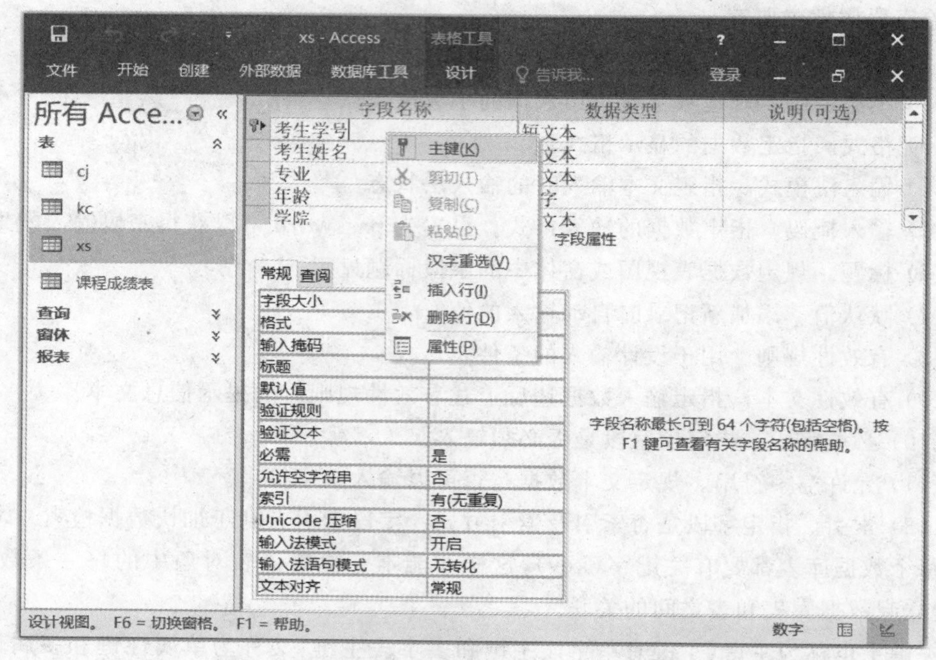

(a) 设置单个字段为主关键字

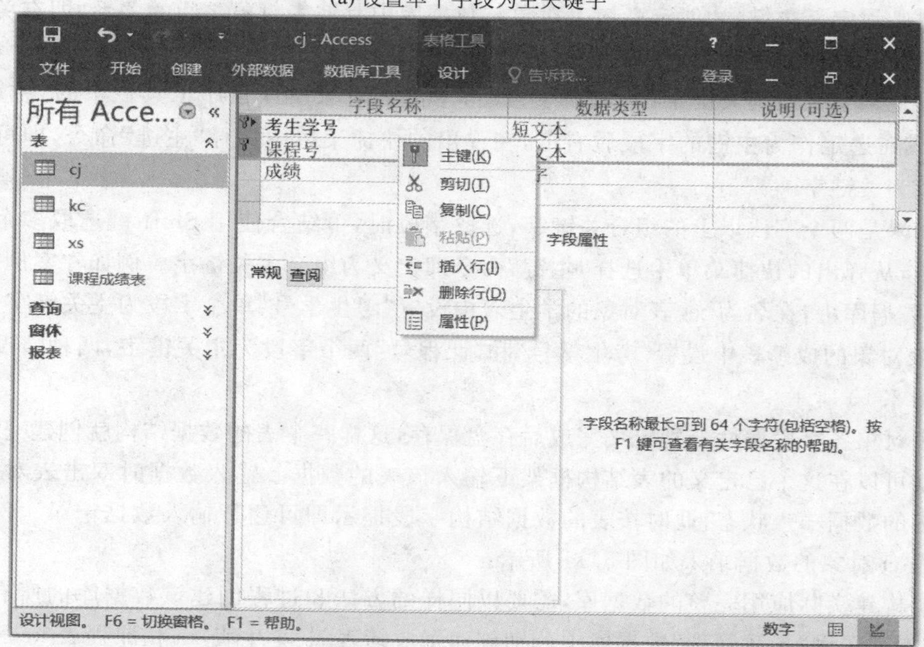

(b) 设置两个字段为主关键字

图 5.10 设置数据库表的主关键字

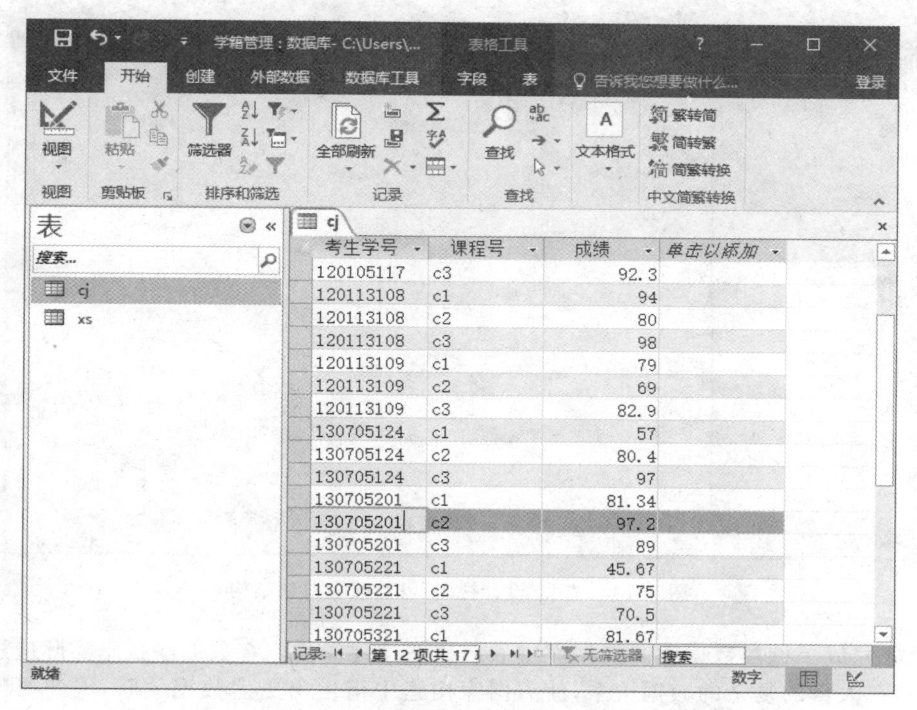

图 5.11　表对象的数据录入与修改

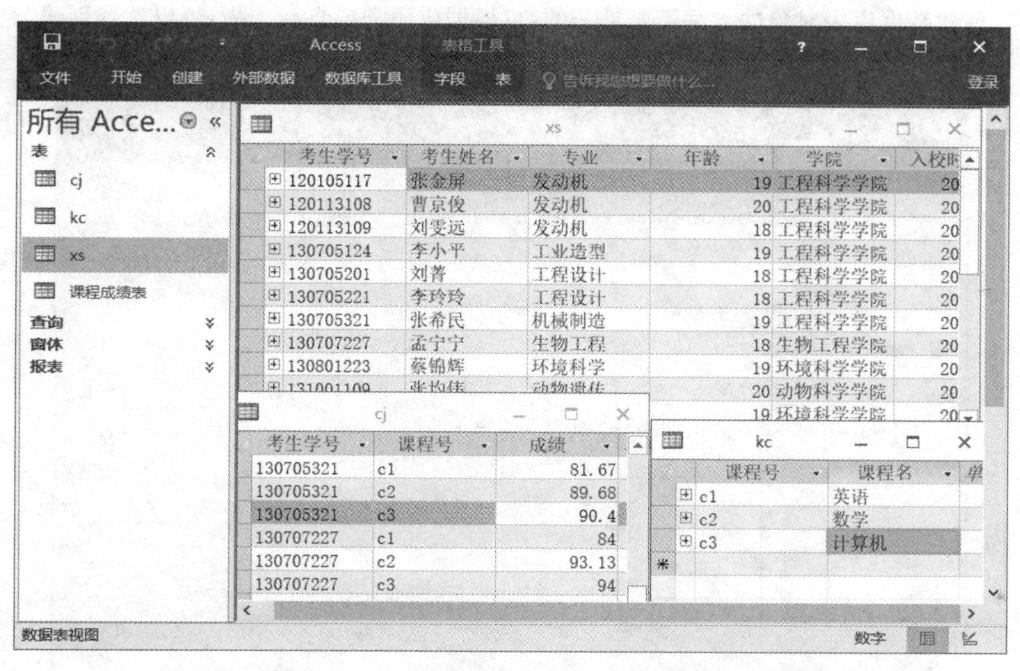

图 5.12　“学籍管理”数据库中的三个表对象的字段项及数据

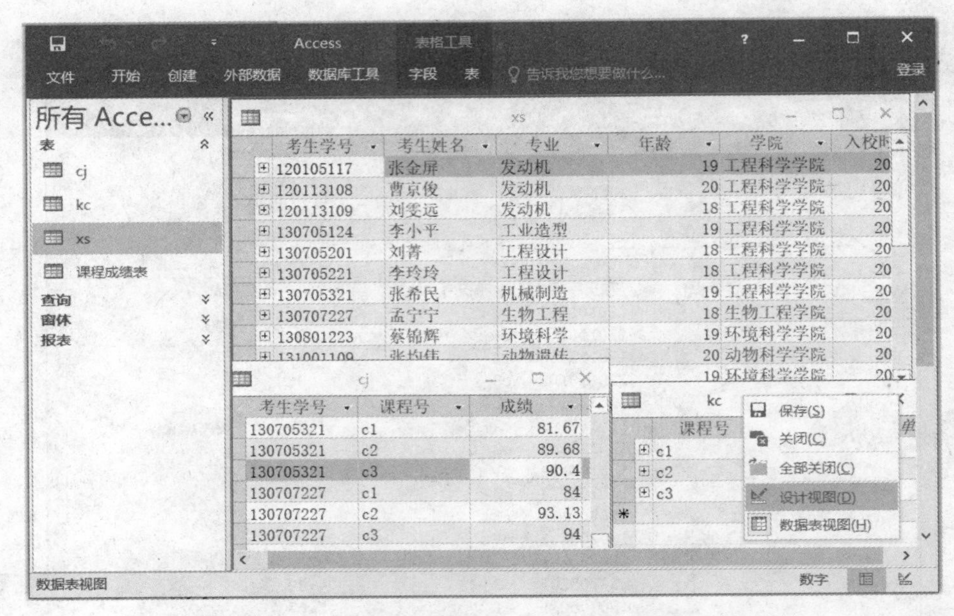

图 5.13　选取“设计视图”可修改表对象结构

至此完成了创建数据库及数据库中表对象的构建操作。在数据库技术实际应用过程中，会存在大量的复杂的数据关系，使数据库构建中衍生出更多数据关联，因此要创建更多的数据库表对象，但其构建方法和操作过程是类似的，都是基于相同的数据库技术基础理论而构建的，无论是高版本还是低版本的数据库管理系统，创建和技术应用基础是相同的。

创建数据库表对象的方法不是唯一的，可根据应用需要自行选择，可以选择创建“表”程序，也可以选用创建“表设计”程序，如图 5.14 所示。

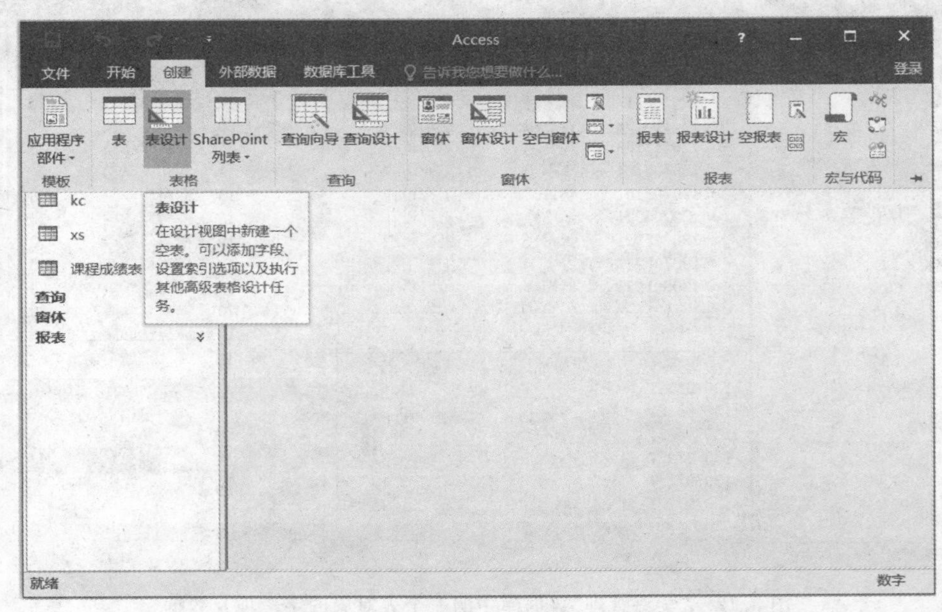

图 5.14　选择使用创建表对象程序

使用“表”程序创建一个新的空表对象，可在表中直接定义字段并输入数据，添加字段，修改默认的ID关键字和字段名，也可修改表对象名，如图5.15所示。

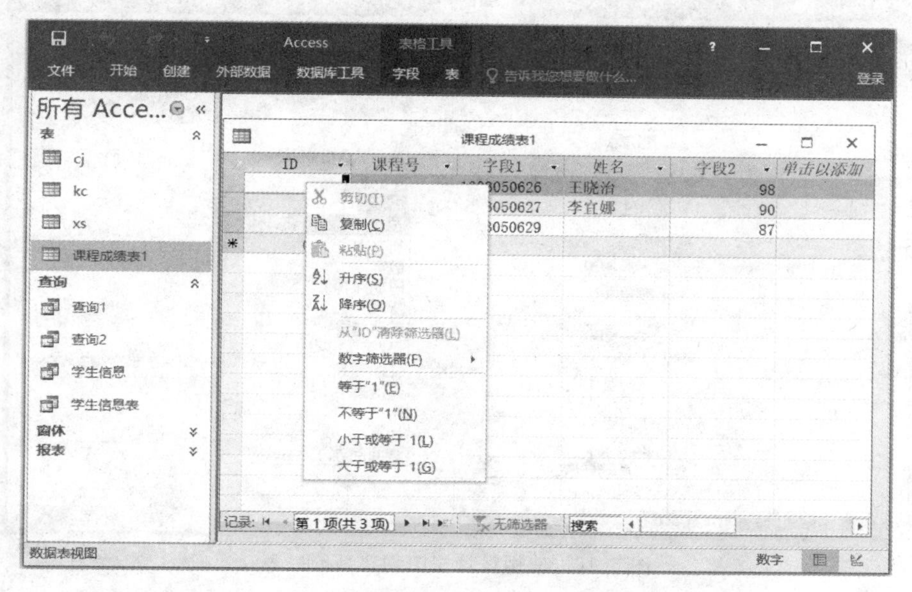

(a) 创建表对象中各字段数据项

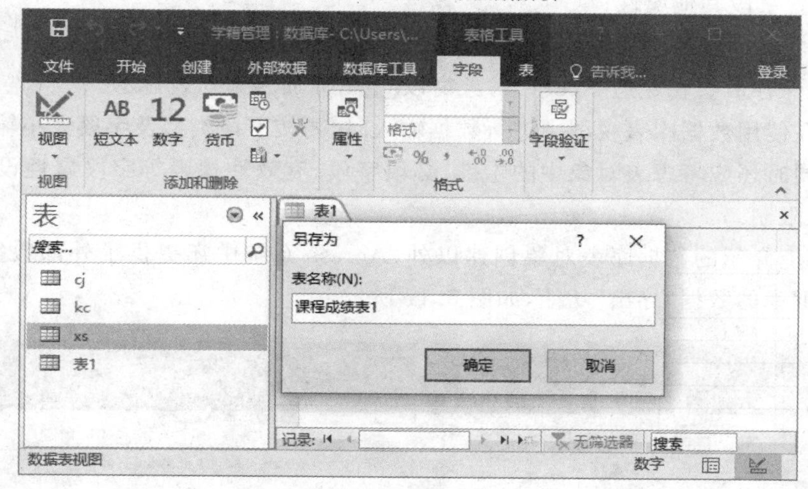

(b) 保存命名新创建的表对象

图5.15 使用“表”程序创建表对象

使用“表”程序创建的表对象也可以在设计视图中打开。使用“表设计”程序，在设计视图中创建一个新的空表对象，则可添加域，设置索引选项，或执行其他高级表设计选项，如图5.16所示。

设计步骤主要有：

(1) 输入表的字段名称、数据类型和说明；

(2) 设置主键；

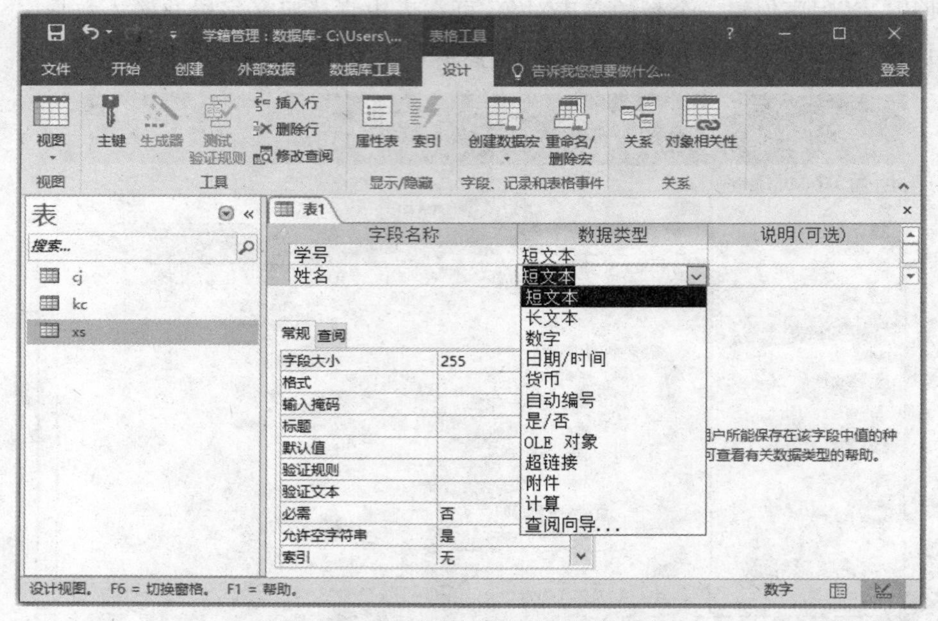

图 5.16　使用设计视图创建新的空表

(3) 设置字段其他属性;

(4) 命名保存表结构设计。

表对象保存后会在左边 Access 对象窗以▦图标加名称列表显示。

注意,在使用数据库表视图中进行数据输入时,要按字段类型及字段大小输入对应字段的数据,同时还应考虑表对象中的主键、必填字段、有效性规则等字段属性设置所带来的数据输入限制。

除了以上介绍的数据库表对象创建以外,Access 系统中还提供了外部数据“导入并链接”和数据库的数据“导出”功能,如图 5.17 所示。

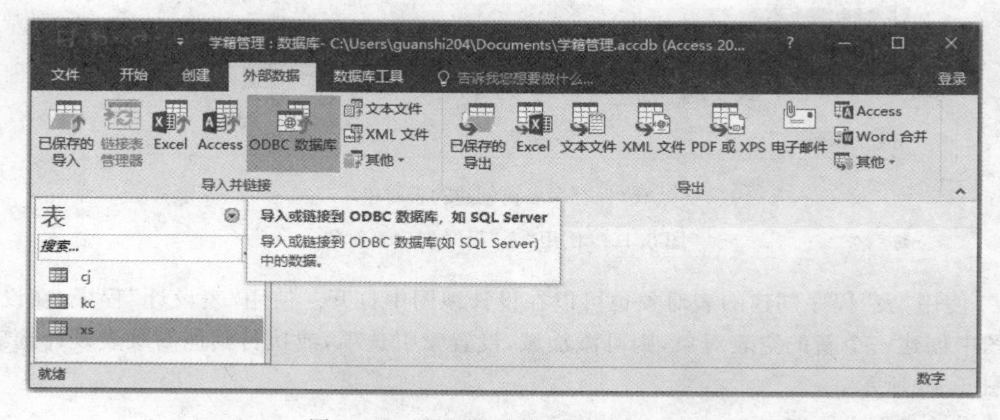

图 5.17　“导入并链接”和“导出”功能

其中“导入并链接”功能选项可链接 Access 数据库系统的外部数据,构建当前数据库数据表对象。使用“导入”与“链接”这两种功能，可以实现外部数据的导入或链接，并命名保存为当前打开数据库的表对象。使用这种导入或链接功能，不但可以生成或链接数据库表的数据结构部分，表对象的数据部分也可一起生成或链接。

“导出”功能是从当前打开的数据库导出不同数据文件格式的数据库表数据，以兼容其他系统，提供更多的数据库数据共享。

5.4 修改数据库表对象

数据表创建完成后，在实际应用中随着信息数据需求等变化，需要对数据库表对象、表对象中数据项字段、表对象数据结构进行修改和完善，主要有以下几个方面。

1. 修改表对象文件

在打开的 Access 数据库窗口中选定表对象，可以对选择的表进行删除、复制和重新命名等操作。

(1) 删除操作。可选择“开始”→“删除”命令；也可以右击，在打开的快捷菜单中选择“删除”命令；或直接按 Delete 键，均可删除选定的表对象。

(2) 复制操作。可在 Access 数据库窗口选定目标表后，使用 Access 主窗口菜单、工具栏或快捷菜单的剪辑板功能实现表的粘贴复制。在操作中还可指定复制表名称，粘贴选项可选择“仅结构”“结构和数据”或“将数据追加到已有表”完成操作。另外，也可以通过选择“文件”→“另存为”命令，或右击，在打开的快捷菜单中选择“另存为”命令，完成重命名存储操作，实现复制效果。

(3) 重命名操作。可在 Access 数据库窗口选定目标表后右击，在打开的快捷菜单中选择“重命名”命令，完成数据库表对象的重命名。

2. 修改表对象数据项

数据库表对象的数据结构修改包括字段名、字段类型及字段属性等数据项的修改。

创建好的数据表，一般要在表设计器中进行修改字段名、字段类型及字段属性的操作。具体操作与创建表的相关内容相同。需要指出的是，对于已经存在记录数据的表，修改其字段类型和字段属性时，必须考虑现存数据与修改部分的协调。否则，只能先删除某些有问题的数据，然后再修改结构。

此外，在数据表视图下也可以修改字段名称。

3. 修改表对象数据结构

数据结构修改包括数据项字段的插入、删除和移动相关修改。插入数据项字段时有两种方式，可以在表设计程序窗口中插入，也可以在数据表窗口中插入，如图 5.18 所示。

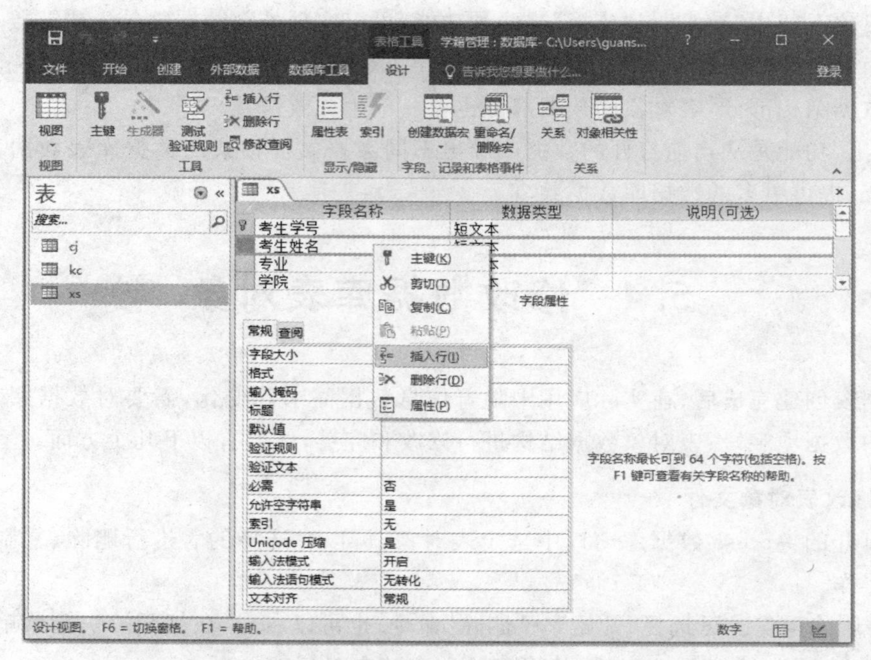

(a) 在表程序设计窗口插入数据项字段

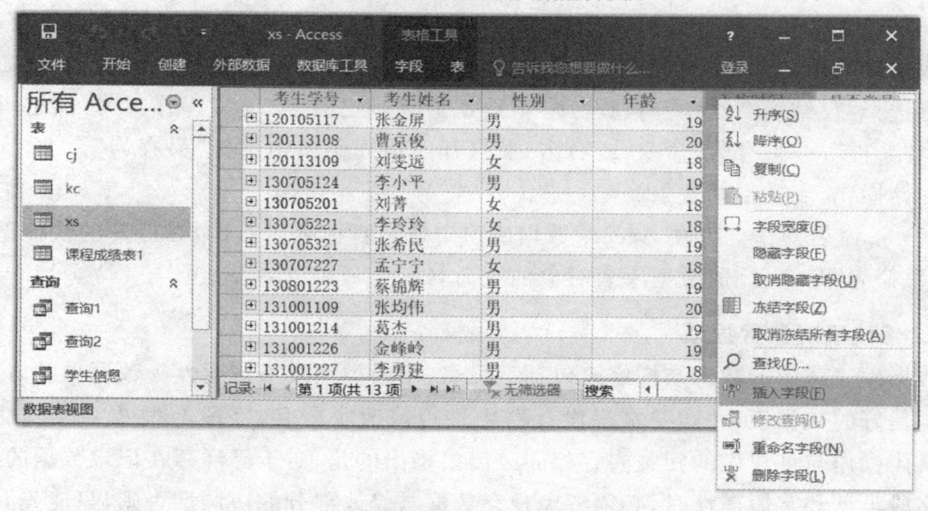

(b) 在数据表窗口中插入数据项字段

图 5.18　插入数据项字段

对新插入的字段，也可以设置字段名、数据类型等相关属性，如图 5.19 所示。

对于字段的删除和移动操作，需首先选定要操作的数据项字段。要选择多个连续的数据项字段，可配合 Shift 键完成；要选择多个非连续数据项字段，可配合 Ctrl 键完成，如图 5.20 所示。

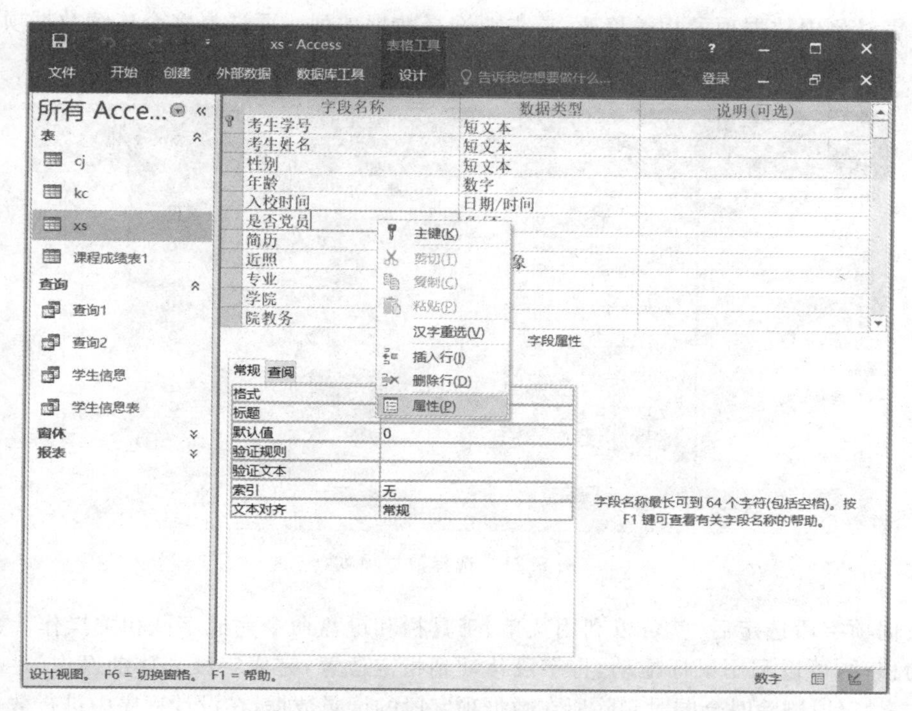

图 5.19　数据项字段的相关属性设置

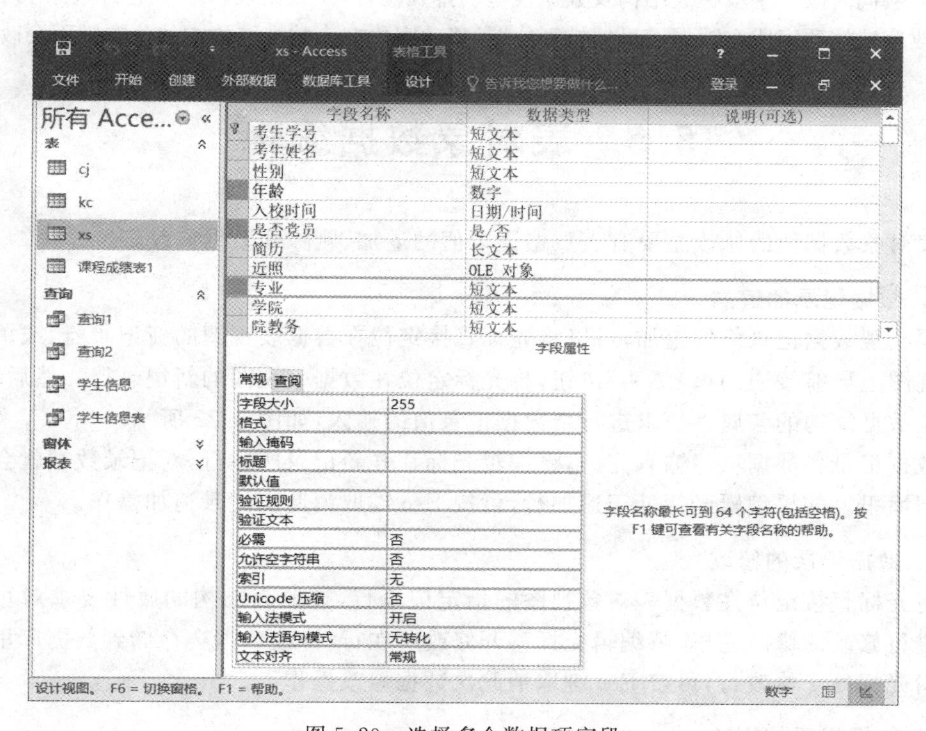

图 5.20　选择多个数据项字段

对表对象中数据项的相关修改，首先要选择数据项列。要选择多个连续数据项字段，可配合 Shift 键完成，如图 5.21 所示。

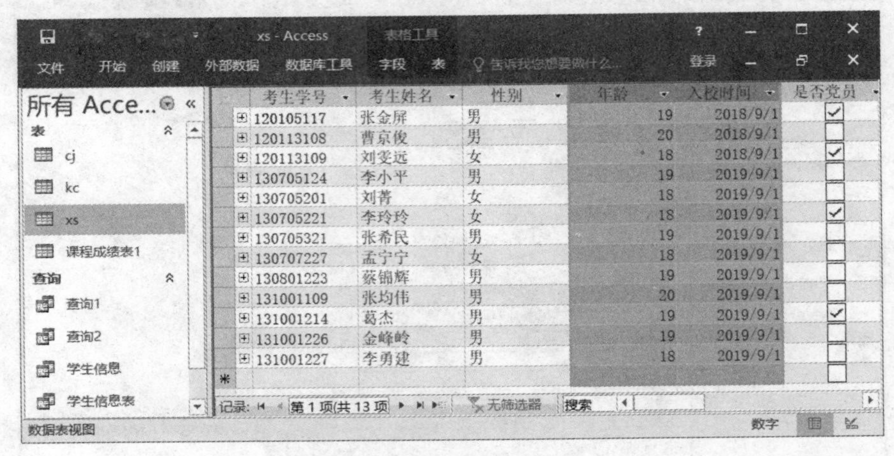

图 5.21 选择数据项列

数据项字段选定后，就可以利用菜单、工具栏和键盘命令完成字段相关操作。数据项字段的移动，可以利用鼠标拖动，将字段移动到指定位置，完成字段的移动操作。

注意，字段删除时会同时删除所在数据项字段的记录数据；在设计程序中进行数据项字段移动，会同时改变字段在表结构及数据表里的排列位置；在数据表程序中进行数据项字段移动，只改变数据项字段在数据表里的排列位置，移动字段在表数据结构中的位置则不会改变。

5.5 表对象数据编辑

表对象数据值的修改主要有表数据记录值的追加、删除和数据修改等。

1. 数据记录的追加

要实现数据记录值的追加，可以将光标直接定位在数据表视图的新记录行，或单击数据表视图上导航按钮的星号“*”按钮，将光标定位在数据表视图的新记录行。然后，按照表对象数据结构的各属性要求进行新数据记录值的输入，如图 5.22 所示。

数据记录各数据项值输入完后，将编辑光标移开新记录所在行，新记录数据就会存储到数据库里。如果编辑光标处于追加行，可按 Esc 键取消此次记录追加操作。

2. 数据记录的修改

将光标直接定位在数据表对象视图的指定记录行，按照表结构的属性要求对目标数据项进行修改。修改完毕，将编辑光标移开修改所在行，修改数据会存储到数据库里。如果编辑光标处于修改行，可按 Esc 键取消此次数据修改操作。

3. 数据记录的删除

在数据表对象视图里，单击选取要删除的数据记录行，或按 Shift 键选择一个或多个

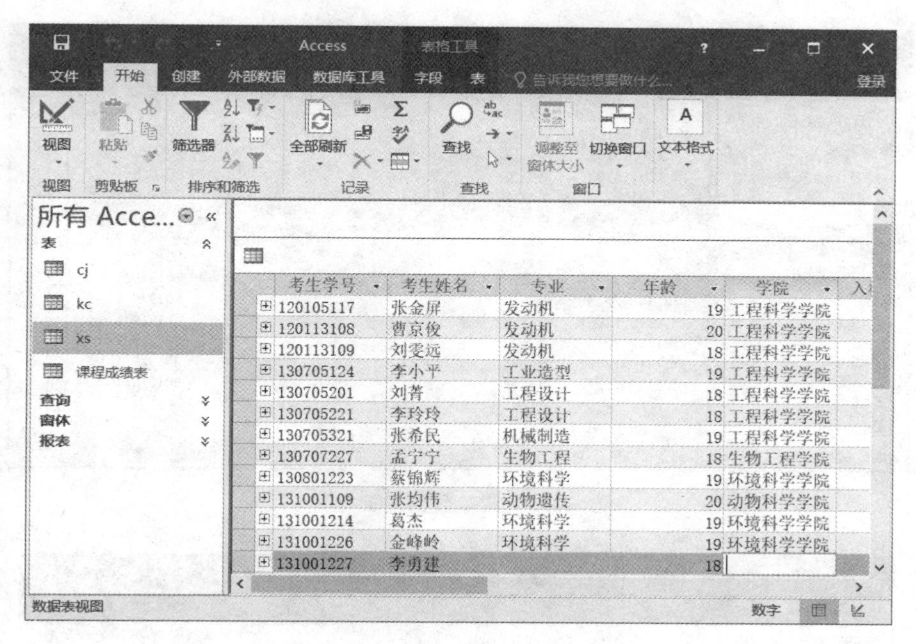

图 5.22　输入新数据记录值

记录数据行，也可以单击数据表视窗左上角位置，选择所有记录行数据。

选取要删除的指定记录后，可以使用菜单、工具栏或快捷菜单里的“删除”命令来完成数据的删除操作。

5.6　表对象数据显示

数据库表对象数据的显示格式，主要包括调整数据表行高和列宽，冷冻数据表列设置，恢复解冻数据表列，以及隐藏数据列。数据表数据项显示外观的修改主要有下述功能。

1. 调整行高和列宽

数据表视图显示的记录行高与字段列宽设置方法可以使用参数设置或鼠标拖动设置。

1）参数设置

要调整数据记录行高，先选定要调整的数据记录所在行，右击，从弹出的快捷菜单中选择“行高”命令，然后在打开的对话框中输入具体的行高值。调整的数据记录行高选项如图 5.23 所示。

要调整的数据记录数据项字段列宽，先选定要调整的数据记录的数据项字段所在列，右击，从弹出的快捷菜单中选择“字段宽度”命令，然后在打开的对话框中输入具体字段宽度值。调整数据项字段列宽选项如图 5.24 所示。

2）拖动设置

先选定要调整的记录行或字段，将鼠标光标停在两行或两列的分解位置，拖动调整到

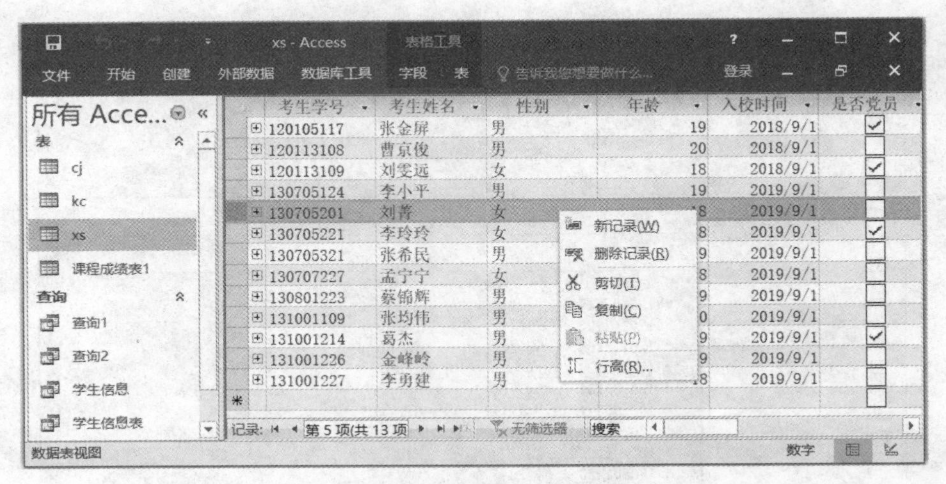

图 5.23　调整数据记录行高

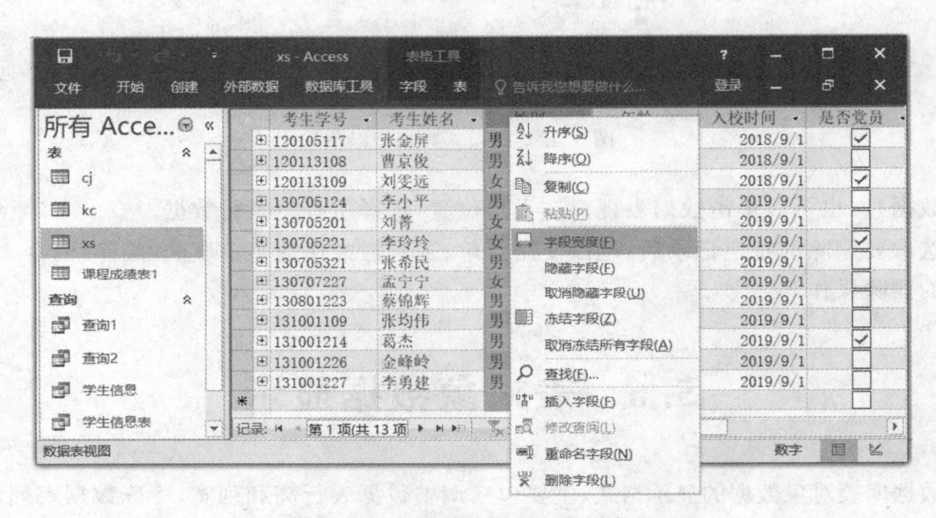

图 5.24　调整数据项字段列宽

可视的高度或宽度。双击字段右端分解线，也可调整列宽为刚好容纳字段数据的宽度。拖动调整数据记录行高如图 5.25 所示。

行高和列宽的设定可根据实际需要选择不同的方式。

2. 数据列的冻结与取消

如果数据表数据项比较多，则显示字段也会比较多，通常使用滚动条才能看见需要对比显示的某些字段。Access 数据库管理系统的数据项字段“冻结”功能可将数据表中的某些重要字段固定在屏幕上，滚动字段时这些数据项字段列保持不动，称为数据项字段“冻结”。需要时也可以取消冻结，称为“取消冻结”。要冻结和取消冻结数据项字段操作，首先选取要冻结的数据项字段，然后右击，从弹出的快捷菜单中选取相应命令，如图 5.26 所示。

数据库数据显示时列的冻结与取消主要是根据数据项数据显示的需要而设定。

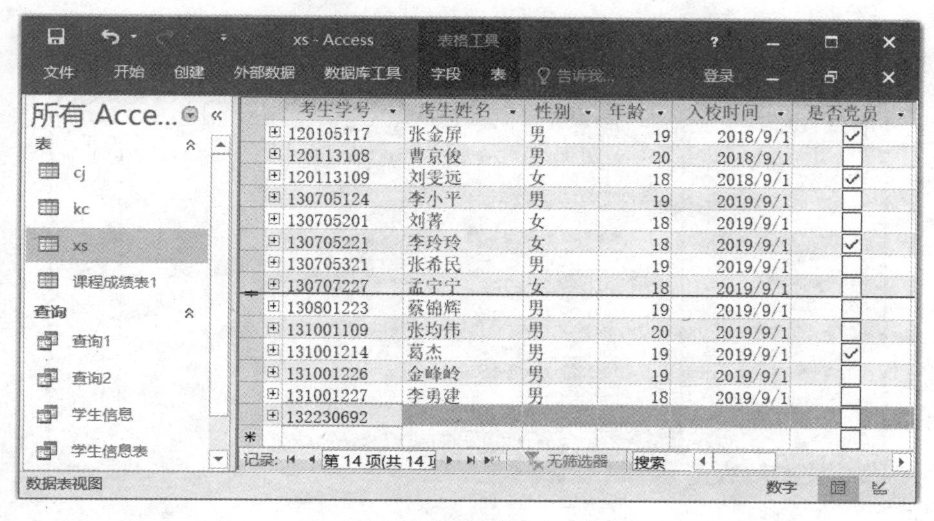

图 5.25　拖动调整数据记录行高

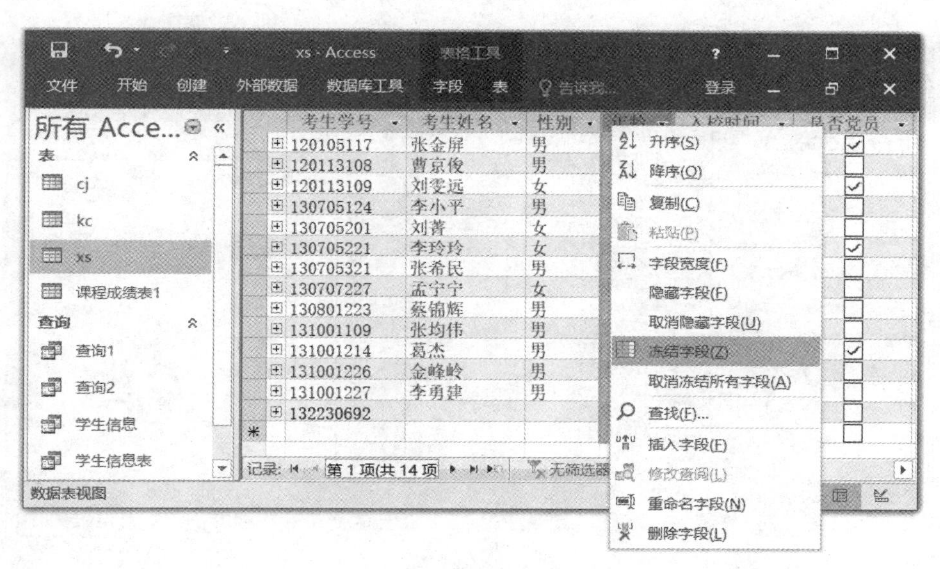

图 5.26　冻结和取消冻结数据项字段

3. 隐藏数据项字段列

如果数据表显示字段比较多,可将有些字段暂时隐藏起来,需要显示时再重新设置恢复显示。设置隐藏字段数据项,首先选取要隐藏的数据项字段,可以是一列,也可以是多列,然后右击,从弹出的快捷菜单中选择“隐藏字段”命令,如图 5.27 所示。

要取消显示隐藏字段,可选择菜单中的“取消隐藏字段”命令,会弹出“取消隐藏列”对话框,选中或取消选中相应的复选框就可以选择或取消字段的隐藏显示,如图 5.28 所示。

隐藏数据项字段列或恢复其显示可以有效地选取显示数据库数据项数据。

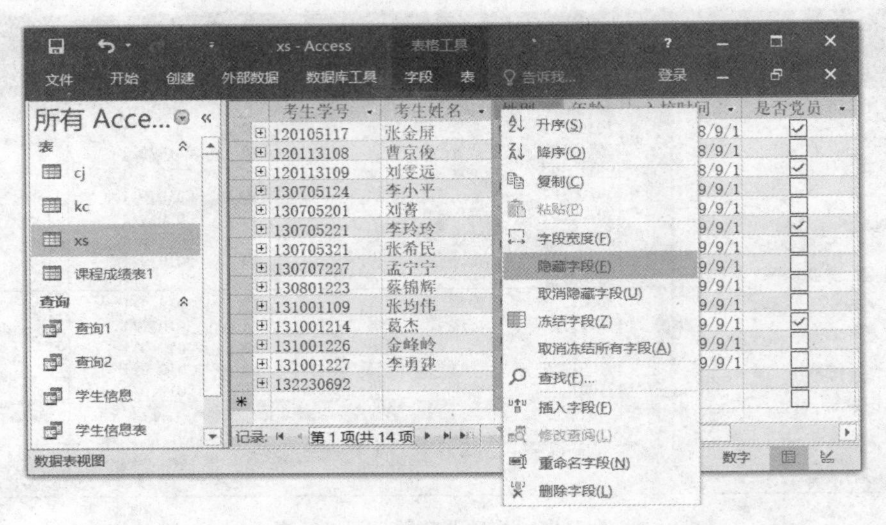

图 5.27　选择“隐藏字段”命令

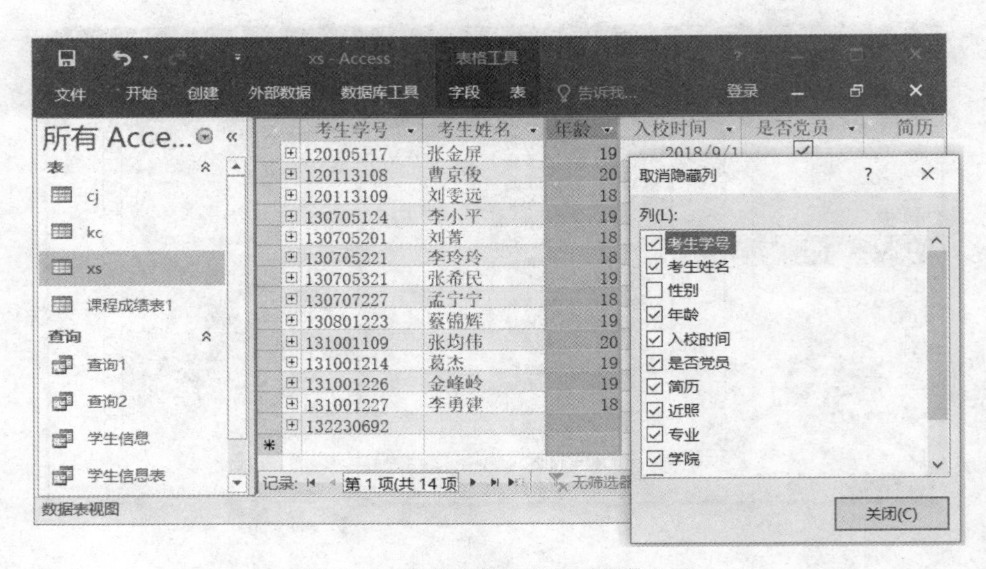

图 5.28　选择或取消字段的隐藏显示

5.7　表对象数据管理

数据库表数据的管理包括数据库表数据记录的查找、排序和筛选等相关数据的管理。

1. 数据表数据的查找

数据表数据的查找，可以选择“开始”菜单中的“查找”命令，也可以右击，从弹出的快捷菜单中选择“查找”命令，对数据表的数据进行查找。还可以根据实际需要选择“查找和替换”对话框中的“查找”选项卡对数据表中的数据进行查找，如图 5.29 所示。

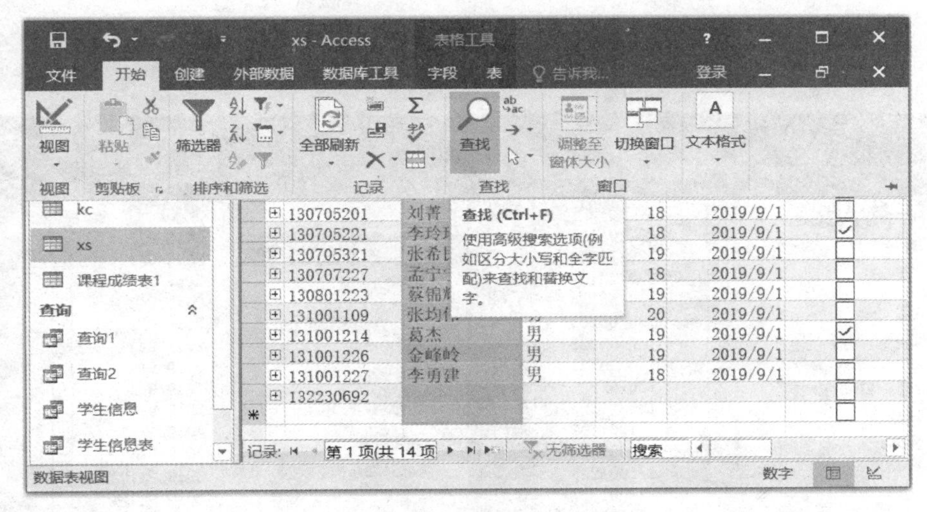

(a) 选择查找命令

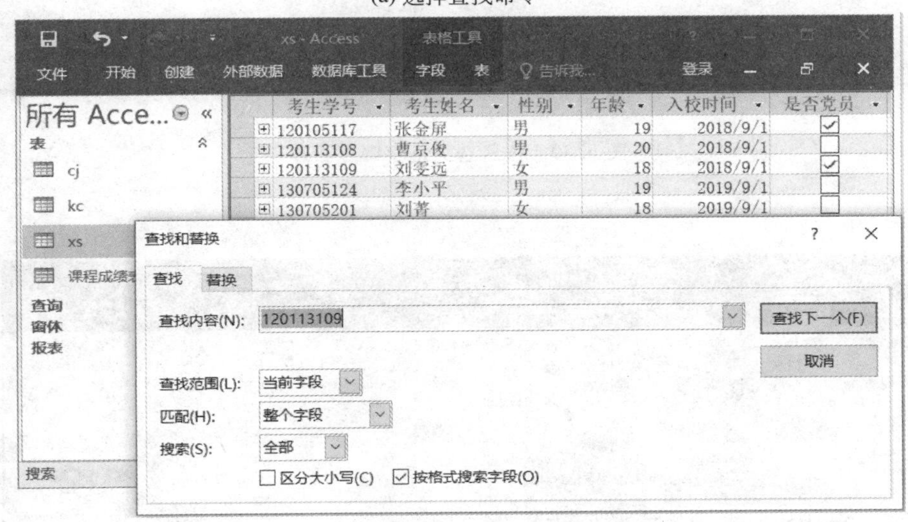

(b) 选择查找范围和条件

图 5.29 数据表数据的查找和替换

2. 数据表数据的排序

数据排序可以按照选择字段的内容对数据记录进行排序，使用时要先选取排序字段名，再右击，从弹出的快捷菜单中选择“升序”或“降序”命令对数据表数据按所选关键字进行升序或降序排序，如图 5.30 所示。

3. 数据表数据的筛选

数据筛选是将数据表中当前无关的数据记录暂时筛选屏蔽掉，保留需要使用的数据记录。记录筛选主要通过指定筛选条件来进行。

首先在数据表范围内选择要筛选的特征内容，然后选择“开始”菜单中的“筛选器”命令，在弹出的菜单中根据需要选择筛选方式，如图 5.31 所示。

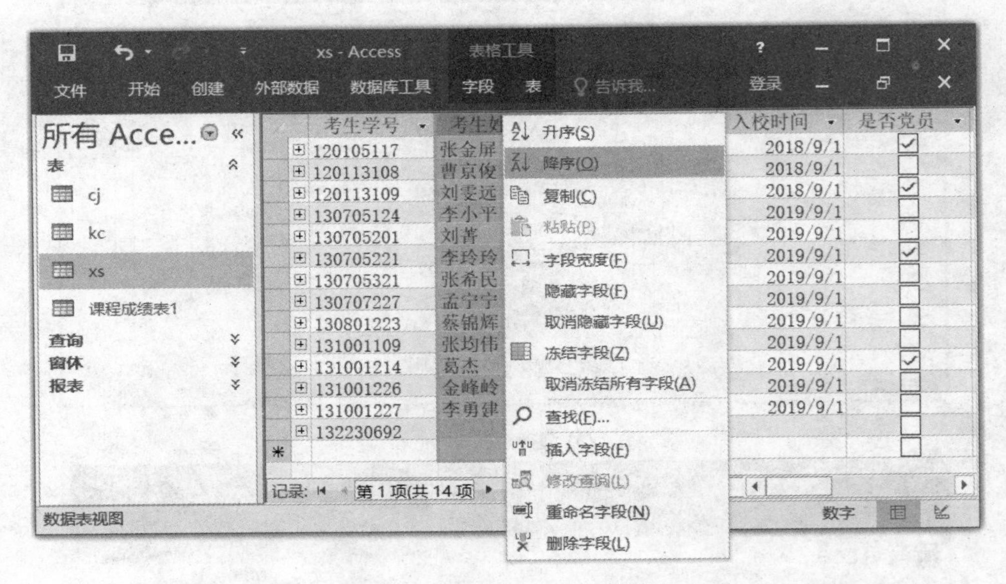

图 5.30　按所选关键字降序排序

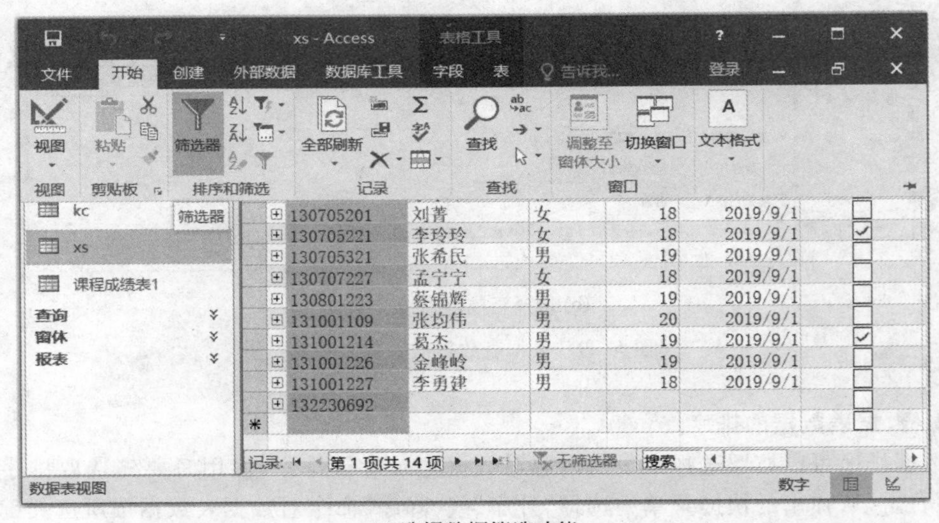

(a) 选择数据筛选功能

图 5.31　选择筛选方式

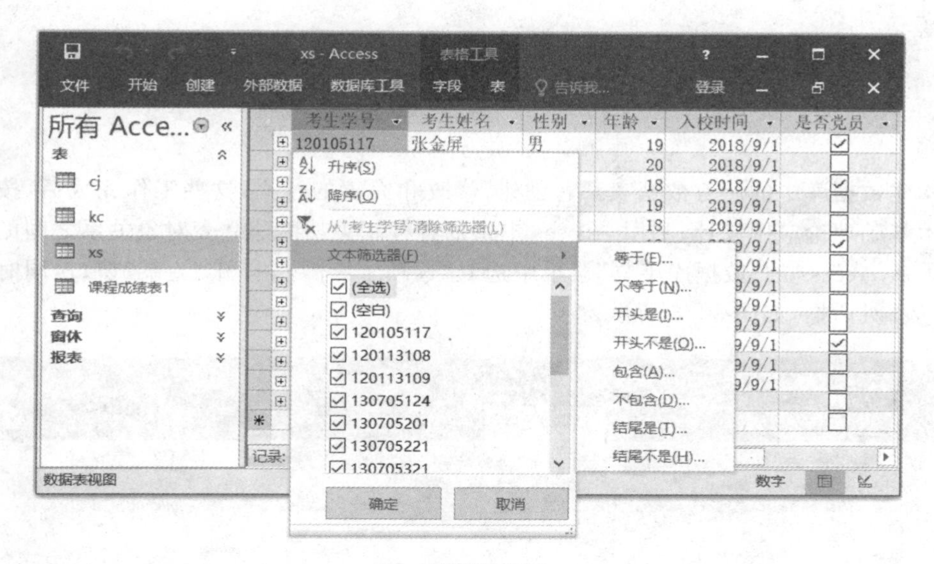

(b) 选择筛选条件

图 5.31 （续）

如果选择“内容排除”筛选方式，可先在数据表选择要筛选的数据特征，然后选择快捷菜单中的“不包含”命令，即可筛选出不含筛选特征内容的数据记录。

如果选择条件筛选，先将光标定位在筛选字段数据区域，然后在快捷菜单中选择筛选条件。筛选条件使用关系运算等于(=)、不等于(<>)、大于(>)、大于或等于(>=)、小于(<)和小于或等于(<=)6 个比较运算符构造的条件表达式构建筛选条件。

经过筛选的数据表随时可以取消筛选，恢复原来状态，如图 5.32 所示。

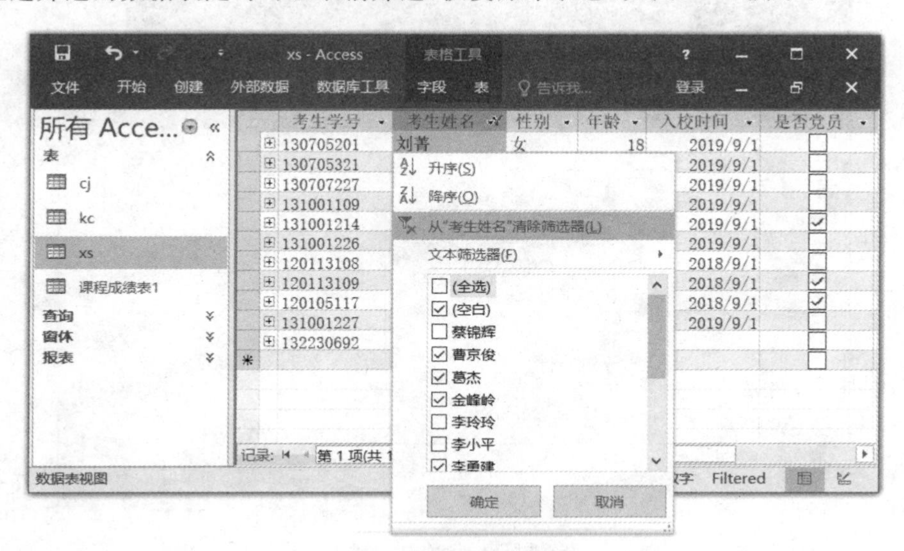

图 5.32 取消筛选，恢复原状

数据筛选可根据需要设置条件选择需要显示的数据记录。

5.8 数据库表间关联

构建数据库中的所有数据表都有创建、修改和完善的过程，这些工作完成后，按数据库技术基础理论应用设计，利用 Access 提供的各种相关功能建立表对象关系之间的各种关联。从 Access 的“数据库工具”菜单中选取“选项卡”命令，打开“关系”窗口，同时打开“显示表”对话框，如图 5.33 所示。

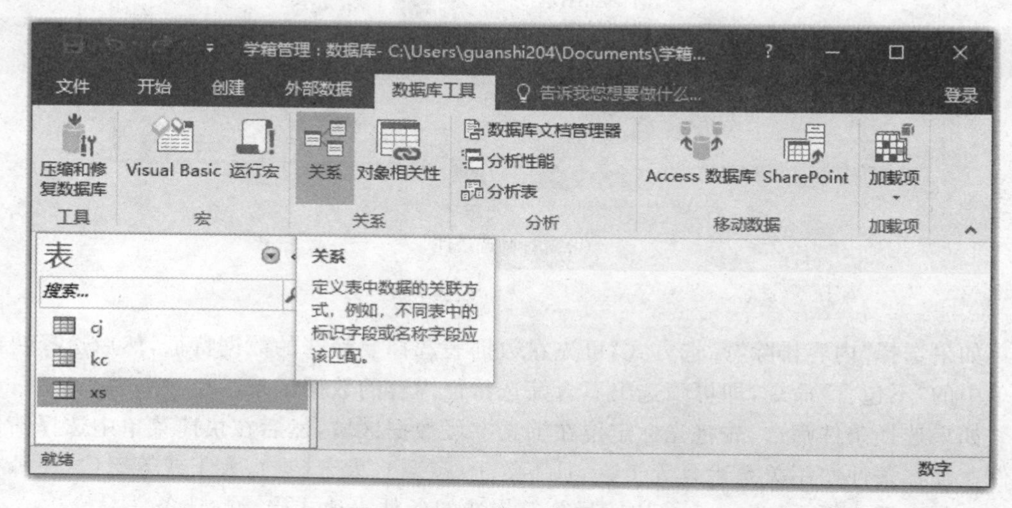

(a) 选择关系操作功能

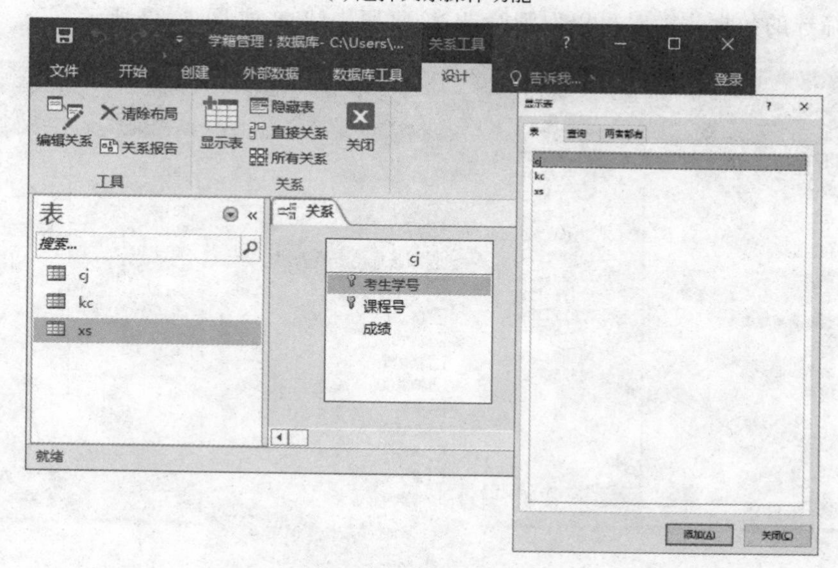

(b) 选择已创建的关系对象

图 5.33　选择“关系”程序，打开“显示表”对话框

“显示表”对话框中有“表”“查询”和“两者都有”选项卡，列出当前数据库所创建的数据表对象和查询对象。

根据“显示表”对话框中的提示列表逐一选择数据表对象，单击“添加”按钮添加到“关系”窗口内，然后选取关系数据表对象中的关键字拖动至通过关键字字段关联的相关数据表对象提示框，随即打开“编辑关系”对话框，从中选择关联方式，以此建立各数据表的关联，数据表之间关联字段间即刻建立连线，完成数据表之间关系的关联，如图 5.34 所示。

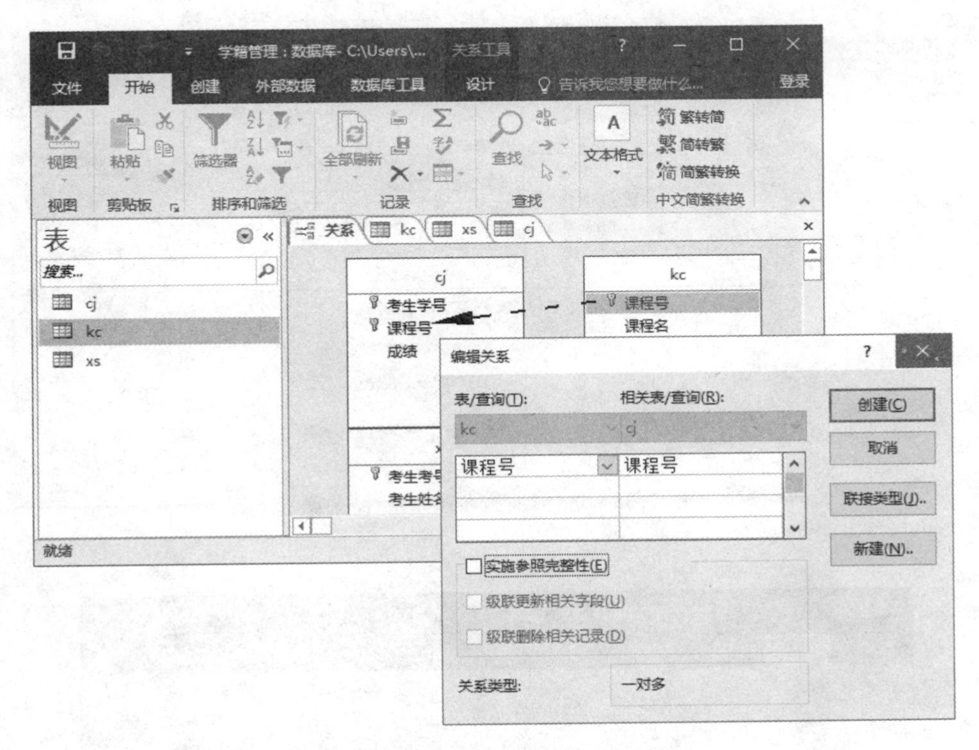

图 5.34　数据表之间关系的关联

实际应用中还可根据需要设置数据表之间关系关联的连线属性，进行级联功能的选择，如图 5.35 所示。

数据库中各数据表之间的关联建立之后，数据库中的数据就可以通过关键字关联建立起有机的联系，可以最小数据冗余实现最大数据共享，提供更有效的数据检索功能。在“学籍管理”数据库示例中建立各数据表之间的关联，如图 5.36 所示。

在“关系”窗口中显示了各数据表之间的数据关联关系，还可看见各表对象之间的数据关联是一对一关系，还是一对多(1—∞)关系等。

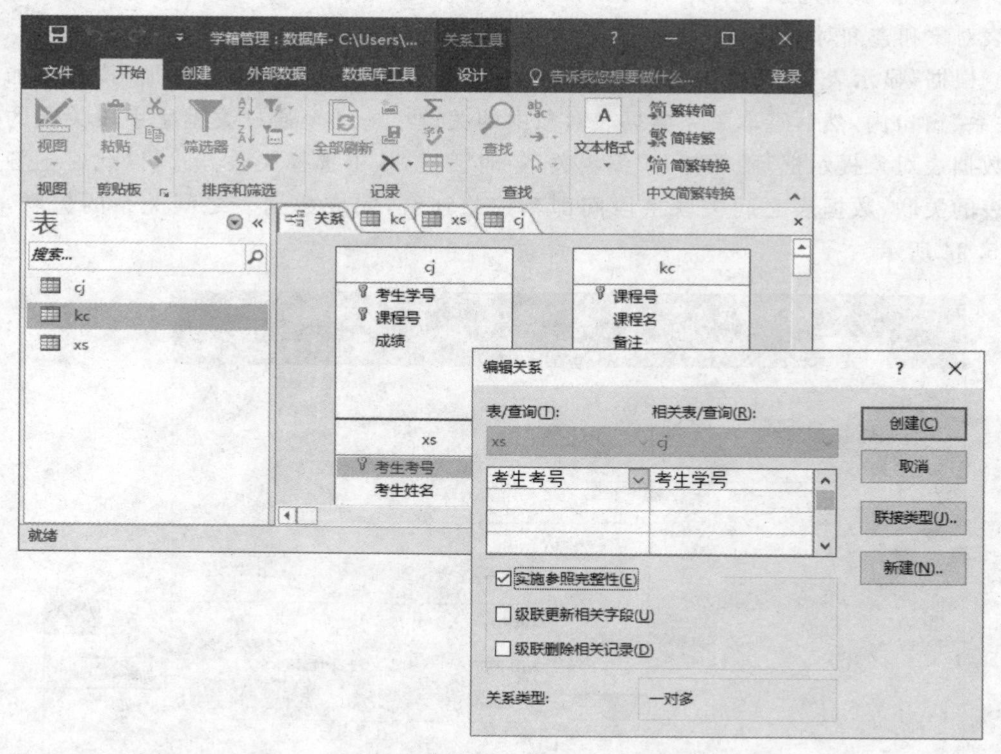

图 5.35　选择"实施参照完整性"关联

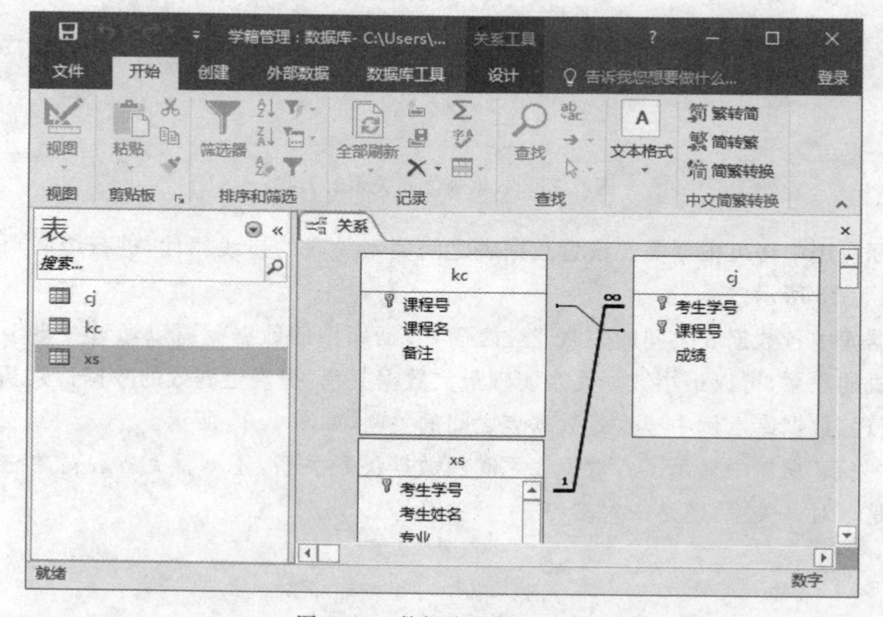

图 5.36　数据表之间的关联

5.9 构建数据库查询

查询是各种数据库管理系统提供的一种数据库数据检索功能，是用户根据不同信息数据检索需求，从基于物理存储的实际数据库中获得的数据关联视图，可以看成是一个逻辑关联的虚表对象，称为“查询”对象。

数据库用户根据不同需要检索显示数据库数据，形成检索查询用户视图，并以新的数据库对象形式存储在数据库中，如同创建了一个新的数据库虚表对象，其中的数据可以来自于一个实际的数据库表对象，也可以来自多个实际的数据库表对象，查询对象形成的数据表也可为窗体对象和报表对象等提供数据源。

实际上数据库系统数据查询功能是通用标准查询语言 SQL（Structure Query Language，结构化查询语言）命令的系统程序实现的。SQL 是目前关系型数据库系统中广泛使用的数据库查询语言，提供了关于数据定义、查询、操纵和控制 4 种功能的一整套命令。

SQL 有嵌入式和客户端两种应用。嵌入式应用如 Access 中的查询及 SQL Server 中的视图等设计，客户端应用主要是在各种高级语言的数据库编程中直接使用 SQL 命令来完成数据库数据访问的各种操作。

基于关系数据库数据表的各种数据查询操作，在 Access 系统查询操作中都可以方便显示其实现过程的 SQL 源程序代码，为各种查询组织数据提供多种方式的应用，方便跨平台与其他系统共享数据库数据，构建的查询对象数据表也可为窗体、报表等其他对象提供数据源或操作源。

5.9.1 查询设计程序

Access 的查询功能可以分为选择查询、参数查询、交叉表查询，操作查询和 SQL 查询 5 种类型。构建查询视图，实现查询对象的设计可通过选择“查询向导”或“查询设计”完成，如图 5.37 所示。

选取“创建”选项卡中的“查询设计”命令后，打开查询设计程序窗口，默认创建名为“查询 1”的对象，同时打开“显示表”对话框，有“表”“查询”和“两者都有”选项卡，列出当前数据库所创建的数据表对象和查询对象。从中选取已建数据表对象或已有的查询对象，单击“添加”按钮添加到当前“查询 1”窗口内，各对象按各数据表对象已构建的关键字关联关系会自动显示在其中，提供建立查询对象的数据源，如图 5.38 所示。

查询设计程序窗口分为上下两部分。上部是数据表对象或查询对象的显示区，用于提供查询的数据源；下部是查询的设计区，用于指定字段或查询准则条件等。查询的设计区按行列划分，每一列对应构建查询的一个字段，可来自任何一个有关联的数据表对象；每一行是字段属性及条件，可设置对应字段查询条件。其中“字段”行用于选择查询字段

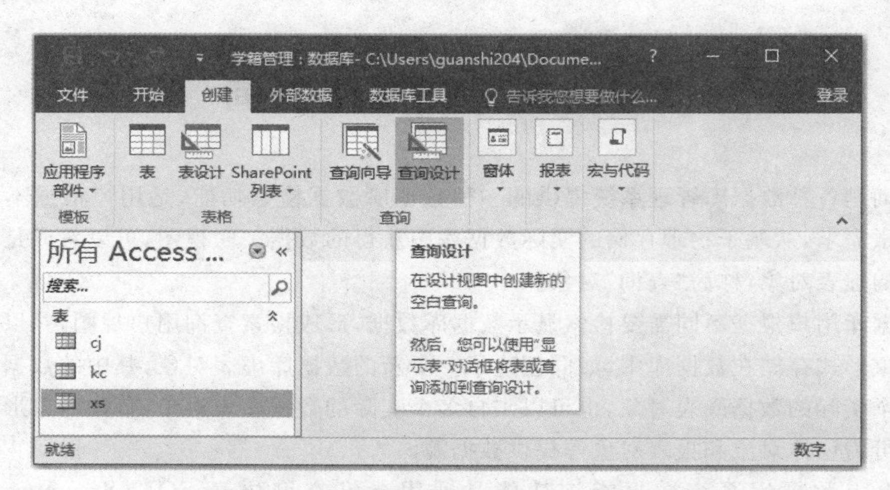

图 5.37 选择"查询向导"或"查询设计"

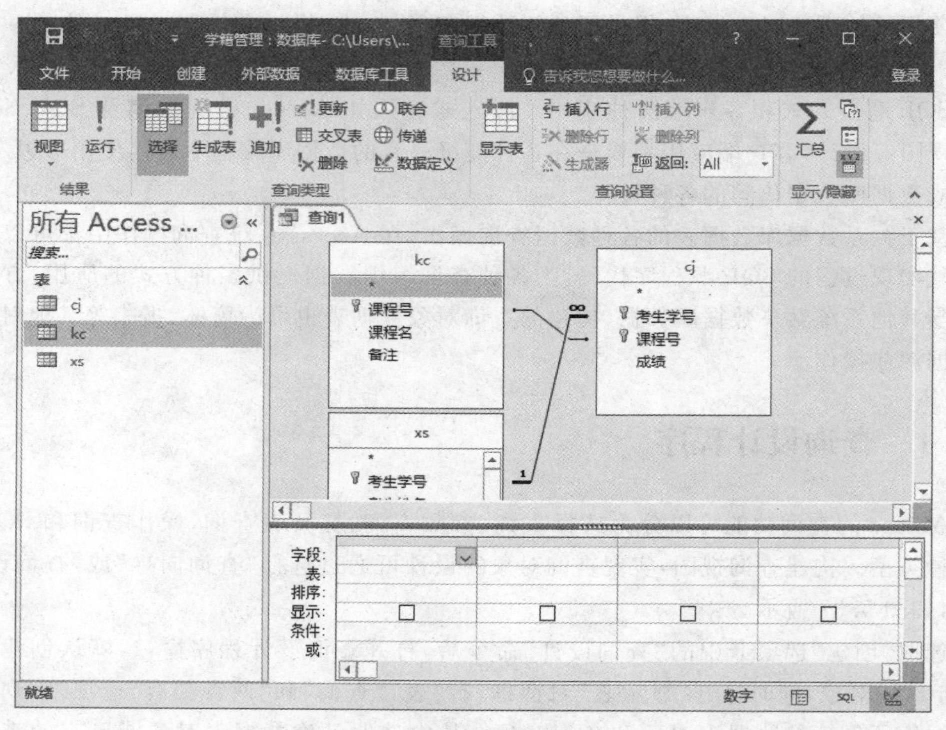

图 5.38 建立查询对象的数据源

名称，"表"行用于显示字段所属的数据表对象，"排序"行用于指定相关字段的排序状态，"显示"行用于指定相关字段是否显示，"条件"行及其以下各行用于选择构建对应字段的查询条件。

5.9.2 构建选择查询对象

选择查询是数据库技术中最常使用的查询，选择查询根据设定准则，从一个表对象或查询对象、或多个表对象或查询对象中检索获取数据并显示结果。此外，还可使用选择查询功能进行数据记录的分组，以完成求和或计数等数据统计运算。

1. 创建选择查询

选择查询按照其数据来源可以分为单表对象或单个查询对象的查询，以及多个表对象或查询对象的复表查询；根据是否设定准则条件查询，分为无条件查询和有条件查询。这样，分类组合就有单表无条件、单表有条件、复表无条件和复表有条件 4 种选择查询。

选择查询设计过程是选取“查询设计”程序命令后，打开查询设计程序窗口，在同时打开的“显示表”对话框中选择一个表对象或一个查询对象，也可以选择多个表对象或多个查询对象，单击“添加”按钮添加到查询设计程序显示区域。

在设计程序的设计区“字段”行位置，根据查询数据项字段需要，选择添加所创建的查询对象数据项字段名称，在这里也可以选用星号“ * ”代表数据表的所有字段。从数据字段列表中选择数据表字段示例，如图 5.39 所示。

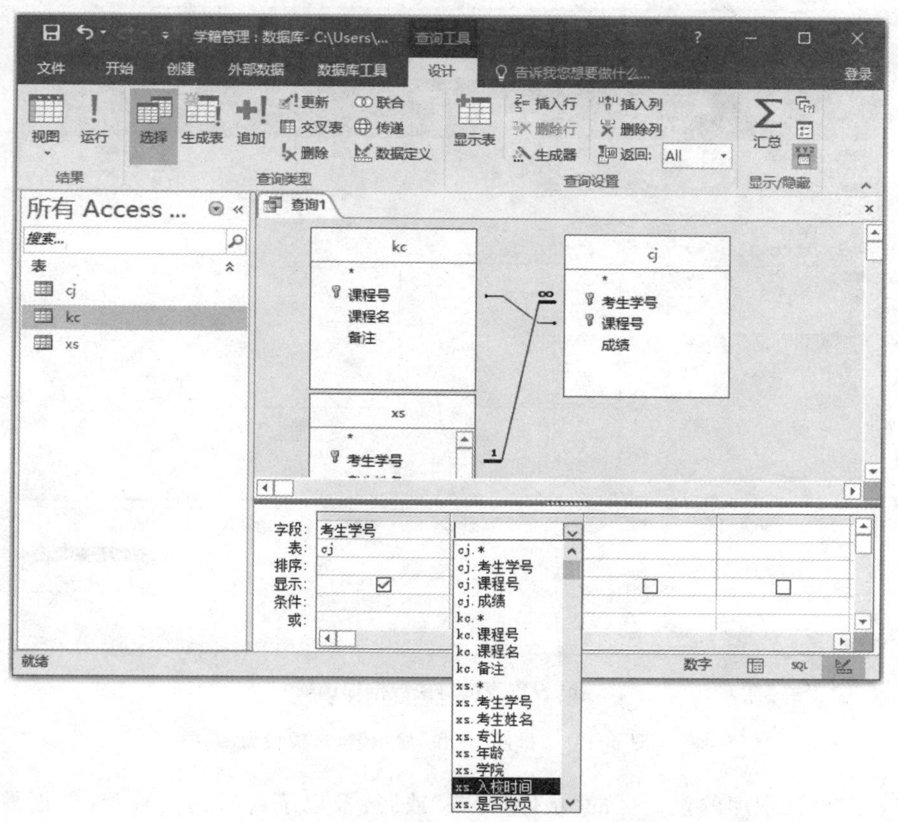

图 5.39　选择数据表字段

在查询设计程序的设计区“排序”行和“显示”行位置，可根据对应字段查询进行选项设置，如图 5.40 所示。

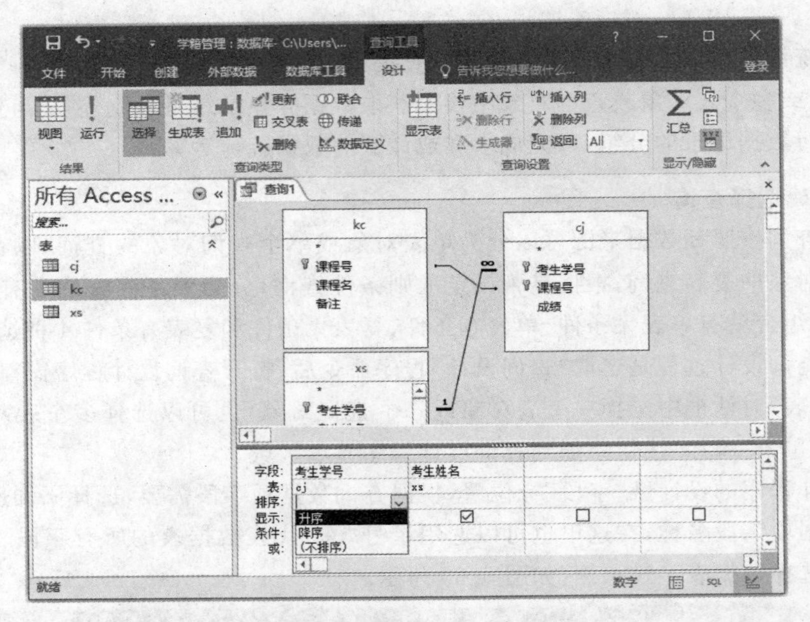

(a) 定义查询数据项显示方式

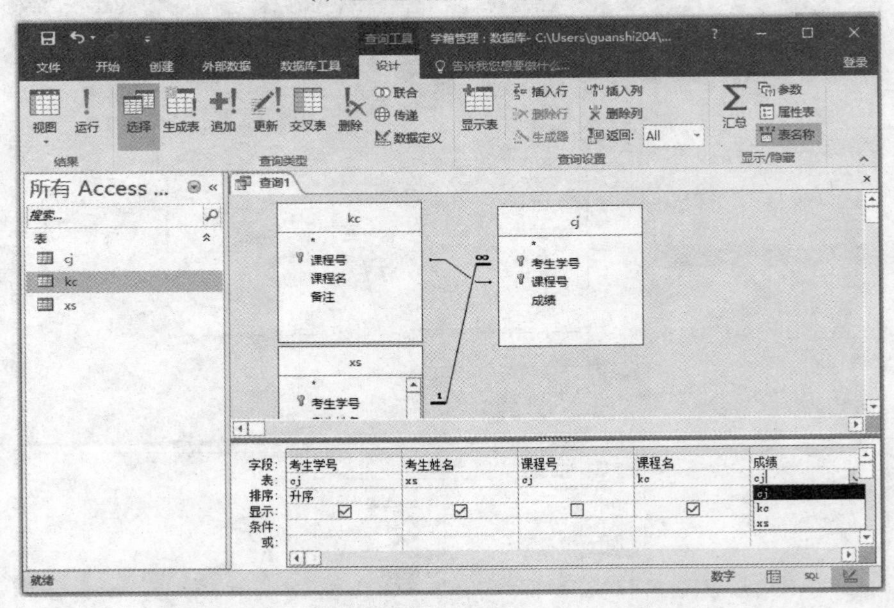

(b) 设置查询对象数据项选项

图 5.40 “排序”行和“显示”行选项设置

在查询设计程序的设计区的“条件”行或“或”行及以下各行的设置，可根据需要对所建查询对应字段的条件进行设计，最后命名保存所创建的选择查询对象，如图 5.41 所示。

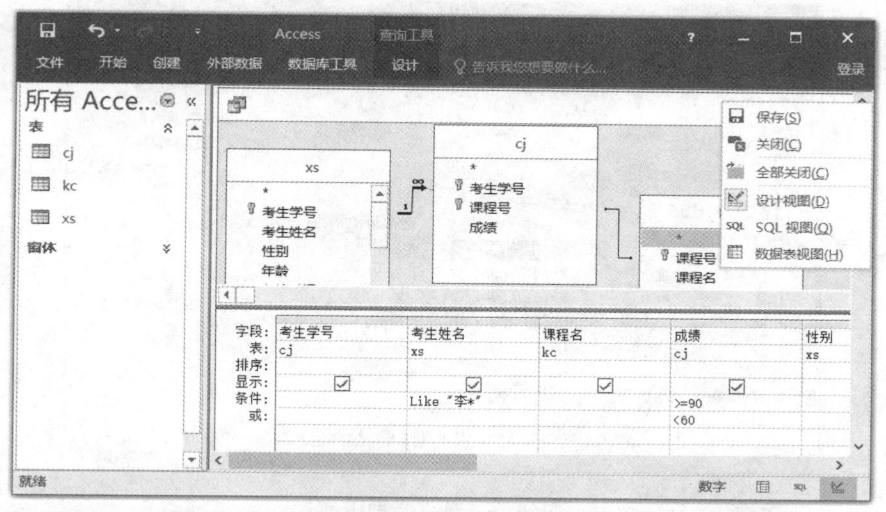

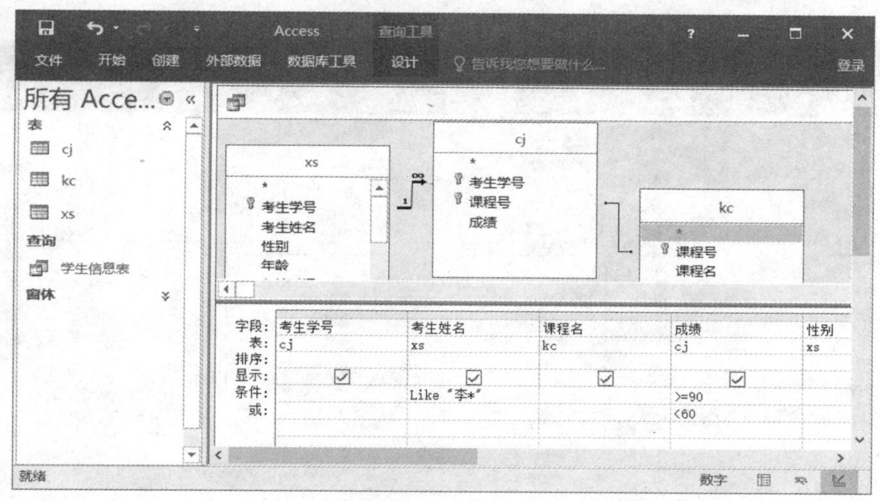

图 5.41　查询字段的条件设计

将新创建的选择查询对象命名保存后，该查询对象会在 Access 系统窗口左侧“所有 Access 对象”的“查询”栏下列表显示。双击所建查询对象，查询结果数据即可显示在信息显示窗口内。按上述字段条件设计的选择查询结果如图 5.42 所示。

注意，在设计复表查询对象时，添加到设计程序显示区窗口的表对象或查询对象之间需要建立规范化联接关系，一般简单的数据关系应用设计为 3NF 第三范式，即消除数据表关系中非主属性对关键字的部分函数依赖，并消除非主属性对关键字的传递函数依赖，否则会产生大量冗余无用的组合记录数据。另外，表对象数据联接方式也分为三种类型，分别是等值联接、左联接和右联接方式，数据联接方式不同，设计查询也会返回不同的结果。

操作时先选取查询对象，从主菜单“数据库工具”中打开“关系”窗口，右击选取关系连线，在弹出的快捷菜单中选择“编辑关系”命令，如图 5.43 所示。

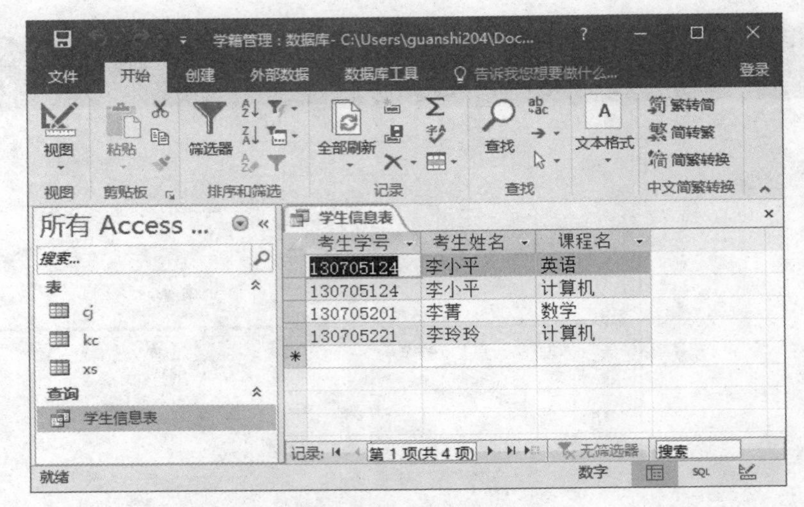

图 5.42　选择查询结果

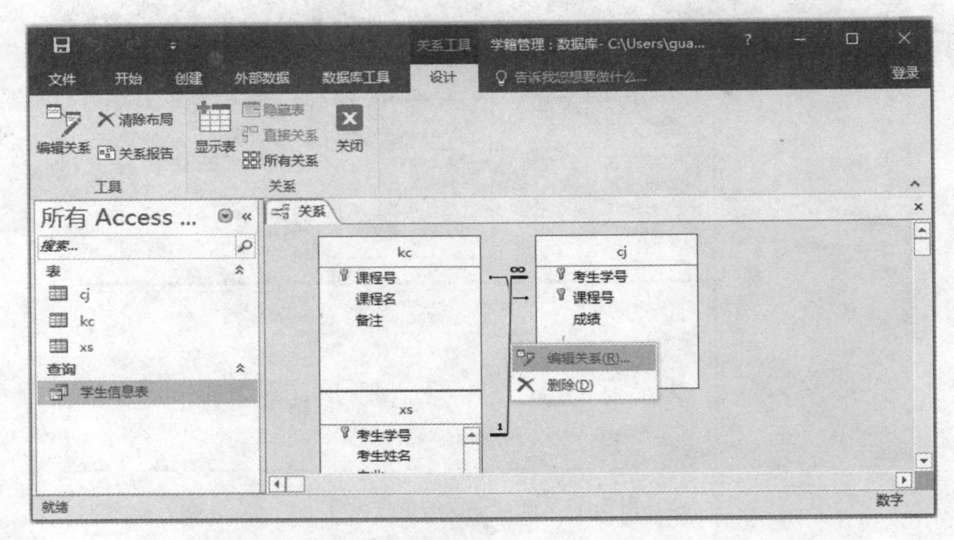

图 5.43　“编辑关系”命令

在“编辑关系”对话框中单击“联接类型”按钮，在“联接属性”对话框中可选择不同的联接方式，如图 5.44 所示。

数据联接形式的等值联接、左联接和右联接关系，对应“只包含两个表中联接字段相等的行”“包括‘xs’中的所有记录和‘cj’中联接字段相等的那些记录”“包括‘cj’中的所有记录和‘xs’中联接字段相等的那些记录”这三种选择。选择不同的数据联接类型，查询对象中的数据记录组合结果也会不同。

如果需要重新建立关联关系，也可以在“编辑关系”对话框中单击“新建”按钮，打开“新建”对话框，如图 5.45 所示。

打开选定查询对象的“设计视图”程序，选择关联关系，打开“联接属性”对话框，如图 5.46 所示。

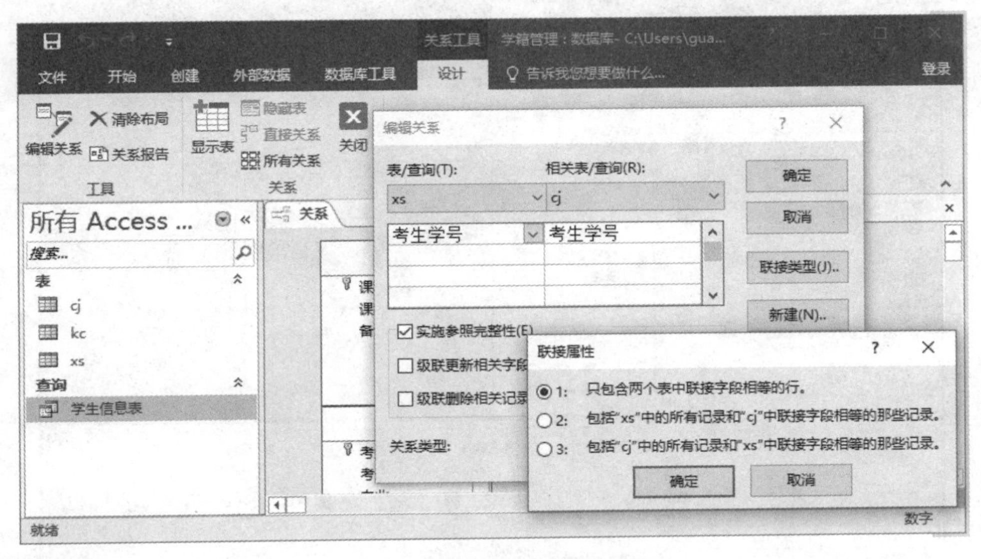

图 5.44 选择不同的数据联接方式

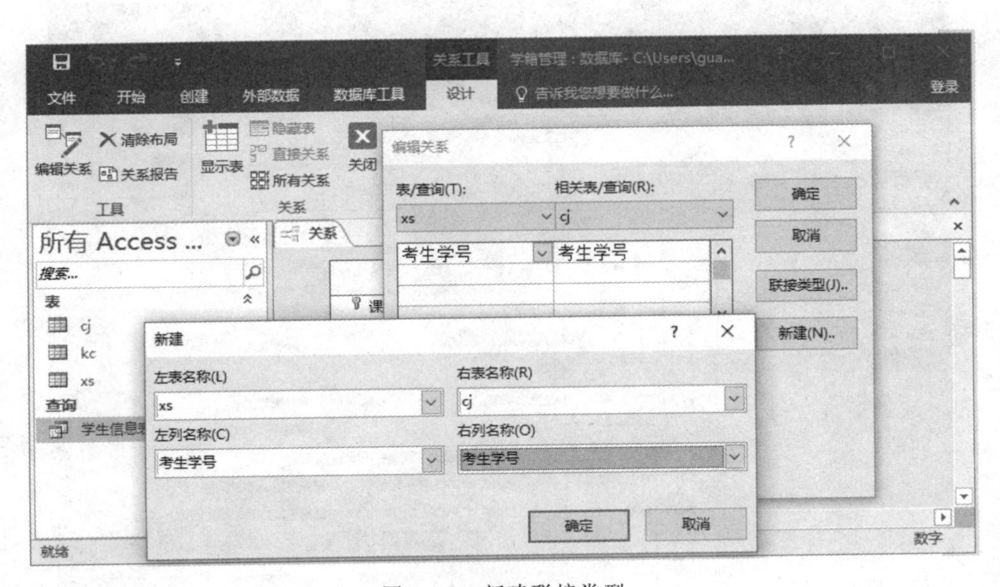

图 5.45 新建联接类型

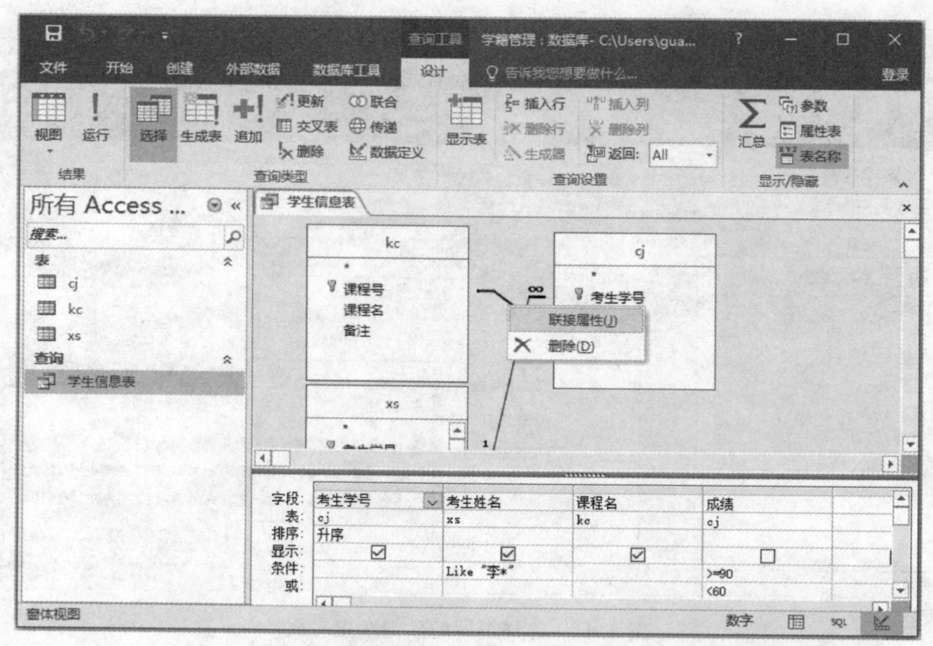

(a) 选择关系联接属性

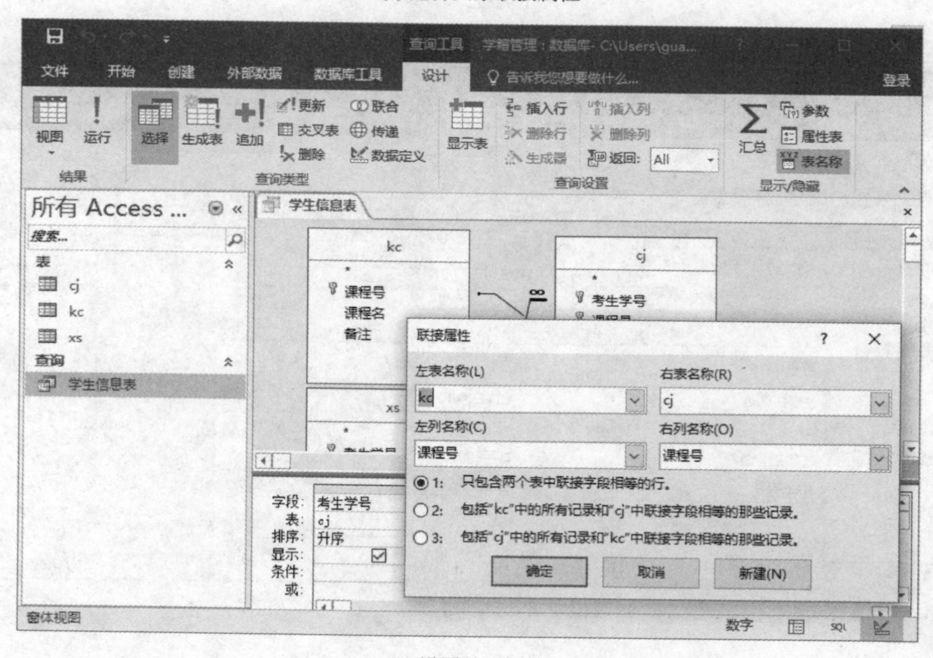

(b) 设置关联属性

图 5.46　打开“联接属性”对话框

如果选择“2:包括‘xs’中的所有记录和‘cj’中联接字段相等的那些记录”单选按钮，则构建的查询对象所建立的左关联联接关系在查询设计程序显示区显示，如图 5.47 所示。

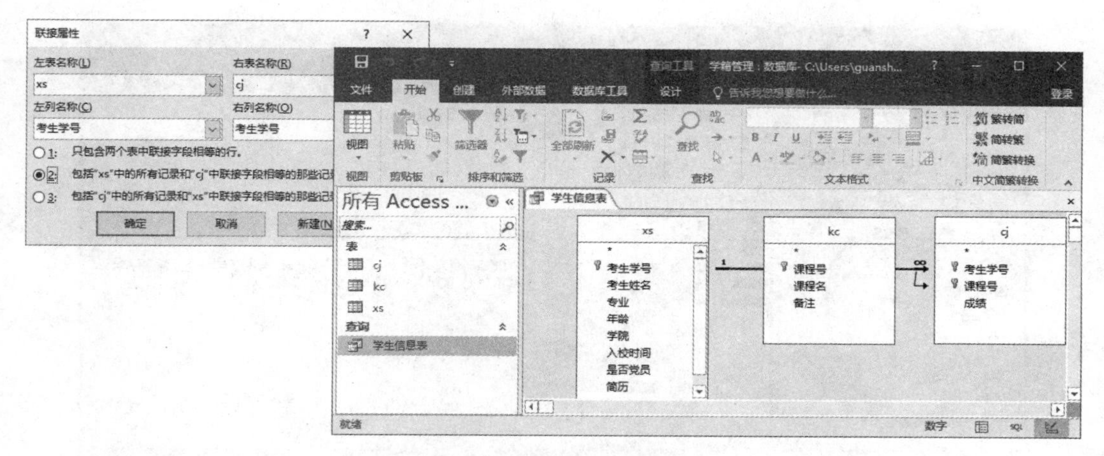

图 5.47　左联接关联关系

如果选择“3:包括‘cj’中的所有记录和‘xs’中联接字段相等的那些记录”单选按钮，则构建的查询对象所建立的右关联联接关系在查询设计程序显示区显示，如图 5.48 所示。

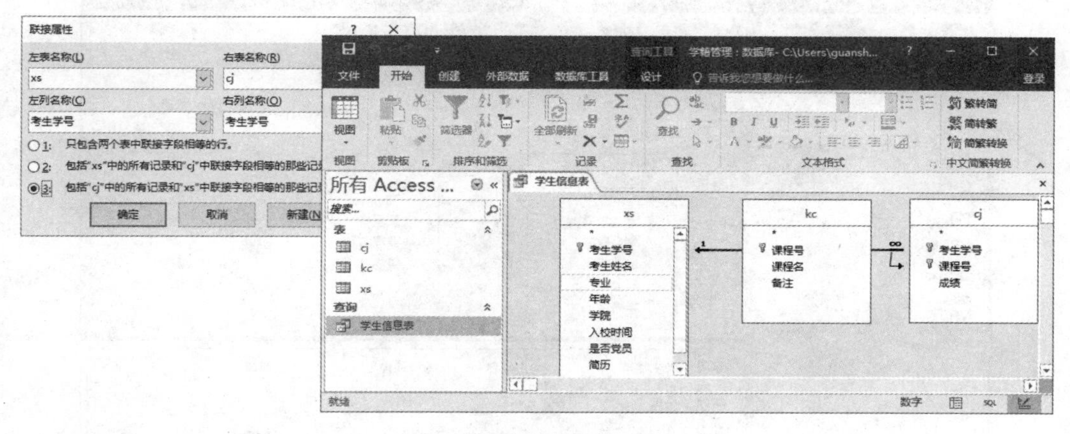

图 5.48　右联接关联关系

在查询设计程序视图中创建完查询对象后，可以用多种方式进入该查询对象的数据表视图，提供查询显示结果。

各种 Access 查询操作中都可以显示其实现过程的 SQL 源程序代码，例如本示例“学生信息表”查询对象，其实现查询的 SQL 源程序代码如图 5.49 所示。

2. 构造查询条件

设计有条件查询时，需要在查询设计程序设计区“条件”行及“或”行以下行构造查询条件表达式，以查询符合条件的数据记录。

在“条件”行及“或”行可直接输入条件表达式，也可右击，在弹出的快捷菜单中选择“生成器”命令构建更复杂的查询表达式，如图 5.50 所示。

在“表达式生成器”对话框中，从“表达式元素”列表框中选择“内置函数”选项，再从

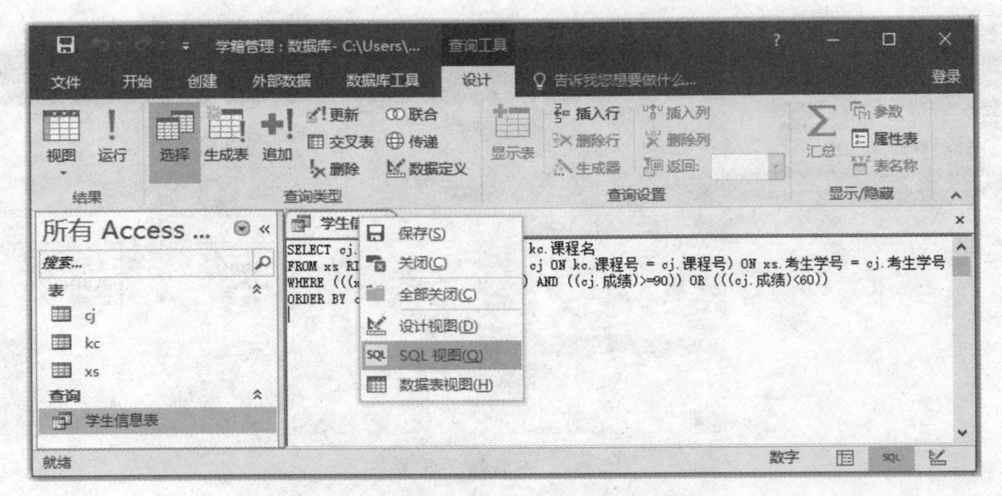

图 5.49　查询实现过程的 SQL 源程序代码

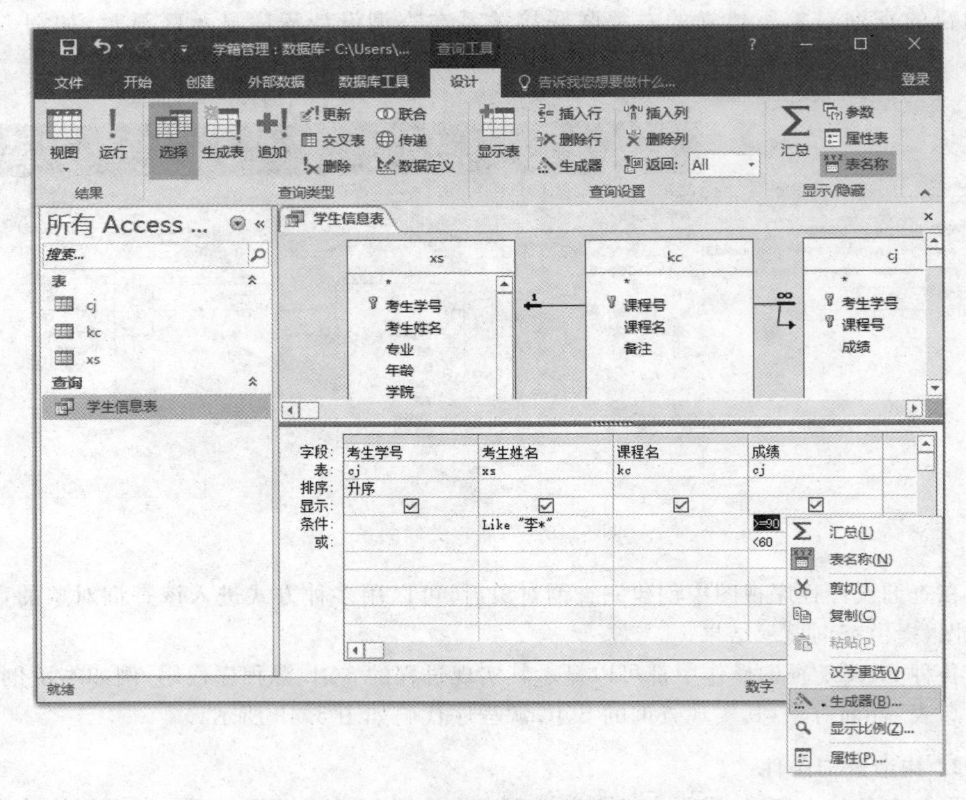

图 5.50　选择“生成器”命令

“表达式类别”列表框中选择“数学”选项，然后就可以从“表达式值”列表框中选择各种数学函数用于该表达式，如图 5.51 所示。

数学运算表达式中可以使用加(+)、减(-)、乘(*)和除(/)4 个算术运算符；关系运

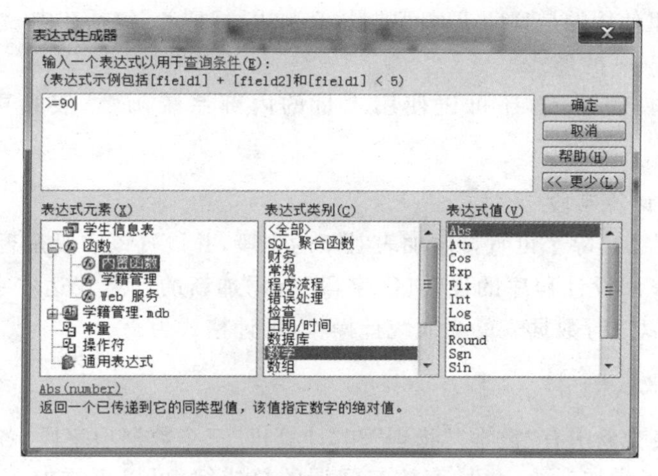

图 5.51 “表达式生成器”对话框

算表达式中可以使用等于(＝)、不等于(＜＞)、大于(＞)、大于或等于(＞＝)、小于(＜)和小于或等于(＜＝)6 个比较运算符；逻辑运算表达式中可以使用与(And)、或(Or)和非(Not)三个逻辑运算符。

另外，还有几个特殊运算符：

(1) Between A And B。

用于数字及日期数据，可查询字段值介于 A 和 B 之间的记录。例如：

```
Between 15 And 30
```

返回查询字段值是 15～30 之间的数据记录。

(2) In(A,B,C,…)。

用于指定系列值的列表，功能等同于 A Or B Or C Or …。例如：

```
In(18,20)
```

返回查询字段值是 18 或 20 的数据记录。

(3) Like A。

用于查找字符串 A 匹配数据，常与代表所有字符的 * 通配符和代表单个字符的?通配符配合使用。例如：

```
Like "刘*"
```

返回所有姓“刘”的同学的数据记录。

```
Like "王?"
```

返回姓“王”且名字是两个字符的同学的数据记录。

构建查询时可以设定多个条件，在同一条件行的几个字段位置输入的子条件，其相互间是逻辑“与(And)”的关系；在不同行的几个字段位置输入的条件，其相互间是逻辑“或(Or)”的关系。

如果表达式里使用的是日期或时间常量，必须用一对“#”包括在内。如日期 2013-9-26 需写成#2013-9-26#的形式。

构造查询条件表达式，还可以使用大量的内部系统函数，表达更为复杂的条件关系。

3. 设计添加计算字段

构建查询对象时，除了可直接增加表对象的字段，并设置该字段是否“显示”及条件属性外，还可以在查询设计程序的设计区“字段”行添加新的计算表达式字段，构成计算字段。计算字段可以进行数据表的横向统计操作，设计格式为：

标题名：表达式

例如，某个表对象中有“数学”“物理”和“计算机”三个数据项字段，各字段下分别对应三门课成绩。为了增加一个字段，存放三门课的总成绩，可以再添加一个新的计算字段“总分:[数学]+[物理]+[计算机]”，计算出总成绩分数；若再添加一个计算字段“平均分:([数学]+[物理]+[计算机])/3”，则可计算出平均成绩分数。在本章案例设计“学生信息表”查询对象中，新增加的计算字段为计算期末成绩占总成绩的 60%而设计，新添计算字段格式为“期末成绩：[成绩] * 0.6”，如图 5.52 所示。

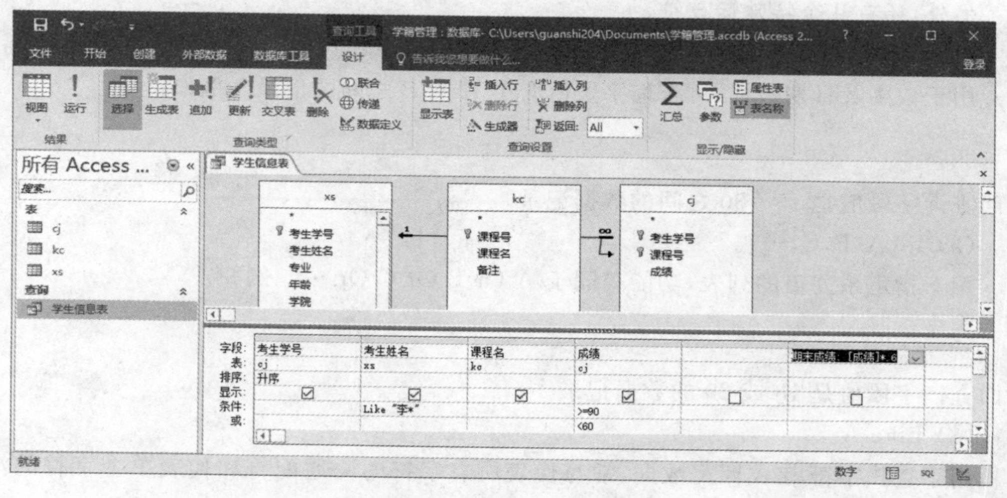

图 5.52 新添计算字段格式

新添计算字段设置输入完成后，双击左窗格中的“学生信息表”查询对象，显示查询设计结果，如图 5.53 所示。

4. 设计总计查询

计算字段可以进行数据表的横向统计操作。如果需要纵向统计，例如统计学生的平均年龄等，则需要使用总计查询功能。

总计查询的设计可在查询设计程序中完成。在查询设计程序窗口中，首先选择需要按表列计算的数据字段项，从设计程序主菜单选择汇总命令**Σ**，如图 5.54 所示。或选择

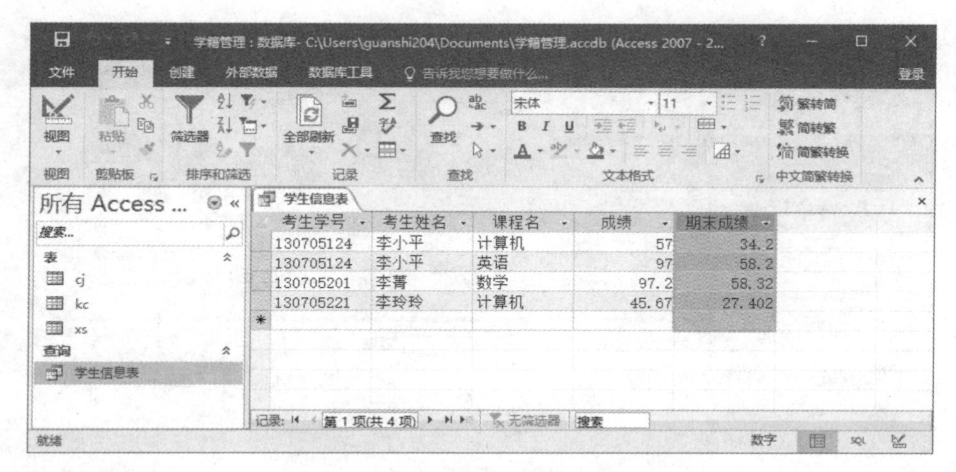

图 5.53　查询设计结果

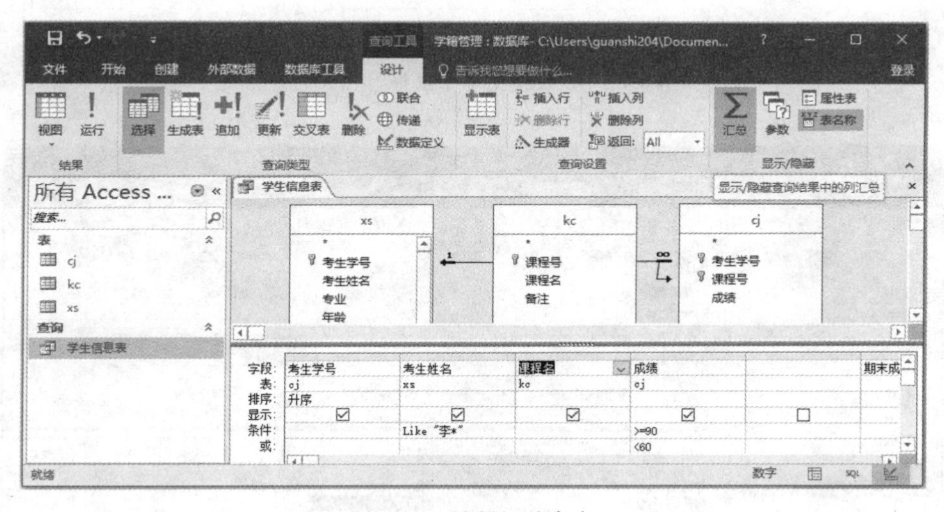

图 5.54　选择汇总命令

需要按表列计算的数据字段项后右击，从弹出的快捷菜单中选择“汇总”命令，如图 5.55 所示。

选择“汇总”命令后，会在设计程序设计区增加一个名为“总计”的行，各字段的纵向统计可在各自对应的扩展菜单中选择设计，如图 5.56 所示。

其中，新增的“总计”行设置可通过下拉列表选择。常用的选项如下：

- Group By——指定为分组字段；
- 合计——分组求和；
- 平均值——分组求平均值；
- 最大值——分组求最大值；
- 最小值——分组求最小值；
- 计数——分组计数；

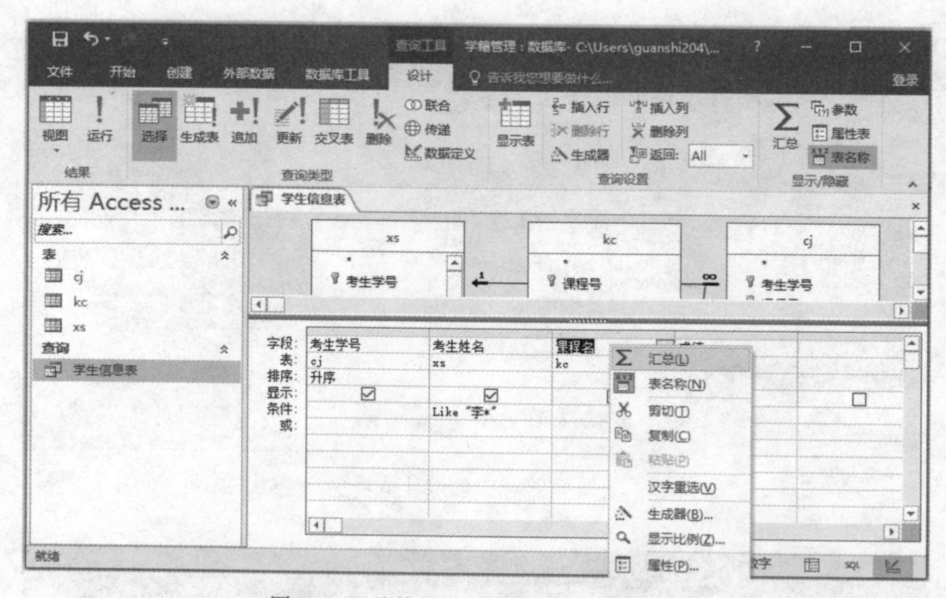

图 5.55　从快捷菜单中选择“汇总”命令

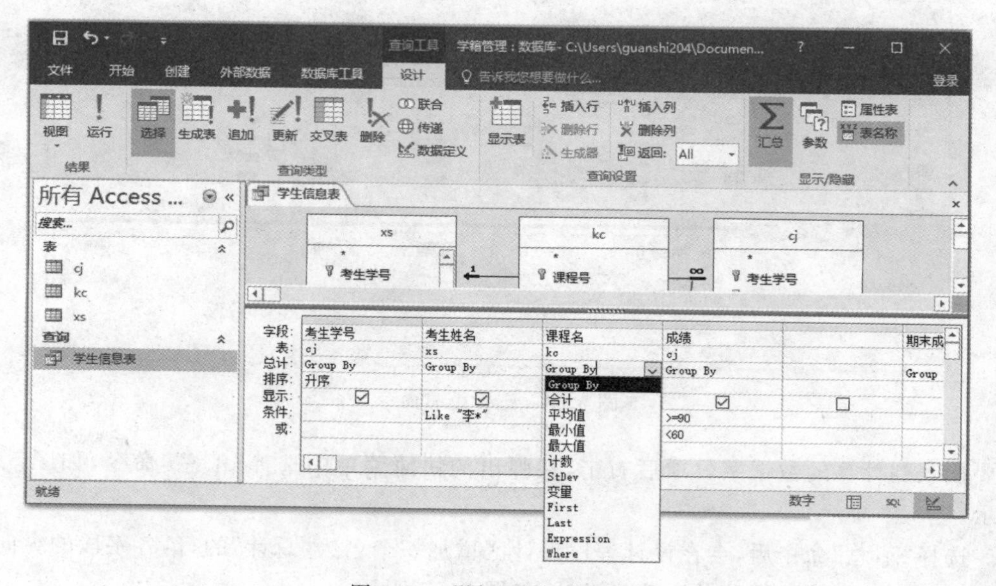

图 5.56　增加“总计”行设置

- Expression——创建包含合计函数的计算字段；
- Where——设置分组前的字段数据筛选条件。

如果在分组字段的条件行输入了条件表达式，则分组统计后，再将分组字段按照设置条件进行筛选。例如，在“性别”字段条件行输入“女”，则表示按性别分组并计算出男女平均年龄后，再筛选出女同学的平均年龄值。注意，这类使用需与“总计”行选择 Where 项时配合使用。

5.9.3 构建参数查询对象

设计选择查询对象时，如果条件表达式设置为固定条件，这种查询只能返回特定条件下的数据，这样该查询的适用范围会大为缩小，也不具有通用性。而在实际数据库技术中，很多时候需要通过给定查询条件来返回不同结果的记录数据，这时就不宜使用带固定条件的查询，需要构建参数查询设计。

参数查询就是条件表达式中含有参数的查询。设计查询对象时，将作为参数的变量名用一对方括号([])括起来。每当打开运行所建的参数查询对象时，都会弹出“输入参数值”对话框，要求输入该字段项数据具体的参数值，输入参数值并确认后，所运行打开的参数查询对象就会依据条件进行记录选择。例如在“学生信息表”中建立参数查询设计，打开运行所建的查询文件时，弹出设计提示“输入参数值”对话框，输入字段项的具体参数值“男”，则会按条件筛选输出结果。设置并运行参数查询，如图 5.57 所示。

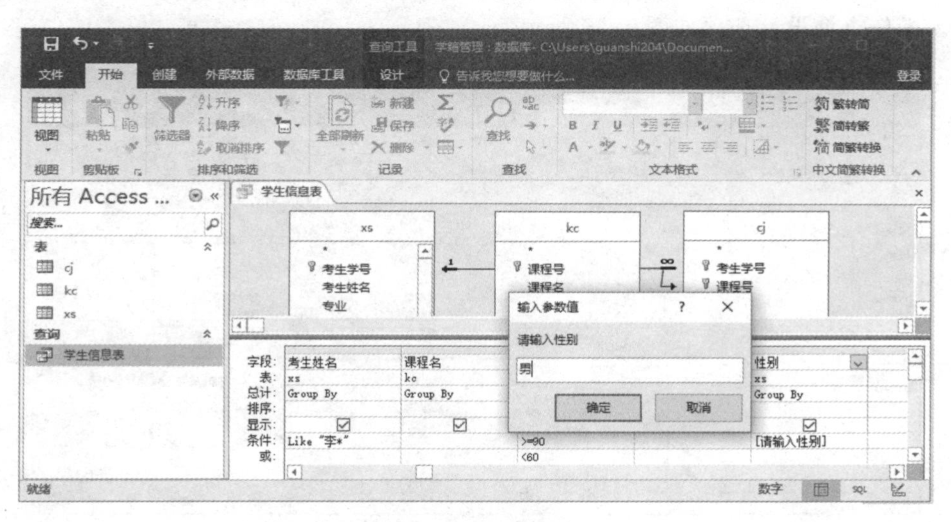

图 5.57 设置并运行参数查询

该参数查询设计表示查询所有姓李的同学，条件是各科成绩大于等于 90 分，或小于 60 分的所有同学，参数查询则是要根据具体参数值来查询是男生还是女生。此时，打开运行该参数查询对象时，给定参数值“男”，则查询结果是各科成绩大于等于 90 分，或者是小于 60 分的所有男同学，如图 5.58 所示。

实际上，为了方便使用数据库系统，在实际应用中是将参数定义为对窗体上某个控件值的引用方式。这样当窗体该控件有输入值后，就可传送到对应的参数查询引用，实现参数查询数据记录的条件查询。

5.9.4 构建操作查询对象

操作查询对象用于对当前数据库已有的数据表对象进行追加数据记录、更新修改数

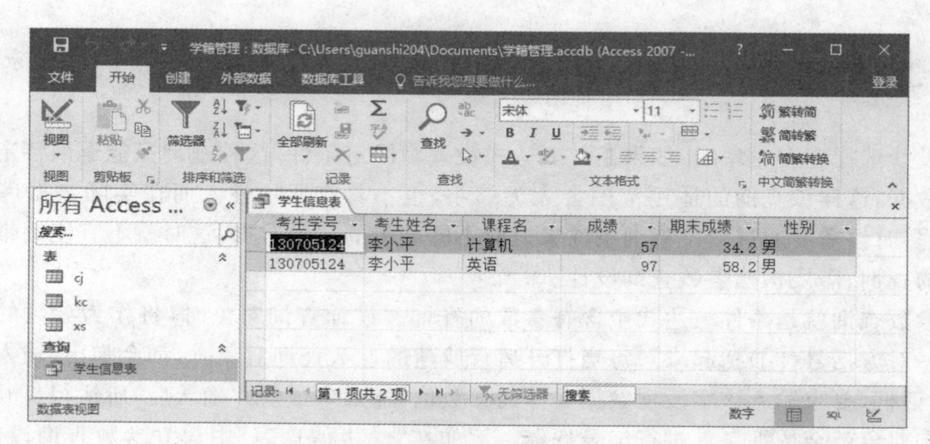

图 5.58　参数查询运行结果

据记录、删除数据记录等操作，还可将查询设为交叉表查询操作或生成一个新表的查询操作等。操作查询设计选项如图 5.59 所示。

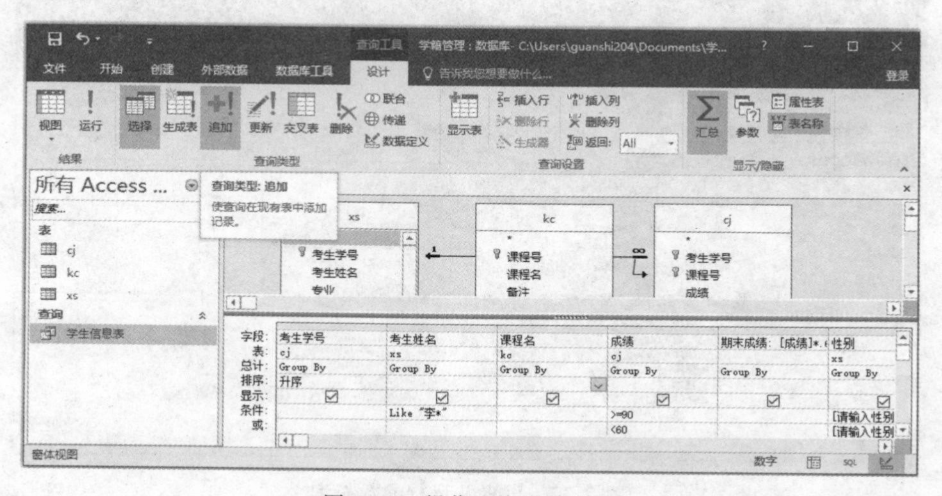

图 5.59　操作查询设计选项

Access 系统的操作查询按其功能分为追加查询、更新查询、删除查询及生成表查询几类，下面简单介绍其中几个操作查询的使用。

1. 追加查询

创建追加查询，在菜单栏中选择“追加”命令，或在查询设计程序显示区右下窗格设计区右击，从弹出的快捷菜单中选择“查询类型”→“追加查询”命令，如图 5.60 所示。

选择“追加查询”设计后，在“追加”对话框中选择或输入追加查询设计对象名称，如图 5.61 所示。

选择或输入追加对象后，使原来的选择查询设计方式改变为追加查询设计方式，在查询设计区新增“追加到”设计行，如图 5.62 所示。

创建追加查询，有源数据表和目标表两个操作对象。目标表是在查询设计程序改变

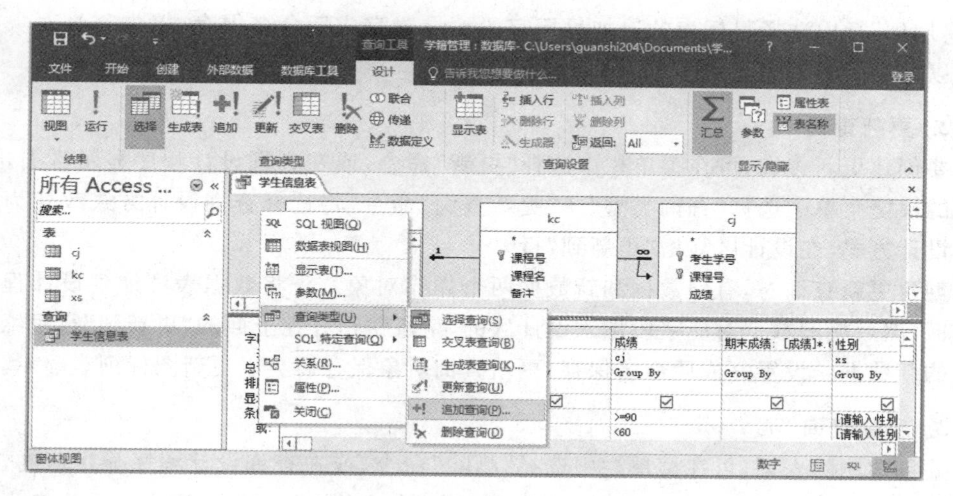

图 5.60　选择“追加查询”设计

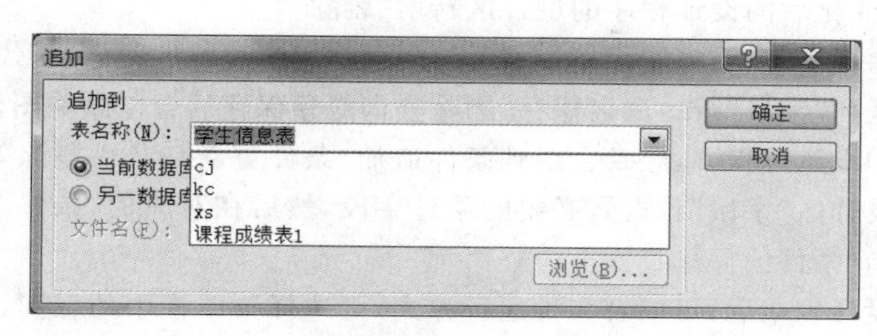

图 5.61　选择或输入追加查询设计对象名称

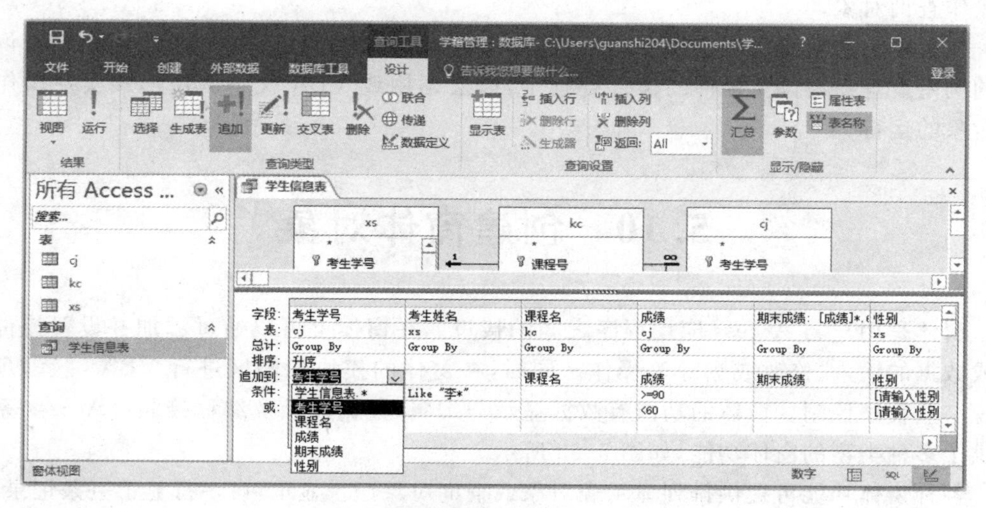

图 5.62　新增“追加到”设计行

为追加查询设计程序时，在弹出的“追加”对话框内选定；源数据表则要添加到设计程序的显示区。这样，可以参照源数据表，将要追加的数据字段填入设计区的“字段”行，在对应的"追加到"行内选择目标表的追加目标字段。设置完成后命名保存，追加查询对象保存后会以追加图标列表显示。

2. 更新查询

要创建更新查询，可在菜单栏中选择"更新"命令，或在查询设计程序显示区右击，从弹出的快捷菜单中选择"查询类型"→"更新查询"命令，将选择查询设计方式改变为更新查询设计方式，在设计区新增"更新到"行。

创建更新查询时，有旧数据和新数据两个操作对象。先将数据表添加到设计程序的显示区，然后将旧数据对应字段填入设计区的"字段"行，并在下面的"更新到"行里给出修改后的新数据。设置完成后命名保存，更新查询对象保存后会以更新图标列表显示。

3. 删除查询

要创建删除查询，可在菜单栏中选择"删除"命令，或在查询设计程序显示区右击，从弹出的快捷菜单中选择"查询类型"→"删除查询"命令，将选择查询设计方式改变为删除查询设计方式，变化后的设计程序的设计区新增"删除"行。

要创建删除查询，只需将删除目标表添加到设计程序显示区，然后将代表所有字段的 * 号填入设计区的"字段"行。命名保存，删除查询对象保存后会以删除图标列表显示。

在操作查询设计过程中，经常会遇到条件追加、条件更新和条件删除等需求，这时可在设计程序的设计区"字段"行设置必要的条件字段，然后在对应的"条件"行里构造条件表达式，完成带有条件的操作查询。

操作查询设计完毕后，可以有多种运行方式，可选择菜单栏中的"运行"命令，也可直接单击工具栏上的运行按钮!，或者在命名保存查询后，双击该查询对象图标均可运行构建操作查询对象。

在实际的数据库系统应用中，不一定是以这两种形式运行操作查询，一般是将查询对象的调用设置在窗体及控件的事件处理中，以宏调用或 VBA 代码调用形式实现操作查询对象的运行。

5.10　创建窗体对象

窗体是用户与 Access 应用程序之间的接口。在窗体上可以通过添加并设置控件来完成数据的输入、修改或删除等操作。同时，在窗体的模块代码区进行 VBA 编程，可以实现一些程序控制。窗体的功能有数据显示与编辑、数据输入及编程控制。Access 系统提供了多种类型的窗体功能，如图 5.63 所示。

各种窗体功能可提供排列显示表对象或查询对象记录显示，可一行显示一条记录，也可显示表对象或查询对象的多条记录；可以设计含有子窗体和数据表窗体的窗体，可以将数据记录以图表形式显示，也可以利用数据透视表设计可进行计算的交互式数据表显示窗体等。

根据窗体功能，可以将窗体分为两大类。

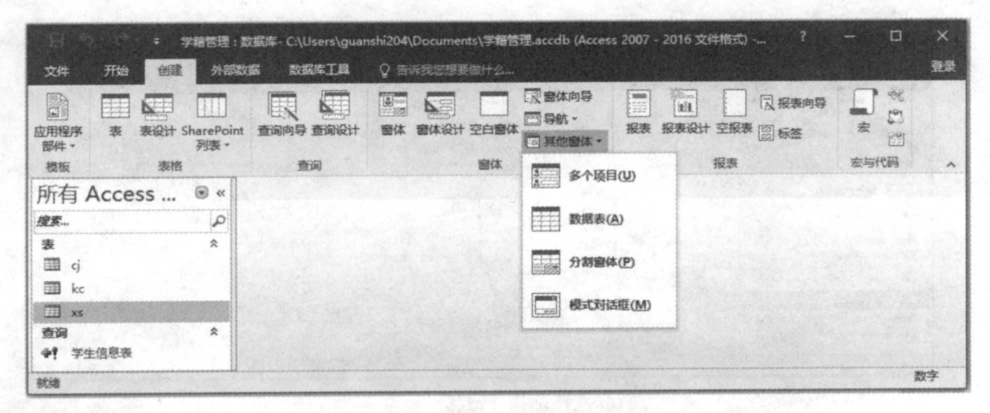

图 5.63　多种类型的窗体功能选项

（1）无数据显示窗体。

窗体界面不显示表或查询记录数据，只安排一些固定信息显示及控件操作。如面板类窗体及对话框类窗体就属于这种无数据显示窗体。

（2）有数据显示窗体。

窗体界面会显示表或查询的记录数据。如进行记录数据追加、修改和删除的数据维护窗体属于有数据显示窗体。

对于无数据显示窗体的创建，由于不需要显示数据表或查询的数据，只在窗口布置控件完成固定文字及图像等信息的显示或设计控件的事件操作，因此其创建过程并不复杂。

而对于有数据显示窗体创建，界面上不但有固定文字、固定图像显示及控件事件操作，而且要与某个数据源，如一个表对象或查询对象进行关联，要以不同格式显示字段项数据，因此创建过程要复杂些。在此将介绍主要的窗体创建方法。

5.10.1　窗体设计程序

Access 系统“窗体”功能以数据库表对象或查询表对象数据为基础，可提供快速创建窗体的方法。下面以创建“学生信息”查询对象窗体为例介绍“窗体”应用。

1. 选择窗体数据源

有数据显示窗体以数据源数据为显示基础，创建窗体时必须从表对象列表或查询对象列表中选择一个对象作为窗体数据源。如本案例选择“学生信息”查询对象数据表作为窗体数据源。

2. 选择窗体设计功能

在主菜单中选择“创建”→“窗体”命令，在该窗体中一次只显示输入一条数据记录信息，如图 5.64 所示。

所创建的窗体存盘时可另外命名。该窗体存盘后会在设计程序左侧的“窗体”对象列表中显示，如图 5.65 所示。

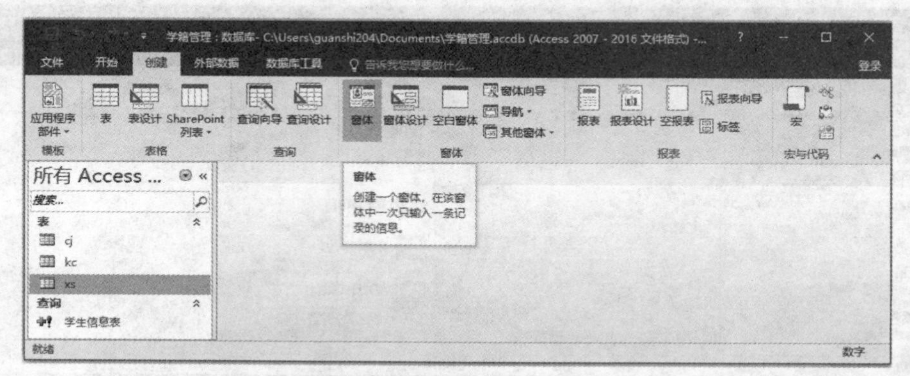

(a) 选择创建“窗体”命令

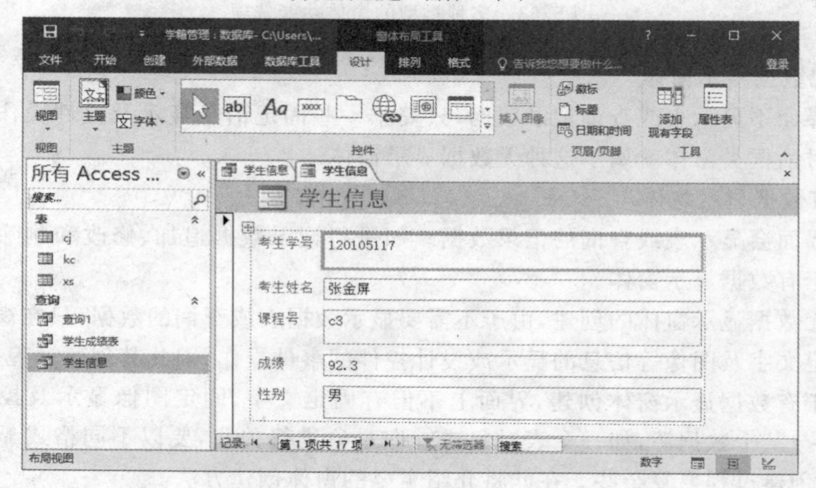

(b) 设计创建的窗体对象

图 5.64 创建设计窗体对象

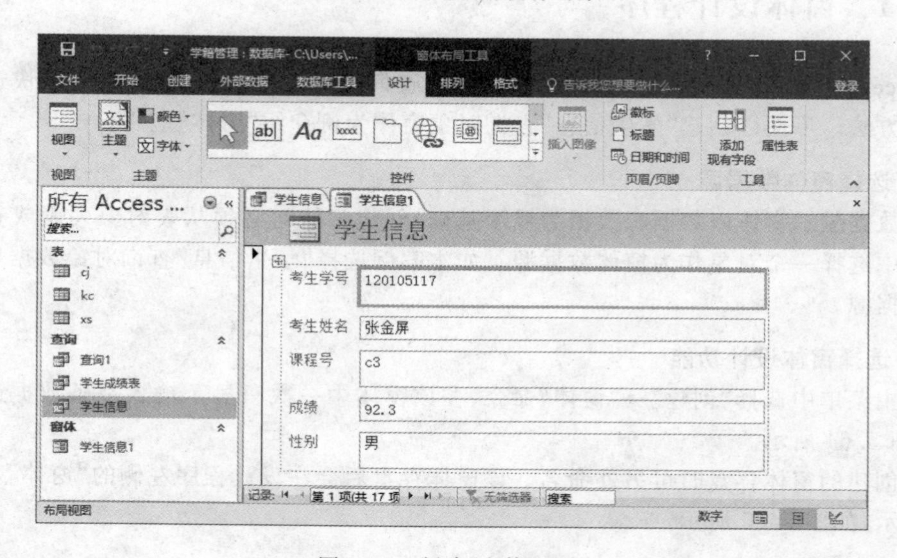

图 5.65 创建“窗体”对象

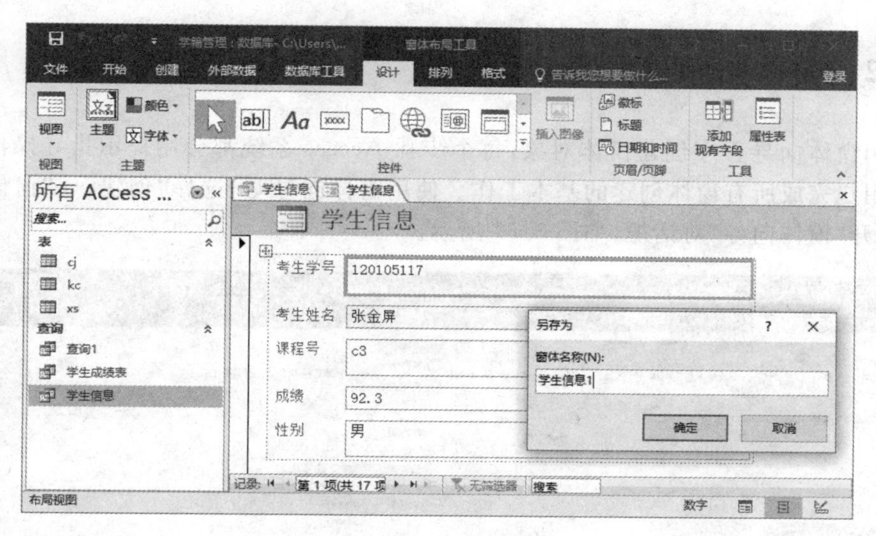

图 5.65 （续）

对应该“学生信息”窗体对象，会自动显示已经选定的“学生信息”查询对象表数据。在“学生信息”窗体对象上右击，通过弹出的快捷菜单中的选项可进行各种设计，如选择“设计视图”选项，见图 5.66 所示。

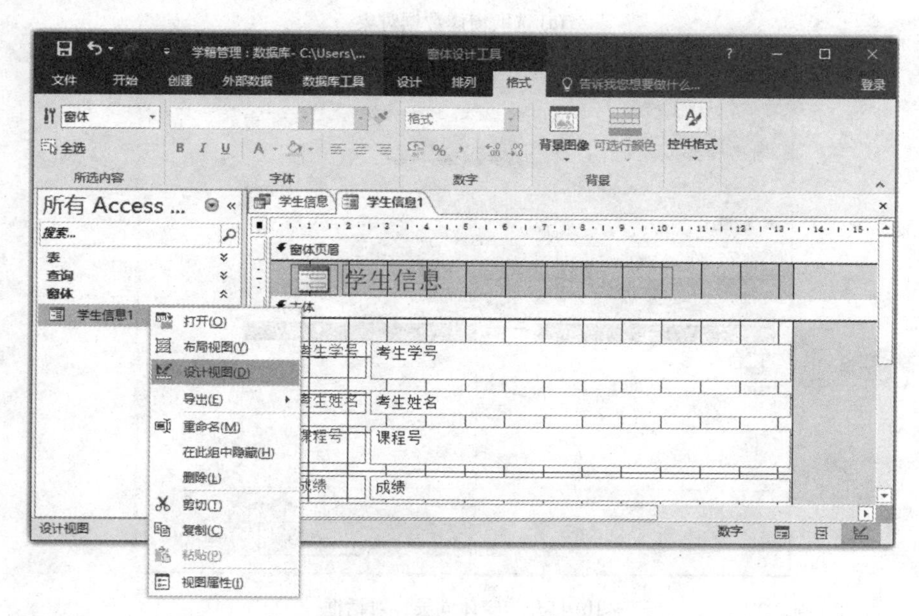

图 5.66 选择“设计视图”选项

窗体功能会使数据库数据管理更为直观和简便。

5.10.2 窗体向导程序

使用窗体向导程序创建窗体对象，每个步骤 Access 系统都会用提示指导操作进行，以帮助用户完成所有窗体创建的基本工作。使用窗体向导时，选择“创建”→“窗体向导”命令，打开“窗体向导”对话框，如图 5.67 所示。

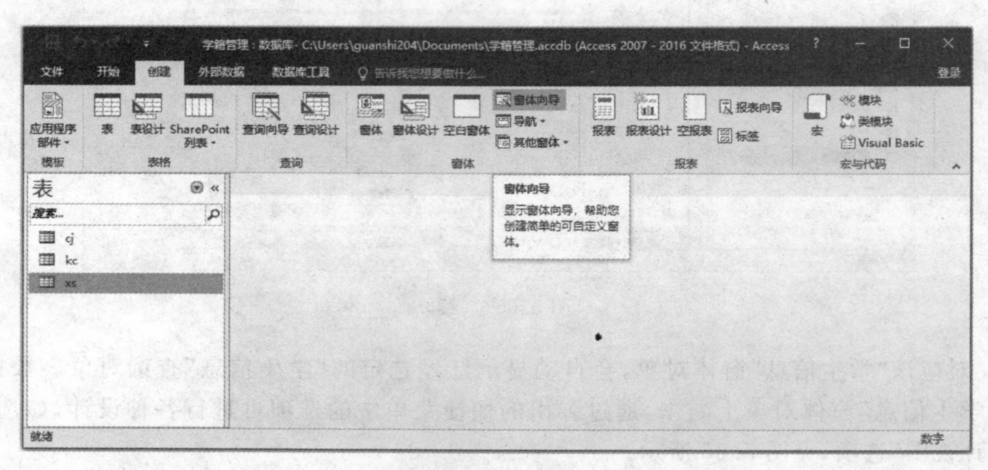

(a) 选取窗体数据对象

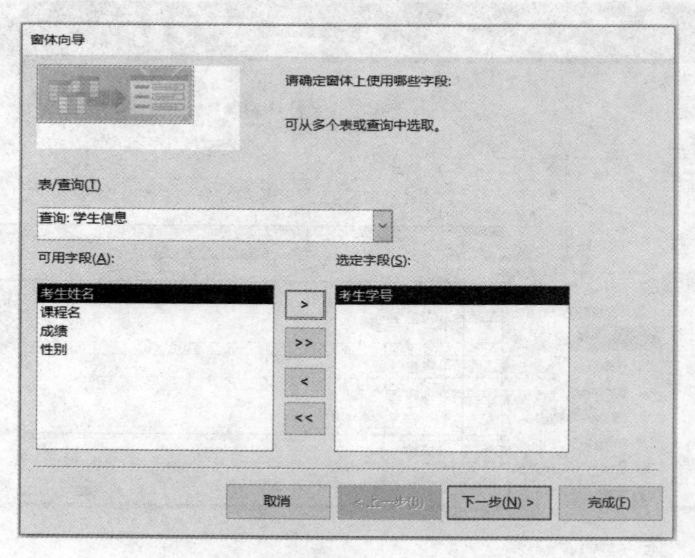

(b) 打开“窗体向导”对话框

图 5.67 用“窗体向导”创建窗体对象

在“窗体向导”对话框内，首先要选择数据源“表/查询”列表字段，此案例选择的是“学生信息”查询对象数据表。然后单击箭头按钮对“可用字段”的列表字段与“选定字段”的列表字段进行选择添加，以确定“选定字段”中的列表字段项。

完成“选定字段”设置后，单击“下一步”按钮，在第二步向导窗口按提示选择创建窗体类型，完成窗体布局、外观样式设计，确定窗体标题，命名后保存窗体对象。

5.10.3 窗体设计视图

使用“自动窗体”功能或“向导”功能创建窗体，虽然一定程度上简化了设计过程，但形式上比较固定，如窗体布局显示等不能满足个性化设计需求。这时可以选择使用窗体设计程序，选择在设计视图中创建窗体。

应用时选择“创建”→“窗体设计”命令，进入“窗体设计工具”视窗，选择“设计”功能选项卡中“视图”下拉菜单中的“设计视图”选项，打开“窗体设计”视图，即可在设计视图中创建窗体，如图 5.68 所示。

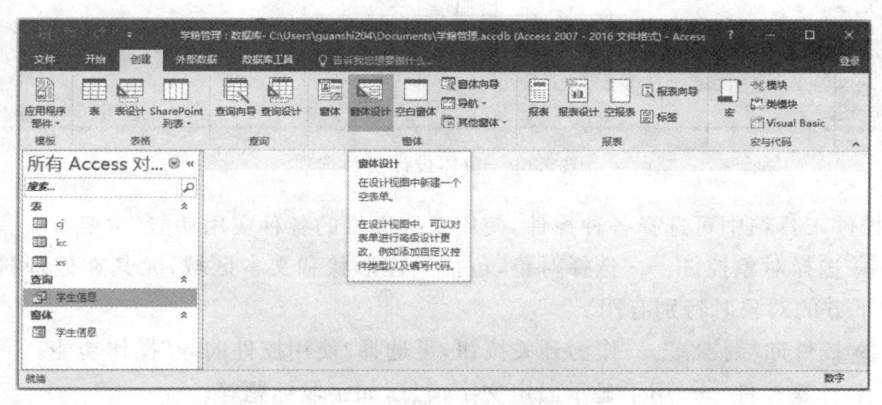

(a) 进入“窗体设计”视图

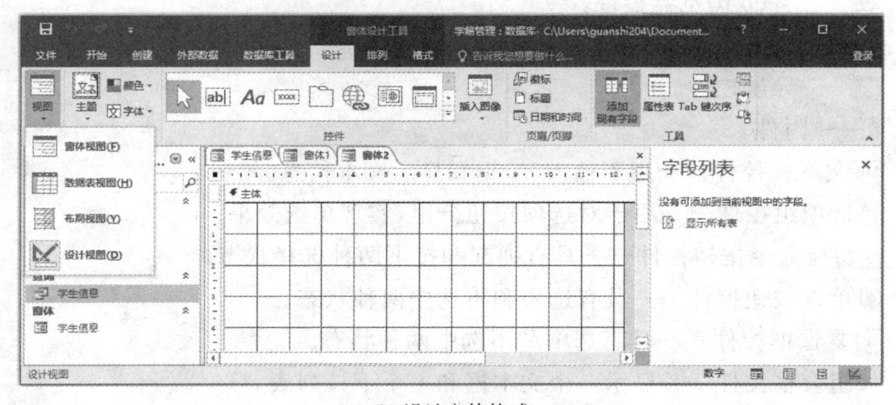

(b) 设计窗体格式

图 5.68 在“窗体设计”视图中创建设计窗体

在窗体设计工具菜单中选择“添加现有字段”可以添加数据源数据项字段，在打开的“字段列表”窗口中，可以选择显示当前数据源记录字段，也可以从“其他表中的可用字段”窗口选择数据源字段。

1. 窗体设计工具

在主菜单选择“控件”,可以在设计视图网格区域添加各种控件,完成窗体界面的数据显示方式和操作功能的设计。窗体设计工具选项如图 5.69 所示。

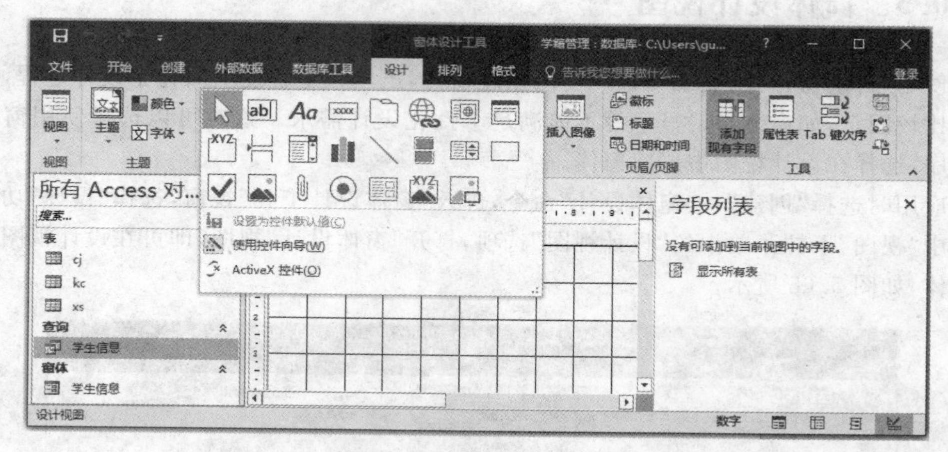

图 5.69 窗体设计工具选项

在控件工具箱中可选择各种控件,使用系统提供的各种实用功能,主要有:

- 选择对象控件——选择对象,包括墨迹形状和文本区域,尤其在处理衬于文字下方的对象时特别有用。
- 控件向导控件——作为开关按钮,可选择“使用控件向导”操作功能。
- ***Aa***标签控件——用于显示固定文字信息,如字段标题等。
- ——Web 浏览器控件。
- ——图表。
- ——导航控件。
- ——附件。
- 文本框控件——用于输入、编辑和显示文本信息。
- 选项组控件——用于对选项按钮分组,实现单选效果。
- 切换命令按钮控件——具有弹起和按下两种选择状态。
- 单选按钮控件——具有选中和不选中两种状态。
- 复选框控件——具有选中和不选中两种状态。
- 组合框控件——显示一个文本框和一个下拉列表。
- 列表框控件——显示一个可滚动的数据列表。
- 超链接控件——用来创建网页、图片、邮件地址、文件等链接。
- 图像控件——用于显示固定图像信息。
- 未绑定对象框控件——用于设置非绑定 OLE 对象。
- 绑定对象框控件——用于设置绑定到照片等 OLE 对象类型字段数据。
- 分页符控件——用于设计分页窗体。

- 选项卡控件——用于创建多页控件。
- 子窗体或子报表控件——用于添加“子窗体”。
- 直线控件——用于绘制直线。
- 矩形控件——用于绘制矩形。
- ActiveX 控件——用于使用其他 ActiveX 控件。

以上 Access 系统控件，根据其能否关联数据表对象或查询对象数据源的字段数据，可分为绑定控件和非绑定控件两大类。

绑定控件是指可以在窗体上显示字段数据的一类控件，如典型的绑定控件有文本框控件，常作为“文本”“数字”“货币”“日期”及“备注”类型字段数据显示；复选框控件，常作为“是/否”类型字段数据显示；绑定对象框控件，常作为“OLE 对象”类型字段数据显示。

非绑定控件是指在窗体上不显示字段数据，一般显示为固定文字或固定图像信息。典型的非绑定控件有标签控件，用于显示固定文字信息；图像控件，用于显示固定图像信息；非绑定对象框控件，用于显示非绑定的 OLE 对象信息。

窗体设计窗口打开时，默认只有“主体”设计区域，应用时可以通过右击“主题”窗口标题行，打开快捷菜单，如图 5.70 所示。

图 5.70 打开窗体设计快捷菜单

从快捷菜单中可分别选择各种选项，如选择“页面页眉/页脚”和“窗体页眉/页脚”，则设计窗口又会打开 4 个区域，分别是页面页眉、页面页脚、窗体页眉和窗体页脚，其中“页面页眉/页脚”区用于处理窗体的打印输出。如果将“窗体页眉/页脚”区打开，连同“主体”区就构成一般窗体设计的三个基本操作区域。

“主体”区是窗体设计的主要区域，主要用于显示字段数据；“窗体页眉/页脚”区则一般安排固定文字、固定图像及一些操作功能。窗体功能都要通过添加并设置控件来实现。

2. 窗体属性设计

如果需要设置窗体及窗体上控件的外观、数据等操作属性，就要打开 Access 的窗体属性窗口。使用时可直接单击“窗体设计工具”栏的“设计”选项中的“属性表”选项，或在“主体”窗口标题栏上右击，从打开的快捷菜单中选择“属性”命令，打开窗体“属性表”窗口，如图 5.71 所示。

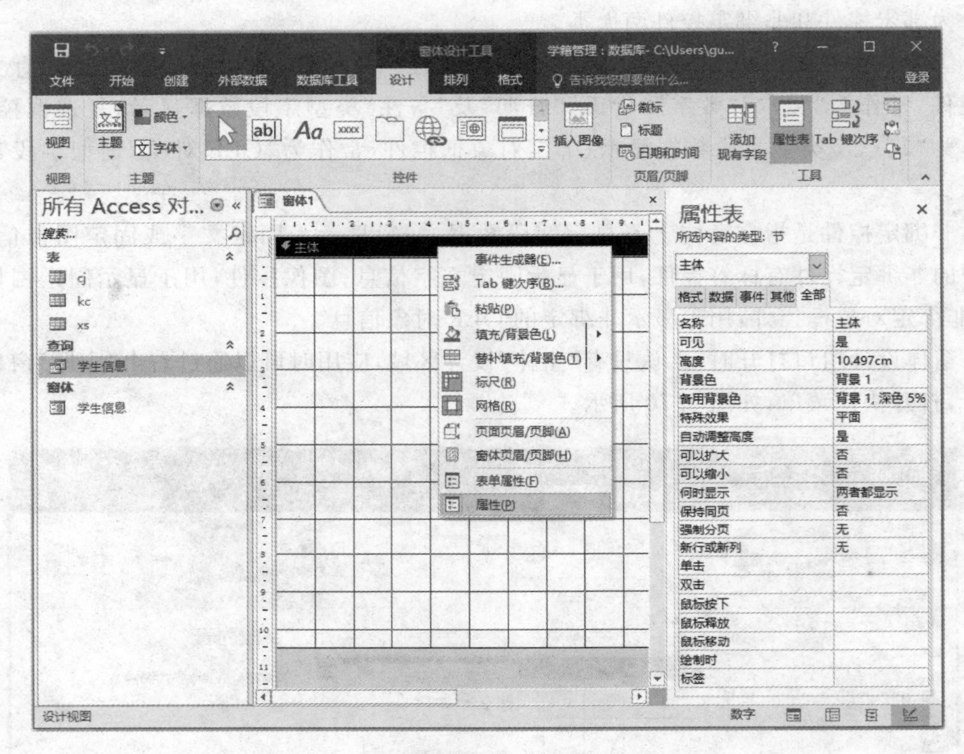

图 5.71　打开窗体设计“属性表”窗口

“属性表”窗口中各属性可对应当前控件对象进行设置，选择不同的控件，“属性表”窗口中的属性内容也会有所不同。

“属性表”窗口由格式、数据、事件、其他和全部 5 个选项卡组成。

其中，“格式”选项卡用于窗体控件的外观属性设置；“数据”选项卡用于绑定控件的数据属性设置；“事件”选项卡用于控件操作属性（事件）设置；“其他”选项卡则用于控件其他一些属性的设置，其中最重要的是“名称”属性（Name）；“全部”选项卡是前 4 项选项卡属性的汇总。

3. 创建窗体对象

创建窗体对象时可以先创建一个不带控件和数据的空白窗体，在“主体”窗口标题栏右击打开的快捷菜单中根据需要再打开“窗体页眉/页脚”区域，以备使用。接下来的工作分为以下几个部分。

1）添加控件

根据窗体设计规划，向空白窗体的各区域添加需要的控件。这里需要注意的是，纵栏式窗体和表格式窗体的控件布局有不同的模式。纵栏式窗体显示字段标题的标签控件和显示字段数据的绑定控件，均被布置在窗体的“主体”区；而表格式窗体显示字段标题的标签控件，布置在窗体的“窗体页眉”区，显示字段数据的绑定控件则被布置在“主体”区。

2）设置数据源

对于无数据显示窗体设计，不涉及数据源选项。对于有数据显示的窗体设计，必须进行窗体的数据源关联设置，一般需完成两类数据链接关联的设置。数据源数据关联的相关应用功能和属性设置如表5.3所示。

表 5.3　设置数据源数据关联

操作内容	功　　能	设置属性
第一次数据关联	实现窗体与表或查询的关联	窗体属性窗口“数据”卡片的“记录源”属性
第二次数据关联	实现控件与字段的关联	控件属性窗口“数据”卡片的“控件来源”属性

在数据源设置第一次数据链接，可在空白窗体中完成；第二次数据链接则必须将绑定控件添加到窗体上，而且需在第一次数据链接操作完成的情况下设置。此外，对于不同字段类型的数据，应当选择匹配的绑定控件进行数据链接和显示。

3）设置窗体及控件属性

通过设置属性窗口的属性选项，可以设置窗体及控件的外观和动作，其中操作绑定对象框属性，选择“数据”选项中的“控件来源”可设置绑定对象框数据源的第二次关联；选择“其他”选项中的“名称”可设定绑定对象框名称；选择“事件”选项中的“单击”可设定命令按钮的单击事件处理。

4）命名并保存窗体对象

设计好的窗体对象可命名并保存，保存后窗体对象会显示在设计程序左侧“窗体”对象列表中。

4. 设计计算控件

有数据显示窗体设计中，绑定控件的第二次数据是设置控件的“控件来源”属性。通常可直接从选项字段列表中选择显示字段。另外，也可设定控件的“控件来源”属性作为一个运算表达式，构成计算控件。

运算表达式规定要以等号“＝”开头，如可以设置一个计算字段（＝Year(Date())－[年龄]）实现由“年龄”字段值来计算并显示出生年份。

对于无数据显示窗体设计，绑定控件的“控件来源”属性也可以设为等号开头的计算表达式。打开窗体时，该绑定控件会计算并显示表达式的值。如设置一个文本框的“控件来源”属性为“＝3＊3＋1”，窗体打开后该文本框显示数值为10。

5. 设计复杂窗体

Access 系统除了可以创建一般窗体外，还可以通过一些控件来设计复杂的窗体。选择“窗体设计工具”中的“设计”，使用“控件”工具中的“子窗体/子报表”控件可以实现关联表信息在一个窗体设计窗口输出；使用“分页符”控件可以构造分页窗体，此功能常用于窗体上控件过多，不宜安排在一个窗体屏幕内显示的情况下；使用“选项卡”控件可以构造多页控件，常用于复杂对话框窗体的设计等。

6. 修改窗体设计

窗体设计完成后，一般还要进行一些设计修改或内容修订等。

1）控件格式调整

在窗体的设计过程中，将所需控件添加到窗体区域后，还经常需要调整控件的大小、位置及对齐方式，以获得一个整洁的设计效果。

（1）大小调整。

控件大小调整有多种方法。一是利用控件属性窗口的“宽度”和“高度”属性进行精确设定；二是利用鼠标在控件选定框的四周拖动来调整被选择的一个或一组控件的大小；三是配合使用 Shift 键及 4 个方向键来微调被选择的一个或一组控件的大小；四是选定一组控件，选择“格式”→“大小”命令，或右击，从打开的快捷菜单中选择“大小”命令，实现控件大小的统一调整。

（2）位置调整。

控件位置调整也有多种方法。一是利用控件属性窗口的“上边距”和“左边距”属性进行精确设定；二是利用鼠标拖动来改变被选择的一个或一组控件的位置；三是配合使用 Ctrl 键及 4 个方向键来微调被选择的一个或一组控件的位置。

（3）对齐方式调整。

选定一组控件，选择“格式”→“对齐”命令；或右击，从打开的快捷菜单中选择“对齐”命令，实现控件对齐方式的统一调整。

2）设计命令按钮

“命令按钮”控件广泛应用于 Access 数据库访问的各类窗体设计中，以实现操作流程控制。其中最主要的是通过提供“单击”事件属性来进行事件的下一步处理。

命令按钮的“单击”事件属性主要有两种设置方式：可以设置为已经创建好的宏对象；也可以设置为“[事件过程]”选项，然后单击其后的“…”按钮，会进入事件的代码设计区来创建 VBA 代码，如图 5.72 所示。

3）窗体补充设计

Access 的窗体设计除了添加控件完成相应显示及操作功能外，对于控件数量较少的窗体，常通过增加一些附加的线条来丰富窗体内容、美化窗体设计，主要使用“直线”控件和“矩形”控件等完成。

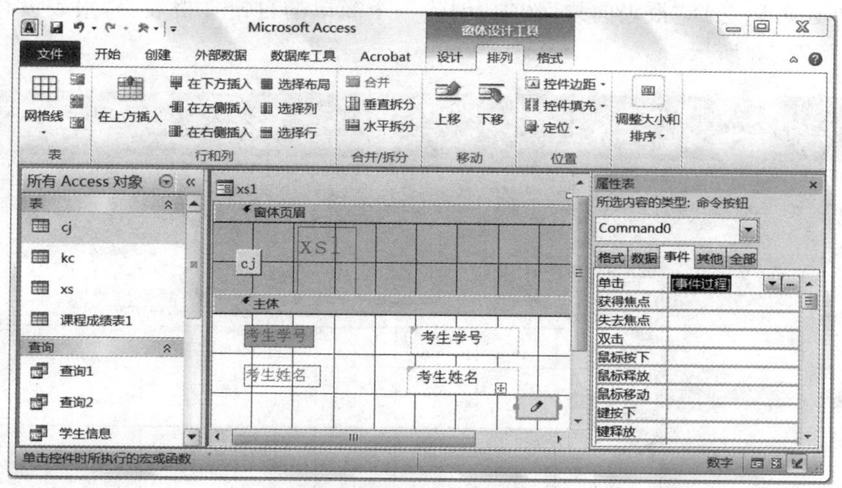

(a) 设置命令按钮属性

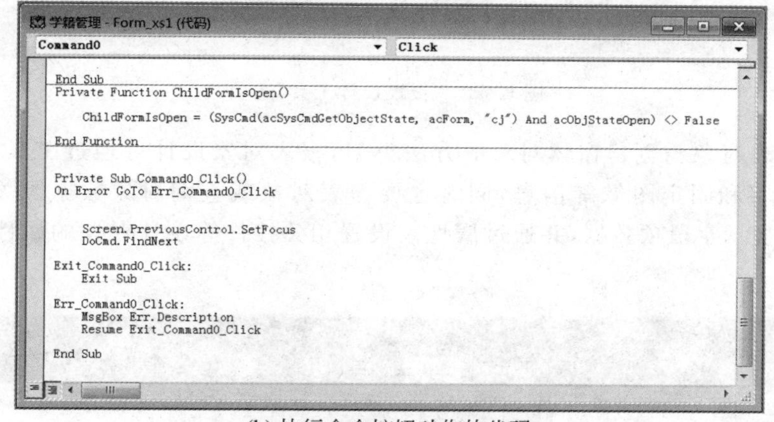

(b) 执行命令按钮动作的代码

图 5.72　命令按钮的“单击”事件处理及代码区

5.11　创建数据库报表

报表可用于格式数据的打印输出，同时在报表中还可以进行分级汇总、添加图片和图表等操作。报表的创建过程与窗体的创建过程基本相同，但窗体可以输入、输出数据并可以进行交互操作，而报表只用于输出数据，没有输入等交互功能。

创建报表对象之前，应在 Windows 系统里设置一台打印机，可以是一台实际打印机设备，也可以是一台虚拟打印机，否则无法正常创建报表对象。

创建报表可以用几种方式，通过选择“创建”功能选项卡，从“报表设计工具”中选择“报表”选项，可创建基于当前查询或数据表的基本报表；选择“报表设计”选项，可通过报表设计视图创建一个空的报表；选择“空报表”选项，可创建一个选择插入字段和控件的新报表;另外还可以选择"报表向导"选项,创建一个简单的自定义报表。"报表设计工具"中的选项如图 5.73 所示。

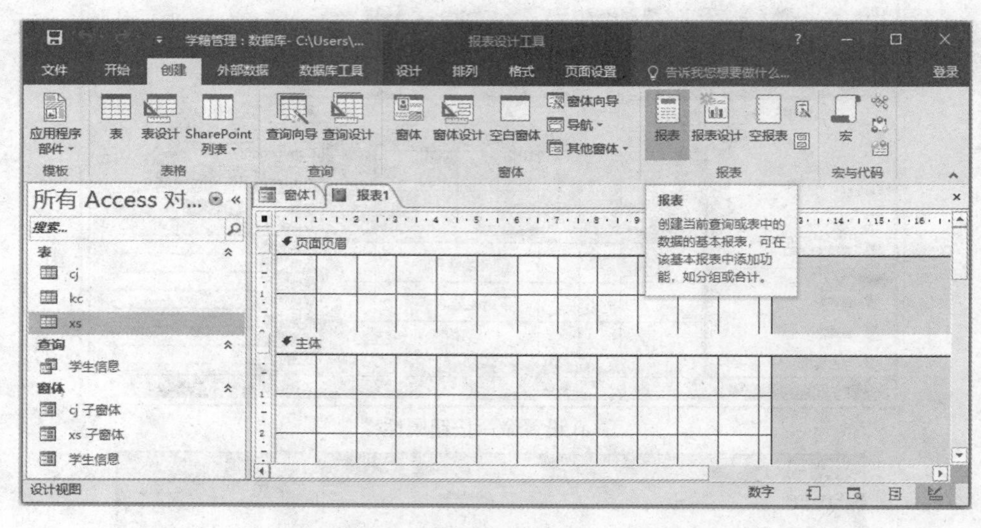

图 5.73 "报表设计工具"选项

创建报表对象与创建窗体对象的方法类似,报表对象设计可通过工具箱布置控件显示固定文字和固定图像等信息,同时也要与表对象或查询对象数据源关联,通过选择布置控件显示字段项数据,并通过属性表设置相关控件等设计对象的属性,如图 5.74 所示。

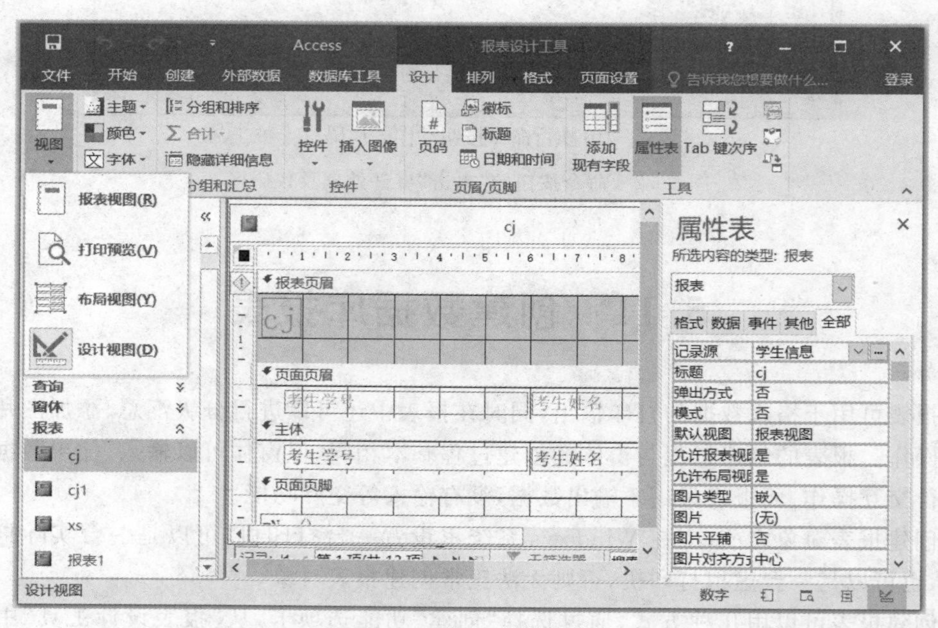

图 5.74 布置报表控件并设置对象属性

5.11.1 报表设计程序

创建“报表”对象与创建基本“窗体”对象的方法相似。它是 Access 提供的快速创建报表对象的程序功能，主要有以下几个方面。

1. 选择数据源

创建报表对象也要选择适当的数据源作为报表数据输出的来源，可从表对象列表或查询对象列表中选择适合的数据源对象。

2. 选择“报表”功能

先选择数据源对象，再从“报表设计工具”中选择“报表”选项，如选择“学生信息”窗体对象作为数据源，打开报表设计程序窗口，如图 5.75 所示。

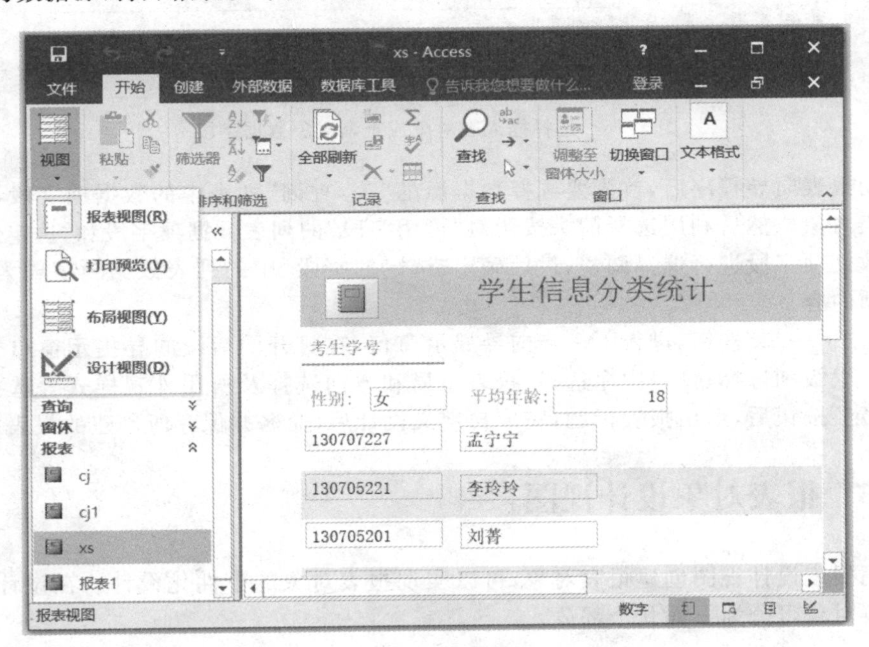

图 5.75 报表设计程序窗口

报表设计程序窗口会自动显示已选定的“学生信息”窗体对象的数据报表。此时，可以从“报表设计工具”中选择“添加现有字段”，在当前报表中插入其他表对象或查询对象字段作为数据源，如图 5.76 所示。

确定数据源后，可选择相应的创建报表命令编辑修改，建好后可重新命名并存盘。

5.11.2 报表向导程序

使用报表向导选项创建报表，Access 系统会以互动方式提示每个操作步骤，以辅助完成自定义报表设计创建的基本过程。

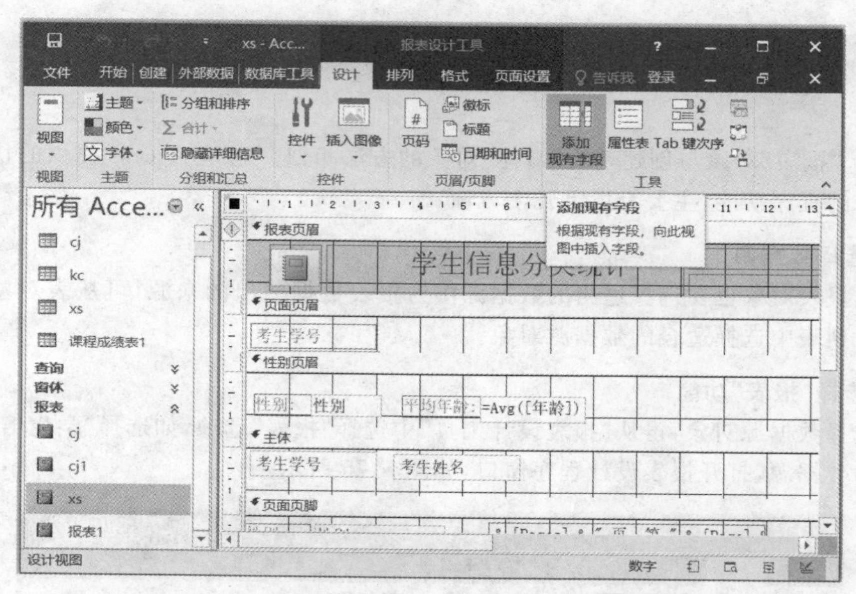

图 5.76 选择插入表对象或查询对象数据字段

启动报表向导程序后，首先要选择数据源的“表/查询”列表中的数据项字段，选择要查询的表对象。然后利用选择箭头按钮对“可用字段”的列表数据项字段和“选定的字段”的列表数据项字段进行选择调整，最后确定“选定的字段”中的列表数据项字段为新建报表数据项内容。

单击“下一步”按钮，进入下一步向导提示窗口，在打开的后续向导提示窗口中，按提示完成分组级别选择、排序次序选择、报表布局和方向选择及所用外观样式等选择设置。单击“确定”按钮后，给出报表标题，完成自定义设计后，命名并保存所创建的报表对象。

5.11.3 报表对象设计视图

使用报表设计视图创建报表对象，可以实现报表对象的个性化设计。在设计视图中创建报表对象可分为下面几个部分。

1. 设计视图与工具箱

选择“创建”→“报表设计”命令，打开“报表设计工具”菜单，其中有报表对象的设计区域，选择“添加现有字段”选项，在设计视图窗口中打开“字段列表”子窗口，可从中选取现有数据源或其他数据源字段，自动添加到设计窗口。单击“控件”按钮，打开报表设计控件工具箱，可选择各种控件布局在设计视图区域添加各种控件，实现报表数据格式输出。“报表设计”的设计视图与工具箱选项如图 5.77 所示。

报表设计窗口打开时，默认有“主体”“页眉/页脚”网格状设计区域。根据需要，也可通过快捷菜单分别选择“页面页眉”/“页面页脚”命令，在设计窗口打开报表页眉和报表页脚两个区域，这样可构成一般报表设计的基本操作区域。

如果报表设计中安排分组操作，则其操作区域会增加相应的“组页眉”和“组页脚”区。与窗体设计相同，报表的数据输出功能也是通过添加并设置控件来实现的，且报表设

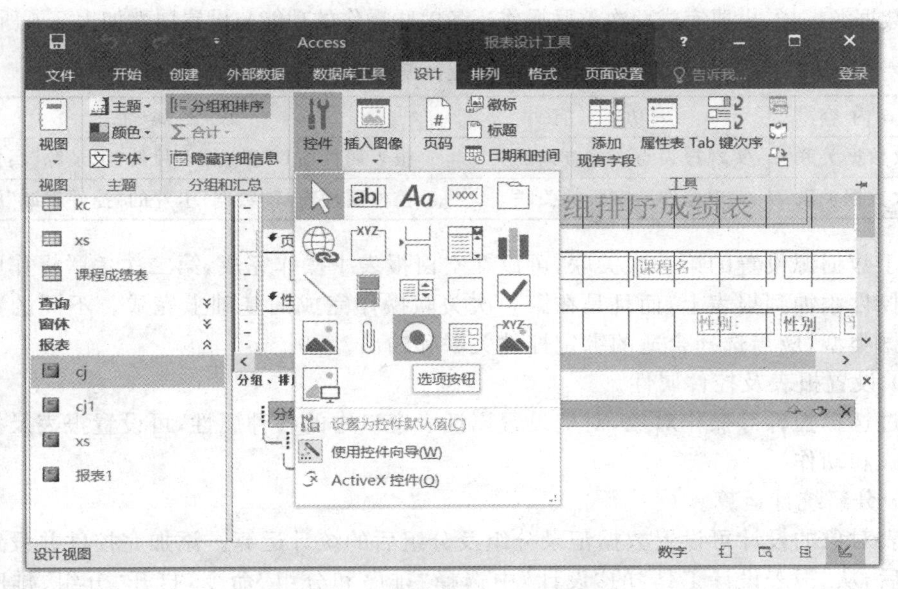

图 5.77 设计视图与工具箱选项

计使用的控件类型及功能也与窗体控件的使用完全相同。

需要注意的是报表设计中绑定控件的使用。绑定控件是在报表中显示字段数据的一类控件，常用的有文本框，通常作为“文本”“数字”“货币”“日期”及“备注”类型字段数据的显示；复选框，通常作为“是/否”逻辑类型字段数据的显示；绑定对象框，通常作为“OLE 对象”类型字段数据的显示。

2. 属性表窗口

需要对报表对象和设计视图上各种控件或数据等进行属性设置时，可打开 Access 系统的报表“属性表”窗口。使用时可直接单击“窗口布局工具”选项中的“属性表”选项，或在操作对象上右击，从打开的快捷菜单中选择“属性”命令，均可打开“属性表”窗口，其中属性列表可用于对设计区域的各类操作对象进行各种属性的设置。

3. 在设计视图中创建报表对象

使用设计视图创建报表对象主要有以下几个步骤。

(1) 创建一个空白报表。

创建空白报表的同时可根据需要，单击“主体”窗对象中的“页面页眉/页脚”选项，可打开“页面页眉/页脚”设计区域。

(2) 添加控件。

根据报表设计规划选择向空白报表各个设计区域添加需要的控件。需要注意的是，纵栏式报表和表格式报表的控件布局是不同的。纵栏式报表显示字段标题的标签控件和显示字段数据的绑定控件均被布置在报表的“主体”区；而表格式报表显示字段标题的标签控件布置在报表的“页面页眉”区，显示字段数据的绑定控件则被布置在“主体”区。

(3) 数据源。

报表设计以数据源数据项为基础，设计时需要进行报表数据源的设置。报表数据源与窗体设计数据源一样，也要完成两次关联操作。各关联操作的功能与设置属性如表5.4所示。

表5.4　设置数据源操作

操作内容	功　能	设置属性
第一次数据关联	实现报表与表或查询的关联	报表属性窗口"数据"卡片的"记录源"属性
第二次数据关联	实现控件与字段的关联	控件属性窗口"数据"卡片的"控件来源"属性

关于数据源设置的第一次关联，可以在空白报表中操作完成，第二次关联操作则必须在绑定控件添加到报表上，而且是在第一次关联操作完成的基础上完成。不同的数据项字段数据类型，应当选择合适的绑定控件关联和输出。

(4) 设置报表及控件属性。

通过选择控件等操作对象，对应设置属性表窗口中的各种属性，可设置报表及控件的外观格式和动作。

(5) 分组统计运算。

报表对象的设计可设置数据记录分组及分组后的统计运算。添加完控件并设置数据源属性后，从"报表设计工具"的"设计"中选择"排序和分组"命令，打开"分组、排序和汇总"对话框，如图5.78所示。

在"分组、排序和汇总"对话框中单击"添加组"按钮，打开"分组形式 选择字段"选项卡，可从中选择分组依据数据项字段；单击"添加排序"按钮，打开"排序依据 选择字段"操作行，可选择排序依据数据项字段。在"分组、排序和汇总"对话框中的字段或表达式列表中，可先选定一个字段或构造一个表达式作为排序和分组的依据，选择数据源 xs 学生表

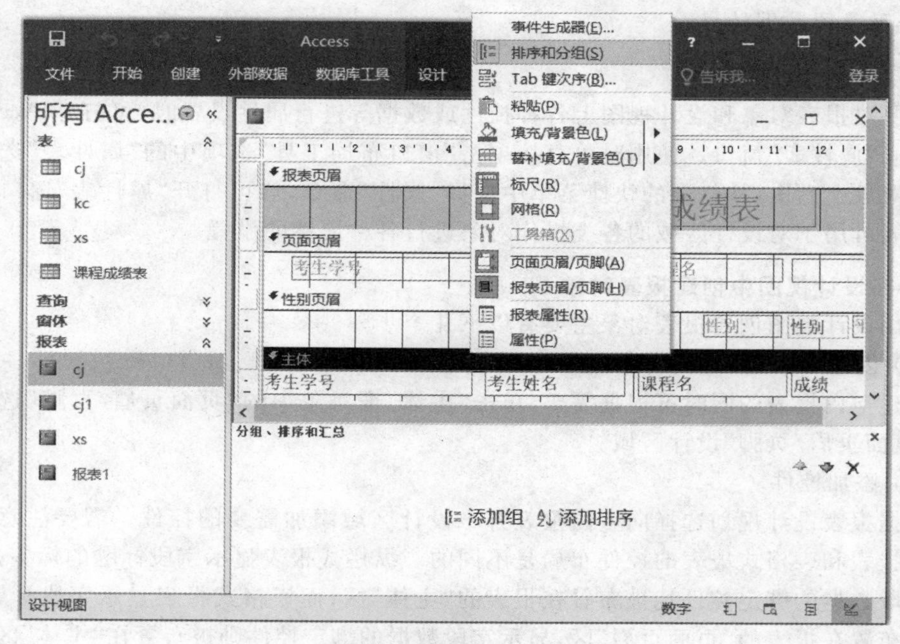

(a) 选择"排序和分组"命令

图5.78　打开"分组、排序和汇总"对话框

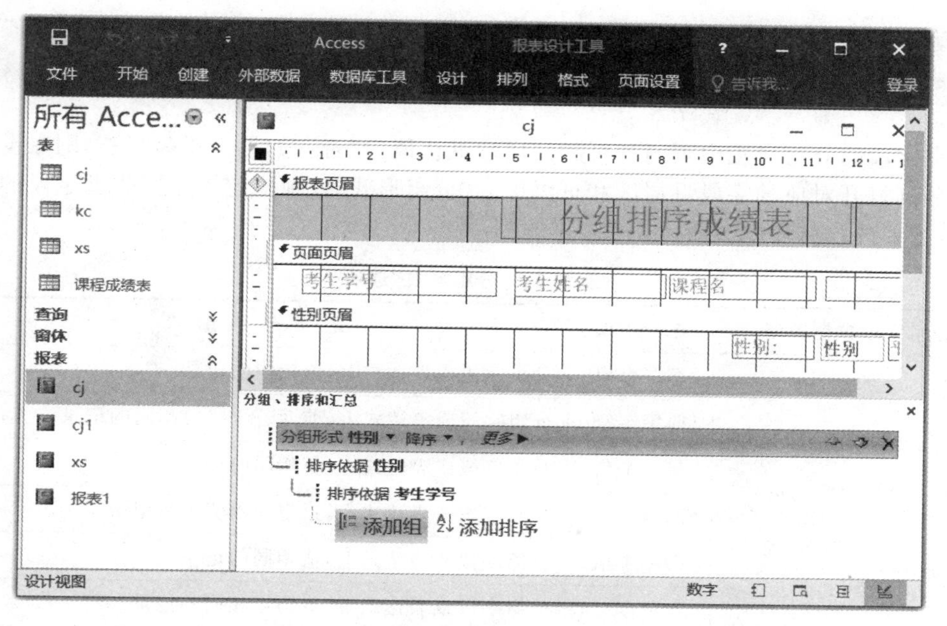

(b) 设置相关属性

图 5.78 (续)

的“性别”字段;之后再在“排序依据 性别”列表里选择升序或降序排序类型,此时就规定了报表输出时以该字段的排序形式排列数据。

在“分组、排序和汇总”对话框中的字段或表达式列表中,如果选择表达式,则会打开“表达式生成器”对话框,如图 5.79 所示。

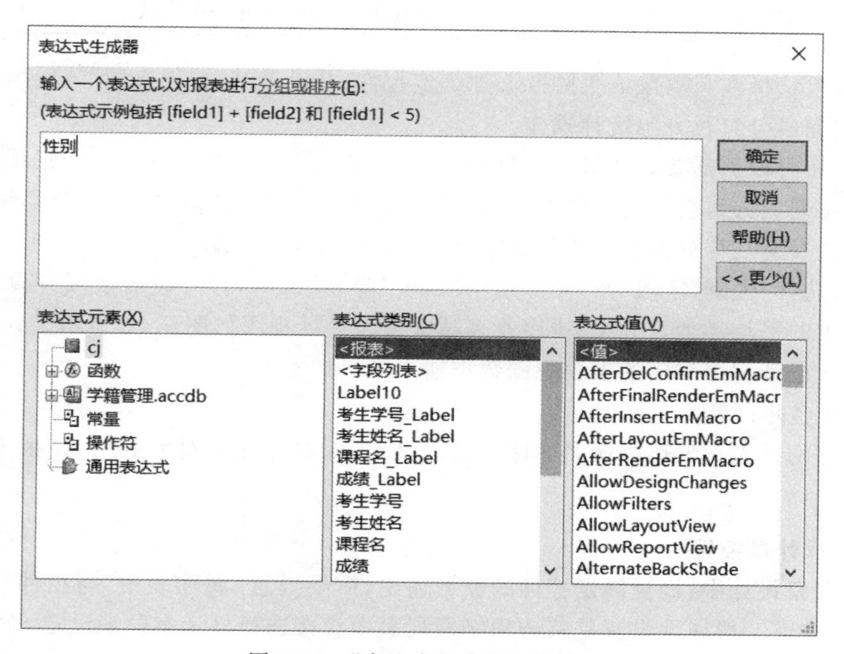

图 5.79 “表达式生成器”对话框

确认后，可通过“板表识图”查看分组排序的结果。也可根据实际应用需要，在“表达式生成器”对话框中构建分组或统计运算的各种表达式，在报表数据输出时输出该表达式值。

在字段的分组设置中页眉和页脚的属性默认值为“否”；如果设置为“是”，则在设计窗口中分别打开对应的字段页眉区和页脚区。“分组形式”选项规定了不同类型字段的分组原则，主要内容如表 5.5 所示。

表 5.5 “分组形式”选项

分组字段数据类型	选项	记录分组形式
文本	每一个值	分组字段或表达式上，值相同的记录
	前缀字符	分组字段或表达式上，前面若干字符相同的记录
数字、货币和 Yes/No	每一个值	分组字段或表达式上，值相同的记录
	间隔	分组字段或表达式上，指定间隔值内的记录
日期/时间	每一个值	分组字段或表达式上，值相同的记录
	年	分组字段或表达式上，日历年相同的记录
	季	分组字段或表达式上，日历季相同的记录
	月	分组字段或表达式上，月份相同的记录
	周	分组字段或表达式上，周相同的记录
	日	分组字段或表达式上，日期相同的记录
	时	分组字段或表达式上，小时相同的记录
	分	分组字段或表达式上，分相同的记录

这样，可选择在页眉区或页脚区添加绑定控件，并设置其“控件来源”属性为统计计算表达式，即完成分组及分组统计操作。

另外，还可根据需要设置排序或分组的第二、第三等分级排序或分组数据项字段。这时的数据排列或分组会首先按照第一排序或分组数据项字段进行排序或分组统计，然后再考虑第二及第三等分级排序或分组数据项字段依次排序或分组统计。

例如，选择“性别”字段为排序分组字段，按“降序”排列，打开设计区域并设置计算控件输出学生的平均年龄。分组、排序及表达式报表设计视图如图 5.80 所示。

与报表设计视图对应的报表视图数据输出结果如图 5.81 所示。

(6) 命名并存盘。

设计好的报表对象可以命名并保存到磁盘上，保存后报表对象会列入“报表”对象列表中显示。

4. 设计计算控件

报表对象设计中，设置绑定控件的数据输出，需要设置“属性表中”与控件对应的“控件来源”属性。一般属性设置是从选项字段列表中直接选择显示字段来设定，而计算控件的设置是将控件的“控件来源”属性设置为以等号“=”开头的计算表达式，从而构成一个

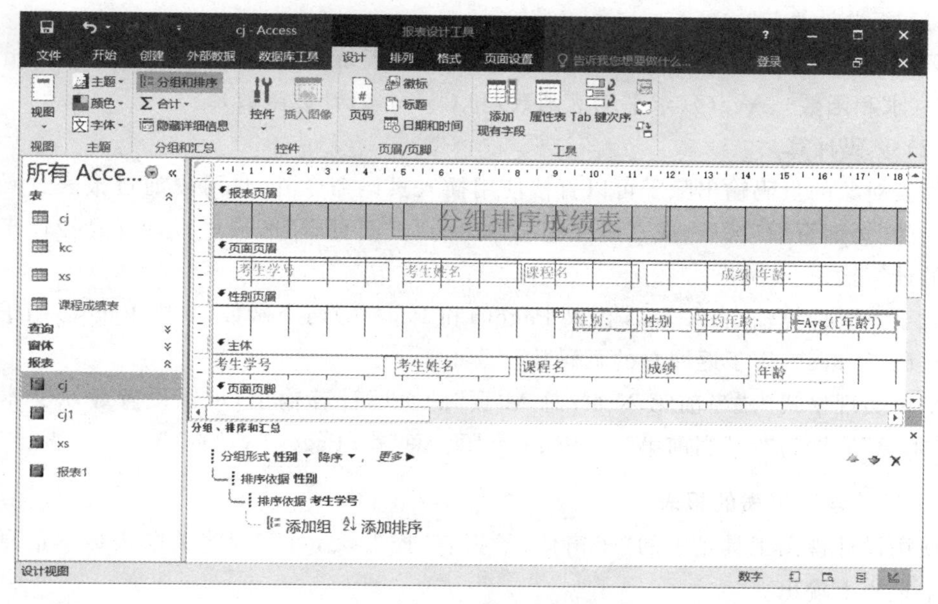

图 5.80　分组、排序及表达式报表设计视图

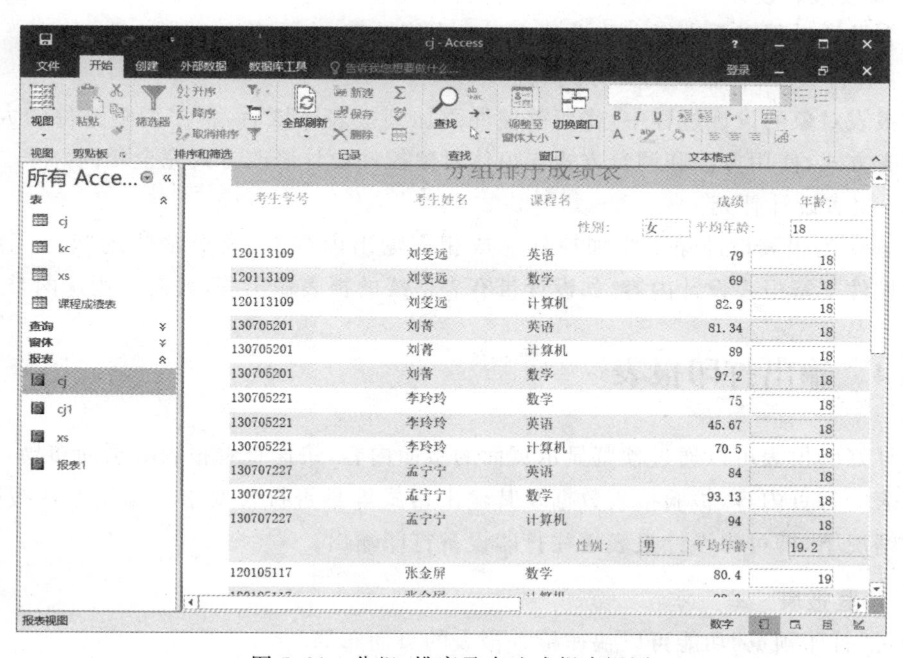

图 5.81　分组、排序及表达式报表视图

计算控件。

在实际应用中，报表设计的计算控件被广泛应用，如报表的分组汇总或总数据汇总输出、页码输出等都是通过添加绑定文本框控件，并设置适合的“控件来源”属性实现的。其功能主要有：

（1）汇总计算。

只需设计含统计函数的计算控件即可。在报表统计输出中常使用的统计函数有Sum()（求和函数）、Avg()（求平均值函数）和Count()（计数函数）。

（2）页码计算。

报表对象的页码输出除了可以直接使用插入页码命令外，也可以通过报表页码在顶端输出的“页面页眉”区域，或页码在底端输出的“页面页脚”区域里设计计算控件来实现页码的计算输出。

对于页码计算输出，Access 提供 Page()和 Pages()两个函数，其中 Page()用于返回当前页码，Pages()用于返回总的页码数。

如要实现格式为“当前第 N 页/总 M 页”的页码计算输出，可以设置显示文本框的“控件来源”属性为“="当前第"&[Page]&"页/总"&[Pages] &"页"”。

5. 设计含子报表的报表

使用设计视图工具箱中的“子窗体/子报表”控件，可实现将关联表数据信息设计在一个报表上输出。

6. 修改报表设计

报表设计过程需要进行一些设计修正和内容补充，主要有：

（1）控件大小、位置及对齐方式调整。

在报表对象的设计过程中，将所需控件添加到报表区域后，常需调整控件的大小、位置及对齐方式，使用方法和调整方式与窗体对象控件设计修改方式完全相同。

（2）报表设计补充。

Access 的报表设计除了添加控件完成相应输出内容外，还经常使用“直线”控件和“矩形”控件丰富报表设计内容，如设计带有表格线的报表输出等，就需使用这两类控件。

5.11.4 输出打印报表

设计好的报表可以通过预览显示页面的版面内容，快速查看报表的页面布局，可查看预览报表的每页内容，检验报表数据及其输出格式等是否符合要求。预览确认报表输出无误的情况下，即可将设计报表送往打印设备打印输出。

1. 预览报表

通过“打印预览”功能可以快速检查报表的页面布局。

2. 打印报表

在第一次打印报表之前，还需要检查页边距、页方向和其他页面设置的选项，确定一切设置符合要求后，即可正式打印输出。主要步骤如下：

（1）在报表对象列表中选择要打印的报表对象或选择“设计视图”和“打印预览”选项。

(2) 选择菜单中的“文件打印”命令,打开“打印”对话框。

(3) 在“打印”对话框中进行打印设置,如指定打印机型号,选定打印所有页,确定打印页的范围,指定打印份数或是否需要分页等,最后单击“确定”按钮实施打印。

思考练习题

1. 简述数据库技术应用设计方法和设计过程。
2. 简述 Access 关系数据库管理系统的结构组成及应用特点。
3. 简述从数据库文件到数据库数据表对象的创建设计过程。
4. 简单列举 Access 数据库管理系统常用数据类型及其数据存储特点。
5. 简述数据库表对象中数据项字段的设计方法及字段属性的设置。
6. 简述数据库表对象字段关键字在数据库数据关联操作中的关系与作用。
7. 简述数据库表对象字段关键字的设计方法与设置。
8. 简述查询对象设计分类及查询设计程序的使用。
9. 简述在对象设计过程中,如何设置定义数据表间的关系。
10. 简答数据库系统为何需要创建查询对象,查询对象的应用特点有哪些。
11. 简述 Access 系统数据库的查询类型有哪些,如何构建查询条件。
12. 简述查询对象与表对象数据结构有何区别,有哪些查询对象数据源。
13. 简述如何设置参数查询对象的变量。
14. 简述在查询对象设计中如何设计使用计算字段。
15. 简单列举总计查询计算字段的创建过程。
16. 简述窗体对象设计工具的主要功能及设计区域的使用。
17. 简单列举窗体对象设计或报表对象设计工具箱的常用控件及属性设置。
18. 简述绑定控件与非绑定控件的应用概念,试列举绑定控件及其作用。
19. 简述在窗体设计过程中如何利用“表达式生成器”创建表达式对象。
20. 简单列举窗体设计过程有哪些常用窗体控件及主要作用。
21. 简述窗体对象或报表对象设计中的两次数据关联关系与过程。
22. 列举如何在窗体和报表中设计计算控件。
23. 简述窗体对象或报表对象在各类设计视图中的创建过程与应用特点。
24. 简述文本框控件有何用途,什么类型字段数据可以和文本框控件关联。
25. 简述如何在窗体上添加命令按钮实现窗体报表数据输出。
26. 简述如何设置实现报表的分组分页打印。
27. 综合案例练习。

设某销售公司根据业务需要构建一个订货信息数据库,有如下数据需要进行相关处理,如每月需要出月报表,报表中包括的信息数据项,主要有:

订货信息(订单号、订货日期、交货日期、产品编号、产品名称、产品型号、单价、订购数

量、订购金额、顾客号、顾客姓名、顾客地址）

提示：利用投影分解运算等关系运算原理实践关系数据结构的规范设计，要求至少设计到第三范式(3NF)，分解后建立新的数据关系，然后在关系数据库管理系统中创建订货信息数据库，创建该数据库中的数据表对象，构建客户订单查询，构建窗体对象，设计报表，预览并输出结果。

注意：只有正确设置各数据表关系的关键字，才能正确输入数据记录，建立数据关联，创建查询对象，构建窗体报表，输出正确结果及其他应用。

第6章 网页制作基础

网络信息时代，人们通过网页浏览、检索和分享社会生活中的各种信息，不仅可以访问各行各业的各种信息共享网站，实现网上银行、网上购物、网络聊天和网上教育等；还可以在掌握了网页制作技术的基础上，管理维护已注册授权的企事业单位网站或部门网页等，甚至编写网页自建网站等。本章介绍网页编程制作基础知识，主要内容有：

- 网页设计与编程；
- 网页设计方法与格式设置；
- 网页表单设计与实现；
- 表单设计案例示范；
- 互联网信息服务设置与站点发布。

6.1 网页设计与编程

网页设计与制作常用的编程语言称为超文本标记语言（Hypertext Markup Language，HTML），属于标记解释型程序设计语言，所编写的源程序代码是纯文本文件。编写HTML程序的工具可以是操作系统下的记事本程序、写字板程序，还可以是各种文字处理程序。源程序代码存盘时，其文件后缀扩展名为htm或html。通过浏览器程序可编译并显示源代码程序设计效果，简单易学。

6.1.1 网页设计与制作

从用户使用的角度来看，网络信息是基于网站共享的，通过设置在Web服务器上可以相互链接的网页集合提供信息的访问与交互。网页信息包括各种格式的数据，可以是文字、图像和声音等多种类型文件的链接。

人们登录网站的第一个页面称为主页，通常被命名为index.htm或index.html，以此链接更多的网页，甚至是其他网站等。

超文本标记语言通常用来编写静态链接网页，动态链接网页的制作需要在基本的HTML代码中嵌入VBScript、JavaScript、ASP和JSP等脚本语言代码，以实现网页动态链接或后台交互功能。复杂的网页设计可以结合使用专门的网页开发工具来完成，如SharePoint Designer、FrontPage或Dreamweaver等，复杂的网页文件后缀名可以是html、 htm、asp、jsp 或 xml 等。设计与制作网页的基本过程如下：

(1) 分析网页信息访问需求，设计合理布局；

(2) 根据设计需求选择合适的网页制作程序；

(3) 创建网页文件，在设计中插入页面基本元素，如文字、图像和声音等；

(4) 对网页中的元素进行修饰、排版、布局；

(5) 在网页中加入动态编程功能，实现网页访问的信息传输动态效果；

(6) 通过浏览器测试页面设计链接效果，修改保存网页文件。

6.1.2 网页编程语言

网页编程常用的语言是 HTML。HTML 使用约定的标记符命令标识，实现页面文字、图片、声音和视频等信息浏览效果。这些标记命令构成了 HTML 中的控制代码和命令保留字，实现网站网页页面的整体管理与显示效果。HTML 可通过浏览器程序直接编译执行。

例如，要登录清华大学网站，可在浏览器中输入清华大学的网址"http://www.tsinghua.edu.cn"，随即打开网站主页 http://www.tsinghua.edu.cn/publish/th/index.html。在浏览器菜单中选择"查看"→"源文件"命令，即可在打开的源代码窗口查看该页面的 HTML 程序源代码，如图 6.1 所示。

网页源代码程序也可以在记事本程序中显示，例如：

```
<html …>
<head><…>
<title>清华大学 -Tsinghua University</title>
<script src="…"></script>
⋮
</head>
<body><center>
<table width="…" border="… "cellspacing="…" cellpadding="…">
<tr><td height="…">… </td>  </tr>
</table>
⋮
</body>
</html>
```

构成了网站页面源代码主程序。从源代码可见，HTML 编程语言的命令是标记型命令结构，且符号标记多为成对出现，具有以下特点：

(1) 符号标记以"<"和">"来标识，常用格式：

```
<标记>  网页显示内容 </标记>
<标记  标记属性 1=属性值  标记属性 2=属性值>  网页显示内容 </标记>
<标记>
```

(a) 浏览器运行程序显示主页

http://www.tsinghua.edu.cn/publish/th/index.html - 原始源

文件(F) 编辑(E) 格式(O)

```
1  <!DOCTYPE html PUBLIC "-//W3C//DTD XHTML 1.0
    Transitional//EN" "http://www.w3.org/TR/xhtml1/DTD/xhtml1-
    transitional.dtd">
2  <html xmlns="http://www.w3.org/1999/xhtml">
3  <head><link rel="shortcut icon" type="image/x-icon"
    href="/public/icon/favicon.ico" />
4  <!-- IE8 Compatibility View -->
5  <meta http-equiv="X-UA-Compatible" content="IE=EmulateIE7" />
6  <meta http-equiv="Content-Type" content="text/html; charset=utf-8" />
7  <title>清华大学 - Tsinghua University</title>
8  <script src="/public/jquery/jquery-1.4.min.js"
    type="text/javascript"></script>
9  <script language="javascript" type="text/javascript">
10  window.onerror = function(){return true;};
11  function cutSummary(summaryStr,lengTh,dot){
12    if(summaryStr.length>lengTh){
13      summaryStr=summaryStr.substring(0,lengTh);
14      if(dot!=0)summaryStr=summaryStr+"......";
15    }
16    document.write(summaryStr);
17  }
18 function cutDate(dstr,len){
19 if(len == 0){
20 dstr = dstr.substring(len,4);
21 }
22 if(len == 5){
23 dstr = dstr.substring(len,7);
24 }
25  document.write(dstr);
```

(b) 主页源代码

图 6.1 清华大学官方网站主页和源代码

(2) 符号标记“<”和“>”成对出现，层层嵌套，不能交叉。

(3) 符号标记命令关键字书写，不区分字母大小写。

(4) 符号标记“<”和“>”中的内容本身作为命令，不会在浏览器中显示。

(5) 整个程序文件构成的基本结构由标注 head、title 和 body 三大部分组成。

这里用记事本编写一个简单的 HTML 源代码程序文档，如图 6.2 所示。

该程序文档以文件名 index. html 命名，注意扩展名为 html 或 htm 均可，存盘后该文件图标显示为浏览器图标。双击该文件，即可在浏览器中运行显示该网页，如图 6.3 所示。

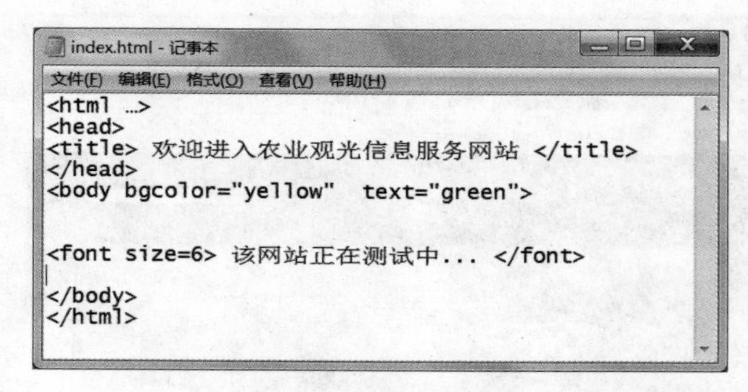

图 6.2　简单的 HTML 源代码

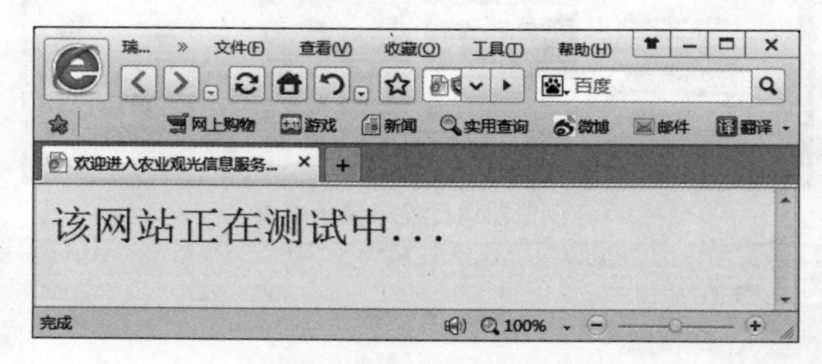

图 6.3　运行显示代码效果

其中程序源代码命令的标记功能有：

• ＜HTML＞…＜/HTML＞

网页文件开始和结尾标记，浏览器从标记＜HTML＞开始解释运行。

• ＜HEAD＞…＜/HEAD＞

文件头标记，用于包含文件的基本信息，例如网页的制作时间等。

• ＜TITLE＞ …＜/TITLE＞

网页标题区标记，需写在文件头＜head＞和＜/head＞中间，运行后显示在浏览器最上面的标题栏。如本例标题为“欢迎进入农业观光信息服务网站”，显示在网页标题上。

• ＜BODY＞…＜/BODY＞

网页内容标记，通过设置 BODY 属性，可以设置页面的背景颜色、字体显示的颜色、页面背景图片等。如本例浏览器上显示的网页内容“该网站正在测试中…”，其背景为黄色，文字显示为绿色，以命令＜body bgcolor＝"yellow"　text＝"green"＞标记。如果需要可进一步美化页面，也可设置页面背景为图片，如命令＜body background＝"tu1. gif"＞，可将页面背景设为图片文件 tu1. gif。

```
<font  size= 6>…</font>
```

网页文字格式标记，可以设置标记中间文字显示的大小等。

网页编程语言主要实现页静态网页设计与制作，以网站主页为索引，包括页面格式编排、页面链接跳转、页面采集输入数据、图形图像设置应用等。通过标记符命令属性设置，可以嵌入网络编程，链接网站服务器处理程序来设计动态网页，以实现丰富的网页浏览信息服务。

6.2 网页设计方法

网页设计方法是用网页编程命令设计实现网页制作效果，在此主要介绍 HTML 中基本常用的命令标记符的格式设置与应用。

6.2.1 网页文本格式

网页文本格式编排可以用网页文本修饰标记实现，网页中的文字默认是宋体。根据需要可以设置文字的标题格式，格式为：

```
<Hn  align=对齐方式 >页面显示文字 </Hn>
```

其中属性参数如下：

align 属性中的 left 为左对齐，center 为居中，right 为右对齐。

H_n 设置标记符号中的 n 可以是 1～6 的数字。HTML 中可以设置 6 级标题，字体依次由大到小，设置文字显示大小。如：

＜H1＞…＜/H1＞——把标记符号中的文字设置显示为一级标题；

＜H6＞…＜/H6＞——把标记符号中的文字设置显示为六级标题。

另外还有字体设置标记，有：

＜B＞…＜/B＞——把标记符号中的文字设置显示为"加粗"字体；

＜I＞…＜/I＞——把标记符号中的文字设置显示为"斜体"字体；

＜U＞…＜/U＞——把标记符号中的文字设置显示为"带下画线"字体；

＜STRIKE＞…＜/STRIKE＞——把标记符号中的文字设置显示为"带删除线"字体。

再有：

```
<font  size=数值 face=字体名称 color=字体颜色>页面显示文字 </font>
```

其中，size 属性可以设置标记符号中间所包括文字的大小；face 属性可以设置字体的名称，例如宋体、隶书、楷体_GB2312 等；color 属性可以设置字体颜色。

6.2.2 网页段落格式

网页文字信息内容要准确，文档段落也要逻辑清晰。使用 HTML 提供的段落标记可以设置文字段落的显示格式。主要有：

```
…<br>
```

回车换行标记，该标记单独使用，实现在浏览器页面文字段落的回车换一行操作。

```
<p align=对齐方式>…</p>
```

对齐方式标记，在浏览器页面上创建段落，设置对齐方式。

```
 
```

插入空格标记，该标记单独使用，实现在浏览器页面上插入空格。多个空格标记连续使用时，要用分号“;”隔开。

```
<ul><li>…<li>…</ul>
```

有序列表标记，标记符号中包括的列表项用标记符号＜li＞表示，自动编排序列号。

```
<ol><li>…<li>…</ol>
```

无序列表标记，中间包括的列表项用标记符号＜li＞表示，无自动编排序列号。

相关标记代码的使用与显示效果如图 6.4 所示。

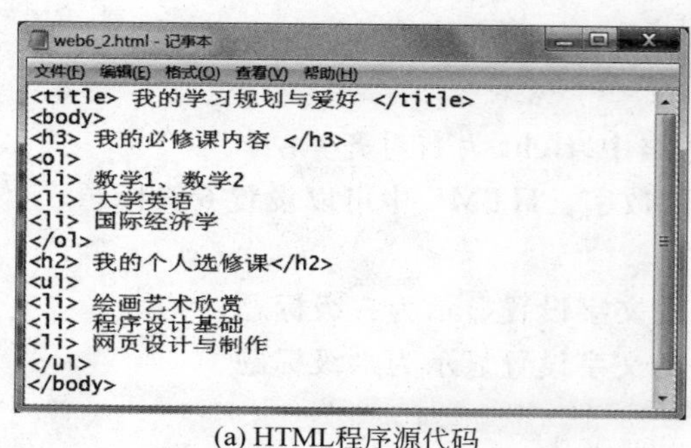

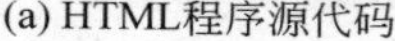
(a) HTML程序源代码

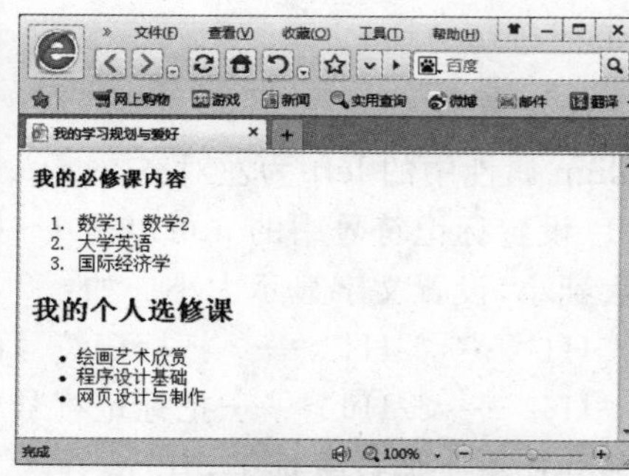

(b) 浏览器运行效果

图 6.4　标记代码与显示效果

6.2.3　网页超链接方式

网页浏览使用超链接技术，可更加丰富地浏览各种信息资源。超链接设置与应用是 HTML 网页设计中的重要功能。通过建立链接，可以实现网站页面间快捷灵活地跳转。超链接标记设置格式有：

```
<A  HREF=URL 链接网址网页或文件名>链接显示说明</A>
```

链接标记为＜A＞…＜/A＞，在浏览器运行的页面显示的“链接显示说明”描述文字下会带有下画线并自动变色。单击时会跳转到所链接的“链接网址网页或文件名”上。

在 HTML 编程设计中，可以为文本和图像创建以下几种链接。

1. 网站内部链接

如果需要在网站内的页面间进行跳转，就要创建网站内部链接，链接到同一文件夹目录下的其他网页文件，格式为：

```
<A href="链接文件名.html">链接显示说明</A>
```

例如＜A href＝"department1.html"＞ 产品销售部 ＜/A＞，当单击浏览器的“产品

销售部”超级链接时，浏览器页面会自动转向站内 department1. html 页面。

2. 网站外部链接

如果需要在不同的网站之间实现跳转，要使用绝对路径创建网站外部链接。绝对路径是指访问被链接网页的完整网址，如 http：//www. tsinghua. edu. cn 就是一个网页的绝对路径。网站外部链接的格式为：

```
<A href="完整的网址">链接显示说明</A>
```

例如<A href="http://www. tsinghua. edu. cn">清华大学主页</A>，当单击浏览器的“清华大学主页”超级链接时，浏览器页面会自动跳转到清华大学网站主页。

3. 电子邮件链接

如果需要浏览器上的读者给网站提供反馈信息，可设置使用电子邮件链接功能。单击链接时会直接链接邮件地址，自动打开发送电子邮件程序。格式为：

```
<A href=mailto: 邮件地址>链接显示说明</A>
```

例如<A href="mailto：woodygreen@greenagri. com"> woodygreen@greenagri. com </A>，当单击浏览器的 woodygreen@greenagri. com 时，将会自动打开操作系统下的 Outlook Express 程序，可直接书写并发送电子邮件。相关示例源程序代码如图 6.5 所示。

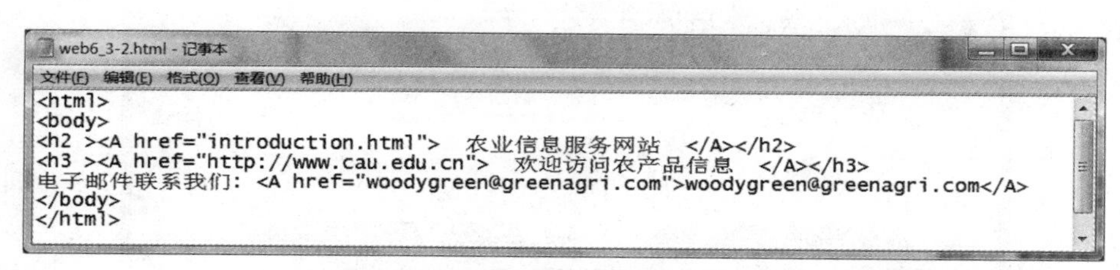

图 6.5 记事本源程序代码

运行浏览器程序，单击浏览器的 woodygreen@greenagri. com 时，会自动打开 Outlook Express 程序，即可直接书写并发送电子邮件，如图 6.6 所示。

注意：建立超链接时，网络路径名或文件名等链接访问路径名应尽量使用英文，以避免应用时出现链接访问错误。

6.2.4 网页图像设置

在页面中加入图像，需要插入浏览器支持的图像格式，例如 gif 格式、jpeg 格式、jpg 格式或 png 格式等。一般选用网页中的图像格式，图像文件应尽量小，过大会影响网站页面浏览传输速度。设置网页图像标记格式为：

```
<img  src="图像文件名" align="图像对齐方式" alt="鼠标移到图像显示文本"
width="图像宽度"height="图像高度">
```

其中 align 属性值中的 left 为左关键字、center 为水平居中、right 为右关键字、top 为垂直

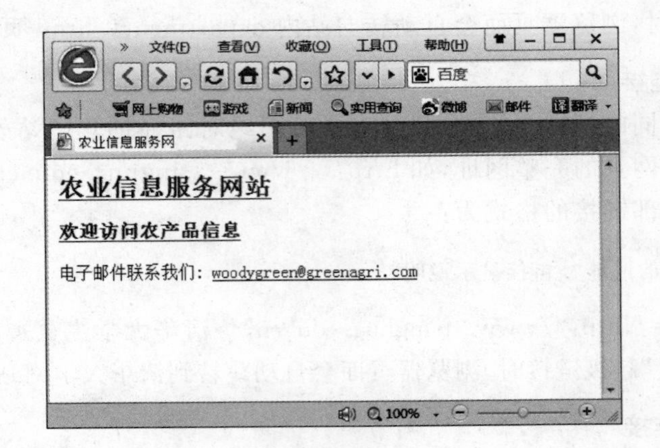

(a) 浏览器运行的超链接

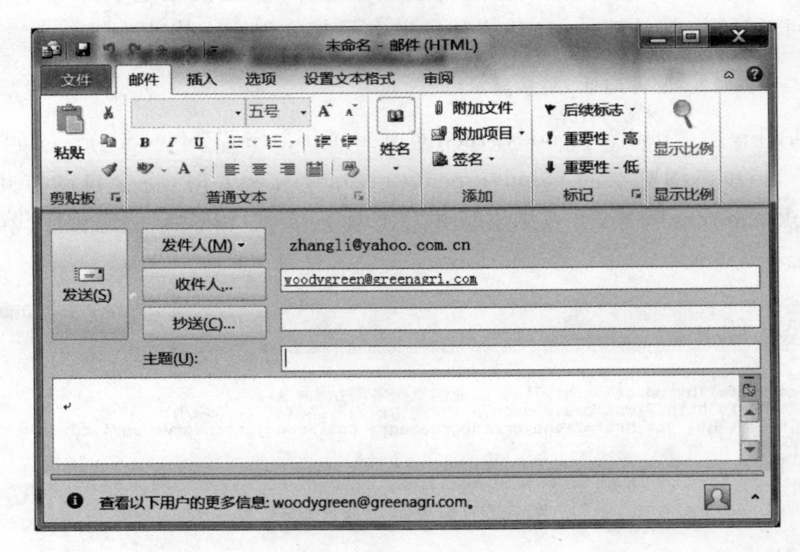

(b) 单击超链接运行链接程序

图 6.6　浏览显示和操作结果

居中关键字、middle 为中央关键字、bottom 为底部关键字。

例如,使用图像标记符命令:

```
<img  src="green field.jpg"  align="center"  alt="绿色田野"  width=200
height=200>
```

浏览器运行该页面效果为:在页面居中显示图片,图片宽 200 像素、高 200 像素,当鼠标放到图片上时出现提示信息“绿色田野”。

图片格式选择与图片制作来源有关。比如最常用的 gif 格式、jpg 格式或 bmp 格式几种图片,各种浏览器都能支持;数码相机拍的是 jpg 格式图片,压缩比较高,也不失原图片清晰度;gif 是动画图片格式;bmp 是 Windows 绘画板文件,bmp 原文件比较大,一般少有使用。除此之外,还有使用 Macromedia 公司“网页三剑客”网页设计制作工具之一的 Flash 工具，制作的后缀名为 swf 的 Flash 动画。另外，网页视频格式有 wmv 格式和 flv 格式等，一般专业视频网站基本都使用 flv 视频格式。

6.2.5　网页表格设置

网站页面插入设置表格存放显示表格化数据，例如学生课程表数据等。也可建立整个页面框架，定位页面文字、图像等元素。设置网页表格标记格式为：

```
<table>…</table>
```

可创建定义一个表格，其中：

```
<tr>…</tr>
```

为表格行标记符，可定义表格中的一行。

```
<td>…</td>
```

为表格列标记符，可定义表格中每行的列数据项。

```
<th></th>
```

为表格头标记符，可定义表格表头设置。

实际应用中，一般使用多重嵌套网页表格设置。常用的网页表格＜table＞类标记属性设置如表 6.1 所示。

表 6.1　网页表格＜table＞类标记符属性

标　记　符	说　　明
border	表格边框的粗细，如果缺省，则页面不显示边框
width	表格的宽度，可以为像素值或页面窗口的百分比
height	表格的高度，可以为像素值或页面窗口的百分比
cellspacing	表项的间隔
cellpadding	表项内部的空白

例如，在记事本中编写相关标记命令源代码，浏览器显示效果如图 6.7 所示。

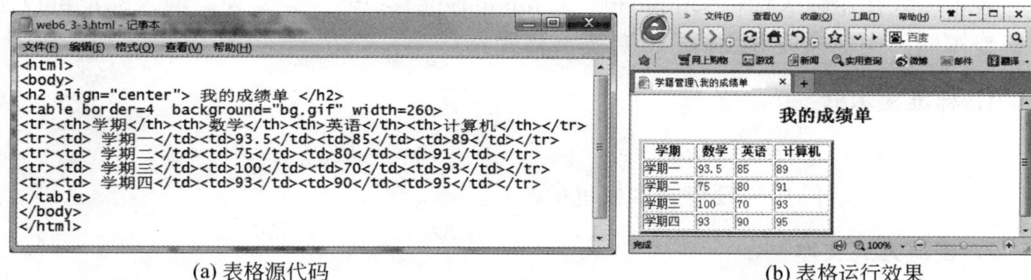

(a) 表格源代码　　(b) 表格运行效果

图 6.7　设计网页表格

6.3 网页表单设计

使用HTML语言创建设计网站页面，除了设计常用的各种静态信息设置显示外，还可以进行网页交互界面的设计。网页表单就是网站网页提供给浏览访问互动的窗口，表单通过网页提交发送数据到网站网络服务器。

实际应用在HTML中的网页表单设计标记有<form…>…</form>网页表单，其表单域包含了文本框、多行文本框、密码框、隐藏域、复选框、单选框和下拉选择框等，用于接收通过浏览器输入或选择的数据，如<input type="…" />网页输入类型、<textarea…>多行文档输入框、<select…>及<option…>下拉选择框及预留选项等设置。

6.3.1 表单设计方法

表单设计使用表单标记<form…>…</form>实现。表单标记用于创建表单，设置网页输入数据的采集区域，设置定义网页采集的数据提交去处是服务器还是电子邮件。

一般格式为：

```
<form action="URL" method="get 或 post" enctype="… " target="…">…</ form>
```

其中，属性action="URL"指定提交表单的URL地址，或是电子邮件地址；属性method="get"或"post"指明提交表单的方法，post方法无须包含在action的地址中，get方法把名称或值加在action的地址后，且把新的地址送至服务器；enctype="…"设置表单提交服务器时的网络系统方式；target="…"指定提交的结果文档显示的位置。

在<form…>表单标记定义的表单里，需在action行为属性里设置程序文件名，表示网页输入的数据流向。如<form action="sub.asp" method="post">…</form>，表示表单接收输入的数据内容提交后，通过sub.asp程序流程方式提交到指定系统。

6.3.2 输入类型设计

表单输入使用输入标记<input…><input type="…" />实现。输入标记可以定义设置不同的网页输入方式，有10种类型格式：

1. 标准文本框

```
<input type="text" />
```

有value值属性，用来设置文本框里的默认文本。

2. 密码方式文本框

```
<input type="password" />
```

网页输入的字符会以星号代替。

3. 复选项

```
<input type="checkbox" />
```

网页浏览用户可在一组选项中选择多个数据项，也可不选择任何选项。其中可设置一个预选属性 checked，默认某个数据选项。

4. 单选项

```
<input type="radio" />
```

网页浏览用户只可在一组选项中选择单个数据项，也可设置一个预选属性 checked，默认某个数据选项。

5. 文件上传框

```
<input type="file" />
```

用于通过浏览器上传用户文件。该属性还包含了一个浏览按钮，用于单击后输入上传文件的路径或选择需要上传的文件。

注意，使用时需要先确定服务器是否允许匿名上传文件，表单标记中需设置 ENCTYPE="multipart/form-data"确保文件正确编码。此外，表单传送方式需设置成 POST。

6. 提交表单的按钮

```
<input type="submit" />
```

被单击后提交表单数据。可以用 value 值属性控制按钮上显示的文本，button 和 reset 类型的设置方法也有同样格式。

7. 图像方式

```
<input type="image" />
```

以图像代替按钮文本，需要设置 src 属性，与 img 标记的使用方法类似。

8. 空按钮

```
<input type="button" />
```

也称为一般按钮，如果没有其他代码则不做任何操作。空按钮用来设置控制其他程序脚本程序，格式为：

```
<input type="button" name="..." value="..." onClick="...">
```

其中，type="button"定义空按钮；name 属性定义按钮名称；value 属性定义按钮的显示文字；onClick 属性定义单击行为，也可以是其他的事件，它可指定脚本函数定义按钮行为。

9. 重置表单内容的按钮

```
<input type="reset" />
```

单击后可以重置表单内容。

10. 隐藏文档

```
<input type="hidden" />
```

不显示任何内容,可用来传输当前页面名称或E-mail地址等。

6.3.3 文档输入设计

表单文档输入设计使用文档输入框<textarea …>实现。文档输入框也称为多行文本框,是一种从浏览页面输入文档的表单对象,格式为:

```
<textarea  name="…" cols="…" rows="…" wrap="virtual"></ textarea>
```

其中,name属性定义多行文本框的名称,cols属性定义多行文本框的字符宽度,rows属性定义多行文本框的字符高度;wrap属性定义输入内容大于文本域时的显示方式,默认值是文本自动换行;Off属性定义用来避免文本换行,必须用Return才能将插入点移到下一行;Virtual属性定义允许文本自动换行;Physical属性定义文本换行,数据提交时换行符将一起提交。

6.3.4 下拉菜单设计

下拉选项菜单输入方式使用下拉选择标记<select>实现。下拉选择框可用于设置多种选项设计,一般格式为:

```
<select name="…" size="…" multiple><option value="…" selected>…</option>
… </select>
```

其中,size属性定义下拉选择框的行数;name属性定义下拉选择框的名称;multiple属性定义多选,如果不设置只能单选;value属性定义选择项的值;selected属性表示默认已选选项。下拉选择框标记<select>与选项标记<option>配合使用,设计制作完整的下拉选择框。

总之,在<form>表单设计中可以设计多选项列表菜单、单选项、复选框、文档框等,可配合动态网络编程技术,实现网页数据提交到后台数据库系统的功能。下面通过应用实例,简要介绍HTML编程中<form>表单功能的设置应用。

6.4 表单设计案例

表单设计需要相关命令和命令标记符中各种属性参数设置的有效配合,才能通过浏览器运行,实现设定的页面显示输入效果。在此以简单案例示范实际设计应用。

6.4.1 选项列表设计

在实际应用中，网页选项列表通过页面下拉菜单选项列表，选择输入指定列表数据项，提交后可提交到网站数据库系统。表单选项列表菜单案例源程序代码及浏览器运行效果如图 6.8 所示。

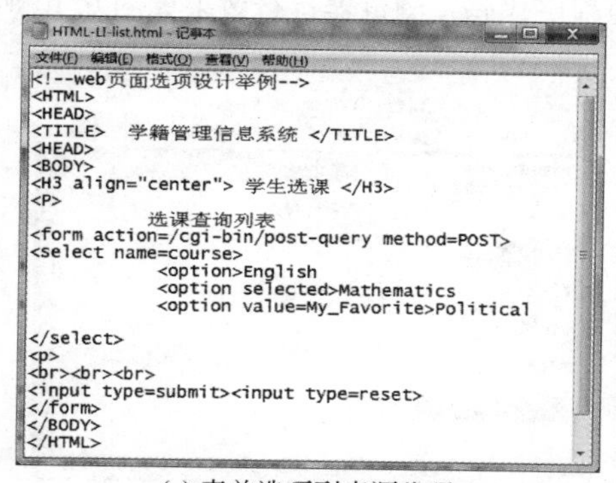

```
<!--web页面选项设计举例-->
<HTML>
<HEAD>
<TITLE>  学籍管理信息系统 </TITLE>
<HEAD>
<BODY>
<H3 align="center"> 学生选课 </H3>
<P>
          选课查询列表
<form action=/cgi-bin/post-query method=POST>
<select name=course>
          <option>English
          <option selected>Mathematics
          <option value=My_Favorite>Political

</select>
<p>
<br><br><br>
<input type=submit><input type=reset>
</form>
</BODY>
</HTML>
```

(a) 表单选项列表源代码

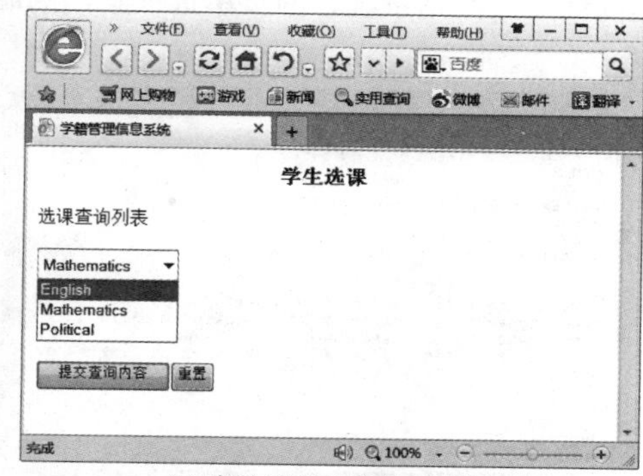

(b) 表单选项列表运行效果

图 6.8 表单选项列表菜单源代码及运行效果

在浏览器的“选课查询列表”中列出了选择数据项，此处设置 mathematics 数学课为默认选项。确定选择数据项后，单击“提交查询内容”按钮，可提交到网站数据库系统中。如果选择不合适，可以单击“重置”按钮重新选择。

6.4.2 网页文本框设计

网页文本框通过页面文本框输入文本信息数据，提交后输入到网站数据库系统。文本框案例的源程序代码及浏览器运行效果如图 6.9 所示。

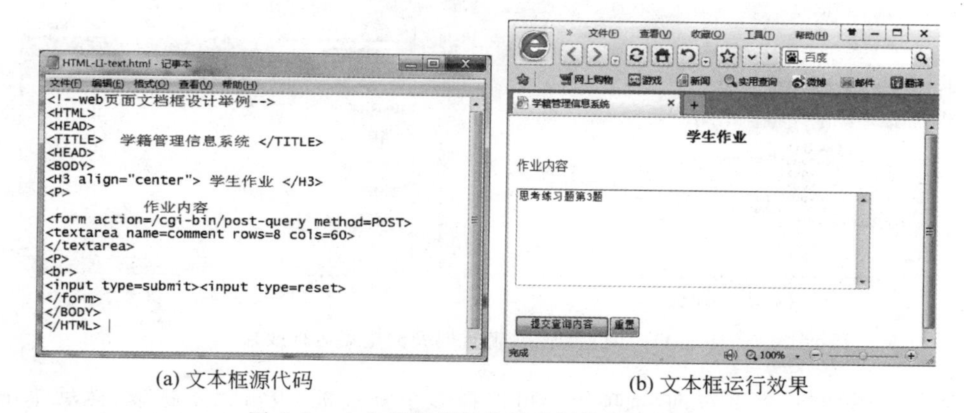

```
<!--web页面文档框设计举例-->
<HTML>
<HEAD>
<TITLE>  学籍管理信息系统 </TITLE>
<HEAD>
<BODY>
<H3 align="center"> 学生作业 </H3>
<P>
          作业内容
<form action=/cgi-bin/post-query method=POST>
<textarea name=comment rows=8 cols=60>
</textarea>
<P>
<br>
<input type=submit><input type=reset>
</form>
</BODY>
</HTML>
```


(a) 文本框源代码

(b) 文本框运行效果

图 6.9 文本框案例源代码及浏览器运行效果

在浏览器的“作业内容”列表框中可输入编辑文本信息数据，将文档数据输入并编辑完成后，单击“提交查询内容”按钮，提交到网站数据库系统。如果选择不合适，可以单击“重置”按钮重新选择。

6.4.3 网页单选项设计

网页单选项是通过页面列表信息选择，且只能选择一项，单击“确认提交”按钮后，选择的输入选项提交到网站系统。网页单选项案例的源程序代码及浏览器运行效果如图 6.10 所示。

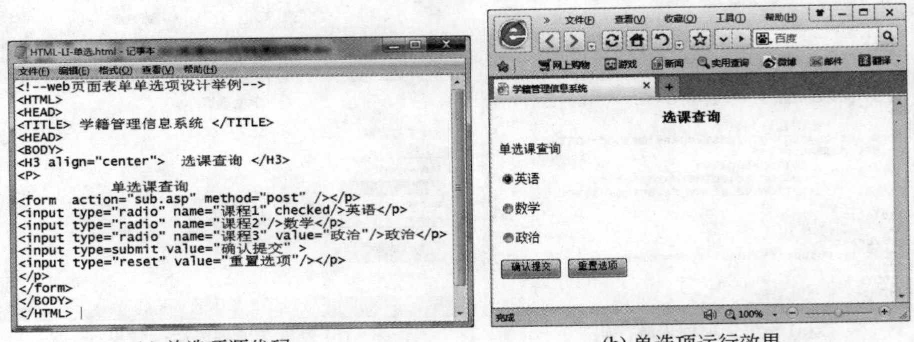

```
<!--web页面表单单选项设计举例-->
<HTML>
<HEAD>
<TITLE> 学籍管理信息系统 </TITLE>
<HEAD>
<BODY>
<H3 align="center">  选课查询 </H3>
<P>
          单选课查询
<form  action="sub.asp" method="post" /></p>
<input type="radio" name="课程1" checked/>英语</p>
<input type="radio" name="课程2"/>数学</p>
<input type="radio" name="课程3" value="政治"/>政治</p>
<input type=submit value="确认提交" >
<input type="reset" value="重置选项"/></p>
</p>
</form>
</BODY>
</HTML>
```


(a) 单选项源代码　　(b) 单选项运行效果

图 6.10　网页单选项源代码及浏览器运行效果

在浏览器的“选课查询”选项组中可选择某个单选按钮，然后单击“确认提交”按钮，提交到网站系统。如果选择不合适，也可单击“重置选项”按钮重新选择。

6.4.4 网页复选项设计

网页复选项通过页面列表信息选择，能选择多项，单击“确认提交”按钮后，选择输入提交到网站系统。网页复选项案例的源程序代码及浏览器运行效果如图 6.11 所示。

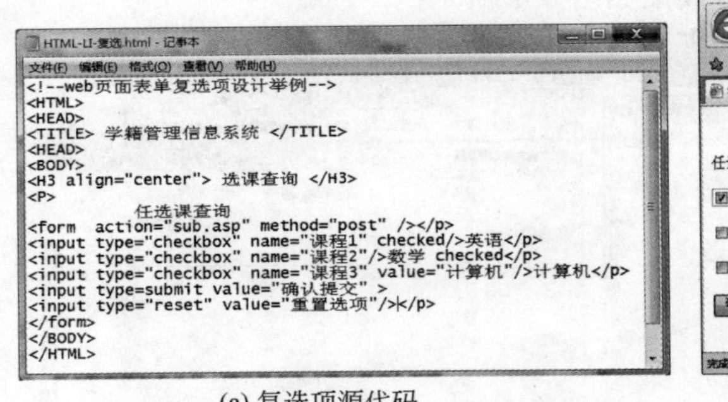

```
<!--web页面表单复选项设计举例-->
<HTML>
<HEAD>
<TITLE> 学籍管理信息系统 </TITLE>
<HEAD>
<BODY>
<H3 align="center"> 选课查询 </H3>
<P>
          任选课查询
<form  action="sub.asp" method="post" /></p>
<input type="checkbox" name="课程1" checked/>英语</p>
<input type="checkbox" name="课程2"/>数学 checked</p>
<input type="checkbox" name="课程3" value="计算机"/>计算机</p>
<input type=submit value="确认提交" >
<input type="reset" value="重置选项"/></p>
</form>
</BODY>
</HTML>
```

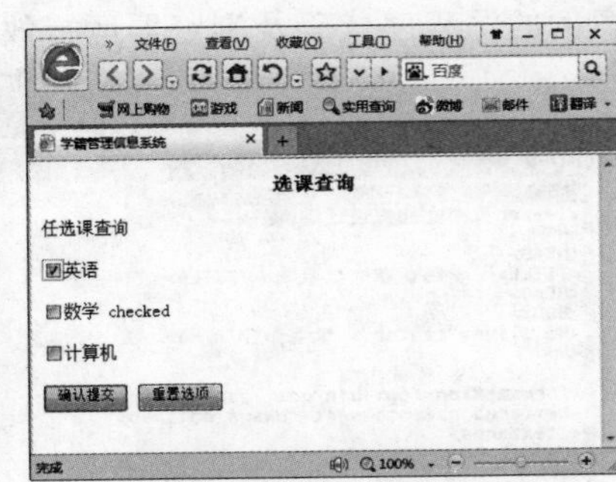

(a) 复选项源代码　　(b) 复选项运行效果

图 6.11　网页复选项源代码及浏览器运行效果

在浏览器的“任选课查询”选项组中可选择多个复选框，也可以不选取，然后单击“确认提交”按钮，提交到网站。如果选择不合适，也可单击“重置选项”按钮重新选择。

以上介绍了常见的 HTML 网页设计标记符的命令格式与使用方法，其源代码均可通过记事本等文档编辑工具编写程序，布局简单的静态网页。

对于网页的美化等，使用有 6 种格式化编辑控件的 Input Pro 程序，可创建专业级数据录入界面，快速验证数据，使用备忘录控件显示文本信息等；Button Objx 表单控件是功能全面类似按钮的控件，可创建工具栏、自定义活动按钮、自定义容器形状，还可动态更改图像等；Balloon 控件是广泛应用的最简单的控件；其他还有 Component One VisualStudio 控件工具包，不仅支持计算机系统 WPF、WinForms、ASP. NET、ActiveX 和 Silverlight 等，还支持 iPhone、Windows Mobile 等移动设备系统平台，内有数百个控件，如 Grids、Menus、Charts、Reports、Toolbars、Ribbon、PDF 和 Schedules 等，可轻松创建微软风格界面，如使用 Ribbon 功能，很容易实现 Office 菜单工具栏风格等。

对于复杂的网页，可以使用专业的网页制作软件来制作，如 SharePoint Designer、Dreamweaver 等工具，快速有效地制作更为个性化的网页、建立站点、发布站点网页等。

6.5 设置互联网信息服务

互联网信息服务（Internet Information Services，IIS）是基于 Microsoft Windows 操作系统的互联网服务。只有安装设置互联网信息服务，才能发布网页。有了静态网页设计，再加上 ASP（Active Server Pages）动态网页设计、Java 网络编程、VBscript 插件程序等生成的网站页面，可使网页设计功能得到扩展。

以 Windows XP 操作系统为例。首先打开“控制面板”窗口，选择“添加或删除程序”选项，在打开的对话框中单击“添加/删除 Windows 组件”按钮，从弹出的“Windows 组件向导”对话框中选中“Internet 信息服务（IIS）”复选框，然后单击“详细信息”按钮，选中全部 IIS 子组件，单击“下一步”按钮，系统开始安装。安装过程中需要有 Windows XP 安装盘。

安装成功以后，在控制面板的“管理工具”下增加了“Internet 信息服务”图标。在 IE 浏览器地址栏中输入 http://localhost 地址，随后会弹出 IIS 安装成功页面。

IIS 安装完毕，打开“Internet 信息服务”窗口，有系统提供的“默认网站”。右击“默认网站”，从弹出的快捷菜单中选择“属性”命令，弹出“网站属性”对话框，如图 6.12 所示。

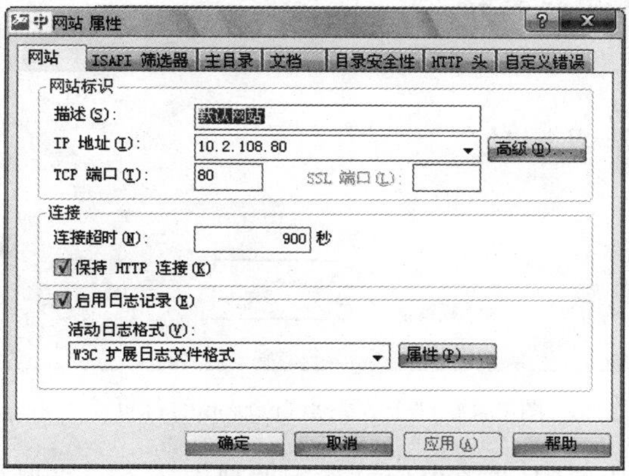

图 6.12 “网站属性”对话框

在“网站”选项卡中需设置“IP 地址”和“TCP 端口”。通常 IP 地址设为本机地址，如 IP 地址设为10.2.108.80；“TCP 端口”设为 80。在“主目录”选项卡中的“本地路径”文本框中，系统默认路径为 c:\interpub\wwwroot，输入 http://localhost 弹出的设置都是保存在 wwwroot 文件夹中，如图 6.13 所示。

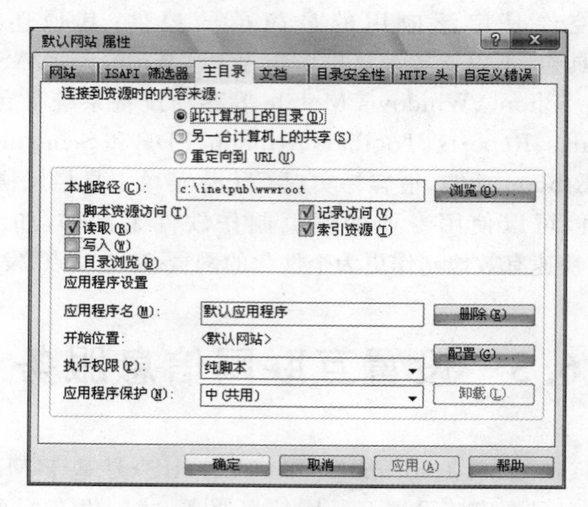

图 6.13 “主目录”选项卡

将上述建立的“个人站点”person 文件夹放在 c:\interpub\wwwroot\目录下，即完成了站点创建设置与发布。

可通过浏览器访问方式测试该站点，如在地址栏中输入创建的地址路径 http://10.2.108.80/person/index.htm，即可弹出“个人站点”主页，如图 6.14 所示。

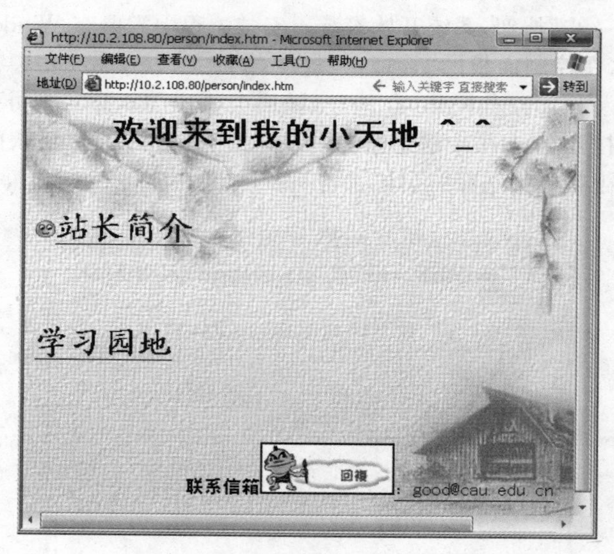

图 6.14 “个人站点”person 的首页面

此案例网页中，单击“站长简介”链接时，浏览器页面会自动跳转到 introduce.htm 页面；单击“学习园地”链接时，页面自动跳转到 study.htm 页面；单击“联系信箱”小图片时，浏览器页面会自动跳转，打开 Outlook 电子邮件程序，可直接编辑和发送邮件。

对于其他操作系统，互联网信息服务的安装配置过程基本类似。有些操作系统内置了设置站点的相应功能，安装操作系统过程中会自动安装 IIS 服务器，用户可根据需要进行相关设置，实现站点网页发布。

思考练习题

1. 简单叙述网站网页在浏览器程序运行下的基本功能与应用。
2. 试述网页创建与设计主要有哪些基本过程。
3. 简述静态网页和动态网页编程的基本应用。
4. 简述超文本标记语言(HTML)源代码编程的特点与程序基本结构。
5. 简单列举网站页面源代码主程序结构主要有哪些命令标记。
6. 列举常用的命令标记符格式设置与应用。
7. 简单列举网页单行文本格式属性标记符命令及其作用。
8. 简单列举文档段落属性标记符命令与作用。
9. 列举网页超链接方式有哪些，各有何特点。
10. 简述网页图像设置标记符命令与作用。
11. 简述网页表格设置标记符命令与作用。
12. 试述＜form…＞表单设计一般格式中各属性标记符命令与作用。
13. 列举＜input…＞表单输入类型有哪些，简述各标记符命令与作用。
14. 简述下拉菜单选择标记＜select＞各属性命令与作用。
15. 参考案例编写简单的下拉菜单选项列表源程序代码，查看浏览器程序运行效果。
16. 编写简单的网页多行文本框源程序代码，查看浏览器程序运行效果。
17. 编写简单的网页单选项源程序代码，查看浏览器程序运行效果。
18. 编写简单的网页复选项源程序代码，查看浏览器程序运行效果。
19. 举例说明如何使用某个操作系统或工具软件建立站点。
20. 简述如何安装设置 IIS 互联网信息服务功能。
21. 简述如何通过操作系统 Web 服务器发布站点网页。

第二部分

上机实验篇

实验一　计算思维编程方法与算法实现

一、实验目的

1. 学习用计算思维方法分析问题；
2. 掌握计算思维解决问题的过程；
3. 熟悉算法实现源代码编程及运行环境；
4. 学会使用程序设计集成开发环境工具软件实现算法的编译运行。

二、实验内容

1. 熟悉 ASCII 码及应用；
2. 学习计算方法实现与程序功能的扩展；
3. 掌握信息编码分类与计算方法的应用；
4. 掌握各种记数制的特点、应用及算法实现的验证。

三、实验方法

利用 ASCII 码表的编码规律，熟悉用计算思维方法分析问题并找出解决问题的算法，掌握实验技术与实验方法。

练习一　分析自然语言描述，实现程序算法。

1. 基本练习

试分析实现将指定的小写字母转换为大写字母。算法分析与程序实现过程如下：

(1) 分析问题算法。依据 ASCII 码表的编码规律实现问题求解。

(2) 自然语言描述。找出大小写字符 ASCII 码差值为 32。

(3) 计算方法表达。建立计算表达式 c＝c－32。

(4) 程序源代码实现：

```
/* sy1_1.c */
#include "stdio.h"   /* 定义说明使用标准输入输出函数 */
void main (void)
   { char c;                /* 定义字符类型变量 c */
     c= 'a';                /* 字符变量赋值 */
     c= c-32;               /* 计算实现转换算法 */
     printf("c ASCII Value= % d\n ", c);       /* 输出 c 变量十进制 ASCII 码值 */
   printf("c Character= % c\n", c);            /* 输出 c 变量 ASCII 字符 */
   }
```

注：其中“/ * ... * /”为标准 C 语言程序注释命令，不被编译执行。在 C++ 语言中可使用起始双斜线“//”作为注释命令。

(5) 调试运行。

主要有以下几个关键步骤：

① 输入源程序代码。

运行一个编译程序，下面以 Visual C++ 编程系统为例。单击工具栏上的“新建”按钮，随即打开 Text 文档编辑窗口，逐行输入源程序代码，或使用粘贴板功能，或打开记事本文件源代码都可以，如实验图 1.1 所示。

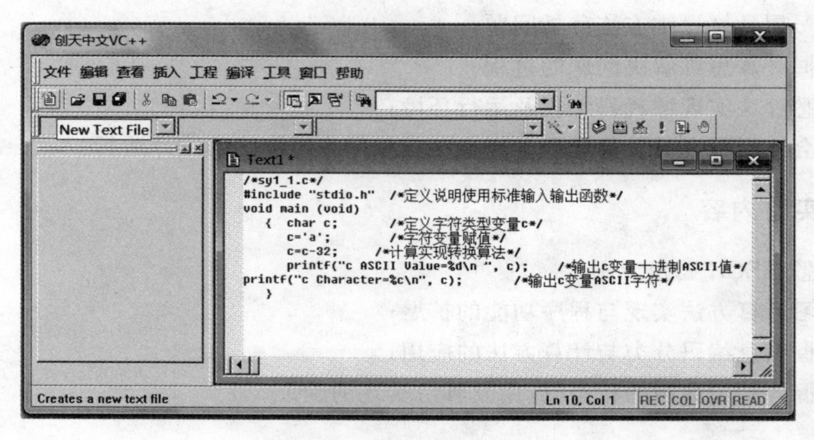

实验图 1.1　输入源程序代码

② 编译指定文件。

程序文件存盘时必须指定文件扩展名为 c 或 cpp 才能选择“编译”程序进行编译，如实验图 1.2 所示。

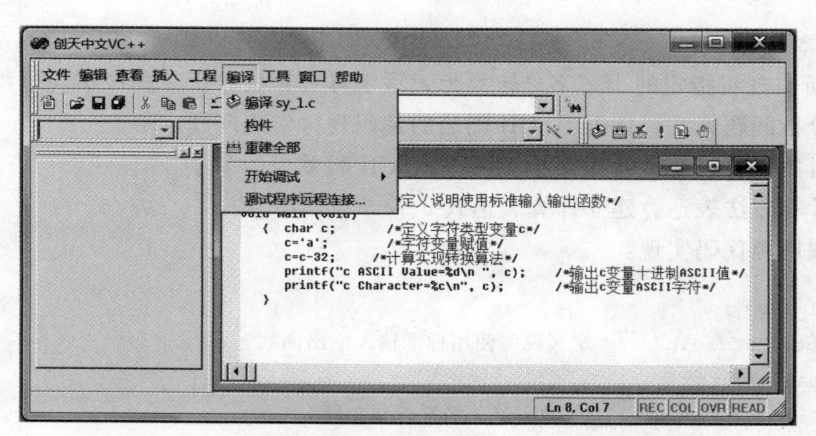

实验图 1.2　程序编译选择

③ 创建工作区。

在 C++ 系统中，每次编译新程序文件都要创建各自的代码文件的动态工程工作区，在此单击“是”按钮，如实验图 1.3 所示。

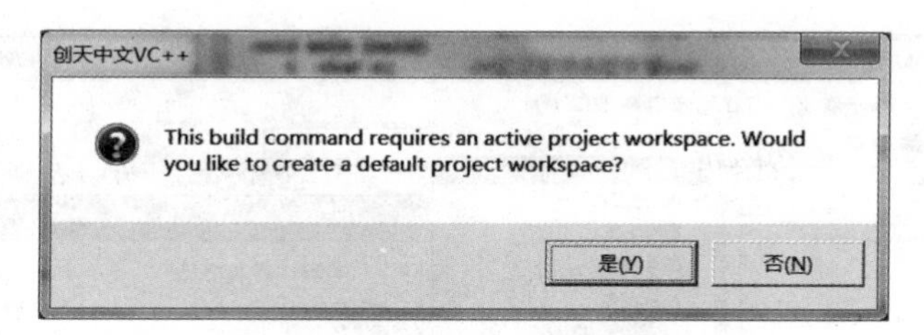

实验图 1.3　创建一个动态工程工作区

④ 编译调试通过。

编译过程的第一步是检验源代码程序中有无语义语法错误，参照主窗口下部信息提示子窗口中提示的出错位置和出错类型，不断修改源代码直到全部输入正确，方可通过编译。成功后显示编译生成的 obj 目标文件，以及 0 error(s)(零错误)和 0 warning(s)(零警告)提示信息，如实验图 1.4 所示。

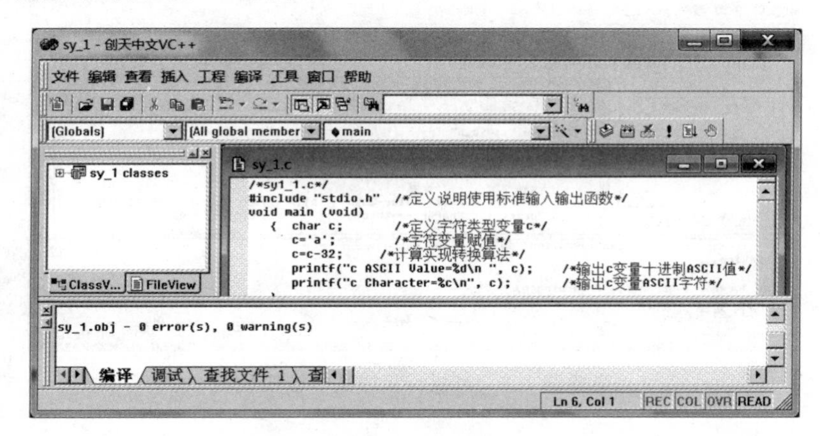

实验图 1.4　源代码编译成功

⑤ 构件可执行文件。

编译生成的 obj 目标文件不能直接运行，要“构件”链接后生成 exe 文件才能在操作系统下运行并查看程序算法执行结果。选择“构件”可执行文件，如实验图 1.5 所示。

链接成功后，信息提示子窗口中显示生成的 exe 可执行文件，以及 0 error(s)(零错误)和 0 warning(s)(零警告)提示信息，如实验图 1.6 所示。

⑥ 执行程序查看结果。

选择“! 执行”命令，执行当前 exe 文件，看到源代码程序算法的执行结果如实验图 1.7 所示。

⑦ 关闭当前工作区。

在 C++ 系统中关闭当前工作区是为了正确编译执行下一个新的源代码程序。关闭当前工作区的过程如实验图 1.8 所示。

通过以上简单案例示范了从问题分析求解到程序算法与实现的主要过程和方法。在此基础上，还可以将上述案例源代码程序功能再作扩展，如为了算法设计的实用性，增加程序互动操作等。

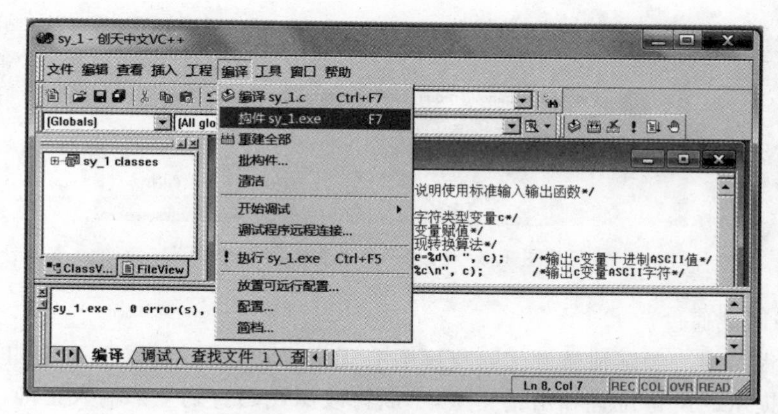

实验图 1.5 生成可执行程序文件

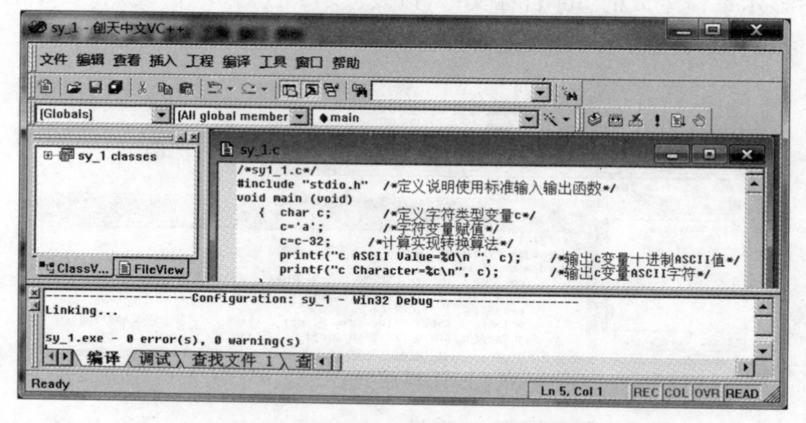

实验图 1.6 可执行程序文件链接成功

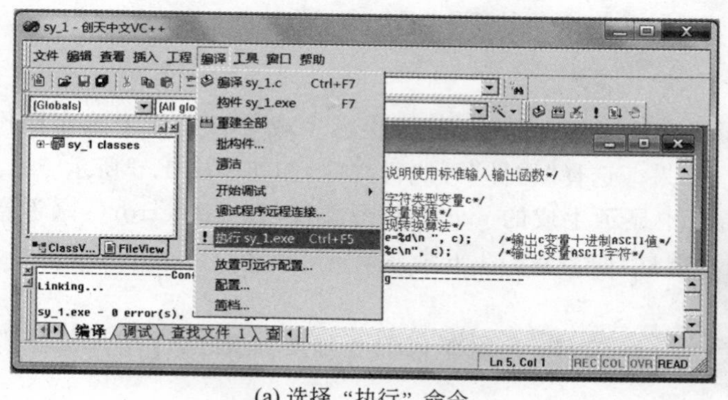

(a) 选择“执行”命令

"F:\my-sy\Debug\sy_1.exe"
c ASCII Value=65
c Character=A
Press any key to continue

(b) 输出执行结果

实验图 1.7 源代码程序算法执行结果

2. 功能扩展

试在上述案例基础上实现算法设计功能扩展,如从键盘输入任意小写字母,将其转换成大写字母。

(a) 选择“关闭工作区”命令

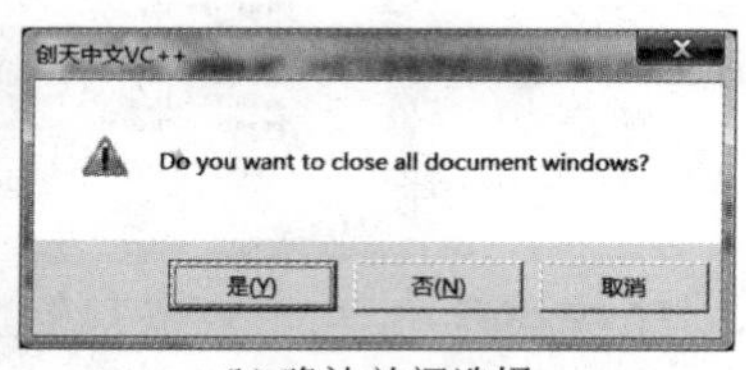

(b) 确认关闭选择

实验图 1.8　关闭当前工作区

本案例与上述案例算法实现过程基本相同，主要是增加程序互动性的设计实现。

(1) 分析问题算法。依据 ASCII 码表实现问题求解，实现任意字符的转换。

(2) 自然语言描述。大小写字符 ASCII 码差值为 32。

(3) 计算方法表达。表达式 c=c−32。

(4) 增加程序互动性设计。输入赋值函数 scanf()实现。

(5) 程序源代码实现：

```
/*sy1_2.c*/
#include "stdio.h"
void main (void)
  { char c=' ';                              /*定义字符类型变量并赋初值*/
    printf("Input a character\n c=", c);    /*输出屏幕提示*/
    scanf("%c", &c);                         /*从键盘输入任意小写字符,对c变量赋值*/
    c= c-32;                                 /*实现转换计算方法*/
    printf(" This c-ASCII Value:  %d\n", c);      /*输出c变量十进制ASCII码值*/
    printf(" This c-Character:  %c\n", c);        /*输出c变量ASCII字符*/
  }
```

实验过程与上述案例相同。程序算法实现源代码、执行过程和运行结果如实验图 1.9 所示。

练习二　以练习一的实验为基础，通过给出的程序算法案例简单分析算法设计实现过程。

(1) 分析实验算法，试打印输出 ASCII 编码对照表。打印范围为常用代码字符，ASCII 值 32～126。

源程序代码如下：

```
/*xt _1.C*/
#include<stdio.h>
main()
{ int i;
```

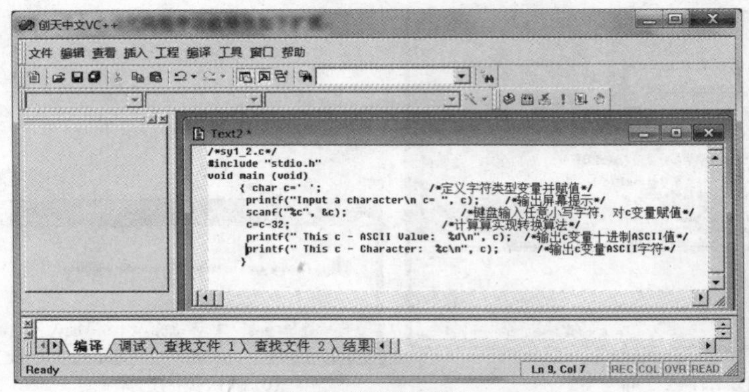

(a) 程序源代码窗口

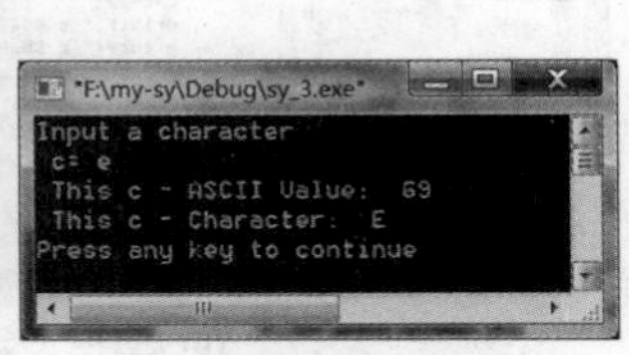

(b) 执行输出结果

实验图 1.9　源代码及执行过程与结果

```
printf("ASCII Code and character \n");
for(i= 32;i<127;i++)              /* i 从 ASCII 码值 32 开始每次自动加 1,直到 127 * /
  { printf("|%-4d %c",i,i);                 /* 分别打印 ASCII 码值及对应的字符 * /
    if((i+4)%5= = 0)   printf("\n");       /* 每行打印 5 个字符后换行操作 * /
  }
}
```

程序运行结果如实验图 1.10 所示。

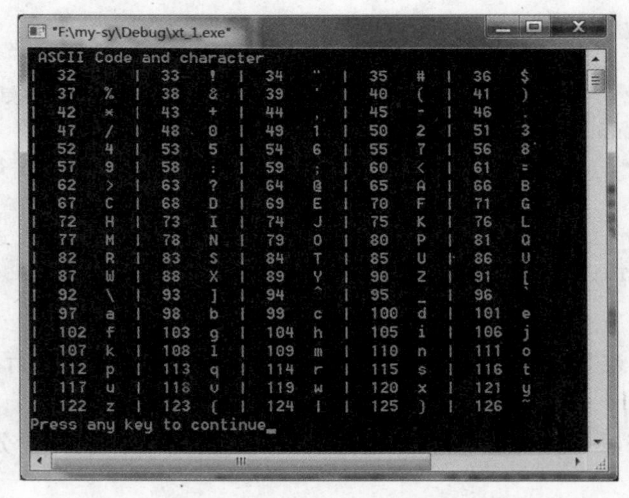

实验图 1.10　ASCII 码值与对应的字符

(2) 分析实验算法,试完成任意输入一个十进制整数,将其转换为二进制数后输出转换结果。

算法分析提示：十进制整数转换为二进制数的算法是：该数不断除以 2 取整,直至除尽;宜用循环取其余数,可用数组顺序存放余数,最后逆序输出即为转换结果。

源程序代码如下：

```
/* xt_2.C */
#include<stdio.h>
  trans(int m);              /* 声明转换函数原形 */
  void main(void)
    {short int n;
    printf("Input a decimal number:");
    scanf("% d",&n);
    trans(n);
    }
  trans(short int m)       /* 定义转换函数 */
  {int binary[20],i;
    for(i= 0;m! = 0;i++)
      {binary [i]= m% 2;
      m= m/2;
      }
    printf("The Binary is ");
      for(;i>0;i--)
      printf("% d", binary [i-1]);
      printf("\n");
    }
```

程序执行时,输入十进制数值 256,转换为二进制数运行结果如实验图 1.11 所示。

实验图 1.11　十进制数转换为二进制数

(3) 分析实验算法与结果,试验证计算机数据类型与存储方式。要求以十进制输出各变量值,以十六进制等输出各变量物理二进制存储形式。

```
/* xt _3.C */
#include "stdio.h"
#include "math.h"
void main(void)
{  signed short int valu2= -13;            /* 符号变量初始化 */
   signed short int v_max= 32767;
   signed short int v_min= -32768;
   unsigned short int u_int= 65535;        /* 无符号类型变量初始化 */
printf("valu2= %d, hexadecimal is %x\n",valu2,valu2); /* 十进制和十六进制输出变量值 */
printf("v_max= %d, hexadecimal is %x\n",u_int,u_int);
printf("v_min= %d, hexadecimal is %x\n", v_min, v_min);
printf("u_int= %u, hexadecimal is %x\n",u_int,u_int);
printf("v_min-1= %d, hexadecimal is %x\n",v_min-1,v_min-1);
```

```
printf("v_max+1= %d, hexadecimal is %x\n",v_max+1,v_max+1);
printf("unsigned short is %u,hexadecimal is %x\n",(int)pow(2.,16.)-1,(int)pow
(2.,16.)-1);
}
```

注意,求指数幂函数 pow()要求参数为浮点类型,输出结果需整数作比较,因此使用了整型强制类型转换运算(int),以符合%u 无符号整数类型输出。在 Microsoft Visual C++ 6.0集成环境编译运行输出结果如实验图 1.12 所示。

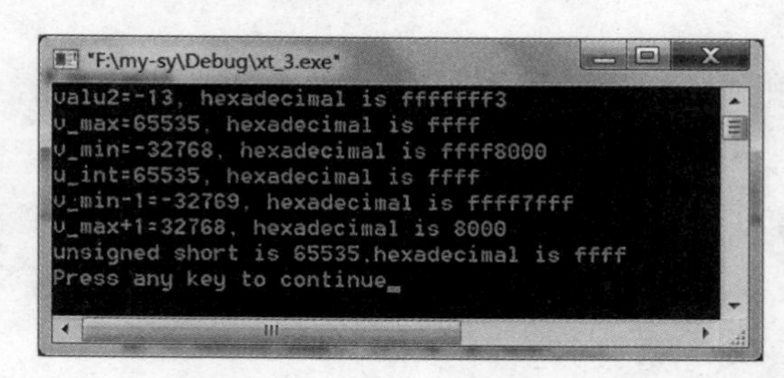

实验图 1.12　Microsoft Visual C++ 6.0 环境下的运行结果

实验二　程序算法设计实现的运行方式

一、实验目的

1. 了解算法设计实现方法分类及应用；
2. 熟悉算法语言的解释方式与运行；
3. 熟悉算法语言的编译方式与运行。

二、实验内容

1. 网页设计制作算法设计的解释方式运行与实现；
2. Windows 编程设计的编译方式运行与实现；
3. 算法功能扩展交互式运算方法设计等综合练习。

三、实验步骤

练习一　以纯文本文件编写代码，用解释方式运行实现网页设计与制作运行效果。

1. 基本练习

以静态网络编程中的网页设计为例，实现带有图形的网页设计与制作运行效果。简单案例如实验图 2.1 所示。

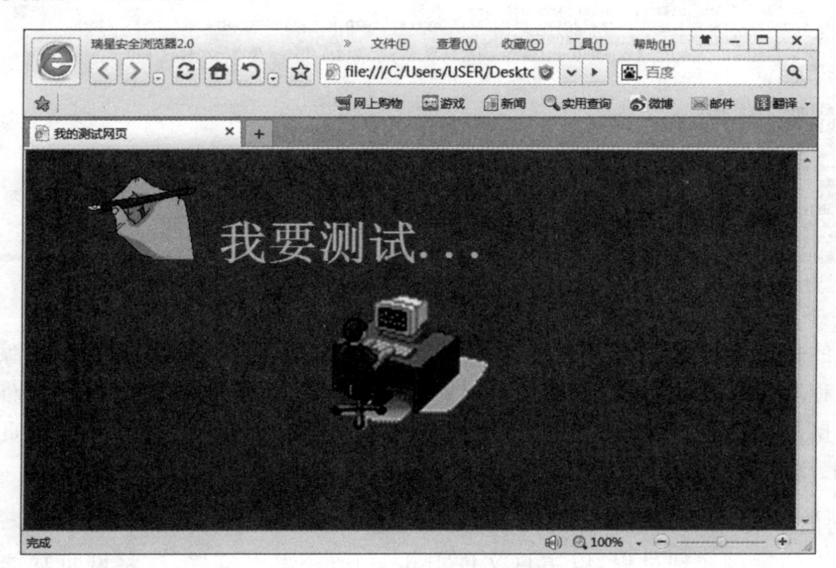

实验图 2.1　简单案例运行效果

由于页面有动画图片，其动画效果也要随网页的背景、颜色、字体等属性等一道运行实现，因此还要正确指定图片文件存放的路径、显示大小等属性设置。在此案例中创建一个名为 web-test 的文件夹，专门用于存放网页文件。现将所用图片文件放在其下属文件夹目录 images 中，如实验图 2.2 所示。

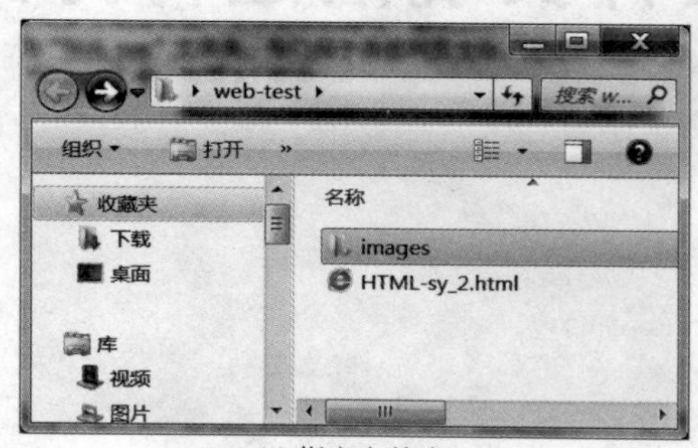

(a) 指定文件夹

(b) 文件夹中的对象

实验图 2.2　文件分类存放的路径关系

该图显示本案例各类文件存放的文件夹目录，是页面设计各种属性元素存取路径的设置依据，其中各种格式类型的文件必须经过计算机程序“翻译”执行，才能表现各自设计的效果。在此，使用记事本编写 HTML 程序源代码，属纯 txt 文本文件，存盘时其文件名必须以 html 或 htm 作为扩展名，如实验图 2.3 所示。

HTML-sy_2.html - 记事本

文件(F) 编辑(E) 格式(O) 查看(V) 帮助(H)

```
<html>
<head>
 <meta http-equiv="Content-Type" content="text/html; charset=gb2312">
 <title>我的测试网页</title>
 <meta name="GENERATOR" content="Microsoft FrontPage 3.0">
 <meta name="Microsoft Border" content="none">
</head>
<body bgcolor="#008080">
<p align="left">     
 <img src="images/tu1.gif" alt="ag176.gif (3211 bytes)" WIDTH="124" HEIGHT="95">
 <font face="楷体_GB2312" color="#00FFFF">
 <strong><big><big><big><big><big><big><big>我要测试...</big></big></big></big></big></big></big>
 </strong>
 </font>
</p>
<p align="left"></p>
<table border="0" width="100%">
<tr>
<td width="100%"><p align="center">
 <img src="images/tu2.gif" width="153" height="136" alt="ag203.gif (2198 bytes)">
</td>
</tr>
</table>
</body>
</html>
```

实验图 2.3　HTML 纯文本文件源代码

其中的标记命令是实现网页设计算法的基础，其整体构成网页程序设计源代码命令集合的源程序文件，每次运行都必须通过计算机“翻译”程序，才能呈现各类文件的设计效果。此案例的翻译程序就是浏览器程序解释执行，其最大特点就是每次浏览页面都要运行 HTML 源代码程序。

2. 功能扩展

参照上述案例实现过程，以主页文件 Index.html 索引链接，试将网页功能做一些简单的功能扩展，如增加测试题页面和答题选择功能等。

主页文件 Index. html 源代码及浏览器程序显示的链接索引内容如实验图 2.4 所示。

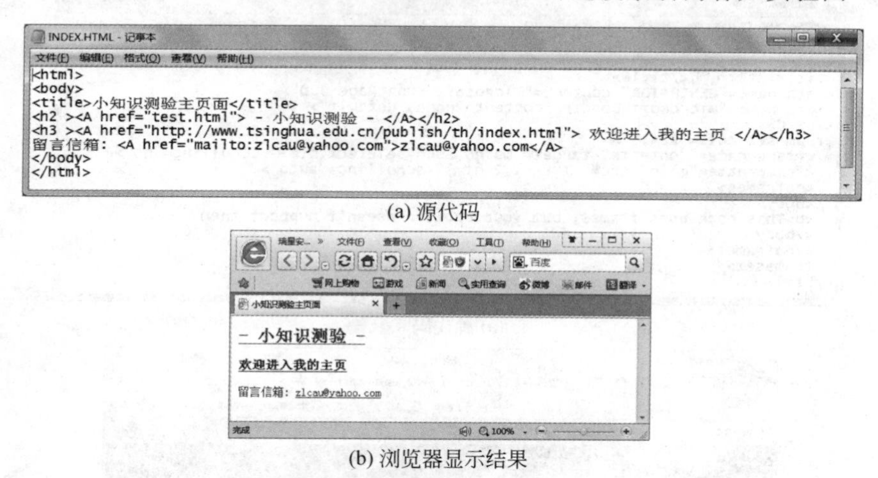

(a) 源代码

(b) 浏览器显示结果

实验图 2.4　Index. html 源代码及链接索引内容

文档中超链接命令标记＜ href＝"..."＞一条链接“小知识测验”页面文件"test. html";另一条链接“欢迎进入我的主页”网址主页文件,此处以清华大学主页文件的地址路径 http://www. tsinghua. edu. cn/publish/th/index. html 为例;第三条链接的是“留言信箱”邮件地址 mailto:zlcau@yahoo. com。

这里可创建一个文件夹,将主页文件 Index. html、链接文件 test. html 等相关网页文件和图像素材文件夹等合理存放,便于建立网页链接,实现有效的访问路径。文件目录结构及相关文件及文件夹如实验图 2.5 所示。

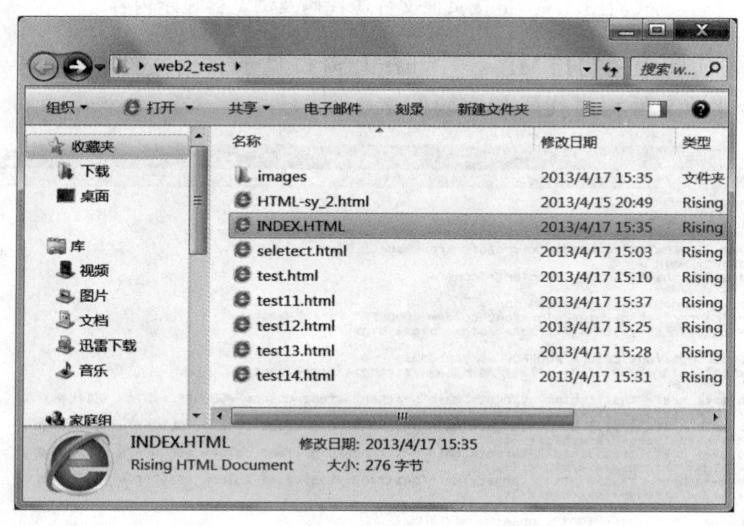

实验图 2.5　有网页的文件和图像素材文件夹

链接页面文件 test. html 源代码及浏览器程序运行显示内容如实验图 2.6 所示。

从链接页面文件 test. html 中可见,在窗口框架命令标记＜frame＞中,源(source)文件命令标记＜src＝"..."＞设置链接的是一个"seletect. html"测试选项页面文件,另一个

```
<html>
<head>
<title>测验页面</title>
<meta name="GENERATOR" content="Microsoft FrontPage 3.0">
<meta name="Microsoft Border" content="none, default">
</head>
<frameset cols="224,*">
  <frame name="contents" target="main" src="seletect.html" scrolling="no">
  <frame name="main" src="HTML-sy_2.html" scrolling="auto">
  <noframes>
  <body>
  <p>This page uses frames, but your browser doesn't support them.
  </body>
  </noframes>
</frameset>
</html>
```

(a) 源代码

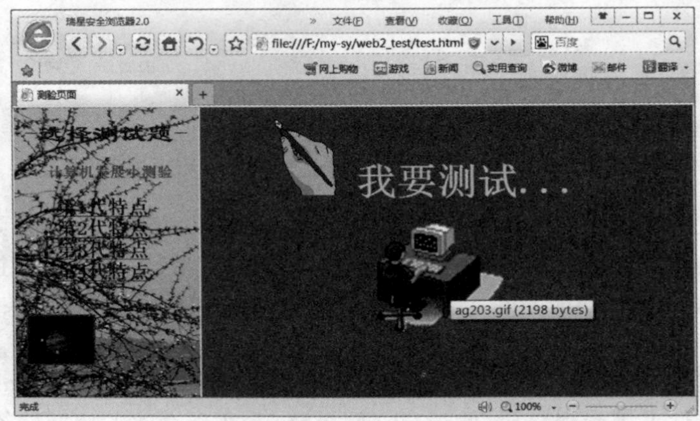

(b) 浏览器显示结果

实验图 2.6　链接页面文件源代码及浏览器显示内容

是前面基本练习实验中的"HTML-sy_2.html"窗口显示页面文件。<src="...">设置的 seletect.html 源文件程序代码如实验图 2.7 所示。

```
<html>
<head>
<meta http-equiv="Content-Type" content="text/html; charset=gb2312">
<title>测验向导</title>
<meta name="GENERATOR" content="Microsoft FrontPage 3.0">
<base target="main">
<meta name="Microsoft Border" content="none">
</head>
<body background="images/yiheyuan.jpg">
<p align="center"><big><big><big><font color="#0000FF" face="隶书">
<strong>-选择测试题-</strong></font></big></big></big>
</p>
<p><big><strong><font color="#00FF00">  
</font><font color="#00908A">计算机发展小测验</strong></big></font>
<ul>
  <li><big><a href="test11.html" target="main"><strong><font color="#0000FF"><big> 第1代特点
</big></font></strong></a></big></li>
  <li><big><a href="test12.html" target="main"><strong><big><font color="#0000FF"> 第2代特点
</font></big></strong></a></big></li>
  <li><big><a href="test13.html" target="main"><strong><big><font color="#0000FF"> 第3代特点
</font></big></strong></a></big></li>
  <li><big><a href="test14.html" target="main"><strong><big><font color="#0000FF"> 第4代特点
</font></big></strong></a></big></li>
</ul>
<table border="0" width="100%"> 
<tr>
 <td width="100%"><a href="index.html" target="_top"><img src="images/yuzhou.gif" alt="yuzhou.gif"
WIDTH="80" HEIGHT="60"></a>
 </td>
</tr>
</table>
</body>
</html>
```

实验图 2.7　<src="...">设置的页面源文件代码

浏览器运行时，通过单击左窗口中链接的测试选项列表，可以分别再链接到各个测试题选择页面文件 test11. html、test12. html、test13. html 和 test14. html。例如，单击“计算机发展小测验”标题下“第 2 代特点”的超链接选项，页面右窗口即刻链接测试题选项页面文件 test12. html。右窗口页面显示为网页表单设计的单选项答题效果，如实验图 2.8 所示。

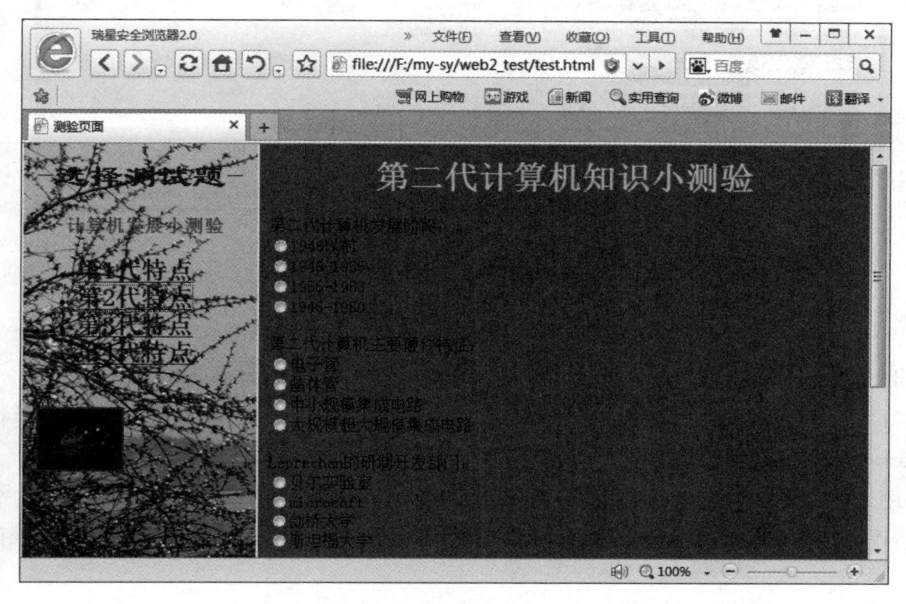

实验图 2.8　链接显示测试题选项页面

当单击左窗口下方的星球图标时，此处链接回主页 Index. html 文件，即主页页面。

此案例有 4 个测试题网页文件。以 test11. html 文件为例，完整的源程序代码如实验图 2.9 所示。

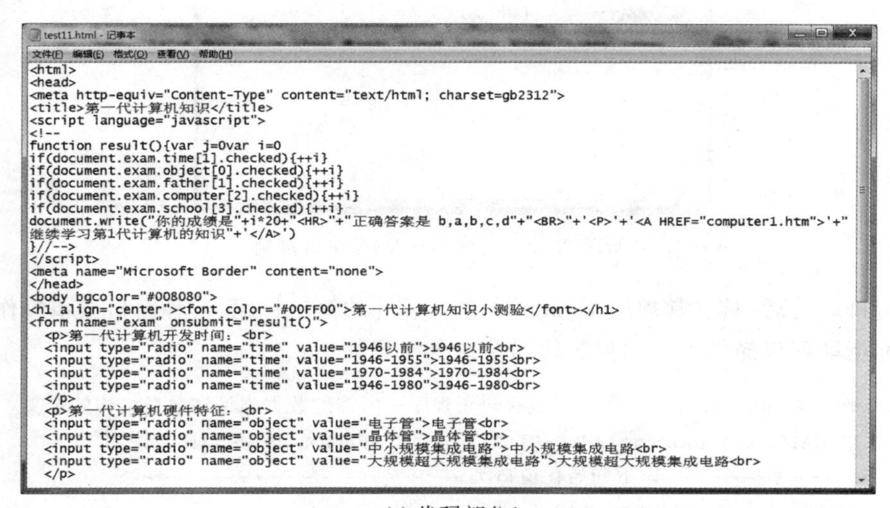

```
<html>
<head>
<meta http-equiv="Content-Type" content="text/html; charset=gb2312">
<title>第一代计算机知识</title>
<script language="javascript">
<!--
function result(){var j=0var i=0
if(document.exam.time[1].checked){++i}
if(document.exam.object[0].checked){++i}
if(document.exam.father[1].checked){++i}
if(document.exam.computer[2].checked){++i}
if(document.exam.school[3].checked){++i}
document.write("你的成绩是"+i*20+"<HR>"+"正确答案是 b,a,b,c,d"+"<BR>"+'<P>'+'<A HREF="computer1.htm">'+"
继续学习第1代计算机的知识"+'</A>')
}//-->
</script>
<meta name="Microsoft Border" content="none">
</head>
<body bgcolor="#008080">
<h1 align="center"><font color="#00FF00">第一代计算机知识小测验</font></h1>
<form name="exam" onsubmit="result()">
  <p>第一代计算机开发时间：<br>
  <input type="radio" name="time" value="1946以前">1946以前<br>
  <input type="radio" name="time" value="1946-1955">1946-1955<br>
  <input type="radio" name="time" value="1970-1984">1970-1984<br>
  <input type="radio" name="time" value="1946-1980">1946-1980<br>
  </p>
  <p>第一代计算机硬件特征：<br>
  <input type="radio" name="object" value="电子管">电子管<br>
  <input type="radio" name="object" value="晶体管">晶体管<br>
  <input type="radio" name="object" value="中小规模集成电路">中小规模集成电路<br>
  <input type="radio" name="object" value="大规模超大规模集成电路">大规模超大规模集成电路<br>
  </p>
```

(a) 代码部分1

实验图 2.9　选择答题源程序文件代码

```
test11.html - 记事本
文件(F) 编辑(E) 格式(O) 查看(V) 帮助(H)
  <p>计算机体系结构创始人：<br>
  <input type="radio" name="father" value"威尔克斯">威尔克斯<br>
  <input type="radio" name="father" value"冯·诺依曼">冯&middot;诺依曼<br>
  <input type="radio" name="father" value"艾肯">艾肯<br>
  <input type="radio" name="father" value"爱开尔特">爱开尔特<br>
  </p>
  <p>第一台计算机型号：<br>
  <input type="radio" name="computer" value"EDSAC">EDSAC<br>
  <input type="radio" name="computer" value"MARK">MARK-1<br>
  <input type="radio" name="computer" value"ENIAC">ENIAC<br>
  <input type="radio" name="computer" value"UIVAC">UIVAC<br>
  </p>
  <p>第一台存储程序计算机是哪所大学研制：<br>
  <input type="radio" name="school" value"麻省理工学院">麻省理工学院<br>
  <input type="radio" name="school" value"哈佛大学">哈佛大学<br>
  <input type="radio" name="school" value"牛津大学">牛津大学<br>
  <input type="radio" name="school" value"剑桥大学">剑桥大学<br>
  </p>
  <div align="center"><center><p><input type="submit" name="go" value="提交"> </p>
  </center></div>
</form>
</body>
</html>
<!--webbot bot="HTMLMarkup" TAG="XBOT" startspan --></SCRIPT><!--webbot bot="HTMLMarkup" endspan -->
```

(b) 代码部分2

实验图 2.9 （续）

从两个记事本窗口分别列出的程序源代码可见，通过设计实现，还可扩展或增加更多的案例测试题选项或更多的网页功能。

练习二　以纯文本文件编写的 C++ 程序设计语言源代码为例，用编译方式运行实现 Windows 窗口的编程与功能。

试用 Visual C++ 设计编写一个简单的 Windows 窗口编程实例，要求实现该窗口具有常规 Windows 窗口设计的各种属性与操作应用功能。窗口实例如实验图 2.10 所示。

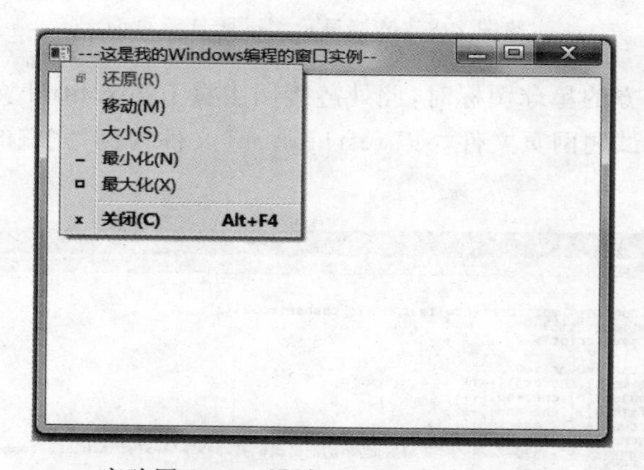

实验图 2.10　设计 Windows 窗口实例

该窗口运行后，具有常规的 Windows 窗口设计的窗口标题、各种窗口菜单操作命令、各类鼠标拖动窗口操作等。源程序代码及命令注释如下：

```
#include<windows.h>          //包含应用程序中所需的数据类型和数据结构的定义
LRESULT CALLBACK WndProc(HWND,UINT,WPARAM,LPARAM); //窗口函数说明
//---------------以下初始化窗口类 ----------------------
int WINAPI WinMain(HINSTANCE hInstance,
HINSTANCE hPrevInst,
LPSTR lpszCmdLine,
```

```
int nCmdShow)                              //WinMain 函数说明
{
  HWND hwnd ;
  MSG Msg ;
  WNDCLASS wndclass ;
  char lpszClassName[]= "窗口";            //窗口类名
  char lpszTitle[]= "---这是我的 Windows 编程的窗口实例--";     //窗口标题名
//窗口类的定义
wndclass.style= 0;                         //窗口类型为默认类型
wndclass.lpfnWndProc= WndProc;             //定义窗口处理函数
wndclass.cbClsExtra= 0;                    //窗口类无扩展
wndclass.cbWndExtra= 0;                    //窗口实例无扩展
wndclass.hInstance= hInstance;             //当前实例句柄
wndclass.hIcon= LoadIcon(NULL,IDI_APPLICATION);
                                           //窗口的最小化图标为默认图标
wndclass.hCursor= LoadCursor(NULL,IDC_ARROW) ;
                                           //窗口采用箭头光标
wndclass.hbrBackground= (HBRUSH)GetStockObject(WHITE_BRUSH);
                                           //窗口背景为白色
wndclass.lpszMenuName= NULL;               //窗口中无菜单
wndclass.lpszClassName= lpszClassName ;    //窗口类名为"窗口"
//----------------以下进行窗口类的注册 -------
if(! RegisterClass( &wndclass))            //如果注册失败,则发出警告
    { MessageBeep(0) ;
  return FALSE ;     }
//-----------------创建窗口 -------------------
hwnd= CreateWindow
    (
    lpszClassName,                         //窗口类名
    lpszTitle,                             //窗口实例的标题名
    WS_OVERLAPPEDWINDOW,                   //窗口的风格
    CW_USEDEFAULT,
    CW_USEDEFAULT,                         //窗口左上角坐标为默认值
    CW_USEDEFAULT,
    CW_USEDEFAULT,,                        //窗口的高和宽为默认值
    NULL,                                  //此窗口无父窗口
    NULL,                                  //此窗口无主菜单
    hInstance,                             //创建此窗口的应用程序的当前句柄
    NULL                                   //不使用该值
    );
ShowWindow( hwnd, nCmdShow) ;              //显示窗口
UpdateWindow(hwnd);                        //绘制用户区
while( GetMessage(&Msg, NULL, 0, 0))       //消息循环
```

```
    {
    TranslateMessage( &Msg) ;
    DispatchMessage( &Msg) ;
    }
return Msg.wParam;                          //消息循环结束,即程序终止时将信息返回系统
}
//窗口函数
LRESULT CALLBACK WndProc(HWND hwnd,     UINT message,WPARAM  wParam,
      LPARAM  lParam)
{  switch(message)
   { case WM_DESTROY:
        PostQuitMessage(0);
    default:                                //采用系统消息默认处理函数
        return DefWindowProc(hwnd,message,wParam,lParam);
   }
return(0);
}
```

编译执行过程如下:

首先启动微软 Windows Visual C++ 编译集成开发环境,从主菜单中选择“文件”→“新建”命令,如实验图 2.11 所示。

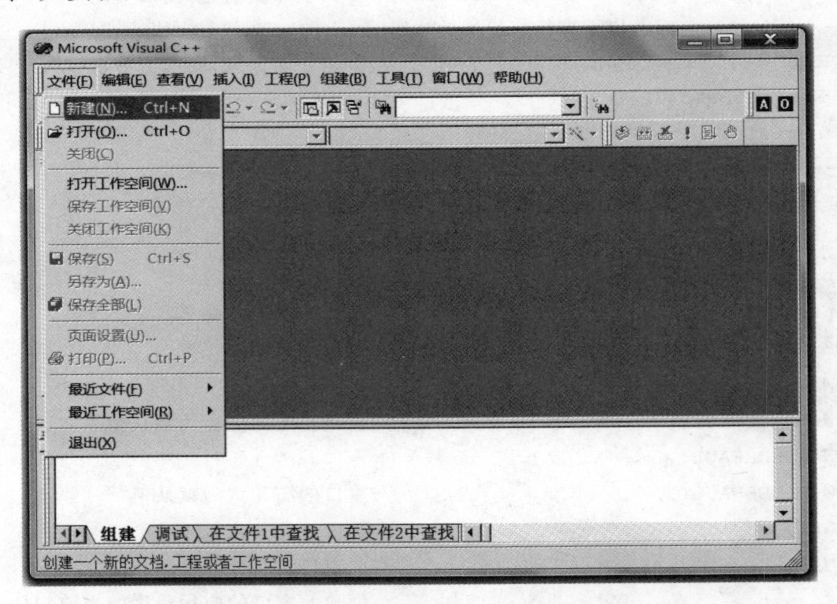

实验图 2.11 选择主菜单中的“文件”→“新建”命令

从打开的“新建”对话框中的“工程”选项卡中选择 Win32 Application,并在“工程名称”文本框中输入一个工程文件,此处为 mywin。在“位置”文本框中指定其存放路径,设置完成单击“确定”按钮,如实验图 2.12 所示。

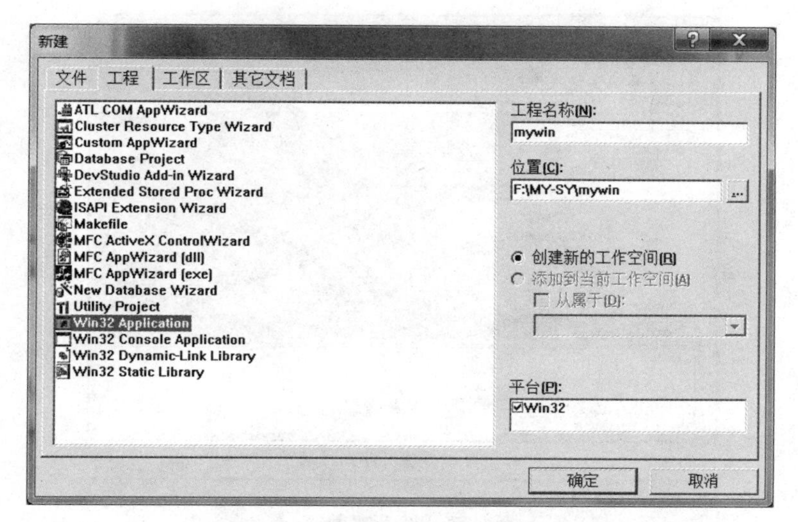

实验图 2.12　创建工程文件

单击“完成”按钮，确认“一个空工程”的创建后，在“创建工程信息”对话框中的“工程目录”下显示该工程文件的存放路径与文件名，如实验图 2.13 所示。

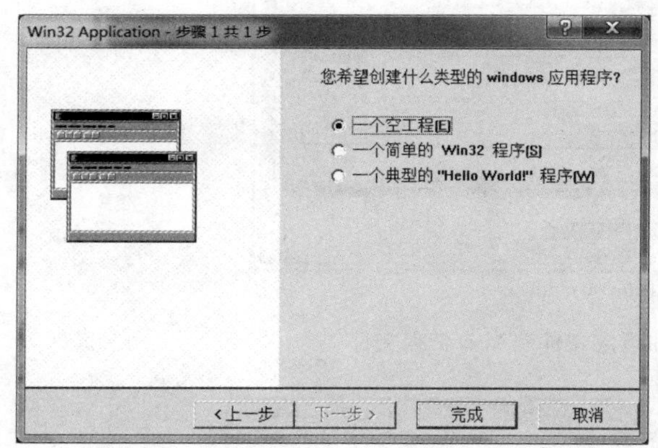

(a) 选择“一个空工程”

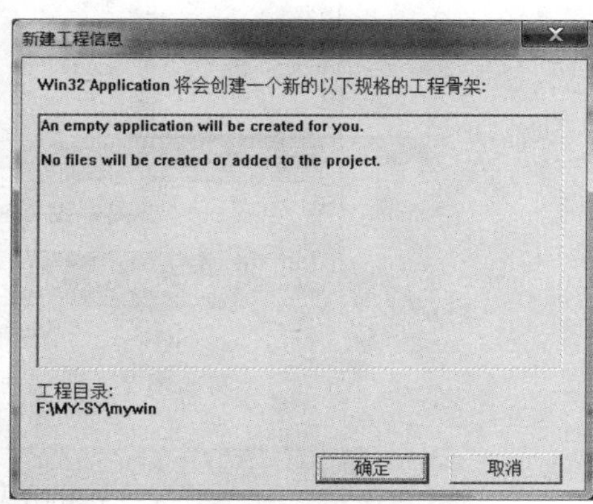

(b) 选择存取路径

实验图 2.13　创建工程文件及存放路径和文件名

单击“确定”按钮后，即刻打开已创建的工程文件，此处为 mywin。在 Visual C++ 设计窗口列出“工作区'mywin'…”下 mywin files 树目录文件夹结构，可创建各自对应的文件与资源。例如，在此实验中准备添加已编写完成的源程序代码文件，则右击 Source Files 源文件夹，从弹出的快捷菜单中选择“添加文件到目录”命令，再从弹出的 Add Files To Project 对话框中选择指定文件，如实验图 2.14 所示。

添加操作完成后，可双击打开该文件，随后源程序代码即刻显示在右边的设计窗口，此时对此源程序进行编译，如实验图 2.15 所示。

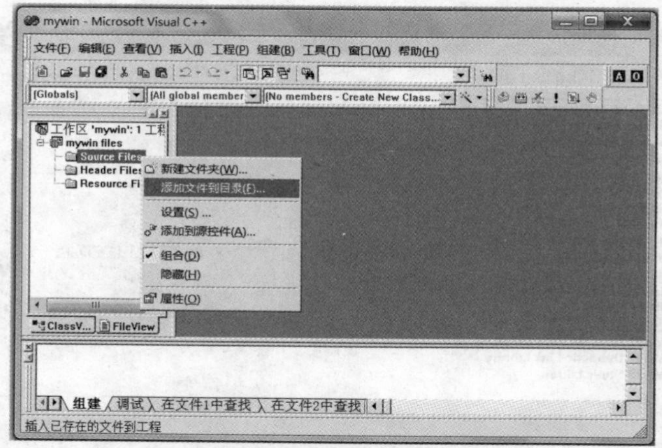

(a) 选择“添加文件到目录”

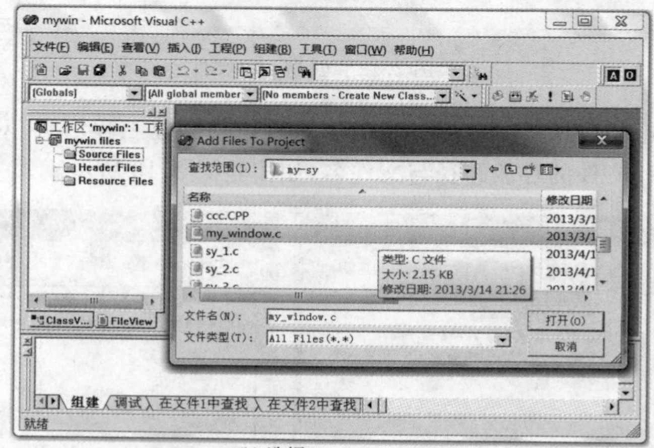

(b) 选择my_window.c

实验图 2.14　添加指定文件到当前工程文件

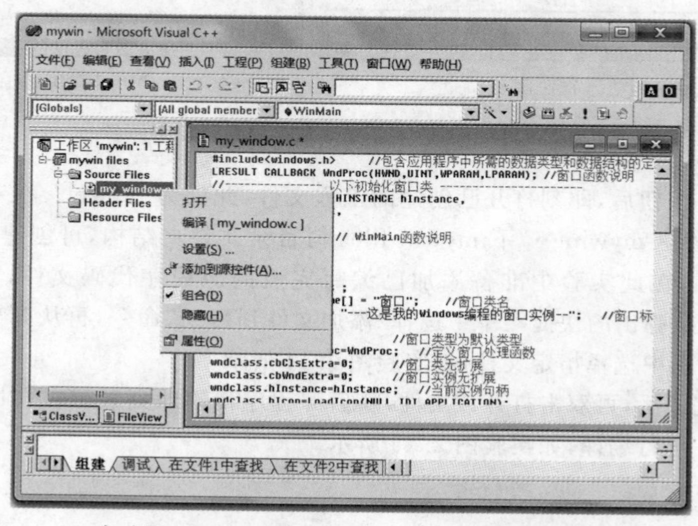

实验图 2.15　编译添加到工程文件的源代码文件

编译过程也是检验计算机语言代码编写语法是否有错的过程。如果有错，会在下面的信息提示窗中显示出错的位置与错误类型；如果编译无误，将会显示生成的 obj 目标文件名和编译通过信息，如本实验案例显示 my_window. obj - 0 error(s), 0 warning(s)。此步完成后才能“组建”生成操作系统下可直接执行的 exe 文件，如实验图 2.16 所示。

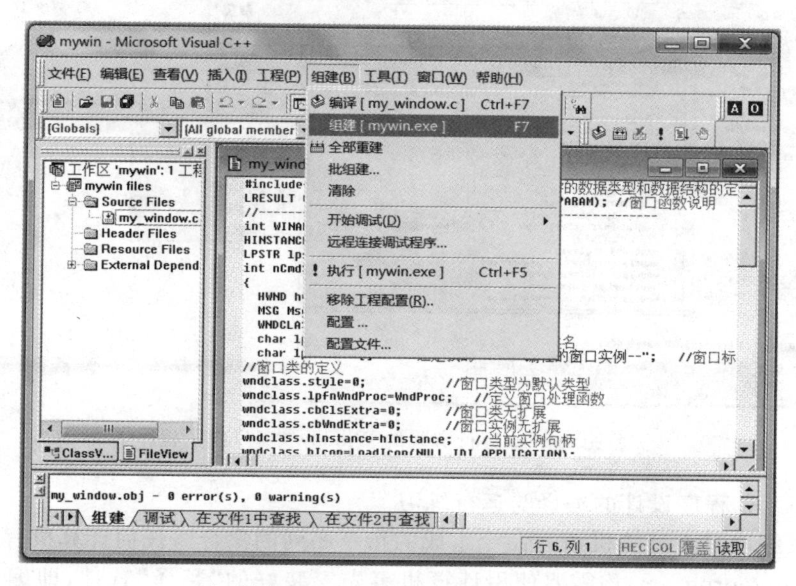

实验图 2.16　选择组建生成 exe 文件

如果组建链接无误，将会显示生成的 exe 可执行文件名和链接通过信息，如本实验案例显示 mywin. exe - 0 error(s), 0 warning(s)。此时可选择“执行”命令，如实验图 2.17 所示。

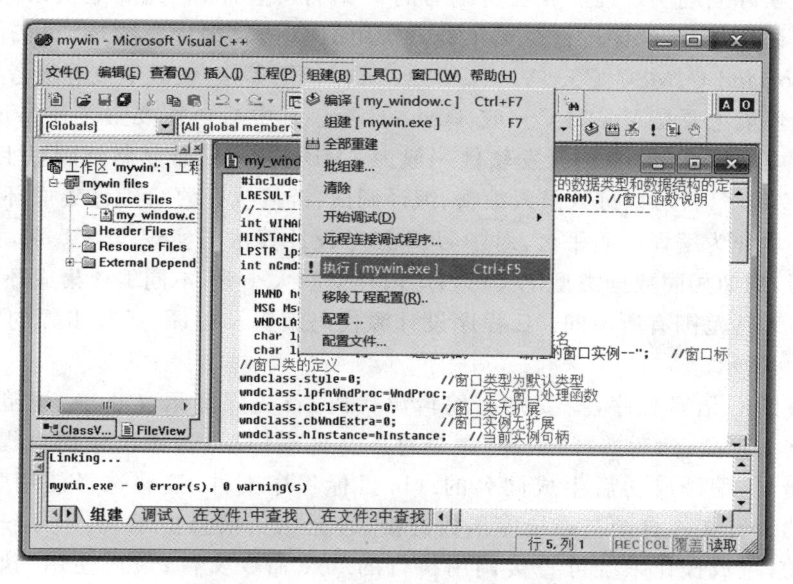

实验图 2.17　执行已成功编译的命令文件

执行通过编译并链接成功的 exe 文件，运行操作结果为一个标准的 Windows 窗口应用程序，具有 Windows 窗口操作的各种属性功能，如实验图 2.18 所示。

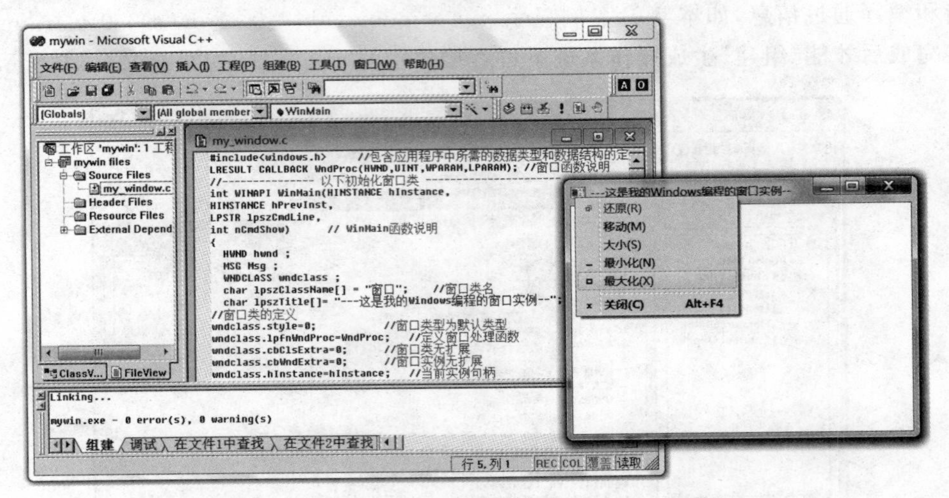

实验图 2.18　运行实现的 Windows 窗口应用程序

练习三　C 程序设计的编译与运行练习。

计算机程序是由计算机语言命令组成的指令序列的集合。任何计算机程序设计语言源程序(source program)均需要使用计算机事先安装好的“翻译”软件，即编译程序或解释程序，翻译成系统可直接识别的机器指令才能实际运行。

1. 程序源代码编辑调试与编译运行

为解决实际问题实现程序算法所编写的 C 语言源程序，首先要上机录入和编辑，使其符合语义语法规范，保证运行逻辑正确。常用的 C 语言编译集成环境集有数种，包括 Turbo C、Borland C、MSC、C++、Visual C++、VC. NET 等，一般教学或等级考试等使用的 C 语言编译环境主要是 Visual C++或 Turbo C 等。其中 C++需要安装到 Windows 操作系统环境下，而 Turbo C 集成开发软件一般为 1MB 左右，只需复制到硬盘上，执行其中的 TC. EXE 程序，就可以进入录入编辑、编译调试、链接执行的 C 编译集成环境。选用哪一种集成环境作为编译实验平台，对学习 C 程序设计算法与实现没有差别，只需注意数据运算范围，例如相同数据类型定义所占用内存空间大小等，不同编译集成环境定义的变量最大数值表达范围有所不同。C 程序设计源代码编辑及编译、运行步骤的工作流程如实验图 2.19 所示。

编写好的 C 语言程序，需要录入编辑源代码，首先保证语义正确，规范语法后，以文件扩展名 c 存盘；然后选择“编译”命令对该文件编译后，若无出错信息提示，表示无语义语法错误，编译成功后生成同名的. obj 目标程序文件；接着选择使用“链接”命令将已生成的. obj 文件自动与系统库函数链接，若无出错信息提示，表示系统路径正确，库链接成功，生成操作系统可直接调用执行的. exe 命令文件；最后使用“执行”命令调用执行. exe 文件，需要时输入数据，最终输出结果。如果结果正确，则表示程序逻辑正确，算法无误。上述编译、链接和执行三大步骤都可能出现相关错误信息提示，可对应

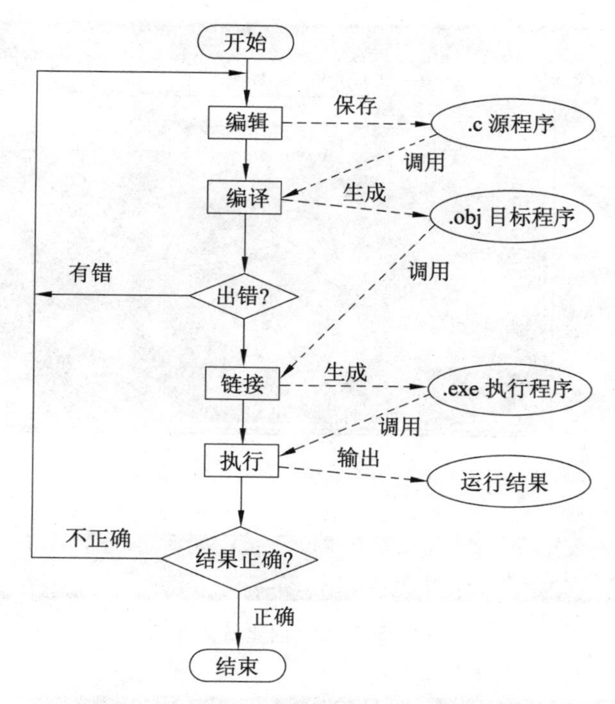

实验图 2.19　C 程序设计编辑及编译、运行步骤

提示信息的内容和位置等回到编辑状态，逐一编辑修改，重新编译连接，直到完全正确为止。

常用的 C 语言编译系统都是集录入、编辑、编译、链接和运行为一体的集成系统环境，编辑调试功能完整，使用直观方便，常用的有 Turbo C 2.0、Turbo C++ 3.0、Turbo C++ 6.0 和 Visual C++ 6.0 等。Turbo C 2.0 短小精悍，但不能使用鼠标；C++有 Turbo C++ 3.0、Turbo C++ 6.0 和 Visual C++ 6.0 等均向下兼容。目前 Visual C++ 6.0 使用较多，在 Windows 操作系统视窗编辑调试环境下，可以使用鼠标和粘贴板等诸多操作系统兼容功能。

2. Visual C++ 6.0 集成环境应用

Visual C++ 6.0 需安装在 Windows 操作系统环境下，有中文版和英文版环境，程序设计使用上无区别，主要表现在菜单提示上。启动时可选择双击安装时设置的 Visual C++ 6.0 桌面图标，或从 Windows 操作系统中选择“开始”→“程序”→Microsoft Visual C++ 6.0 命令，即可启动进入 Visual C++ 6.0 主窗口界面。

1）创建新文件

选择 Visual C++ 6.0 主窗口界面“文件”菜单下的“新建”命令，或单击工具栏上的“新建”按钮，均可创建一个 C 语言源程序或 C++源程序，如实验图 2.20 所示。

弹出“新建”对话框后，选择“文件”选项卡，在选项区域选择 C++ Source File 选项，建立新 C++源程序文件，在“文件名”文本框中将文件命名为 S2_1.c，将“位置”设置为 G:\CC 目录下，如实验图 2.21 所示。

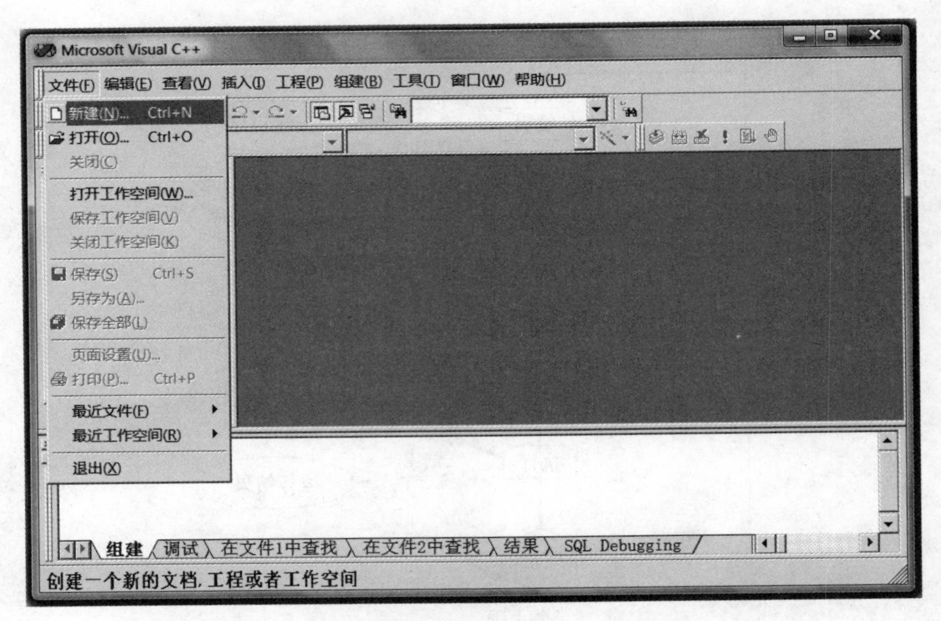

实验图 2.20　创建新文件

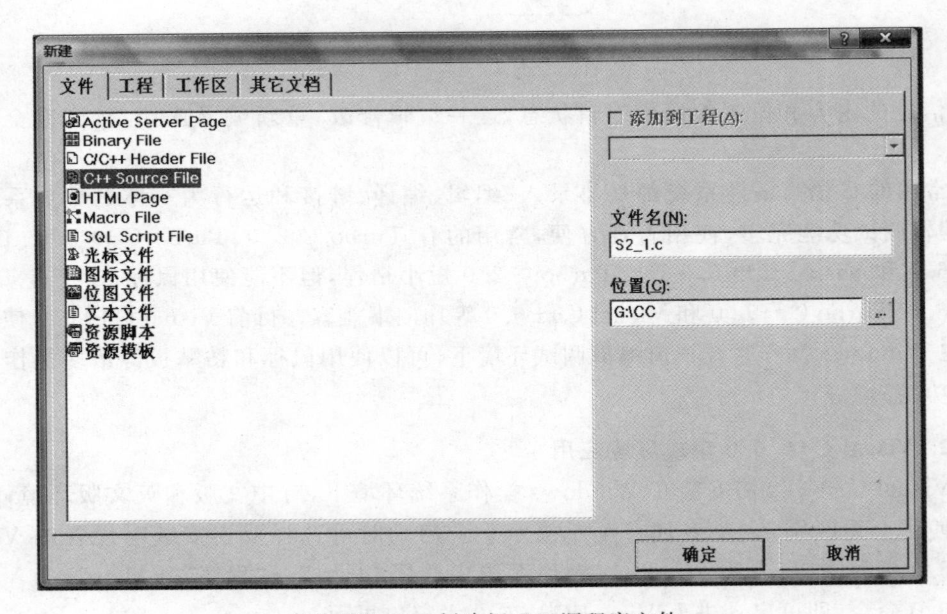

实验图 2.21　创建新 C++源程序文件

单击"确定"按钮后,主窗口呈现全屏幕编辑环境,可输入编辑一个全新的.c 源程序,也可利用粘贴板功能复制粘贴已有的.c 源程序,如实验图 2.22 所示。

编辑后选择"文件"菜单中的"保存"命令存盘,默认当前设置文件名为 S2_1.c,存放在路径为 G:\CC 的文件夹中,以后即使退出 Visual C++ 6.0,也可以随时在 G:\CC 目录下双击 S2_1.c 文件图标,进入 Visual C++ 6.0 打开该文件。

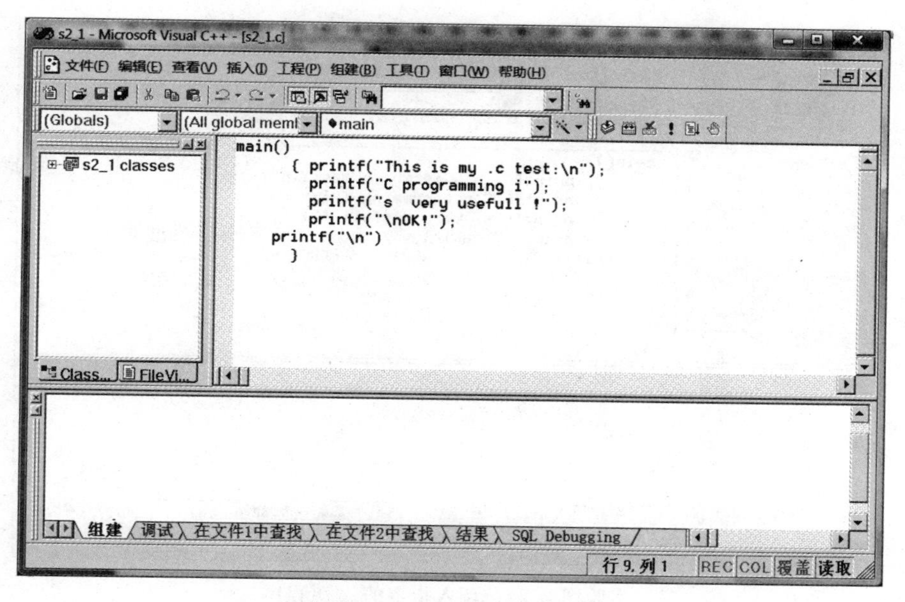

实验图 2.22　输入编辑.c 源程序

C++源程序文件名后缀可以是 c,也可以是 cpp。

2）打开已有文件

需要调用已有的源程序文件,可以选择主菜单"文件"→"打开"选项,或单击工具栏的"打开"按钮,弹出"Open"对话框,如实验图 2.23 所示。

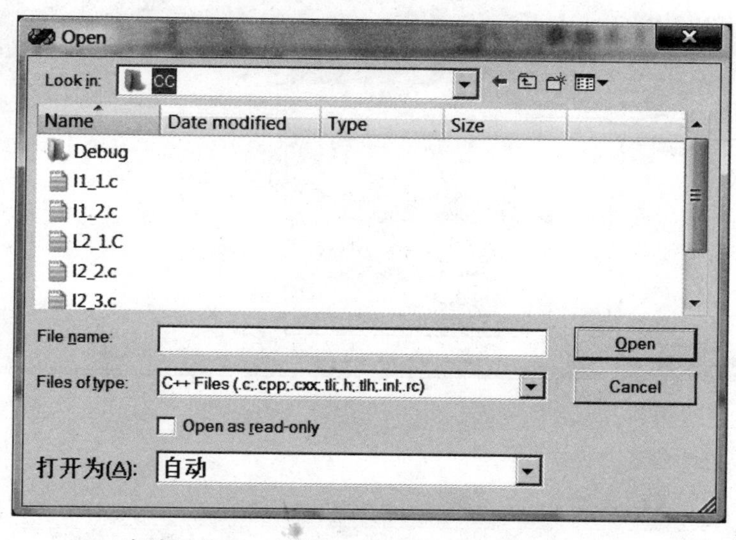

实验图 2.23　从"Open"对话框选择已有源程序

从"Open"对话框中选择指定的.c 源程序文件,双击后进入全屏幕编辑环境,编辑窗口调入指定的.c 源程序,如实验图 2.24 所示。

在编辑窗口可以对打开的源程序进行修改编辑,完成后注意存盘,即保存为.c 源程

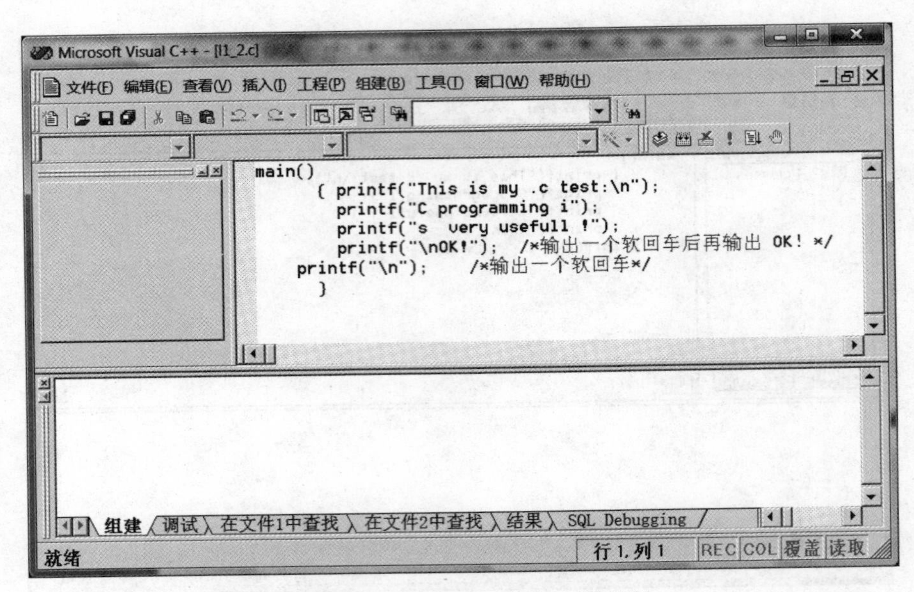

实验图 2.24　调入指定的. c 源程序

序,或保存为. cpp 源程序文件。

3) 编译源程序文件

编辑修改并保存了. c 源程序文件或. cpp 源程序后,选择主菜单"组建"下的"编译"命令,对当前源程序文件进行编译,检验语义语法是否正确,如实验图 2.25 所示。

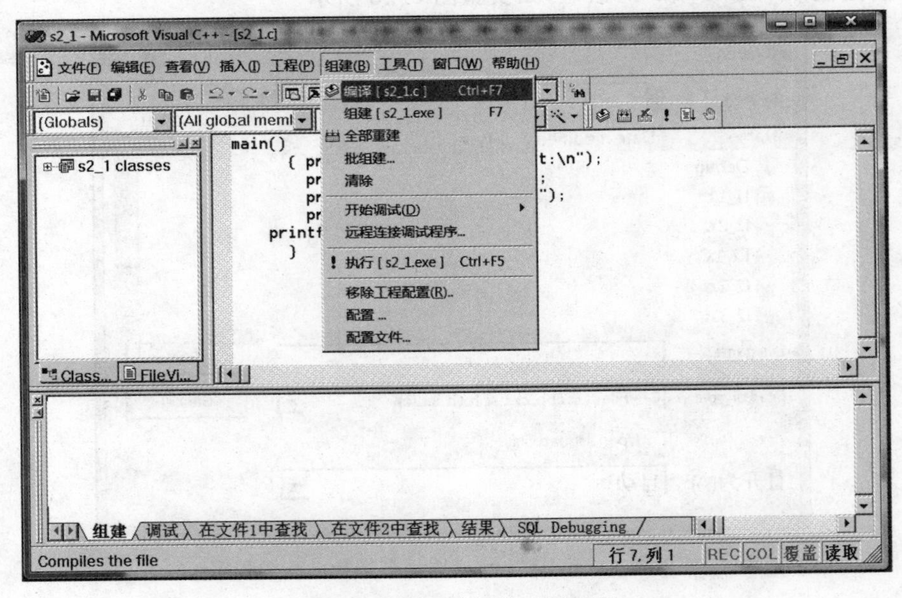

实验图 2.25　编译检验源程序

执行完"编译"命令后,系统会提示需要创建并激活一个默认的工作空间,Microsoft Visual C++提示信息如实验图 2.26 所示。

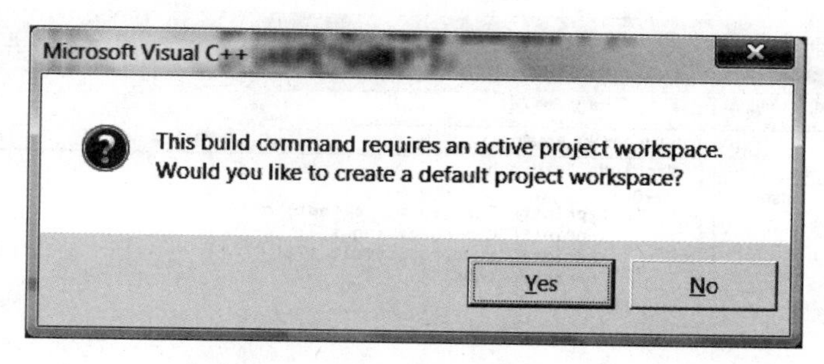

实验图 2.26　选择自动创建工作空间

在此单击 Yes 按钮，系统会自动创建并激活默认工作空间，用于构建编译、链接和运行工作环境。

通常 C 语言集成编译环境都有方便使用、功能完善的程序编辑和调试功能。本案例为了说明编译检验如何显示出错提示，在源程序设置了两类简单错误，因此在执行完“编译”命令后，主窗口下方的信息提示窗口内，就显示出该源程序中有关这两个错误的信息提示，表示编译未通过，s2_1.obj 目标程序没有生成，如实验图 2.27 所示。

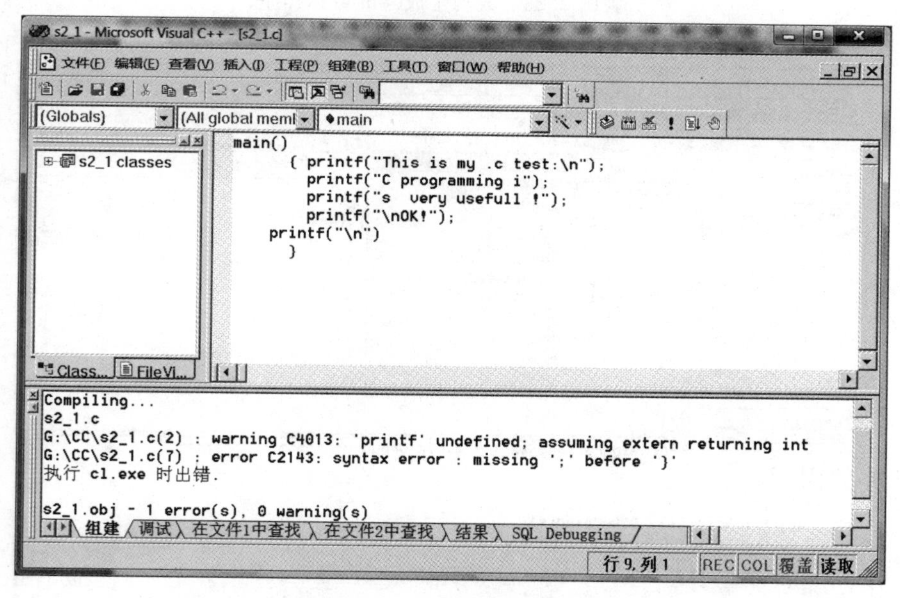

实验图 2.27　编译出错提示

此处的第 1 条错误信息提示为警告型出错，指明出错位置在源程序第 2 行，提示本程序中使用了未经定义说明的 printf()输出函数命令；第 2 条错误信息提示为命令行错误，提示出错位置在源程序第 7 行，缺少命令结束标示符“;”。根据出错提示，增加了一条编译预处理命令 # include "stdio.h"，修改补充了命令结束符“;”，重新编译，成功生成 s2_1.obj 目标程序，如实验图 2.28 所示。

此案例编译通过，并成功生成 s2_1.obj 目标程序，这时就可选择主菜单“组建”下的“组建”命令链接相关库文件，生成可执行的 s2_1.exe 文件，如实验图 2.29 所示。

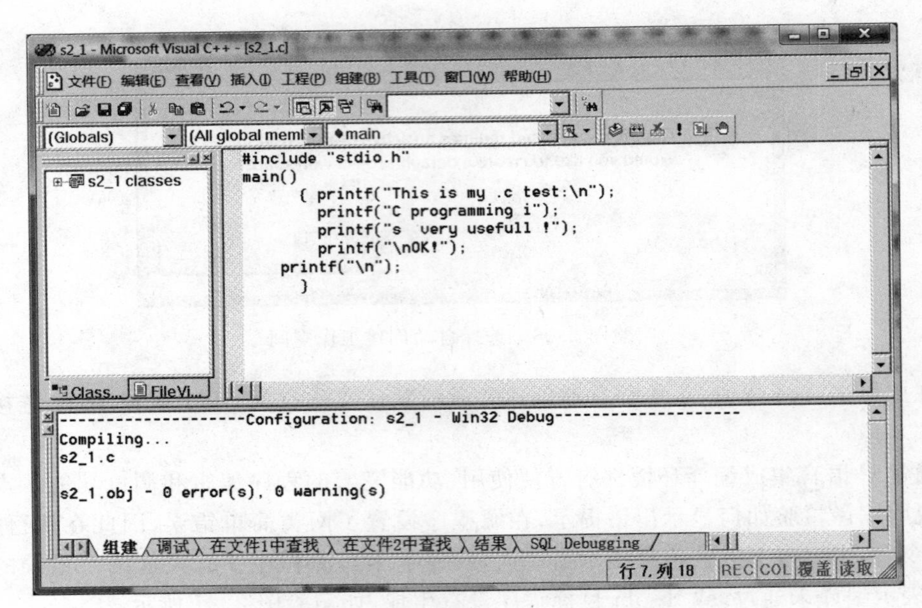

实验图 2.28　成功生成.obj 目标程序

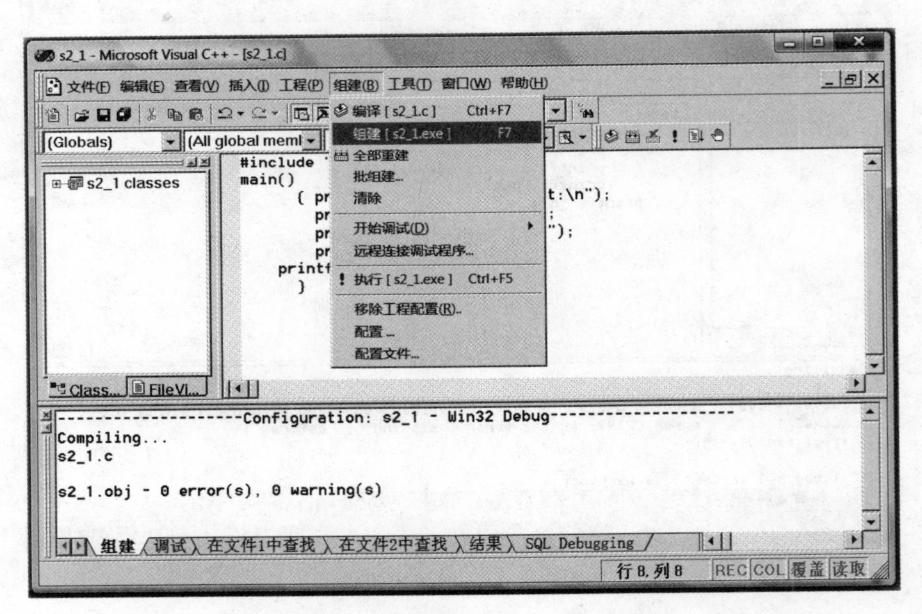

实验图 2.29　组建生成.exe 可执行文件

成功生成 s2_1.exe 可执行文件后，选择主菜单“组建”下的“执行”命令，执行后弹出执行结果显示窗口，显示程序执行结果，如实验图 2.30 所示。

注意本案例实验完成后，若再次创建新文件需要保存时，应选择“文件”菜单中的“另存为”命令保存源文件，而不要使用“保存”命令，否则将会覆盖 S2_1.c 或 S2_1.cpp 文件名。

每次编译新的源程序文件时，应选择“文件”菜单中的“关闭工作空间”命令将原来的工作区关闭，避免新的源文件在原有工作区编译。

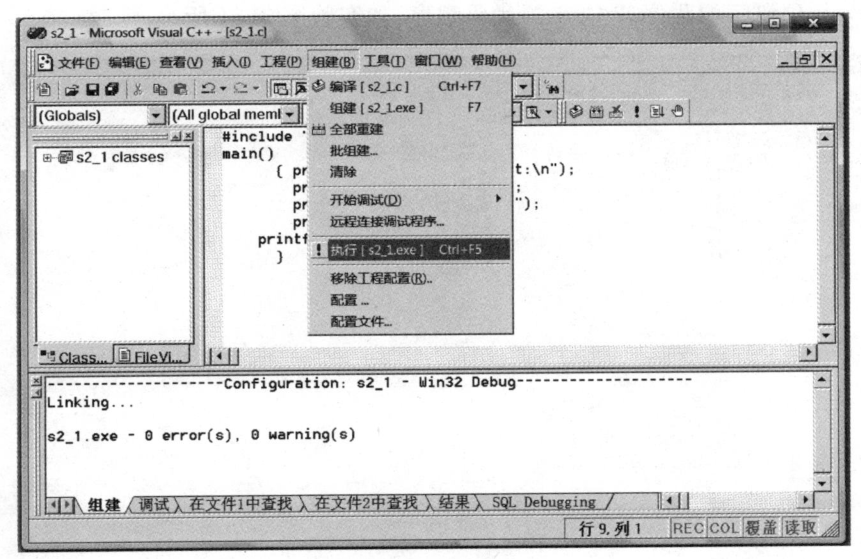

(a) 选择“执行”命令

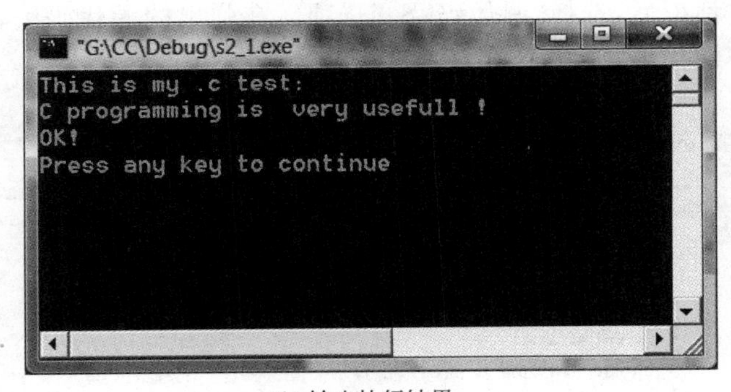

(b) 输出执行结果

实验图 2.30　执行程序显示结果

3. Dev-C++ 集成开发环境应用

Dev-C++ 是 Windows 操作系统平台运行环境下的一款 C/C++ 集成开发环境(IDE),安装便利,使用方便,包括多页面窗口支持、工程编辑和调试等功能。在工程编辑工具中集成有编辑、编译、链接和执行程序,使用时提供的高亮度语法显示功能,可增强源代码编辑修改错误时的快速定位,加上完善的调试功能,既适合初学者,也适合编程高手的不同编程需求,是学习 C 或 C++ 的广泛使用的集成开发工具。

Dev-C++ 遵守 GPL 许可协议分发源代码,使用的是 MingW64/TDM-GCC 编译器,集合了 MinGW 等众多自由软件,还可以取得最新版本各种工具的支持。该软件采用 Delphi 开发。多国语言版中包含中文简繁体操作界面和信息提示,还有英语、俄语、法语、德语、意大利语等二十多个国家和地区语言提供选择,应用广泛。

1) 创建新文件

选择 Dev-C++ 主窗口界面“文件”菜单下“新建(N)”命令,或单击工具栏的“新建”按钮，创建一个 C 语言源程序或 C++ 源代码程序，如实验图 2.31 所示。

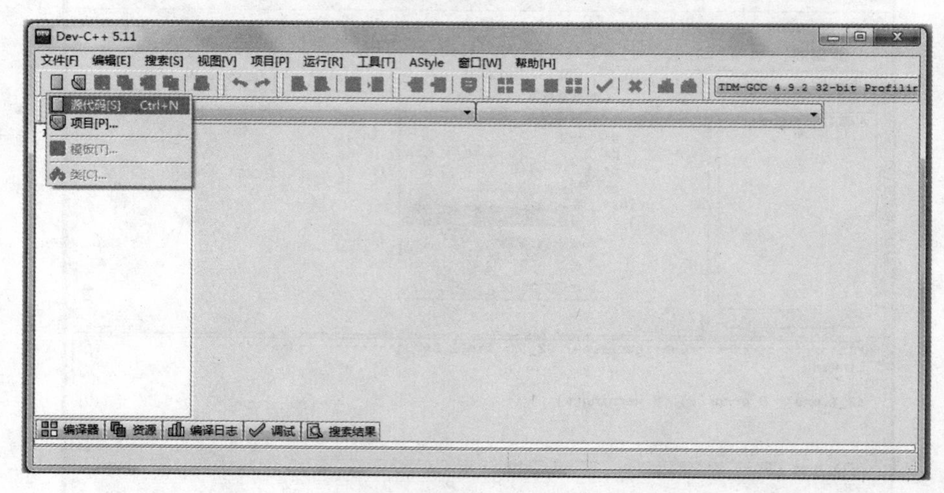

实验图 2.31　创建新文件

弹出“新建”对话框后，选择“源代码[S]”选项。在弹出的源代码编辑区窗口，正确编写输入自己的程序源代码，如实验图 2.32 所示。

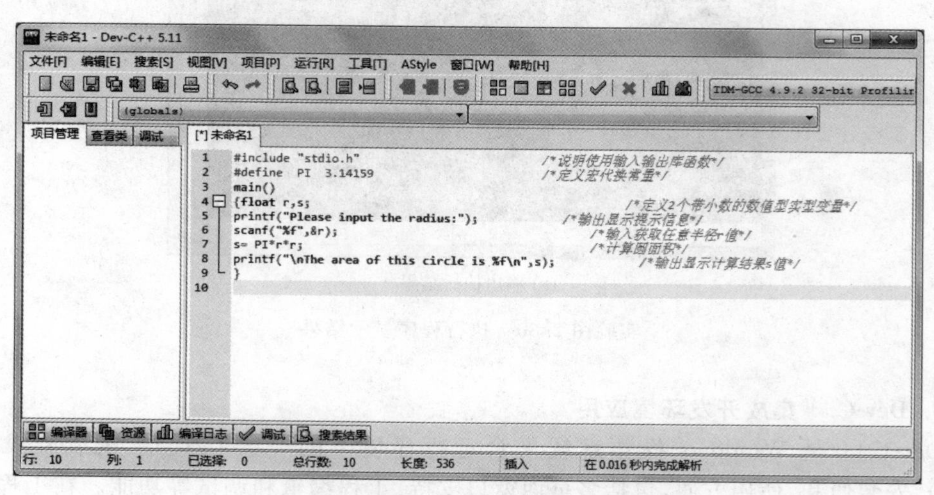

实验图 2.32　输入编辑自己的程序源代码

无论是初学者，还是编程高手均可根据程序设计需要，在程序源代码命令语句后面，加上 C 语言注释命令“/ * ... * /”(或 C++ 语言注释命令“//...”)，用来注解程序说明和关键命令的功能和作用，注释命令不被编译生成程序的目标代码。

对新创建的源程序文件，需指定存放的磁盘、文件夹位置，以及文件名和文件扩展名。文件扩展名 Dev-C++ 系统默认为“cpp”，也可改为“c”，如实验图 2.33 所示。

在对话框“文件名(N)”下，可将默认文件名重新命名为 s2_1.c。在对话框“保存在(I)”输入框中，可指定 s2_1.c 文件存放的路径位置。选择“确定”后，主窗口呈现全屏幕编辑环境，可输入编辑一个全新的 C 语言源程序，也可利用粘贴板功能复制粘贴已有的 C 语

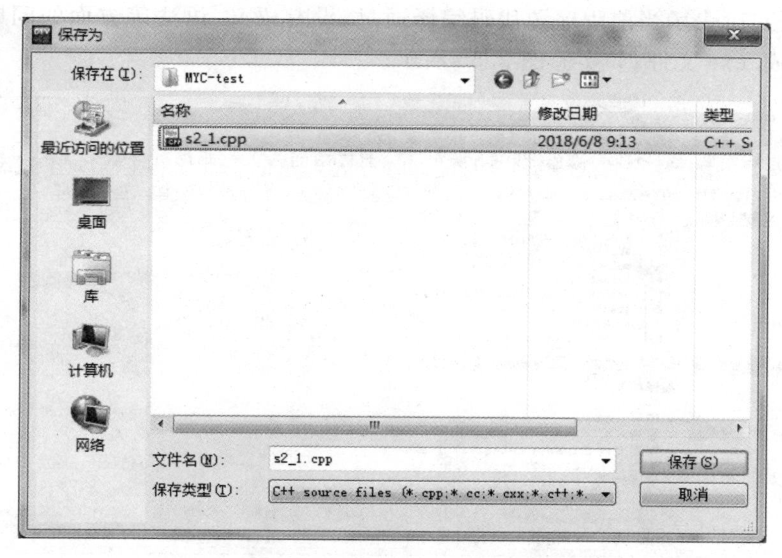

实验图 2.33 指定源代码文件存放位置和文件名

言源程序。

存盘后可随时在指定存放的盘和存放目录文件夹下，双击 s2_1.c 文件图标；或进入 C/C++ 集成开发环境按存放路径访问路径，打开该文件，直接进入编辑窗口中源程序进行修改编辑，完成后注意再存盘。注意源代码文件每次修改后都要重新编译然后再运行。C 语言源程序的后缀可以是 c 文件扩展名，也可以是 cpp 文件扩展名。

2）编译源程序文件

编辑修改并保存了源程序文件后，选择主菜单“编译(C)”命令，对当前源程序文件进行编译，以检验语义语法是否正确，如实验图 2.34 所示。

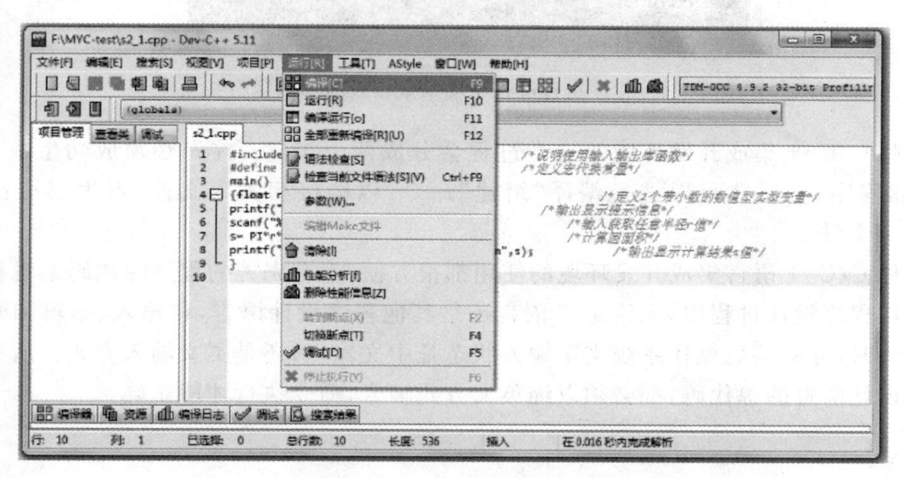

实验图 2.34 编译检验源程序

编译通过后，在窗口下方“编译日志”信息窗中显示，系统的“错误”和“警告”类问题均为 0 等提示信息，表示当前程序源代码编译通过，没有语义、语法等方面的问题存在。系统会直接生成.exe 文件，如实验图 2.35 所示。

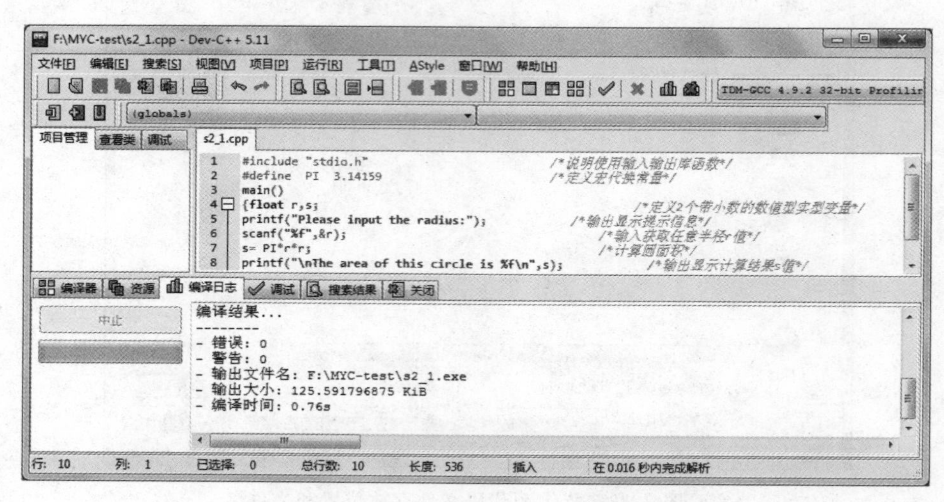

实验图 2.35　直接生成.exe 可执行文件

这时可选择“运行”命令直接运行可执行文件，根据源代码提示输入数据，即可运行并输出运行结果，如实验图 2.36 所示。

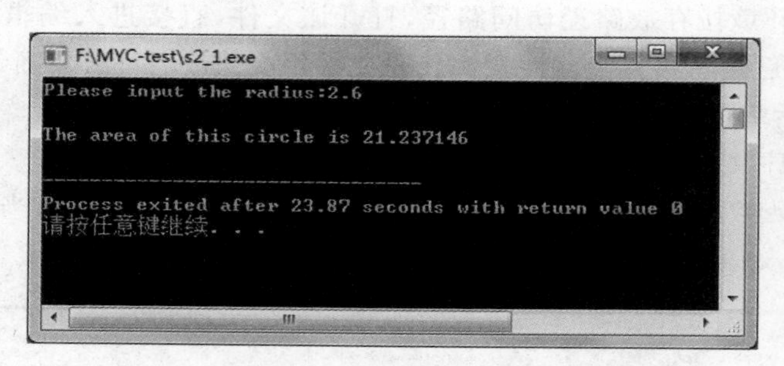

图 2.36　程序执行过程中输入数据及显示的运行结果

有些 C/C++ 集成开发环境的这个过程会分成两个步骤：首先必须成功生成 s2_1.obj 目标程序，然后才可以选择编译“组建”命令，以链接相关库文件，再生成可执行的 s2_1.exe 文件。

各种 C/C++ 语言集成开发环境的使用都很方便，都有完善的程序源代码编辑和调试功能。在程序设计过程中，无论是 C 语言还是其他程序设计语言，在输入、编辑和修改程序源代码时，务必注意操作系统文字输入状态是中文输入，还是英文输入方式。所有计算机程序设计语言的源代码，都必须以纯英文方式输入，命令执行才能正确。

实验三　磁盘管理及远程服务访问

一、实验目的

使用并掌握对磁盘文件进行操作和维护的有关命令，以完成对文件的复制、比较、删除、查看，以及对磁盘做备份和将备份文件还原等操作；练习并掌握目录操作和磁盘组织有关的命令。比较 Windows 系统“命令提示符”模式与视窗模式的操作特点，记住常用的系统命令格式和使用方法。

二、实验内容

(1) Windows 磁盘、文件管理操作与行命令；
(2) COPY：复制文件；
(3) TYPE：在输出设备上显示指定文件内容；
(4) DIR：显示文件目录；
(5) DEL：删除磁盘文件的命令；
(6) REN：更改文件名命令；
(7) MD、CD、RD：树状结构子目录的操作；
(8) DATE：设置或修改系统日期命令；
(9) TIME：输入和修改系统的时间；
(10) PING：网络连通测试命令；
(11) FTP：文件传输(软件下载、上传)命令；
(12) TELNET：远程登录命令。

三、实验步骤

练习一　复制文件。

1. 在 Windows 视窗模式下复制文件

1) 用点取方法复制文件

(1) 打开“我的电脑”或“资源管理器”应用程序。

(2) 选择驱动器、文件夹确定路径。

(3) 选择要复制的文件。要复制多个文件，则按住 Ctrl 键或 Shift 键选取复制内容。

按住 Ctrl 键选择文件时，可逐个任意选择文件图标；按住 Shift 键选择文件时，所选文件是两次单击的图标之间所包括的所有文件，如实验图 3.1 所示。

(4) 在主菜单中选择“编辑”→“复制”命令，如实验图 3.2 所示。

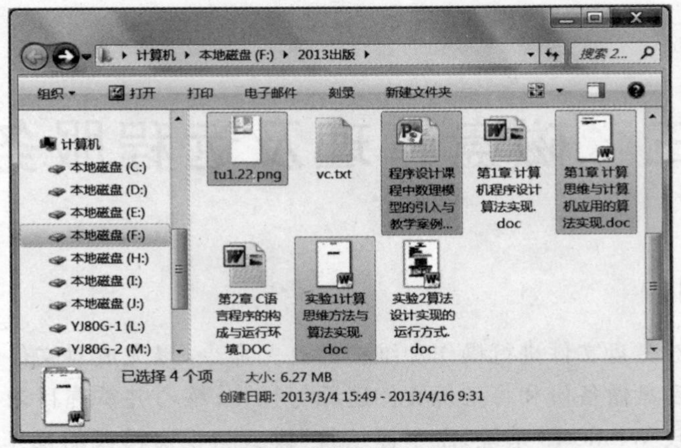

(a) 按住Ctrl键选择的文件图标

(b) 按住Shift键选择的文件图标

实验图 3.1　选择多个文件的不同方式

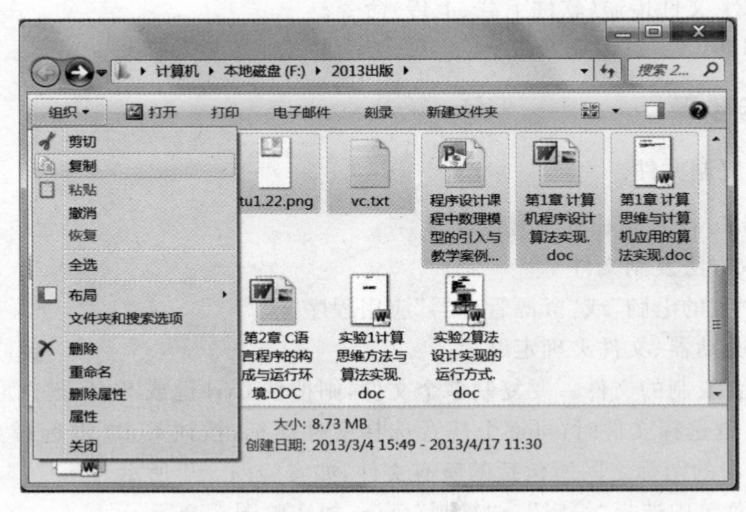

实验图 3.2　选择复制对象

(5) 在“我的电脑”窗口中选择要复制到的目标驱动器以及文件夹的图标，再选择“编辑”→“粘贴”命令，即复制到指定驱动器的文件夹中。

2) 用拖曳方法复制文件

(1)、(2)、(3)步选择文件的方法与“用点取方法复制文件”的前三步相同。

(4) 选中想要复制的文件后，打开“我的电脑”或“资源管理器”应用程序，在新窗口中显示文件要复制到的目标驱动器或文件夹。

(5) 回到源文件窗口中，按住 Ctrl 键的同时按住鼠标左键，将选中的文件图标拖到指定的驱动器中，如实验图 3.3 所示。

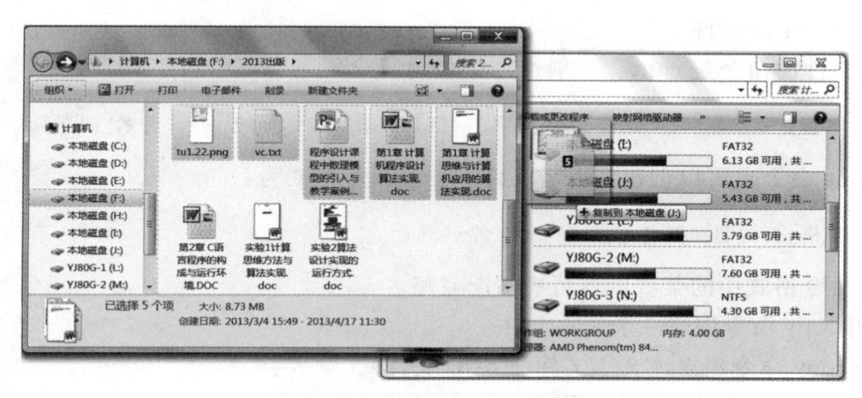

实验图 3.3　用拖曳方法复制文件到指定位置

2. 在 Windows 的命令提示符模式下，用行命令方式复制或创建文件

1) 进入行命令状态

在 Windows 10 操作系统中选择“Windows 系统”→“命令提示符”，如实验图 3.4 所示。在 Windows XP 操作系统中选择“开始”→“所有程序”→“附件”→“命令提示符”命令，进入行命令状态。

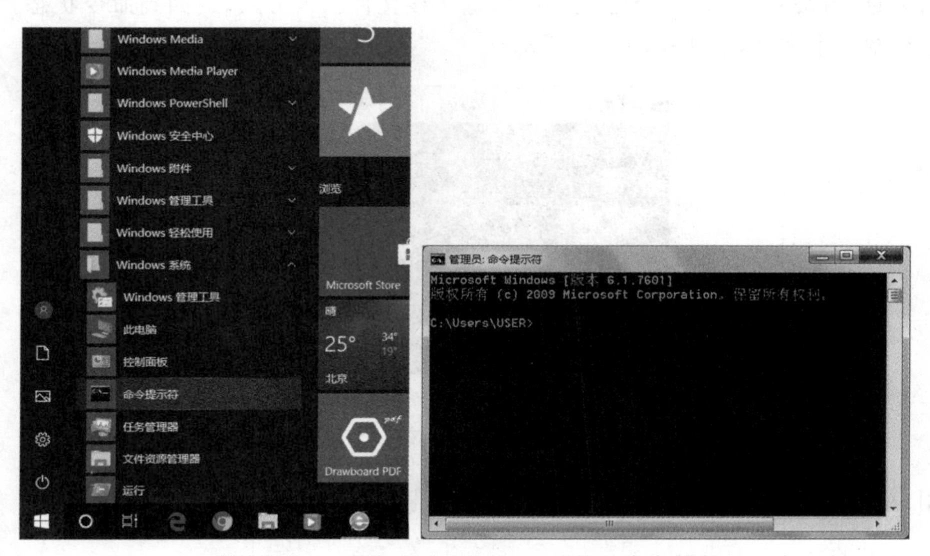

实验图 3.4　选择进入 Windows 系统行命令状态

屏幕显示当前路径为C:\User\USER>，其中">"是系统操作命令提示符，可紧接其后输入行命令。此处在C:\User\USER>提示符下可输入改变路径的命令和"cd"以及路径分隔符"\"，以回车结束，即

```
C:\User\USER> cd\↙
```

输入后提示符为根目录"C:\>"命令状态。如果转D盘，则输入"D:"后按Enter键即可。

复制文件命令功能是将一个或多个文件复制成新的磁盘文件，或将若干个文件连接起来合并成一个新文件。

复制文件的命令是copy。一般命令格式为：

```
copy[空格][驱动器名:][路径]源文件名[空格][驱动器名:][路径]新文件名[回车]
```

用copy命令也可以创建一个新文件。一般命令格式为：

```
copy[空格]con[驱动器名:][路径]文件名
```

一般命令格式中的某些内容可视情况省略。

2）用copy命令创建一个文本文件

先用copy命令建立纯文本文件（ASCII文件）。输入：

```
>copy[空格]con[空格]D:test1.txt↙
```

该命令表示"在D盘根目录下建立一个名为test1.txt的文件"。

继续输入以下信息作为该文件内容：

```
This is my test↙
you can try it!↙
```

结束时，需按Ctrl+Z组合键或F6键，退出该文件输入方式，退回到命令状态。系统显示已复制一个文件，如实验图3.5所示。

实验图3.5　用copy命令创建一个纯文本文件

用户可以查看已建立的文件test1.txt是否存盘正确。输入：

```
>dir[空格]D:test1.txt↙
```

可见，课件盘上有一个 test1.txt 文件，长度为 39 字节，如实验图 3.6 所示。

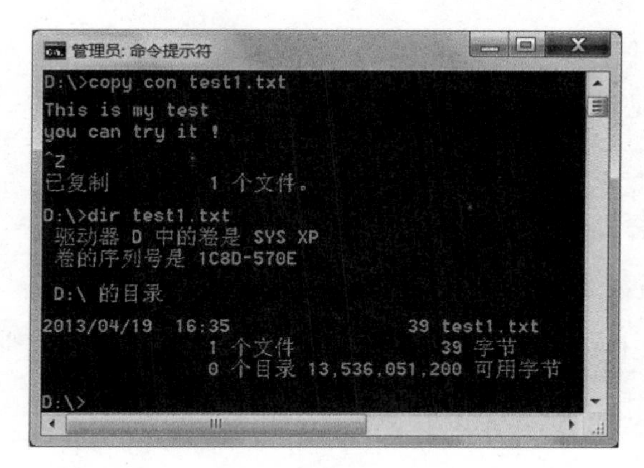

实验图 3.6 用 dir 命令查看已有文件的目录

再查看已建立的 test1.txt 文件内容(此时可使用 cls 命令清理一下屏幕)。输入：

```
>type[空格]test1.txt↙
```

屏幕显示如实验图 3.7 所示。

实验图 3.7 用 type 命令显示已有文件的内容

用同样的方法可以建立文件 test2.txt。

```
>copy con d:test2.txt↙
I am a student.
```

3) 复制一个文件

把在 D 盘已建好的文件复制到另一个盘上，如 E 盘。输入：

```
>copy[空格]D: test1.txt *[空格]E:↙
```

命令中省略了新文件名。意为：在 E 盘上复制一个与 D 盘源文件名相同的文件。

查看 E 盘复制情况，输入：

```
>dir[空格]E:tes * . *↙
```

这里“ * ”可以代表任意字符。

4）复制文件的同时改变文件名

```
>copy D: test1.txt D: f1.dat↙
```

查看 test1. txt 是否改为 f1. dat。输入：

```
>dir D: f1.dat↙
```

5）把几个文件合成一个文件

```
>copy D:test1.txt + D:test2.txt D:test12.dat↙
```

查看合并后的文件内容：

```
> type d:test12.dat↙
This is my test.
you can try it!
I am a student.
```

练习二　显示文档文件内容命令与操作。

1. 在 Windows 系统“命令提示符”模式下显示文本文件内容

用 type 命令在屏幕输出设备上显示指定文件内容。

一般命令格式为：

```
type[空格][驱动器][路径]文件名[.扩展名]
```

输入：

```
>type D: test1.txt↙
```

屏幕显示：

```
This is a test.
you can try it!
```

为什么出现用 type 命令不能显示. com 和. exe 文件的内容呢？

2. 在 Windows 常规模式下打开文件

在“我的电脑”（Windows 10 为“此电脑”）或 Windows 资源管理器的“浏览”窗口中打开包含应用程序文件的磁盘或文件夹，用鼠标指针指向指定文件的图标，双击即可打开指定的文档文件。

练习三　显示文档文件目录。

1. 在 Windows 系统“命令提示符”模式下显示文件目录

显示磁盘文件目录，可以显示指定盘指定目录中所包含的文件名、类型和大小等。

一般命令格式为：

```
dir[空格][驱动器][路径][文件名][/p][/w]
```

如操作：

```
C:>dir * .exe↙
```

检查显示哪个驱动器的文件名。

```
C:>dir D:t* .txt↙
```

检查显示的是哪个驱动器的文件名。

```
>dir C:f* .??? ↙
```

检查比较通配符“*”和“?”的作用和区别。

2. 在 Windows 常规模式下打开显示磁盘、文件夹内容

在 Windows 常规模式下打开磁盘、文件夹,显示磁盘上的文件。

在 Windows 资源管理器的“浏览”窗口中打开包含应用程序文件的磁盘或文件夹,用鼠标指针指向指定文件的图标,双击即可打开指定的磁盘或文件夹。

练习四　删除已创建的文件。

1. 在 Windows 系统“命令提示符”模式下删除磁盘文件

del 是删除磁盘文件的命令。

一般命令格式为:

```
del [空格][盘符][路径][文件名]
>del D: test2.txt↙
>dir D: * .txt↙
```

检查是否还有该文件。

```
>del D: * .bak↙
>dir D: * .bak↙
```

检查是否还有. bak 文件。

```
>del D: * . *↙
```

屏幕显示:

是否确认? (Y/N) ________

这里请选择 N。只有输入 Y 才会删除磁盘上的所有文件,否则一个文件都不删除。

2. 在 Windows 常规模式下删除文件(文件夹)

在 Windows 资源管理器的“浏览”窗口中打开包含应用程序文件的磁盘或文件夹,用鼠标指针指向指定文件图标,单击的同时按 Delete 键,就可以删除未加保护的文件或文件夹。也可以按住鼠标左键,直接将未加保护的文件或文件夹拖动到 Windows 桌面的“回收站”中。

练习五　更改已存在的磁盘文件名。

1. 在 Windows 系统“命令提示符”模式下更改磁盘文件名

ren 是更改文件名命令,可更改一个或一批文件名。

一般命令格式为：

```
ren[空格][驱动器][路径]源文件名[空格]新文件名
D:>ren test1.txt T1.dat↙
D:>dir D:t1.dat↙
```

检查更改结果。

```
D:>ren D:*.txt *.dat↙
D:>dir *.*↙
```

检查更改结果。

2. 在 Windows 常规模式下更改磁盘文件名

在“我的电脑”“我的文档”或 Windows 资源管理器的“浏览”窗口中打开包含应用程序文件的磁盘或文件夹，用鼠标指针指向指定文件的图标，双击，重新输入文件或文件夹名。

在该文件夹的文本框中重新输入新的文件名。

练习六　树状目录结构与相关的操作命令。

1. 树状结构目录的操作

在 Windows 的 DOS 模式下对目录进行操作，首先在硬盘可写驱动器建立树状目录结构，如实验图 3.8 所示。

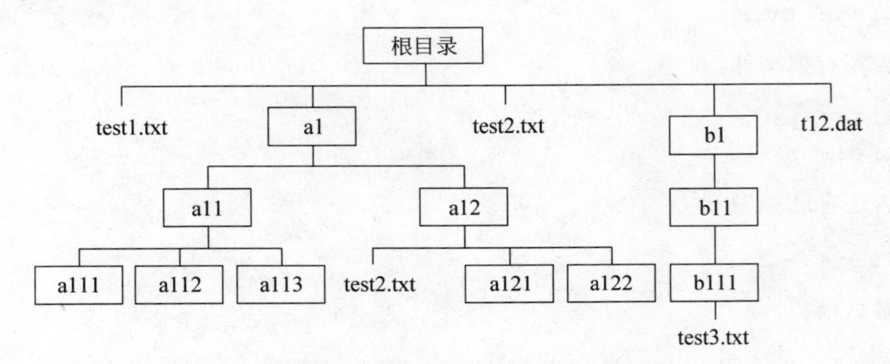

实验图 3.8　树状目录结构练习

可参照下列步骤操作，其中下画线指定的内容为输入内容。

1）在 D 盘上建立一级子目录

```
>D:↙
D:>md a1↙
D:>dir a1.*↙
```

系统提示显示当前目录为：________

2）进入子目录 a1

```
D:>cd a1↙
D:\a1>dir↙
```

注意系统显示的路径标志。

3）建立二级子目录

在当前 a1 子目录下输入命令。

```
D:\a1>md a11↙
D:\a1>dir↙
```

注意系统显示的路径标志。

4）进入二级子目录

```
D:\a1>cd a11↙
D:\a1\a11>dir↙
```

注意系统显示的路径标志。

5）退到上一级目录

```
D:\a1\a11> cd..↙
D:\a1>dir↙
```

注意系统显示的路径标志。

6）直接退到根目录

```
D:\a1>cd\↙
D:\>dir a?.*↙
```

注意当前盘、当前目录是什么。按同样方式建立其他子目录。

2. 建立如实验图 3.7 所示的树目录后，做如下综合练习

```
D:\>cd \↙
D:\>cd a1\a11\a112↙
```

当前目录是________

```
D:\ a1\a11\a112>cd \↙
```

请把根目录下的所有 test 文件复制到 a112 子目录中。

```
D:\>copy test?.*  \a1\a11\a112\*.*↙
D:\>cd a1\a11↙
D:\ a1\a11\>dir a112\*.*↙
```

看见的是________子目录中的文件。

```
D:\ a1\a11\>rd\ a112↙
```

能删除该子目录吗？为什么？________________

```
D:\ a1\a11\>del a112\*.*,或>del a112↙
```

删除的是什么？

```
D:\ a1\a11\>dir a112\*.*↙
```

a112 目录中还有文件吗？________

```
D:\ a1\a11\>rd a112↙
D:\ a1\a11\>dir↙
```

还有 a112 子目录吗？

3. 完成下列操作

使当前目录为 C:\，把 D 盘根目录下的 test1. txt 文件复制到 b111 中，命令为：________

使当前目录为 a11，要显示 b11 子目录中 test. txt 文件内容，命令为：________

使当前目录为 D:\根目录，删除 b111 中的文件用________命令完成。

删除 b121 子目录，过程为：____________________

练习七　其他常用的行命令。

1. date 设置或修改系统日期

一般命令格式为：

```
date[空格][mm-dd-yy] / [dd-mm-yy] / [yy-mm-dd]
```

操作：

```
C:\>date↙
```

系统显示：________

在光标处输入新日期，再按 Enter 键。

2. time 输入和修改系统的时间

一般命令格式为：

```
time [hh:mm[ss[xx]]]
```

操作：

```
C:\>time↙
```

屏幕显示：________

在光标处输入10:20:0，再按 Enter 键。

```
C:\>time↙
```

屏幕显示：________

再输入实际时间。

3. 清除屏幕命令 cls

一般命令格式为：

```
cls
```

操作步骤：

空回车多次后，输入：

```
c:\>cls↙
```

提示符的位置：________

4. 改变系统提示符命令

一般命令格式为：

```
prompt [提示符参数]
```

接着上面的操作：

```
D:\>cd \a1\a11\a112↙
D:\>prompt $n↙
D:\>dir↙
```

屏幕提示符变为：________

```
D:>prompt $ p$ G↙
```

屏幕提示符变为：________

5. 显示操作系统版本号

一般命令格式为：

```
ver
```

操作：

```
C:\>ver↙
```

屏幕显示：________

6. 网络连通测试命令 ping

一般命令格式为：

```
ping
```

命令 ping 可以测试自己的机器是否与网络指定地址连通，并显示路由时间为多长等信息。例如，网易是中国领先的互联网公司之一，提供多种信息服务，可输入：

```
C:\>ping www.163.com↙
```

或

```
C:\>ping 121.195.178.238↙
```

网络连通正常，如实验图 3.9 所示。

执行 ping 命令时，每秒发出一个 ICMP 回送请求信息包。当 ping 收到回送答复时，显示一些信息，能测试网络是否连通。

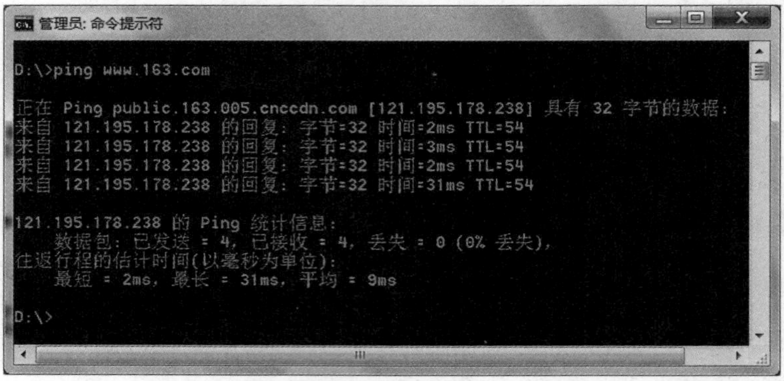

```
管理员: 命令提示符

D:\>ping www.163.com

正在 Ping public.163.005.cnccdn.com [121.195.178.238] 具有 32 字节的数据:
来自 121.195.178.238 的回复: 字节=32 时间=2ms TTL=54
来自 121.195.178.238 的回复: 字节=32 时间=3ms TTL=54
来自 121.195.178.238 的回复: 字节=32 时间=2ms TTL=54
来自 121.195.178.238 的回复: 字节=32 时间=31ms TTL=54

121.195.178.238 的 Ping 统计信息:
    数据包: 已发送 = 4，已接收 = 4，丢失 = 0 (0% 丢失)，
往返行程的估计时间(以毫秒为单位):
    最短 = 2ms，最长 = 31ms，平均 = 9ms

D:\>
```

实验图 3.9　网络连通测试

7. Internet 文件传输命令 ftp

ftp 是 Internet 最重要的三大服务之一。ftp 允许用户在 Internet 把文件从一台计算机传递到另一台计算机，用来下载软件或上传各种文件。

ftp 命令丰富，一般来说如果没有被用户需要访问的 FTP 主机正式授权，就不能进入该计算机。Internet 提供了许多匿名 ftp 服务，为用户提供了丰富的服务内容，可以试一试。

使用匿名 ftp，以 anonymous(匿名)用户标识进入 ftp 主机，当对方要求输入口令时，可以输入用户的电子邮件地址或名字。在此只作为指导性练习。

操作步骤：

(1) 进入 DOS 模式。

(2) 调用 ftp 程序连网进入 ftp 主机。例如：

```
>ftp rtfm.mit.edu↙
```

等待实验网络连通，连接到对方主机。

(3) 输入用户标识。

与 ftp 主机连通后输入用户标识，在此输入 anonymous 匿名：

```
>anonymous↙
```

进入 ftp 主机后，有大量命令可以使用，如实验图 3.10 所示。

(4) 可进入某一子目录，如 pub 子目录。

```
ftp>cd pub↙
```

(5) 显示 ftp 远程主机当前目录。

```
ftp>dir↙
```

(6) 下载某一指定文件，如把 studguide. txt 文件下载到本地机的 D 盘同时改名为 abc001. txt。

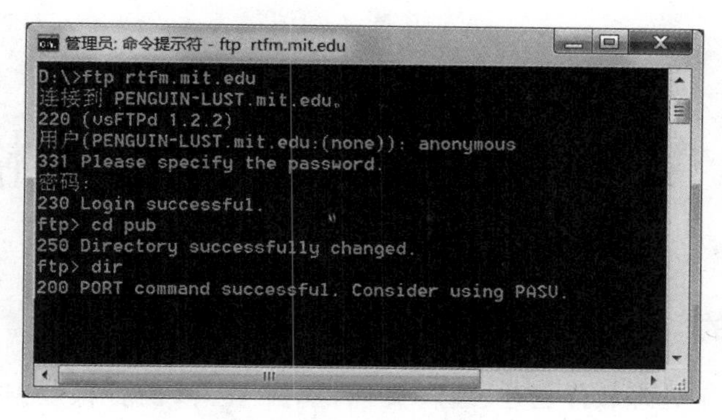

实验图 3.10　ftp 实验举例

```
ftp>get studguide.txt d:abc001.txt↙
```

(7) 退出 ftp 服务。

```
ftp>quit↙
```

退出 ftp 服务后,回到本地机系统提示状态。

(8) 打开下载文件。

此处为一个文本文件,可以用 type 命令或"记事本"等编辑软件打开,也可以直接使用命令,更为方便。

```
C:\>type d: studguide.txt↙
```

显示下载的指定文件内容。

8. 远程登录 telnet

telnet 命令允许与使用 Telnet 协议的远程计算机进行通信,通过 telnet 命令使自己的计算机设置为远程计算机系统终端,可直接调用远地计算机的资源和服务。

telnet 远程登录允许用户作为一个被授权的终端计算机登录到远程主机上。初次登录使用,如果没有注册许可,可以用系统允许的匿名或客户标识登录。

输入命令:

```
D:\>telnet towel.blinkenlights.nl↙
```

执行后,可远程登录代理服务器主机,欣赏字符版《星球大战》。在 Windows 7 操作系统使用 telnet 命令时,由于不属于内部命令,不能直接使用,可打开 Windows 7 的控制面板进行设置。在"控制面板"中选取"程序和功能",再选择"打开或关闭 Windows 功能",选中"telnet 客户端"复选框即可。如果希望自己的机器作为 telnet 服务器主机,则可以选择"telnet 服务器"设置,为自己或其他客户端远程登录主机,使用系统资源和服务。

实验四　Word 数据对象操作与格式编排

一、实验目的

掌握用 Word 字处理软件创建、编辑文档，掌握 Word 的各种数据对象处理方法，如表格对象、公式对象、图形对象和目录管理对象等，掌握文档格式编排方法。

二、实验内容

1. 熟练掌握 Word 各种对象功能的使用方法；
2. 熟练掌握 Word 文档编辑与格式编排方法；
3. 熟悉各种插入对象的使用；
4. 图形的处理与图文混排。

三、实验步骤

练习一　Word 文档创建。

1. 创建文档

进入 Word 时的窗口可作为新建文档的窗口，也可以通过单击工具栏中的“新建”按钮建立新的文档。

2. 文本文档的输入方法

Word 的默认输入方法是英文输入法，需要输入汉字时，可选择自己熟悉的汉字输入方法。输入法的选择：

(1) 单击桌面任务栏中的语言指示器 En，在弹出的输入方法列表中选择所需输入法。

(2) 按 Ctrl＋Space 组合键启动中文输入法，按 Ctrl＋Shift 组合键选择所需输入法。

3. 中文录入

注意中英文不同的标点符号、英文的大小写、英文和数字的全角或半角、文本的边界以及首行缩进等规定。

熟练使用文本字段的选定、删除、撤销、移动、复制、查找、替换和利用剪贴板等编辑技巧。

在 Word 工作区中，按 Ctrl＋Shift 组合键选择适当的中文输入方法之后，开始进行文本输入与编辑。

4. 状态切换

Word 默认状态为插入状态，可双击“改写”框或按 Insert 键切换到插入状态。

5. 文本字段移动

先用鼠标拖动要移动的文本字段使之高亮显示，然后将鼠标移到文本字段中的任意位置，鼠标变成一个箭头，按住鼠标左键并拖动文本字段到新位置后，再放开鼠标实现文本字段的移动。

6. 文本字段复制

先用鼠标选取该文本字段，然后将鼠标移到该文本字段的任何一个位置使之变成一个箭头；再按住 Ctrl 键不放，按住鼠标左键，并将文本字段拖到新位置后再松开即可实现复制功能。

7. 块操作——删除

(1) 鼠标在删除点的位置，每按一次 Delete 键删去一个插入点右边的字符，按一次 BackSpace 键删去插入点左边的一个字符。

(2) 用鼠标拖动经过要删除的文本块使之反白高亮显示，按一下 Space(空格)键或 Delete 键，或单击常用工具栏上的剪切按钮即可删除相应文本。

8. 文档的保存

录入告一段落或完成后应将文档保存。除了系统自动保存外，可选择“文件”→“保存”命令或“文件”→“另存为”命令，或者单击工具栏中的“保存”按钮进行保存。首次保存文档时，在“另存为”对话框中应给出要存放文档的磁盘符和文档的名字。

练习二 Word 文档编辑。

Word 提供了强大的文档处理功能，充分利用它，可以对文档做所能想象的任何事情。

1. 新建文档模式选择

新建 Word 文档时，可以选择空白文档，也可以使用 Word 提供的各种模板。例如创建传真封页、信函、备忘录、新闻稿、英文简历、中文简历、表格、公文、实用文体、奖状、日历和信封等，可使用向导快速而简便地创建文档。

2. 文档文件编辑操作

Word 文档编辑时，如需修改、移动、删除等，操作前需先选定文字区域或图形对象。

(1) 编辑内容的选定。

使用鼠标可以方便地选取操作对象。

(2) 剪切、复制、粘贴。

剪切、复制、粘贴是常用的编辑命令，它们通过 Windows 的剪贴板实现。执行选定操作后，可通过剪切(cut)或复制(copy)命令将所选对象放到剪贴板上去。剪切命令将选取对象从文档中删除放入剪贴板，复制命令是将选定对象的一个备份放入剪贴板。使用方法：

利用粘贴(Paste)命令，可使剪贴板上的内容粘到文档的插入点上。

快捷键：剪切(Ctrl+X)、复制(Ctrl+C)、粘贴(Ctrl+V)。

(3) 撤销与重复。

在Word的编辑过程中发生误操作可撤销。使用方法如下：

① 选择“编辑”→“撤销”命令，可取消最后进行的一次操作。重复撤销操作，可依次取消最后之前的一次操作。

② 按Ctrl＋Z组合键。

③ 在常用工具栏中单击“撤销”按钮。

在Word中已撤销的操作可用“重复”命令恢复过来，或将当前操作重复一遍。使用方法如下：

① 选择“编辑”→“重复”命令。

② 在常用工具栏中单击“重复”按钮。

(4) 查找与替换。

在Word中可以查找文本、格式以及带格式和样式的文本。操作方法如下：

① 从菜单中选择“查找”命令(快捷键为Ctrl＋F)。

② 在“查找”对话框的“查找内容”文本框中输入要查找的文本，并在“搜索范围”列表框中选定是从插入点开始向上或向下搜索还是在整个文档中搜索。

③ 单击“查找”按钮后开始查找，当找到所查找的内容时高亮提示。当修改指定范围时，可继续搜索查找。

(5) 对查找结果进行替换操作。

① 在“查找”对话框中选择“替换”选项卡，输入替换的内容。对每一个查找结果进行有选择的替换时可单击“替换”按钮，也可单击“全部替换”按钮。

② 可通过选择“编辑”→“替换”命令进入“替换”对话框，也可通过快捷键(Ctrl＋H)直接进入，进行替换操作时自动预先查找。

练习三　设置字符和段落的格式。

可在文档录入前设置格式，或在录入后选定文本块再对其进行设置。

1. 设置字符的格式

选择“字体”菜单，在弹出的“字体”对话框中进行格式设置。

利用“字体”对话框对选定的文本，不仅可进行字体、字型、字号、颜色及字符间距的设置，还可进行特殊效果的设置，并可同时在预览框中预览效果。

2. 设置段落的格式

选择“段落”菜单，在弹出的“段落”对话框中进行格式设置。

利用“段落”对话框对选定的段落进行左右缩进、段落对齐方式、行距和段间距等的设置。字体和段落的常用格式设置，也可通过格式工具栏进行，比较快捷方便。

练习四　表格处理。

1. 表格的建立

用表格菜单可建立、编辑表格，对表格中的数据进行计算和处理。

在文档中创建表格时，先将插入点移到要插入表格的位置，再选择“插入”→“表格”命令，可以用鼠标选择定义表格行列，也可以用“插入表格”对话框参数定义表格行列，如实验图 4.1 所示。

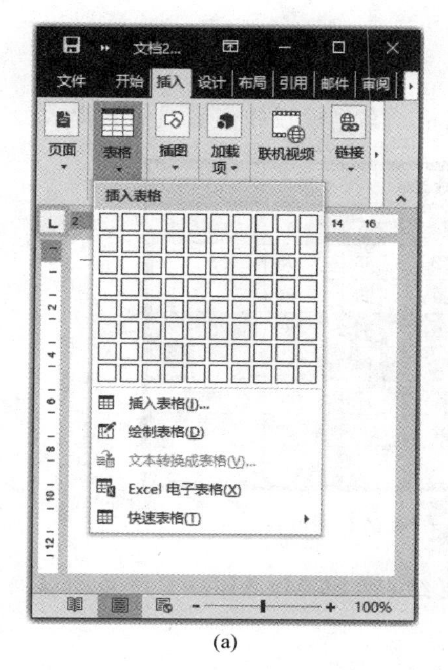

(a)

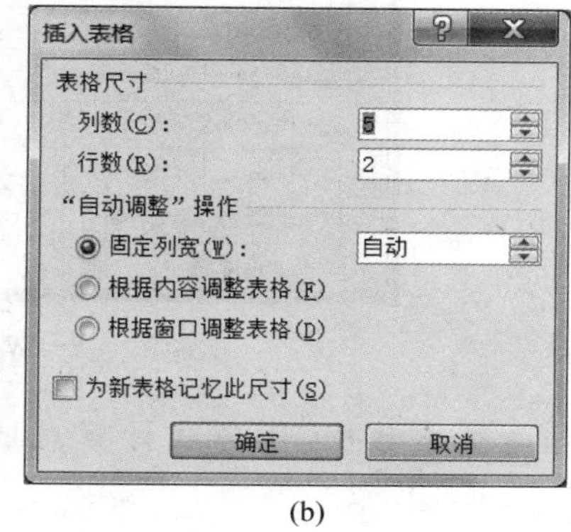

(b)

实验图 4.1 插入表格

2. 表格行列调整

用鼠标可方便地拖出一个原始表格,然后用鼠标拖动表格的纵线或横线调整表格的栏宽或栏高。在"表格工具"的"设计"选项卡中,选择"边框"功能区右下角扩展箭头调出"边框和底纹"对话框,对表格的线型、线宽、颜色和修饰等进行设置。

有了表格框架之后,有几种方法可以调整表格。可用水平标尺和垂直标尺来调整,单击表线按下鼠标键拖动可以改变列宽,双击列边缘也可以重设列宽。用鼠标拖动,进行表格线调整及改变栏宽和栏高的设置。

表格中的列宽与行高,可通过选择"表格工具"的"布局"选项卡中"单元格大小"功能区的右下角扩展箭头,打开"表格属性"对话框中的"行"选项卡和"列"选项卡进行精确调整,也可通过"表格"选项卡的"选项"按钮设置单元格间距。

3. 增加单元格

在要插入单元格的位置选定单元格,再单击"布局"选项卡上的"行和列"功能区的右下角扩展箭头,打开"插入单元格"对话框,选择插入方式。要增加列时,在要插入新列位置的右方选择一列或多列(要插入几列选择几列),再选择"布局"→"在左侧插入"命令。

4. 删除单元格

先选定要删除的单元格,再选择"布局"→"删除"命令,出现"删除"对话框。可选择删除单元格,或删除列,或删除行,或删除表格。

要删除表格中的多行时，先选定多行，再选择“布局”→“删除行”命令。删除多列时，先选定多列，再选择“布局”→“删除列”命令。

5. 基本实验

试参考案例模板制作编排学习成绩单表格。案例模板如实验图 4.2 所示。

学习成绩单					
学号	姓名	数学	英语	政治	平均成绩
201320000	王应文	92	86	93	
201320001	张小斌	90	95	81	
201320003	刘君勇	86	86	96	
201320004	孙　海	93	89	95	
201320006	李晓林	97	93	89	
201320008	舍林辉	97	100	83	
总成绩					

实验图 4.2　Word 表格案例模板

要求输入基本数据，用公式计算总成绩(=SUM(ABOVE))及个人平均成绩(=AVERAGE(LEFT))等。

练习五　图形编辑和图文混排。

1. 图形图像

Word 文档中的图形图像有“图片”“形状”等插入对象，可来自：

(1) 绘制图形。Word 系统有各种“形状”绘制工具，可画“线条”“基本形状”“箭头汇总”“流程图”“标注”等各种图形对象，还可进行组合、改变视图方向或给图形着色等。

(2) 用“插入”操作，选取所需图形类型，选取图片，即可完成图片的插入。

(3) 绘图软件画图。用专门的绘图软件绘制的图形。

(4) 图形图像文件。来自图形扫描、拍照、下载的图形图像文件均可插入 Word 文档。

2. 插入图形对象

在文件中插入图形图像，可用“插入”命令操作，也可用“复制”或“剪切”命令操作。

3. 图形图像的编辑

单击插入的图形，在其边框上出现 8 个尺寸控制点，用鼠标拖动控制点可改变图形纵向或横向的尺寸，可选择“裁剪”工具对图形图像进行裁剪。

4. 图文混排

图文混排有多种形式，可右击已插入的图形，再单击“设置对象格式”。单击图片工具栏上的“文字环绕”，在弹出的“设置对象格式”对话框中选择“版式”选取格式。可单击“高级”按钮，选择其他板式。另外，还可选择图形在文本中的位置是靠左边、靠右边还是居中间等。

5. 基本练习

参考模板，对一个 Word 基本数据文档插入表格对象、图形对象，进行图形组合，增加底纹图像或水印等，并对各种数据对象进行格式编排，如实验图 4.3 所示。

6. 综合练习

参考案例文档模板，试编制某企业生产的小型电器产品的技术使用说明书，产品有几类款式型号，各有特点。文档要求：

（1）制作表格列举说明相关技术指标、技术参数等；

（2）插入产品照片；

（3）用工作流程图表示操作方法等；

（4）增加页眉、页脚阅读标识，增加一些美化版面的效果。

案例文档如实验图 4.4 所示。

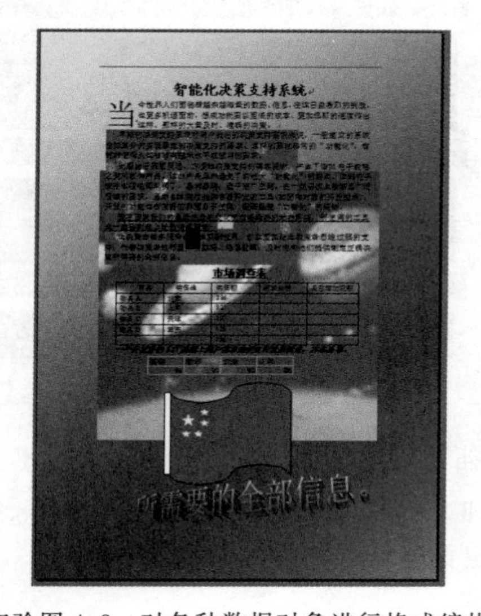

实验图 4.3　对各种数据对象进行格式编排

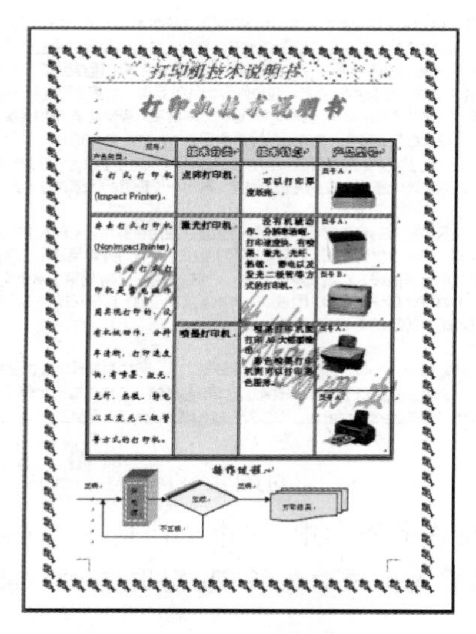

实验图 4.4　图文编排案例文档

练习六　插入数学公式对象。

1. 插入基本数学公式

$$\sin x = x - \frac{x^3}{3!} + \frac{x^5}{5!} - \frac{x^7}{7!} + \cdots \quad (x < \infty)$$

$$\cos x = 1 - \frac{x^2}{2!} + \frac{x^4}{4!} - \frac{x^6}{6!} + \cdots \quad (x < \infty)$$

2. 编写组合数学公式

$$\lim_{x \to 0} \frac{\int_0^x \sin^2 t \mathrm{d}t}{x}$$

$$\sigma = \sqrt{\frac{\sum (x_i - \bar{x})^2}{n - 1}}$$

练习七　插入文档目录管理对象。

参考给出的未排版的文本文档和目录提取样板，试将未排版的文档排版并提取目录。

案例文档如实验图 4.5 所示。

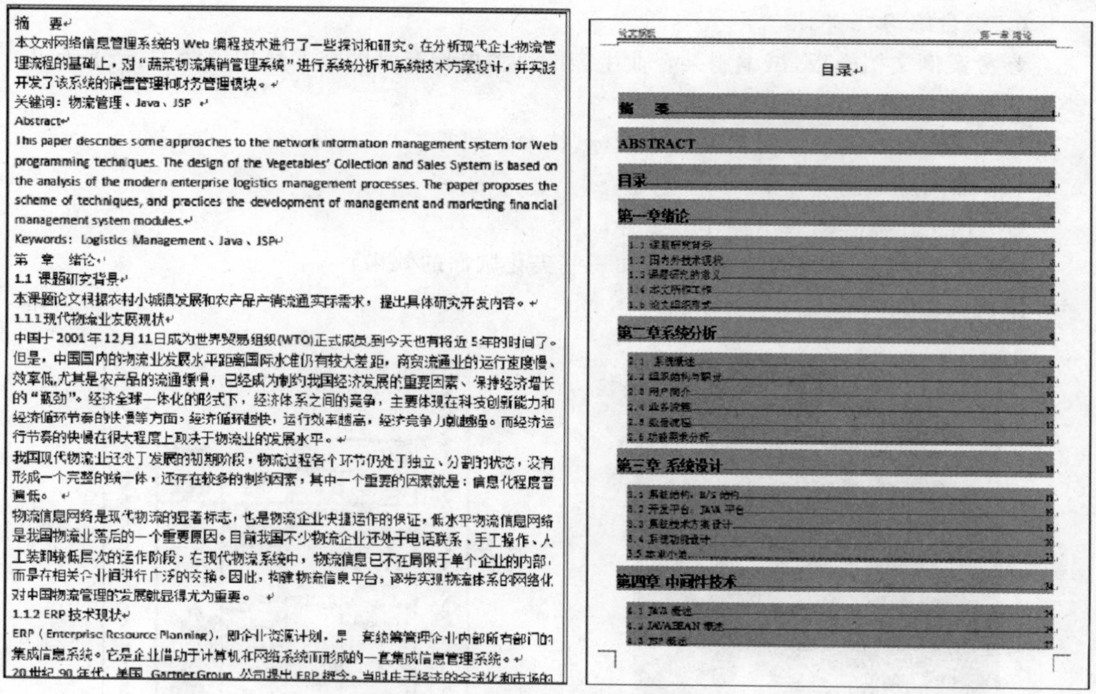

摘　要

本文对网络信息管理系统的 Web 编程技术进行了一些探讨和研究。在分析现代企业物流管理流程的基础上，对“蔬菜物流集销管理系统”进行系统分析和系统技术方案设计，并实践开发了该系统的销售管理和财务管理模块。

关键词：物流管理、Java、JSP

Abstract

This paper describes some approaches to the network information management system for Web programming techniques. The design of the Vegetables' Collection and Sales System is based on the analysis of the modern enterprise logistics management processes. The paper proposes the scheme of techniques, and practices the development of management and marketing financial management system modules.

Keywords: Logistics Management、Java、JSP

第　章　绪论

1.1 课题研究背景

本课题论文根据农村小城镇发展和农产品产销流通实际需求，提出具体研究开发内容。

1.1.1 现代物流业发展现状

中国于 2001 年 12 月 11 日成为世界贸易组织(WTO)正式成员,到今天也有将近 5 年的时间了。但是，中国国内的物流业发展水平距离国际水准仍有较大差距，商贸流通业的运行速度慢、效率低,尤其是农产品的流通缓慢，已经成为制约我国经济发展的重要因素、保持经济增长的“瓶劲”。经济全球一体化的形式下，经济体系之间的竞争，主要体现在科技创新能力和经济循环节奏的快慢等方面，经济循环越快，运行效率越高，经济竞争力就越强。而经济运行节奏的快慢在很大程度上取决于物流业的发展水平。

我国现代物流业还处于发展的初期阶段，物流过程各个环节仍处于独立、分割的状态，没有形成一个完整的统一体，还存在较多的制约因素，其中一个重要的因素就是：信息化程度普遍低。

物流信息网络是现代物流的显著标志，也是物流企业快捷运作的保证，低水平物流信息网络是我国物流业落后的一个重要原因。目前我国不少物流企业还处于电话联系、手工操作、人工装卸较低层次的运作阶段。在现代物流系统中，物流信息已不在局限于单个企业的内部，而是在相关企业间进行广泛的交换。因此，构建物流信息平台，逐步实现物流体系的网络化对中国物流管理的发展就显得尤为重要。

1.1.2 ERP 技术现状

ERP（Enterprise Resource Planning），即企业资源计划，是一套统筹管理企业内部所有部门的集成信息系统。它是企业借助于计算机和网络系统而形成的一套集成信息管理系统。

20 世纪 90 年代，美国 Gartner Group 公司提出 ERP 概念。当时由于经济的全球化和市场的

论文预览　　第一章 绪论

目录

实验图 4.5　提取目录管理对象案例

在该案例图中，左边文档是一个未经编排的纯文本文档，首先设置各标题字号、字体等，再插入目录对象管理，提取全文目录，自动标定页码。

实验五　Excel 电子表格数据管理与应用

一、实验目的

掌握使用 Excel 电子表格数据处理程序创建和编辑基本数据表并进行表格数据格式化编排的方法；掌握表格数据的引用并会使用及各种数据处理功能，进行数据处理与分析；使用各种计算方法解决实际问题。

二、实验内容

1. 数据表基本数据计算与数据处理对象；
2. Excel 文件间多表数据计算；
3. 假设分析问题求解计算；
4. 模拟运算问题求解计算；
5. 数据透视表应用与计算；
6. 图表的建立。

三、实验步骤

练习一　Excel 基本数据计算与数据处理对象。

1. 数据表单表数据计算

试参考案例模板，输入数据创建学习成绩单 Excel 表格文件，注意数据类型。案例模板如实验图 5.1 所示。

要求输入基本数据，试用公式进行各种类型的数据计算，如计算班级小组总成绩(＝SUM(ABOVE))，计算个人平均成绩(＝AVERAGE(LEFT))等，进行字符数据连接运算(＝B2&"学号是"&A2)、排序计算、筛选计算等，并进行基本数据表的格式编排。

要求完成实验过程，输出计算结果。

2. Excel 簿文件多表数据计算

参照案例，创建两个 Excel 数据簿. xls(或. xlsx)文件，例如数据簿文件 1 取名“生物 1 班成绩簿. xls”，数据簿文件 2 取名“生物 2 班成绩簿. xls”。

创建代表两个班的这两个数据簿文件，每个文件中的每一页又可以记录各学期的成绩，如 Sheet1 为第一学期成绩单。设两个班分别开设相同的课程，如“英语”“数学”“化学”等科目。要求完成：

(1) 计算来自两个班的数据簿文档数据，如计算两个班第一学期成绩单数据的总“平均成绩”之差。实验结果如实验图 5.2 所示。

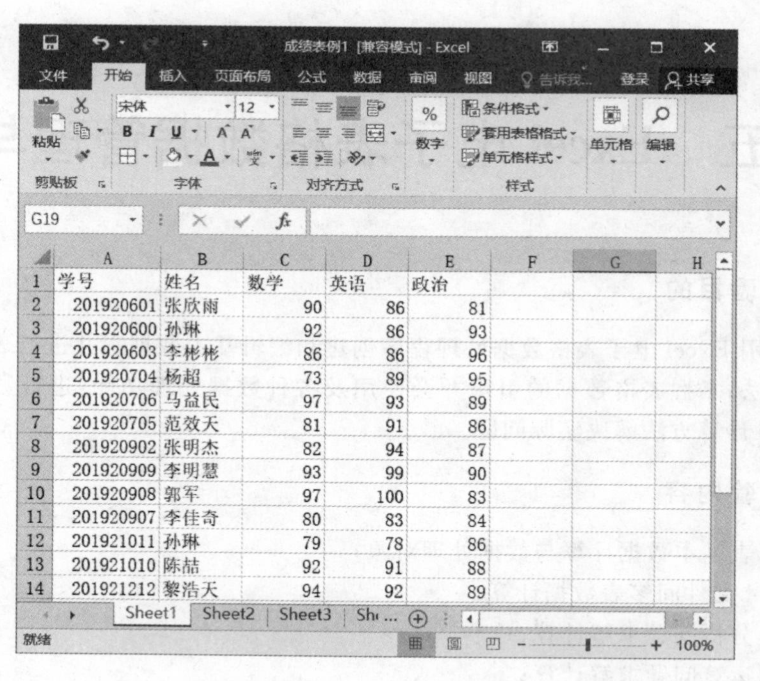

	A	B	C	D	E
1	学号	姓名	数学	英语	政治
2	201920601	张欣雨	90	86	81
3	201920600	孙琳	92	86	93
4	201920603	李彬彬	86	86	96
5	201920704	杨超	73	89	95
6	201920706	马益民	97	93	89
7	201920705	范效天	81	91	86
8	201920902	张明杰	82	94	87
9	201920909	李明慧	93	99	90
10	201920908	郭军	97	100	83
11	201920907	李佳奇	80	83	84
12	201921011	孙琳	79	78	86
13	201921010	陈喆	92	91	88
14	201921212	黎浩天	94	92	89

(a)

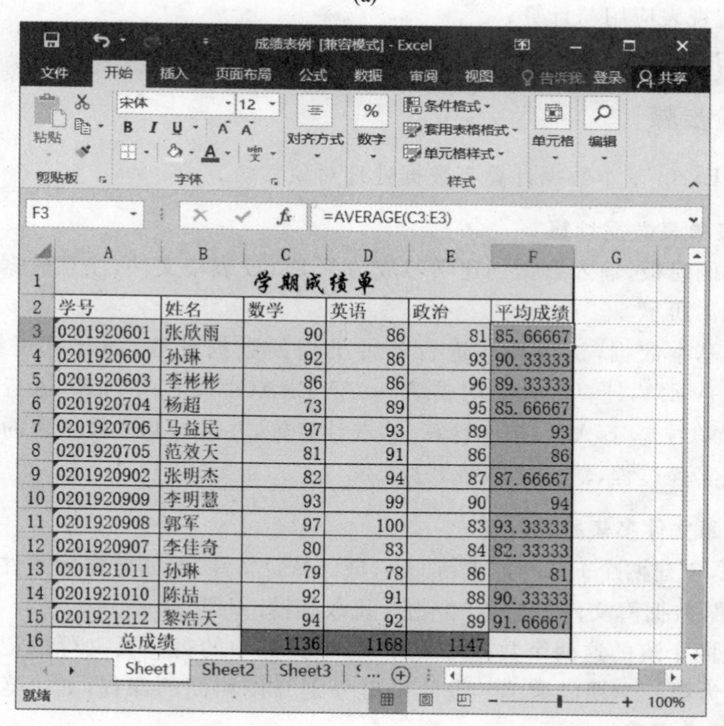

F3 =AVERAGE(C3:E3)

	A	B	C	D	E	F
1	学期成绩单					
2	学号	姓名	数学	英语	政治	平均成绩
3	0201920601	张欣雨	90	86	81	85.66667
4	0201920600	孙琳	92	86	93	90.33333
5	0201920603	李彬彬	86	86	96	89.33333
6	0201920704	杨超	73	89	95	85.66667
7	0201920706	马益民	97	93	89	93
8	0201920705	范效天	81	91	86	86
9	0201920902	张明杰	82	94	87	87.66667
10	0201920909	李明慧	93	99	90	94
11	0201920908	郭军	97	100	83	93.33333
12	0201920907	李佳奇	80	83	84	82.33333
13	0201921011	孙琳	79	78	86	81
14	0201921010	陈喆	92	91	88	90.33333
15	0201921212	黎浩天	94	92	89	91.66667
16	总成绩		1136	1168	1147	

(b)

实验图 5.1　Excel 表格案例模板

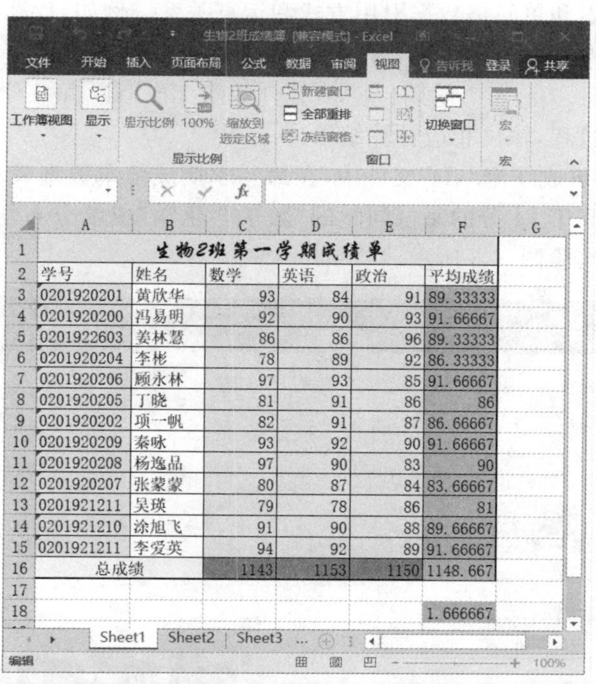

学号	姓名	数学	英语	政治	平均成绩
生物2班第一学期成绩单					
0201920201	黄欣华	93	84	91	89.33333
0201920200	冯易明	92	90	93	91.66667
0201922603	姜林慧	86	86	96	89.33333
0201920204	李彬	78	89	92	86.33333
0201920206	顾永林	97	93	85	91.66667
0201920205	丁晓	81	91	86	86
0201920202	项一帆	82	91	87	86.66667
0201920209	秦咏	93	92	90	91.66667
0201920208	杨逸品	97	90	83	90
0201920207	张蒙蒙	80	87	84	83.66667
0201921211	吴瑛	79	78	86	81
0201921210	涂旭飞	91	90	88	89.66667
0201921211	李爱英	94	92	89	91.66667
总成绩		1143	1153	1150	1148.667
					1.666667

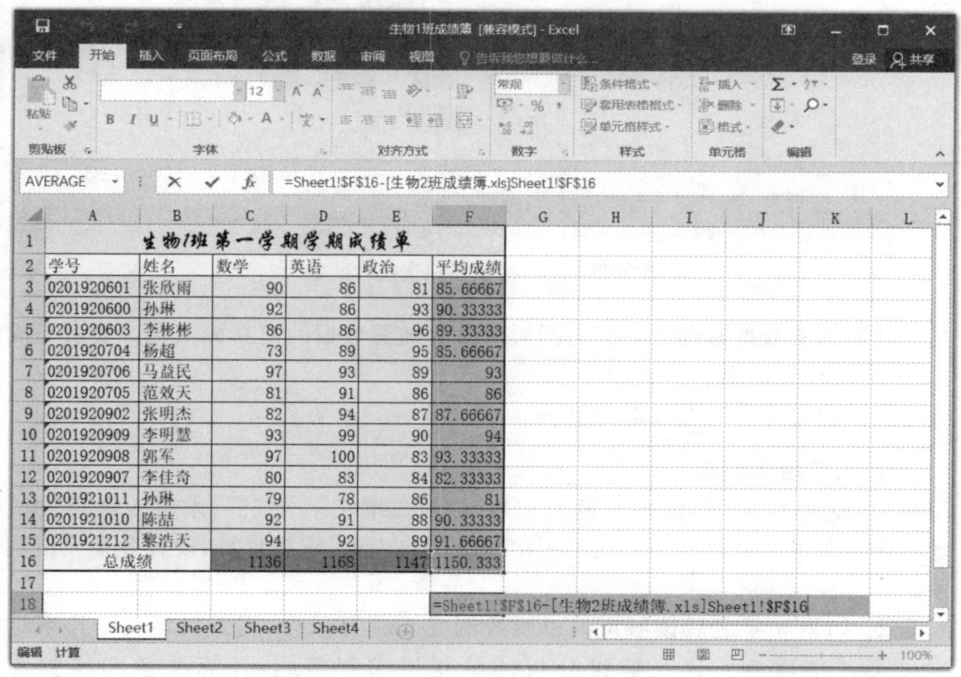

=Sheet1!$F$16-[生物2班成绩簿.xls]Sheet1!$F$16

学号	姓名	数学	英语	政治	平均成绩
生物1班第一学期学期成绩单					
0201920601	张欣雨	90	86	81	85.66667
0201920600	孙琳	92	86	93	90.33333
0201920603	李彬彬	86	86	96	89.33333
0201920704	杨超	73	89	95	85.66667
0201920706	马益民	97	93	89	93
0201920705	范效天	81	91	86	86
0201920902	张明杰	82	94	87	87.66667
0201920909	李明慧	93	99	90	94
0201920908	郭军	97	100	83	93.33333
0201920907	李佳奇	80	83	84	82.33333
0201921011	孙琳	79	78	86	81
0201921010	陈喆	92	91	88	90.33333
0201921212	黎浩天	94	92	89	91.66667
总成绩		1136	1168	1147	1150.333
					=Sheet1!$F$16-[生物2班成绩簿.xls]Sheet1!$F$16

实验图 5.2　引用计算两个打开数据簿文件的数据

此案例实验的计算结果显示在指定单元格 F18 中，数值为 1.666667。

注意，在一个公式中引用不同工作簿、工作表的数据进行运算，计算时要注意不同工作簿、数据簿、数据表和单元格数据引用方式和运算关系。例如，计算两个班在同一学期，某两位同学同一门课程的成绩之差，可写成计算公式：

=[数学 1 班. xls]第 1 学期！$A$4－[数学 2 班. xls]第 1 学期！$A$4

要求完成实验过程，输出相应计算结果。

(2) 在“生物 1 班成绩簿. xls”文件中，在第一学期成绩单数据表单独建立一个图表，统计本学期“英语”高于 94 分的每位同学的“数学”“化学”成绩分布情况。按条件筛选统计数据实验结果如实验图 5.3 所示。

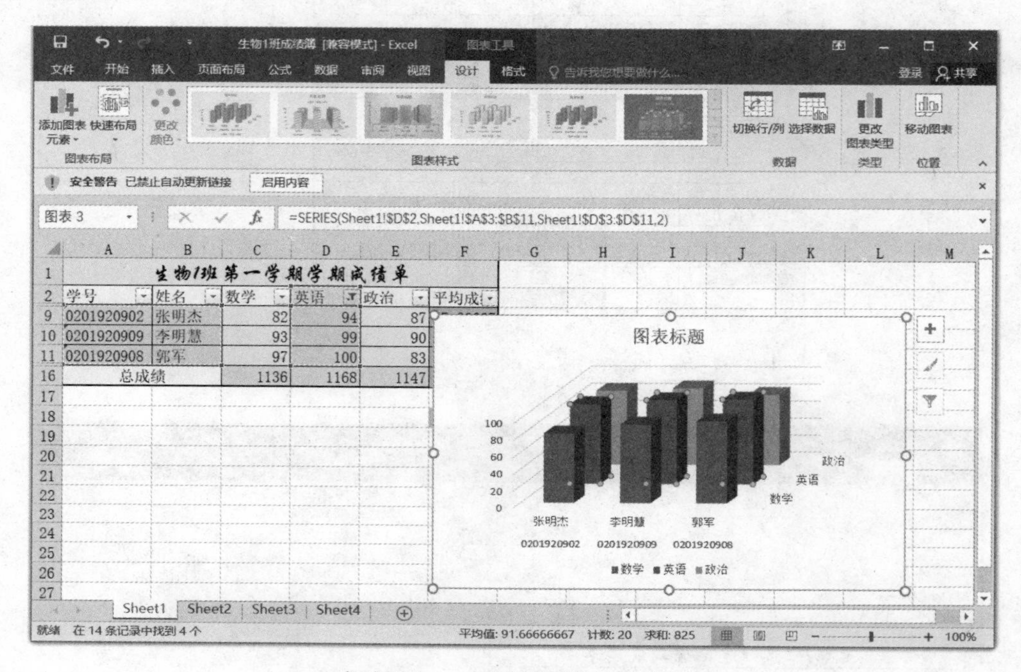

实验图 5.3　按条件筛选统计数据

在条件筛选的数据基础上生成的图形对象会随着数据的更新而变化。要求完成实验过程，输出相应计算结果。

练习二　假设分析问题求解计算。

1. 城市人口增长问题

问题 1：设某城市当年人口数量为 480 万，人口增长率为 6%，求解 5 年后该城市人口数量应该是多少？可以利用公式 $P=480\times(1+0.06)^5$ 求解计算，设置各单元格数据运算关系。

问题 2：如果 5 年之后该城市人口要控制在 630 万以内，问人口年均增长率应控制在多少以下才能实现？这是假设分析的单变量求解问题，计算关系如实验图 5.4 所示。

要求完成实验过程，输出相应计算结果。

2. 高次方程双向求解问题

问题 1：求解高次方程

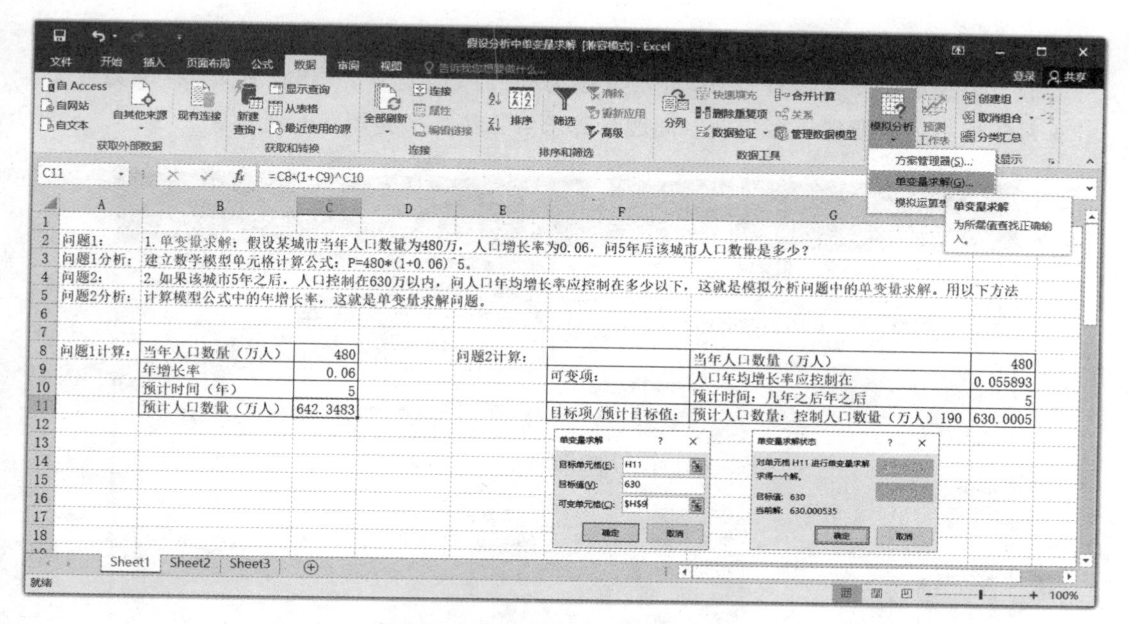

实验图 5.4　假设分析问题求解关系

$$y = 2 \times x^3 + 9 \times x^2 + 5 \times x + 3$$

问题 2：如果 y 值保持在 300，x 取值多少？问题求解方法如实验图 5.5 所示。

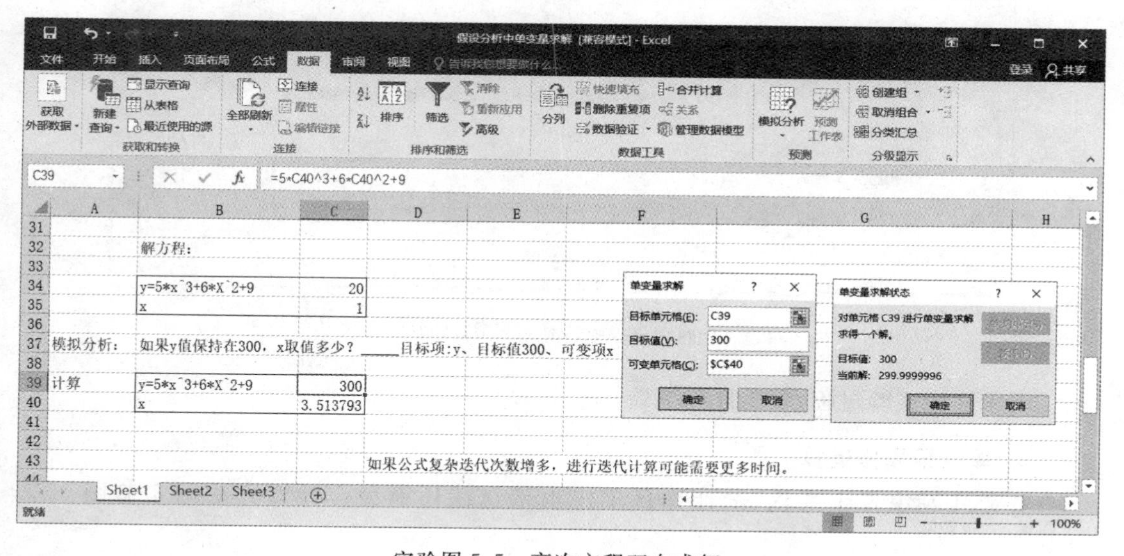

实验图 5.5　高次方程双向求解

要求完成实验过程，输出计算结果。

练习三　模拟运算问题求解计算。

1. 贷款与还贷问题

假设要买房需要到银行贷款，贷款总额为69万，计划分20年偿还，年利率为5%。计算每年连本带息要偿还多少钱？问题计算求解方法如实验图5.6所示。

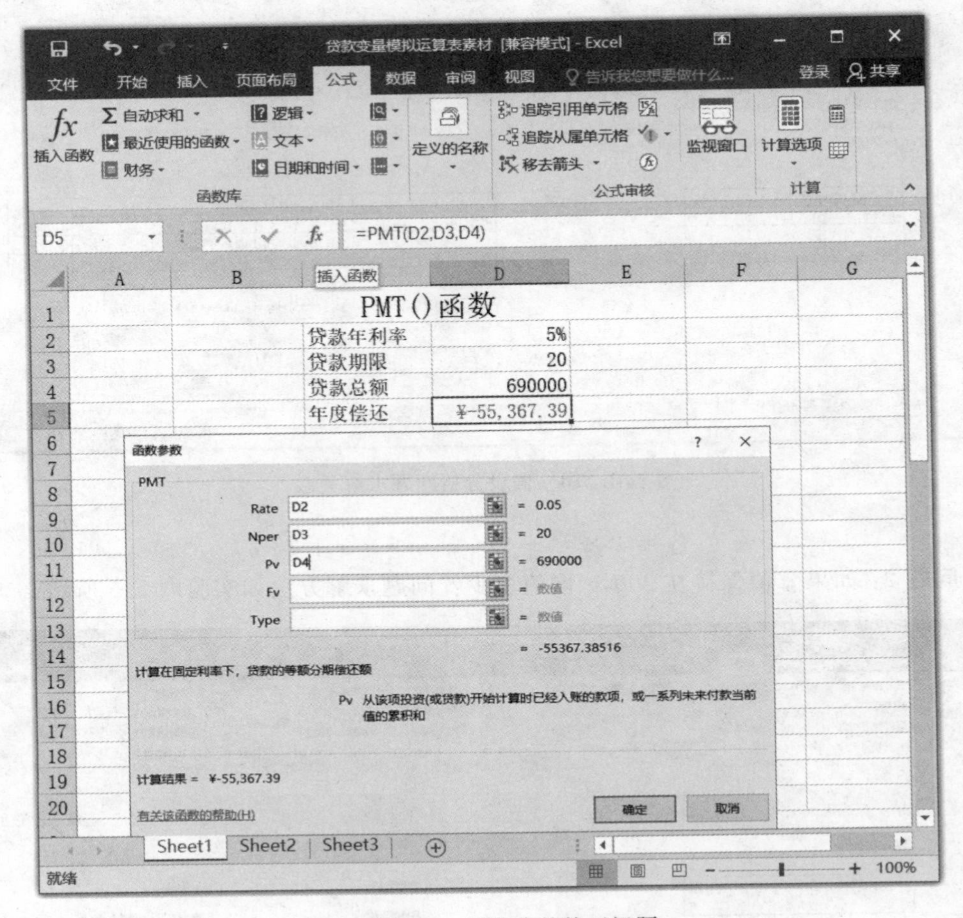

实验图5.6 计算贷款偿还问题

要求完成实验过程，输出计算结果。

2. 单变量模拟运算

如果年利率发生变化，试计算每年连本带息偿还额度。计算方法如实验图5.7所示。

要求完成实验过程，输出相应计算结果。

3. 双变量求解模拟运算

如果年利率发生变化，试计算选择不同的贷款年限，每年连本带息偿还额度。计算方法如实验图5.8所示。

要求完成实验过程，输出相应计算结果。

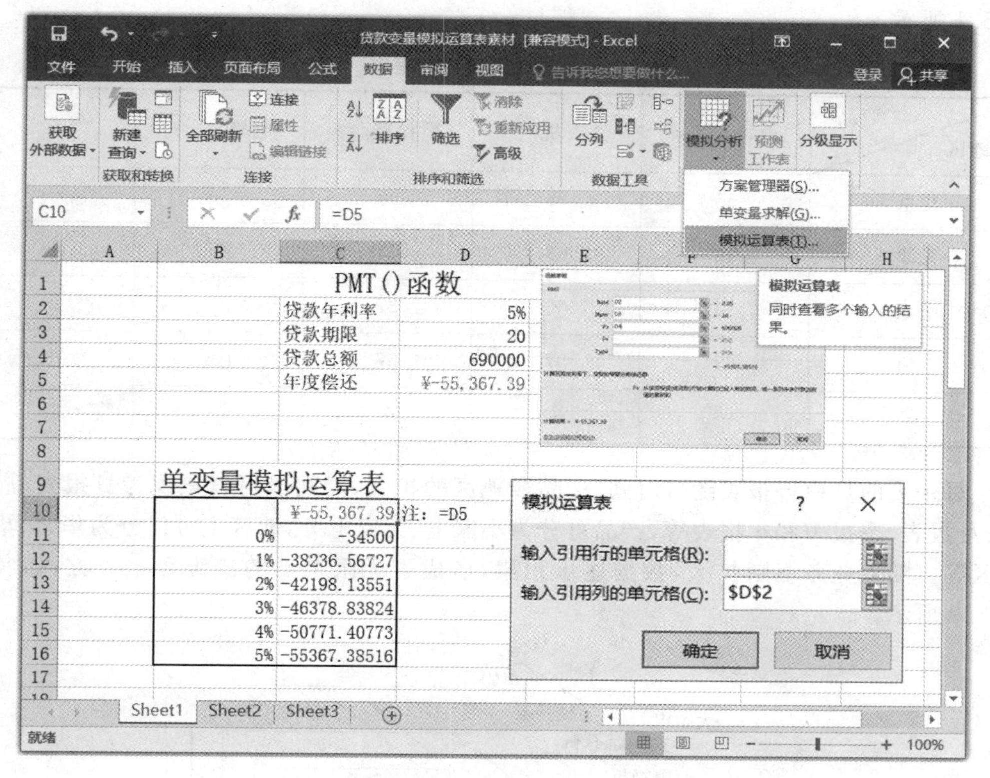

实验图 5.7　利率变化偿还额度计算

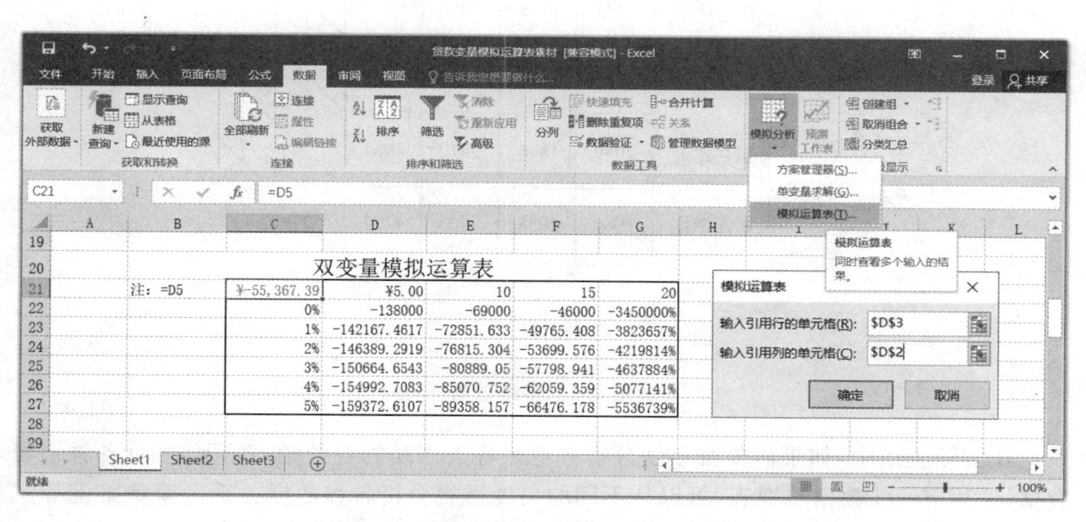

实验图 5.8　贷款年限和利率变化的偿还额度计算

练习四　数据透视表应用——大数据计算分析。

某连锁公司经营多种类型的商品，每日通过企业 Intranet 进出销售流水账无数，其中家电类日销售统计。以家电类部分产品在部分地区的日销售报表为例，销售数据如实验

表 5.1 所示。

实验表 5.1　销售数据表

商品 地区	电视机/台	洗衣机/台	搅拌器/台	电熨斗/个	…
北京	56	78	98	36	…
天津	18	68	75	25	…
南京	34	56	27	35	…
上海	67	97	57	109	…
…	…	…	…	…	…

每一天的日销售报表随着时间、产品和地区的扩大,时间上可以累积为日报表、周报表、月报表、季报表和年报表等,产品可分为小家电、大家电等,地区上可以分为华北、华东地区等。随着业务不断扩大,数据逐步积累,形成了无限扩展的三维数据立方,如实验图 5.9 所示。

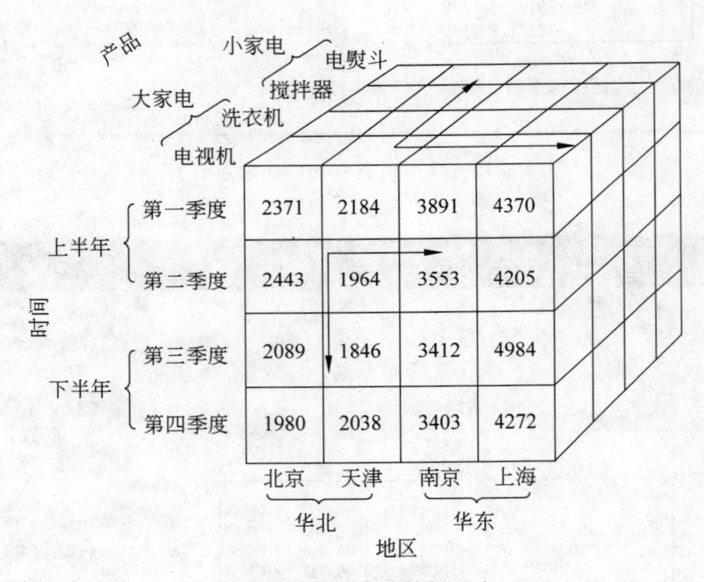

实验图 5.9　多维数据立方

在实际应用中,如果需要按年度分析各地区各类产品的各种销售情况,统计各种销售数据,使用 Excel 数据透视表,可以从不同的角度透视分析各种数据关系。简单案例如实验图 5.10 所示。

实验图 5.10　从不同角度透视分析各种数据关系

参照给出的案例，试设计简单数据分类要求，完成实验过程，进行各种简单统计分析并输出运算结果。

实验六　PowerPoint 演示文稿设计与制作

一、实验目的

1. 掌握演示文稿的设计与创意；
2. 掌握模板设计制作幻灯片；
3. 掌握母版设计及各种效果的设计制作；
4. 掌握各种插入对象的使用；
5. 掌握幻灯片放映和切换各种效果。

二、实验内容

1. 发挥个性化创意，凝练演示内容主题；
2. 利用样本模板创建演示文稿；
3. 母版设计应用；
4. 设置动画效果；
5. 幻灯片插入对象；
6. 幻灯片放映和切换效果。

三、实验步骤

练习一　提炼主题与个性化创意。

创作设计主题，制作 6～8 页电子演示文稿 PPT 或 PPTX 文件。

要求设计页面、精简内容，在各类占位符内按需要插入图表、图像和声音等数据对象，建立数据主题关联，进行格式编排等。播放时要求有页内动画、页间动画等表现主题分层的效果等。简单设计案例如实验图 6.1 所示。

练习二　利用样本模板创建演示文稿。

样本模板提供的设计包含配色方案、背景图案和各种范本格式，用样本模板设计演示文稿，可以利用现成样板集中精力创建文稿内容，而不用考虑文稿的设计形式和风格。

从“新建”菜单选择样本模板选项版，可以在将要制作的每一张幻灯片上显示出统一的配色设计图案等背景风格样本模板。

练习三　母版设计应用。

母版设计有幻灯片母版、讲义母版和备注母版几类。幻灯片母版可进行替换字形等全部内容更改，并使修订更改模式应用到演示文稿中的所有幻灯片，自动生成一个标题母版，常作为标题使用在封面的第一张幻灯片中。

通常可以使用幻灯片母版更改字体或项目符号，插入如徽标等要显示在多个幻灯片

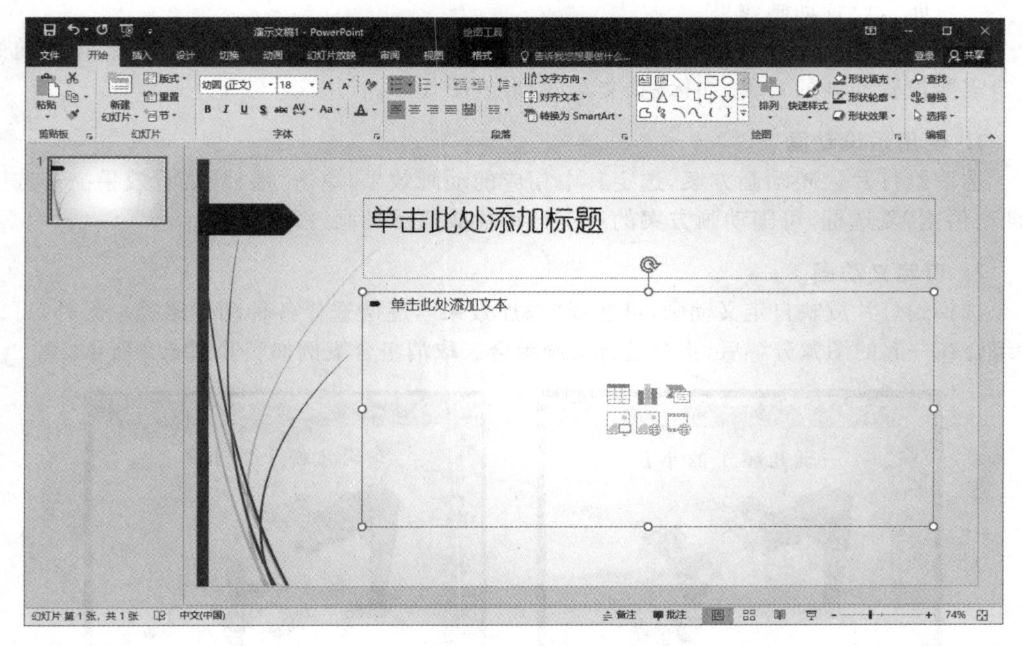

(a) 设计模板

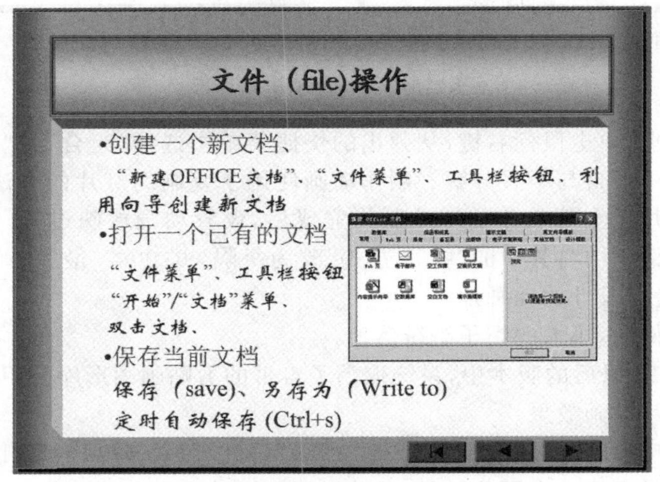

(b) 设计内容

实验图 6.1　简单设计案例

上的艺术图片，修改占位符的位置、大小和格式等。

在母版的"标题样式"区和"文本样式"区，只能分别定义标题和文本的字体、字号、字形等格式；在普通幻灯片相应区域输入文本时，会自动采纳设定的样式，母版的文字不会显示在每张普通幻灯片上。

通常母版的图案自动显示在每张普通幻灯片上，而在文本区和标题区只接受母版对字体、字号等格式的定义。

练习四　设置动画效果。

可在片内或片间设置动画效果。片内动画是为片中的对象设置动画效果。设置前先选定需要设置动画的对象,如标题、文本、图形或图片等。

1. 使用预设动画

选取幻灯片放映动画方案,选定其中相应的动画效果,单击“播放”观看效果。若选中“自动预览”复选框,可随动画方案的选定自动播放演示动画效果。

2. 自定义动画

选择幻灯片放映自定义动画,可选择“添加效果”,逐层选择各种动作路径。另外,可以将组合在一起的图像分解后,重新进行动画组合。取消组合案例如实验图 6.2 所示。

(a) 取消图片图像的各部分组合

(b) 帽子纷纷落地

实验图 6.2　取消组合案例

选择组合图形,单击鼠标右键,从弹出的快捷菜单中选择“组合”→“取消组合”命令,可将图中各种帽子各自与小人分解。制作动画使用了复制幻灯片的方法,制作帽子掉下来的若干张幻灯片。全部动作幻灯片制作完成后,设置动画放映过程。选择“幻灯片切换”命令,在其对话框中将其中的“换页方式”改为每隔 00:00s。最后单击“幻灯片放映”按钮,即可看到自己设计的动画片。

播放图中案例时,小人的帽子纷纷落地。

在 Office 2013 以后的版本中,系统取消了自带的剪贴画图形库。用户可以自己插入几何图形练习设计动画效果。

在“插入”选项卡的“插图”功能区选取“形状”,可以插入笑脸、云形、闪电等图形。

给“云形”图形定义一个漂移路径,漂移时间可以选定在 10s 左右。

然后定义闪电图形“出现”,之后再给闪电添加“脉冲”动画 3 次,每次间隔 0.03s 和 0.05s,且在最后一次脉冲执行完毕定义为“隐藏”。

给笑脸定义淡出动画,在闪电出现之前执行,时长 2s。

插入一幅照片,并置于底层。再复制一幅图片备份,将备份图片置于原图片的上层,效果选“柔化边缘”,并在“调整”功能区的艺术效果扩展框选“线条图”,模拟雨天情景。然后对该照片定义动画为“淡出”,在第一个闪电后出现,时长 2s。

执行播放,可以显示模拟云朵飘逸、闪电、下雨的动画效果,如实验图 6.3 所示。

练习五　幻灯片插入对象。

在幻灯片设计时,可以根据需要插入各种对象,如实验图 6.4 所示。

实验图 6.3 模拟云朵漂移、下雨的动画效果

实验图 6.4 选择插入各种对象

在当前设计幻灯片中可以插入各种对象。例如插入视频文件对象，设置自动播放声音，调整位置大小。可插入声音文件，设置自动播放；还可打开“录音”对话框，输入名称开始录音。完成录音，单击“确定”按钮，即在该幻灯片中插入录制的旁白，可在普通视图中播放检验效果。另外，还可以设置超级链接，实现幻灯片之间的链接或与其他幻灯片、Word 文档、Excel 电子表格、网络地址等链接。

练习六 幻灯片放映和切换效果。

1. 幻灯片放映

幻灯片放映的各种选项，包括“从头开始”“从当前幻灯片开始”“广播幻灯片”“自定义幻灯片放映”“排练计时”和“播放旁白”等多种设置选项，如实验图 6.5 所示。

实验图 6.5　幻灯片放映设置选项

试将这些选项分别用在已经建好的幻灯片里，检验其播放效果。

2. 切换效果

幻灯片播放时，每一页切换方式的选择有助于进入主题，突出内容层次，页间切换也有许多种效果可以选择，包括“切换到此幻灯片”效果、“声音”设置、“单击鼠标时”切换，或自动切换设置等，如实验图 6.6 所示。

实验图 6.6　幻灯片切换的各种选项

试设置不同的页间动画切换方式，观察设置幻灯片的演示效果。

实验七　Access 数据库技术应用

对于处理日益庞大而复杂的信息数据关系的大数据而言，Excel 数据表处理系统最突出的局限性在于，无法按数据表的关键字来建立数据表之间数据的各种关联。因此，需要使用数据库技术实现大数据管理，实现数据的存储与检索。在此以 Access 数据库管理系统为例，掌握实验方法，完成基本实验。

一、实验目的

1. 掌握数据库技术原理基本应用；
2. 掌握数据表数据关系的构建及应用；
3. 掌握数据库数据视图的实现方法；
4. 掌握窗体对象和报表对象访问数据库数据的设计方法。

二、实验内容

1. 设计创建数据库文件及数据库表对象；
2. 设计创建数据表对象的数据结构；
3. 设置关键字建立数据表对象的各种关联；
4. 设计创建数据库数据查询对象；
5. 创建窗体和报表对象；
6. 构建数据库数据关联视图。

三、实验步骤

练习一　创建数据库。

创建数据库首先要根据数据库技术原理和基础理论，分析整理数据，设计好创建数据库中各数据表对象的数据结构，包括设计每个表对象的数据项字段名、字段数据类型、字段值存储大小等属性。

要求参照以下简单案例，完成实验设计与实验过程。

1. 创建空数据库文件

启动 Access 数据库管理系统，创建一个新的空数据库，给数据库文件命名后，设置数据库文件存放路径，指定数据库保存位置，完成创建一个新数据库，在关闭前处于打开状态。关闭后，每次启动 Access 数据库管理系统，需要重新打开才能开发维护和使用。

2. 创建数据库中的数据表对象

在打开的数据库文件中，分别建立数据表对象，定义每个数据表的数据结构组成，定义数据项字段名、字段长度、字段类型等，并设置关键字，建立表之间的数据关联。

在此，以简单的学生信息管理系统为例，在打开的数据库中定义数据库的三个数据表对象，分别为学生修课成绩表 cj、开课课程编码表 kc 和学生基本信息表 xs。设置定义数据结构中各数据项字段的“字段名称”和“数据类型”，并设置定义表的主键(key)关键字。正确设置关键字后，可通过“关系”选项，检查在当前数据库中创建数据表的数据结构及数据表之间的关系，如实验图 7.1 所示。

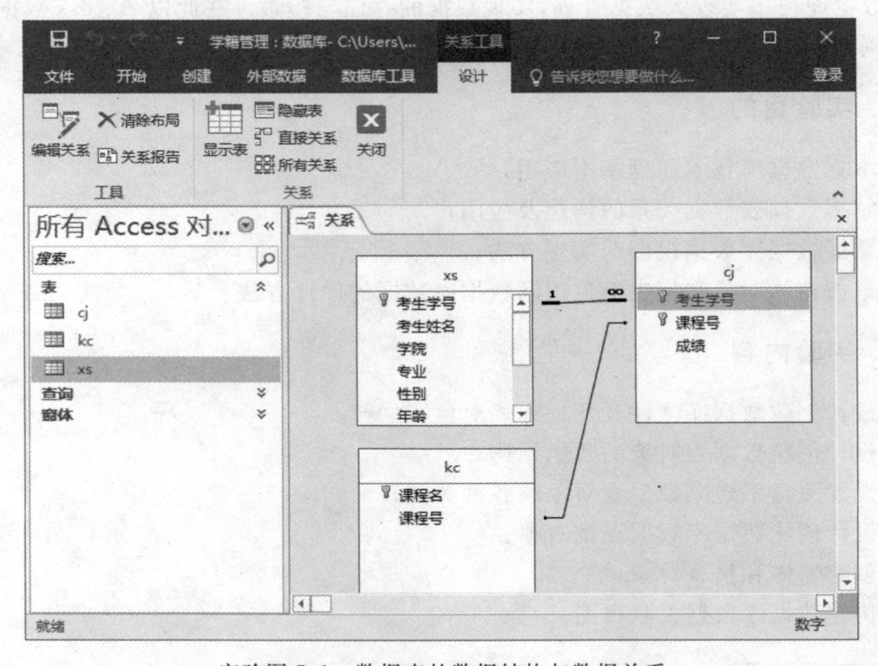

实验图 7.1　数据表的数据结构与数据关系

分别对这三个表输入数据。本案例中各个数据表对象中输入的数据如实验图 7.2 所示。

3. 设置数据库表关系定义

如果需要，还可以编辑设置数据表数据关系定义，可强化数据库系统数据管理的一致性、安全性和有效性。编辑设置关系定义如实验图 7.3 所示。

根据实际应用需要，可编辑选择关系定义中的“实施参照完整性”“级联更新相关字段”或“级联删除相关记录”等选项。数据表关系之间还可以设置“联接类型”中的“联接属性”，例如，选择只包含两个表中联接字段相等的行记录等。

参照实验案例，已将学生 xs 表中的“考生学号”字段与成绩 cj 表中的“考生学号”字段设置为一对多关系，试将课程 kc 表中的“课程号”字段与成绩 cj 表中的“课程号”字段设置为一对多关系。如果设置正确，则通过“1-∞”关联连线得以验证。

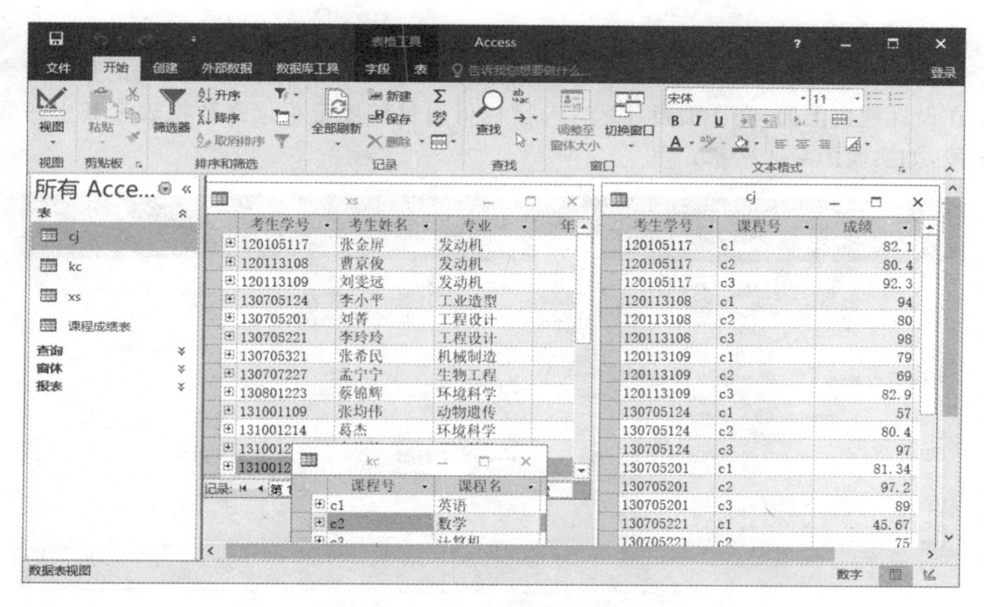

实验图 7.2　各个数据表中的数据

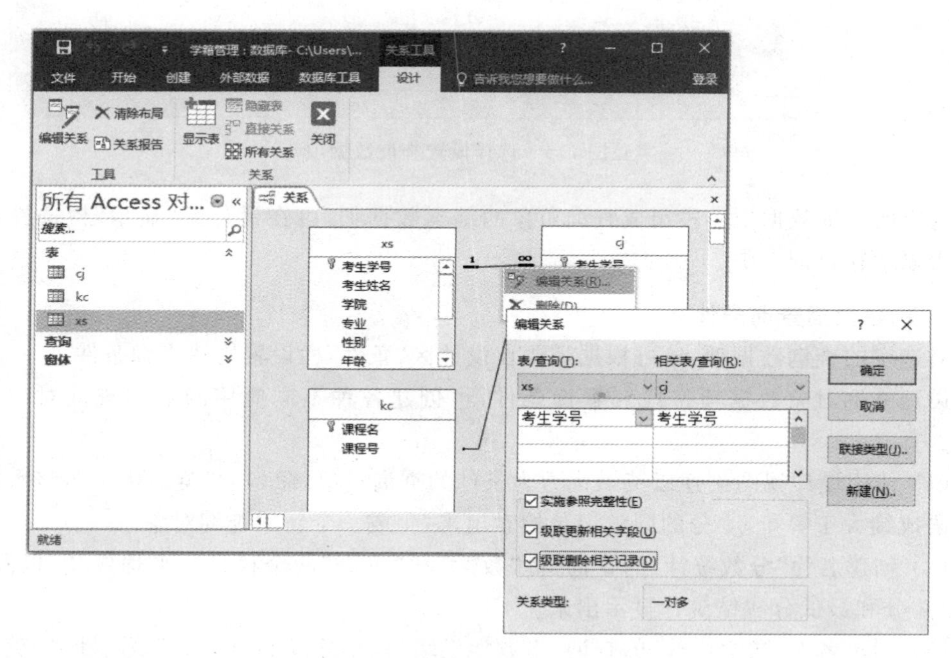

实验图 7.3　编辑设置关系定义

练习二　构建数据查询与计算。

按用户对数据库数据的查询检索要求，可在已经建立表间数据关联的数据库中组织构建查询对象的数据项字段与数据结构。

1. 创建查询对象

打开查询设计程序，选择数据库表对象作为数据源，按关键字自动关联的数据库表会显示在设计视窗上面，在下面设计区“字段”栏可通过扩展菜单选择数据表和其中的数据项字段，如实验图 7.4 所示。

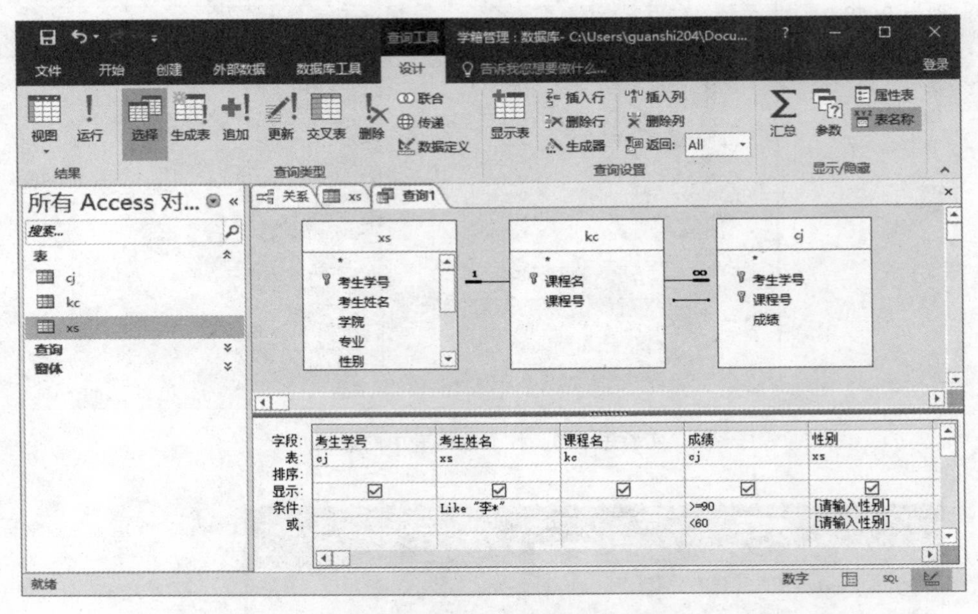

实验图 7.4　选择设置查询数据项

选定的查询数据项字段组成查询对象的基本数据项，可在设计区“显示”栏选择该字段是否显示在查询表中。

2. 构建数据查询条件

对选定的查询数据项，还可根据需要在设计区“条件”栏设置构建查询条件。

设计查询对象数据项字段和查询条件，可创建各种不同应用的数据查询对象。试完成：

(1) 使用设计视图创建以英语优秀为条件的查询对象，命名为“英语优秀”，将数据库中英语成绩大于等于 90 分的同学记录检索出来，生成一个新的查询对象。

(2) 创建名为“分数统计”的查询，将“数学”和“英语”两个科目的平均成绩，以及“数学”最高分和最低分成绩统计显示出来。

(3) 创建名为“数学优秀”的查询，将数学成绩为 90 分以上的学生学号、姓名、英语成绩、数学成绩、计算机成绩、专业和学院查询显示出来。

3. 分析各种查询实现的 SQL 算法

建立数据库不同应用视图的查询，实现各种检索应用功能，完成后可打开用 SQL 实现的程序设计源代码，试分析相关数据库查询功能所对应的 SQL 程序设计实现算法，如实验图 7.5 所示。

实验图 7.5　SQL 实现的程序算法

练习三　设计窗体对象。

打开已创建的数据库文件，为检索查询数据库数据等系统数据访问创建窗体对象。

1. 创建窗体对象

利用窗体设计程序的各种功能，可以创建基于数据表对象或查询对象数据源的视窗化数据访问或交互界面。窗体设计视图模式如实验图 7.6 所示。

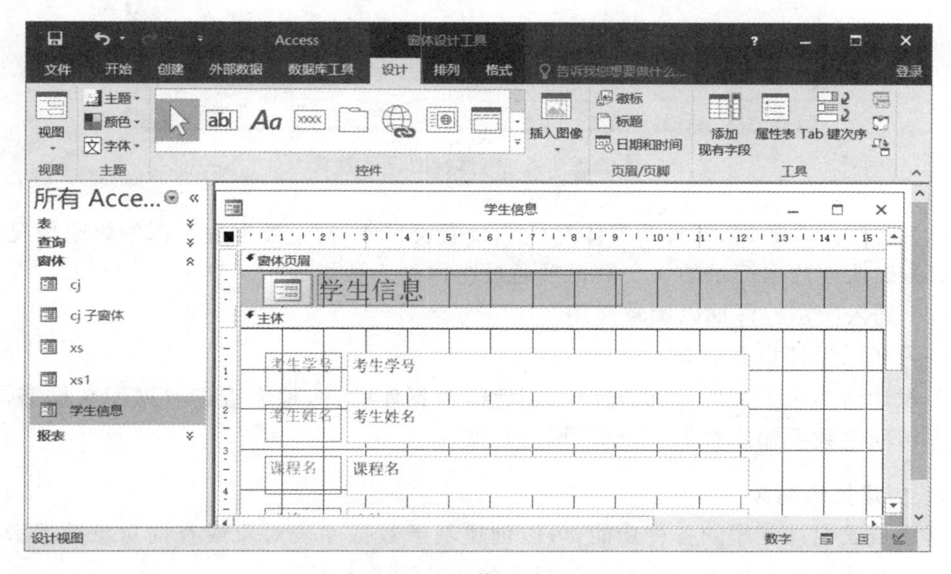

实验图 7.6　窗体设计视图模式

在窗体设计视图模式中分为“窗体页眉”和“主体”设计两部分，可以设计窗体标题、显示数据项字段提示和字段数据的位置及格式，其设计效果可以通过“窗体视图”检验，如实验图 7.7 所示。

在窗体视图运行模式下，可以浏览数据源，也可以通过单击“新(空白)记录”按钮追加新的数据记录。

2. 窗体设计实训

参照实验案例，设计实现：

(1) 创建一个可以录入学生成绩的窗体，选择数据表中所有字段，设计窗体使用的布局。设置窗体样式为自主设计，设置窗体标题为“成绩输入”。

(2) 利用成绩输入窗体，在窗体中新增数据记录，输入每一个数据项字段数据。

(3) 编辑修改窗体中的数据，即修改各数据项字段的数据值，如更改学号、删除记录等。

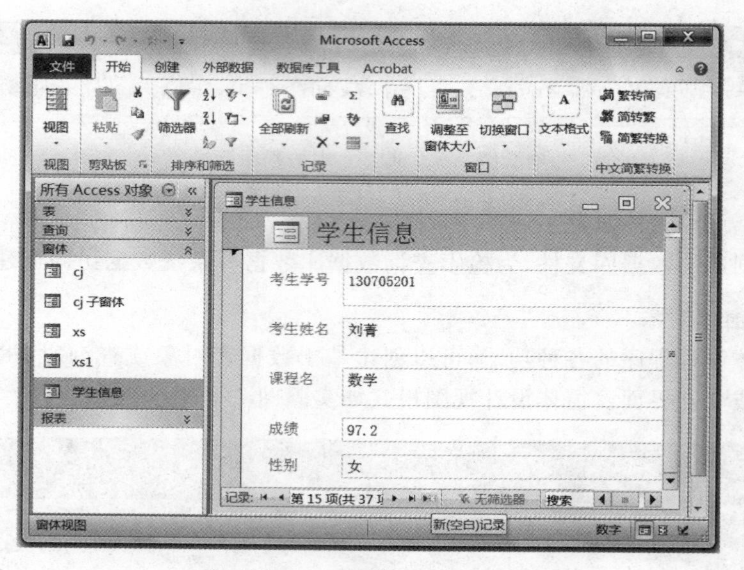

实验图 7.7　窗体视图设计效果

(4) 验证修改数据，即打开窗体对应的数据表对象，检查数据表数据的修改情况。

(5) 确认新数据记录的每个数据项通过窗体录入数据表中。

(6) 插入所需控件加以编辑应用。

练习四　设计报表对象。

与设计窗体对象类似，首先打开已创建的数据库文件，检索查询数据库数据等，相关数据库访问的数据输出数据源，创建报表对象。

1. 创建报表对象

利用报表设计程序的各种功能，可以创建基于数据库表对象或查询对象数据源的格式化数据库数据输出报表。报表设计视图如实验图 7.8 所示。

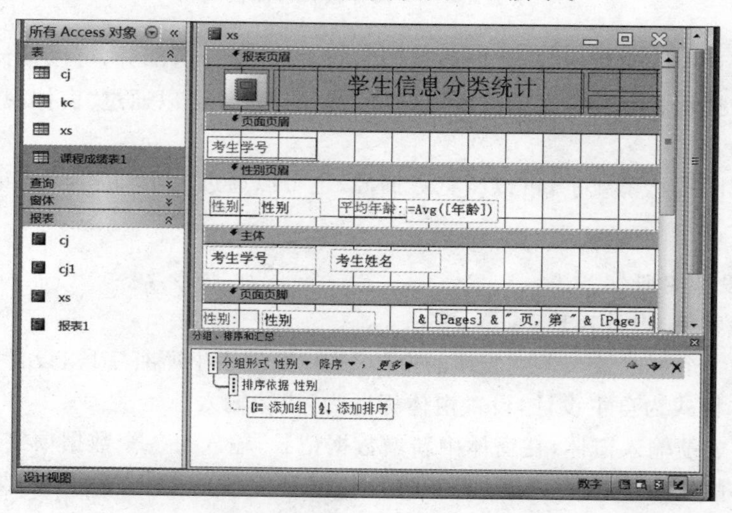

实验图 7.8　报表设计视图

在报表设计视图模式中，根据数据源数据项字段选择设计，分为“报表页眉”“页面页眉”和“主体”设计等几部分，可以设计报表标题、数据项字段提示和字段数据显示输出的位置及格式，其设计效果可以通过“报表视图”检验。

2. 报表设计实训

参照实验案例，设计实现：

(1) 选择一个数据表作为数据来源，利用报表设计程序的各种功能创建报表，命名报表标题。

(2) 设计报表数据输出格式及数据项数据。

(3) 在报表设计中加入各类所需的数据统计、数据排序等，实现按条件统计输出报表数据。

示范案例显示分类统计输出报表效果，如实验图 7.9 所示。

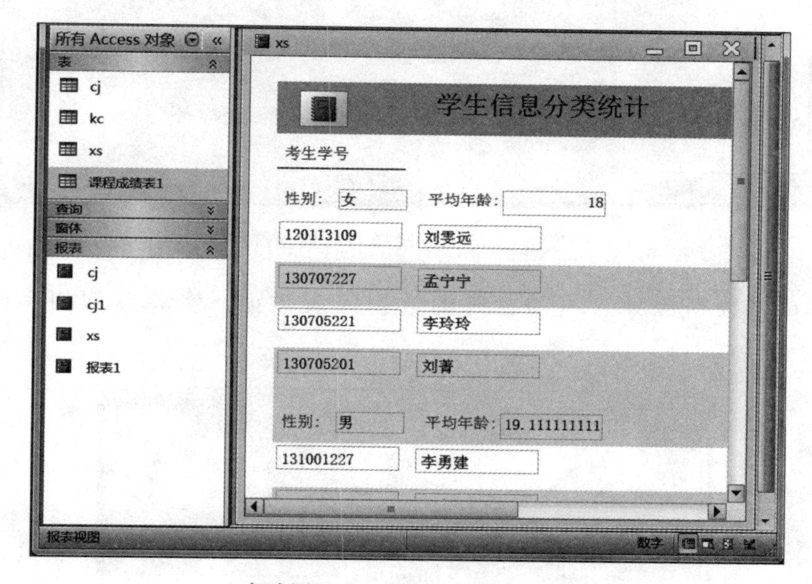

实验图 7.9　分类统计输出报表

练习五　导入和导出数据表。

对打开的数据库导入或导出数据，确定数据源或目标数据对象格式，选择设置相应属性。

1. 向数据库导入数据

首先确定要导入的数据来源，比如可以是另外一个数据库的数据，也可以是 ODBC 数据等外部数据源，在此选择将 Excel 表格数据导入当前数据库。

打开已创建的数据库文件，从“外部数据”选项卡中选择 Excel，如实验图 7.10 所示。

在导入数据的过程中，有一些选项要注意，如选择“第一行包含列标题”，会将 Excel 表中的数据项标题作为导入的数据项字段；选择“字段名称”和“数据类型”，可以分别命名重新定义；选择“我自己选择主键”，会提供原来数据项的标题，选择定义导入数据关系的关键字；选择“导入到表”，可以选择创建一个新的表对象等。

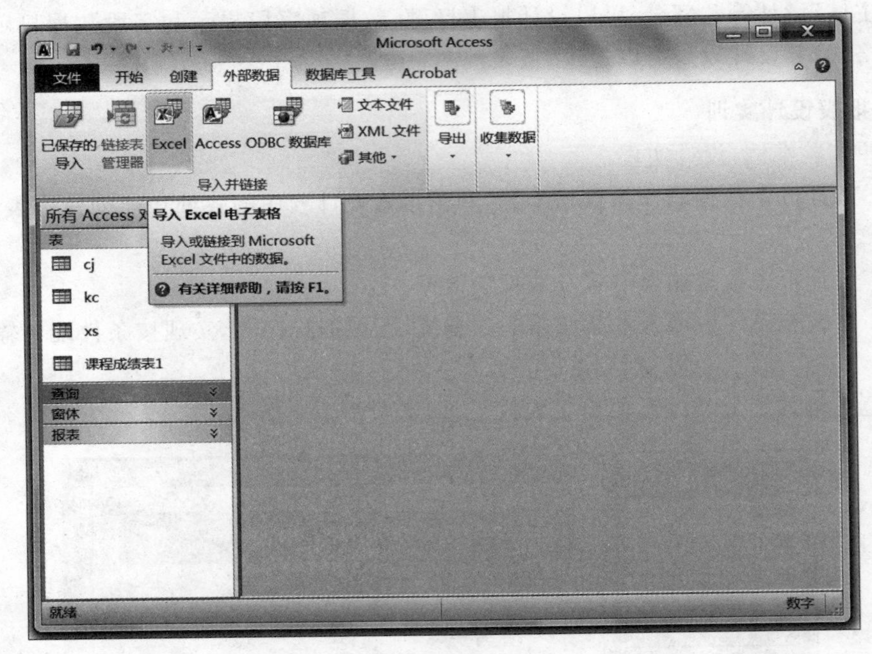

实验图 7.10　选择外部数据源

从 Excel 表数据源导入当前打开的数据库表数据。实验案例如实验图 7.11 所示。

实验图 7.11　导入数据库数据与数据源数据

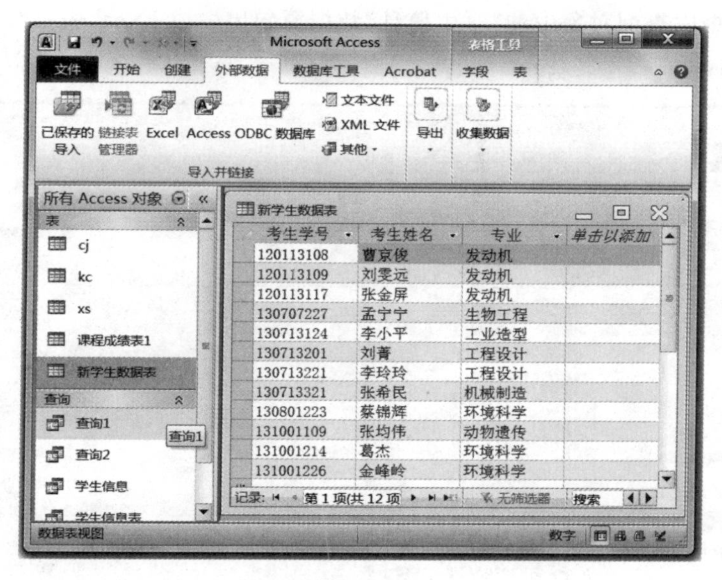

实验图 7.11 （续）

2. 从数据库导出数据

打开数据库文件，选择 Access 导出数据程序文件格式对象，可以从主菜单中的“外部数据”选项卡中选择多种导出文件格式，在此选择 Excel 文件格式选项，如实验图 7.12 所示。

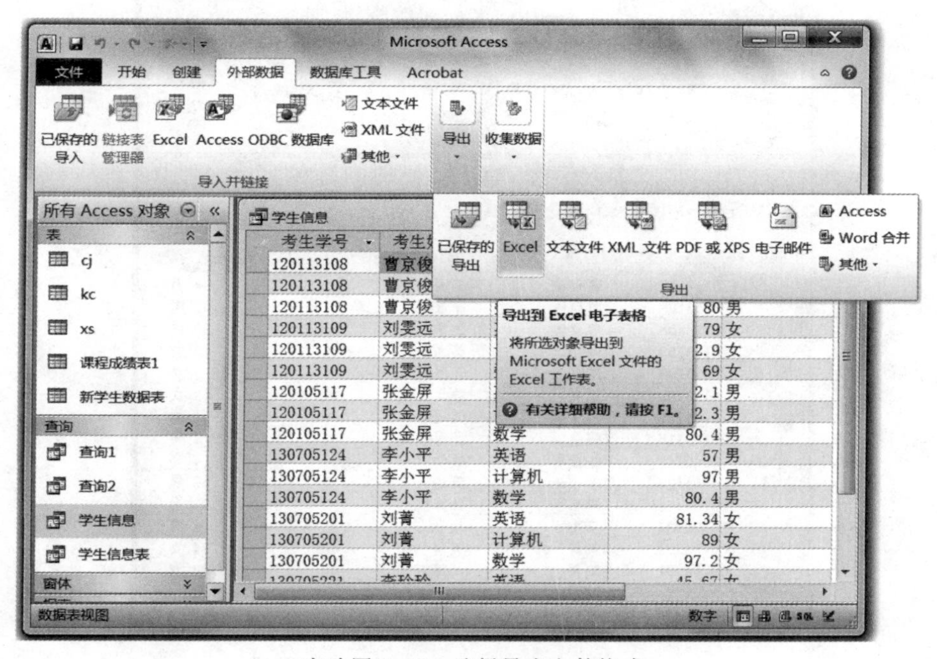

实验图 7.12 选择导出文件格式

从当前数据库查询对象中的“学生信息”数据源导出生成 Excel 表格数据。实验案例如实验图 7.13 所示。

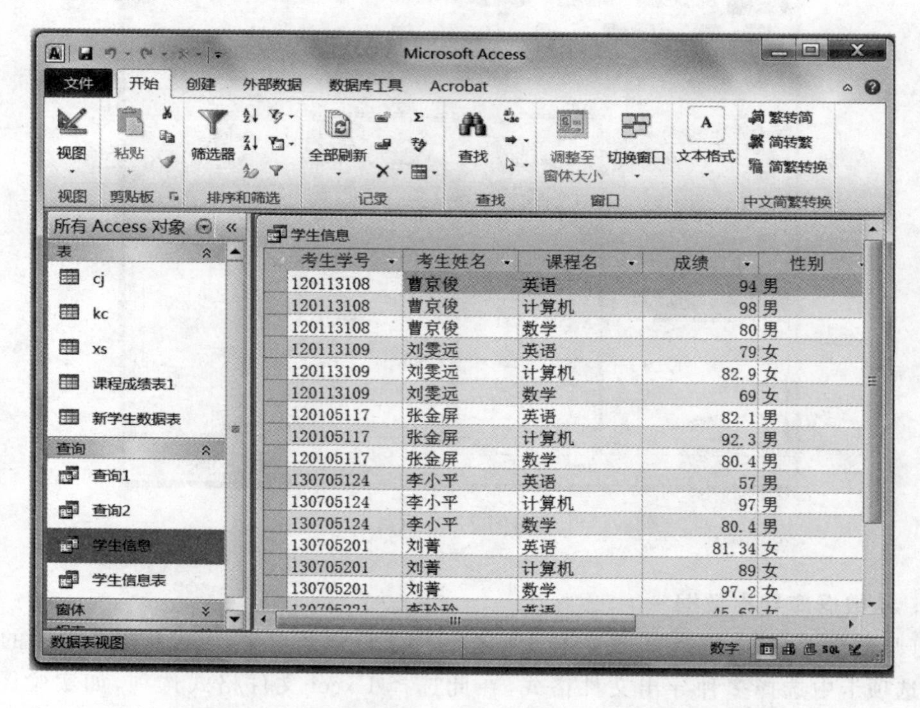

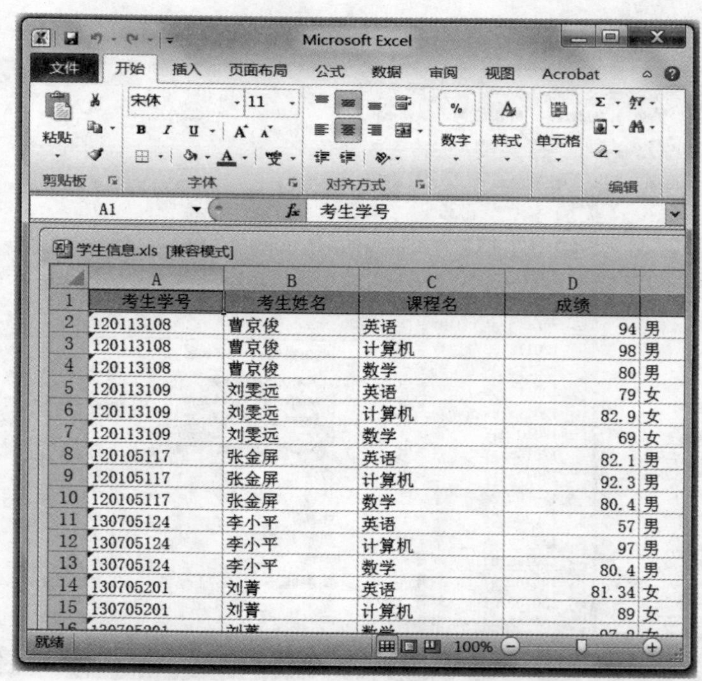

实验图 7.13　导出生成 Excel 表格数据

实验八　网络资源共享与应用

一、实验目的

掌握网络信息共享的基本模式与操作方法。利用网络环境熟悉各种网络工具的使用方法，掌握各种资源的有效使用，增强网络资源共享利用的实际应用能力。

二、实验内容

(1) 掌握局域网与广域网相关资源访问的方法；
(2) 掌握网络资源共享设置与网络互联访问的方法；
(3) 试接入校园网、CERNET 或 Internet 检索信息；
(4) 熟练使用网络搜索引擎服务访问各种信息资源；
(5) 熟练使用网络浏览工具检索信息；
(6) 掌握云盘资源共享及应用；
(7) 熟练使用 E-mail 服务。

三、实验步骤

练习一　共享网络信息。

启动 Windows 后，在桌面双击"网络"图标，便可以看到许多联在网上共享的计算机，但是它们的资源不一定全部对用户共享。

1. 共享硬件资源

首先确认可以提供网络共享资源的机器设备，打开控制面板，选择"设备和打印机"程序，从中选取需要共享的机器设备，右击，从弹出的快捷菜单中选择"属性"命令，在该设备的"属性"选项卡中设置共享属性，如实验图 8.1 所示。

选择设置相关共享属性，使该设备成为网络共享设备资源。

2. 共享信息资源

在本地机上设置共享资源，可共享本地机上的磁盘、磁盘文件夹或文件等资源，使网络上的其他客户端能够看见和被授权访问共享的信息资源。

选取本地机要共享的磁盘、文件夹或文件，右击，从弹出的快捷菜单中选择"共享"→"特定用户"命令，设置共享权限和共享范围，如实验图 8.2 所示。

在"文件共享"对话框中设置共享方式与共享范围，如实验图 8.3 所示。

单击"共享"按钮后，可以从下一步的"文件共享"对话框中显示的共享"各个项目"中看到网络共享资源路径，包括机器名和文件夹名，如本案例中"\\User-pc\钢琴短剧《不能说的秘密》"，其中 User-pc 为网络共享文件夹的计算机名，如实验图 8.4 所示。

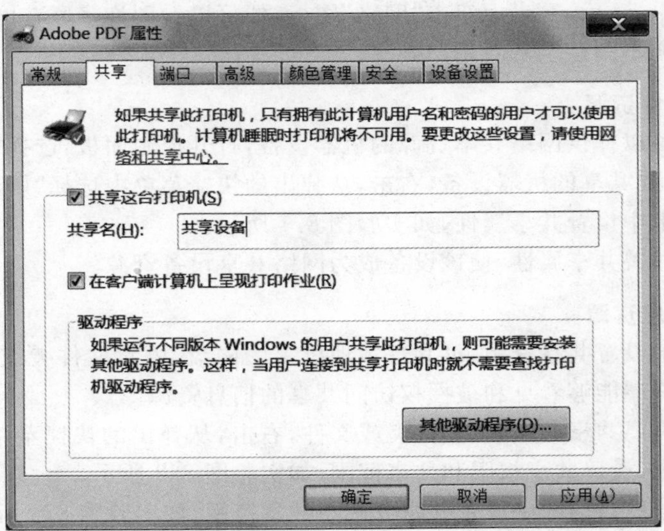

实验图 8.1　设置设备共享属性

实验图 8.2　共享文件夹信息资源

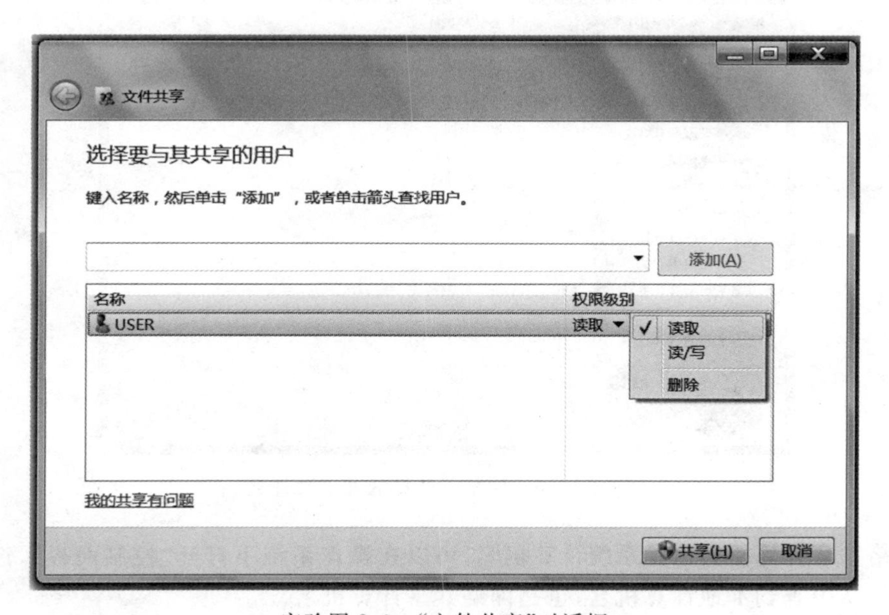

实验图 8.3　"文件共享"对话框

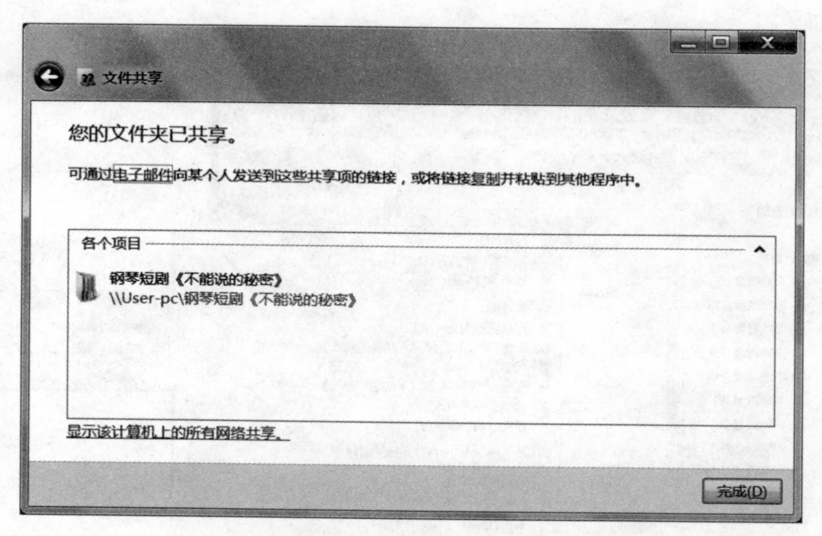

实验图 8.4　网络共享资源路径

单击“显示该计算机上的所有网络共享”链接，可以看到本地机设置的所有共享资源，表明可以从联网在线的其他计算机共享这些资源。通过网络找到该共享资源的计算机名单击，就可以看见网络共享文件夹，如实验图 8.5 所示。

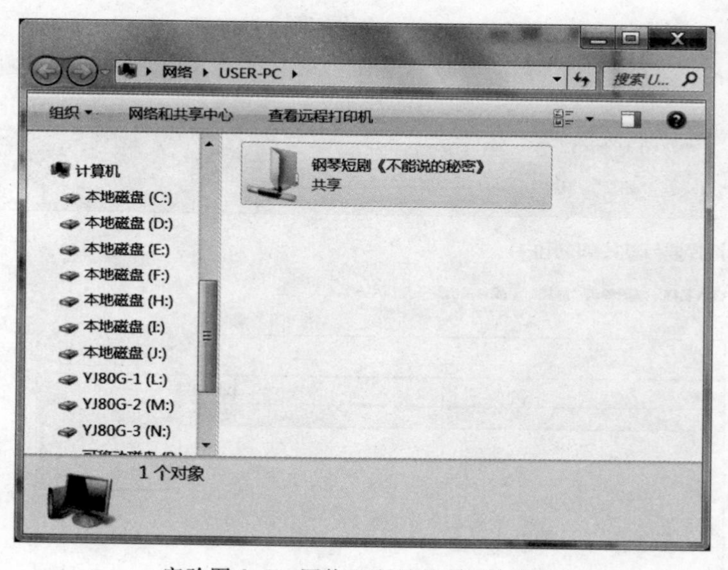

实验图 8.5　网络上所见的共享文件夹

网络共享计算机名也是系统计算机名，可以在操作系统下打开“控制面板”，选择“系统”程序，从中查到本地计算机名，也是网络共享计算机名。

当然，还可以单击“电子邮件”或“复制”选项，通过邮件将这些共享链接发送到指定用户，如实验图 8.6 所示。

其他人见到共享路径后，直接双击就可访问共享资源了。这些共享资源可以是文件

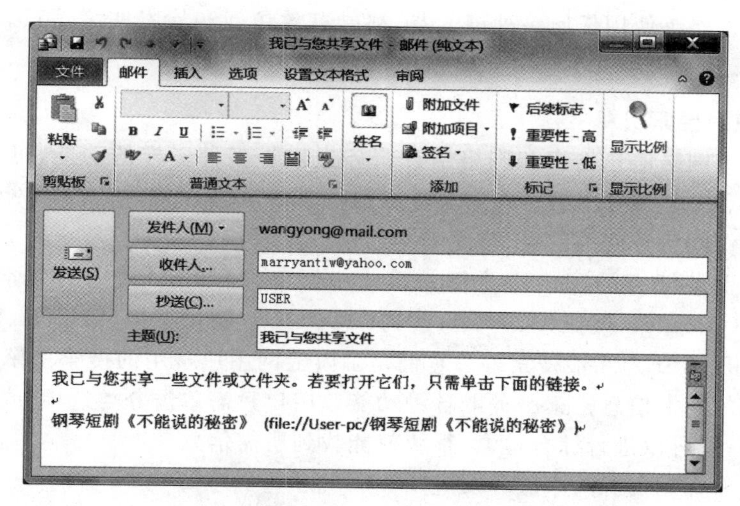

实验图 8.6　邮件发送共享路径

夹、磁盘，也可以是光盘和打印机等。

如果需要收回共享权，或不需要提供共享服务，可以选择“更改共享权限”或“停止共享”，就可以取消原来的共享设置，如实验图 8.7 所示。

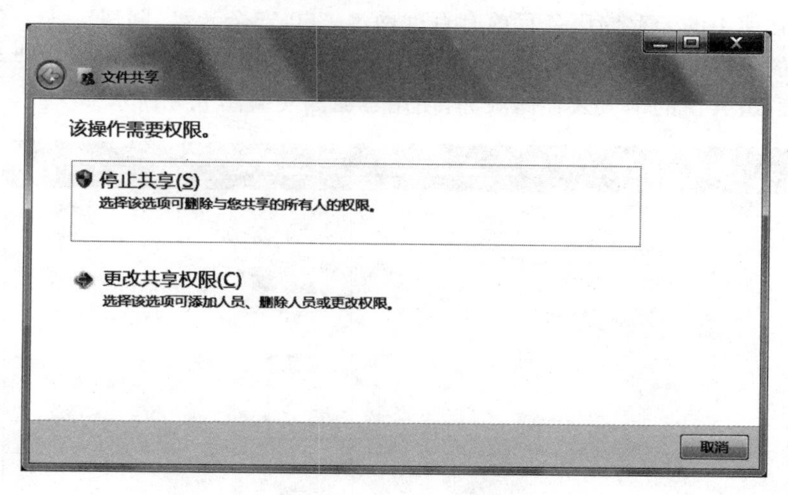

实验图 8.7　取消共享设置

练习二　共享 Internet 资源。

无论是通过使用网卡的局域网联入互联网，还是通过调制解调器(Modem)使用公共电话线路上网，或通过路由器、无线接入等方式上网，只要申请一个入网账户，就可以接入 Internet。

1. 熟练使用网络浏览器

网络浏览器程序为使用 URL(统一资源定位)的网络地址提供了访问浏览网络信息的有效工具。浏览器程序多种多样、各有特点，微软各个版本的 Internet Explorer 浏览器是个人计算机用户常用的浏览器，Google 的 Chrome 浏览器也是个人计算机用户用得比较多的浏览器。熟练使用任何一种浏览器，都能有效访问和检索网络信息。这是必须掌握的基础知识。

2. 熟练使用搜索引擎

搜索引擎为网络信息检索和网络信息服务提供了多种多样的功能，可提供网页、综合、论坛、图片、音乐、视频等各种搜索服务。熟练掌握和使用常用的门户网站，可以快速准确地检索和访问各种网络信息，满足不同的信息需求。

中文搜索引擎拥有的国内用户群最多。中国互联网用户常用的搜索引擎有百度(Baidu)、谷歌(Google)、搜狐(SOHU)、搜狗(SOGOU)、腾讯搜搜(SOSO)、微软 Bing(必应)、网易(NETEASE)、新浪搜索等。它们是国内上网用户常用的搜索引擎门户网站，提供了快速有效的网上信息检索服务的各种功能。用户只需单击分类选项，或输入关键字、组合关键字等，就可以进行综合检索，很快就能找到所需信息。

练习三　云存储资源共享服务及应用。

1. 云盘资源共享服务应用

随着网络技术迅速发展，云计算、大数据等国家发展战略新技术，也在快速发展和普及应用。越来越多的企、事业单位都提供了云存储等各种资源共享服务，其中云盘资源共享服务应用越来越普遍，需要熟练掌握。

人们经常使用的云存储服务目前有百度网盘、360 安全云盘、阿里云等。各高校等单位也有自己的云存储服务，如中国农业大学云盘服务，主要面向校内师生提供数据资源的同步备份和群组共享的个人云存储服务，使用界面如实验图 8.8 所示。

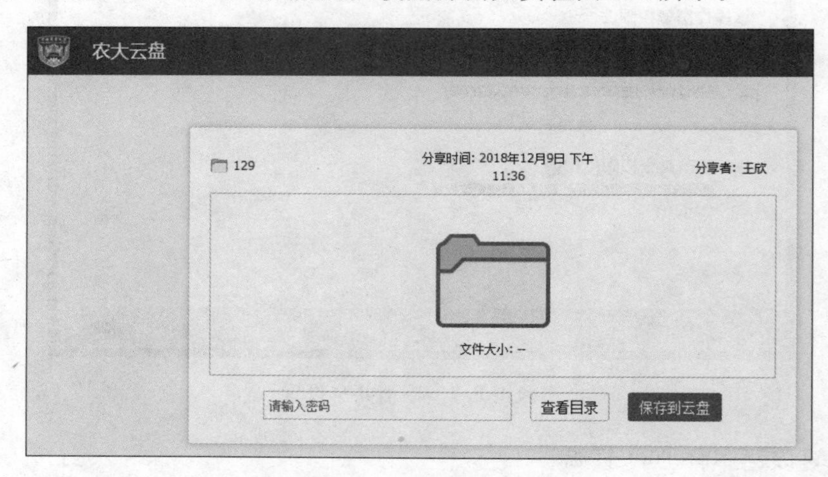

实验图 8.8　单位内部云存储服务

可见，使用任何云存储服务之前，首先要注册合法账号，然后才能有效登录云盘。无论使用公有云还是私有云，我们都要按规范合理使用各种信息资源共享服务，分享有用信息数据，传递正能量。

以百度网盘(百度云)为例，首先要成功注册帐户，然后登录进入网盘功能区，选择需要分享的资源文件，可以是文档资料、图像、照片、视频电影和音乐等各种数据类型的文件。例如，要分享自己的各种文档资料，可在“我的网盘”选择需要分享的文件或文件夹，然后单击“分享”按钮，随即弹出“分享文件”对话框，如实验图 8.9 所示。

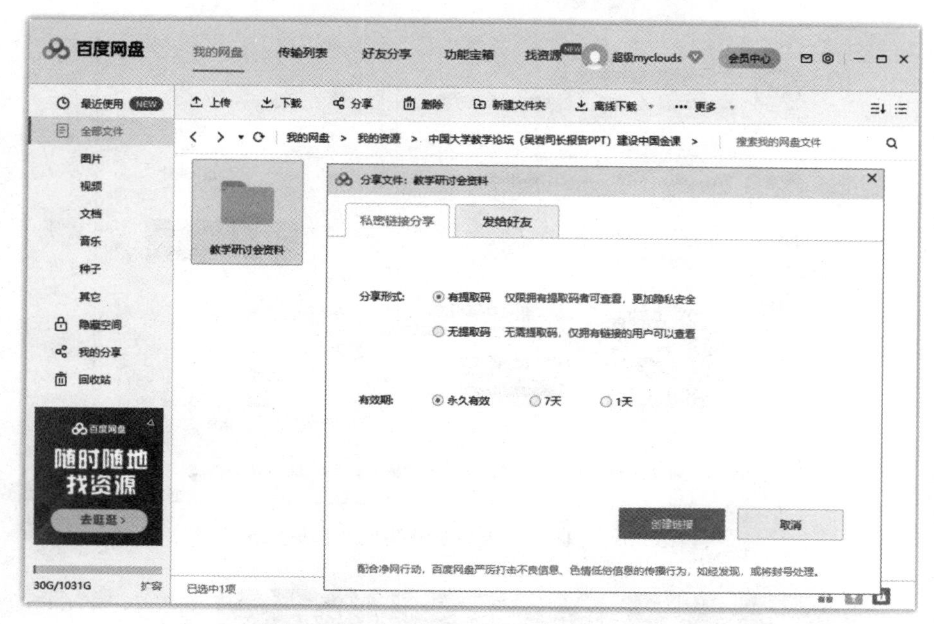

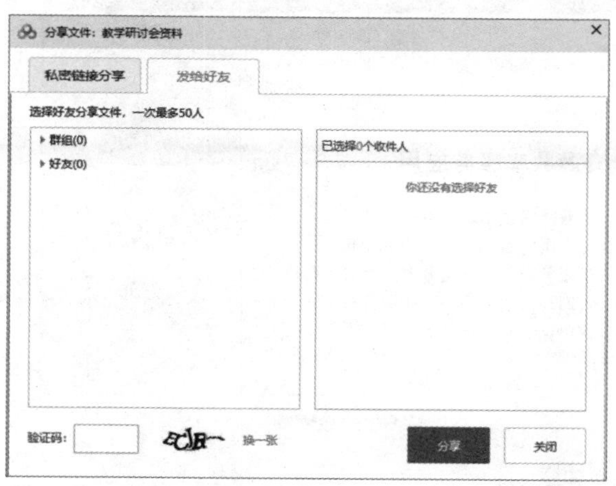

实验图 8.9 “分享文件”对话框

在此可以选择“发给好友”选项卡，分享指定好友；也可以在“私密链接分享” 选项卡中单击选择“分享形式”和“有效期”。如果需要密码提取，可单击“创建链接”按钮，自动生成共享链接网址和提取密码，如实验图 8.10 所示。

在这个选项卡上，单击“复制链接及提取码”选择按钮，就可完整复制链接地址和提取密码；或单击“复制二维码”，将二维码分享给好友。

实际上在许多系统应用程序中也提供了共享服务和应用，如 Office 2016 组件，在建文档的同时就可以随时分享当前文档。以 Word 2016 为例，单击 Word 窗口的“共享”按钮，即可使用各种共享服务，如实验图 8.11 所示。

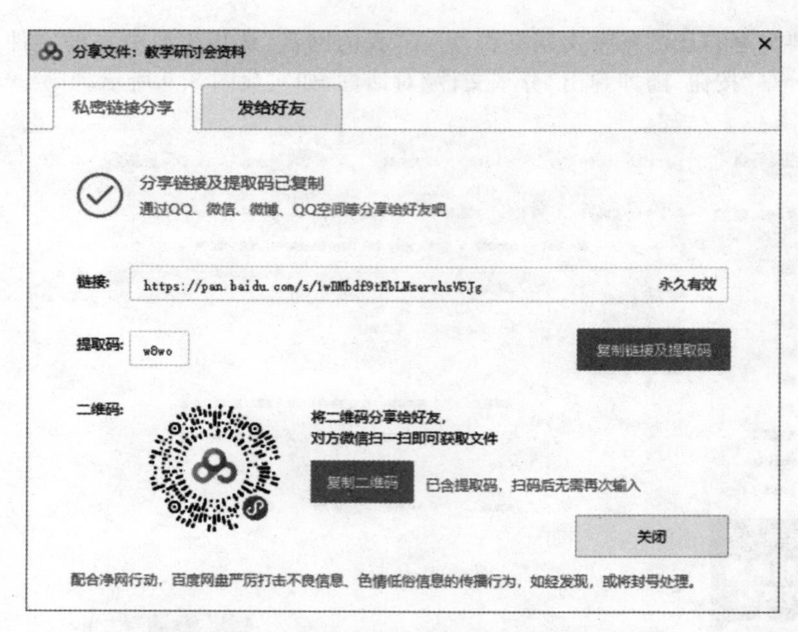

实验图 8.10　自动生成共享链接地址和提取密码

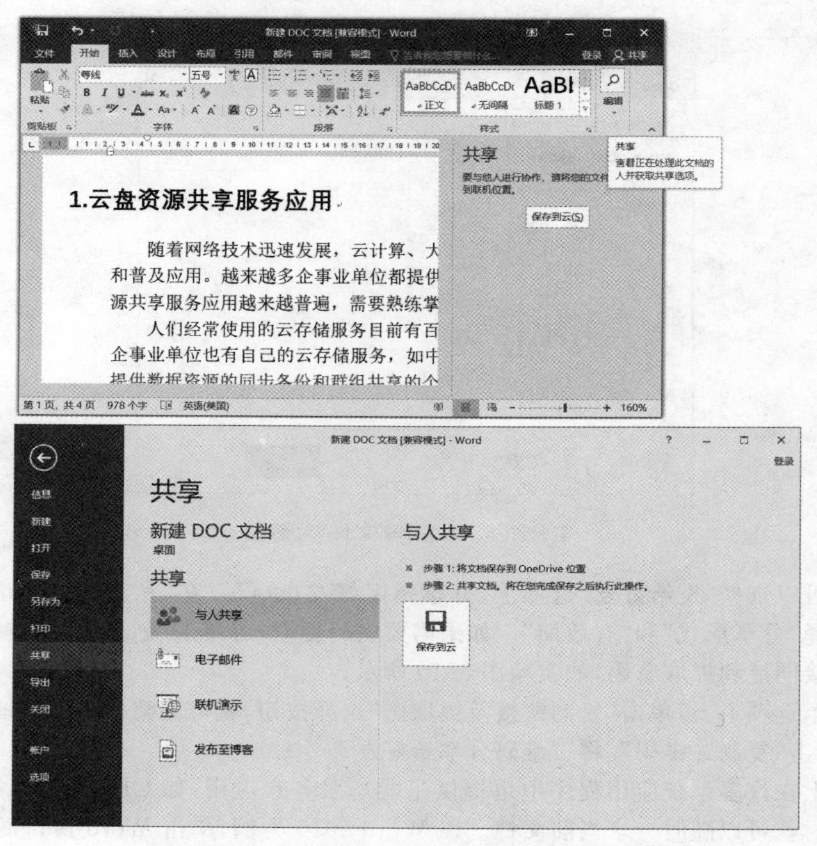

实验图 8.11　Office 2016 中 Word 文档的共享应用

2. 电子邮件服务管理应用

提供电子邮件服务的网络平台很多，不同的网络环境中，使用和管理邮件的方式也不一样。管理收发电子邮件的软件和方法很多，需要熟练掌握。

1) Outlook Express 邮件管理程序

如果在校园网等单位的内部网平台上使用 Outlook Express 邮件管理程序，应有有效的本地联网邮箱账户。使用步骤如下：

(1) 启动 Outlook Express 邮件管理程序，设置有效账户。

(2) 单击“新邮件”按钮，输入收件方的 E-mail 地址，可以自己发给自己试试。在邮件附件中附上文件、图片等，确认后发送出去。

(3) 打开“发件箱”，检查发送信息。

(4) 打开“已发送邮件箱”，确认是否正确发出。

(5) 确认收件方“收件箱”是否收到邮件，打开邮件阅读并检查附件内容。

2) 各大网站的邮件服务应用

目前许多大型搜索引擎网站都提供了各类邮件服务，可以免费注册使用，也可以付费获得更多、更好的邮件服务。比较常用的邮件服务网站，有搜狐(http://www.sohu.com)网站、新浪(https://www.sina.com.cn/)网站、网易(https://www.163.com/)等网站。如果暂时没有本地联网有效的邮箱账户，可以使用免费注册电子邮箱完成本实验。

参考文献

[1] 陈国良，等. 大数据计算理论基础[M]. 北京：高等教育出版社. 2018.

[2] 张基温. 大学计算机——计算思维导论[M]. 2 版. 北京：清华大学出版社. 2018.

[3] 梅宏. 大数据导论[M]. 北京：高等教育出版社. 2018.

[4] 陈国良. 计算思维导论[M]. 北京：高等教育出版社. 2012.

[5] 李暾. 计算思维导论——一种跨学科的方法[M]. 北京：清华大学出版社. 2016.

[6] 杨正洪，等. 人工智能与大数据技术导论[M]. 北京：清华大学出版社. 2019.

[7] 张莉，等. SQL Server 数据库原理与应用教程[M]. 4 版. 北京：清华大学出版社. 2016.

[8] 陈红松. 云计算与物联网信息融合[M]. 北京：清华大学出版社. 2017.

[9] 张莉. C 程序设计案例教程[M]. 3 版. 北京：清华大学出版社. 2019.

[10] 黄先开，等. 移动终端应用创意与程序设计(2015 版)[M]. 北京：电子工业出版社. 2015.

[11] 谭浩强. C 程序设计教程[M]. 3 版. 北京：清华大学出版社. 2018.

[12] 谭浩强. C 程序设计教程第 3 版学习辅导[M]. 北京：清华大学出版社. 2018.

[13] 王移芝，等. 大学计算机[M]. 5 版. 北京：高等教育出版社. 2015.

[14] 王移芝，等. 大学计算机学习与实验指导[M]. 5 版. 北京：高等教育出版社. 2015.

[15] 龚沛曾，杨志强. 大学计算机[M]. 7 版. 北京：高等教育出版社. 2017.

[16] 龚沛曾，杨志强. 大学计算机上机实验指导与测试[M]. 北京：高等教育出版社. 2017.

[17] 李凤霞，等. 大学计算机[M]. 北京：高等教育出版社. 2014.

[18] 李凤霞. 大学计算机实验[M]. 北京：高等教育出版社. 2013.

[19] 王万良. 人工智能导论[M]. 4 版. 北京：高等教育出版社. 2017.

[20] 张菁. 虚拟现实技术及应用[M]. 北京：清华大学出版社. 2014.

年轻人的
全国计算机技术与软件专业技术资格（水平）考试
系统集成项目管理工程师（中级）
强化备考班
新知识课堂

平台功能介绍

如果您是教师，您可以

建立课程
管理课程
管理题库
发布试卷
布置作业
管理问答与话题

如果您是学生，您可以

发表话题
提出问题
加入课程
下载课程资料
编辑笔记
使用优惠码和激活序列号

如何加入课程

1 找到教材封底“数字课程入口”

范例

数字课程入口

刮开涂层获取二维码

刮开涂层

2 刮开涂层获取二维码，扫码进入课程

范例

获取更多详尽平台使用指导可输入网址

http://www.wqketang.com/course/550

如有疑问，可联系微信客服：DESTUP